普通高等院校系列规划教材——材料类

金属材料学

主　编　唐代明

副主编　王小红　皮锦红

西南交通大学出版社

·成　都·

内 容 简 介

本书包括钢铁材料、有色金属材料两部分内容。第 1 章为钢铁中的合金元素，是钢铁材料部分的基础；详细介绍了钢铁中合金元素与铁、碳以及合金元素之间的相互作用，合金元素对合金相、相变的影响。其余各章为工程结构钢、机械制造结构钢、工具钢、不锈耐蚀钢、耐热钢及耐热合金、铸铁、铝及铝合金、钛及钛合金、镁及镁合金、铜及铜合金；在分析这些常用金属材料的用途、服役条件、失效形式、性能要求等基本特征的基础上，对其合金化、热处理以及其他热加工工艺、冶金质量等进行了详细论述。

本书既可作为材料类本科专业核心课程金属材料学的教材，也可供相关专业的研究生、金属材料领域的工程技术人员参考。

图书在版编目（CIP）数据

金属材料学 / 唐代明主编. 一成都：西南交通大学出版社，2014.6
普通高等院校系列规划教材. 材料类
ISBN 978-7-5643-3049-1

Ⅰ. ①金… Ⅱ. ①唐… Ⅲ. ①金属材料－高等学校－教材 Ⅳ. ①TG14

中国版本图书馆 CIP 数据核字（2014）第 089098 号

普通高等院校系列规划教材——材料类
金属材料学
主编　唐代明
*
责任编辑　孟苏成
助理编辑　罗在伟
特邀编辑　李　伟
封面设计　墨创文化
西南交通大学出版社出版发行
四川省成都市金牛区交大路 146 号　邮政编码：610031
发行部电话：028-87600564
http://press.swjtu.edu.cn
成都蜀通印务有限责任公司印刷
*
成品尺寸：185 mm × 260 mm　印张：19
字数：475 千字
2014 年 6 月第 1 版　2014 年 6 月第 1 次印刷
ISBN 978-7-5643-3049-1
定价：38.00 元

图书如有印装质量问题　本社负责退换

前　言

在远古时期，人类由石器时代进入了青铜器时代，生产力产生了一次飞跃；进入铁器时代，生产力又得到了迅猛发展。从历史的发展来看，人类制作生产工具的材料决定了当时生产力的水平。目前，人类还处于金属器时期，虽然无机非金属材料、高分子材料的使用量日益增多，但在一段时期内，仍不会改变这种状况。正如英国著名材料学家艾伦·科垂耳（Alan H. Cottrell）教授所说："我们将继续使用金属和合金，特别是钢。我们的孩子和孙子们也将会这样。"从 5 000 多年以前一直到现代社会，金属材料仍然在人类经济发展、社会文明进步中起着重要的作用。金属材料是国民经济发展的基础材料，是现代工业、农业、国防及科学技术的重要物质基础。航空、航天、汽车、机械制造、电力、通信、建筑、家电等绝大部分行业都以金属材料为生产基础。随着现代化工业、农业、国防和科学技术的飞速发展，金属材料在人类发展中的地位愈来愈重要。它不仅是重要的战略物资和生产资料，而且也是人们生活中不可缺少的消费品的重要材料。金属材料产量的多少、发展速度的快慢、质量的高低，尤其是生产技术水平，是衡量一个国家综合国力、经济水平和科技发达程度的重要标志。金属材料是现代文明的基础。

金属材料学是一门工程学科，其任务是研究金属材料的化学成分、生产加工工艺、组织结构、使用环境和性能之间的关系，即金属材料的物理冶金学问题。它对金属材料的生产、使用和研究开发起着重要的指导作用。金属材料学课程是材料科学与工程专业和金属材料工程专业的一门核心课程，是一门综合性、应用性很强的课程。该课程在专业知识体系中占据着十分重要的地位。学生通过该课程的学习，为将来从事金属材料的研究开发，金属结构件、零件的选材，制订金属件的热处理、锻造、焊接、铸造等加工工艺，以及与金属材料相关的其他工作打好基础。

为了适应培养金属材料领域的应用型高级专门人才和卓越工程师的需要，特编写了本教材。本书的编写以原有教材为基础，淘汰陈旧内容，改正个别错讹之处，补充了新的内容，力图反映本领域的最新工艺技术。本书在强化金属材料合金化基本原理的基础上，对各类金属材料以"服役条件—失效形式—性能要求—化学成分—加工工艺—组织结构—性能—环境"为主线进行阐述。在编写过程中，注重培养学生以辩证法的观点分析问题和解决问题的能力；实际应用和创新思维并重。本书在内容体系的编排上，力求做到由浅入深，便于学生自学。鉴于目前出版有多种版本的金属材料手册，因此，在有限的篇幅中不简单罗列大量数据，仅保留一些典型实例，以便让学生举一反三；同时，在参考文献目录中列出一些相关手册，在附录中列出了相关的标准目录，让师生们自行查阅。为了便于教师进行教学，更便于学生课后复习，在每章后都附有较多的复习思考题。书中涉及的合金牌号、力学性能指标的符号都采用了新版国家标准的规定；物理量的单位均采用国际单位制（SI）。

本书包括钢铁材料、有色金属材料两部分内容，分别为钢铁中的合金元素、工程结构钢、机械制造结构钢、工具钢、不锈耐蚀钢、耐热钢及耐热合金、铸铁、铝及铝合金、钛及钛合金、镁及镁合金、铜及铜合金，在分析这些常用金属材料的用途、服役条件、失效形式、性能要求等基本特征的基础上，对其合金化、热处理以及其他热加工工艺、冶金质量等进行了详细论述。

学习本课程的学生应对金属材料冶炼、加工等生产方面有感性的认识，应完成了材料科学基础或金属学原理、金属热处理原理与工艺、机械设计基础等先行课程的学习。

本书既可作为材料类本科专业核心课程金属材料学的教材，也可供相关专业的研究生、金属材料领域的工程技术人员参考。

本书共 11 章，第 1 ~ 3 章由攀枝花学院唐代明编写，第 4 章、第 11 章由南京工程学院皮锦红编写，第 5 章由南京工程学院贺显聪编写，第 6 章由四川理工学院罗宏、罗昌森编写，第 7 章由攀枝花学院李玉和编写，第 8 章、第 10 章由西南石油大学王小红编写，第 9 章由南京工程学院白允强编写。全书由唐代明担任主编，并负责统稿。

本书在编写过程中参考了许多文献资料，主要文献目录列于书后，在此谨向所有文献的作者致以诚挚的谢意。攀枝花学院的有关领导和许多老师对本书的编写十分关心，并提供了有力的帮助；西南交通大学出版社对本书的出版给予了大力的支持；在此一并表示衷心的感谢。

限于编者的学识和水平，书中难免有不足之处，恳请使用本教材的师生和其他读者不吝赐教，提出宝贵意见，以利今后修改完善。

编　者

2013 年 12 月

目 录

1 钢铁中的合金元素……1
1.1 概 述……1
1.2 铁基固溶体……2
1.3 合金元素在晶体缺陷处的偏聚……4
1.4 合金元素对层错能的影响……6
1.5 钢铁中的化合物……7
1.6 合金元素对 $Fe\text{-}Fe_3C$ 相图的影响……13
1.7 合金元素对钢在加热时转变的影响……15
1.8 合金元素对过冷奥氏体转变的影响……19
1.9 合金元素对淬火钢回火时转变的影响……27
复习思考题……32
2 工程结构钢……34
2.1 概 述……34
2.2 工程结构钢的性能要求……34
2.3 工程结构钢的合金化……36
2.4 铁素体-珠光体钢……44
2.5 工程结构钢的生产工艺……46
2.6 其他工程结构钢……53
复习思考题……72
3 机械制造结构钢……73
3.1 概 述……73
3.2 机械制造结构钢的强化……73
3.3 结构钢的淬透性与合金化……74
3.4 调质钢……76
3.5 微合金非调质钢……79
3.6 低碳马氏体钢……83
3.7 超高强度钢……86
3.8 渗碳钢和氮化钢……92
3.9 滚动轴承钢……99
3.10 弹簧钢……107
3.11 其他机械制造结构钢……109
复习思考题……116

4 工具钢……118
4.1 概　述……118
4.2 刃具钢的特点……119
4.3 碳素工具钢和低合金工具钢……120
4.4 高速工具钢……122
4.5 冷作模具钢……133
4.6 热作模具钢……137
4.7 塑料模具钢……140
4.8 其他类型工具用钢……143
复习思考题……146
5 不锈耐蚀钢……148
5.1 金属腐蚀基础……148
5.2 不锈钢的基本特征与分类……152
5.3 不锈钢的化学成分对组织与性能的影响……153
5.4 环境对不锈钢耐蚀性的影响……158
5.5 奥氏体不锈钢……159
5.6 铁素体不锈钢……166
5.7 马氏体不锈钢……168
5.8 双相不锈钢……170
5.9 沉淀硬化不锈钢……171
复习思考题……173
6 耐热钢及耐热合金……175
6.1 耐热钢及耐热合金的高温性能……175
6.2 抗氧化钢……181
6.3 热强钢……183
6.4 高温合金……187
复习思考题……191
7 铸　铁……193
7.1 概　述……193
7.2 常用铸铁……200
7.3 特殊性能铸铁……211
复习思考题……216
8 铝及铝合金……218
8.1 纯　铝……218
8.2 铝合金……220
8.3 铝合金的热处理……227

8.4 常用铝合金……231
复习思考题……237

9 钛及钛合金……238
9.1 概 述……238
9.2 纯 钛……239
9.3 钛的合金化……241
9.4 常用钛合金……244
9.5 钛及钛合金的热处理……247
9.6 钛及钛合金的发展与应用……254
复习思考题……258

10 镁及镁合金……260
10.1 金属镁……260
10.2 镁的合金化……263
10.3 镁合金的热处理……266
10.4 常用镁合金……268
复习思考题……275

11 铜及铜合金……276
11.1 纯 铜……276
11.2 铜的合金化……277
11.3 黄 铜……277
11.4 青 铜……282
11.5 白 铜……288
复习思考题……289

附录 金属材料产品标准目录……291

参考文献……294

1 钢铁中的合金元素

1.1 概 述

碳素钢的生产应用有着漫长的历史，其力学性能和工艺性能可以满足制造大多数机械零件和工程结构件的要求，而且生产成本低廉，因此被大量使用。但是，碳素钢存在一些不足之处。低碳钢有良好的塑性、韧性，但强度、硬度低。通过提高碳含量，可以提高碳素钢的强度和硬度，但同时导致其塑性、韧性明显下降，因此，碳素钢的综合力学性能差。随着温度的上升，钢的强度、硬度呈下降趋势。在 200 °C 以上，碳素工具钢的强度、硬度与室温相比将显著下降，不能满足切削的要求。如果碳素钢制作的零部件用于在更高温度（ > 450 °C）下长时间工作的设备（如火力发电站的锅炉、管道、汽轮机，内燃机、喷气发动机的零件，加热炉的构件等）中，将发生蠕变而不能继续服役，或因断裂而导致事故。在 250 °C 以上，与空气接触的碳素钢会快速氧化。在腐蚀性介质中碳素钢是不耐蚀的，非常容易生锈。降低温度时，碳素钢的屈服强度迅速升高，而断裂强度下降，十分容易脆断。碳素钢的淬透性差，淬火时必须采用冷却能力大的淬火剂，这将使工件中的热应力过大，可能导致零件发生形变，甚至开裂，故不可用作形状复杂的零件。用碳素钢制作的大型零部件则可能无法淬透。碳素钢淬火后回火时，强度、硬度下降很快，即不具有回火稳定性，不能获得优良的综合力学性能。碳素钢为铁磁性的，但某些特定的条件下要求材料为顺磁性的。另外，碳素钢不能抵抗辐照损伤。总之，碳素钢的综合力学性能差、耐热性差、耐腐蚀性差、低温性能差、淬透性低、回火稳定性差以及不能满足某些特殊要求等。

随着科学技术的发展，人们对钢铁材料提出了更高的性能要求。为了改善钢铁材料性能，使其应用于更广泛、更重要的领域，人们开发了合金钢。合金钢是在碳素钢的基础上有意加入一种或几种元素而形成的铁基合金。通常，我们把这些元素称为合金元素。同样，在普通铸铁的基础上加入合金元素以形成合金铸铁或特殊铸铁，可以改善其性能而用于某些耐磨、耐热、耐腐蚀的特殊领域。

实际上，工业生产的碳素钢，除铁和碳之外，总是含有一些其他元素。通常都含有少量的硅、锰、磷、硫以及氧、氮、氢等，这些元素被称为常存元素。因氧、氮、氢的单质在常温常压状态下为气体，故通常将它们称为气体元素，其含量根据冶炼工艺方法的不同而不同。根据原料的不同，碳素钢中也可能含有少量某些其他元素，如铬、镍、钼、铜、钒、钛、砷、铅、锑、铋等，通常将它们称为残存元素或偶存元素。难以定量分析的砷、铅、锑、铋等称为痕量元素。钢以铁为基体，其余有益的、人为添加的元素称为“合金元素”，有害的、难以彻底去除的元素称为“杂质元素”。其实这种感情用事的区分是没有必要的，因为有益与有害是可变的，或相互转换的。例如，通常认为硫是钢中的有害杂质，但对易切削钢来说，硫却是有益的合金元素。为了实现资源的充分利用，将那些难以彻底去除的元素的有害作用转化有益作用是材料学者的重要任务。应该注意，不是只有金属元素才能成为合金元素，非金属元素也可以作为合金元素，如硅、硼等。在使用“合金元素”这个词语时，视具体情况的不同，可能不包括碳，也可能包括碳。钢铁中的合金元素通常是冶炼时的合金化操作有意添加的，但是为了充分利用资源，应加强对残存元素在钢中作用的研究，以实现资源的循环利用。

由于合金元素的加入改变了钢铁的内部组织结构，因此，合金钢和合金铸铁具有某些优良的或特殊的性能。在使用性能方面，有高的强度和韧性的配合，或高的低温韧性，或高温下有高的蠕变强度、硬度及抗氧化性，或具有良好的耐蚀性。合金钢在工艺性能方面，有良好的热塑性、冷形变性能、切削性、淬透性和焊接性等。但是，并不是合金钢的所有性能都优于碳素钢，如碳素钢不会出现高温回火脆性，而某些合金钢有高温回火脆性倾向。

合金元素在钢铁中的分布或存在状态有以下 3 种：

（1）固溶态。溶于铁的基体中，形成铁基固溶体。

（2）化合态。合金元素与碳、氮、硼、氧、硫、铁，或者不同合金元素之间形成各种化合物，如非金属夹杂物，碳化物、氮化物、碳氮化合物、硼化物，金属间化合物等。

（3）游离态。既不溶于铁形成固溶体，也不与其他元素结合形成化合物，而是以单质的形式处于自由状态，如铸铁中以石墨形式存在的碳，钢中的铅等。

合金元素与铁、碳以及合金元素之间的相互作用是合金内部的相、组织和结构变化的基础。这些元素之间在原子结构、原子尺寸大小、晶体结构方面的差异是产生这种相互作用的根源。对各种合金元素之间的相互作用，合金相形成条件以及它们的稳定性，合金元素对相变影响的讨论，是合金化理论的主要内容。合金化理论是金属材料学的基础。

1.2 铁基固溶体

铁在加热和冷却过程中发生如下的多型性转变：

$$\alpha\text{-Fe} \xleftrightarrow{A_3=912\ ^\circ\mathrm{C}} \gamma\text{-Fe} \xleftrightarrow{A_4=1\ 394\ ^\circ\mathrm{C}} \delta\text{-Fe}$$

钢中合金元素对 α-Fe、γ-Fe 和 δ-Fe 相的相对稳定性以及多型性转变温度 A_3、A_4 均有极大的影响。合金元素溶于 α-Fe 或 δ-Fe 中形成以 α-Fe 为基的固溶体，溶于γ-Fe 中形成以γ-Fe 为基的固溶体。对于那些在 γ-Fe 中有较大溶解度，并稳定 γ-Fe 的合金元素，称为奥氏体形成元素。在α-Fe 中有较大的溶解度，使 γ-Fe 不稳定的元素，称为铁素体形成元素。

1.2.1 铁与合金元素相图的基本类型

铁与其他元素形成的二元平衡相图有如下几种基本类型。

1.2.1.1 使 A_3 温度下降，A_4 温度上升，扩大 γ 相区

这一类是使 A_3 温度下降，A_4 温度上升，扩大 γ 相区的奥氏体形成元素，它包括两种情况。

（1）开启 γ 相区。这一类包括镍和锰这两种许多合金钢中含有的合金元素；此外，还有

钴，以及贵金属钌、铑、钯、锇、铱、铂。这些元素与γ-Fe形成无限固溶体，使γ相区存在的温度范围变宽，使δ和α相区缩小。这类合金元素与铁形成的相图如图1.1（a）所示。镍本身具有面心立方点阵；锰、钴在其多型性转变中，在一定温度范围内存在面心立方点阵。钴是唯一一个使 A_3 和 A_4 都上升的元素。当镍或锰的浓度高到一定程度时，α相区就可能消失而完全被γ相区取代。

（2）扩大γ相区。如碳、氮、铜、锌、金，它们虽然扩大γ区，但与γ-Fe形成有限固溶体。这类合金元素与铁形成的相图如图1.1（b）所示。

1.2.1.2 使 A_3 温度上升，A_4 温度下降，缩小γ相区

这一类是使 A_3 温度上升，A_4 温度下降，缩小γ相区的铁素体形成元素，它也包括两种情况。

（1）封闭γ相区。如硅、铝、铍、磷、钒、钛、铬、钨、钼、锡、锑、砷等，它们使 A_3 温度上升，A_4 温度下降，并在一定浓度处汇合，γ相区被α相区封闭，在相图上形成γ圈，这类合金元素与铁形成的相图如图1.1（c）所示。钒、铬与α-Fe完全互溶，其余元素在α-Fe中有限溶解。

（2）缩小γ相区。如硼、钽、铌、锆、硫、铈等，它们与封闭γ相区的元素相似，但由于出现了金属间化合物，破坏了γ圈，这类合金元素与铁形成的相图如图1.1（d）所示。

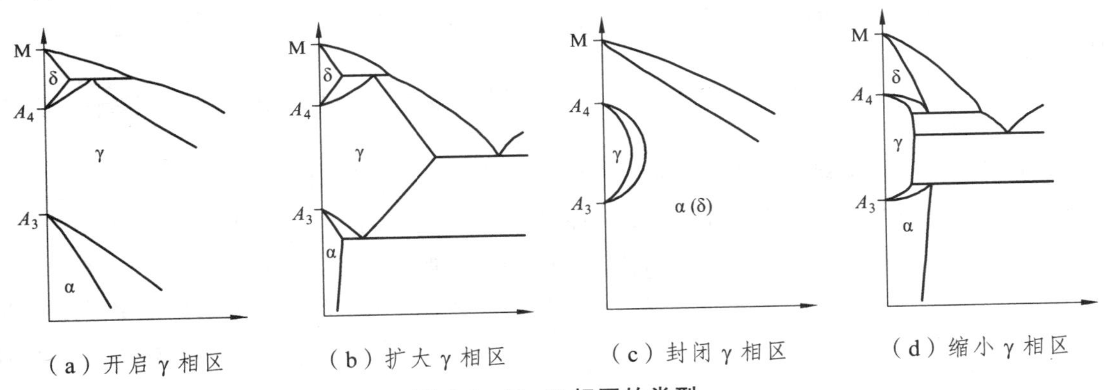

（a）开启γ相区　（b）扩大γ相区　（c）封闭γ相区　（d）缩小γ相区

图1.1 Fe-M相图的类型

1.2.2 合金元素与铁形成固溶体的规律

在室温下，α-Fe的点阵常数 $a = 0.286\ 6$ nm，其晶格中八面体间隙的半径为0.019 nm，四面体间隙的半径为0.036 nm。在912 °C，γ-Fe的点阵常数 $a = 0.364\ 6$ nm，其晶格中八面体间隙的半径为0.053 nm，四面体间隙的半径为0.029 nm。

如果合金元素溶入铁晶格的间隙中，则形成间隙固溶体。一些非金属元素的原子半径列于表1.1中。在铁中形成间隙固溶体的元素是那些原子半径很小的非金属元素，如氢、氧、碳、氮，它们的原子半径都小于0.1 nm。硼的原子半径也小于0.1 nm，在γ-Fe中既可以以间隙固溶体形式存在，也可以以置换固溶体形式存在；但在α-Fe中是以置换固溶体形式存在的。尽管α-Fe的致密度小于γ-Fe，但是碳、氮等间隙原子在γ-Fe中的溶解度大于在α-Fe中的。

这是因为 α-Fe 的间隙小而分散；而且间隙原子溶入八面体间隙所受到的阻力比溶入四面体间隙的小，或产生的晶格畸变小，因此，易于溶入八面体间隙。上述这些非金属原子溶入铁晶格的间隙中会引起很大的晶格畸变，所以，间隙固溶体的溶解度都是非常低的。

表 1.1　一些非金属元素的原子半径

元　素	H	O	N	C	B	P	Si
原子半径/nm	0.046	0.060	0.071	0.077	0.097	0.109	0.117

原子半径更大的非金属元素磷和硅在铁中只能以置换原子的形式存在。金属元素与铁都是形成置换固溶体。与铁形成置换固溶体的元素其扩大或缩小 γ 相区的能力与该元素属于哪一族、元素本身的晶体点阵类型、元素与铁的化学作用及弹性作用有关。这种扩大或缩小 γ 相区的能力可用其在 γ-Fe 或 α-Fe 中的溶解度来衡量。归纳起来有 4 个影响因素：尺寸因素、电负性因素、价电子浓度因素、点阵类型。

如果该元素本身具有面心立方点阵（或在其多型性转变中存在面心立方点阵），与铁的电负性相近，原子尺寸相近，都有利于扩大 γ 相区。

缩小 γ 相区的元素钒、铬具有体心立方点阵，不能与 γ-Fe 无限互溶，但与铁的电负性和原子尺寸差别较小，因而仍能与 α-Fe 形成无限固溶体。

电负性和铁差别大的元素，在钢中倾向于形成金属间化合物。无论在 α-Fe 还是在 γ-Fe 中都只能有限溶解，如铝、硅、磷等。

尺寸因素对溶解度起着重要作用。与铁的原子尺寸差别小时才能形成无限固溶体，差别大时则只能形成有限固溶体。

硼的尺寸因素无论对于在铁中形成间隙固溶体或置换固溶体都极不合适，都会引起较大的畸变。它不论是在 γ-Fe 中还是在 α-Fe 中都只有较小的溶解度。

总之，合金元素与铁之间也符合相似相溶的基本原则。

在铁基固溶体中，由于合金元素与铁之间存在差异，可能出现合金元素的偏聚或短程有序。在 Fe-Cr、Fe-V、Fe-Mo、Fe-Cu 合金中存在合金元素的原子偏聚。在 Fe-Al、Fe-Si、Fe-Cr-Al 等合金中存在短程有序。

1.3　合金元素在晶体缺陷处的偏聚

合金元素本身是一种点缺陷，它与其他晶体缺陷，如相界、晶界、亚晶界、位错、层错等同时存在时将产生以下几种交互作用。

（1）晶界偏聚现象。合金元素和杂质元素溶于基体后，与晶体缺陷产生交互作用，溶质原子在内界面缺陷区的浓度大大超过在基体中的平均浓度，这种现象称为晶界偏聚现象，有时也称为晶界内吸附现象。

（2）科垂耳气团。溶质原子在刃位错处的偏聚形成科垂耳气团。它可以松弛正应力场。只有刃位错才有正应力场。

（3）斯诺克（Snoek）气团。溶质原子在螺型位错处的偏聚形成斯诺克气团。

（4）铃木（Suzuki）气团。溶质原子在层错附近的偏聚形成铃木气团。

（5）弘津气团。溶质原子在孪晶面偏聚形成弘津气团。

某些合金元素在钢中含量虽然极低，但由于和晶体缺陷的交互作用，在缺陷区可以形成很高程度的溶质原子富集，并对钢的物理化学过程，如晶界迁移、晶界强化、晶界脆性、晶间腐蚀、晶界扩散以及组织转变时在晶体缺陷处优先形核等产生巨大的影响，最终影响钢的性能。

淬火钢高温回火时，由于磷、砷、铋、锑等杂质在原奥氏体晶界的偏聚，引起钢的回火脆性。硼在奥氏体中不论是形成间隙固溶体还是形成置换固溶体，都会产生较大的畸变，因此具有较大的偏聚倾向。它在奥氏体晶界的偏聚，不利于奥氏体分解时相变的非均匀形核，将提高钢的淬透性。

合金元素在晶体缺陷处产生偏聚的重要原因是它们之间的弹性相互作用。在晶体缺陷附近，原子排列的规则性受到破坏，发生点阵畸变而产生畸变能。与完整晶体相比，这些缺陷区就具有较高的能量。作为溶质原子的合金元素在基体中也会产生畸变能。这些晶体缺陷与合金元素同时存在时会产生交互作用，结果是降低（松弛）各自的畸变能而使系统的能量降低。这一过程是自发过程，使系统达到热力学上的稳定状态。溶质原子在晶内和缺陷处的畸变能之差是产生这种偏聚或吸附现象的驱动力。这种偏聚或吸附现象产生了成分不均匀性，即形成了偏析；这种偏析是平衡偏析。

此外，溶质原子与晶界和晶内点阵的静电交互作用也会对晶界偏聚起作用。

D. McLean 根据热力学推导，并经过简化得出溶质原子偏聚的近似关系：

$$c_g = c_0 \exp(E/RT)$$

式中　c_g——溶质原子在缺陷处的浓度；

c_0——溶质原子在基体中的平均浓度；

R——气体常数；

T——热力学温度；

E——单位溶质原子在晶内和晶界区引起的畸变能之差。

溶质原子在缺陷区的富集程度可用富集系数 β 表示，$\beta = c_g / c_0$；富集系数 β 越大，富集程度也就越高。影响偏聚的因素，首先是溶质原子引起的 E 值，E 为正值。在一般情况下，根据溶质原子和基体原子半径之差引起的畸变能来估计 E 值，$E = 0 \sim 20\ \mathrm{kJ \cdot mol^{-1}}$。溶质原子与基体的原子半径（或间隙尺寸）差值越大，E 值也越大，其晶界偏聚富集程度也越大。富集系数 β 与溶质原子在基体中的固溶度有关。固溶度是合金尺寸因素和电子因素的综合反映。固溶度越小，其合金系中的偏聚程度也越显著。

温度对溶质原子偏聚的影响较复杂。假设在一定范围内 E 值不受温度的影响，根据上述关系式，随着温度的降低，偏聚程度增大。但是偏聚是一个扩散过程，溶质原子的偏聚只有在能够扩散的温度范围才能产生，并需要一定的时间才能达到这一温度条件下溶质的平衡偏聚浓度。氢原子的扩散激活能小，在 0 °C 以下就在钢中显著扩散，并形成科垂耳气团；碳、氮原子需要在室温附近才产生晶界偏聚和科垂耳气团；而磷原子在 350 °C 以上，钼、铌原子在 500 °C 以上，才能发生明显的晶界偏聚。从动力学方面来说，基体中溶质原子平均浓度 c_0 越低，产生显著的偏聚浓度所需要的时间就越长。降低溶质原子扩散激活能，提高溶质原子的扩散速度，会加速溶质原子在晶体缺陷处的偏聚。

既然偏聚是一个扩散过程，就需要时间，可以通过控制溶质原子扩散的时间来控制其偏聚。具有高温回火脆性倾向的钢，在高温回火后快冷，可以避免出现高温回火脆性。对于已经产生高温回火脆性的钢，重新加热到 650 °C 以上回火，然后快冷，可以消除回火脆性。

应该注意的是，E 值并不是一个常数，它受许多因素的影响，如受温度和缺陷类型的影响。温度升高，弹性模量和切变模量下降。同样的溶质原子，在高温时引起的畸变能小，在低温时引起的畸变能大。此外，根据上述公式，温度升高，偏聚现象也会减弱。所以，温度过高，偏聚会消失，即解吸附。硼钢的淬火加热温度不能过高，否则会降低其淬透性，原因就在于这两方面的作用。830 °C 加热淬火的硼钢淬透性最好，随着淬火温度的上升，淬透性反而下降。如果加热到 1 100 °C，硼钢的淬透性和无硼钢相当，这说明此时硼在奥氏体中是均匀分布的。

基体中缺陷处的原子排列越混乱，溶质原子在缺陷处和在完整晶体中的畸变能的差就越大，溶质原子的偏聚程度就越大。钢中的缺陷种类很多，如相界、晶界、亚晶界、孪晶界、位错等。溶质原子在不同缺陷处的偏聚是不一样的。同样是晶界，也可能由于相邻两侧晶粒的位向差不同，界面能不同，偏聚程度也会出现差别。共格和非共格的亚晶界处的偏聚也有明显的不同。

基体的点阵类型对置换式溶质原子的偏聚不会产生影响，但对间隙式溶质原子则有较大的影响。碳、氮间隙原子在体心立方的 α-Fe 中造成的畸变能大于在面心立方的 γ-Fe 中的畸变能，因此，碳、氮在铁素体或马氏体中的偏聚程度大于在奥氏体中的偏聚程度。

实用的金属材料很少是简单的二元合金，绝大多数是多元体系。合金中第一种溶质原子的偏聚还会受第二种溶质原子的影响。对于钢铁材料来说，它们之间的相互作用有以下几种情况。

第一种是各种晶界偏聚元素间的晶界位置的竞争作用，产生畸变能差大的元素，其偏聚倾向较强烈，会减弱另一种溶质原子的偏聚。如铈的晶界偏聚倾向大于磷。

第二种是影响晶界偏聚的速度，若第二种溶质原子改变了某偏聚原子在铁中的扩散激活能，也会影响偏聚过程。增大偏聚元素扩散激活能的第二元素将减慢偏聚进程；反之，则加快偏聚进程。如锰降低磷在 α-Fe 中的扩散激活能，加速磷的扩散，使磷的偏聚进程加快，是促进高温回火脆性的元素；钼增大磷在 α-Fe 中的扩散激活能，减慢磷扩散到晶界的偏聚过程，是降低钢的高温回火脆性的元素。如铈能减慢锑在铁晶界的偏聚速度。

第三种是影响晶界偏聚元素在晶内的溶解度。如镧与磷、锡以金属间化合物形式在晶内沉淀，降低了磷和锡在晶内的浓度。

第四种是溶质元素之间发生强的相互作用，即共同偏聚作用。如镍、铬、锰与磷、锡、锑共同偏聚而促进淬火钢的回火脆性。

1.4 合金元素对层错能的影响

层错能是一个很重要的参量，对加工硬化、形变和退火织构、退火孪晶、回复和再结晶动力学、ε 马氏体的形成、细小 α 马氏体组织、应力腐蚀开裂等有重要影响。但是，目前有关合金元素对层错能的影响规律尚不完全清楚，相关的数据也比较少，尤其是铁素体层错能的数据更是稀少。这里仅根据有限的资料介绍合金元素对奥氏体层错能的影响。

钢中奥氏体的层错能对自身的组织和性能，以及对其转变后的组织和性能都有很大的影响。镍、铜和碳元素使奥氏体层错能提高，而锰、铬、铌、硅、铱和钌元素使奥氏体层错能降低。

一般认为，奥氏体层错能的高低将直接影响到室温下为奥氏体组织的奥氏体钢的力学行为。典型的例子是高镍钢和高锰钢在性能上的差异。虽然锰和镍都是奥氏体形成元素，单独加入相当数量的镍和锰都可以使钢在室温下获得单相奥氏体，但却发现镍钢的冷形变性能优异，易于形变加工；而锰钢的冷形变性能很差，表现有很高的加工硬化趋势与耐磨性。显然，造成这种性能差异的原因是镍和锰对奥氏体层错能的影响不同所致。

由于奥氏体是钢中相变产物的母相，改变奥氏体层错能必然会影响到钢的相变行为。奥氏体层错能的高低，对 Fe-Ni-C 合金中马氏体的形态有着直接影响。一般认为，奥氏体层错能的高低，反映马氏体层错能的高低。通常，奥氏体层错能越低，相应的马氏体层错能越高，马氏体中的位错就不易分解，导致不均匀切变时易发生滑移形变，形成位错型亚结构的板条马氏体。而提高奥氏体层错能，相应降低马氏体的层错能，使马氏体相变时易于形成孪晶型亚结构的片状马氏体。由此便不难理解 18%Cr-8%Ni 奥氏体钢发生马氏体相变时，由于大量铬使奥氏体层错能降低，易于形成板条马氏体。而对于 Fe-Ni 合金而言，由于镍含量的增加，使奥氏体层错能提高，易于形成孪晶马氏体。

1.5 钢铁中的化合物

钢铁中的化合物属于中间相。金属学中将凡是不和相图端际相连接的相，通称为中间相，它们都是化合物。中间相分为 3 类：① 正常价化合物；② 电子化合物；③ 尺寸因素化合物。实际上，不同的合金相之间并没有严格的分界线，有些相同时具有不同类型相的特征。

在工业生产的钢铁中存在的化合物，按习惯分为 3 类：① 非金属夹杂物；② 碳化物、氮化物、硼化物等；③ 金属间化合物。

1.5.1 钢铁中的非金属夹杂物

钢铁中的非金属夹杂物属于正常价化合物。它是由电负性相差比较大的元素形成的；通常为离子键，或者为离子键与共价键的混合；结构类型繁多，有简单的，也有复杂的，主要由其化学成分决定。非金属夹杂物是钢铁材料在冶金过程中形成的，其种类、数量、大小、形态、分布与熔炼、浇铸工艺有关。对其形成机理以及数量、大小、形态和分布的控制是化学冶金学研究的内容。压力加工可以改变其在钢材产品中的最终形态和分布，但是，轧钢的主要任务不是调整其形态和分布。而是将钢锭或钢坯经塑性形变使其成为一定形状的钢材和改变钢材的基体组织。然而，合理的模锻工艺使零件内部形成有利的流线分布可以改善其性能。

大多数情况下，钢铁中非金属夹杂物对其工艺性能和使用性能都是有害的；将其有害作用减轻或消除，乃至转化为有利作用是冶金工作者当前和今后的重要研究任务，具有重要的实际意义。钢中非金属夹杂物的种类、数量、大小、形态和分布对性能的影响是物理冶金学研究的内容。但是对这部分内容的详细讨论超出了金属材料学课程的范围。

1.5.2 碳化物、氮化物、硼化物

碳化物、氮化物、硼化物等是钢中重要的组成相，其类型、数量、大小、形态和分布对钢的性能有极其重要的影响。这些化合物都属于电子化合物，因为价电子浓度因素对它们的结构有着非常重要的影响，与纯金属或固溶体相相比，具有高硬度、高弹性模量和高脆性，并具有高熔点、高化学稳定性；通常具有正的电阻温度系数，部分化合物是低温超导体。

高硬度是共价键化合物的特征。这些化合物的高硬度说明合金元素与碳、氮、硼之间可能存在共价键。但是这些化合物还具有正的电阻温度系数，这表明它们具有金属的导电特性，所以金属原子之间仍然保持着金属键。因此，这些化合物具有混合键，它们同时具有金属键和共价键的特点，但以金属键为主。

1.5.2.1 碳化物

1. 碳化物的形成规律及其类型

过渡族金属的碳化物中，金属原子和碳原子相互作用排列成密排或稍有畸变的密排结构，金属原子处于点阵结点上，而尺寸较小的碳原子处在点阵的间隙位置。如果金属原子间的间隙足够大，可以容纳碳原子时，碳化物就可以形成简单的密排结构。若这种间隙不足以容纳碳原子时，就得到比简单结构稍有形变的复杂结构。所以，碳原子半径（$r_C = 0.077$ nm）和过渡族金属的原子半径（r_M）的比值（r_C / r_M）决定是形成简单密排结构还是复杂密排结构。

（1）当$r_C / r_M < 0.59$时，形成简单结构的间隙相。

① 形成NaCl型面心立方点阵的碳化物，如TiC、ZrC、VC、NbC等。金属原子与碳原子的比例为1∶1，但实际上碳化物中碳原子有缺位，碳浓度不是固定的，而是在一定范围内变化。碳原子的浓度变化会影响到碳化物的硬度，随着碳浓度的增加，硬度提高。碳浓度的变化还会影响间隙相的点阵常数。

② 形成六方点阵的碳化物（MC型和M_2C型），如MoC、WC、Mo_2C、W_2C等。MoC、WC是简单六方点阵，1个晶胞内有3个金属原子、3个碳原子。Mo_2C、W_2C是密排六方结构，1个晶胞内有6个金属原子、3个碳原子。

（2）当$r_C / r_M > 0.59$时，形成复杂结构的间隙化合物。

① 形成复杂立方结构（$M_{23}C_6$型），如$Cr_{23}C_6$、$Mn_{23}C_6$。1个晶胞内有92个金属原子、24个碳原子。

② 形成复杂六方结构（M_7C_3型），如Cr_7C_3、Mn_7C_3。1个晶胞内有56个金属原子、24个碳原子。

③ 形成正交晶系结构（M_3C型），有Fe_3C、Mn_3C两种。1个晶胞内有72个金属原子、24个碳原子。

有人认为，间隙相具有较高的金属键特征和部分共价键特征，具有极高的熔点和硬度，非金属间隙原子的量由于间隙原子缺位而在低于理想化学配比的一定范围内变化。间隙化合物具有较高的金属键特征和部分离子键特征，具有较高的熔点（或分解温度）和硬度，但比间隙相低，反映非金属原子与金属原子间的亲和力较小；金属元素和非金属元素之间的原子比值基本固定或变化很小。

2. 复合碳化物

（1）在钢铁中由于 Fe-M-C 3 种元素的存在，会形成三元碳化物。

① 形成复杂立方结构的碳化物（M_6C 型），如 Fe_3W_3C 或 Fe_4W_2C、Fe_3Mo_3C 或 Fe_4Mo_2C。1 个晶胞内有 96 个金属原子、16 个碳原子。

② 形成复杂立方结构的碳化物（$M_{23}C_6$ 型），如 $Fe_{21}Mo_2C_6$、$Fe_{21}W_2C_6$。1 个晶胞内有 92 个金属原子（其中 8 个钨或钼原子，其余为铁原子）、24 个碳原子。

（2）钢铁中往往同时存在多种碳化物形成元素，会形成含有多种碳化物元素的复合碳化物，即一种碳化物中可溶解其他元素。各种碳化物之间可以完全互溶或部分溶解。影响溶解度的因素仍然是尺寸因素、电负性因素、点阵类型。

① 完全互溶。如果上述 3 个因素都适合，则形成的碳化物彼此能够完全互溶，即碳化物中的金属原子可以任意彼此互相置换。

如 Fe_3C、Mn_3C 两种碳化物可以完全互溶，形成 $(Fe, Mn)_3C$ 复合碳化物（或称为合金渗碳体）。Fe_3C 中的铁原子可以任意被锰原子置换。VC-TiC、VC-NbC、ZrC-NbC 等都能形成连续固溶体。$Fe_3(W、Mo)_3C$ 中的钨、钼原子可以互相置换。

在 3 种或多种碳化物之间，只要能够满足上述完全互溶的条件，都可以形成三元完全互溶的碳化物。如 VC-NbC-TaC 之间可以形成(V、Nb、Ta)C，其中钒、铌、钽 3 种原子可以任意相互置换。

② 有限溶解。如果 3 个因素中任意一个不合适，则碳化物之间就只能有限溶解。如果碳化物形成元素在渗碳体中富集，超过了它们在渗碳体中的溶解度，则渗碳体就要发生转变，形成以合金元素为主的特殊碳化物。

如果铬含量超过 28% 时，则以铁为主的 $(Fe, Cr)_3C$ 就要发生转变，形成以铬为主的 $(Cr, Fe)_7C_3$。$Cr_{23}C_6$ 中可以部分溶解铁、钨、钼、锰、钒、镍，形成 $(Cr, Fe, Ni, Mn, W, Mo)_{23}C_6$。MC 中几乎不溶解铁，溶解度较小的有锰、铬，溶解度大的有钨、钼。W_2C、Mo_2C 中可以溶解大量的铬，铬置换钨、钼。Cr_7C_3 等碳化物中同样可以溶解其他碳化物形成元素。

3. 碳化物的稳定性

钢铁中各种碳化物的相对稳定性，对于其形成、转变、溶解、析出和聚集长大有着极大的影响。碳化物在钢铁中的相对稳定性取决于合金元素与碳的亲和力的大小，也就是合金元素与碳之间形成共价键倾向的强弱，据此可以将合金元素分为以下几种。

（1）强碳化物形成元素：Ti、Zr、Nb、V。

（2）中强碳化物形成元素：W、Mo、Cr。

（3）弱碳化物形成元素：Mn、Fe。

（4）非碳化物形成元素：Co、Ni、Cu、Al、Si。

这些合金元素形成碳化物的能力是依序递减的。在化学元素周期表中，碳化物形成元素（钛、钒、铬、锰、锆、铌、钼、钨等）均位于铁的左侧，而非碳化物形成元素（钴、镍、铜、铝、硅等）均位于铁的右侧。尽管镍和钴也可形成独立的碳化物，但由于其稳定性很差（比 Fe_3C 还小），在钢中不会出现，故通常被当作非碳化物形成元素。锰是碳化物形成元素，但锰极易溶入渗碳体中，故钢中没有发现锰的独立碳化物。

碳化物形成元素均有一个未填满的 d 电子层，当形成碳化物时，碳首先将其外层电子填入合金元素的 d 电子层，从而使形成的碳化物具有金属键结合的性质，因此，具有金属的特性。合金元素与铁原子比较，d 电子层越是不满，形成碳化物的能力就越强，即与碳的亲和力越大，所形成的碳化物也就越稳定。碳化物的稳定性也可用金属元素与碳结合时的生成热 ΔH 值来表示，生成热的绝对值越大，其稳定性就越高。

不同类型碳化物的相对稳定性顺序为：$MC > M_2C > M_6C > M_{23}C_6 > M_7C_3 > M_3C$。

值得指出的是，稳定性比 $M_{23}C$ 型、M_7C_3 型高的 M_6C 型碳化物是复杂结构，但是从性能上接近简单结构碳化物。

钢铁中如果有多种碳化物形成元素同时存在，通常是强碳化物形成元素优先与碳结合形成其碳化物。

合金碳化物在钢铁中的行为与其自身的稳定性有关，强碳化物形成元素形成的碳化物比较稳定，其溶解温度也较高，而溶解速度较慢，析出后聚集长大速度也较低。作为高温强化相的应该是强碳化物形成元素形成的稳定碳化物。

碳化物在钢铁中的稳定性还受其他合金元素的影响，强碳化物形成元素溶于弱碳化物形成元素形成的碳化物中，可以提高其稳定性，使其在基体中的溶解温度升高，降低其溶解速度，在析出时减慢其聚集长大速度。若钢铁中存在弱碳化物形成元素锰（有时还有铬），少量溶于强碳化物形成元素形成的碳化物中，可以降低其在钢铁中的稳定性，降低其溶解温度，加快其溶解速度。例如，在含钒或钛的钢中，加入的锰含量大于 1.4%，则 TiC 或 VC 开始大量溶解的温度大大降低。对 VC 来说，从 1 100 °C 降低到 900 °C。

含多种碳化物形成元素的钢中，铬能阻止 MC 型碳化物生成，延迟 M_2C 型碳化物出现。但铬能促进钨钢中 $M_{23}C_6$ 型碳化物的生成。

不同的碳化物形成元素还可以改变碳化物析出的形状。如钒钢中的马氏体回火时，析出的 VC 呈片状，当钒钢中加入铬后，VC 在马氏体中呈短粒状析出，后一形态具有较好的强化效果。

1.5.2.2 氮化物

1. 氮化物的类型

氮的原子半径比碳原子小，$r_N = 0.071\ \text{nm}$，$r_N / r_M < 0.59$（对过渡族金属）。所以，氮和过渡族金属形成的氮化物都属于简单密排结构的间隙相；金属原子处于点阵结点位置，而尺寸较小的氮原子处于点阵的间隙位置。

（1）属于 NaCl 型面心立方点阵的氮化物有 TiN、ZrN、VN、NbN、Mo_2N、W_2N、CrN、γ'-Fe_4N、MnN、ε-Mn_2N。这里锰的氮化物点阵稍有畸变，属于正方点阵（其 $c/a < 1$）。氮化物的氮含量是在一定范围内变化的，因为有氮原子的缺位。

（2）属于六方点阵的氮化物有 TaN、WN、Nb_2N、MoN、Cr_2N、ε-$Fe_{2\text{-}3}N$、Mn_2N。

（3）AlN 属于简单六方点阵，它的结构类型为纤维锌矿（ZnS）型。铝不是过渡族金属，AlN 不属于间隙相；氮原子并不是处于铝原子之间的间隙位置，这种化合物的键性主要是共价键，有少部分离子键。

2. 复合氮化物

氮化物之间也可以互相溶解，形成完全互溶或有限溶解的复合氮化物。如果氮化物的点阵类型相同，金属原子的电负性因素、尺寸因素相近，则可以完全互溶，否则就是有限溶解。如 TiN-VN 是完全互溶的，有限溶解的氮化物的相互溶解度受两者金属原子间尺寸差别的影响，二者原子半径差越小，溶解度越大。高铬钢表面渗氮后存在$(Fe, Cr)_2N$、$(Fe, Cr)_4N$ 等复合氮化物。

3. 碳氮化物

氮化物和碳化物之间可以互相溶解，形成碳氮化物。如含氮的 Cr-Ni 或 Cr-Mn 不锈钢，氮原子可以置换$(Cr, Fe)_{23}C_6$中的部分碳原子形成$(Cr, Fe)_{23}(N, C)_6$碳氮化物。在 Cr-Mn-C-N 奥氏体不锈钢中出现成分为$(Cr_{17}Fe_4Mn_2)(C_{5.7}N_{0.3})$的碳氮化物。钢铁中的 TiN 中的氮也可以被碳部分置换，形成 Ti(N，C)。TiN 呈金黄色；Ti(N，C)的颜色随碳含量的增大而加深，由桔红色变为紫色。VN 中的氮也可以被碳置换，形成 V(N，C)。在 Ti-V-N 微合金钢中还存在(Ti，V)(N，C)化合物。

4. 氮化物的稳定性

和碳化物一样，钢铁中氮化物的稳定性对钢铁的组织和析出相类型及性能也有很大的影响；其受 d 电子层或生成热影响的规律也是相同的。根据所形成的氮化物的稳定性，合金元素可以分为以下几种。

（1）强氮化物形成元素：Ti、Zr、Nb、V。

（2）中强氮化物形成元素：W、Mo。

（3）弱氮化物形成元素：Cr、Mn、Fe。

这些合金元素形成氮化物的能力是依序递减的。

通常，氮化物的稳定性高于由同一合金元素形成的碳化物。

此外，钢中的 AlN 具有很高的稳定性。

在生产中可以利用氮化物的高硬度，细小、弥散分布的特性来提高钢的强度、表面硬度和耐磨性。结构钢 38CrMoAl、38CrMoAlV 经过调质和渗氮后，在表面除形成γ'-Fe_4N、ε-Fe_4N 外，还形成合金氮化物，如 Mo_2N、VN、AlN 等，它们起弥散强化的作用，使表层达到 1 000 HV 的极高硬度。高速钢表面渗氮同样也形成钼、钨、铬等元素的氮化物，可以提高工具的切削速度和寿命。

1.5.2.3 硼化物

1. 硼化物的类型

硼的原子半径 $r_B = 0.097$ nm。不论 r_B / r_M 的大小，硼化物都是复杂结构的晶体。这是对 $r / r_M < 0.59$ 时形成简单密排结构原则的例外。在硼化物中，硼原子呈链状或网状排列，而且硼原子也可以作为最近邻原子，它表明硼原子间有相对强的键。

（1）$CuAl_2$ 型。如 Ti_2B、W_2B、Mo_2B、Cr_2B、Fe_2B、Co_2B、Ni_2B 等，它们属于正方晶系，$c / a < 1$，单位晶胞中原子数为 12，其中 8 个为金属原子、4 个为硼原子。在钢中硼含量较高时主要为 Fe_2B，它是由包晶反应形成的，包晶温度为 1 389 °C。Fe_2B 中的硼含量为 8.84%，点阵常数为 $a = 0.510\,9$ nm，$c = 0.424\,9$ nm，$c / a = 0.842$；硬度为 1 200 ~ 1 700 HV。由于硼吸收快中子能力很强，在反应堆中常用含硼 0.1% ~ 4.5% 的高硼钢，Fe_2B 是其主要相之一。钢渗硼时希望表面获得单相的 Fe_2B。

（2）FeB 型。如 TiB、MnB、FeB 等，它们属于正交晶系，单位晶胞中原子数为 8，金属原子和硼原子各 4 个。钢渗硼时表面可得到 FeB，其脆性较大。

（3）Fe_3C 型。钢中存在与 Fe_3C 类似的 Fe_3B，它也是亚稳相。

（4）$Cr_{23}C_6$ 型。如 $Fe_{23}(C，B)_6$，或 $Fe_{23}C_3B_3$，它们属于立方晶系。$Fe_{23}(C，B)_6$ 一般在钢和合金中存在于晶界。

（5）$T^{I}_2T^{II}B_2$ 型。这种复杂硼化物中，T^{I} 为钼、钨，T^{II} 为铁、钴、镍。如正方晶系的 Mo_2FeB_2，正交晶系的 W_2FeB_2。

2. 复合硼化物

钢中的铬、钼、锰可以溶于 Fe_2B，形成复合硼化物$(Fe，M)_2B$。

硼可以置换 Fe_3C 中的碳，其置换率可达 80%，形成 $Fe_3B_{0.8}C_{0.2}$ 类型的化合物。这种大尺寸的硼原子可以取代小尺寸的碳原子的现象，说明在形成间隙相或间隙化合物时，不仅尺寸因素在起作用，而且从化合价来看，用低原子序数的硼取代高原子序数的碳，可以认为还有价的效应在起作用。反过来，碳在硼化物中没有溶解度，碳不能取代硼化物中的硼原子。

$Fe_{23}(C，B)_6$ 中的铁原子可以被其他过渡族元素置换，也可能出现与 $Fe_{21}Mo_2C_6$ 类似的复杂硼化物 $T_{23-x}M_xB_6$，其中 $x = 2 \sim 3.5$。这种复杂硼化物中，T 为铁、钴、镍等元素，M 为钛、锆、铌、钒、钼、钨等元素。

1.5.3 钢中的金属间化合物

合金钢中由于合金元素之间以及合金元素与铁之间产生相互作用，可能形成各种金属间化合物。金属间化合物保持着金属的特点，它表明各组元之间仍然保持着金属键的结合。合金钢中重要的金属间化合物有：σ 相、拉维斯（Laves）相、有序相。金属间化合物具有与各组元不同的、独特的结构和性能，对不锈钢、耐热钢及耐热合金的性能有较大的影响。此外，金属间化合物的研究对开发超导合金、储氢合金、金属间化合物材料具有重要意义。

1.5.3.1 σ 相

σ 相属于尺寸因素化合物。在低碳的高铬不锈钢、Cr-Ni 奥氏体不锈钢及耐热钢中都会出现 σ 相。σ 相具有极高的硬度，在 Fe-Cr 合金中 σ 相的硬度为 1 100 HV。在 Cr 钢和 Cr-Ni 钢中伴随着 σ 相的出现，钢的塑性和韧性显著下降，出现脆化，特别是当 σ 相沿晶界形成网状时，出现脆性的沿晶断口。

σ 相为正方晶系，$a = b \neq c$，单位晶胞中有 30 个原子。

在二元系中形成 σ 相与下面的条件有关：

（1）原子尺寸相差很大不利于形成 σ 相。已知 σ 相中原子尺寸相差最大的 W-Co 系，其原子半径相差为 12%。

（2）其中必定有一个组元具有体心立方结构（配位数为 8），另一个组元为面心立方或密排六方结构（配位数为 12）。目前，23 种二元系中的 σ 相符合此条件。

（3）σ 相出现在 s + d 层电子浓度为 5.7 ~ 7.6，特别是 6.4 ~ 6.8。

σ 相晶胞中原子排列即非完全有序，也非完全无序。在 σ 相结构中有 5 个原子排列位置，其中 3 个位置中每一个位置都仅为一种原子特定占有，其余 2 个位置 2 种原子都可占有，这即是 σ 相的组成可以在很宽的范围内变化的原因。

第三种元素的加入会影响 σ 相的浓度范围和温度范围。若第三种元素与铁或另一种元素

间能形成 σ 相，则在三元相图上有相当宽的 σ 相成分范围。

1.5.3.2 拉维斯相

很多金属二元以及三元合金系有通式为 AB_2 的化合物，借助于两种不同大小的原子配合排列成密堆结构，称为拉维斯相，也叫 AB_2 相。理论上拉维斯相的 A 原子和 B 原子半径比值 r_A/r_B 为 1.255，实际上这个比值为 1.05 ~ 1.68。有人分析了 164 种拉维斯相，除了 26 种外，其他所有拉维斯相的 r_A/r_B 均在 1.1 ~ 1.4 范围内。AB_2 相的晶体结构有 3 种类型：$MgCu_2$ 型复杂立方结构、$MgZn_2$ 型复杂六方结构、$MgNi_2$ 型复杂六方结构。

AB_2 相属于尺寸因素化合物，但它具有哪种结构类型则受电子浓度因素的影响。周期表中任何两族的金属元素，只要 r_A/r_B 比值合适，都可以形成 AB_2 相。最典型的例证是同族的钾和钠形成的 KNa_2 相。

在 AB_2 相的晶体点阵中，尺寸小的 B 原子组成四面体，而尺寸大的 A 原子在四面体中心。

多元合金钢中会出现复合的 $MgZn_2$ 型 AB_2 相。

AB_2 相由于具有较高的稳定性，可使长时间持久强度保持在较高水平，是耐热钢中的强化相。

具有拉维斯相结构的 AB_2 型储氢合金具有很高的储氢能力，如 $NiTi_2$ 合金。

1.5.3.3 有序相

Ni_3Al、Ni_3Ti、Ni_3Nb、Ni_3Fe、Ni_3Mn、Fe_3Al 等通式为 AB_3 的化合物属于有序相。它们中的组元之间的电负性差还不够形成稳定化合物的条件，它们是介于无序固溶体和化合物之间的过渡状态。其中，一部分有序相的有序-无序转变温度较低，超过这个临界温度就形成无序固溶体，如 Ni_3Fe、Ni_3Mn、Fe_3Al。另一部分的有序原子排列可以一直保持到熔点，与化合物接近，如 Ni_3Al、Ni_3Ti、Ni_3Nb。

在复杂成分的耐热钢和耐热合金中，Ni_3Al 是重要的强化相，Ni_3Al 可以溶解多种合金元素。与铝和镍的原子半径相近的元素在 Ni_3Al 中的溶解度较大，反之溶解度较小。在实际合金中，钴、铜可置换镍；钛、铌、钨、钒、硅、锰等可置换铝；而铁、铬、钼等既可置换镍，也可置换铝。Ni_3Al 的点阵常数随着溶入的合金元素不同而发生变化。

1.6 合金元素对 $Fe\text{-}Fe_3C$ 相图的影响

1.6.1 合金元素对临界点的影响

合金元素对钢铁的重要影响之一是改变其在组织转变时临界点的成分和温度，因此，合金钢和铸铁的热处理制度不同于碳钢。碳钢中加入合金元素后使共析组织中的碳含量发生变化，钢在经过热处理后的组织也会发生改变。

扩大 γ 相区的合金元素，如镍、锰、铜、氮等，使钢的 A_3 温度下降，因而使 $Fe\text{-}Fe_3C$ 相图中 A_3 和 A_1 温度下降。锰对 $Fe\text{-}Fe_3C$ 相图中 A_3 和 A_1 温度的影响如图 1.2 所示。当合金元素含量增加时，形成单相奥氏体的最低温度逐渐降低。但是，在扩大 γ 相区的合金元素中，钴

使 A_3 和 A_1 温度升高，这是一个例外。

缩小 γ 相区的合金元素，如钼、钨、硅、铝、铌、钒、钛等，使 A_3 温度升高，因而使 Fe-Fe_3C 相图中 A_3 和 A_1 温度升高。钼对 Fe-Fe_3C 相图中 A_3 和 A_1 温度的影响如图 1.3 所示。随着钼含量的增加，形成单相奥氏体的温度范围逐渐减小，当 $w(\mathrm{Mo}) > 8.2\%$ 时，单相奥氏体就消失了。每个缩小 γ 相区的铁素体形成元素都有使单相奥氏体区消失的临界成分，钨为 12%、硅为 8.5%、钒为 4.5%、钛为 1%。铬与钼、钨稍有不同，在 $w(\mathrm{Cr}) < 7.5\%$ 时，使 Fe-Fe_3C 相图中 A_3 温度下降，$w(\mathrm{Cr}) > 7.5\%$ 时才使钢的 A_3 温度上升；铬对 A_1 温度却是一直升高的。保持单相奥氏体的 w(Cr)可达 20%。铬对 Fe-Fe_3C 相图中 A_3 和 A_1 温度的影响如图 1.4 所示。

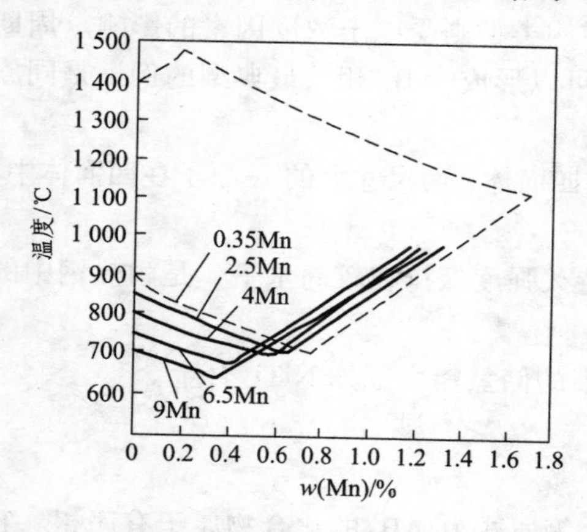

图 1.2 锰对 Fe-Fe_3C 相图中 γ 相区的影响

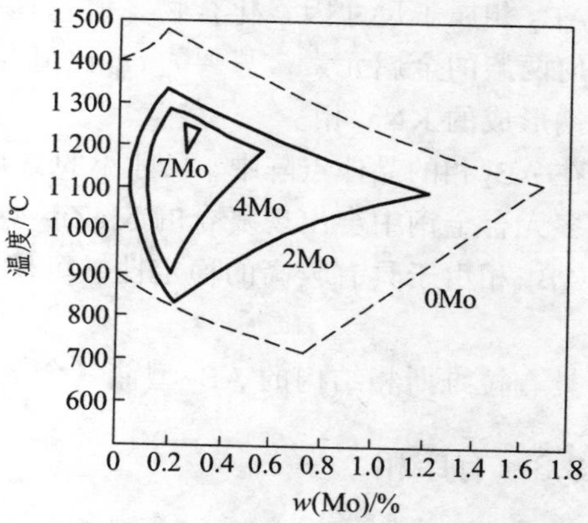

图 1.3 钼对 Fe-Fe_3C 相图中 γ 相区的影响

合金元素对钢的共析温度和共析碳含量的影响如图 1.5 所示。锰、镍降低 A_1 温度，而铬、钨、硅、钼、钛使 A_1 温度上升。所有合金元素均降低共析碳含量。中强碳化物形成元素钨、钼、铬在含量较低时，使共析碳含量降低；当含量增高到一定量后，又使共析碳含量稍有上升。这是因为形成了这些元素的特殊碳化物，造成共析组织中碳含量相对增大。

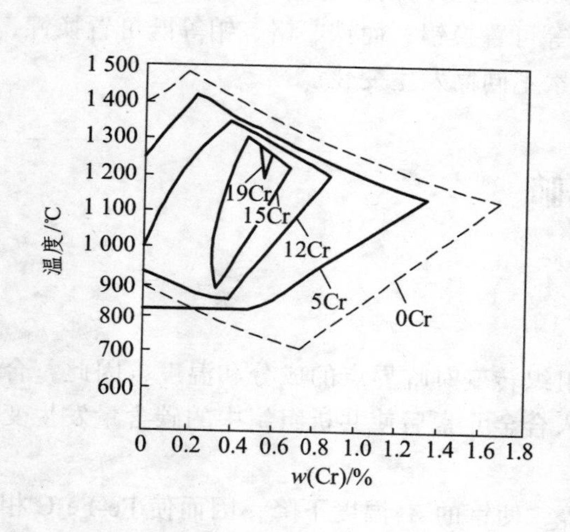

图 1.4 铬对 Fe-Fe_3C 相图中 γ 相区的影响

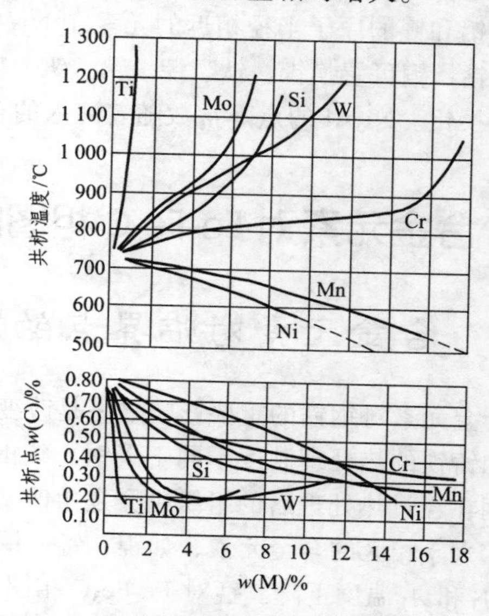

图 1.5 合金元素对共析温度和共析点 w(C)的影响

此外，合金元素对 Fe-Fe_3C 相图中的 E 点也会产生影响。凡是扩大 γ 相区的元素均使 E 点向左下方移动，如锰、镍等。凡是封闭 γ 相区的元素均使 E 点向左上方移动，如铬、硅、钼等。

考虑热滞效应后的临界点 Ac_3 和 Ac_1 是制订热处理工艺参数的重要依据，在许多相关的手册中可以查到计算 Ac_1 点和 Ac_3 点的经验公式，使用时应注意这些经验式的应用条件。

判断合金钢的平衡组织是属于亚共析、共析还是过共析，要根据 Fe-C-M 三元系和多元系相图来分析。例如，$w(C) = 0.4\%$ 的不锈钢 40Cr13，因 $w(Cr) = 13\%$，属于过共析钢。而 $w(C) = 0.8\%$ 的高速工具钢 W18Cr4V 属于莱氏体钢。

1.6.2 Fe-C-M 三元系

铁、碳和合金元素的三元系，由于合金元素的种类不同，会出现不同的碳化物。

在 Fe-C-M 系中，若 M 为强碳化物形成元素时，仅出现 MC 型和 Fe_3C 型碳化物，如钛、锆、铌、钒，而钽还出现 M_2C 型碳化物。当 M 为中强碳化物形成元素时，出现 MC、M_2C、$M_{23}C_6$、M_6C 及 Fe_3C 型 5 种碳化物，如钨和钼。Fe-C-Cr 系中出现 M_3C、M_7C_3、$M_{23}C_6$ 及 Fe_3C 型 4 种碳化物。而 M 为弱碳化物形成元素锰时，则与铬相似，出现 M_7C_3、$M_{23}C_6$ 和 M_3C 型 3 种碳化物。

如果 M 为非碳化物形成元素，因其在钢中不形成自己的特殊碳化物，所以 Fe-C-M 系中仅在富铁区出现 Fe_3C 型碳化物，如镍、钴、铝、硅、磷等元素。

1.7 合金元素对钢在加热时转变的影响

平衡态组织的共析碳钢在加热到共析转变温度 Ac_1 以上时将发生珠光体向奥氏体的转变，即奥氏体化。通常，奥氏体形成过程分为 4 个阶段：奥氏体晶核的形成、奥氏体晶核的长大、剩余渗碳体的溶解和奥氏体成分的均匀化。奥氏体晶粒形成过程以及奥氏体化完成以后，会发生奥氏体晶粒的长大。合金钢中的合金元素不影响珠光体向奥氏体转变的机制，但影响碳化物的稳定性及碳在奥氏体中的扩散系数，且许多合金元素在碳化物与基体之间的分配是不同的，所以合金元素的存在会影响奥氏体的形成速度、碳化物的溶解、奥氏体成分的均匀化速度、奥氏体晶粒的长大过程。此外，合金元素在奥氏体中还会发生平衡偏聚。

1.7.1 合金元素对奥氏体形成速度的影响

合金元素对奥氏体形成速度的影响比较复杂，是从以下几个方面产生作用的。

（1）通过影响碳在奥氏体中的扩散来影响奥氏体的形成速度。例如，强和中强碳化物形成元素钛、锆、铌、钒、钨、钼、铬等提高碳在奥氏体中的扩散激活能，减慢碳的扩散，因而对奥氏体的形成有一定的阻碍作用，其阻碍作用的强弱程度随着这些元素的碳化物稳定性的提高而增强。弱碳化物形成元素锰对碳在奥氏体中的扩散几乎没有影响，对奥氏体的形成速度没有显著的影响。

非碳化物形成元素，如硅、钴、镍等，和碳的结合力比铁和碳的结合力弱，不会形成它们自身的碳化物，只增加晶体点阵的不完整性，降低碳在奥氏体中的扩散激活能，加速碳的扩散，因而对奥氏体的形成有一定的加速作用。固溶于奥氏体中的铝对碳的扩散速度影响不大，因而对奥氏体的形成速度没有太大的影响。

（2）通过影响碳化物的稳定性来影响奥氏体的形成速度。例如，强碳化物形成元素组成的碳化物，如 TiC、NbC、VC 等比较稳定，图 1.6 是几种碳化物和氮化物在奥氏体中的溶解度与温度的关系，它们只有加热到高温时才开始溶解，且溶解速度较慢。

若强碳化物形成元素溶入弱碳化物形成元素形成的 $M_{23}C_6$、M_7C_3、M_3C 型碳化物中，也能增大这些碳化物的稳定性，阻碍其溶解和奥氏体的形成。钨、钼等中强碳化物形成元素的作用比强碳化物形成元素的作用要小一些。

弱碳化物形成元素形成的碳化物稳定性差，极易溶解，弱碳化物形成元素溶于强碳化物形成元素的碳化物中，可降低其稳定性和开始溶解温度，故弱碳化物形成元素对奥氏体形成的阻碍作用较小，有时甚至加速奥氏体的形成。中强碳化物形成元素组成的碳化物，如 M_6C、M_2C，其稳定性介于强和弱碳化物形成元素形成的碳化物之间，故中强碳化物形成元素对奥氏体的形成也有一定的阻碍作用。

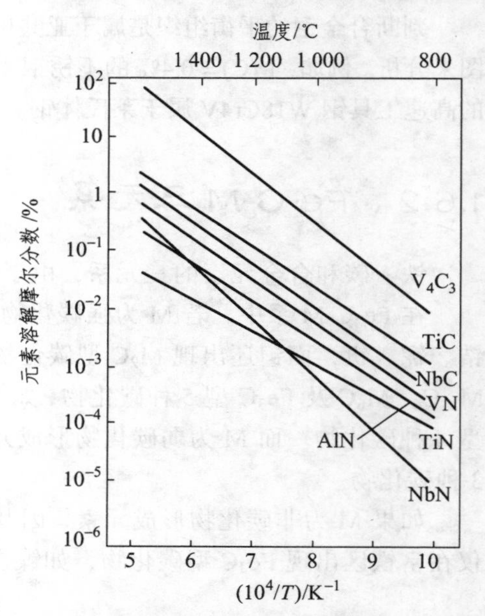

图 1.6　几种碳化物和氮化物在奥氏体中的溶解度与温度的关系

（3）通过改变奥氏体形成温度来影响奥氏体的形成速度。例如，锰、镍、铜等扩大奥氏体相区的元素，使 Ac_1 和 Ac_3 点降低，相对增加了过热度，故加速了奥氏体的形成。而缩小奥氏体相区的元素，如铬、钼、钛、硅、铝、钨、钒等，提高了 Ac_1 点，相对降低了过热度，所以减缓了奥氏体的形成速度。

（4）通过改变原始组织而影响奥氏体的形成速度。钢中加入合金元素可以使原始的珠光体组织细化，减小珠光体团的尺寸和珠光体的片层间距，从而降低奥氏体的形核功，提高奥氏体的形核率，促进碳的扩散。这样可以加速奥氏体的形成。

（5）通过其他因素的影响而影响奥氏体的形成速度。合金元素的加入可以改变碳在奥氏体中的溶解度，因而影响了相界面的浓度差及碳在奥氏体中的浓度梯度。合金元素还会对奥氏体的形核功产生影响。这些都会影响奥氏体的形成速度。

1.7.2　合金元素对奥氏体成分均匀化的影响

当碳化物溶解形成奥氏体后，在原来碳化物的位置，碳化物形成元素和碳的浓度都高于钢的平均浓度。随着保温时间的延长，碳化物形成元素和碳都趋于均匀化。由于合金元素的扩散比碳的扩散慢得多，如在 1 000 °C，碳在奥氏体中的扩散系数大约为 $1\times10^{-7}\ cm^2\cdot s^{-1}$，而合金元素在奥氏体中的扩散系数只有 $1\times10^{-11}\sim1\times10^{-10}\ cm^2\cdot s^{-1}$。在其他条件相同时，合金元素在奥氏体中的扩散速度比碳的扩散速度小 1 000～10 000 倍。合金钢中这种均匀化过程进行得很缓慢，而且由于碳化物形成元素对奥氏体中碳的亲和力较强，在碳化物形成元素富集区，碳的浓度也偏高。故当碳化物形成元素均匀化之前，碳在奥氏体中也是不均匀的。含较强的碳化物形成元素的合金钢是用升高淬火温度或延长保温时间的办法来使奥氏体成分均匀化的，它是热处理操作时提高淬透性的有效办法。

与此同时，钢中的合金元素还会在奥氏体晶界处偏聚，这是使晶界和晶内的成分更不均匀的过程。碳、硼、铌、钼、磷、稀土元素等都会发生不同程度的偏聚。随着加热温度的升高，偏聚程度逐渐减弱。所以利用硼来提高淬透性的钢，其淬火温度不宜过高，否则硼的作用将会消失。

1.7.3 合金元素对奥氏体晶粒长大的影响

钢中奥氏体晶粒长大是自发过程，是通过晶界迁移实现的。晶界移动的驱动力是总界面自由能的减小，并且指向晶界的曲率中心方向。这将使晶界变得平直，降低晶界的曲率，从而降低系统的自由能。晶界移动是依靠原子扩散进行的，即晶界凹面一侧晶粒内的铁原子以自扩散的方式穿过晶界，迁移到晶界凸面一侧；或者晶界铁原子以自扩散的方式向曲率中心方向迁移。结果是使一些晶粒长大，另一些晶粒缩小直至消失。因此，影响晶界自由能和铁原子自扩散的因素都可以改变奥氏体晶粒长大的进程。

加入钢中的合金元素，有些可以促进奥氏体晶粒长大，如碳、磷、锰（在高碳时）；有些可以阻止奥氏体晶粒长大，其中起强烈阻止作用的如铝、锆、铌、钛、钒等，起中等阻止作用的如钨、铬、钼。它们起作用的原因是不相同的，但与其在奥氏体中的存在状态有关。

碳、磷在奥氏体晶界的偏聚改变了晶界原子的自扩散激活能。碳可以降低铁原子间的结合力，使 γ-Fe 自扩散激活能 $Q_{\gamma\text{-Fe}}$ 降低，并且可由下式表示：

$$Q_{\gamma\text{-Fe}} = 288\,000 - 29\,000a(\mathrm{C})\ (\mathrm{J \cdot mol^{-1}})$$

式中，$a(\mathrm{C})$为钢中碳的原子百分数。实验证明，若钢中 $w(\mathrm{C}) = 1.06\%$ [对应于 $a(\mathrm{C}) \approx 4.76\%$]，则 $Q_{\gamma\text{-Fe}}$ 由 288 kJ · mol^{-1} 降为 138 kJ · mol^{-1}。这是没有区分是晶界还是晶粒内的铁原子的。如果考虑碳原子在晶界处的偏聚，则晶界铁原子的扩散激活能更低，$Q_{\gamma\text{-Fe}}^{晶界} / Q_{\gamma\text{-Fe}}^{晶内} = 0.48$。碳在奥氏体晶界偏聚富集，促进奥氏体晶粒长大。锰在低碳钢中并不促进奥氏体晶粒长大，只有在较高碳含量的钢中才促进奥氏体晶粒长大，原因是由于锰加强了碳促进奥氏体晶粒长大的作用。

铝、钛、铌、钒能在钢中形成稳定的氮化物或碳化物，它们细小、弥散地分布在钢中，可以钉扎奥氏体晶界，阻止晶粒长大。图 1.6 显示了这些元素的化合物在奥氏体中的溶解度与温度的关系，可以看出，氮化物比碳化物有更低的溶解度和更高的稳定性，弥散的氮化物阻碍晶粒长大更有效，尤其是 TiN、AlN。工业生产中，非真空冶炼的钢用铝脱氧，钢中残余的铝与氮结合形成 AlN；当钢中铝含量超过 0.02% 或形成 AlN 的铝含量超过 0.008% 时，可使奥氏体晶粒度保持在 8 ~ 9 级，如图 1.7 所示。但是，当温度高于 1 100 °C 时，AlN 大量溶于奥氏体，晶粒开始急剧长大。钛、铌微合金化的钢中，利用这些微合金元素形成的超显微颗粒（小于 20 nm），能有效阻止晶粒长大。

碳化物或氮化物的细小弥散颗粒阻止晶界移动的作用与晶界自由能有关。

弥散第二相颗粒对晶界移动有钉扎作用。当晶界穿过一个第二相颗粒时，最初晶界面积减小，即减少了总的界面能量，这时颗粒是有助于晶界前进的。但当晶界到达颗粒的最大截面处后，晶界继续移动又会重新增加晶界面积，即增加了总的界面能量，这时颗粒对晶界移动产生拖曳力，即起钉扎作用。

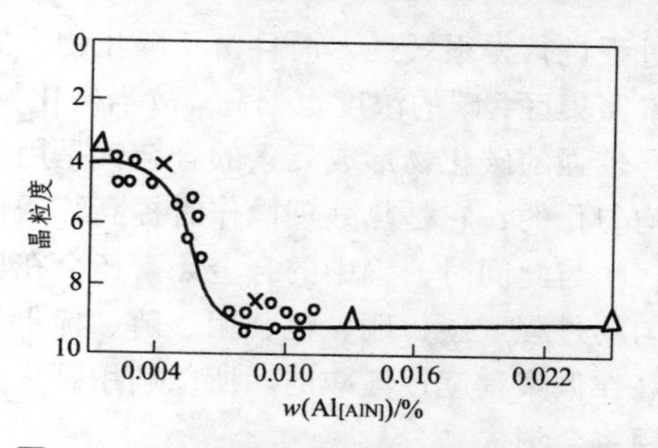

图 1.7　AIN 含量对奥氏体晶粒度的影响

假设：① 第二相颗粒是尺寸相同的圆球；② 颗粒是随机地均匀分布的；③ 以晶粒的半径来表达晶粒界的曲率半径 R。

当晶界从颗粒中心位置继续移动时，晶界的面积随晶界距颗粒中心距离 x 而改变，晶界面积的增加相当于界面截过的颗粒面积的减小。截过颗粒的面积为 $\pi(r^2-x^2)$，如图 1.8 所示。所以，晶界面积随 x 的增加率为

$$dA=-\frac{d\pi(r^2-x^2)}{dx}=2\pi x$$

当 $x=r$ 时，晶界面积的增加率最大，等于 $2\pi r$。所以，晶界移动时单个第二相颗粒使晶界能的最大增加率为 $P_r=2\pi r\gamma_b$（γ_b 为界面能）。它就是第二相颗粒对界面移动的钉扎力。

当晶界迁移的驱动力与这种钉扎力相等时，晶粒长大达到平衡态。设 φ 为第二相颗粒的体积分数。可以证明，平衡态的晶粒半径 $R^*=4r/3\varphi$。

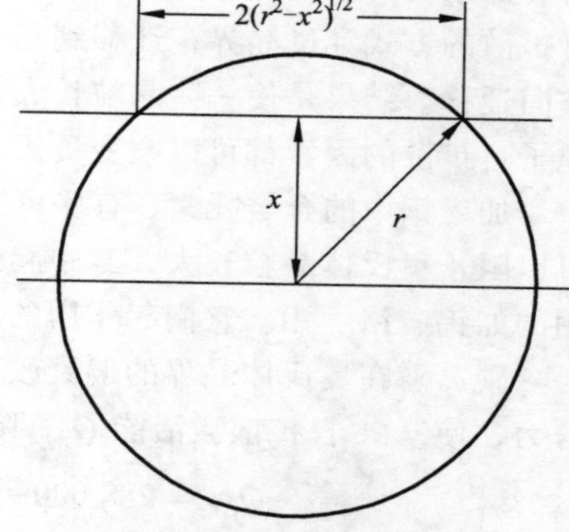

图 1.8　晶界在球形颗粒不同位置晶界面积的变化

因此，为了保证一定晶粒尺寸的奥氏体晶粒在高温下被有效钉扎而不发生粗化，就必须使第二相颗粒存在足够的体积分数，且颗粒的平均尺寸要足够小。而由上式可以看出，增大第二相的体积分数 φ、降低第二相的平均尺寸 r 可增大钉扎作用，使基体晶粒大小被控制在较小的尺寸。

以下列举一些数据，以加深对第二相阻止晶粒长大作用的认识。

微合金高强度低合金钢热轧生产时，再加热的加热温度 $T=1\,200\sim1\,250$ °C，需控制奥氏体晶粒尺寸为 $R=10$ μm，以获得细小的再结晶奥氏体晶粒。而此时未溶的第二相的体积分数若为 $\varphi=0.1\%$，则第二相的尺寸不能大于 $r=59$ nm。若为传统控制轧制的情况，终轧温度 $T=850\sim950$ °C，是比较低的；若需控制奥氏体晶粒尺寸为 $R=5$ μm，以形成细小的铁素体晶粒，而此时未溶的或应变诱导析出的第二相的体积分数若为 $\varphi=0.1\%$，则第二相的尺寸不能大于 $r=29.5$ nm。

高合金钢热处理时，淬火加热温度 $T=850\sim950$ °C，为了获得细小、均匀的奥氏体晶粒，若钢中未溶第二相的尺寸为 $r=1$ μm，则其体积分数应大于 $\varphi=3.4\%$，方可使奥氏体晶粒尺寸不超过 $R=5$ μm。

在各种第二相中，微合金碳氮化物，尤其是 Ti(N，C)较之其他第二相而言可在相当高的

温度下仍保持足够细小的尺寸，可在较小的体积分数下取得明显的阻止晶粒长大的效果，因而在很多钢种中均采用添加微量钛来控制 $T = 1\ 200 \sim 1\ 250$ °C 高温均热状态的奥氏体晶粒尺寸。而 Nb(N，C)在 $T = 850 \sim 950$ °C 时，可以有效地应变诱导析出且保持足够细小的尺寸，因而传统控制轧制的微合金钢中通常必须添加微量铌。

1.8 合金元素对过冷奥氏体转变的影响

前面已经讨论过了合金元素对 $Fe\text{-}Fe_3C$ 相图的影响，以此为基础，继续讨论合金元素对过冷奥氏体转变的影响。通常，奥氏体形成元素降低 Ac_3 点，使转变温度降低，过冷度减小，转变的驱动力减小。铁素体形成元素升高 Ac_3 点，使转变的过冷度增大，驱动力也增大。

1.8.1 合金元素对过冷奥氏体转变曲线的影响

合金元素对过冷奥氏体转变的影响直观地反映在过冷奥氏体转变动力学曲线（C 曲线）上。合金元素对 C 曲线的影响极为复杂，不同类型的合金元素对珠光体和贝氏体转变有着不同的作用，如铁素体形成元素虽然提高 Ac_3 点，却推迟珠光体和贝氏体转变。除了考虑合金元素与铁的相互作用外，还要考虑合金元素与碳的作用以及晶体缺陷的作用，如果再考虑不同合金元素之间的交互作用就更为复杂了。在碳钢中，由于珠光体和贝氏体的最大转变速度的温度极为接近，因此，在其过冷奥氏体转变动力学曲线上只能画出一条 C 曲线。而合金元素对珠光体和贝氏体转变的影响不同，因此，出现了不同的过冷奥氏体转变曲线。

钛、铌、钒、钨、钼等元素有强烈推迟珠光体转变的作用，对推迟贝氏体转变的作用较弱，同时升高珠光体最大转变速度的温度，降低贝氏体最大转变速度的温度。这样就将珠光体转变和贝氏体转变的 C 曲线分离开了，出现了两条 C 曲线，如图 1.9（a）所示。这 5 个元素中钛、铌、钒是强碳化物形成元素，钨、钼是中强碳化物形成元素。

铬、锰都有强烈推迟珠光体和贝氏体转变的作用，但推迟贝氏体转变的作用更加显著。因此，铬、锰钢的 C 曲线为另一种形式，如图 1.9（b）所示。铬是中强碳化物形成元素，锰是弱碳化物形成元素。

非碳化物形成元素硅、铝都增大过冷奥氏体的稳定性，但推迟贝氏体转变的作用更强烈，并且将珠光体转变区分开，这是由于硅、铝都升高珠光体转变最大速度的温度，并降低贝氏体转变温度所造成的。在转变后期，珠光体转变和贝氏体转变分开更为明显。硅、铝对 C 曲线的影响如图 1.9（c）所示。

非碳化物形成元素镍有强烈推迟珠光体转变的作用，尤其是对 600 °C 以上奥氏体过冷度较小时的作用更显著。镍含量低时，对奥氏体转变曲线的形状影响不大。当镍含量高时，珠光体转变完全被抑制，仅在 500 °C 以下发生贝氏体转变。镍对 C 曲线的影响如图 1.9（d）所示。

非碳化物形成元素钴和其他合金元素不同。它在各个温度都是降低奥氏体的稳定性，但它不改变 C 曲线的形状，如图 1.9（d）所示。它是唯一一个降低淬透性的合金元素。

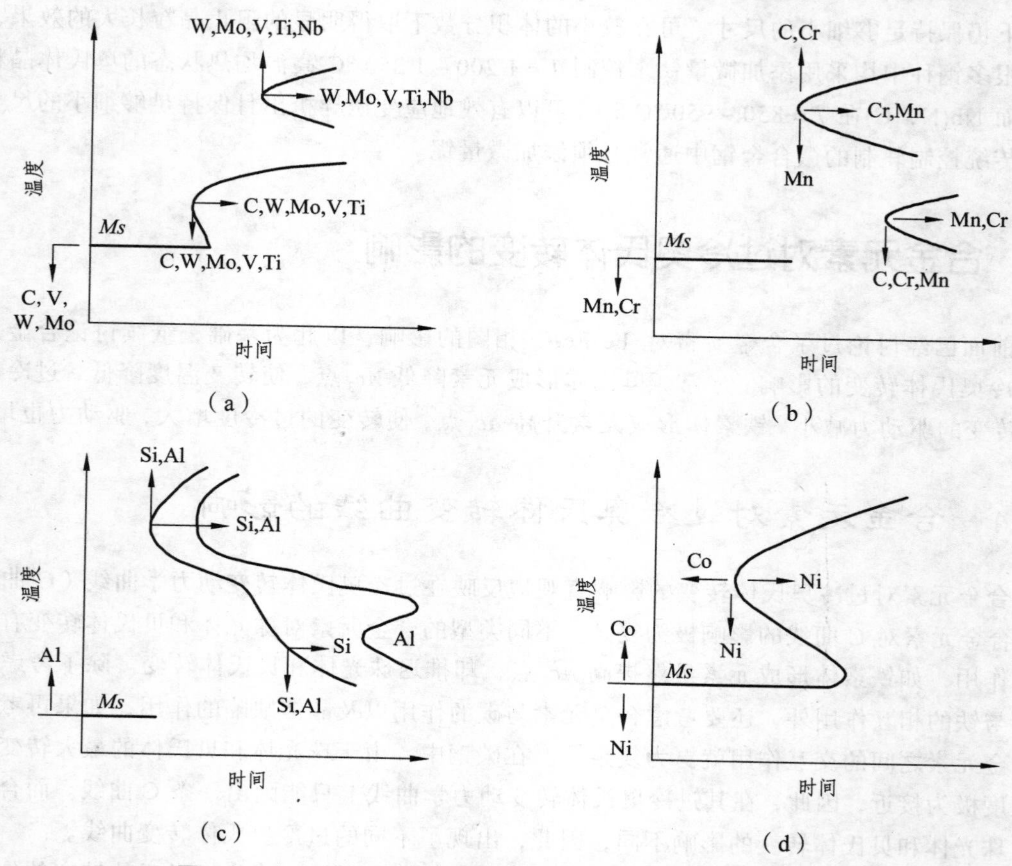

图 1.9 合金元素对过冷奥氏体转变曲线位置及形状的影响

硼、磷、稀土元素是强烈的晶界偏聚元素，它们显著推迟先共析铁素体的析出，对珠光体和贝氏体转变推迟的作用较弱，使 C 曲线向右移，但不改变 C 曲线的形状。

各种合金元素对过冷奥氏体转变的影响有如此大的差别，是由于各自对钢中过冷奥氏体转变过程中各阶段有着不同的影响。若合金元素使 C 曲线向右下方移动，就提高淬透性；使 C 曲线往左上方移动，则降低淬透性。

应该强调指出，只有当加热时溶入奥氏体中的合金元素，才能起到提高淬透性的作用。含铬、钼、钨、钒等强碳化物形成元素的钢，若淬火加热温度不高，保温时间较短，碳化物未溶解时，不仅不能提高淬透性，反而会使淬透性下降。这是因为：一是未溶碳化物颗粒本身可以作先共析铁素体析出、珠光体转变的核心；二是未溶的碳化物颗粒可以细化奥氏体晶粒，增大先共析铁素体析出、珠光体转变时作为非均匀形核位置的晶界面积；三是未溶的碳化物颗粒存在，降低了奥氏体中碳和合金元素的浓度，从而降低过冷奥氏体的稳定性。

1.8.2 合金元素对珠光体转变的影响

在共析碳钢中，珠光体转变时奥氏体将转变为铁素体和渗碳体组成的两相组织，这种转变是由点阵重构和碳原子的扩散实现的；即由面心立方的奥氏体转变为体心立方的铁素体和正交点阵的渗碳体，通过碳的扩散使共析成分的奥氏体分解转变为高碳的渗碳体和几乎不含碳的铁素体。

钢中加入合金元素后，由合金奥氏体分解成的珠光体是由合金铁素体与合金碳化物组成的。在平衡状态下，非碳化物形成元素（镍、铜、铝、钴、硅等）与碳化物形成元素（铬、钼、钨、钒等）在这两个相中的分布是不均匀的。后者主要存在于碳化物中，而前者则主要存在于铁素体中。因此，要完成珠光体的转变，除了要进行碳的扩散与重新分布和晶格改组外，还必须进行合金元素的扩散与重新分布。合金元素对珠光体转变的影响，正是通过对上述 3 个基本过程的影响来实现的。

1.8.2.1 合金元素对珠光体转变时碳化物形核的影响

在碳钢中奥氏体发生珠光体转变时形成 Fe_3C，只需要碳的扩散和重新分布。而在含碳化物形成元素的钢中，由于奥氏体发生珠光体转变时是直接形成特殊碳化物或合金渗碳体，它不仅需要碳在奥氏体中扩散和重新分布，而且还需要碳化物形成元素在奥氏体中的扩散和重新分布。含强和中强碳化物形成元素钒、钨、钼的钢，其过冷奥氏体转变时，首先形成的是合金元素的特殊碳化物而非渗碳体。例如，钒钢的过冷奥氏体转变时，在 700 ~ 450 °C 是先形成 VC；钨钢过冷奥氏体转变时，在 700 ~ 590 °C 首先形成的是 $Fe_{21}W_2C_6$；钼钢过冷奥氏体转变时，在 680 ~ 620 °C 先形成的是 $Fe_{21}Mo_2C_6$。对于铬钢，当铬含量与碳含量的比值高时，过冷奥氏体分解只能生成富铬的特殊碳化物 Cr_7C_3 或 $Cr_{23}C_6$；如果这个比值低，过冷奥氏体就只能生成富铬的合金渗碳体，此时合金渗碳体中铬的含量可高达钢中平均铬含量的 4 ~ 6 倍。对于锰钢，过冷奥氏体分解只直接生成富锰的合金渗碳体，而合金渗碳体中平均锰含量也可高达钢中平均锰含量的 4 倍。碳化物形成元素是以空位机制进行扩散的，碳原子是以间隙机制进行扩散的，前者的扩散比后者慢得多。例如，在 650 °C 左右，碳化物形成元素在奥氏体中的扩散系数为 10^{-16} $cm^2 \cdot s^{-1}$，比碳在奥氏体中的扩散系数 10^{-10} $cm^2 \cdot s^{-1}$ 低 6 个数量级。碳化物形成元素还会阻碍碳的扩散。因此，碳化物形成元素会延缓碳化物的形核与长大，推迟珠光体转变。

非碳化物形成元素铝和硅是以另外一种方式阻碍珠光体转变的；因为它们不溶于渗碳体，在渗碳体形核和长大的局部区域，它们必须先扩散开，从而推迟渗碳体的形成。非碳化物形成元素镍和钴在渗碳体中的含量与其在钢中的平均含量基本一致，因而对渗碳体的形成没有影响。

1.8.2.2 合金元素对珠光体转变时 γ→α 转变的影响

在珠光体转变的温度范围内，γ→α 的多型性转变是扩散型相变。α 相的形成是通过 γ-Fe 原子扩散方式进行的。所以 γ→α 的多型性转变动力学曲线具有 C 曲线的形状。

实验证明，铬、锰、镍可以强烈阻止 γ→α 转变，钨、硅也可降低 γ→α 转变的速度。随着铬含量的增加，γ→α 的转变的孕育期变长。

单独加入钼、钒、硅，在含量低时对 γ→α 转变没有显著影响，而钴则加快转变。

如果几种合金元素同时加入，对 γ→α 转变速度的影响就更大。除铬与镍或锰同时添加能大大提高 γ 相的稳定性外，在 Fe-Cr 合金中进一步加钨、钼甚至钴都能大大提高 γ 相的稳定性，减慢 γ→α 的转变速度。

合金元素对 $\gamma \to \alpha$ 转变的影响主要是提高了 α 相的形核功或转变激活能。镍主要是增加了 α 相的形核功。铬、钨、钼、硅都可提高 γ-Fe 原子的自扩散激活能。若以 Cr-Ni、Cr-Ni-Mo 或 Cr-Ni-W 合金化时，可同时提高 α 相的形核功和 γ-Fe 原子的自扩散激活能，有效地提高了过冷奥氏体的稳定性。钴的作用特殊，但单独加入时可使铁的自扩散激活能减小，扩散系数增大，加快 $\gamma \to \alpha$ 的转变速度；而钴和铬同时加入时，则钴的作用正好相反，表明有铬存在时钴能增加 γ 相中原子间的结合力，提高转变激活能。

1.8.2.3 合金元素对先共析铁素体析出的影响

亚共析钢中，在珠光体转变之前，还有奥氏体析出先共析铁素体的转变，它也属于扩散型的 $\gamma \to \alpha$ 多型性转变。α 相基本上不含碳，它的形核长大既受 $\gamma \to \alpha$ 转变的影响，又受碳从正在长大着的 α 相表面扩散出去的速度的影响。在珠光体转变时，其片层结构使 α 相的表面积与体积之比较大，使碳在 $\gamma \to \alpha$ 转变时能够较快地扩散开，而且碳需要扩散开的距离也很短，故碳对珠光体转变中 $\gamma \to \alpha$ 转变的影响较小。此时，$\gamma \to \alpha$ 多型性转变主要是受铁由 γ 相向 α 相扩散过渡控制。然而，在奥氏体中析出先共析铁素体时，除了受铁扩散的影响外，还受碳从先共析铁素体表面向奥氏体中扩散的影响。因为，此时先共析铁素体块的体积比较大，α 相的表面积与体积之比较小，它在长大过程中碳扩散的距离很长；由于碳扩散的距离增长了，碳扩散的影响就不能忽略。

合金元素对先共析铁素体的析出和长大有很大的影响。

碳化物形成元素对碳在奥氏体中的扩散系数有很大的影响。随着碳化物形成元素含量的增高，碳在奥氏体中的扩散激活能增大，因而降低了碳在奥氏体中的扩散系数。因此，碳化物形成元素都有阻碍先共析铁素体的析出和长大的作用。弱碳化物形成元素锰对碳在奥氏体中的扩散激活能影响较小，强碳化物形成元素的影响较大，非碳化物形成元素没有多大影响。实验证明，钨钢中先共析铁素体长大过程的激活能约为 140 $kJ \cdot mol^{-1}$，相当于碳在含钨的奥氏体中的扩散激活能。这说明碳从先共析铁素体和奥氏体相界面向奥氏体中扩散开去，是先共析铁素体长大的控制因素。碳化物形成元素钨、钼、铬等增高了碳在奥氏体中的扩散激活能，减慢了先共析铁素体的形核和长大。

先共析铁素体转变过程中，除强奥氏体形成元素锰和镍外，不发生合金元素在 α 和 γ 相间的重新分配。锰和镍在先共析铁素体析出时，要重新分配到 γ 相，并建立局部平衡。由于先共析铁素体析出取决于锰和镍在 γ 相中的扩散，因而析出被推迟和减慢。

1.8.2.4 钢中碳化物的相间析出

在含钛、铌、钒、钨、钼、铬等碳化物形成元素的亚共析钢中，过冷奥氏体析出先共析铁素体时，还会发生特殊碳化物的相间析出。这种组织在光学显微镜下观察，与典型的先共析铁素体毫无差别，但在电子显微镜下观察，可以发现这种组织的铁素体中分布着极细小弥散的合金碳化物的析出物。

相间析出也是形核与长大的过程。当铁素体-奥氏体相界面向奥氏体相推移时，在铁素体-奥氏体相界面上这种特殊碳化物反复形核，并在铁素体相中长大，留下成排的特殊碳化物颗粒。

相间析出与铁素体-奥氏体相界迁移有明显的关系，但对于相间析出是发生在铁素体-奥氏体相界上，还是在相界前方的奥氏体内或者是在相界后方的铁素体内，过去存在着争论。

现在，有实验证实相间析出的形核发生在相界上。从一般的观点可以预测，在高温条件下析出反应的热力学驱动力小，自然选择在那些能量上最有利于形核的位置，即晶界处形核。但低温时驱动力增大，铁素体基体内部也能发生形核。

相间析出物形核后的长大机制曾经是人们广泛研究的课题。1971 年，R. W. K. Honeycombe 提出了解释这一现象的台阶机制模型，如图 1.10 所示。从图 1.10 中可以看出，铁素体-奥氏体相界面是由平面和台阶面组成的，平面相界面是低能量的共格或半共格界面，可动性差；而台阶面则是高能量的非共格界面，可动性好，故此时铁素体的长大是靠一系列非共格的高能台阶面在低能共格或半共格相界面上沿箭头所指方向高速运动来实现的。由于台阶面太容易移动，碳和合金元素原子来不及在此处积累，故合金碳化物不容易在那里形核，只能在可动性差的平面相界面上形核。每一个台阶面沿平面相界面移动一次，平面相界面就前进一个台阶的高度，与此同时，一行（实际是一层）合金碳化物也随之形核并长大，因此两行碳化物之间的距离（即相间析出间距）就是台阶的高度。如果中间有一个高度较大的台阶面沿平面相界面移过，则相间析出间距将增大。不难想象，当试样磨面垂直于平面相界面时，看到的是一行行的碳化物颗粒；而当试样磨面平行于平面相界面时，看到的则是杂乱分布的碳化物颗粒。

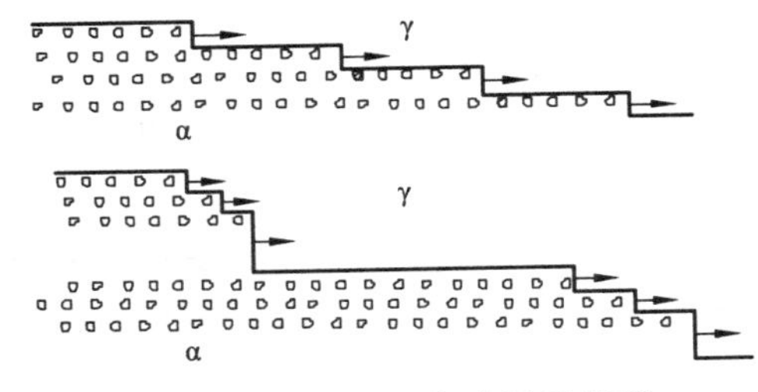

图 1.10　相间析出过程示意图

台阶机制的主要缺点之一，是难以令人信服地解释层间间距随温度、钢的成分，特别是钒、碳、氮的变化而变化的事实，并且也难以看出这些参数是如何影响台阶高度的。

解释相间析出长大机制的另一个模型是基于溶质扩散控制的模型。在这个模型中，1978 年 W. Roberts 提出的溶质消耗模型是最主要的和令人信服的一个模型。后来，R. Lagneborg 和 S. Zajac 等人对这个模型做了进一步完善，尤其是将其整合到了一个有预测能力的分析系统中。

含钒、铌、钛的微合金钢，在 750 ~ 850 °C 的相间析出物的颗粒直径约为 10 nm，行间距为 30 nm；在 600 ~ 700 °C 形成的直径小于 5 nm，行间距为 5 ~ 10 nm。这种细小弥散的特殊碳化物颗粒，有显著的第二相强化作用。

1.8.2.5　合金元素对过冷奥氏体转变的综合作用

合金元素对珠光体转变的影响，不同的合金元素起作用的机制是不相同的。

强碳化物形成元素钛、铌、钒，主要是通过推迟珠光体转变时碳化物的形核和长大来增加过冷奥氏体的稳定性。当奥氏体分解时，特殊碳化物的形核和长大主要取决于钛、铌、钒的扩散富集，而不取决于碳的扩散。

中强碳化物形成元素钨、钼、铬提高过冷奥氏体稳定性的原因，除了推迟珠光体转变时特殊碳化物的形核和长大外，还由于增加固溶体的原子间结合力，降低铁的自扩散系数而阻止 γ→α 转变。但这 3 个元素作用的程度是不同的。其中，钼对 γ→α 转变的阻碍作用不明显，而铬有强烈的阻碍作用，钨的作用介于铬和钼两者之间。

弱碳化物形成元素锰在钢中虽不形成自己的特殊碳化物，但需要形成锰含量高的合金渗碳体，所以锰减慢珠光体转变时合金渗碳体的形核和长大。同时，锰又是扩大 γ 相区的元素，

强烈推迟了 γ→α 的转变。锰提高过冷奥氏体稳定性的作用很大。

非碳化物形成元素镍和钴，由于在钢中不形成自己的碳化物，奥氏体分解时形成的渗碳体中镍和钴的含量等于钢中的平均含量,因而对珠光体转变中碳化物的形核和长大影响较小。这些元素的作用主要表现在对 γ→α 转变的影响。其中，镍是开放 γ 相区的元素，因此增加了 α 相的形核功，降低了转变温度范围，故镍阻碍了珠光体转变和先共析铁素体的析出，增长了其孕育期。而钴由于升高了 A_3 点，使 γ→α 转变在较高的温度下进行，提高了 α 相的稳定性，因而提高了形核率和长大速度。

另一类非碳化物形成元素硅和铝在钢中不形成自己的碳化物，但奥氏体分解时形成的渗碳体中不溶解硅和铝，它们必须从渗碳体形核和长大的区域扩散开，这就成为减慢珠光体转变的因素。由此可知，硅和铝在高碳钢中，这种减慢珠光体转变的作用要强烈些。硅提高了铁原子的结合力，因而增高了铁的自扩散激活能，起到了推迟 γ→α 转变的作用。在过冷度较大的情况下，硅的作用较显著。

合金元素硼提高过冷奥氏体稳定性的原因与上面的元素完全不同。硼是强烈的内吸附元素，富集于奥氏体晶界，降低了晶界的界面能，阻碍了 α 相和碳化物在奥氏体晶界的形核。硼使亚共析钢中先共析铁素体转变的孕育期增长，形核率下降特别显著，但对其长大速度基本没有影响。故在一般低碳钢中，硼能提高钢中过冷奥氏体的稳定性，随着钢中碳含量的增加，硼对过冷奥氏体的稳定性的影响逐渐减小，特别是 $w(C) > 0.6\%$ 后，硼使珠光体的孕育期增加，但对珠光体的形核率没有影响。当转变进行后，珠光体长大速度有所增加，含硼钢比无硼钢进行得激烈，因而转变终了时间却差不多。

合金元素间还存在着复杂的相互作用。

用多种合金元素进行复合合金化能够极大地提高过冷奥氏体的稳定性。合金元素的综合作用绝不是单个元素作用的简单之和，而是各元素间的相互加强。如果把强碳化物形成元素、中强碳化物形成元素、弱碳化物形成元素和非碳化物形成元素有效地组合起来，它们的综合作用比各单个元素作用的代数和要大得多。

1.8.3 合金元素对贝氏体转变的影响

贝氏体转变过程中，间隙原子碳能做长距离的扩散，铁和置换溶质元素不扩散。也就是说，转变过程中只有碳通过扩散重新分布，而不需要铁和置换合金元素重新分布。

贝氏体转变是由单相的奥氏体分解为 α 相和碳化物两相。组成贝氏体的碳化物是铁的碳化物，其结构与形成温度有关，温度高时为 Fe_3C，温度低时为ε-$Fe_{2.4}C$，不形成特殊碳化物。通常，贝氏体转变时 α 相为领先相，γ→α 转变是无扩散型相变。α 相与 γ 相保持着共格关系。贝氏体形核之前，奥氏体中必须先有碳的重新分布，出现低碳区和高碳区，在低碳区形成 α 相。

合金元素是通过对无扩散型 γ→α 转变和碳扩散的影响而对贝氏体转变产生影响。

合金元素若能降低奥氏体的化学自由能或提高铁素体的自由能，则可以降低了 *Bs* 点，并使 γ→α 转变减慢；反之，则加速 γ→α 的转变。碳、锰、镍、铬等元素都降低了 *Bs* 点，使得在贝氏体和珠光体转变温度之间出现过冷奥氏体的中温稳定区，形成两条 C 曲线。

合金元素改变了贝氏体转变动力学过程，增长了转变孕育期，减慢了长大速度。碳、硅、锰、镍、铬的作用较强，钨、钼、钒、钛的作用较小。

钢中碳含量的增加不利于 α 相的形核和长大，因为 α 相的形核必须在低碳区，α 相的长大必须以碳从 α-γ 相界面的 γ 相一侧前沿扩散开为先决条件。转变温度越低，碳的作用越明显。如果合金元素阻止碳的扩散和低碳区的形成，就会降低贝氏体转变速度。碳化物形成元素增加碳的扩散激活能，减慢碳的扩散，对贝氏体转变有一定的延缓作用，如钨、钼、钒、钛等元素。硅特别强烈地阻止了贝氏体转变时碳化物的形成，促使碳向尚未转变的奥氏体中富集，因而使贝氏体转变孕育期增长，转变进行得较缓慢。奥氏体形成元素锰、镍降低了 γ 相的化学自由能，增高了 α 相的化学自由能。一方面降低了 *Bs* 点，另一方面使贝氏体转变减慢。钴由于升高了 A_3 点，降低了 α 相的化学自由能，加速了 γ→α 的共格转变，因而促进了贝氏体转变。铬是强碳化物形成元素，其含量低于 7.5% 时，使 A_3 温度下降，相当于稳定奥氏体的元素，它与锰的作用类似，使 *Bs* 点下降，它使碳扩散减慢，有效地减慢了贝氏体转变。

含强碳化物形成元素钨、钼、钒、钛的钢，由于铁素体-珠光体区的转变孕育期较长。而贝氏体转变孕育期较短，空冷时比较容易得到贝氏体组织，如图 1.11 中的冷却过程 1。铁素体-珠光体耐热钢 12Cr1MoV 空冷，可以得到大部分是贝氏体的组织。含钨、钼、钒、钛的钢等温淬火时，由于贝氏体转变在较短时间内进行得较充分，可以获得以贝氏体为主的组织，如图 1.11 中的冷却过程 2。强烈内吸附元素硼阻止或推迟先共析铁素体、珠光体的转变的作用很明显，对贝氏体转变的影响则不显著；这方面它与钼很相似。按照这个思路，设计出了许多空冷贝氏体钢，如 12MnMoVB、12Mn2VB、14MnMoV、14CrMnMoVB、14MnMoVBRE 钢等。

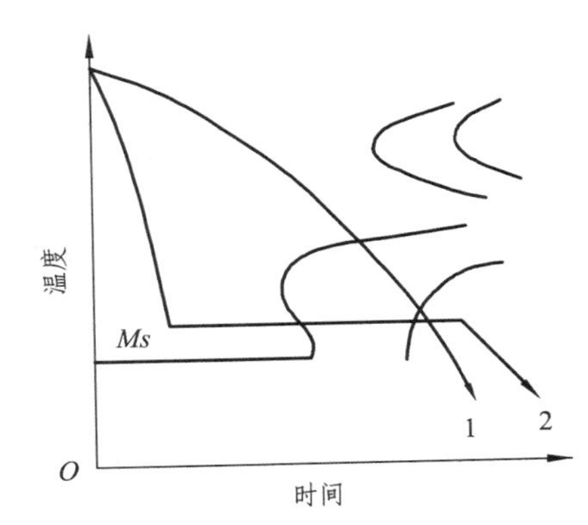

图 1.11　含钨、钼、钒、钛钢的过冷奥氏体转变曲线示意图

1—空冷获得贝氏体；2—等温淬火获得贝氏体

1.8.4　合金元素对马氏体转变的影响

马氏体转变是无扩散转变，是按切变方式进行的，形核和长大速度非常快，所以钢中合金元素对马氏体转变动力学的影响较小。马氏体转变不能进行完全，钢中马氏体转变是在一定温度范围内进行的。钢中合金元素的加入改变了 *Ms* 点和 *Mf* 点，从而影响了钢中残留奥氏体的数量和马氏体的亚结构。

合金元素对 *Ms* 点的影响是由两方面的因素造成的：一是合金元素降低了奥氏体的化学自由能，或升高了马氏体的化学自由能，即减少了二者之差，故必须在更大的过冷度下才能供给马氏体转变所需要的化学自由能差来补偿弹性能和表面能的增加，从而降低了 *Ms* 点；二是合金元素对奥氏体的强化作用，提高了马氏体转变的切变阻力。

碳含量对 *Ms* 点和 *Mf* 点有显著的影响，如图 1.12 所示，随着碳含量的增加，*Ms* 点和 *Mf* 点均下降，但对 *Ms* 点和 *Mf* 点的影响并不完全一致。对 *Ms* 点的影响基本上呈连续下降的趋势。对 *Mf* 点的影响，在 $w(C) < 0.6\%$ 左右时比 *Ms* 点下降更显著，因而扩大了马氏体的转变温度范围；当 $w(C) > 0.6\%$ 时，*Mf* 点下降很缓慢。氮对 *Ms* 点的影响与碳的影响类似；碳和氮原子固溶于奥氏体中有强烈的固溶强化作用；同时，它们都是稳定奥氏体的元素。

钢中常用的合金元素对 *Ms* 点的影响如图 1.13 所示。除钴和铝提高 *Ms* 点外，其他合金元素均降低 *Ms* 点；但是降低 *Ms* 点的程度不如碳和氮，其中锰、铬、镍降低 *Ms* 点效果比钒、钼、钨、硅等显著。铬使 *Ms* 点下降的强烈作用与其使 $Fe\text{-}Fe_3C$ 相图上 A_3 点下降[在 $w(Cr) > 7.5\%$ 时]是分不开的。

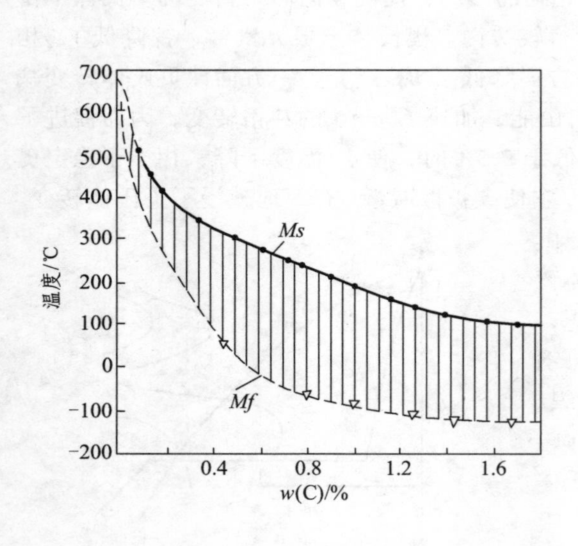

图 1.12 w(C)对 *Ms* 点和 *Mf* 点的影响

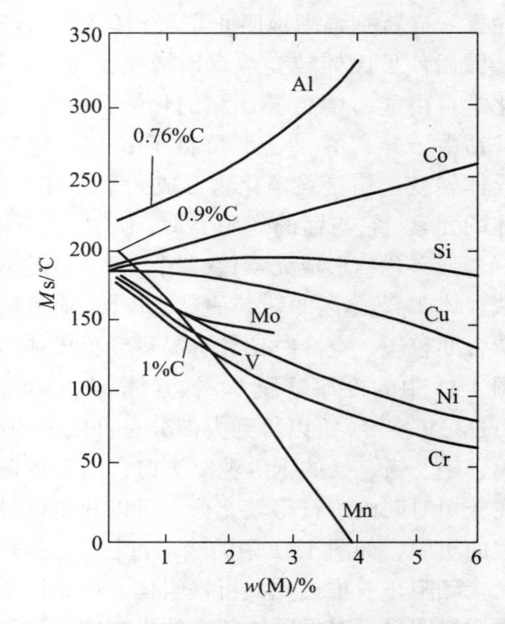

图 1.13 合金元素对 Fe-C 合金 *Ms* 点的影响

在综合合金化时，合金元素对 *Ms* 点的影响是没有相加性的，它反映出合金元素相互间的作用。钢中的碳含量不同，其他合金元素影响 *Ms* 点的作用效果也是不同的。钢中碳含量越高，合金元素降低 *Ms* 点的作用越显著。与 Ac_3 和 Ac_1 点一样，*Ms* 点也是制订热处理工艺的重要依据，可以在相关手册中查到计算 *Ms* 点的经验公式。

随着合金元素的增加，*Ms* 点和 *Mf* 点下降，在室温时将得到更多的残留奥氏体。*Ms* 点越低，冷到室温时马氏体转变越不完全，保留的残留奥氏体量越多。例如，对于 $w(Mn) = 7.05\%$ 的钢，由于 *Ms* 点已降低到 – 60 °C，冷却到室温时，得到的是全部奥氏体组织。残留奥氏体量的增多或减少是与合金元素降低或升高 *Ms* 点的程度相对应的。对于奥氏体不锈钢、耐热钢以及无磁钢来说，为了在室温和低温时仍保持单相奥氏体组织，必须加入大量降低 *Ms* 点的元素，通常是镍、锰、铬、碳、氮等。

合金元素还会影响马氏体的亚结构。马氏体的亚结构有两种基本类型，一种是具有位错亚结构的板条马氏体；另一种是具有孪晶结构的针状马氏体。合金元素的含量和马氏体转变温度决定钢的滑移和孪生的临界分切应力，从而影响马氏体的亚结构。当 *Ms* 点较高时，滑移的临界分切应力较低，在 *Ms* 点以下形成位错结构的马氏体；*Ms* 点较低时，孪生分切应力低于滑移分切应力，则马氏体相变以孪生方式切变形成孪晶结构的马氏体。对于碳钢，分界温度约为 200 °C；高于 200 °C 形成位错亚结构，低于 200 °C 形成孪晶亚结构。

碳和氮含量对钢中亚结构的影响最显著。当碳或氮含量低于 0.4% 时，组织中以板条马氏体为主；碳或氮含量大于 0.6% 时，则主要是孪晶马氏体；碳或氮含量在 0.4% ~ 0.6% 时是混合结构；如果碳或氮含量大于 1.0%，将得到全部是针状的孪晶马氏体。

合金元素锰、铬、镍、钼、钴都增加形成孪晶马氏体的倾向。

1.9 合金元素对淬火钢回火时转变的影响

淬火钢的组织通常为马氏体 + 残留奥氏体，它们都是亚稳相。钢中的马氏体是碳在 α-Fe 中的过饱和固溶体，而奥氏体是高温稳定相。在回火过程中，将发生碳原子的偏聚，马氏体的分解和亚稳碳化物的形成，残留奥氏体的转变，碳化物的转变，碳化物的聚集长大和 α 相的回复、再结晶。这些过程有先有后，有的交叉进行。合金元素对这些转变过程会产生重要的影响。

1.9.1 合金元素对马氏体分解的影响

马氏体分解过程包括碳在马氏体的晶体缺陷处偏聚，ε-$Fe_{2.4}C$ 亚稳碳化物的析出，伴随有马氏体中碳含量降低及 ε-$Fe_{2.4}C$ 转变为 θ-Fe_3C。合金元素阻碍马氏体的分解，使这些过程只能在较高的温度下发生。

在 150 °C 以下回火时，碳不能做长距离扩散，首先发生碳在马氏体的位错和孪晶面的偏聚。对于 $w(C)<0.2\%$ 的低碳钢，绝大多数碳原子偏聚于位错线附近，形成科垂耳气团。当 $w(C)>0.2\%$ 时，位错密度较低，很快被碳原子饱和，一些碳原子保留在马氏体的点阵中，对体心立方点阵畸变作贡献；由于亚结构中孪晶数量较多，碳原子可能扩散到某一孪晶面上形成弘津气团。

在碳原子偏聚处，由于碳含量增高，析出密排六方结构的 ε-$Fe_{2.4}C$（或者正交晶系的η-Fe_2C）碳化物，随着时间的延长，ε-$Fe_{2.4}C$ 不断析出，最后得到 ε-$Fe_{2.4}C$ 碳化物和 $w(C)\approx0.25\%$ 的 α 相的混合物。在 150 °C 以上回火时，由于温度高，碳可做长距离扩散，α 相中的碳含量随着回火温度的升高而均匀下降，碳钢约在 300 °C 分解完毕。碳含量对马氏体分解有影响，碳含量高，分解温度低。ε-$Fe_{2.4}C$ 碳化物仅在中碳和高碳钢中出现，在低碳钢中不出现。

固溶于马氏体的碳化物形成元素和碳原子有较强的亲和力，会产生相互吸引的作用，阻碍马氏体的分解过程，把更多的碳保留于马氏体中。强碳化物形成元素钒的作用最显著，钨、钼次之，铬又次之。弱碳化物形成元素锰和非碳化物形成元素镍对马氏体分解的影响非常小。

非碳化物形成元素硅的作用较为独特。回火温度低时，硅不发生扩散，形成 ε-$Fe_{2.4}C$ 碳化物时，其中的硅含量等于钢中的平均硅含量。此时，与 ε-$Fe_{2.4}C$ 碳化物保持亚稳平衡的 α 相的 $w(C)\approx0.25\%$。只有当回火温度升高，ε-$Fe_{2.4}C$ 碳化物溶解，渗碳体析出，随着渗碳体的长大，α 相中的碳含量才能逐渐降低到饱和含量。含硅钢中渗碳体的形成是较困难的，它不仅取决于碳的扩散，而且主要取决于硅的扩散。这是因为渗碳体是完全不含硅的，硅必须扩散开后，渗碳体才能在那里形核和长大。硅的开始扩散温度要比碳更高，故硅的扩散成为硅钢马氏体分解的控制因素。$w(Si)=2\%$ 的钢，其马氏体分解温度可高达 350 °C 以上。钢中铝、磷对马氏体分解的阻碍作用与硅相似。

钢中复合加入钒和硅可以显著提高马氏体的分解温度。

1.9.2 合金元素对回火时残留奥氏体转变的影响

淬火钢中残留奥氏体量主要取决于钢的化学成分。$w(C) > 0.4\%$ 的碳钢或低合金钢淬火后，有可观数量的残留奥氏体存在。对于中高碳钢，尤其是某些高碳合金钢，如高速钢、高铬钢、镍铬渗碳钢的渗层等，残留奥氏体量可达到 30%～40% 以上。

淬火钢中残留奥氏体与过冷奥氏体在本质上是一致的，都是亚稳相。但淬火钢回火时，残留奥氏体转变的孕育期很短。无论在珠光体转变区还是贝氏体转变区，残留奥氏体转变都不完全。虽然孕育期短，初始转变速度快，但很快衰减，直至停止转变。对于含较多合金元素的钢，在珠光体转变区和贝氏体转变区之间有一个奥氏体稳定区。这类钢的残留奥氏体在回火时同样也会出现这种中温稳定区。残留奥氏体转变与过冷奥氏体等温转变的一个较大不同点是，由于马氏体的存在使贝氏体转变显著加快，如图 1.14 所示。金相观察证明，这是因为马氏体与奥氏体的相界面为贝氏体转变提供了有利的形核位置，从而使转变加快。但是，当马氏体量多时，反而使转变减缓。这可能与马氏体转变时产生的体积膨胀使残留奥氏体处于三向压应力状态有关。

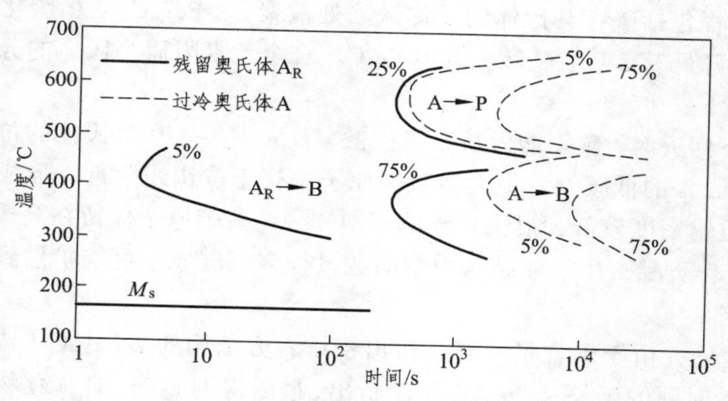

图 1.14 Fe-0.7%C-1%Cr-3%Ni 钢奥氏体的 C 曲线

如果将淬火的高合金钢加热到 500～600 °C，保温一段时间后，冷却时残留奥氏体将发生马氏体转变，称为“二次淬火”。残留奥氏体在加热到 500～600 °C 时，可能发生两种变化：一种情况是残留奥氏体中析出部分碳化物，碳和合金元素含量降低，*Ms* 点升高，在冷却时残留奥氏体发生马氏体转变；另一种情况是残留奥氏体并没有析出碳化物，而是出现了反稳定化，使得 *Ms* 点升高，冷却时发生马氏体转变。二次淬火使钢的强度和硬度上升，塑性、韧性下降。因此，二次淬火形成的马氏体也需要进行回火处理。

1.9.3 合金元素对碳化物形成的影响

在马氏体分解初期，有可能析出稳定的碳化物，但大多数情况下析出的是亚稳的碳化物。随着回火温度的提高以及回火时间的延长，亚稳定的碳化物将向稳定的碳化物转化及聚集长大。回火过程中碳化物的形成很复杂，受马氏体的化学成分和回火温度等的影响。

$w(C) < 0.2\%$ 的马氏体在 200 °C 以上回火，将在碳原子偏聚区由马氏体中直接析出稳定的 θ-Fe_3C 碳化物，即渗碳体。它是在马氏体板条内位错处形成的，呈细小弥散的针状或颗粒

状。在 250 °C 回火时，将析出尺寸较大一点的渗碳体，除了在位错缠结处析出外，还在马氏体板条间界析出薄片状的渗碳体。进一步提高回火温度，板条界上的渗碳体薄片在长大的同时破碎为短杆状的渗碳体，此时板条内的渗碳体将溶解于 α 相中。在较高的温度，渗碳体还可能由原奥氏体晶界析出，也可能由残留奥氏体分解形成。回火温度高达 500 ~ 550 °C 时，板条内的渗碳体已经消失，只剩下界面上较粗大的渗碳体颗粒。

高碳马氏体在 100 °C 以上回火时，开始析出亚稳定的 ε-$Fe_{2.4}C$ 碳化物，它与基体保持共格关系，是由许多 5 nm 左右的颗粒组成的薄片。在 250 °C 以上回火，亚稳定的 ε-$Fe_{2.4}C$ 碳化物将转变为较为稳定的 χ-Fe_5C_2 碳化物，它为复杂单斜结构，是在马氏体的孪晶面上形成的，呈薄片状。回火温度进一步提高到 300 °C 以上，ε-$Fe_{2.4}C$ 碳化物和 χ-Fe_5C_2 碳化物又将转变为稳定的 θ-Fe_3C 碳化物，它也是呈薄片状。在较宽的温度范围内，ε-$Fe_{2.4}C$ 碳化物与渗碳体共存。至 450 °C 以上，χ-Fe_5C_2 碳化物全部转变为渗碳体。

w(C)为 0.2% ~ 0.4% 的中碳马氏体在 200 °C 以下回火时，有可能形成亚稳定的过渡碳化物 ε-$Fe_{2.4}C$。随着回火温度的升高，亚稳定的 ε-$Fe_{2.4}C$ 碳化物将转变为渗碳体，不出现 χ-Fe_5C_2 碳化物。由板条马氏体析出的碳化物大部分呈薄片状分布在板条界面处。由孪晶马氏体析出碳化物的过程与高碳马氏体相同。

钢中含有合金元素时，不仅可以降低碳原子的扩散速度，从而提高碳从过饱和马氏体中完全脱溶和碳化物长大的温度，更重要的是对碳化物的析出过程产生影响。

在含中强和强碳化物形成元素铬、钼、钨、钒、铌的钢中，如果这些元素的含量与碳含量的比例较低，在回火时会形成含有这些元素的合金渗碳体 θ-M_3C，其形成过程是合金元素在 θ-Fe_3C 中不断富集的过程，它在结构上与渗碳体没有区别。如果这些碳化物形成元素的含量与碳含量的比例较高时，还可能在回火时析出这些元素的特殊碳化物。含合金元素锰的钢在较高温度回火时只形成合金渗碳体$(Fe，Mn)_3C$，其中的铁原子可以任意被锰原子替换。

与碳有较强亲和力的碳化物形成元素钒、钨、钼、铬等会减慢合金渗碳体的溶解，另一方面又由于它们增高碳在 α 相中的扩散激活能，减慢碳在 α 相中的扩散速度，故这些合金元素将阻碍合金渗碳体的聚集与长大。

析出特殊碳化物的机制有两种。一种是合金渗碳体原位转变为特殊碳化物。由于碳化物形成元素在渗碳体中的富集，当其浓度超过在合金渗碳体中的溶解度时，合金渗碳体的点阵就改组为特殊碳化物的点阵。铬钢的碳化物转变就是这种类型。中铬钢淬火和回火出现的$(Cr，Fe)_7C_3$，它是由合金渗碳体$(Cr，Fe)_3C$ 因铬的富集而在原位转变的。高铬钢在回火时出现的$(Cr，Fe)_{23}C_6$ 也可由$(Cr，Fe)_7C_3$ 原位转变而来。由于原来合金渗碳体的颗粒较粗大，原位转变成的$(Cr，Fe)_7C_3$ 和$(Cr，Fe)_{23}C_6$ 也具有较大的尺寸，并且聚集长大速度也较大。

另一种是直接由 α 相中析出特殊碳化物，也叫离位析出，同时伴随有渗碳体的溶解。含强碳化物形成元素钒、铌、钛的钢属于这种情况。例如，0.3%C-2.1%V 钢经 1 250 °C 淬火，回火温度低于 500 °C 时由于钒强烈阻止马氏体分解，只有 40% 的碳以渗碳体的形式析出，尚有大多数（60%）的碳保留在 α 相中。当回火温度提高到 500 °C 以上时，由 α 相中的位错处直接析出极其弥散的 VC 颗粒。随着回火温度的进一步升高，VC 大量析出，碳化物中钒的含量急剧升高，同时渗碳体大量溶解，碳化物中铁含量降低。回火温度升高到 700 °C 后，渗碳体全部溶解，碳化物全部是 VC。至于能否完全形成 VC 要看钢的成分（钒和碳的含量）是否处于 Fe-C-V 相图的 α + VC 相区。如果钢的成分处于 α + VC + Fe_3C 相区，则碳化物是由

VC和Fe_3C组成的。由于从α相中直接析出的特殊碳化物颗粒细小，稳定性高，并与母相保持着共格关系，故强化效果比较显著。

此外，还有上述两种机制同时存在的情况。既有特殊碳化物从α相中直接析出，又有合金元素向Fe_3C中富集并在原位转变成特殊碳化物。这就是钨、钼钢中的转变机制。高于500 °C回火时，钨、钼向Fe_3C中富集，在原位转变成M_2C型碳化物，并且也直接从α相基体中析出M_2C型碳化物。M_2C型碳化物析出于位错处，并和基体保持共格。在长时间回火后，M_2C型碳化物转变成M_6C型特殊碳化物。

在400 °C以上的回火温度保温时，碳钢中渗碳体开始明显地聚集长大，这个过程是通过小颗粒的溶解、合金元素和碳向粗颗粒周围扩散富集使其长大的机制进行的。含强碳化物形成元素的钢中，合金渗碳体或特殊碳化物的稳定性高，难以溶解，即使溶解后合金元素和碳的扩散速度慢，其聚集长大只能在较高的温度才会发生，且长大速度很低。与碳钢相比，含碳化物形成元素的钢能在更高的回火温度下使合金渗碳体或特殊碳化物保持细小、弥散的分布状态。

在合金钢中伴随着特殊碳化物从α相析出，钢的硬度将提高，在硬度与回火温度的关系曲线上出现峰值，如图1.15所示，这种现象称为二次硬化。不同类型的特殊碳化物，其二次硬化效果是不一样的。强碳化物形成元素钒、铌的碳化物具有最强的二次硬化效果，VC相从α相中析出时颗粒很细小，呈片状析出在位错和基体中，和基体保持共格，使位错不易移动。钨、钼等中强碳化物形成元素的碳化物Mo_2C和W_2C从α相中析出时也与基体形成共格，聚集长大速度较小，有明显的二次硬化效果。铬的碳化物Cr_7C_3由于聚集长大速度较大，造成颗粒粗大，没有明显的二次硬化效果。

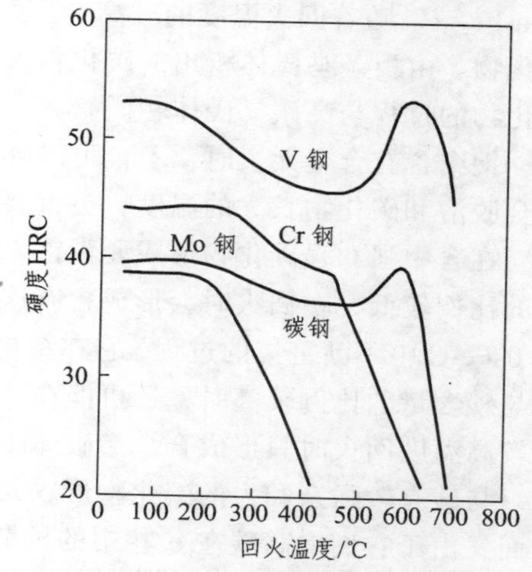

图1.15 钒钢（0.32%C-1.36%V）、钼钢（0.11%C-2.14%Mo）、铬钢（0.19%C-2.91%Cr）中的二次硬化现象

马氏体回火时产生的二次硬化是许多重要合金钢的高温强度、高温硬度以及高温长时间抗软化能力的基础。

1.9.4 合金元素对α相状态变化的影响

马氏体分解后的α相有很高的位错密度，在碳钢中α相高于400 °C开始回复，500 °C以上开始再结晶。在含有某些合金元素（如钛、钒、钨、钼、铬、硅等）的钢中，合金元素有阻碍钢在回火时各类畸变消除的作用，而且一般都推迟α相的回复、再结晶过程。

镍对碳钢中α相的回复和再结晶温度没有影响，硅、锰稍提高α相的回复和再结晶温度，钴、钼、钨、铬、钒等元素都显著提高α相的回复和再结晶温度。这里钴与在γ-Fe中不一样，钴在α-Fe中能增大铁原子之间的结合力，阻碍铁原子的自扩散，因而能阻止α相再结晶。钒能形成特殊碳化物钉扎位错和晶界，而钼、钨、铬既能增加铁原子之间的结合力，又能形成特殊碳化物钉扎位错和晶界，故它们都能显著提高 α 相的回复和再结晶温度。几种合金元素综合作用的结果，提高 α 相的回复和再结晶温度更为显著，减缓了高温回火软化过程。

高碳钢淬火马氏体中存在大量孪晶。当回火温度高于 250 °C 时，孪晶开始消失，但沿孪晶界面析出的碳化物仍然显示孪晶特征。当回火温度达到 400 °C 以上时，孪晶全部消失，出现胞块，但片状马氏体的特征仍然保留着。当回火温度达到 600 °C 时，片状特征消失。

由于碳化物析出并且分布在晶界上，起到钉扎晶界的作用，阻碍再结晶的进行，因此高碳马氏体 α 相的再结晶温度高于中碳马氏体。

几乎所有的合金元素都阻碍马氏体的分解，阻止碳化物的聚集、长大，以及延缓 α 相的回复和再结晶，因而提高了回火稳定性，这也是人们开发合金钢的目的之一。与相同碳含量的钢相比，在相同回火温度和回火时间的情况下，合金钢具有较高的强度和硬度。反过来，为了得到相同的强度和硬度，合金钢可以在更高的温度下进行回火，这又有利于提高钢的塑性和韧性。合金钢具有高的回火稳定性，使工件在较高温度下工作时，仍保持较高的强度和硬度，使钢具有红硬性、热强性。回火稳定性对切削刀具和热作模具等工具钢、超高强度钢、轴承钢是十分重要的。

钢在淬火冷却形成马氏体的过程中，会产生热应力和组织应力，这两者的叠加就是淬火钢中的内应力。回火过程中，随着回火温度的升高，原子活动能力加强，位错运动而使位错密度不断降低，孪晶不断减少直至消失，进行回复、再结晶等过程；这些变化均使得内应力不断降低直至消除。对于各种合金钢，由于合金元素的存在会对这些过程产生不同程度的影响，消除内应力的温度较高，消除的过程较慢。

1.9.5 合金元素对金属间化合物析出的影响

低碳和微碳的置换型合金马氏体在高温回火时，从马氏体基体中析出金属间化合物，并产生第二相强化效应。如 Fe-Cr-Ni 奥氏体-马氏体钢或马氏体钢由于加入钛、铝等，在时效过程中由于马氏体基体中析出 Ni_3Ti、Ni_3Al 金属间化合物。在 Fe-Cr-Co 马氏体钢中加入钼，时效时析出 Fe_2Mo 及 χ 相（$Fe_{36}Cr_{12}Mo_{10}$）。这些钢中的金属间化合物在 450 ~ 550 °C 回火时析出。

金属间化合物析出时，其组织的特征为：

（1）沉淀相非常细小，长度约为 10 nm；

（2）沉淀相较少在马氏体基体中析出，而明显地在马氏体晶块边界和原奥氏体晶界发生局部沉淀；

（3）沉淀相属于二维的片状或带状；

（4）沉淀相和基体有一定的位向关系，一般在马氏体的（110）面上析出。

由于马氏体基体的高密度位错，提供了大量形核的有利位置和较大的长大速度。

1.9.6 合金元素对回火脆性的影响

通常，淬火钢在回火时，随着回火温度的上升，硬度降低，韧性上升；但是，某些钢在一定的温度范围内回火时，其韧性反而显著下降，这种现象叫作回火脆性。出现在 200 ~

350 °C 的叫低温回火脆性，出现在 450 ~ 650 °C 的叫高温回火脆性。

低温回火脆性几乎在所有钢中都能出现，它是由于 ε-$Fe_{2.4}C$ 碳化物转变为 χ-Fe_5C_2 或 θ-Fe_3C 碳化物时，这些新生成的碳化物沿板条马氏体的板条、束、群的边界或者在片状马氏体的孪晶带和原奥氏体晶界上析出，因而引起了钢的韧性明显降低。继续升高回火温度，由于碳化物的聚集、长大和球化，改善了各类界面的脆化性质，因而又使钢的韧性上升。

也有人认为，磷、硫、锑、砷、铋、铅等杂质元素在奥氏体晶界、亚晶界偏聚而降低晶界断裂强度是引起低温回火脆性的原因。

还有人认为，上述两个因素单独存在不足以引起沿晶脆断，但两者叠加起来就会加重原奥氏体晶界的脆性，造成沿晶脆断，因而出现低温回火脆性。含杂质元素极低的超纯钢就不会出现低温回火脆性。

除了不在出现回火脆性的温度范围内回火外，到现在为止，还没有有效的热处理方法能够消除这种回火脆性，也没有找到能够有效抑制产生这种回火脆性的合金元素。

硅、铝推迟 ε-$Fe_{2.4}C$ 转变为 Fe_3C，将出现低温回火脆性的温度提高到 350 °C 以上。

高温回火脆性主要在合金结构钢中出现，碳素钢对高温回火脆性是不敏感的。钢中的杂质元素磷、硫、锡、锑、铋、砷等，在原奥氏体晶界偏聚引起脆化，是产生高温回火脆性的直接因素，这是比较一致的说法。因为这种脆性引起沿原奥氏体晶界断裂，且这种断口的薄层成分分析证实有这些元素在原奥氏体晶界的偏聚。

合金元素铬、锰、镍、钒、铜等是强烈促进高温回火脆化倾向的，$w(Si) > 1.5\%$ 的钢也出现明显的回火脆性，尤其是锰、铬、硅等同时加入，回火脆性更为严重。这是因为，锰和硅降低了磷在 α-Fe 中的扩散激活能而促进其向原奥氏体晶界偏聚，锰还是降低晶界强度的元素，铬、锰、镍本身与磷、硫、锡、锑、砷等共同偏聚于奥氏体晶界。

钼、钨、钛可减轻高温回火脆性。钼增加磷在 α-Fe 中的扩散激活能，减慢磷在晶界的偏聚过程；$w(Mo) \approx 0.5\%$ 时可以明显降低或消除 Cr-Mn 钢的高温回火脆性。钨与钼的作用类似，但其加入量比钼高，一般为 0.8% ~ 1.2%。钛以碳氮化合物形式存在，细化了奥氏体晶粒，增加了晶界面积，降低了单位晶界面积上杂质元素的含量，从而降低了回火脆性的敏感性。稀土元素能和杂质元素形成稳定的化合物，如 LaP、LaSn、CeP、CeSb 等金属间化合物，可显著降低甚至消除高温回火脆性。若稀土元素和钼复合合金化，则效果更佳，可解决长时间在 450 ~ 550 °C 工作的部件的高温回火脆化问题。

此外，回火后快速冷却是防止出现高温回火脆性的有效措施。

复习思考题

1. 人们为什么要开发合金钢？
2. 合金元素在钢铁材料中的赋存状态有哪几种？
3. 什么是奥氏体形成元素？什么是铁素体形成元素？
4. 铁与合金元素的相图有哪几种基本类型？每一类型各说出 3 个元素。
5. 钢铁材料中的合金元素，如硅、锰、铬、钼、钨、钴、镍、钛、铌、钒、铝、氮、铜、磷等，哪些是铁素体形成元素？哪些是奥氏体形成元素？哪些能在 α-Fe 中形成无限固溶体？

哪些能在 γ-Fe 中形成无限固溶体？

6. 合金元素与晶体缺陷相互作用的形式有哪几种？

7. 什么叫作平衡偏析？

8. 叙述合金元素产生偏聚的机理。

9. 叙述第二种溶质元素对第一种溶质元素晶界偏聚的影响。

10. 叙述钢铁中的碳化物、氮化物和硼化物的性质特点，并分析其结合键。

11. 钢铁中碳化物结构的复杂性是由什么因素决定的？据此可以将其分为哪两大类？各有什么特点？

12. 根据合金元素与碳相互作用的强弱，可将其分为哪几类？

13. 钢铁中常见的碳化物类型主要有 6 种，如 M_2C 就是其中的一种，另外还有其他哪 5 种？哪一种碳化物最不稳定？哪一种最稳定？

14. 钢中比较重要的金属间化合物有哪些类型？它们各有什么特点？

15. 合金元素对 Fe-Fe_3C 相图中 *S*、*E* 点有什么影响？这种影响意味着什么？

16. 分析合金元素对 Fe-Fe_3C 相图的影响规律有什么实际意义？

17. 合金元素是怎样影响奥氏体晶粒大小的？

18. 有哪些合金元素强烈阻止奥氏体晶粒的长大？阻止奥氏体晶粒长大有什么作用？

19. 合金元素是怎样影响过冷奥氏体向珠光体转变的？

20. 在过冷奥氏体中析出先共析铁素体时，碳原子的扩散是主要影响因素，为什么？

21. 叙述不同类型的合金元素对过冷奥氏体稳定性的影响。

22. 合金元素是怎样影响钢中贝氏体转变的？

23. 为了使中低碳钢在热轧或热锻后自然空冷的条件下获得贝氏体组织，应该添加哪些合金元素？为什么？

24. 钢中加入的合金元素对马氏体转变的 *Ms* 点和 *Mf* 点有怎样的影响？哪些元素的作用显著一些？为什么？

25. 分析合金元素对淬火钢室温组织中残留奥氏体数量的影响。

26. 分析合金元素对马氏体亚结构的影响。

27. 什么是二次淬火？什么是二次硬化？

28. 合金元素是怎样影响淬火钢的回火稳定性的？

29. 提高淬火钢的回火稳定性有什么实际意义？

30. 含哪些合金元素的结构钢对高温回火脆性比较敏感？有哪些措施可以抑制高温回火脆性？

2 工程结构钢

2.1 概 述

工程结构钢是指主要用于制造各种大型金属结构的一大类钢种。它广泛应用于建筑、交通、化工、能源、海洋和国防工程等领域，制作建筑物的钢结构、桥梁、钢轨、车辆和工程机械、舰船、锅炉及高压容器、油井架、矿井架及支柱、输送管道、铁塔等。工程结构钢占钢总产量的 90% 左右，涉及所有的钢材品种。工程结构钢的使用量大，必然要求其生产成本低廉，且不应含有大量资源稀少的昂贵合金元素。

工程结构钢按成分可分为碳素工程结构钢和低合金工程结构钢，而且绝大多数为 $w(C) < 0.25\%$ 的低碳钢。按用途可分为桥梁用钢、管线用钢、造船用钢、舰艇用钢、建筑用钢、锅炉用钢、压力容器用钢、钢轨钢等。按性能可分为耐候钢、耐磨钢等。按显微组织可分为铁素体-珠光体钢、微珠光体钢、针状铁素体钢、低碳回火马氏体钢、低碳贝氏体钢、铁素体-马氏体双相钢、复相钢、多相钢等。

绝大对数工程结构钢是用轧制工艺生产的钢材，其中热轧钢材的产量远大于冷轧钢材。现代工艺生产的热轧钢材几乎不采用离线热处理的方式来提高强度，而是采用控制轧制、控制冷却工艺，或者控制轧制与控制冷却的结合来改善钢的组织从而提高其性能。冷轧钢材通常是经过再结晶退火消除加工硬化后供货。可见，工程结构钢几乎不采用淬火、回火这样的专门热处理工艺来调整组织而改善性能。

我国在 1957 年就开始试制第一个低合金工程结构钢——16Mn。曾经在比较长的一段时期将这一类钢称作普通低合金钢（简称普低钢），1994 年颁布的标准名称为低合金高强度钢。英文文献中，广泛使用 High Strength Low Alloy Steels 这一术语，即高强度低合金钢或 HSLA 钢。另一个广泛使用的术语是 Microalloyed Steels，即微合金钢。微合金化技术显著地改善了钢的性能，使其更适合用作工程结构钢。可以说，大多数重要的工程结构钢是 HSLA 钢，而绝大多数 HSLA 钢是用微合金化技术生产的。不过，微合金化技术也应用于碳素结构钢。

2.2 工程结构钢的性能要求

根据工程结构件的服役条件以及制作这些构件的加工工艺，对工程结构钢有以下的使用性能和工艺性能的要求。

2.2.1 足够的强度和良好的塑性、韧性

工程钢结构中有一部分是不做相对运动的，长期承受静载荷作用。为了保证工程钢结构

的承载能力，工程钢结构应该有足够高的屈服强度。而且提高屈服强度，可以减轻构件的自重，减少钢材的用量。例如，用 1 t 屈服强度 350 MPa 级的 HSLA 钢可以代替至少 1.2 t 的 235 MPa 级的碳素结构钢；如果将屈服强度进一步提高到 450 MPa 级，则可以代替大约 2 t 的 235 MPa 级的碳素结构钢。

但是，有一些工程钢结构不仅承受静载荷，而且还要承受交变载荷、冲击载荷以及接触应力的作用，如桥梁、铁塔、高层建筑等会受到风力以及地震波的作用，舰船会受到海浪的冲击，钢轨会受到车轮的交替碾压、冲击和磨损，工程机械的履带等也会受到磨损。因此，对于工程结构钢，不仅要求有足够的强度，还要求有与之配合良好的塑性和韧性，使其具有高的疲劳抗力；有的还要求有良好的耐磨性。

2.2.2 优良的低温韧性

在寒冷地区，工程钢结构在承载的同时，还要长期经受低温的作用，甚至可能发生低温脆断事故。例如，1943 年 1 月 23 日，停泊在美国纽约州港口的一艘油轮，在风平浪静的深夜突然断裂，船身一分为二。当时气温为 – 3.3 °C，海水温度为 – 4.44 °C，船身承受的应力为 68.2 MPa，只有正常工作应力的一半，远低于船体钢板的屈服强度。美国在第二次世界大战期间及以后的几年中，共有 250 多艘海船发生了类似的低温脆断事故。随着社会的发展，像冷藏库这样的低温工程也越来越多。这些情况下使用的工程结构钢都要求具有高的低温韧性或低的韧脆转变温度。

2.2.3 良好的耐大气腐蚀及海水腐蚀能力

约有 80% 的工程钢结构是暴露在大气条件下工作的。为了开发利用海洋资源，在海洋工程和近海工程中，也使用着大量的钢结构。这些钢结构在大气或海洋大气中服役时得不到良好的保护，容易被腐蚀。这种腐蚀的损耗约占金属材料腐蚀损耗的一半左右。当钢与比其温度高的潮湿空气接触时，空气中的水汽就可能在钢的表面凝结成水；或当钢的表面有微细的缝隙、氧化物、腐蚀产物、灰尘等存在时，由于毛细作用，相对湿度即使低于 100%，也可能优先在这些地方结露。大气中的 CO_2、SO_2、H_2S、NO_2、盐类等溶解于钢表面的水膜中，形成电解质溶液，会发生电化学腐蚀。大气中湿度越大，灰尘含量越多，腐蚀速度越快。在工业区的大气中常含有燃烧产物、碳粒、碳化物、硫化物、硫酸、氨气、盐粒或盐雾等，沿海地区的大气中含有大量的盐雾，使钢的腐蚀更加严重。金属材料抵抗大气或海洋大气腐蚀的能力称为耐候性。这部分工程结构钢应该具有良好的耐候性。

2.2.4 良好的高温性能

电站锅炉构件和一些化工设备的使用温度可达到 250 °C 以上，对这部分钢还要求有一定的高温性能，如高的抗应力松弛能力、蠕变强度、持久强度和持久寿命等。建筑用抗震耐火钢要求经受 1 ~ 3 h 的 600 °C 高温时，屈服强度不低于室温的 2/3。

2.2.5 优良的塑性成型性能

大多数工程结构件在加工过程中，要经受强烈的冷形变以制作成所需的形状。冷形变的方式有弯、折、冲压、拉缘、翻边、扩孔、缩孔、拉拔等。例如，用冷轧钢板制作小汽车的车身时要经历多种复杂塑性成型加工。子午线轮胎中的钢帘线是直径为 0.15 ~ 0.38 mm 的细钢丝，通常是用直径为 5.5 mm 的高碳钢热轧盘条经反复拉拔而制成的。工程结构钢具有优良的塑性是其得到广泛应用的前提。

2.2.6 优良的焊接性

现代工程钢结构中大量应用焊接连接代替铆钉或螺栓联接。通常，在一辆汽车上有 3 000 个以上的电阻点焊焊点；如果采用先进的激光焊焊接技术，焊缝的长度应达到 18 286 mm。铺设油气管线、钢轨，架设桥梁等工程的焊接施工可能是在十分恶劣的自然环境条件下进行的，如高寒、沙漠等地区。因此，大多数工程结构钢要有优良的焊接性。

金属材料的焊接性是指其对焊接加工的适应性，主要指在一定的焊接工艺条件下，一定的金属材料获得优质的焊接接头的难易程度。它包括两方面的内容：其一是结合性能，就是一定的金属材料在给定的焊接工艺条件下，形成焊接缺陷的敏感性；其二是使用性能，就是一定的金属材料在给定的焊接工艺条件下，所形成的焊接接头适应使用要求的程度。焊接性既与金属材料的化学成分、组织状态、表面质量等有关，也与焊接方法、焊接材料、焊接工艺参数等有关。焊接接头由焊缝、熔合区和热影响区 3 个部分组成，如图 2.1 所示。

焊接施工前对母材预热可以减轻出现裂纹的倾向，但增加了焊接工序的成本和能耗。焊接后构件的尺寸可能成倍地提高，或者成为固定结构；不太可能在焊接后通过热处理改善接头的性能；即使进行焊后热处理，其难度也较大，且增加了能耗和成本。焊接性良好的工程结构钢，在简单的焊接工艺条件下，就可以避免焊缝和热影响区产生焊接裂纹，使焊接接头具有优良的组织和性能。

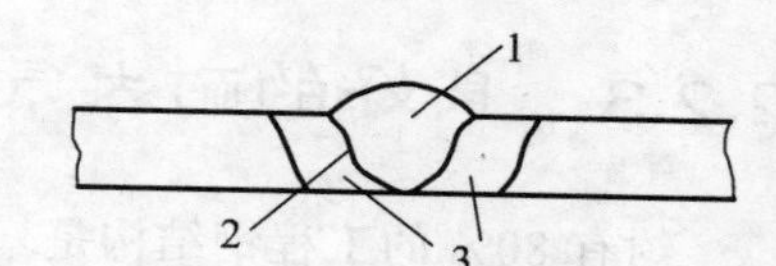

图 2.1 焊接接头示意图

1—焊缝；2—熔合区；3—热影响区

2.3 工程结构钢的合金化

通常，工程结构钢在成分设计上属于低碳钢[$w(C) \leqslant 0.25\%$]，加入适量的合金元素可以提高其强度。当合金元素含量较低时，如低合金高强度结构钢和大多数微合金钢，其基体组织是大量的铁素体和少量的珠光体。当钢中的合金元素含量较多时，其基体组织可能成为贝氏体、针状铁素体或马氏体等组织。下面只讨论铁素体-珠光体组织的工程结构钢的合金化问题。

2.3.1 碳、锰、硅的作用

几乎所有的工程结构钢都含有碳、锰、硅，这 3 种元素是工程结构钢中的基本元素。

较低的碳含量，主要是为了获得较好的塑性、韧性、焊接性能。在工程结构钢的发展初期，主要使用 $w(C)\approx 0.3\%$ 的热轧钢材，其屈服强度为 300～350 MPa。随着碳含量的增加，钢的强度增加，塑性降低，使得成型困难，同时使得在焊接过程中，引起严重的形变、开裂。因此，低合金高强度结构钢的碳含量必须降低。随着碳含量的增加，钢中珠光体含量相应增加，珠光体由于有大量脆性的片状渗碳体，因而有较高的韧脆转变温度。图 2.2 为铁素体-珠光体钢的碳含量（也即珠光体量）对其冲击吸收能量和韧脆转变温度的影响，$w(C)=0.3\%$ 的钢材，韧脆转变温度约 50 °C，而 $w(C)=0.1\%$ 的钢材，韧脆转变温度则降低到 －50 °C 左右。因此，低合金高强度结构钢的碳含量一般限制在 0.2% 以下。

锰是主加合金元素。锰是奥氏体形成元素，也是弱碳化物形成元素。在大多数工程结构钢中，基体组织为铁素体加少量的珠光体。锰能降低钢的 Ar_1 温度，降低奥氏体向珠光体转变的温度范围，并减缓其转变速度；因而表现出细化珠光体和铁素体的作用。晶粒细化（或珠光体团尺寸、片层间距减小）既可以使钢的屈服强度升高，又可以使钢的韧性提高，韧脆转变温度下降。在低碳的 C-Mn 钢中，大约 3/4 的锰溶于铁素体中，其余部分溶入渗碳体。图 2.3 为各种置换型合金元素对铁素体固溶强化的贡献，可见锰起着比较大的固溶强化作用。此外，锰的加入还可使 $Fe\text{-}Fe_3C$ 相图中的 S 点左移，使基体中珠光体数量增多；因而可使钢在相同的碳含量下，铁素体量减少，珠光体量增多，从而提高强度。但是，锰含量不能无限制地增加。大多数低合金高强度钢中锰含量为 1.0%～1.6%；锰含量最多不超过 2.2%。因为过高的锰含量对塑性、韧性、冷弯性能、焊接性有不利影响。

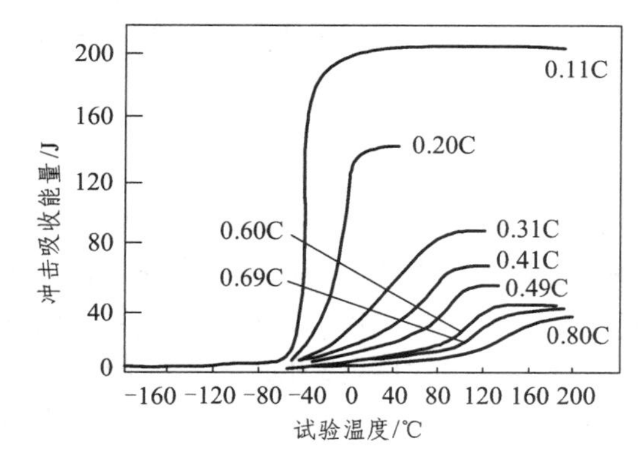

图 2.2　碳含量（珠光体量）对铁素体-珠光体钢冲击吸收能量和韧脆转变温度的影响

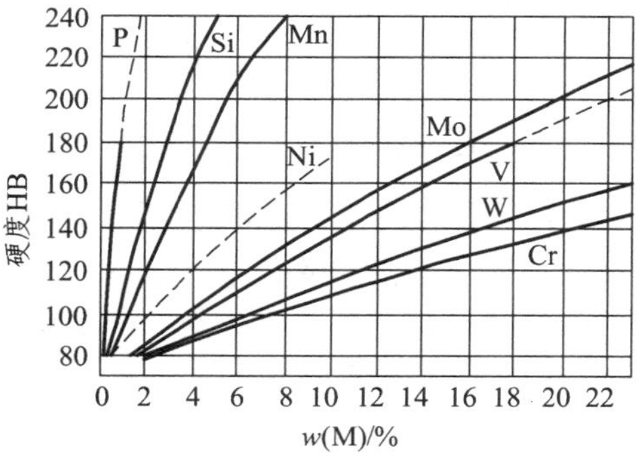

图 2.3　各种置换型合金元素对铁素体的固溶强化作用

硅也是常用的合金元素。硅是铁素体形成元素，是非碳化物形成元素。硅全部固溶于铁素体中，其固溶强化作用比锰强，如图 2.3 所示。硅也可使 $Fe\text{-}Fe_3C$ 相图中的 S 点左移。固溶强化和珠光体增多而提高强度的同时都会带来塑性、韧性以及冷加工性能的下降。过高的硅含量也会损害焊接性。通常硅含量不超过 0.8%，特殊者不超过 1.5%。

2.3.2　铬、镍的作用

有些工程结构钢中还含有适量的铬 $[w(Cr)\leqslant 1.25\%]$、镍 $[w(Ni)\leqslant 0.65\%]$，它们也固溶于铁素体中。铬在钢中只有较少部分溶于渗碳体（铬在渗碳体中最多溶解 15%），而且随着碳和铬含量的降低而减少，铬大部分溶于铁素体中。非碳化物形成元素镍几乎全部溶于铁素体中（镍在渗碳体中的溶解度只相当于它在钢中的平均含量）。但是，铬、镍都是弱的固溶强化元素，铬比镍的固溶强化作用更小。铬、镍有增大奥氏体过冷能力的作用，可以细化组织，增加珠光体数量，产生强化效果。镍以及少量的铬对韧性和韧脆转变温度有好的影响。少量的铬、镍（含量均为 0.5% 左右）就能促进钢的钝化，减少电化学腐蚀，具有改善耐大气腐蚀性能的作用；这才是在工程结构钢中添加铬、镍的主要目的。

2.3.3 钛、铌、钒的作用

钛、铌、钒是强碳化物形成元素，是典型的微合金元素。

所谓微合金钢，从广义上来说，凡是在基体化学成分中添加了微量（含量低于 0.20%）的合金元素，从而使钢的一种或几种性能具有明显变化的钢都可称为微合金钢。据此也就可以得出微合金元素的定义：在钢的基体成分中添加微量即可对其一种或几种性能产生明显影响的合金元素。

根据微合金钢的这一定义和微合金钢基体的化学成分，就可将微合金钢分为微合金不锈钢、微合金调质钢、微合金非调质钢、微合金渗碳钢、微合金高强度低合金钢等。

通常所说的微合金钢系指微合金高强度低合金钢，它是在碳素钢（软钢）或高强度低合金钢基体化学成分中添加了微量合金元素（主要是强碳化物形成元素或强氮化物形成元素，如钛、铝、铌、钒等）的钢，显然，这类微合金钢仍属于高强度低合金钢。大部分文献资料中所述的微合金钢也是指这一类钢。

2.3.3.1 阻止再加热奥氏体晶粒长大

钛、铌等微合金元素在钢中与碳和氮结合，形成稳定性极高的碳氮化合物。微量钛[$w(\mathrm{Ti}) \leqslant 0.02\%$]在钢中形成弥散分布的 TiN。TiN 在轧制或锻造的再加热温度能稳定存在，在短时高温的焊接热循环过程中也不会全部溶解。因此，TiN 对阻止奥氏体晶粒长大很有效。微量铌[$w(\mathrm{Nb}) \leqslant 0.06\%$]形成的 Nb(C, N)在 1 250 °C 也未完全溶于奥氏体，能阻止奥氏体晶粒长大。钢中微量的铝形成的 AlN，稳定性极高，也具有阻止轧钢再加热和焊接热循环条件下奥氏体晶粒长大的作用。

2.3.3.2 抑制形变奥氏体的再结晶

钛、铌、钒等微合金元素在钢中可以表现出抑制形变奥氏体再结晶的作用。在热加工过程中，通过应变诱导析出钛、铌、钒的碳氮化物，沉淀在晶界、亚晶界和位错上，起钉扎作用，有效地阻止了奥氏体再结晶的晶界和位错运动，从而抑制了再结晶过程的进行。例如，在高温区，铌主要以固溶原子的存在形式偏聚在奥氏体晶界，增强了晶界原子间的结合力，对再结晶晶界的迁移起拖曳作用；在较低温度的奥氏体区，铌的主要作用是以应变诱导析出 Nb(C，N)颗粒的形式钉扎晶界。微合金元素钛、铌、钒延缓轧制时奥氏体再结晶能力由强到弱的顺序是铌、钛、钒，如图 2.4 所示。

2.3.3.3 阻止再结晶后的奥氏体晶粒长大

微合金元素能够阻止再结晶后奥氏体晶粒的长大。在轧制或锻造过程中，每一道次后，再结晶完成终了，晶粒要发生长大。通过加入钛和铌分别形成 TiN 和 Nb(C，N)，它们在高温下非常稳定，其弥散分布对高温下的晶粒长大有强烈的抑制作用。在轧制过程中，溶解于奥氏体中的部分铌因应变诱导重新以 Nb(C，N)的形式析出，因而阻止奥氏体晶粒长大作用可达 1 150 °C。钒的碳氮化物的溶解温度相对较低，在热加工的再加热温度就已溶解，对控制奥氏体晶粒不起作用。

钛、铌、钒、铝在阻止奥氏体晶粒长大方面，钛的作用最强，铌次之，铝又次之，而钒较弱，但在高温时铝的作用比铌强，如图 2.5 所示。

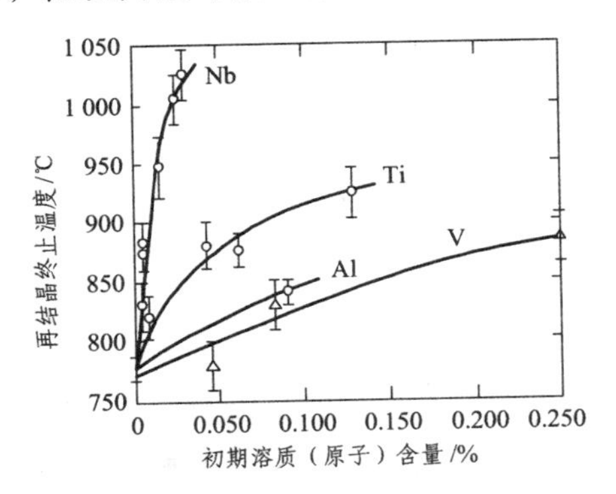

图 2.4　0.07%C-0.225%Si-1.40%Mn 钢中微合金元素固溶量与再结晶终止温度间的关系

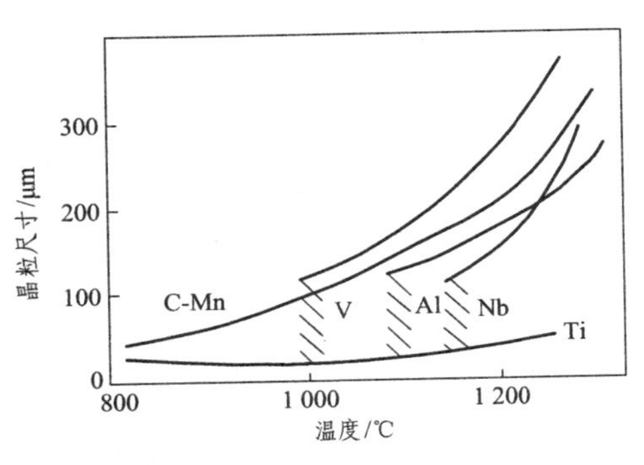

图 2.5　微合金元素对奥氏体晶粒长大倾向的影响

2.3.3.4　形成析出相起第二相强化作用

微合金元素以细小颗粒的碳化物或氮化物形式析出，起第二相强化作用。析出相的大小和形状与析出温度有关。在较高温度析出的颗粒，强化作用较弱，这与析出物的颗粒长大有关，如同过时效的作用一样。钛和铌的碳化物和氮化物具有足够高的稳定性，在奥氏体中的固溶度很低；钒只有在氮化物中才这样（见图 1.6）。一般微合金钢中起强化作用的第二相主要是 Nb(C，N)或 NbC、V(C，N)或 VC；它们可能是通过过冷奥氏体转变时发生的相间析出产生的，也可能是转变后在铁素体中析出的。微合金元素铌、钛、钒对钢的屈服强度的影响如图 2.6 所示。当 $w(\mathrm{Nb})\leqslant 0.04\%$ 时，细化晶粒造成屈服强度增量 $\Delta\sigma_G$ 大于第二相强化引起的

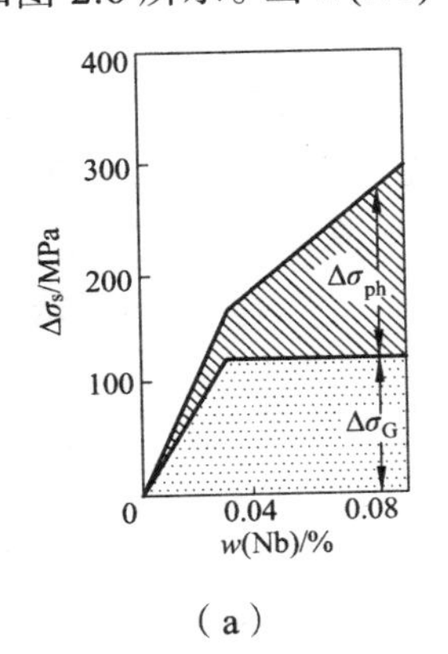

（a）

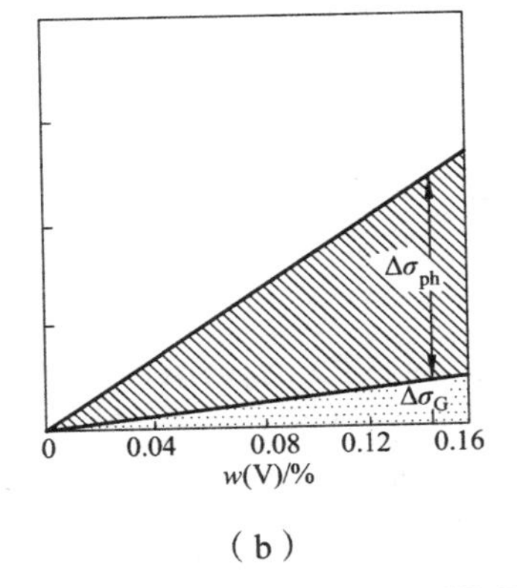

（b）

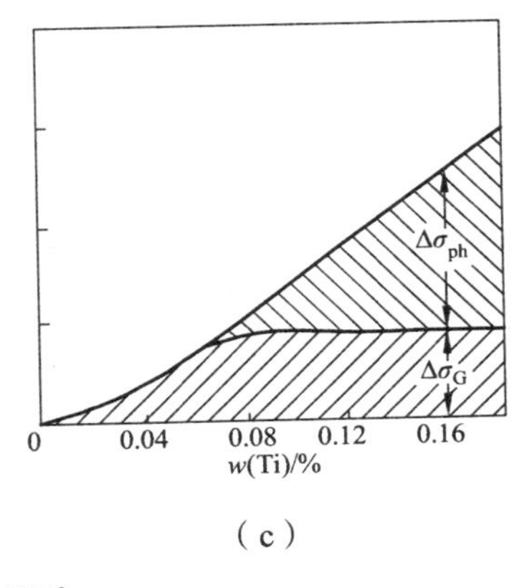

（c）

图 2.6　微合金元素对钢屈服强度的影响

$\Delta\sigma_G$—晶粒细化的贡献；$\Delta\sigma_{Ph}$—第二相强化的贡献

增量$\Delta\sigma_{Ph}$；当 $w(Nb)\geqslant 0.04\%$ 时，$\Delta\sigma_{Ph}$ 增量大大增加，而$\Delta\sigma_G$保持不变。在工业实际生产的微合金钢中，通常 $w(V)\approx 0.10\%$，$w(Nb)\approx 0.06\%$，钒的第二相强化作用比铌大。试验证明，在大多数微钛处理钢[$w(Ti)\leqslant 0.03\%$]中，钛是没有强化效果的。

能够起第二相强化作用的化合物颗粒应当是呈弥散分布的超显微颗粒，其尺寸越小，产生的强化效应越大，如图 2.7 所示。

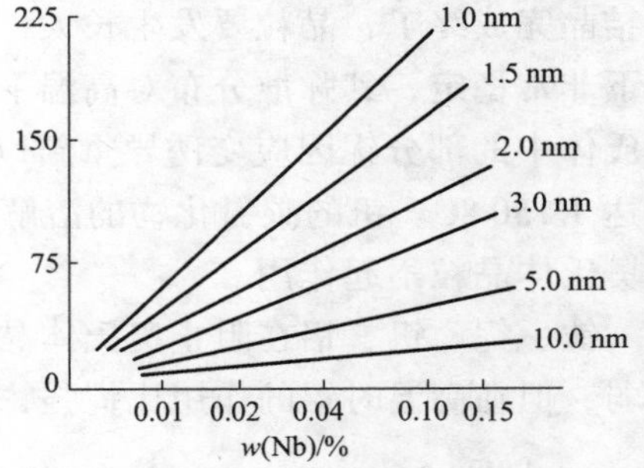

图 2.7 w(Nb)和 NbC 颗粒尺寸对高强度低合金钢强化效果的影响

2.3.3.5 改善钢的显微组织

微合金元素能够改善钢的显微组织。钛、铌、钒等元素的合金碳化物和氮化物随着奥氏体化温度的升高有一定的溶解量，如 Nb(C，N)在 1 150 °C 溶于奥氏体的铌约 0.03%，而 V(C，N)更易溶于奥氏体。在轧制加热时，溶于奥氏体的微合金元素提高了过冷奥氏体的稳定性，降低了发生先共析铁素体转变和珠光体转变的温度范围，低温下形成的先共析铁素体和珠光体组织更细小，并使相间析出产生的 Nb(C，N)和 V(C，N)颗粒更细小。

钢中添加微量的钛（≤0.015%），可以形成不易形变的 $Ti_4C_2S_2$ 而改变钢中硫化物的形态，减小钢材的横向和纵向性能差，改善成型性；如果形成特别细小的 TiO_2 或 Ti_2O_3 颗粒，则成为奥氏体晶内先共析铁素体非均匀形核的位置，避免形成晶界铁素体，有利于提高钢的冲击韧性和疲劳性能。

2.3.4 其他元素的作用

在一些工程结构钢中还加入氮、铝、钼、硼、铜、磷、稀土等元素。

以前生产的钢只用硅、锰脱氧，钢液中溶解的氮没有被固定，凝固后固溶于钢中的氮是产生应变时效的原因，被认为是有害元素。现代生产的钢，除用锰、硅脱氧外，还采用铝脱氧，钢中的氮以 AlN 形式被固定。在添加微合金元素钛的钢中，还会存在 TiN。因此，钢中几乎没有固溶形式存在的氮。而细小的 AlN、TiN 颗粒可以阻止奥氏体晶粒长大。氮可以促进钒的析出，减少其固溶量，且在容易粗化的 VC 中溶入氮后形成不容易聚集长大的 V(C，N)，提高了钒的第二相强化作用。在微合金钢中，氮含量可以达到 0.008%～0.012%。

如上所述，铝的作用是与氮结合形成细小的 AlN 颗粒，其稳定性极高，可以在高温阻止奥氏体晶粒长大，有利于最终获得细化的组织；这样既可提高强度，又可降低韧脆转变温度，还可改善焊接性。利用氧化物冶金技术，在钢中形成细小的 Al_2O_3 颗粒，可以促进晶内铁素体的形成，有利于提高塑性和韧性。

工程结构钢中少量的钼和硼主要起控制相变的作用，以便空冷时获得贝氏体组织。固溶的钼在奥氏体热形变时对动态再结晶过程有一定的抑制能力。钼还是一个提高钢抗 H_2S 腐蚀能力十分有效的元素，尤其是与铬、锰、钒、铝等元素复合加入时。

少量的铜即可显著地提高钢的耐候性。钢中的铜不容易发生氧化腐蚀，以单质形式沉积在钢的表面，它具有正电位，成为钢表面的附加阴极，促使钢在很小的阳极电流下达到钝化状态。为了提高钢抵抗大气腐蚀的能力，通常往钢中加入 0.25%～0.50% 的铜。当铜含量超过 0.6% 时，会使钢出现过热敏感性，在热形变前的再加热过程中产生铜脆，表面形成鱼鳞状的裂纹。产生这种缺陷的原因是含铜钢在加热时，其表面层金属的氧化具有选择性，在氧化铁层下面形成一个富铜层，这层的熔点低于 1 100 °C。轧制前将钢坯加热至 1 200 ~ 1 250 °C 的温度时，富铜层将熔化，熔化的铜沿奥氏体晶界向内渗透，因而导致在热形变过程中发生鱼鳞状开裂现象。所以，含铜钢热轧时应严格控制加热制度，如尽量缩短在高温区加热的时间，或者适当降低加热温度等。铜在 α-Fe 中的溶解度，在 850 °C 时最大，约为 2.2%，在 700 °C 时仅为 0.3%，室温时只能固溶 0.2%。超过溶解度部分的铜以自由状态存在于钢中。当铜含量大于 0.75% 时，通过时效析出细小弥散的 ε-Cu，将产生很强的第二相强化效果。铜还具有提高过冷奥氏体稳定性的作用。

磷也具有提高耐大气腐蚀能力的作用，含磷钢还有一定的耐海水腐蚀的能力。与其他置换型的合金元素相比，磷是在铁素体中起固溶强化作用最显著的元素，如图 2.3 所示；但是加入的磷不能超过一定数量，否则会使钢出现冷脆倾向，损害焊接性。

作为钢中微量添加剂的混合稀土，通常含有约 50% 的铈，约 25% 的镧，约 16% 的钕，其他镧系元素约 9%；它们的化学性质很相似。它们只产生 3 种类型的夹杂物，即$(RE)_2O_2S_2$、成分大致为$(RE)_5O_2S_4$ 和$(RE)_3S_4$ 的相。由于稀土强烈地降低了氧和硫在铝、锰处理钢水中的溶解度，硫化物和氧化物夹杂在凝固前就有机会上浮排除，因而使钢去硫，同时强化了硫化物。使在热加工时十分容易形变的 MnS 被强度较高的稀土硫化物取代。这些稀土化合物的尺寸较小，形状趋于纺锤状或球状。要实现这种夹杂物改性的目的，必须使 $w(RE)/w(S) \geqslant 4$ 或 $w(Ce)/w(S) \geqslant 2$。经夹杂物改性后，钢的纵向和横向性能差被消除或减小，从而改善了钢的横向延展性、冷弯性等；同时使钢的塑性提高，不同温度的冲击吸收能量提高，韧脆转变温度降低，而强度几乎不变。微量稀土元素的另一个重要作用是显著改善钢的耐蚀性。如果与铜、磷或铬、镍等复合添加，提高耐蚀性的效果更显著。

除微量钛和稀土元素外，在钢中起夹杂物改性作用的还有锆、钙、镁等。锆溶入 MnS 中，直至形成熔点较高的 $Mn_{0.8}Zr_{0.2}S$ 复合夹杂物。应该注意到，钛和锆都是强氮化物和强碳化物形成元素，利用它们进行夹杂物形态控制时，会干扰氮化物和碳化物的强化机理。钙和镁与稀土一样，形成氮化物和碳化物的倾向不强，不会产生这种干扰作用。金属镁在钢铁生产中大量用于铁水预处理时的脱硫剂，而用作夹杂物改性的则很少。微量的钙以 Ca-Si 或 Ca-Ba-Si 合金的形式加入钢中起夹杂物改性的作用。如果钢中有足够的钙，低熔点的铝酸盐将被 CaS 包裹；如果钙含量较低，则在固溶体中 MnS 可能与钙一起析出，这就极大地提高了其热轧时的形变抗力。只需 $w(Ca) = 0.001\,5\%$ 这样低的水平，就能消除点链状的铝酸盐和第Ⅱ类硫化物，代之出现熔融氧化物和第Ⅲ类硫化物。钢中的第Ⅰ类硫化物是氧化物或硅酸盐与硫化物复合的夹杂物，第Ⅱ类硫化物是在树枝晶的空隙中形成的，第Ⅲ类硫化物以钢液中细小的刚玉颗粒为核心析出的，分布均匀。第Ⅱ类对力学性能危害最大；第Ⅲ类对力学性能危害最小，甚至可以说是有利的。

2.3.5　合金化与脆化矢量

在工程结构钢中，通过添加各种合金元素的合金化，以及与加工工艺的配合，改变钢的显微组织，应用各种强化方式，从而改善钢的性能。为了定量地表征这些强化方式对钢的韧性的影响，英国的 F. B. Pickering 等人在总结大量实验结果的基础上，假设各种显微缺陷强化方式对钢铁材料的屈服强度和对韧脆转变温度的影响程度存在简单的比例关系，由此提出了各种强化方式的脆化矢量的概念。

脆化矢量的定义为：通过某一强化方式使钢铁材料的屈服强度提高 1 MPa 时，相应地使韧脆转变温度升高 *m* ℃，则该强化方式的脆化矢量为 *m*。由于个别强化方式在提高强度的同时可使韧脆转变温度降低，*m* 为负值，因而称之为矢量。图 2.8 直观地表示了铁素体-珠光体钢的各种强化因素的脆化矢量。晶粒细化是降低韧脆转变温度的唯一强化方式。如前所述，碳因增加珠光体量对韧性特别有害，而固溶强化、位错强化、第二相强化提高了韧脆转变温度。

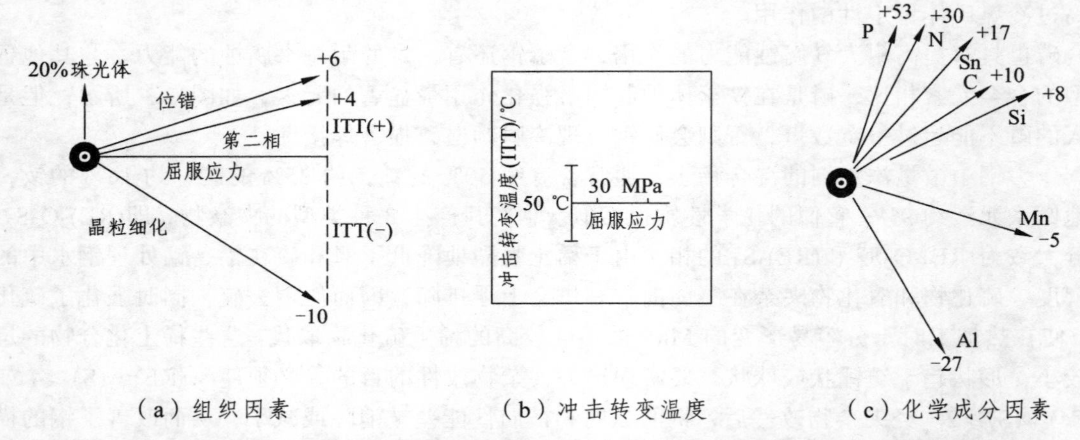

（a）组织因素　　（b）冲击转变温度　　（c）化学成分因素

图 2.8　影响铁素体-珠光体钢的屈服强度和韧脆转变温度的因素［数值表示屈服强度每提高 15 MPa 时韧脆转变温度的变化值（℃）］

根据脆化矢量的大小，可以在一定程度上定量估算具有确定化学成分和显微组织的钢铁材料的韧脆转变温度，或根据对钢铁材料的韧脆转变温度的要求选择合适的强化方式，从而设计钢铁材料的化学成分和强化方式。

若不考虑强化方式的经济性、可行性和其他性能方面的要求，而仅考虑使钢铁材料最大可能地强韧化，则应该仅选择脆化矢量最低的强化方式——细晶强化。因为细晶强化的脆化矢量为负值，即在强化的同时还可使钢铁材料的韧性提高（韧脆转变温度降低）。即使需要考虑其他方面的要求，也必须选择细晶强化作为最重要的强化方式之一，使之有效补偿由于不得不采用其他强化方式时所带来的韧性下降。因此，细晶强化是钢铁材料中最重要的强化方式，不仅可作为单独的强化方式，同时也是各种综合强化因素中必不可少的基础强化方式。传统的钢铁材料强化工艺均十分强调晶粒细化的必要性和重要性，而超级钢研究与开发工作的重点则是晶粒超细化。

此外，尽管锰元素的置换固溶强化效果并不十分显著和有效，但由于其脆化矢量几乎为零，因而也受到了相当的重视和广泛的应用。HSLA 钢中大都加入 1%～2% 的锰元素使之产生置换固溶强化作用。

在需要更高的强度而这种高强度仅由晶粒细化强化方式不可能完全提供时（可能是强度要求太高而仅靠晶粒细化不能完全达到，也可能是经济方面的限制不能进一步细化晶粒），需要采用其他的强化方式，此时必须优先选择脆化矢量较低的强化方式。微合金碳氮化物的第二相强化由于脆化矢量仅为 0.27 ℃/MPa 左右，因而具有特别的重要性，超级钢研究和发展的一个重要方向就是微合金化。

此外，减小或消除脆化矢量较大的强化方式（必要时代之以其他脆化矢量较小的强化方式以避免强度降低）也是钢铁材料强韧化的重要发展方向。例如，各种夹杂物对钢材的强化效果很小，但脆化作用很大（脆化矢量很高），减少或消除夹杂物（特别是大尺寸、不利形状及非均匀分布的夹杂物）一直是钢铁材料提高韧性的重要工艺措施，超级钢研究和发展的一个重要方向就是超纯净化；无间隙原子钢的发展主要就是试图完全消除脆化矢量很高的碳、氮原子的间隙固溶强化；而微合金化的一个重要附带作用是通过微合金元素与碳、氮原子强烈的化学亲和力而减小钢中的间隙固溶原子量或渗碳体量。

2.3.6 合金化与焊接性

如前所述，钢的化学成分对其焊接性有很大的影响。如果钢材和焊接材料中的硫、磷含量较高，在凝固过程中将产生热裂纹，因而必须限制其硫、磷含量。在焊接热循环过程中，温度远远超过临界点的热影响区，奥氏体晶粒特别粗大，在冷却过程中受到附近没有被加热的母材金属的激冷作用，造成极大的过冷度，可能发生马氏体转变，造成极大的热应力和组织应力，使强度、硬度明显提高，塑性、韧性大幅度下降，因而在热影响区容易出现裂纹，称之为冷裂纹。在给定的焊接条件下，这种开裂倾向的大小与钢的化学成分有关，即与钢的淬硬性和淬透性有关。碳含量越高和提高淬透性的合金元素越多，出现焊接裂纹的倾向也越大，而碳含量的影响尤为严重。

为了估计钢的焊接性的好坏，通常采用碳当量的概念，即把单个合金元素对热影响区硬化倾向的作用折算成碳的作用，再与钢的碳含量加在一起，用这个碳当量来判断钢的焊接性。国际焊接学会推荐的公式如下：

$$w(C_{eq}) = w(C) + w(Mn)/6 + [w(Cr) + w(Mo) + w(V)]/5 + [w(Cu) + w(Ni)]/15$$

这个公式主要适用于抗拉强度为 500 ~ 900 MPa 级的高强度非调质低合金钢。在其他文献资料中可以查到许多碳当量的计算公式；应根据钢的化学成分、组织和性能等选用合适的公式。

碳当量越低，焊接性越好。一般认为，板厚小于 20 mm，钢的 $w(C_{eq}) < 0.40\%$ 时，钢的淬硬倾向不大，焊接性能好，不需要预热。当 $w(C_{eq}) = 0.40\% \sim 0.60\%$ 时，特别是 $> 0.50\%$ 时，焊接时需要采用预热焊件母材、焊后热处理等方法，才能防止裂纹产生。

我国的高强度低合金钢大多是锰系钢种，一般 $w(Mn) \approx 1.5\%$。锰能显著提高碳当量，因此，钢中实际 $w(C)$不能超过 0.18%。如果再考虑其他合金元素的作用，钢的实际碳含量还应进一步降低。微合金钢中由于微合金元素含量很低，一般这些微量元素对焊接性无明显不良影响。而微量钛的加入[$w(Ti) \leqslant 0.03\%$]可形成细小弥散的 TiN 颗粒，细化母材晶粒，阻止热影响区奥氏体晶粒的长大，提高热影响区的韧性，显著改善了焊接性。

根据上述分析，铁素体-珠光体组织的 HSLA 钢的冶金设计要求是，显微组织应能保证每增大单位屈服强度时韧脆转变温度的上升最小，并保持适当的塑性成型性、焊接性和耐蚀性。根据这些要求，其合金化要点是，低的碳含量（$\leqslant 0.2\%$），较高的锰含量（1.2% ~ 1.6%）和硅含量（$\leqslant 0.8\%$），采用铝脱氧并保证钢中残留微量的铝，适量添加钛、铌、钒等微合金元素，根据需要辅助添加适量的氮、钼、硼、铬、镍、铜、磷、钙、稀土等元素。

2.4 铁素体-珠光体钢

这一大类钢服役时的显微组织为铁素体＋珠光体，包括碳素结构钢和低合金高强度钢，其生产工艺简单、成本低廉、应用广泛，在工程结钢中所占的比例较大。

2.4.1 碳素结构钢

根据国家标准 GB/T 700—2006《碳素结构钢》的规定，这类钢的牌号由代表屈服强度的字母、屈服强度数值（单位为 MPa）、质量等级符号、脱氧方法符号 4 个部分按顺序组成。例如，Q235AF。屈服强度级别共有 195、215、235、275 MPa 4 个级别；质量等级分为 A、B、C、D 4 个级别，质量要求依次提高。脱氧方法有沸腾钢、镇静钢、特殊镇静钢 3 种，它们的符号分别为 F（沸腾钢“沸”字汉语拼音首字母）、Z（镇静钢“镇”字汉语拼音首字母）、TZ（特殊镇静钢“特镇”两字汉语拼音首字母）。“Z”与“ZT”符号可以省略。Q195 不分级，Q215 只有 A、B 两个级，它们也都没有特殊镇静钢。

碳素结构钢中除铁以外，还含有 5 种主要元素，即碳、硅、锰、磷、硫。它们均为低碳钢，以 Q275 的碳含量最高，但也不超过 0.24%。硫、磷是随原料带入的。在钢液中，硫与铁形成 FeS，凝固时它与铁形成熔点为 988 °C 的共晶体（γ-Fe+FeS）。因钢液中还有氧，可能形成熔点更低（940 °C）的三元共晶体（γ-Fe+FeO+FeS）。它们主要分布在晶界。在钢热加工的加热温度（1 150 ~ 1 250 °C），这些含硫的共晶体早已熔化，在随后的加工时导致钢开裂，即产生热脆。锰与硫的结合力比铁大，会形成熔点为 1 600 °C 的 MnS。它一部分进入渣中被排除，一部分残留在钢中成为夹杂物。当钢中 $w(\mathrm{Mn})/w(\mathrm{S}) > 3$，就可避免硫造成的热脆。在室温，磷在α-Fe 中的溶解度约为 0.7%。钢中的碳会使磷的溶解度降低。磷还使钢的固相线与液相线的间隔扩大，导致偏析加大。磷的扩散很慢，其偏析难以消除。钢中磷含量较高时，晶界处可能形成硬而脆的 Fe_3P 薄膜。磷在α-Fe 晶界处的偏聚导致晶界脆化。固溶于 α-Fe 中的磷产生的固溶强化使其塑性、韧性降低。这些因素造成钢的脆性剧增，在低温下尤为显著，产生冷脆。磷、硫还会损害钢的焊接性。因此，在大多数钢中，磷、硫被认为是有害的杂质元素，对其含量作了不同程度的限制。硅、锰是冶炼工艺中为了脱氧的需要而加入的，而锰还可以稳定硫。4 个屈服强度级别的钢中最大锰含量分别为 0.50%、1.20%、1.40%、1.50%，形成 MnS 之外的锰对钢的强度有较大贡献。Q195 的最大硅含量为 0.30%，其余 3 个的最大硅含量为 0.35%。钢中可以有固定氮的铝。对 D 级钢要求应有足够的细化晶粒的元素。

碳素结构钢在国外称为低碳软钢，简称软钢。其生产工艺简单、成本低、塑性良好、焊接性优良，有较大的使用量。

碳素结构钢大部分以热轧状态供货，少部分以冷加工的产品形式供货，如冷轧薄板、冷拔钢管、冷拉钢丝等。用于冷轧板的钢有属于优质碳素钢的 08F、08Al 和搪瓷用冷轧低碳钢 DC05EK（类似于过去的 06Ti 钢）等，冷轧成板后经再结晶退火，最后再施以 1% ~ 3% 的平整形变，以消除上、下屈服点，保证深冲性能要求。但是，08F 钢由于有自由氮存在，即使平整后仍表现出不连续屈服现象，出现上、下屈服点，在冲压时出现板面不平整的吕德斯（Lüders）带；同时存在应变时效倾向。因此，可加入固定氮的元素，如铝或钛，以形成 AlN 或 TiN，从而消除钢的应变时效倾向。实际上，08Al 和 DC05EK 是在 08F 的基础上分别用铝和钛微合金化而得来的。

2.4.2　低合金高强度钢

低合金高强度钢是指在碳素钢的基础上加入一种或几种合金元素，使钢的强度明显高于碳素钢的一类工程结构钢。这里的“低合金”是指合金元素的总量不超过 3%，现在有不超过 5% 的；但一直没有一个普遍采用的标准。高强度的要求是屈服强度大于 275 MPa。这类钢是通过加入少量合金元素（主要是锰、硅以及微合金元素钛、铌、钒、铝等）而产生固溶强化、细晶强化、第二相强化等的综合作用而获得高强度。同时，利用细晶强化来抵消由于其他强化方式带来的塑性、韧性损失，使钢的塑性不降低或有所提高，韧脆转变温度下降。这一类钢的合金化原则已经在前面作了阐述。

根据 GB/T 1591—2008《低合金高强度结构钢》的规定，其牌号表示方法与碳素结构钢的类似。但是，由于没有沸腾钢，少了表示脱氧方法的符号而只有 3 部分；质量等级增加了 E 级而为 5 个级别。

以下仅对几个典型的低合金高强度结构钢作简要的介绍。

（1）Q345 级。这个强度级别的低合金高强度结构钢包括了过去的 12MnV、14MnNb、16Mn、16MnRE、18Nb 钢。其中，16Mn 钢是我国最早研制成功的低合金钢，是使用量最多、使用范围最广、最有代表性的钢种。与碳素结构钢相比，16Mn 钢具有高强度、高韧性、抗冲击、耐腐蚀、焊接性优良等特性，它的开发适应了各行业产品大型化、轻型化的趋势，采用 16Mn 钢所建造的“东风”万吨轮，显示了节省钢材、节约能源和延长产品寿命的优越性。现在广泛用于船舶、桥梁、车辆、压力容器、大型钢结构等，代替碳素钢可节约钢材 20% ~ 30%。根据产品截面厚度的不同，其屈服强度为 265 ~ 345 MPa，具体如表 2.1 所示。

表 2.1　不同规格尺寸 16Mn 钢的力学性能

公称厚度（直径、边长）/mm	R_{eL}/MPa	R_m/MPa	A/%
≤16	≥345	470 ~ 630	≥20
> 16 ~ 40	≥335		
> 40 ~ 63	≥325		≥19
> 63 ~ 80	≥315		
> 80 ~ 100	≥305		
> 100 ~ 150	≥285	450 ~ 600	≥18
> 150 ~ 200	≥275		≥17
> 200 ~ 250	≥265		

注：表中断后伸长率数值为 A、B 级钢的，C、D、E 级钢的应相应增加 1%。

16Mn 钢中，锰起着固溶强化作用，能降低 A_3 温度，增大钢的奥氏体过冷能力，细化铁素体晶粒，降低钢的冷脆倾向和 $FATT_{50}$（°C）。下面给出了 16Mn 钢实际化学成分、晶粒尺寸计算强度和 $FATT_{50}$（°C）的回归方程。

$$R_{eL}(\mathrm{MPa}) = 15.4\times[3.5 + 2.1w(\mathrm{Mn}) + 5.4w(\mathrm{Si}) + 23w(\mathrm{Nf}) + 1.13d^{-1/2}] \quad (2\text{-}1)$$

$$R_m(\mathrm{MPa}) = 15.4\times[19.1 + 1.8w(\mathrm{Mn}) + 5.4w(\mathrm{Si}) + 0.25\varphi(\mathrm{P}) + 0.5d^{-1/2}] \quad (2\text{-}2)$$

$$\mathrm{FATT}_{50}(^\circ\mathrm{C}) = -19 + 44w(\mathrm{Si}) + 700\sqrt{w(\mathrm{Nf})} + 2.2\varphi(\mathrm{P}) - 11.5d^{-1/2} \quad (2\text{-}3)$$

式中　w（元素化学符号）——该元素含量的质量百分数；

$w(Nf)$——自由氮含量的质量百分数；

d——铁素体晶粒尺寸，μm；

$\varphi(P)$——珠光体量的体积百分数。

（2）Q390 级。这个强度级别包括过去的 15MnV、15MnTi、16MnNb、10MnPNbRE 等钢。16MnNb 钢是为进一步改善 16Mn 钢的综合性能，提高综合成材率，采用微铌处理，使屈服强度提高了一个级别；－40 °C 的冲击吸收能量可达 60 J，提高了约 1 倍以上；综合力学性能与焊接性都比较好。16MnNb 钢多用于起重机械这样的大型金属结构。

在 10MnPNbRE 钢中，通过添加铌和磷弥补降低碳含量带来的强度损失，而磷使钢的耐蚀性提高，稀土起净化钢液、改善夹杂物形态和耐蚀性的作用，从而提高了钢的综合力学性能和耐候性。这一钢种多用于造船、港口设施及采油井架等。

15MnV、15MnTi 钢利用微量钒、钛的第二相强化和细化晶粒作用，提高了钢的强度和塑性。这类钢用于制造桥梁、船舶、容器等。

（3）Q420 级。在这个强度级别的 15MnVN 钢中，由于加入了一定数量的氮，形成比 VC 稳定的 VN 或 V(N，C)，而且颗粒更细小，可更有效地起沉淀强化作用。它是为适应建筑和桥梁工程而开发的钢种，也可以用于锅炉、容器、车辆等。

这个强度级别的另一个钢种为 14MnVTiRE 钢，由于钒、钛的强化作用，强度进一步提高，综合力学性能良好，焊接性也得到改善，多用于大型船舶。

2.5 工程结构钢的生产工艺

2.5.1 冶炼工艺

2.5.1.1 工程结构钢的冶炼工艺流程

在最近几十年人类科学技术飞速发展的带动下，作为传统产业的钢铁工业也在不断地发展。表 2.2 是国际钢铁学会统计的近十年各种炼钢方法生产的粗钢占总产量的比例。在 2003 年中国即已彻底淘汰平炉。在 2012 年全世界产生的 154 501.1 万 t 粗钢中，仅有 1 643.5 万 t 是由平炉生产的。可见过去占统治地位的平炉已经基本被淘汰。目前主要有两条工艺路线，即转炉炼钢流程和电弧炉炼钢流程。

表 2.2 世界以及中国 2003—2012 年平炉、转炉、电弧炉所生产的粗钢占总产量的比例（%）

地区	方法	年份									
		2003	2004	2005	2006	2007	2008	2009	2010	2011	2012
世界	平炉	3.4	3.2	2.8	2.6	2.4	2.1	1.3	1.2	1.1	1.1
世界	转炉	62.9	63.5	65.2	65.5	65.5	65.9	69.9	69.4	69.4	69.6
中国大陆		82.5	85.3	88.1	89.5	88.1	87.4	90.3	89.6	89.8	89.8
中国台湾		57.2	55.8	53.0	53.4	52.1	50.7	51.5	52.6	51.0	53.7
世界	电弧炉	33.4	33.3	31.8	31.7	31.9	31.9	28.7	29.3	29.3	29.2
中国大陆		17.6	15.3	11.7	10.5	11.9	12.4	9.7	10.4	10.1	10.1
中国台湾		42.8	44.2	47.0	47.0	47.9	49.3	48.4	47.4	49.0	46.3

工程结构钢的生产是一项系统工程，其生产基本流程如图 2.9 所示。通常将“高炉—铁水预处理—转炉—炉外精炼—连铸”称为长流程；将“废钢—电弧炉—炉外精炼—连铸”称为短流程。短流程无需庞杂的铁前系统和炼铁高炉，因而工艺简单、占地少、投资低、建设周期短。但是，短流程生产规模相对较小，生产品种范围相对较窄，生产成本相对较高。同时，受废钢和电力供应的制约。目前，大多数短流程钢铁生产企业也开始建高炉和相应的铁前系统。电弧炉采用废钢 + 铁水热装技术，吹氧熔炼钢水，降低了能耗，缩短了冶炼周期，提高了钢水质量，扩大了品种，降低了生产成本。

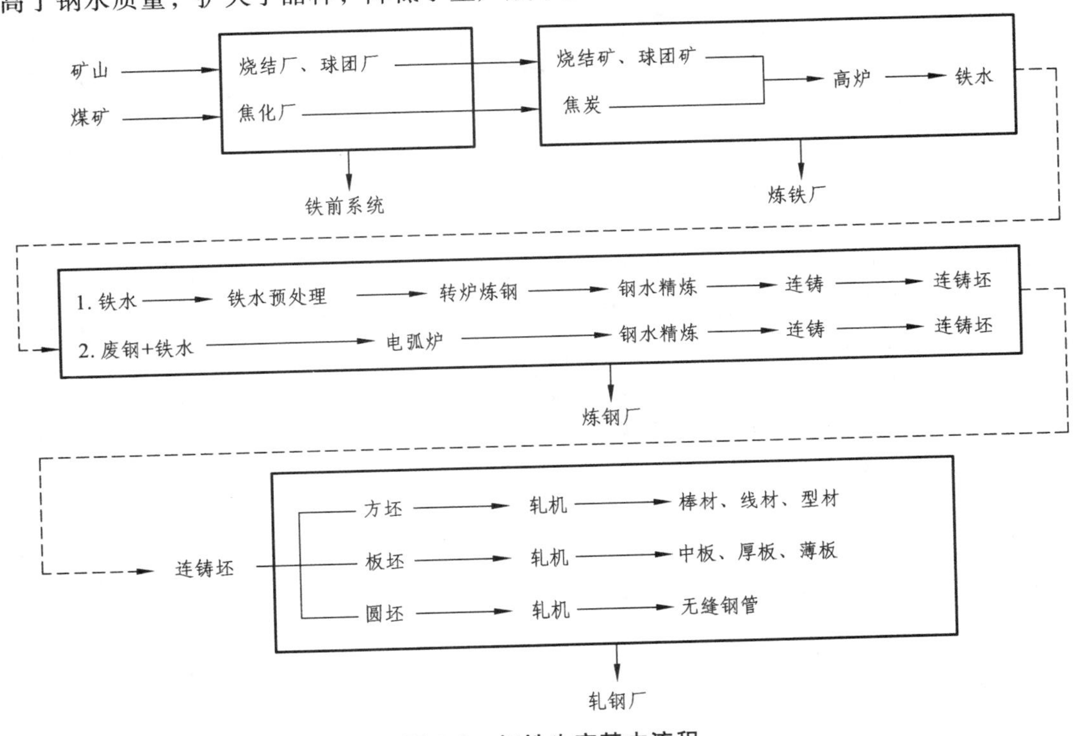

图 2.9 钢铁生产基本流程

转炉炼钢发展的新技术主要有：① 使炉内反应接近平衡，铁损失减少的顶底复吹技术；② 以溅渣护炉为代表的转炉长寿化技术；③ 吹炼过程和终点精确控制的副枪技术和炉气分析技术等。

电弧炉炼钢朝着超高功率化方向发展，加速废钢的熔化，缩短冶炼时间，以改善热效率和总效率。在交流电弧炉超高功率化的同时，出现了电弧不稳定、电源闪烁、炉壁热点等问题，从而发展了直流电弧炉，其单位能耗、电极单耗、耐火材料消耗都比较低。

不管是长流程工艺还是短流程工艺，炼钢都是中心环节，对钢材产品的质量有着先天性的决定作用。冶炼并浇铸出优质的钢坯，是生产优质钢材的先决条件。

为了提高工程结构钢的质量和生产效率，炼钢生产发展了铁水预处理、炉外精炼、连铸等先进技术。

2.5.1.2 铁水预处理

铁水预处理是指铁水在进入炼钢炉前，为去除某些有害元素或提取某些有益元素的处理过程。主要是使其中硫、磷含量降低到所要求的范围，以优化炼钢过程，提高钢的质量；或者提取铁水中的钒、铌等，以实现资源综合利用。

由于转炉炼钢是在氧化性气氛下进行冶炼，脱硫效果不好，一般脱硫率为 30% ~ 40%，人们便尝试在铁水兑入转炉前进行铁水脱硫处理。电弧炉可造还原性气氛，脱硫条件大为改善，但在炉内脱硫将导致原材料消耗增加，冶炼周期增长；因此，也要求铁水的硫越低越好。

铁水脱硫条件比钢水脱硫优越，其主要原因为：① 铁水中碳、硅含量高，提高了硫的反应能力；② 铁水中氧活度低，提高了渣铁之间的硫分配比。因此，铁水脱硫费用比其他工序低，其费用比值为：高炉脱硫：铁水预处理：转炉：炉外精炼 = 2.6：1：16.9：6.1。铁水脱硫通常在盛铁水的容器，如铁水包、鱼雷罐中进行。使用的脱硫剂有石灰、电石、镁粉。脱硫方法主要有 KR 法和喷吹法。

继铁水脱硫之后，为适应纯净钢，特别是低磷钢和超低磷钢冶炼的需要，人们尝试进行铁水脱磷。但是脱磷之前必须脱硅，脱硅是适应铁水脱磷的需要。目前，铁水预脱硅、预脱磷均采用氧化方法。

铁水脱硅的目的主要是：① 减少转炉炼钢石灰消耗量，减少渣量和铁损；② 铁水脱磷的需要。由于铁水中硅的氧化势比磷低很多，在脱磷过程中加入氧化剂后，硅与氧的结合能力远远大于磷与氧的结合能力，所以硅比磷优先氧化；因此，当铁水中的硅较高时，将有一部分脱磷剂用于脱硅，而使脱磷反应滞后。脱磷铁水的硅含量应小于 0.15%。

铁水脱硅的主要方法有顶喷法和铁水罐（或鱼雷罐）喷吹法。前者是将脱硅剂（铁皮、石灰粉和少量萤石粉）由载气（N_2）经喷枪喷入铁水中；后者是用氧枪将氧气喷吹入铁水中。

铁水脱磷剂主要由氧化剂、造渣剂和助溶剂组成。磷氧化后形成的 P_2O_5 不稳定（容易回磷），必须与钙、钠之类的元素结合生成磷酸盐才能稳定地存在于渣中。其方法主要有机械搅拌法、喷吹法和转炉双联法。

2.5.1.3 炉外精炼

随着工业、科学技术现代化的发展，要求钢材的质量更高、更稳定。传统的炼钢方法（转炉、电弧炉）冶炼的钢，气体、非金属夹杂物含量多，化学成分的波动范围大，远远不能满足这种要求。另一方面，高功率、超高功率电弧炉的发展，为了最大限度地利用高功率的变压器，也要求将传统的集“熔化、氧化、还原精炼”于一炉的老三段式操作技术，改为电弧炉熔化废钢，而将精炼移至钢包内完成。因此，在转炉、电弧炉之外，加上必要的精炼装置，对初炼钢液进行精炼或处理而发展了炉外精炼技术。

炉外精炼是将常规炼钢炉（转炉、电弧炉）初炼的钢液倒入钢包或专用容器内进行脱氧、脱硫、脱碳、除气，去除非金属夹杂物以及夹杂物改性处理，调整钢液成分及温度，并使之均匀化，以达到进一步冶炼目的的炼钢工艺。它将在常规炼钢炉中完成的精炼任务，部分或全部移到钢包或其他容器中进行，把一步炼钢法变为二步炼钢法，即初炼加精炼。

炉外精炼主要有以下作用：① 提高质量、扩大品种；② 优化冶金生产流程，提高生产效率，节能降耗，降低成本；③ 炼钢—炉外精炼—连铸—热装轧制工序衔接。

炉外精炼有以下任务：① 钢水成分和温度的均匀化；② 精确控制钢水成分和温度；③ 脱氧、脱硫、脱磷、脱碳；④ 去除钢中气体（氢、氮）；⑤ 去除夹杂物及夹杂物形态控制。

炉外精炼采用的基本手段有：① 渣洗；② 真空；③ 搅拌；④ 加热；⑤ 喷吹和喂丝。当今名目繁多的炉外精炼方法都是这 5 种精炼手段的不同组合，综合一种或几种手段而构成的。

采用炉外精炼技术，使生产洁净钢成为可能。2000 年，洁净钢实际达到的极限水平如表 2.3 所示。未来，超洁净钢不仅仅是在理论上存在。

表 2.3　2000 年的洁净钢极限水平

元　素	C	P	S	N	O	H	Σ(C、P、S、N、O、H)
含量/$\times 10^{-6}$	5	10	10	20	5	0.5	< 50

2.5.1.4 连　铸

连铸，即连续铸钢，是将液态钢液用连铸机浇铸、冷凝、切割而直接得到铸坯的工艺。它是连接炼钢和轧钢的中间环节，是炼钢生产的重要组成部分。

连铸具有一系列技术上、经济上的优点，加之连铸本身所具有的某些冶金质量上的长处，使它成为一种先进的冶金技术。连铸是继氧气顶吹转炉炼钢之后，钢铁工业中最重要的技术进步之一。20 世纪 70 年代是连铸技术大发展的时代，全世界的连铸机无论在台数、生产能力，还是连铸自动化程度上都有飞跃的发展。连铸技术在 20 世纪 80 年代已趋于成熟。

连铸工艺与传统的模铸方法相比，省掉了铸锭和初轧开坯工序，克服了模铸存在的准备工作复杂、综合成材率低、能耗高、劳动强度大以及生产效率低等缺点，而且连铸坯的质量优于钢锭。在连铸过程中不需要锭模及其浇铸系统，从根本上避免了耐火材料对钢液的污染，所以连铸坯中夹杂物较少。连铸过程的冷却速率快，连铸坯的偏析程度较轻，其组织致密，纯净度高。因此，模铸法已经基本被连铸法取代。

表 2.4 是国际钢铁学会统计的近十年用连铸法生产的粗钢占总产量的比例。目前，全世界的钢铁生产以连铸法占绝对主流地位，而我国钢铁企业已基本实现全连铸生产。但在日本、美国、德国、英国、荷兰、西班牙、比利时、法国、俄罗斯等钢铁强国中，仅比利时的连铸比为 100%。

表 2.4　世界以及中国 2003—2012 年连铸法所生产的粗钢占总产量的比例（%）

地　区	年　份									
	2003	2004	2005	2006	2007	2008	2009	2010	2011	2012
世　界	89.8	90.9	91.4	92.0	92.6	93.4	94.8	94.9	95.2	95.5
中国大陆	93.6	96.6	97.0	96.9	97.7	98.2	98.5	98.1	98.4	98.4
中国台湾	99.7	99.6	99.6	99.7	91.6	93.1	99.8	98.2	96.2	99.6

在连铸工艺中，为了避免钢水二次氧化，扩大生产的品种范围，开发了用于中间包和结晶器的各种保护渣。为了精确调整钢液成分以及添加易氧化的微合金添加剂，可以采用中间包或结晶器喂丝技术。为了防止钢液再污染和二次氧化，从钢包到中间包采用长水口保护浇铸、氩封以及下渣检测系统。中间包中使用挡墙和坝、过滤器（多孔挡板）吸附夹杂物。中间包钢水吹氩，促进夹杂物上浮，并均匀钢水温度和成分。中间包感应加热技术不仅可使钢水温度相对稳定，而且利用电磁搅拌作用，有利于夹杂物上浮排除。因此，在连铸工艺中，

中间包已不仅仅是一个钢包和结晶器之间接收钢水的过渡装置，还是一个冶金精炼反应的容器。这一系列的精炼功能组合成了中间包冶金技术。

在结晶器和二次冷却区的电磁搅拌，以及二次冷却区的轻压下技术，可以进一步均匀连铸坯的成分，减少偏析、疏松，避免裂纹，细化组织。

无缺陷坯连铸技术为连铸坯的热送热装和直接轧制提供了保障，提高了生产效率，降低了能耗。薄板坯连铸连轧的生产技术早已投入生产。近终型连铸技术也已经进入实用化阶段。

2.5.2 轧制工艺

炼钢工序生产的钢坯（或锭）都要经过轧制工艺使其成为各种断面形状的钢材。

过去生产的工程结构钢，为了提高强度和塑性，改善综合性能，是在热轧钢材冷却到室温之后采用正火，有的甚至采用淬火和回火的热处理工艺细化组织，获得所要求的性能。但是，这样的工艺方法要有专门的热处理设备，并消耗大量的能源，必然造成成本上升。随着能源的日益短缺，促使人们努力寻求热形变、冷却后不经热处理而能获得优良强韧性钢材的生产方法，这就是控制轧制与控制冷却工艺。采用这种工艺生产工程结构钢，不用离线热处理即可获得同样甚至更好的性能。

2.5.2.1 控制轧制

常规热轧的形变过程，以达到要求的形状和规定的尺寸精度为主要目的。热轧工艺对钢的组织和性能有重要的影响，如钢坯的再加热温度和开轧温度、轧制道次和压下量、终轧温度、轧后冷却参数等都是极为重要的影响因素。自从 20 世纪 20 年代发现降低终轧温度能够导致晶粒细化从而提高强度和韧性之后，逐渐认识到控制轧制工艺各个环节的重要性，这就发展并完善了控制轧制的理论和工艺。现在控制轧制工艺已经在实际生产中广泛应用。HSLA 钢，尤其是微合金钢的发展，与控制轧制工艺密切相关。

控制轧制是一种通过细化铁素体晶粒而使钢材具有良好的强度和韧性的工艺过程，本质上是形变热处理的一种派生形式。控制轧制有以下 3 种方式。

1. 奥氏体再结晶区控制轧制（又称Ⅰ型控制轧制）

奥氏体再结晶区控制轧制的主要目的是通过对加热时粗化的初始 γ 晶粒反复进行轧制-再结晶，使之细化，从而使 $\gamma \rightarrow \alpha$ 相变后得到细小的 α 晶粒。仅仅由于再结晶 γ 晶粒细化而引起的 α 晶粒细化存在一个极限。γ 再结晶区域轧制是通过再结晶使 γ 晶粒细化，从这种意义上说，它实际上是控制轧制的准备阶段。γ 再结晶区域通常是在约 950 °C 以上的温度范围。

2. 奥氏体未再结晶区控制轧制（又称Ⅱ型控制轧制）

在奥氏体未再结晶区进行控制轧制时，γ 晶粒沿轧制方向伸长，在 γ 晶粒内部产生形变带。此时不仅由于晶界面积增加，提高了 α 的形核率，而且也在形变带上出现大量的 α 晶核，这样就进一步促进了 α 晶粒的细化。随着未再结晶区的总压下率的增加，伸长的 γ 晶粒在厚度方向上的尺寸减小，相变后的晶粒随着未再结晶区总压下率的增加而变细。如果刚相变前的 γ 晶粒和伸长的未再结晶的 γ 晶粒相同，则 $\gamma \rightarrow \alpha$ 相变温度越低，相变后的 α 晶粒越细。γ 未再结晶的温度区间一般为 950 °C ~ Ar_3。

3.（γ+α）两相区轧制

在 Ar_3 以下的（γ+α）两相区轧制时，未相变的 γ 晶粒变得更长，在晶内形成形变带。另一方面，已相变形成的 α 晶粒在形变时，其晶粒内形成亚结构。在轧制后的冷却过程中前者发生相变形成细小的多边形 α 晶粒，后者因回复变成内部有亚晶粒的 α 晶粒。因此，两相区轧制后形成由大角度晶界的晶粒和亚晶粒组成的混合组织。后来提出的 α 区轧制也可以归属于（γ+α）两相区轧制。

以上 3 种控制轧制方式如图 2.10 所示。

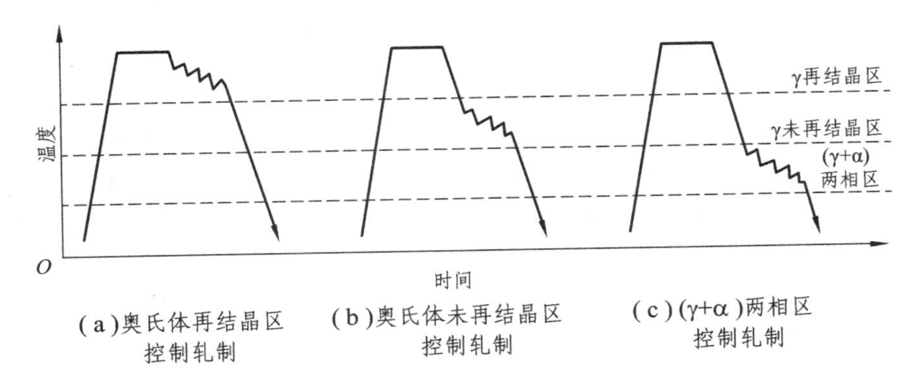

图 2.10　控制轧制方式示意图

在控制轧制实践中常常把这 3 种轧制方式联系在一起而进行连续轧制，并称之为控制轧制的 3 个阶段。图 2.11 表示了钢材在这 3 个阶段的轧制过程中组织的变化。

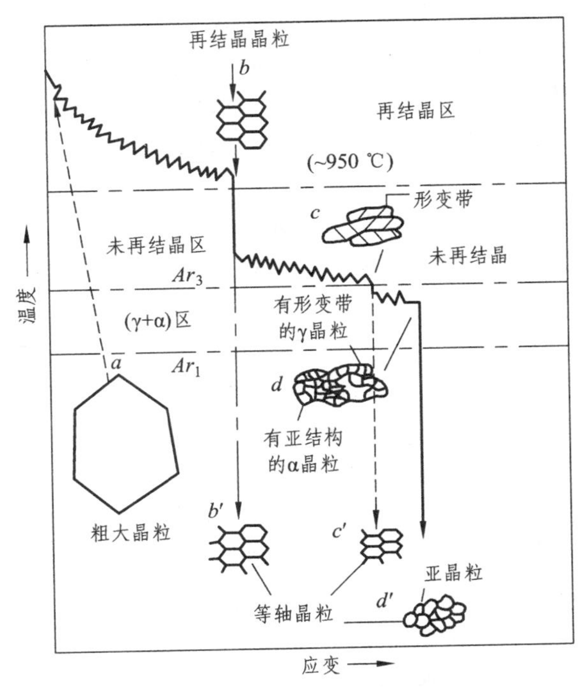

图 2.11　控制轧制 3 个阶段示意图和各阶段的组织变化

最早发展的是传统控制轧制，它是控制在特定温度范围内的道次压下量，在 950 °C 以上，每一道次的压下都使奥氏体发生再结晶，受到形变的奥氏体迅速发生动态再结晶。微合金元素铌对这个过程有很大影响，使奥氏体中应变诱导析出 Nb(C，N)，阻碍再结晶和晶粒长大。在 950 °C 以下属于静态再结晶范围，已形变的奥氏体或者发生再结晶但晶粒来不及长大，或者仅达到回复状态未发生再结晶。终轧温度越接近 A_3 点，越易得到薄饼型完全未再结晶的形变奥氏体。在冷却过程中发生先共析铁素体转变时，先共析铁素体在薄饼形奥氏体晶界和晶内的形变带处形核，得到极细小的铁素体晶粒。这种工艺的缺点是终轧温度较低，一般要低于 900 °C，此时钢的强度因温度降低而升高，轧制时形变抗力增大，必须有高功率的强力轧机才能实现这种工艺。

为了使轧机功率较低的旧轧机或锻造也能应用控制轧制工艺，开发出了再结晶控制轧制。再结晶控轧的温度范围大体上正是常规轧制的温度范围，每道次的压下量也在常规道次压下量的上限附近，无需对轧钢机和轧制工艺做很大的改造就能显著地使奥氏体再结晶细化。

再结晶控制轧制工艺以 TiN 为奥氏体晶粒粗化的阻碍物，以 V(C，N)为强化第二相。钢中的钛含量要严格控制在 0.01% ~ 0.02%，在这种钛的浓度下，TiN 是在钢液凝固后冷却时从奥氏体中析出，所得到的 TiN 非常弥散，有理想的钉扎力，抑制高温形变后再结晶奥氏体晶粒的粗化过程。当反复多道次形变和再结晶后，奥氏体晶粒得到细化。在终轧温度高于 950 °C 的情况下，几乎没有 V(C，N)的应变诱导析出，钢中的钒在低温下发生相间沉淀或从过饱和铁素体中析出，产生第二相强化。Ti-V-N 钢就是为适应再结晶控制轧制而研制的一种钢，可以得到极细小的铁素体晶粒和珠光体团。同时，由于 TiN 非常细小，在焊接时阻碍热影响区的晶粒长大，极大地改善了焊接热影响区的韧性。

铁素体轧制是在较低温度下的轧制，对进一步强化是有效的，但同时也带来了一些弊端，如较大的形变抗力、组织上的混晶结构、提高韧脆转变温度、性能表现出各向异性等。铁素体轧制提供了以热轧板替代冷轧板使用的可能性。这种轧制工艺有以下几个特征：

（1）它适用于低碳钢和超低碳钢，工艺的顺利实施要求 $Ar_3 \sim Ar_1$ 的范围窄，易于从非再结晶区轧制跨越到铁素体区轧制。

（2）利用了铁素体形变再结晶的轧制实现进一步的细晶化。

（3）这类钢的铁素体轧制温度区一般在 900 °C 左右，不会造成轧制力的超载及低温轧制的一些材质上的缺陷。

微合金钢，尤其是 IF 钢一类的产品，碳含量仅 20×10^{-6}，铌和钛可以固定钢中的间隙原子，形成了 TiN、Nb(C，N)，既可以增大 $\gamma \rightarrow \alpha$ 相变的形核率以及使再结晶的 α 相保持细化，又有第二相强化的作用。高强冲压用钢、冷冲热轧薄板及气瓶用钢板等都可采用铁素体轧制工艺。

综合上述分析可知，控制轧制可以充分发挥微合金元素的作用。在工程结构钢中加入钛、铌、钒等微合金元素后，采用控制轧制工艺时，可以使钢材有更好的综合力学性能。在常规轧制工艺下，钢中加入铌可以起到第二相强化作用，结果使钢的强度提高，韧性下降。而在控制轧制工艺下，加到钢中的微量铌可以使晶粒细化，从而使钢的强度上升，韧性也提高。钒在低碳钢中的作用与铌相似。在常规轧制下，钢中加入的钒主要是提高钢的强度，但使钢的韧性比含铌的钢要低。在控制轧制下，钒主要起第二相强化的作用，但由于控制轧制使钢的晶粒细化，韧性又有所改善。在不少钢中是同时加入钒和钛、铌和钒或者铌和钛，这样可以同时发挥其细化晶粒和第二相强化的作用，更能综合发挥其改善强韧性的作用。微合金化技术和控制轧制工艺相结合有相辅相成的效果。

2.5.2.2　控制冷却

常规热轧后的钢材，或者是自然冷却，或者是堆垛、成卷冷却。这样冷却后形成的组织比较粗大，对钢的韧性不利，而且钢材的性能也不均匀。为了进一步提高钢的性能，通过穿（喷）水、喷雾、强制风冷等手段，对轧后冷却参数进行控制，就形成了控制冷却。

控制冷却工艺对获得细小的铁素体晶粒和第二相极为重要。对于截面较大的钢材，冷却速度过慢时，析出的先共析铁素体将长大，珠光体团和片层也粗化，这就降低了钢的强度和韧性。对于微合金钢的影响还在于，冷却速度慢时，发生相间析出的温度较高，析出相过于粗大，减弱了强化效应。含钛、铌、钒等元素的微合金钢，由于这些元素析出第二相产生强化，会带来塑性和韧性的下降。为此，必须采用控制冷却，细化组织，改善塑性和韧性。根据钢材截面大小的不同，控制冷却可以采用强制风冷、喷雾、喷水等措施来控制冷却速度。因此，可以说水（H_2O）是最便宜、最有效的“合金元素”。控制冷却已经广泛应用于钢板、钢带、线材、型钢和钢管的生产中。另外，开发了完善的控制冷却设备，如热连轧钢板的层流冷却系统，高速线材轧制的斯太尔摩控制冷却线。在连轧钢板生产过程中，控制钢板的卷取温度也很重要，卷取温度一般控制在 600 ~ 650 °C，使钢板在 600 °C 以下冷却速度减慢，以便改善钢材的塑性和韧性。

应该注意，控制冷却不等于加速冷却，因为有一些钢种要求的冷却速率比自然空冷还要慢。为此，斯太尔摩控制冷却线在标准型的基础上，发展出了缓慢型和延迟型。

将控制轧制和控制冷却工艺相结合就形成了控制轧制与控制冷却工艺，简称控轧控冷。这种工艺可以更进一步细化钢的组织，显著改善钢的强度和韧性，也更能发挥微合金元素的作用。

控制轧制和控制冷却的工艺要点为：① 选择合适的加热温度，以获得细小而均匀的奥氏体晶粒；② 选择适当的轧制道次和每道次的压下量，通过再结晶获得细小的晶粒；③ 选择合适的在再结晶区和未再结晶区停留的时间和温度，以使晶粒内发生回复，形成多边形化亚结构；④ 在奥氏体-铁素体两相区选择适宜的总压下量和轧制温度；⑤ 控制冷却速度。

2.6　其他工程结构钢

前面介绍了铁素体-珠光体组织的传统工程结构钢。最近几十年，由于汽车、石油、建筑等工业的发展，对工程结构钢提出了更高的要求；为了满足这些要求，开发出了许多新型的工程结构钢。以下对这些新型的工程结构钢作简单的介绍，借此反映工程结构钢生产和应用的发展趋势。

2.6.1　无间隙原子钢

沸腾钢（08F）和低碳铝镇静钢（08Al）作为传统的冲压用钢，在经过平整形变后，仍然可能表现出具有上、下屈服点的不连续屈服行为，即出现物理屈服效应。这种钢板经冲压后表面会出现水波纹状的皱折或桔皮皱。为了彻底消除这种缺陷，就必须使钢表现为不出现上、下屈服点的连续屈服，即不出现物理屈服现象。物理屈服效应的产生与间隙原子钉扎位错有关。如果生产出完全没有碳、氮等间隙原子的钢，就有可能实现这个目的，且不存在应变时效倾向。

炼钢技术的发展，使得生产碳、氮含量分别低于 0.01%、0.002% 的超低碳、氮钢成为可能。同时，应用微合金化技术，添加微量的强碳、氮化物形成元素钛、铌，以形成 Ti(N，C)、Nb(N，C)化合物而将残余的碳、氮原子固定，就诞生了无间隙原子（Interstitial Free）钢，简称 IF 钢。加入微合金元素钛、铌，使钢中无间隙原子存在，得到较纯净的铁素体，有利于冷轧钢板在退火时形成（111）的退火织构，提高其 r 值，从而改善钢板的深冲成型性。在 IF 钢中添加的钛或铌与碳、氮含量相对应。例如，在钛处理的 IF 钢中，钛的最低加入量为

$$w(\mathrm{Ti}) \geqslant 48/14w(\mathrm{N}) + 48/32w(\mathrm{S}) + 48/12w(\mathrm{C})$$

有效钛含量为

$$w(\mathrm{Ti_{eff}}) = w(\mathrm{Ti}) - 48/14w(\mathrm{N}) - 48/32w(\mathrm{S})$$

加入的钛，除去与氮、硫、碳结合的部分，剩余的钛为过剩钛含量，即

$$w(\mathrm{Ti_{exc}}) = w(\mathrm{Ti}) - 48/14w(\mathrm{N}) - 48/32w(\mathrm{S}) - 48/12w(\mathrm{C})$$

以上各式中，48、14、32、12 分别为钛、氮、硫和碳的相对原子量。当过剩钛含量不太高时，TiN 颗粒细小，过剩钛含量太高时，TiN 颗粒将粗化。

表 2.5 列出了 3 种冲压用钢的力学性能，可见 IF 钢具有比沸腾钢（08F）和低碳铝镇静钢（08Al）优良的深冲性能。IF 钢也没有应变时效倾向。但是，IF 钢有强度不高的缺点。为此，采用了以下提高 IF 钢强度的措施。

表 2.5 3 种冲压用钢的力学性能（状态：退火后平整）

钢 种	R_{eL} 或 $R_{p0.2}$/MPa	R_m/MPa	A/%	$R_{eL}\cdot R_m^{-1}$	r 值	n 值
沸腾钢（08F）	180 ~ 190	290 ~ 310	44 ~ 48	0.60 ~ 0.65	1.0 ~ 1.4	≤0.22
低碳铝镇静钢（08Al）	160 ~ 180	290 ~ 300	44 ~ 50	0.55 ~ 0.60	1.4 ~ 2.8	≤0.23
IF 钢	200	390	40	0.51	2.1	

注：r 值—塑性应变比；n 值—应变硬化指数。

（1）适当提高磷、硅、锰的含量。通过这些元素产生的置换固溶强化，提高其强度。

（2）含钛的 IF 钢在 NH_3 分解气氛中连续退火时渗氮或碳氮共渗。这一技术与普通渗碳的区别在于形成了很硬的表面层。表层的硬化是由于形成了含钛和氮的细小的沉淀物引起的。其显著特点是除了提高强度之外，还提高了钢板的抗凹痕性和抗弯曲性，但不降低 r 值。

（3）利用铜的析出强化效应。在钢中残存一定量铜的基础上再适当补充添加一部分铜，以达到足以析出细小弥散的 ε-Cu 的含量。

（4）利用烘烤硬化效应。用冷轧钢板制作的汽车车身零部件在冲压成型、喷涂面板漆之

后，需要在大约 170 °C 的温度烘烤 20 min 左右。这个过程相当于一个人工时效处理过程。含较多钛或铌的 IF 钢可以获得较高的烘烤硬化效应。

IF 钢主要用于汽车车身的冲压件，也用于制造家用电器。

2.6.2　双相钢

低碳钢或低合金高强度钢经临界区处理或控制轧制控制冷却而得到的，显微组织主要由铁素体和马氏体组成的钢称为双相（Dual Phase）钢，简称 DP 钢。这种钢具有屈服强度低、初始加工硬化速率高以及强度和延性匹配好的特点，已成为一种强度高、成型性好的新型冲压用钢。

双相钢是应用复合材料的原理进行合金设计的一个实例。这种钢因强韧的马氏体（承载组分）引入到高塑性的铁素体中而强化。铁素体赋予这种钢高的塑性。两相的比例则视对双相钢综合性能的要求而定。双相钢的双相复合组织是通过固态相变而形成的，保证了铁素体与马氏体两相之间界面的很好结合。这一优点是许多一般复合材料所不具有的。

2.6.2.1　双相钢的生产工艺

根据生产工艺，双相钢可以分为两类：热轧双相钢和热处理双相钢。

1. 热轧双相钢

热轧双相钢是指板坯经高温粗轧后，在临界区温度精轧（控制终轧温度和压下量），然后急冷到高于钢的马氏体转变的温度（如盘卷窗口）或马氏体转变点以下进行盘卷。在这种控制轧制控制冷却的工艺过程中，通过分离相变而得到所要求的双相钢组织和性能。分离相变是奥氏体形变后铁素体相变被加速，这样相变一开始就有大量的铁素体析出，残余的奥氏体被浓缩；这种奥氏体中含有较高的碳和合金元素，稳定性较高，避免了随后可能发生的珠光体转变，最后转变为马氏体或贝氏体。这种双相钢也称为控轧控冷双相钢。

热轧双相钢的代表之一是美国克里马克斯钼公司开发的名为 ARDP 的 Mn-Si-Cr-Mo 系热轧双相钢。其工艺过程如图 2.12 所示，将板坯再加热到 1 150 ~ 1 315 °C，以大压下量短时间

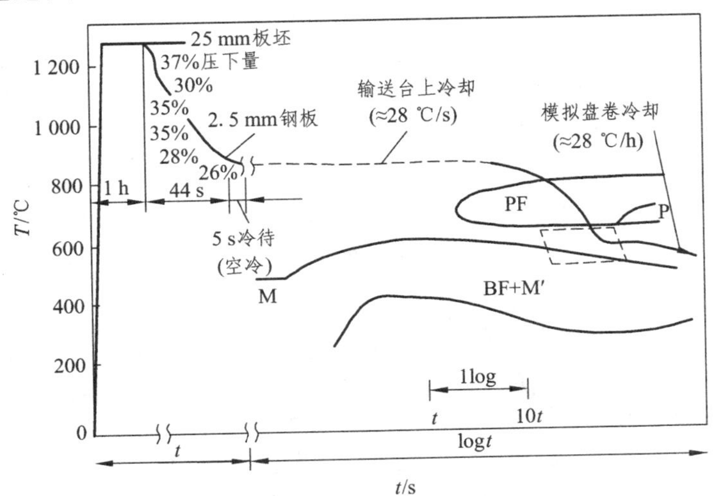

图 2.12　*Ms* 点以上盘卷的热轧双相钢的生产工艺过程

进行轧制，终轧温度为 870 ~ 925 °C，轧制后在输送台上以 28 °C/s 的冷却速率冷至盘卷窗口（钢的 C 曲线中 *Ms* 点以上的亚稳奥氏体稳定区）进行盘卷。在输送台上冷却时析出部分铁素体，盘卷冷却后获得双相组织。其工艺过程容易进行，板卷性能均匀。

另一种热轧双相钢的生产工艺为：在热轧或热轧后的冷却过程中使铁素体从奥氏体中析出，然后快速冷却到 *Ms* 点以下进行盘卷，最终获得双相组织。其工艺过程如图 2.13 中的实线所示（图中的虚线表示低合金 TRIP 钢的生产工艺）。图 2.13 中 *Ms* 点随工艺过程的变化说明了过冷奥氏体的分离相变过程。这种工艺主要依靠热轧工序、快速冷却和在低于 *Ms* 点的温度盘卷来控制。用这种工艺生产的双相钢有锰钢、Si-Mn 钢、Mn-Cr 钢等。

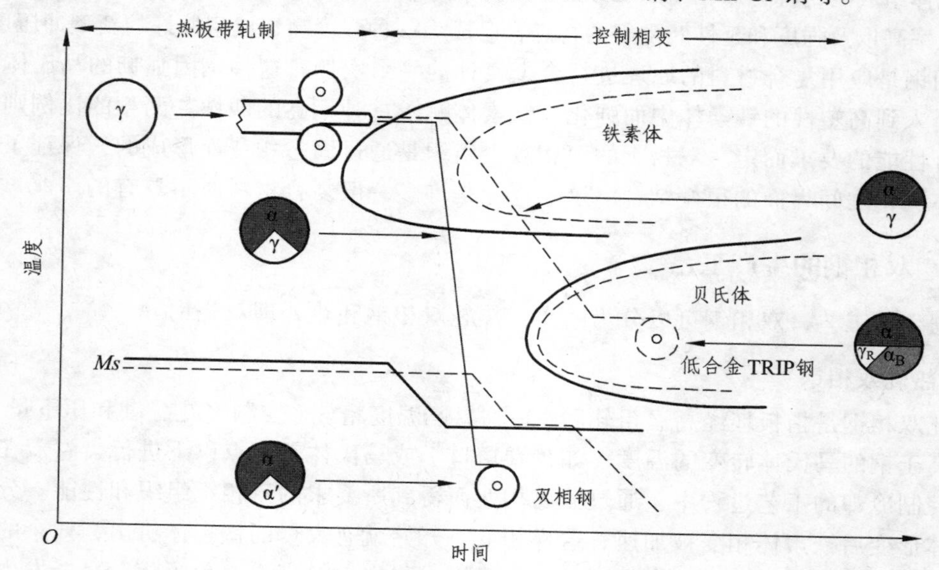

图 2.13 *Ms* 点以下盘卷的热轧双相钢生产工艺

2. 热处理双相钢

热处理双相钢是将热轧板或冷轧板重新加热到临界区温度，保温一定时间，以一定的速率冷却得到所希望的双相组织。其生产工艺如图 2.14 所示。

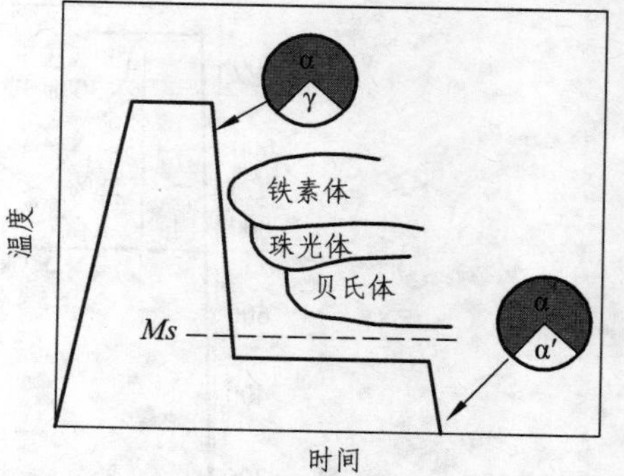

图 2.14 热处理双相钢生产工艺

自动化的连续退火生产线特别适合生产热处理双相钢。日本称水淬连续退火生产双相钢的工艺为 CAL HiTEN 法，其工艺过程为：将冷轧钢板加热到 800 °C 左右，保温很短时间后，在水淬设备中以 2 000 °C/s 的速率冷却到室温。在这样高的冷却速度下，即使奥氏体中不含合金元素，也可转变为马氏体，而且仍保持了良好的钢板形状。但冷却后，铁素体中保留了较高的固溶碳，为减少铁素体中的固溶碳，提高塑性，水淬后的钢板应在 200 °C 左右进行非常短时间的回火处理（通常 1 min），此时，铁素体中有相当一部分固溶碳析出，但仍保留烘烤硬化所必需的固溶碳量（约 0.003%）。采用这种工艺和设备生产的双相钢，由于合金元素含量不高，钢板本身价格便宜，同时钢板具有良好的成型性、高的烘烤硬化性、室温抗时效稳定性、良好的电阻点焊性和油漆耐蚀性。这类钢板的应用较为广泛。

采用改造的镀层生产线也可以生产热处理双相钢。由于这种设备加热和冷却速度的限制，在这种设备上生产的双相钢通常含有一定的合金元素，以细化晶粒和提高淬透性。

热处理双相钢也可在周期退火炉（也称为批量退火炉）中生产。当采用这种设备时，钢中应含有较多的提高淬透性的元素，或者通过控制热轧后的盘卷工艺，进一步调整钢板在冷轧后退火冷却时的淬透性，以保证在所采用的冷却条件下，得到理想的双相组织。

在热处理双相钢的生产中，还可以通过调整和控制加热温度和冷却速率，并与镀锌工艺相结合，生产出镀层双相钢板。

3. 两种双相钢的生产工艺和特点的对比

热轧双相钢用于较厚规格的板材（3 mm 以上），其生产工艺方法不需要附加的热处理和退火设备，一般轧钢厂都可进行生产；但对终轧温度、终轧后的冷却速率和盘卷温度都有一定要求，不同钢种、不同合金含量，其工艺参数亦应相应地变化。工艺过程较复杂，钢带盘卷后不同部位的冷却速率不同，亦会影响性能的均匀性。

热处理双相钢多用于较薄规格的冷轧板材，其生产工艺研究较多，生产方法日趋成熟，钢板性能也较稳定；但这种生产方法需要热处理设备和消耗能量，增加了钢材的成本。

冷轧板材的突出优点为：尺寸公差很小，表面光洁；并可根据要求赋予板材各种特殊的表面（从均匀细致的毛面、绒面到光亮鉴人的磨光表面）和各种涂镀层。为了消除冷轧板材在生产过程中产生的加工硬化，需要加热至稍低于 Ac_1 的温度（通常为 650 ~ 700 °C）进行再结晶退火。生产热处理双相钢时只需将这个温度略微提高，在临界区温度退火，然后快速冷却即可，实际上几乎没有增加能量消耗和成本。因此，热处理双相钢就等同于冷轧双相钢，且得到了广泛的应用。

2.6.2.2　双相钢的显微组织

双相钢的组织主要由铁素体和马氏体（可能还有残留奥氏体、贝氏体等）组成。在光学显微镜下观察到的显微组织如图 2.15 所示，其中暗灰色的为铁素体基体，其上分布着白亮色的岛状或颗粒状马氏体。双相钢内马氏体岛中的马氏体形态和一般钢一样，可以分为片状马氏体和板条状马氏体，其精细结构可以分为孪晶和位错。但由于双相钢中马氏体岛的尺寸一般较小，岛内的组织形态用光学显微镜难以分辨。

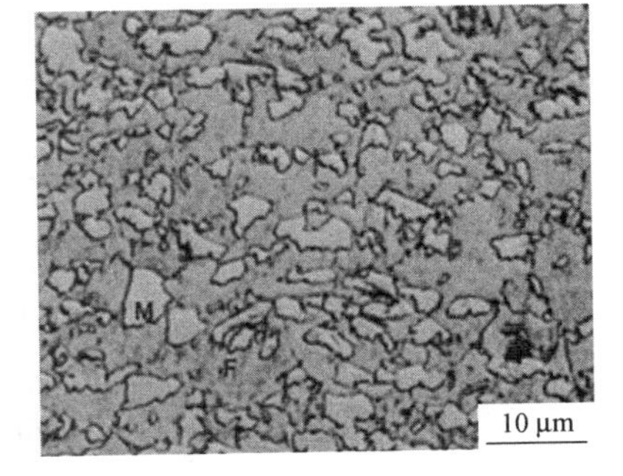

图 2.15　双相钢的光学金相显微组织，LePera 试剂（苦味酸偏重亚硫酸钠酒精溶液）浸蚀，马氏体数量约为 11%

双相钢中马氏体岛内部的形态与根据相图估算的碳含量所对应的钢中马氏体形态一致。在透射电子显微镜下观察到，$w(C) = 0.5\% \sim 0.6\%$ 的马氏体岛中有许多微孪晶，并存在一些铁素体小区。在马氏体岛内除了有微孪晶之外，还有残留奥氏体，马氏体和残留奥氏体同时存在的组织称为 M-A 组元。

当临界区加热温度较高，奥氏体中碳含量较低时，将试样迅速淬火到室温就可得到板条马氏体。图 2.16（a）是双相钢中板条马氏体岛，这种马氏体岛内是由几个取向差小的板条构成，每个板条内具有高密度的位错，在一些板条内还存在一些微孪晶。和低的临界区加热温度相比（即和孪晶马氏体岛相比），孪晶片变短，片间距变大。有时板条马氏体岛形成平行的板状排列，中间被铁素体所分割，这种铁素体含有高密度的位错，如图 2.16（b）所示。

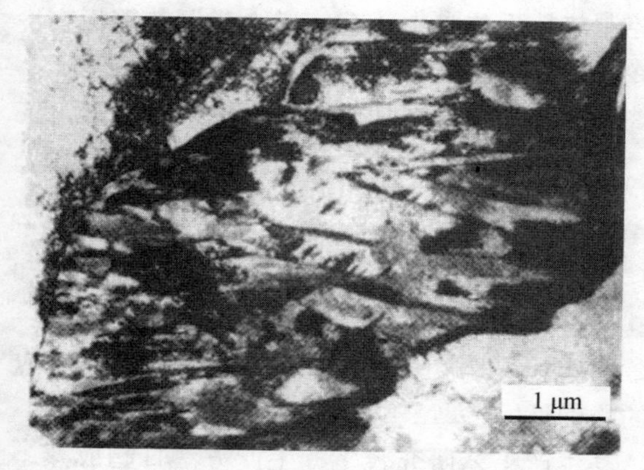

（a）板条马氏体岛和铁素体中的位错

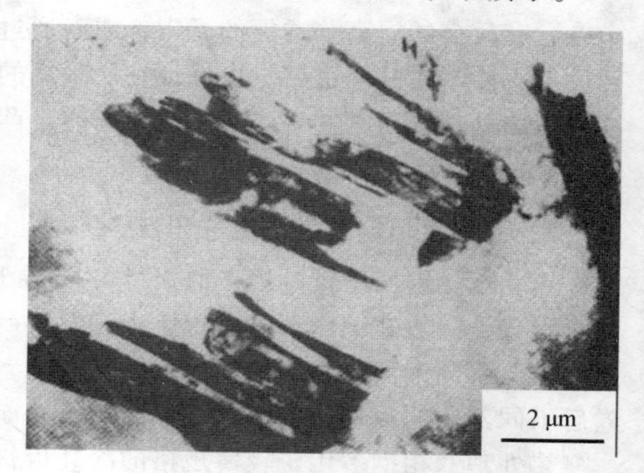

（b）成平行排列的板条马氏体岛

图 2.16　10MnV 钢经 800 °C 临界区退火，水冷后的组织，TEM

在退火温度较高，冷却速率不太快的双相钢中，有时还可观察到一些自回火的马氏体岛。

对双相钢中铁素体位错组态的观察得出，紧靠马氏体岛周围的铁素体中，有马氏体相变诱发的高密度位错。这是由于马氏体相变产生的体积膨胀以及相变以切变方式进行，引起体积和形状变化，使铁素体发生塑性形变的结果。当临界区加热温度较低时，马氏体量较少，铁素体中位错密度也较低；临界区加热温度升高，马氏体体积分数增加，铁素体中位错密度增加。有时在马氏体岛周围的铁素体中有弯曲消光线，这意味着在铁素体中存在马氏体相变诱发的弹性应变。铁素体中的位错有时形成胞状结构。发展不完全的位错胞或位错缠结如图 2.17 所示。

含钛、铌、钒等微合金元素的双相钢，其组织的铁素体中存在着这些元素与碳、氮结合形成的沉淀相，它们起着第二相强化的作用。

双相钢中也可能有少量的残留奥氏体，其存在形式有 3 种：和马氏体岛在一起的奥氏体形成所谓 M-A 组元、板条马氏体中的残留奥氏体薄膜以及铁素体中孤立的奥氏体颗粒。后者可能是由于其中包含较高的合金元素和碳含量，因此 *Ms* 点较低，从临界区温度冷至室温未发生转变而残留于双相钢内；而更可能是由于尺寸效应（如直径小于 1 μm 的颗粒）引起的稳定化而残留的。

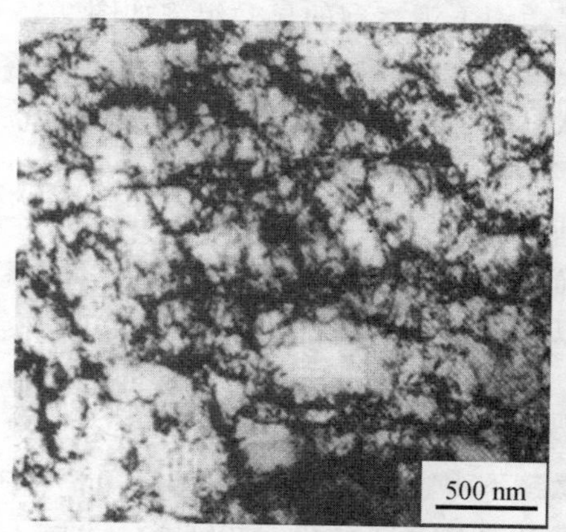

图 2.17　10MnV 钢经 800 °C 临界区退火，水冷后的组织中铁素体内部的位错形成的胞状结构，TEM

这些小的残留奥氏体颗粒对冷处理极为稳定，

－196 °C 温度下也不发生任何转变，但是对应力十分敏感，少量的外加应力，如在百分之几的塑性应变以内，全部转变为马氏体，并表现出一定的相变诱发塑性效应。

2.6.2.3　双相钢的力学性能

双相钢、低碳钢及低合金高强度钢的工程应力-应变曲线的对比如图 2.18 所示。

由图 2.18 可以看出，双相钢在静态拉伸载荷作用下的性能特点如下：

（1）屈服强度低（与 SAE950X 低合金高强度钢的屈服强度相当）。低的屈服强度使冲压构件易于成型，回弹小，同时冲压模具的磨损也小。

（2）无屈服点延伸，应力-应变曲线呈平滑的拱形，可避免成型零件表面起皱，而不需要附加的精整轧制或其他附加操作。

（3）强度高。双相钢 GM980X 的抗拉强度和 SAE980X 相当，高的抗拉强度可以使构件具有较高的帽形结构压溃抗力、撞击吸收能量和疲劳强度。

（4）均匀延伸率和总延伸率大。和同样强度的低合金高强度钢相比，双相钢的均匀延伸率和总延伸率提高了 1/3 或 1 倍。

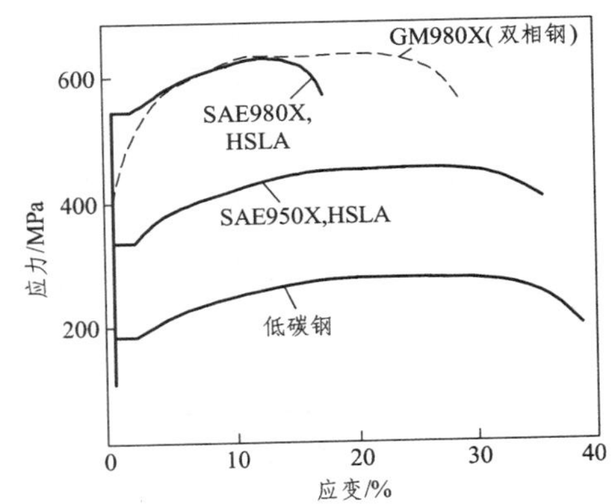

图 2.18　双相钢和其他几种钢的工程应力-应变曲线的对比

（5）双相钢的工程应力应变曲线的最大载荷附近有一个平坦区，它覆盖了较宽的应变范围，这表明双相钢在拉伸时形成的缩颈是浅的或者说缩颈区是扩散的。

（6）加工硬化速率尤其是初始加工硬化速率高。如果以 0.2% 残留应变条件下的流变应力来判断，屈服强度为 280 ~ 350 MPa 的双相钢并非是高强度钢。然而由于它的初始加工硬化速率高，在应变达到 3% ~ 4% 以后，双相钢的流变应力一般可达 500 ~ 550 MPa，与低合金高强度钢 SAE980X 的屈服强度（550 MPa）相当。因此，只要产生百分之几的应变，就可使由双相钢制成的冲压构件的流变应力达到低合金高强度钢的水平，从而使双相钢构件可像低合金高强度钢构件一样使用。

双相钢力学性能的显著特点为：一是无物理屈服点和屈服点延伸，即具有连续的屈服行为；二是屈服强度低（和同样强度的 HSLA 钢相比）；三是应变硬化指数 n 值高。双相钢的连续屈服可能与其组织中包含有较高密度的可动位错，即具有在低应力下可激活的位错源、马氏体与铁素体的弹性模量基本相同、高的应变速率敏感性以及较高的内应力等因素有关。双相钢的铁素体中的高密度位错、强韧的马氏体岛、结合得很好的马氏体-铁素体界面等都会导致加工硬化速率升高或应变硬化指数 n 值增大，使微孔的产生和聚集发生困难，推迟缩颈发生，并产生大的均匀延伸。

2.6.2.4　世界各国试制和生产的双相钢

表 2.6 ~ 2.8 分别列出了日本、北美、欧洲试制或生产的双相钢的化学成分和力学性能。日本在双相钢的生产应用方面处于领先地位，这不仅与日本汽车制造厂为了减轻车体自重，提高燃料效率，要求供应强度高、质量轻的材料和构件有关，而且与日本拥有先进的轧制和热处理设备，特别是大型连续退火生产线有关。

表 2.6 日本一些钢铁公司生产的双相钢的牌号、化学成分和力学性能

公司	牌号	工艺	化学成分/%								力学性能					
			C ≤	Mn ≤	Si ≤	Cr ≤	Al ≤	S ≤	P ≤	其他	$R_{p0.2}$ /MPa	R_m /MPa	$R_{p0.2}\cdot R_m^{-1}$	A /%	n 值	$\bar{r}$ 值
新日铁	SAFH-55D	热轧	0.15	2.00	1.50	0.50	0.08	0.01	0.020	RE	363	588	0.62	30	—	—
	SAFH-80D	热处理	0.11	2.20	0.30	—	0.05	0.01	0.025	Ti0.10	451	834	0.54	20	—	1.0
住友	SHXD-60	热轧	0.12	2.00	1.00	—	0.08	0.01	0.025	—	365	621	0.59	27	0.20	0.86
	SCXD-45	冷轧①	0.12	2.50	1.50	—	0.08	0.01	0.025	—	228	462	0.49	30	0.21	1.1
川崎	CHLY-100	冷轧	0.13	2.20	1.50	1.00	0.08	0.02	0.11	RE	657	1 010	0.65	14	—	1.1
	HHLY-50	热轧	0.15	2.00	1.50	1.00	0.08	0.01	0.02	—	323	529	0.61	36	—	—
日本钢管	NKHA-60L	热轧	0.08	1.48	0.45	—	0.04	0.001	0.009	②	353	618	0.57	30	—	—
	NKCA-60	冷轧	0.09	0.82	0.20	—	0.04	0.007	0.072	—	392	608	0.65	29	0.17	1.0

注：① 表示由冷轧板经热处理获得的双相钢；② 表示添加专用加入剂。

表 2.7 北美试制或生产的双相钢的牌号、化学成分和力学性能

公司	牌号	化学成分/%											力学性能					
		C	Mn	Si	Cr	Mo	V	Al	N	S	P	其他	$R_{p0.2}$ /MPa	R_m /MPa	$R_{p0.2}\cdot R_m^{-1}$	A /%	n 值	$\bar{r}$ 值
克里马克斯钼公司	ARDP	0.06	0.09	1.35	0.50	0.35	—	0.03	0.008	0.010	0.010	RE	368	653	0.57	28.5	—	0.70
詹斯拉古林钢公司	VAN-QN100	0.18	1.60	0.60	—	—	0.15	0.01	—	0.03	0.03	RE	380	760	0.50	24	0.17	—
麦克劳斯钢公司	—	0.12	1.73	0.57	—	—	0.045	—	—	—	—	—	350	669	0.54	34.8	0.20	—
内陆钢公司	—	0.12	1.30	0.46	—	—	0.066	—	—	—	—	—	292	613	0.50	34.2	0.22	—
美国钢公司	P1527	0.11	1.43	0.55	—	0.10	Nb0.07	0.05	0.008	0.006	0.010	—	305	704	0.43	23	0.20	—
通用汽车公司	GM980X	0.11	1.43	0.61	0.12	0.08	0.04	0.04	0.007	0.012	0.015	—	364	659	0.58	28	0.18	—
克里特莱克公司	980XDP	0.11	1.79	0.63	—	—	0.033	0.06	0.008	0.024	0.001	RE	429	692	0.62	28	0.19	—

注：ARDP 为热轧双相钢，其余为热处理双相钢。

表 2.8 欧洲试制或生产的双相钢的牌号、化学成分和力学性能

公司	牌号	化学成分/%											力学性能					
		C	Mn	Si	Cr	Mo	V	Al	N	S	P	其他	$R_{p0.2}$ /MPa	R_m /MPa	$R_{p0.2}\cdot R_m^{-1}$	A /%	n 值	$\bar{r}$ 值
意大利特科赛德	HS55-25Dual	0.08	1.30	1.30	0.60	0.40	—	0.02	—	≤0.015	≤0.015	—	350	620	0.55	28	—	0.87
索拉科	Si-Cr-Mo	0.06	0.90	1.35	0.45	0.40	—	0.02	—	0.015	0.015	RE	380	620	0.61	27	—	—
法国尤西诺	Usilight80	0.06	0.95	1.30	0.50	0.40	—	—	—	0.015	0.015	RE	420	620	0.65	28	0.19	0.90
德国霍斯奇	—	0.06	0.90	1.35	0.45	0.40	—	—	—	0.015	0.015	RE	410	620	0.65	29	0.19	—
意大利特科赛德	HF500Dual	0.11~0.15	1.10~1.35	0.12~0.20	—	0.07~0.15	0.04~0.08	0.02	—	≤0.020	≤0.025	—	220~248	500~600	0.44	—	—	1.10

注：HF500Dual 热处理为双相钢，其余为热轧双相钢。

我国从1979年开始双相钢的研制工作。在1990年，一些钢厂就已试制出双相钢板，供给国内的汽车厂进行部分汽车零件的冲压成型性试验。现在，宝钢已商业化生产热轧和冷轧双相钢。成分为Si-Mn系的DP500冷轧双相钢的性能如表2.9所示。宝钢各类热镀锌双相钢的性能如表2.10所示。

表2.9 宝钢DP500冷轧双相钢的力学性能

	$R_{p0.2}$/MPa	R_m/MPa	A_{50}/%	n 值	$R_{p0.2}\cdot R_m^{-1}$
性能要求	300～370	≥500	≥26	≥0.15	—
典型性能	332	533	33	0.191	0.62

表2.10 宝钢各类热镀锌双相钢的性能

牌号	$R_{p0.2}$/MPa	R_m/MPa		A/%	n 值	$R_{p0.2}\cdot R_m^{-1}$	用　途
		GI①	GA②				
DP440	≥260	≥440	≥490	≥30	≥0.20	≤0.61	车门内板、外板，结构件
DP500	≥300	≥500	≥490	≥28	≥0.18	≤0.61	结构件，加强件
DP600	≥340	≥600	≥590	≥24	≥0.15	≤0.61	结构件，加强件
DP800	≥480	≥800	≥780	≥18	≥0.12	≤0.61	结构件，加强件

注：① GI为热浸镀锌；② GA为镀锌层扩散退火。

武钢、鞍钢、马钢等钢铁公司以及台湾中钢公司也具备了各类双相钢的生产条件，并试制了相应的各类双相钢，以适应中国汽车工业发展的需要。攀钢先后进行过Si-Mn-Cr-B-Ti系的无钼热轧双相钢，C-Mn-Cr系、C-Mn-Nb-Ti系热处理双相钢的试制。

我国汽车用冷轧双相钢的国家标准是GB/T 20564.2—2006《汽车用高强度冷连轧钢板及钢带 第2部分：双相钢》，汽车用热轧双相钢的国家标准是GB/T 20887.3—2010《汽车用高强度热连轧钢板及钢带 第3部分：双相钢》。

双相钢具有优良的强度和延性的良好配合，因而具有良好的冲压成型性；同时，还具有优良的焊接性、高的碰撞吸收能、良好的烘烤硬化能力等特点。双相钢广泛用于汽车车身的冲压件和增强件。此外，双相钢优良的应变硬化能力，还在高强度标准件领域得到大量的应用。

2.6.3 低合金TRIP钢

1967年，V. F. Zackay等人利用形变诱发马氏体相变和马氏体相变诱发塑性的原理开发出了相变诱导塑性（Transformation Induced Plasticity）钢，即TRIP钢。其标准成分为9%Cr-8%Ni-4%Mo-2%Mn-2%Si-0.3%C，室温组织全为奥氏体，在应力应变的作用下转变为马氏体。马氏体的强化作用可以抵抗局部形变的发生，推迟缩颈的形成，表现出相变超塑性，即TRIP效应。尽管当时的TRIP钢具有相当高的强度和韧性组合；但是，由于含有较多的铬、镍、钼等昂贵的合金元素，其发展和应用受到了限制。在较长时期内，TRIP效应的应用被局限于本身就含较高铬、镍含量的不锈钢。

在汽车用双相钢的发展过程中有用廉价的锰、硅元素取代铬、钼元素的经验。同样是在双相钢中，发现有少量残留奥氏体存在，并且表现出TRIP效应。鉴于此，人们开发研究出了 Si-Mn 系的汽车用 TRIP 钢。这种钢的典型化学成分是 Fe-0.15%C-1.5%Si-1.5%Mn，显微组织一般为 70% 铁素体 + 20% 贝氏体型铁素体 + 10% 残留奥氏体。为了区别于早期含较多铬、镍、钼的 TRIP 钢，将这种钢称为低合金 TRIP 钢。

与双相钢类似，低合金 TRIP 钢的多相显微组织，既可以通过控制轧制控制冷却工艺在热轧状态形成（图 2.13 中的虚线即表示低合金 TRIP 钢的生产工艺），也可以用在冷轧后经临界区退火和贝氏体相变温度等温的两阶段热处理来获得，如图 2.19 所示。低合金 TRIP 钢根据处理工艺的不同，分为热轧 TRIP 钢和冷轧 TRIP 钢。

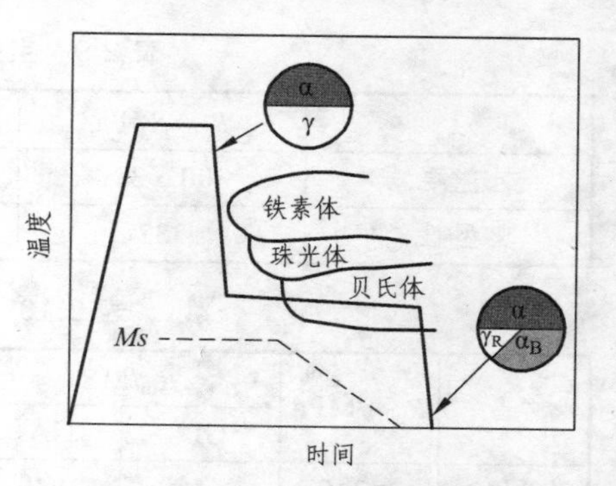

图 2.19 生产冷轧 TRIP 钢的两阶段热处理工艺

低合金 TRIP 钢中的基本元素是碳、锰、硅和铝。碳的作用主要是通过分离相变富集于残留奥氏体中，增加其数量，提高其稳定性；其次才是提高钢的强度。通常，残留奥氏体中的碳占钢中所有碳的 70% 以上。过高的碳含量会降低钢的焊接性。对于 R_m = 600 ~ 800 MPa 级的低合金 TRIP 钢，合适的 w(C)是 0.10% ~ 0.20%。

和其他 HSLA 钢一样，锰是低合金 TRIP 钢中的一个主要合金元素。它在钢中起固溶强化和降低 *Ms* 点的作用。降低 *Ms* 点，可以提高残留奥氏体稳定性。与钢中其他固溶强化元素相比，锰对塑性、韧性和焊接性的不利影响较小。对 0.15%C-1%Si-(2.1% ~ 2.4%)Mn 钢的研究发现，当锰含量从 2.1% 提高到 2.4% 时，*Ms* 点上升 100 °C 左右；这是由于锰减缓铁素体转变的速率，减少了从铁素体扩散到奥氏体的碳。因此，过高的锰含量反而会降低残留奥氏体的稳定性。低合金 TRIP 钢冷却到奥氏体等温处理温度后的等温过程中，非碳化物形成元素硅抑制渗碳体的析出，促进碳扩散到奥氏体。所以，硅在低合金 TRIP 钢中不仅起固溶强化作用；还使碳在奥氏体中富集，提高残留奥氏体的稳定性。对(0.1% ~ 0.20%)C-Si-Mn 系的 TRIP 钢，硅和锰的含量都应在 1% ~ 2%，且都以 1.5% 为最佳。

由于高的硅含量使钢的表面容易形成稳定的氧化物 Mn_2SiO_4、$MnSiO_3$、SiO_2。这些氧化物，尤其是 Mn_2SiO_4 附着力极强，难以清除，会降低钢的表面质量，损害钢的镀锌性能。同样是非碳化物形成元素的铝在低合金 TRIP 钢中有着与硅类似的抑制渗碳体析出的作用，可以用铝完全或部分代替硅，以克服硅的这种不利影响。但是，铝不具有硅那样显著的固溶强化效应，会导致强度下降。从工艺适应性、力学性能、实际需要等方面综合考虑，Al-Si 复合合金化是一个很好的折中方案。降低硅含量或用铝代替硅而造成的强度损失，可以采用各种提高强度的措施进行补偿。例如，优化低合金 TRIP 钢的处理工艺，提高锰含量，添加钛、钒、铌等微合金元素，添加钼或 Nb-Mo 复合合金化，添加铜，在钢中既有残存元素铜、铬、镍的基础上适当提高其含量，添加磷、氮、硼等。

图 2.20 为低合金 TRIP 钢的显微组织。这种组织是由软性相铁素体，一部分贝氏体型铁素体，以及弥散分布的第二相残留奥氏体组成。与双相钢一样，作为基体的铁素体中有着较多的位错，如图 2.21 所示。残留奥氏体有呈岛状或颗粒状分布在铁素体上的，也有呈薄膜状或薄片状分布在贝氏体板条束之间的，如图 2.22 所示。残留奥氏体的稳定性随着其中富集的碳含量增多而显著提高，薄膜状残留奥氏体的稳定性高于岛状。高稳定性的残留奥氏体可以发挥出更显著的 TRIP 效应，可以获得高的均匀延伸率。

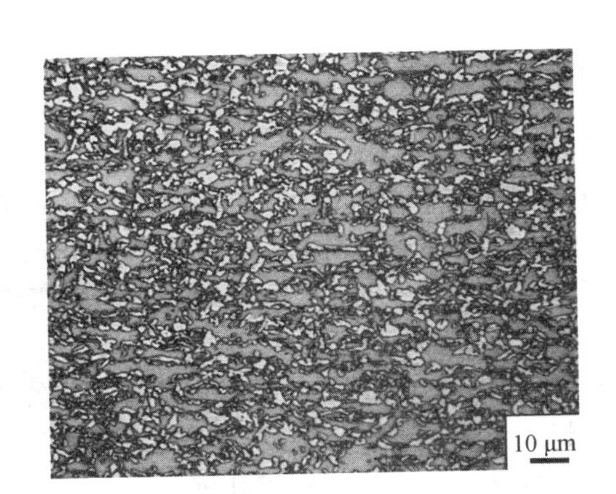

图 2.20 低合金 TRIP 钢的光学显微组织，10%偏重亚硫酸钠水溶液浸蚀，铁素体为暗灰色，贝氏体为黑色，马氏体为白亮色

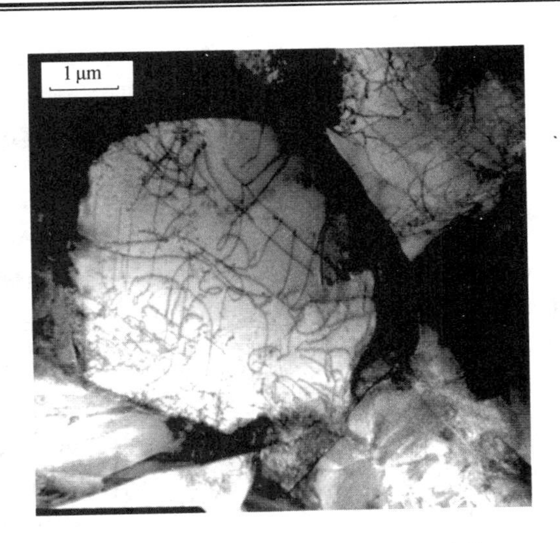

图 2.21 低合金 TRIP 钢铁素体中的位错，TEM

（a）岛状的

（b）薄膜状的

图 2.22 低合金 TRIP 钢中的残留奥氏体

低合金 TRIP 钢的力学性能特点与双相钢基本一致；但应变硬化指数 n 值比大多数双相钢的更高，当然比 HSLA 钢的更高，仅塑性应变比 r 值略低一些（在 1 左右）。表 2.11 列出了一些典型的低合金 TRIP 钢的化学成分和力学性能。这种钢特别适合烘烤硬化；如在 2%的拉伸形变后，再经典型的烤漆处理，可以获得高达 75 MPa 的烘烤硬化效应。低合金 TRIP

表 2.11 一些典型的低合金 TRIP 钢的化学成分和力学性能

钢种	化学成分/%			力学性能					
	C	Si	Mn	$R_{p0.2}$/MPa	R_m/MPa	A/%	n 值	$\bar{r}$ 值	$R_m \cdot A$/MPa · %
TRIP0.8Si	0.12	0.78	1.51	374	635	29	0.25	1.14	18 000
TRIP1.2Si	0.11	1.18	1.55	339	614	35	0.244	0.86	22 000
TRIP1.5Si	0.11	1.50	1.534	452	698	31	0.24	1.0	22 000
TRIP1.9Si	0.14	1.94	1.66	530	890	32	—	—	26 000

钢有相当高的均匀延伸率，强塑积 $R_m \cdot A$ 也相当高，说明其具有良好强度和塑性的配合。因此，这种钢在具有优良成型性的同时，还有高的碰撞能量吸收值，特别适合用作汽车车身的中等强度结构件。这种钢还可以用于其他领域，如煤矿的锚杆等。

2.6.4 先进高强度钢

20 世纪 90 年代，汽车工业为了应对节能减排、提高安全性的挑战，迫切需要各种高强度钢以减轻汽车车身质量。为此，1994 年在来自 18 个国家的 35 家钢铁公司的倡议下，由国际钢铁协会汽车用钢委员会主持，开展了超轻钢车身（ULSBA）项目。这个项目的任务是与汽车工业联合，研究开发先进高强度钢（AHSS），在保障汽车安全性的条件下减轻其质量。先进高强度钢通常是以热轧或冷轧钢板供给汽车制造者，经冲压成型而成为汽车车身的各种结构件，再经焊接连接而装配成为车身。对车身面板，还要经喷漆、烤漆处理。因此，先进高强度钢的基本要求是高强度，优良的冲压成型性、焊接性，高的烘烤硬化能力。

传统的低强度和高强度汽车钢板钢包括低碳钢软钢、IF 钢（低强度和高强度的）、烘烤硬化（BH）钢、各向同性（IS）钢、碳锰（CM）钢、HSLA 钢，它们经历了从低强度到高强度的发展历程，采用的强化方式是第二相强化、细晶强化、固溶强化。传统高强度钢不受欢迎的原因是提高强度的同时降低了成型性。先进高强度钢就是针对这一问题而提出来的。通常认为，先进高强度钢家族包括双相钢、低合金 TRIP 钢、复相钢、马氏体钢、铁素体-贝氏体钢、孪生诱导塑性（Twinning-Induced Plasticity，TWIP）钢、热成型钢、成型后热处理钢。前面已经对双相钢和低合金 TRIP 钢作了较为详细的介绍，以下仅简单介绍其他的先进高强度钢。

2.6.4.1 孪生诱导塑性钢

TWIP 钢含有高的锰含量（17% ~ 24%），使其在室温组织全为奥氏体。这种钢的主要形变模式为晶粒内部发生的孪生（见图 2.23）；孪生使显微组织变得越来越细，从而导致高的瞬时硬化速率（n 值）。孪生形成的孪晶界产生像晶界一样的效果，使钢强化。TWIP 钢有极高的强度和极高的成型性组合。在大约 30% 的应变下，n 值提高到 0.4，且直到延伸率在 60% ~ 95% 时仍然保持恒定；$R_m \geqslant 1\,100$ MPa（见图 2.24）。

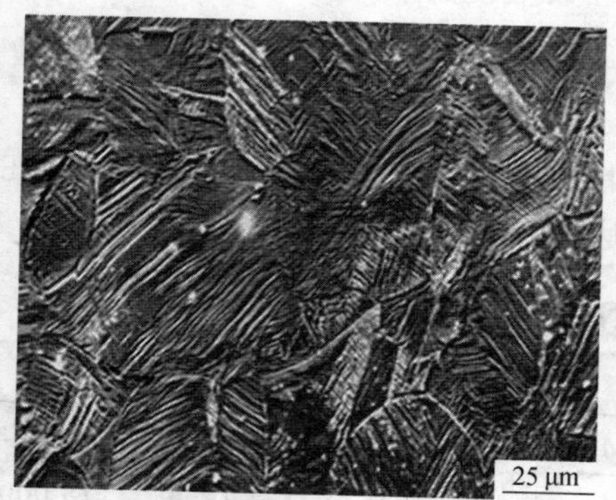

图 2.23 TWIP 钢经形变后的光学显微组织，显示出丰富的孪晶

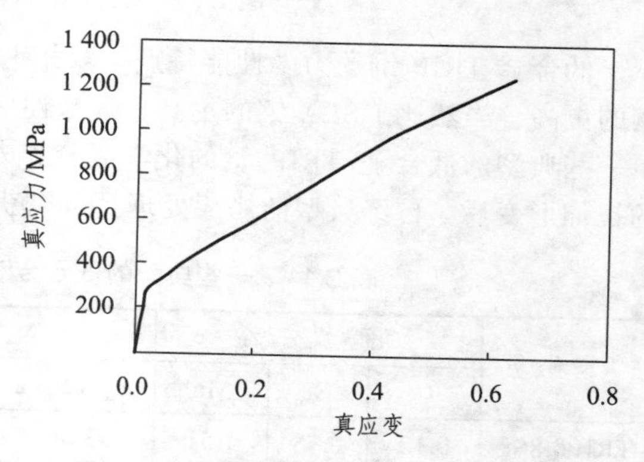

图 2.24 TWIP 钢的典型真应力-真应变曲线

早期的 TWIP 钢的成分为 30%Mn-3%Si-3%Al，但是其高硅高铝的成分设计给大规模工

业化生产带来了难以克服的困难，随后又发展了 23%Mn-0.6%C 的 TWIP 钢。有人发现铝含量的提高会明显降低钢的密度，铝含量为 12% 的 TWIP 钢密度为 6.5 $g\cdot cm^{-3}$ 左右，而低密度正好满足汽车轻量化的要求；因此，又开始研发 Fe-Mn-Al-C 系的 TWIP 钢。表 2.12 列出了 3 种典型 TWIP 钢的力学性能，Fe-28%Mn-9%Al-0.8%C 钢的强塑积高达 84 553 MPa·%，密度只有 6.87 $g\cdot cm^{-3}$，性能优势十分明显。

表 2.12　3 种典型 TWIP 钢的力学性能

合　金	$R_{p0.2}$/MPa	R_m/MPa	A/%	$R_m\cdot A$/MPa·%
Fe-25%Mn-3%Al-3%Si	280	650	95	61 750
Fe-23%Mn-0.6%C	450	1 160	55	63 800
Fe-28%Mn-9%Al-0.8%C	440	843	100.3	84 553

2.6.4.2　复相（CP）钢

CP 钢是过渡到相当高抗拉强度钢的代表。其显微组织为铁素体/贝氏体基体和少量的马氏体组成，在铁素体/贝氏体基体内部分布着残留奥氏体和珠光体。这种钢由钛、铌微合金元素抑制奥氏体的再结晶而导致极细的晶粒，并产生第二相强化。在 $R_m\geqslant 800$ MPa 时，CP 钢的屈服强度明显比双相钢高得多。CP 钢的显著特点是有高的能量吸收能力和残留形变能力。

2.6.4.3　马氏体（MS）钢

在热轧或退火过程中存在的奥氏体，在输送台上或连续退火线的冷却区段淬火的过程中几乎完全转变为马氏体，即生产出 MS 钢。MS 钢显微组织的特点是在马氏体的基体上含有少量的铁素体和（或）贝氏体。在种类众多的多相钢中，MS 钢的抗拉强度水平最高。通过成型后的热处理也可以形成这种组织。MS 钢提供了最高的强度，R_m 可达到 1 700 MPa。MS 钢常常经淬火后回火以改善塑性，并且即使在极高的强度也能提供足够的成型性。

MS 钢中较高的碳是为了提高淬透性和强化马氏体。锰、硅、铬、钼、硼、钒、镍也以各种各样的组合形式添加到这种钢中以提高淬透性。奥氏体相快速淬火使其大多数转变为马氏体而生产出 MS 钢。CP 钢也按照类似的冷却规范生产，但这时应调节化学成分以生产较少的残留奥氏体，并形成细小的析出物强化马氏体和贝氏体相。

2.6.4.4　铁素体-贝氏体（FB）钢

FB 钢有时称为拉缘（SF）成型或高扩孔（HHE）率钢，因为这种钢具有改善了的边缘伸展能力。FB 钢的显微组织中有细小的铁素体和贝氏体。通过晶粒细化和贝氏体的第二相强化两种方式提高强度。FB 钢可以作为热轧产品。

FB 钢的主要优点是，用扩孔试验测量的剪切边的拉缘成型性优于 HSLA 钢和 DP 钢；与相同抗拉强度水平的 HSLA 钢相比，FB 钢还具有较高的应变硬化指数 n 值，以及更高的总延伸率；FB 钢的焊接性优良，适合用作拼焊件。这种钢的特点是同时具有良好的碰撞性能和疲劳性能。

2.6.4.5　热成型（HF）钢

生产具有复杂形状而无回弹问题的最佳几何形状的零件，可供选择的方案有利用冲压生产硬化和应用可硬化钢。自 20 世纪 90 年代以来，$w(B) = 0.002\% \sim 0.005\%$ 的热成型钢就已经用于白车身（BIW）构架中。成型过程中必须保持不低于 850 °C 的温度（奥氏体化），随后以大于 50 °C/s 的速率冷却，以保证达到要求的性能。

现在可以应用的冲压硬化或热成型的两种典型方法是直接热成型和间接热成型。

直接热成型过程中，坯料的所有形变是在高温奥氏体范围内进行的，随后进行淬火。间接热成型是将坯料在室温预形变至接近最终零件的形状，随后施以附加的高温成型并淬火。

具有不同力学性能的 5 个阶段对直接热成型是十分重要的：

（1）室温下料。设计下料模具时必须考虑进厂时钢板的性能为：$R_{eL} = 340 \sim 480$ MPa，$R_m \leqslant 600$ MPa，$A \geqslant 18\%$。

（2）坯料加热。将坯料加热至 850 ~ 900 °C。

（3）在模具中高温成型。在形变温度下有高的伸长率（大于 50%）、低的强度（几乎恒定于 40 ~ 90 MPa 的真应力），使其在低强度下大范围地成型。

（4）在模具中淬火。成型后，零件在模具中淬火的过程中转变成马氏体组织，$R_m \geqslant 1\,500$ MPa，$A = 4\% \sim 8\%$。

（5）成型后的操作。因为强度相当高，当精整产品，尤其是切割时，必须进行特殊的加工处理。

相反，间接成型过程中的大多数成型是在室温完成的。

（1）室温下料。

（2）在室温用传统的冲压工艺和模具，预成型最终零件形状的大部分。尽管是在室温成型，进厂时钢板的性能（$R_{eL} = 340 \sim 480$ MPa，$R_m \leqslant 600$ MPa，$A \geqslant 18\%$）可能限制最大成型性。

（3）零件加热。将零件加热到 850 ~ 900 °C。

（4）在低强度和高延伸率下进行最终的高温零件成型。

（5）在模具中淬火。显微组织为马氏体；性能为 $R_m \geqslant 1\,500$ MPa，$A = 6\% \sim 8\%$；且零回弹的复杂零件在模具中淬火的过程中形成。

2.6.4.6 成型后热处理（PFHT）钢

成型后热处理是开发高强度钢的一种普通方法。限制高强度钢（HSS）普遍应用的主要原因往往是在热处理过程中和热处理后仍能保持零件的几何形状。固定零件，在加热炉或感应器中加热，立即淬火似乎是一种用于生产实际的解决方案。此外，在低强度下冲压成型，然后通过热处理提高到更高的强度。

第一种工艺是用廉价的钢水淬，这种钢的化学成分应保证其 $R_m = 900 \sim 1\,400$ MPa。此外，在热处理循环后，一些镀锌层可以保留下来，因为在高温保持的时间相当短暂。为了满足特殊零件的技术规范，需要与钢材供应商进行非常特殊的协商。

第二种工艺是用合金回火钢空冷硬化，这种钢的特点是在软化状态有相当好的成型性（深拉性能），热处理（空冷硬化）后的强度高。这种空冷硬化钢除了直接用作板材外，还可以用作焊管。这种管子有优良的液压成型性能。这种成分的钢可以在保护气氛的炉子中热处理（奥氏体化），然后在空气或保护气氛中自然冷却的过程中硬化并回火。其相当高的淬透性和回火稳定性是通过添加额外的碳和锰，以及像铬、钼、钒、硼、钛这样的合金元素满足的。这种钢在软化和空冷硬化状态，以及在软化/空冷硬化组合情况下的焊接性都非常好。这种钢的涂镀性能良好，适合于传统的批量镀锌和高温批量镀锌的标准涂镀方法。

第三种工艺是在模具中淬火，它是前面描述的直接热成型的变体。零件在室温完成所有的成型过程，加热到 850 ~ 900 °C，然后用水冷却模具，使其淬火成马氏体。这种工艺称为成型硬化。

2.6.4.7 各种高强度钢力学性能的对比

各种低强度和高强度钢的屈服强度与总伸长率的关系如图 2.25 所示，其抗拉强度与总伸长率的关系如图 2.26 所示。

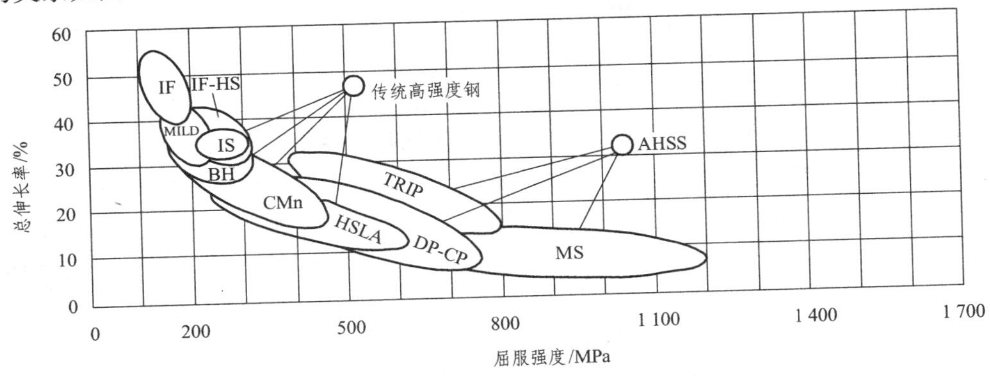

图 2.25 各种低强度和高强度钢的屈服强度与总伸长率的关系

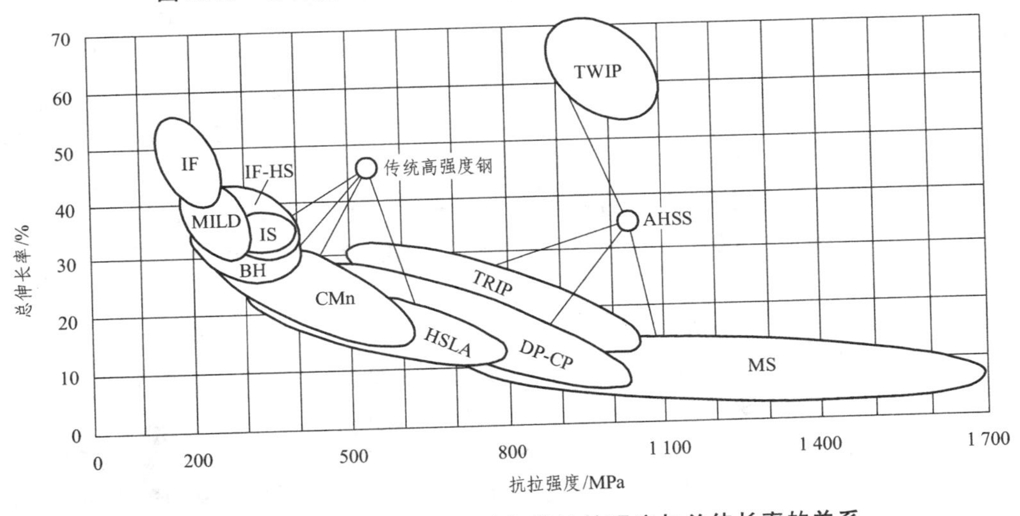

图 2.26 各种低强度和高强度钢的抗拉强度与总伸长率的关系

从图 2.25 中可以看出，AHSS 的屈服强度可以达到很大的范围。与 HSLA 钢相比，在相同屈服强度（见图 2.25）或抗拉强度（见图 2.26）的情况下，AHSS 家族的 DP、CP、低合金 TRIP 钢通常具有更高的总伸长率。而新开发的 TWIP 钢的强塑积 $R_m \cdot A$ 特别高，即这种钢强度和塑性的匹配相当好。

2.6.5 管线钢

管线输送是石油、天然气的重要输送方式，煤炭、建材浆体也有采用这种方式输送的。输送管线是用热轧板带焊接制作成的钢管在野外经焊接连接而铺设的，这种热轧板带称为管线钢。超长距离的输送管线要穿越各种地质环境复杂和气象条件恶劣的地区。管线输送的发展趋势是采用大口径、高压输送，高寒和高腐蚀的服役环境，海底管线厚壁化。这就需要大量高性能的管线钢来制作这种输送管道。因此，现代管线钢应当具有高强度，低包申格效应，高韧性和高的抗低温脆断能力，低的焊接碳当量和良好的焊接性，尤其是野外焊接性，高的抗氢致开裂（HIC）和抗 H_2S 腐蚀能力。几十年来，管线钢的强度级别已由 X42[$R_{t0.5} \geqslant 42\ 100$ psi（$1\ b \cdot in^{-2}$）≈ 290 MPa]提高到 X120。伴随着炼钢技术的发展，管线钢中的杂质含量大幅度下降，实现了纯净化；非金属夹杂物的数量减少的同时采用各种措施控制其形态。采用控制轧制控制冷却工艺改善性能，取代了过去用正火方法提高性能的工艺，降低了生产过程的能耗和成本。其化学成分特征是在过去的 C-Mn 钢的基础上单独添加或复合添加微合金元素，同时降低碳含量。过去的管线钢的强化方式是依靠固溶强化和提高组织中珠光体的数量。现在的管线钢普遍采用第二相强化、细晶强化，甚至还采用贝氏体组织强化等措施提高强度。管线钢的显微组织由过去的单一铁素体-珠光体类型，发展了现在的少（微）或无珠光体、针状铁素体和超低碳贝氏体等多种类型；考虑到未来管线钢将向着更高强韧化方向发展，还可采用低碳索氏体组织。管线钢的生产几乎采用了最近 30 多年来冶金领域的一切新的工艺技术。

针状铁素体（AF）组织的管线钢在 20 世纪 70 年代初就投入实际生产，以 Mn-Mo-Nb 合金系为典型钢种。为了改善焊接性，且过高的碳含量将损害韧性，这种钢一般采用小于 0.06% 的低碳含量。锰含量根据钢板厚度（轧制时的冷却速度）和要求的强度水平决定，一般在 1.4% ~ 2.2%。钼含量也是根据钢板厚度（冷却速度）的不同确定的，一般在 0.15% ~ 0.6%。增加钼能有效地推迟先共析铁素体的析出而不影响贝氏体相变；钼与锰复合添加还有利于得到细晶粒的针状铁素体而不是粗大的多边形铁素体。当钼被铜、镍、铬代替时，通过控制轧制，也可以得到针状铁素体。通常，w(Nb) = 0.04% ~ 0.06%，通过沉淀相 Nb(C，N)的析出能有效地产生第二相强化，并且在奥氏体热轧时，沉淀相 Nb(C，N)也可以细化晶粒，有时还加入 0.06% 的钒、0.01% 的钛，有时用稀土处理，控制硫化物的形态，提高横向冲击性能。

这种钢通过控制轧制和控制冷却得到的显微组织是由细晶粒（12 级或更细）的多边形铁素体、30% 以上的针状铁素体、高度弥散的渗碳体颗粒、少量岛状的 M-A 组元（或 M-A 岛，通常小于整个组织体积的 5%）和细而弥散的 Nb(C，N)颗粒组成。这种组织的光学显微组织如图 2.27 所示。针状铁素体的特征是具有非常细的亚结构和高的位错密度，如图 2.28 所示。这类钢中缺乏足够的碳、氮间隙原子去钉扎位错，因而存在着较多未被钉的可动位错，从而显示出连续的应力-应变曲线。这种力学行为与铁素体-珠光体钢相比，在许多场合是十分有利的，如在制管时，轧材可以精确地成型。这类钢不仅具有良好的低温韧性，而且还具有良好的野外焊接性能，已成功地应用于制造寒带输送石油和天然气的管线。表 2.13、表 2.14 分别为一种典型的 X100 管线钢的化学成分和力学性能。

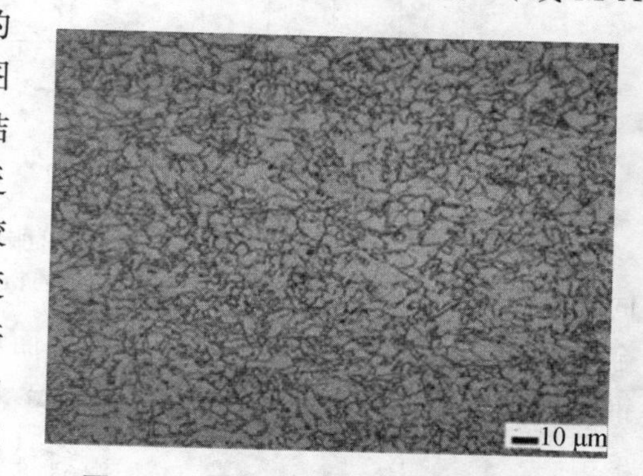

图 2.27　针状铁素体组织管线钢的光学显微组织

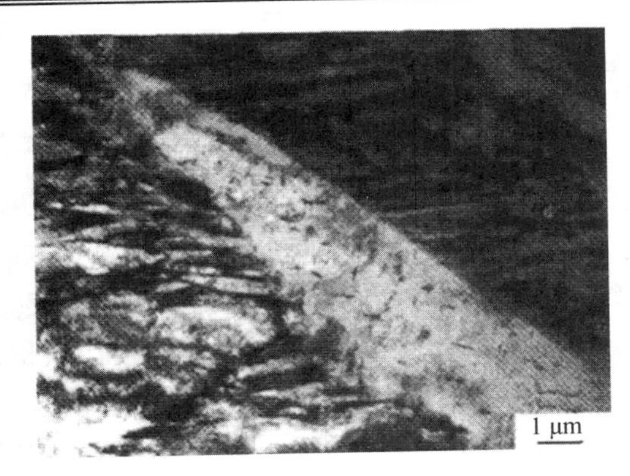

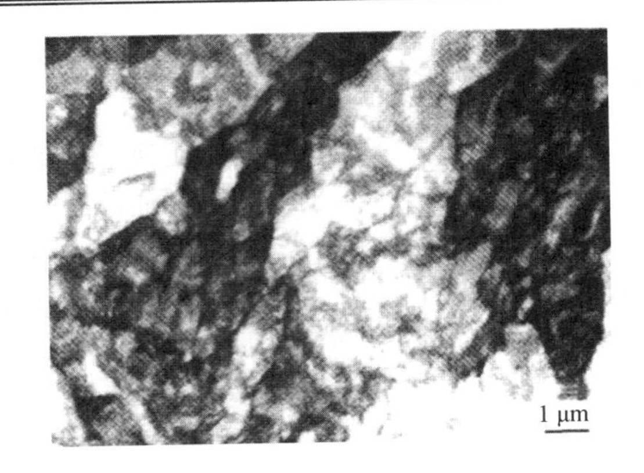

图 2.28 0.08%C-Mn-Nb-Mo-B 钢在 800 °C 形变 30% 后以 1 °C/s 的速率冷却至 650 °C 和 600 °C 水淬形成的针状组织的 TEM 照片

表 2.13 一种典型的 X100 管线钢的化学成分

元 素	C	Si	Mn	P	S	Cu	Ni	Cr	Mo	Nb	Ti
含量/%	0.06	0.11	1.86	0.008	0.001	0.27	0.13	0.04	0.22	0.04	0.01

表 2.14 X100 管线钢的力学性能

拉伸性能								低温韧性（−5 °C）		
横 向				纵 向				夏比冲击	DWTT	
$R_{t0.5}$ /MPa	R_m /MPa	A /%	$R_{t0.5}\cdot R_m^{-1}$	$R_{t0.5}$ /MPa	R_m /MPa	A /%	$R_{t0.5}\cdot R_m^{-1}$	KV_2 /J	吸收能量 /J	剪切面积百分数 /%
779	851	22	0.92	642	816	23	0.79	241	7 781	100

注：DWTT 为落锤撕裂试验。

为适应极地和近海能源开发的需要，在针状铁素体组织研究的基础上，超低碳贝氏体（ULCB）管线钢应运而生。这种钢主要指 $w(C) < 0.03\%$的 Mn-Mo-Nb-Ti-B 系管线钢。由于钼、硼的加入以及各种元素组合的优化，以致存在一个形成完全贝氏体组织的较宽冷却速率范围。在保证优越的低温韧性和焊接性的前提下，通过适当提高合金元素含量和进一步完善控制轧制控制冷却工艺，超低碳贝氏体钢的屈服强度可望提高到 700 ~ 800 MPa，并具有高的低温韧性。

在管线钢中，针状铁素体钢和超低碳贝氏体钢的概念常常混用，它们的组织都是粒状贝氏体（GB）组织。

在石油、天然气中，大都含有 H_2S 气体，容易造成 H_2S 应力腐蚀。H_2S 在有水分存在时，与铁反应生产硫化铁和氢；这些氢原子扩散聚集形成氢分子。对于塑性较高的软钢会产生“氢鼓泡”，在外加载荷的作用下导致滞后破裂。对于塑性较差的高强度钢不产生气泡，而是造成突然破裂。一般来说，钢的强度越高，韧性越差，对 H_2S 应力腐蚀就越敏感。为此，我国研究开发了 PU 系列的耐 H_2S 腐蚀的管线钢。这种钢中加入能够提高回火稳定性和细化晶粒的合金元素，如钼、钨、钒、钛、铌、铝等，经淬火、回火后获得低碳回火索氏体组织，其抗拉强度达到 900 MPa。研究认为，提高回火温度，适当延长回火时间，可以提高抗 H_2S 滞后破坏的性能；晶粒越细小，夹杂物越少，对抗 H_2S 腐蚀破裂性能越有利。

2.6.6 建筑用抗震耐火钢

钢结构建筑具有质量轻、施工快、空间大以及舒适美观等优点，正在迅速增加。国际上钢结构的防火工艺设计日益受到人们的高度重视，已成为保证建筑安全的必要措施之一。但是普通建筑用钢在 350 °C 以上高温时屈服强度迅速下降到其室温屈服强度的 2/3 以下，不能满足设计要求。为了提高普通建筑用钢建造的钢结构抵抗火灾的能力，必须喷涂耐火涂层。喷涂工作费工费时，危害施工人员的身体健康，还增加了建筑结构的质量，减少了使用面积，延长了工期，提高了建造成本。

1987 年 3 月，日本建设省颁布了《新耐火设计法》，允许将钢材的高温屈服强度作为设计依据，该法实际上解除了原来旧法令中必须对钢结构涂覆耐火涂层的限制。从此开始了建筑用抗震耐火钢的开发研究和生产应用工作。

为了保证安全性，建筑用钢必须具有低屈强比、抗层状撕裂性能和良好的焊接性能等。而耐火钢还要求具有良好的高温性能。耐火钢的高温性能又不同于长期在高温使用的耐热钢，耐火钢是长期在常温承载，只是在突发火灾时的短时间（1 ~ 3 h）处于高温。钢结构安全设计规范中，常温下钢材的屈服强度的 2/3 相当于该材料的长期允许应力值，因此要求耐火钢在某一高温时屈服强度不低于常温的 2/3。建筑用钢在 600 °C 以上的高温时屈服强度降低很多。在 600 °C 附近高温强度相对损失较小。如果耐火温度设定为 700 °C，就必须在钢中添加大量的合金元素才能维持高温强度。若耐火温度设定在 500 °C 只能节省少量的防火涂层。因此，耐火钢的耐火温度一般设定在 600 °C。如果建筑结构的应变硬化能力比较强，就可以吸收地震波传递来的能量，避免局部应力集中和局部范围的大形变；这样的结构具有较高的抗震能力。因此，一般要求抗震耐火钢的屈强比低于 80%，对于高烈度地震区要求低于 70%。

建筑用抗震耐火钢的技术指标要求如下：

（1）良好的高温强度，$R_{p0.2(600\ °C)} \geqslant 2/3R_{p0.2(室温)}$。

（2）满足普通建筑用钢的标准要求，室温力学性能等同于或优于普通建筑用钢。

（3）高的抗震性能，室温屈强比 $R_{p0.2} \cdot R_m^{-1} \leqslant 80\%$，较低的屈服强度波动范围。

（4）良好的焊接性能，优于普通建筑用钢。

耐火钢力学性能要求的关键是高温强度。耐火钢中应用的高温强化机理通常有固溶强化和析出物的第二相强化。根据高合金耐热钢的研究结果可知，铬、钼可提高了钢的耐热性，但它们是资源稀少的昂贵合金元素，钢中添加大量的这类合金元素将大幅度增加生产成本。而耐火钢属使用量大、面广的 HSLA 钢，添加大量的这类合金元素将大幅度增加其生产成本。另外，铬、钼等合金元素增加了钢的淬透性，提高了碳当量，对焊接性不利。因此，建筑用耐火钢只能少量应用这类贵重合金元素，并在此基础上加入微合金化元素。钛、钒、铌微合金元素的析出物具有良好的高温稳定性，对提高高温强度能产生有益的影响。采用控制轧制和控制冷却工艺技术，使钛、钒、铌微合金元素在针状铁素体组织中的高温析出，可显著提高钢的高温强度。

现在，发展成熟、应用广泛的合金系是 Mn-Mo-Nb，其他合金系还有 Mn-Mo-V、Mn-Mo-Cr-Nb 等。还开发了 Mn-Mo-Nb-Ti（Nb-V、V-Ti、Nb-V-Ti）等复合微合金化系列的耐火钢。此外，为了提高建筑结构的耐候性，在这些耐火钢的基础上还发展了 Mo-Cr-Cu、Mo-

Cr-Cu-V-Ti-Ni 等耐火耐候钢。表 2.15 为一种 Mo-Cr-V-Ti 系耐火钢的化学成分和力学性能。

表 2.15 一种 Mo-Cr-V-Ti 系耐火钢的化学成分和 20 mm 厚钢板的力学性能

化学成分/%							拉伸性能					冲击性能		600 °C 高温强度	
C	Si	Mn	Mo	Cr	V	Ti	R_{eL} /MPa	R_m /MPa	A /%	Z /%	$R_{eL}\cdot R_m^{-1}$	KV_2/J 0 °C	KV_2/J 室温	$R_{p0.2}$ /MPa	R_m /MPa
0.12	0.09	1.02	0.49	0.60	0.095	0.017	370	530	29	65	0.70	45	58	235	376

2.6.7 超级钢与超细晶钢

20 世纪末，钢铁工业为了应对铝、镁及其合金，塑料，陶瓷等材料的挑战，以及面临着能源和资源短缺等问题，日本率先于 1997 年启动了超级钢基础研究国家计划，随后，中国、韩国、欧盟等国家和地区纷纷启动了由政府支持的超细晶钢开发计划。

我国于 1998 年启动国家重点基础研究发展计划（973 计划）项目“新一代钢铁材料的重大基础研究”，提出了开发新一代钢铁材料的思想。它是在充分考虑经济性的条件下，钢材具有高洁净度、超细晶粒、高均匀度的特征，强度、韧性比常用碳素结构钢高一倍。

常用的碳素结构钢或 C-Mn 钢的化学成分中不含昂贵的合金元素，生产工艺简单，因而成本低、使用量大、应用面广，占了钢材产量的一半以上。对于这些钢，在化学成分基本不变的情况下，依靠加工工艺的改进使其中的铁素体晶粒尺寸由 10 μm 细化到 3 ~ 5 μm，使强度大幅度提高，延长使用寿命，代替同强度级别的低合金高强度钢，将会产生巨大的经济效益。同时，碳素钢的成分简单，容易回收利用，有利于环境保护和节约资源，具有良好的社会效益，符合可持续发展的战略。

超细晶钢和超级钢是有区别的。超细晶钢着眼点在于其组织特征，而超级钢则更多的是关注其性能。超细晶钢的核心内容是在不改变碳素结构钢化学成分的前提下通过加工工艺使晶粒细化将屈服强度提高一倍。而超级钢则往往是利用晶粒的细化作用来提高性能。从这个意义上来说，超细晶钢和超级钢的内涵有重叠的部分。实际上，超级钢这个名称覆盖的范围要比超细晶钢大一些，可以把超细晶钢看作超级钢中的一种。

碳素钢超细晶粒的获得是基于形变诱导铁素体相变（DIFT）理论。它是使奥氏体在低温区进行大的形变，当应变速率超过 10 s^{-1} 时，相变过程很难发生动态再结晶，可以使各道次形变产生的储存能累积。形变过程甚至还可能延续到 $\gamma+\alpha$ 的两相区。这样形变的结果，在奥氏体中产生大量的形变带或亚结构，$\gamma\rightarrow\alpha$ 转变时，铁素体不仅在奥氏体晶界处形核，还可以在奥氏体晶粒内部形核，从而形成大量细小等轴状铁素体晶粒，如图 2.29 所示。

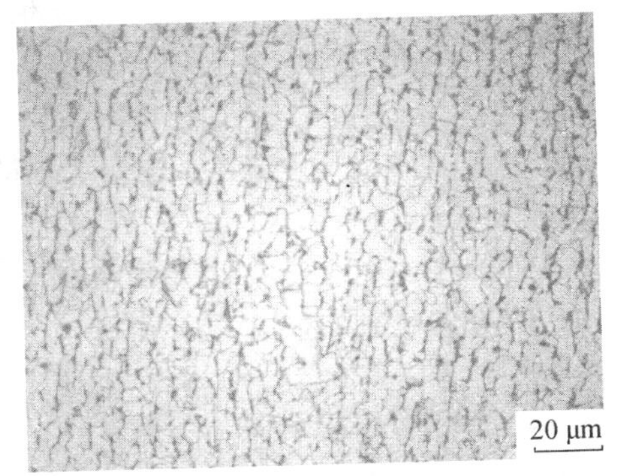

图 2.29 形变诱导铁素体相变形成的超细晶粒组织

在现有工业条件下，利用 Q235 钢已经生产出铁素体晶粒为 3 ~ 5 μm，R_{eL} = 400 MPa 以上的超细晶钢的钢带，并成功地应用于汽车工业。在此基础上，通过适当增加锰含量，添加微量铌，以及轧制工艺的优化，开发出了屈服强度为500 MPa级的超细晶钢。

复习思考题

1. 叙述常用工程结构钢的服役条件、加工工艺特点和性能要求。
2. 什么是低合金高强度钢？
3. 根据合金元素在钢中的作用规律，结合低合金高强度结构钢的性能要求，分析讨论低合金高强度结构钢中合金元素的作用。
4. 作为工程结构钢的碳素结构钢（或低碳软钢）有哪些优点和缺点？
5. 为什么用作集装箱和火车车皮的钢板通常含有合金元素铬、镍、铜、磷？
6. 什么叫铜脆？它是怎样产生的？
7. 什么是微合金钢？微合金元素有哪些？
8. 说明工程结构钢、低合金高强度钢、微合金钢三者之间的异同和联系。
9. 生产用于工程结构的微合金钢时，主要添加的合金元素有哪些？
10. 微合金元素钛、铌、钒在工程结构钢中的主要作用是什么？
11. 什么是脆化矢量？
12. 塑性成型时，钢中的硫化锰夹杂物将发生怎样的变化？这种变化对钢材的性能有哪些方面的影响？怎样消除或减轻这种影响？
13. 什么是控制轧制？什么是控制冷却？
14. 为什么说水（H_2O）是最便宜、最有效的“合金元素”？
15. 为什么微合金钢不宜采用常规轧制？
16. 无间隙原子（IF）钢的化学成分和性能特点有哪些？
17. 提高无间隙原子（IF）钢强度的措施有哪些？
18. 什么是烘烤硬化？
19. 对汽车车身用钢有哪些方面的性能要求？
20. 传统高强度钢和先进高强度钢（AHSS）各包括哪些钢种？
21. 什么是双相钢？其化学成分、组织和性能特点是什么？为什么被大量用作汽车车身用钢？
22. 什么是低合金TRIP钢？其化学成分、组织和性能特点是什么？为什么被大量用作汽车车身用钢？
23. 为了在低合金高强度钢中形成贝氏体组织，常用的合金化措施是什么？
24. 分析建筑用抗震耐火钢的性能要求和合金化策略。
25. 什么是超级钢？什么是超细晶钢？
26. 超细晶钢的生产工艺和组织转变有哪些特点？
27. 论述提高或改善钢塑性、韧性的途径。

3 机械制造结构钢

3.1 概 述

机械制造结构钢是指用于制造各种机械零件的钢种。常见的机械零件是汽车、拖拉机、机床、电站设备、工程机械、武器装备等上的轴、齿轮、连杆、弹簧、紧固件、轴承等。这些零件的尺寸、形状差别很大，但其服役条件却十分相似；主要是承受拉伸、压缩、扭转、剪切、弯曲、冲击、疲劳、摩擦等载荷的作用，或者是几种力的同时作用。在这些零件上产生正应力、切应力以及接触应力。这些应力的大小和方向，可以是恒定的，也可以是变化的。在加载过程中，可以是逐渐的，也可能是骤变的。这些机械零件的工作环境温度范围为 –50 ~ 100 °C，但大多数是在常温；同时受到大气、水、润滑油及其他介质的腐蚀。

机器零件在常温使用的失效形式有过载形变、脆性断裂、疲劳断裂、腐蚀疲劳断裂、磨耗、腐蚀及冲蚀等。要求机械零件有足够高的硬度、强度、塑性、韧性和疲劳强度等。因此，绝大多数机械制造结构钢必须经过热处理，使钢强化；这是与工程结构钢的最大区别。

机器零件的制造过程有锻、轧、挤压、拉拔等冷热塑性加工工序，还有车、刨、铣、钻、镗、磨等切削工序。要求零件有高的尺寸精度和良好的表面光洁度。因此，机械制造结构钢应该具有良好的热处理工艺性能、切削加工性能、塑性加工性能等。

机械制造结构钢为良好脱氧的镇静钢，其冶金质量为优质钢或高级优质钢。

冶金工作者的任务是控制钢的化学成分、冶炼加工工艺、热处理工艺，使钢强化，防止脆化。零件设计和制造者的任务是控制零件的形状、尺寸、受力状态、表面状态、环境条件等避免零件发生形变或断裂。因此，合理地解决钢的强度和韧性之间的关系是钢的成分设计、生产制造和使用过程中的重要课题。

机械制造结构钢可分为调质钢、低温回火状态下使用的低碳马氏体钢、超高强度钢、渗碳钢、氮化钢、弹簧钢、轴承钢、易切削钢等。

3.2 机械制造结构钢的强化

大多数机械零件的制作工序为：热轧钢材→锻造→预备热处理→机加工→最终热处理→精加工。预备热处理通常为正火或退火；目的是调整钢的硬度，改善切削性能，或者为后续的最终热处理作好组织准备。低中碳钢制作的形状简单的零件毛坯，也可以不经预备热处理而直接进入下一步工序。经切削加工后已基本成型的零件将通过最终热处理使其强化，赋予其在使用状态所必需的高强度。大多数机械制造结构钢的最终热处理几乎都是淬火 + 回火。

钢淬火形成的马氏体中固溶有过饱和的碳和合金元素，产生很强的固溶强化效应。在室温以上形成的马氏体，在随后的冷却过程中就可能发生碳原子在位错周围聚集，甚至有碳化物析出；过饱和的马氏体在室温放置也可能发生同样的现象。马氏体中存在着细小碳化物颗粒会生产第二相强化。马氏体中固溶强化和第二相强化占总的强化效应的 85%～90%。马氏体相变是无扩散型相变，是以切变方式进行的。因此，低碳马氏体形成时以滑移方式形变，会产生高密度的位错，与强烈冷加工形变相似，产生很大的位错强化效应。碳含量较高的片状马氏体是以孪生方式进行切变的，其中形成了丰富的孪晶亚结构，这种细小的孪晶也起着强化的作用。奥氏体转变为板条马氏体时，形成许多极细小的、取向不同的马氏体束，产生细晶强化效应。而片状马氏体中的孪晶界也对马氏体片起着分割作用，同样会产生强化效应。钢淬火时因马氏体相变而产生高强度的这种强化方式就是所谓的马氏体强化，它是 4 种基本强化机制的综合作用，而不是某种强化机制单独作用的结果。因此，淬火马氏体具有很高的硬度和强度，但脆性较大。

为了消除淬火马氏体的残留内应力，得到不同强度、硬度和韧性配合的性能，需要经过不同温度的回火处理。回火后，马氏体中析出弥散细小的碳化物颗粒，间隙固溶强化效应减小，但产生强烈的第二相强化效应。由于基本上保持了淬火态的细小晶粒，较高密度的位错及一定的固溶强化作用；所以回火马氏体仍具有较高的强度，并且因间隙固溶强化引起的脆性减轻，韧性有较大的改善。由此可知，淬火＋回火充分而合理地利用了 4 种基本强化机制，是最经济和最有效的强化钢的方法。

3.3 结构钢的淬透性与合金化

机械制造结构钢是通过淬火＋回火的热处理使其强化的。因此，机械制造结构钢合金化的核心问题是提高淬透性。因为，在强度相同的情况下，马氏体回火后比铁素体＋珠光体组织具有较好的综合力学性能，淬透的零件比未淬透的零件具有较好的综合力学性能。碳素钢的缺点之一是淬透性不足，不能用于截面较大或形状较复杂的零件。开发合金钢的目的之一是提高钢的淬透性。淬透性对机械制造结构钢有十分重要的意义。

机械制造结构钢合金化方面需要考虑的其他问题是提高回火稳定性，抑制高温回火脆性，提高表面硬度和耐磨性，改善切削性能等。

3.3.1 合金元素对淬透性的影响

碳是结构钢中最主要的元素。马氏体的硬度主要决定于钢中的碳含量，钢淬火成马氏体所能达到的硬度称为淬硬性。在图 3.1 中，0.35%C-0.75%Cr-0.15%Mo 钢与 0.53%C-0.20%Mo 钢相比，前者碳含量较低，因此端部的硬度较低，淬硬性较小；后者的碳含量较高，端部的硬度较高，淬硬性较大。前者含有较多的合金元素，因此，半马氏体的位置距顶端较远，硬度曲线的变化较平稳，淬透性较大；后者的合金元素含量较低，半马氏体的位置距端部较近，硬度曲线的变化较陡，淬透性较小。碳不仅决定钢的淬硬性，同时也是

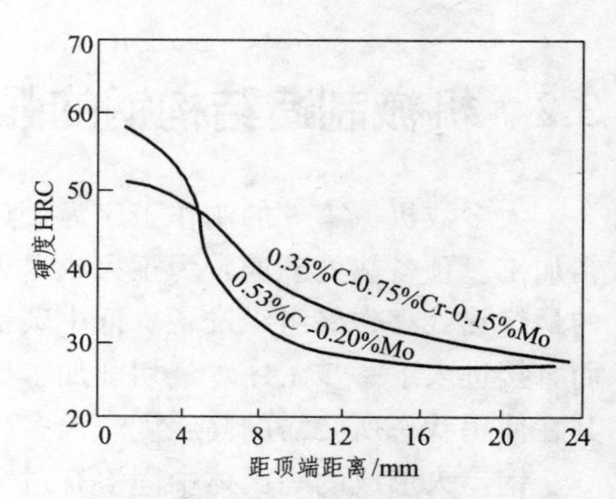

图 3.1 两种不同 w(C)和不同合金含量钢的淬透性曲线

一个有效提高淬透性的元素。

但是，提高机械制造结构钢的淬透性通常不采用增加碳含量的方法，而是通过添加其他合金元素。从改善塑性、韧性的角度考虑，需要降低碳含量。只有需要高的表面硬度和耐磨性时，才考虑提高碳含量，如整体硬化的轴承钢、感应淬火的轴和齿轮等。

结构钢中主要合金元素增大淬透性所起的作用可从末端淬火曲线的对比中显示出来。钢中常用的合金元素增大淬透性的能力，按镍、硅、铬、钼、锰、硼的顺序增高。合金元素对钢的淬透性影响与钢中的碳含量有密切关系。钴在单独添加时是唯一降低淬透性的合金元素。

只有在淬透性要求不高的钢中，才使用单一的合金元素，如 40Cr、45Mn2 钢。淬透性较大的钢中无例外地都采用复合合金化。这是因为多种元素存在对钢的淬透性的增大起着相辅相成的作用。可以举一些例子来说明元素间的这种作用。钒是强碳化物形成元素，碳钢中加入钒后，其碳化物在淬火时难以溶入奥氏体，未溶的碳化物不但降低了奥氏体中的碳含量，而且促进奥氏体的分解，降低钢的淬透性。因此，碳素钢中加入钒往往导致钢的淬透性减小。但是，如果将锰和钒同时加入碳素钢中，锰的存在将促进含钒碳化物的溶解，这样，就不但保证钢在淬火加热时奥氏体中有足够的碳浓度，而且使钒元素也溶入奥氏体中。钒溶入奥氏体后能有效地增大钢的淬透性。所以，42Mn2V 钢的淬透性比 45Mn2、42SiMn 钢显著增大。又如镍单独存在时，增大淬透性的作用与硅相似，不是很突出；但是，当将镍加入铬钢或 Cr-Mo 钢中时，其增大淬透性的作用就非常显著。因此，对淬透性要求高的钢，都采用“多元少量”合金化原则，如 35CrMoSi，40CrMnMo，40CrNiMo，35SiMnMoV 钢。最有效的方法是将强碳化物形成元素、中强碳化物形成元素、弱碳化物形成元素和非碳化物形成元素组合，如 Cr-Ni-Mo-V 系和 Si-Mn-Mo-V 系。这样可以充分发挥各种合金元素的作用；还可以利用废钢中的残存元素，节省合金元素和钢铁资源，有利于环保和可持续发展。然而，关于合金元素增大钢淬透性的相辅相成的作用机理，目前尚未研究清楚。

提高淬透性是发展合金钢的主要目的之一，它的作用是使零件（尤其是大截面的零件）整个断面的性能趋于一致，能采用比较缓和的方式冷却。但是，过高的淬透性也有不利之处。高淬透性的钢，*Ms* 点较低，淬火冷却到室温时，残留奥氏体的数量较多，容易形成孪晶马氏体，产生微裂纹。过高的淬透性还会伴随着焊接性的恶化。

应当指出，只有固溶于奥氏体中的合金元素才能起增大淬透性的作用，未溶解的碳化物反而会降低淬透性。其原因：一是钢加热奥氏体化时，如果合金元素以化合物形式存在会降低奥氏体中的碳和合金元素的含量；二是未溶解的碳化物本身可以作为过冷奥氏体分解时的非均匀形核位置；三是未溶解的碳化物颗粒可以阻止奥氏体晶粒长大，增大晶界面积，而晶界也是过冷奥氏体分解时的非均匀形核位置。

3.3.2 结构钢的热处理

在机械制造结构钢中，往往含有强碳化物形成元素和中强碳化物形成元素形成的特殊碳化物，以及碳化物形成元素溶入 Fe_3C 形成的合金渗碳体。在淬火加热时，合金钢中的特殊碳化物和合金渗碳体都比碳素钢中的 Fe_3C 难以溶入奥氏体。若奥氏体中含有碳化物形成元素，将会降低碳在奥氏体中的扩散系数，影响奥氏体中化学成分的均匀化。因此，为了促进钢中碳化物的溶解和奥氏体的均匀化，在淬火加热时要提高加热温度和延长保温时间。

淬火加热温度和时间对钢的淬透性有明显的影响。钢的淬透性主要依赖于加热时形成的奥氏体的化学成分及其均匀化程度、奥氏体晶粒大小、未溶碳化物或其他化合物颗粒的存在与否。对于亚共析钢，淬火时要尽可能地使钢中碳化物溶解，增大奥氏体中碳与合金元素的含量、促进奥氏体的化学成分均匀化，消除未溶碳化物颗粒等，以增大其淬透性。奥氏体晶粒长大虽然能在一定程度上提高钢的淬透性，但晶粒粗大将使钢的韧性降低，甚至可能引起淬裂，所以在淬火加热时要避免奥氏体晶粒长大。提高淬火温度（或延长加热时间）促进碳化物溶入奥氏体对钢的淬透性的影响如图 3.2 所示。

硼钢的淬透性与加热温度的关系如图 3.3 所示。中碳锰钢的淬透性随着加热温度的升高而逐渐增大，符合一般合金结构钢的规律。而含硼的中碳锰钢随着加热温度的升高，硼溶入奥氏体中，其淬透性迅速上升，在 845 °C 附近达到最大值，然后迅速下降，到 980 °C 时与不含硼的钢的淬透性相近，超过 980 °C 后反而低于不含硼的钢。也就是说，硼钢的淬火加热温度过高时，硼增大淬透性的作用将会减弱，甚至消失，这是因为硼在奥氏体晶界的偏聚因高温解吸附而减弱甚至消失引起的。所以，对硼钢淬火加热时必须先进行实验，找出最佳加热温度。

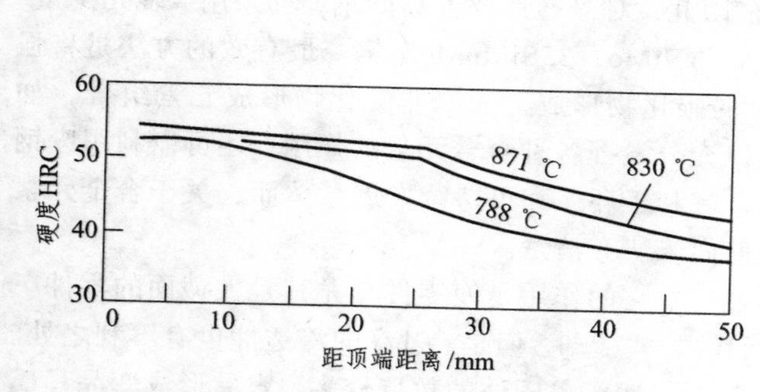

图 3.2　淬火温度对 40CrNiMo 钢淬透性的影响（奥氏体化时间为 40 min）

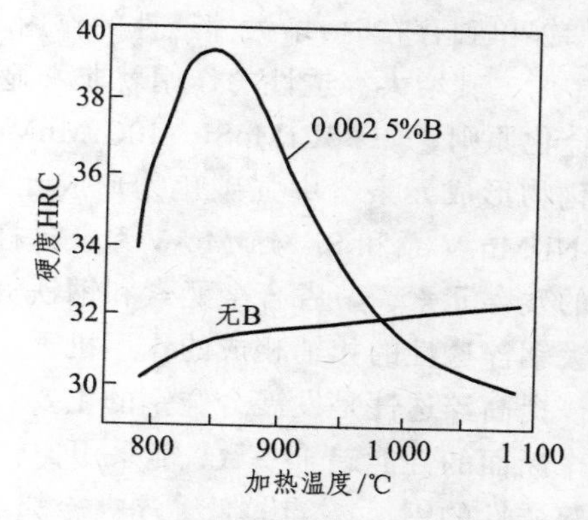

图 3.3　淬火加热温度对含硼的与不含硼的中碳锰钢淬火后硬度（表示淬透性）的影响

机械制造结构钢热处理时应注意的另一重要问题是回火脆性。应避免在出现低温回火脆性的温度范围进行回火；或者采用含硅、铝等元素的钢，使出现低温回火脆性的温度推向较高的温度。在高温回火时，应采用快冷方式进行冷却，抑制高温回火脆性；而对于截面较大或形状复杂而不能快冷的零件可采用含钼或钼与稀土复合添加的钢。热处理时还应注意减少零件表面的氧化、脱碳，减轻淬火形变，防止淬火开裂。

3.4　调质钢

调质钢是指经过调质处理，即淬火后经高温回火后使用的结构钢。调质处理后获得的组织为回火索氏体。这种组织具有较高的强度，良好的塑性、韧性，即优良的综合力学性能。它是应用最广泛的机械制造结构钢。

调质钢的主要用途是制造各种轴类、杆类、紧固件等零件，如传动轴、连杆、高强度螺栓等。这些零件在工作时承受的是拉、压、剪、扭等载荷，且是交变的动载荷；有时还承受冲击载荷；还有一些轴类要与其他零件配合，做相对运动，产生摩擦和磨损。这些零件的失效形式通常是疲劳断裂，也有部分因磨损而失效的。

对调质钢的力学性能要求是，高的屈服强度和疲劳强度，良好的冲击韧度和塑性，即具有良好的综合力学性能；同时，还要考虑断裂韧度、耐磨性等。因此，工业生产中选用组织为回火索氏体的调质钢来制造这些要求良好综合力学性能的零件。

3.4.1　调质钢的合金化与热处理

调质钢的合金化及热处理原则：一是保证钢具有必需的淬透性，使零件淬火后又有足够厚的马氏体层，并使马氏体保持细的隐晶组织；二是使钢具有回火稳定性，在高温回火后得到在 α 相基体上分布着极其细小弥散的碳化物颗粒，使零件获得所预期的综合力学性能；三是避免高温回火脆性。

调质钢在化学成分上是 $w(C)=0.30\%\sim0.50\%$ 的碳素钢或低、中合金钢。热处理后的显微组织是回火索氏体。这样的碳含量可以保证有足够体积的碳化物相起弥散强化作用。碳是不利于调质钢冲击韧性的元素，应把钢中碳含量限制在较低的范围内。所以对于重要零件，人们往往采用高淬透性的低碳钢经调质后使用，如 18Cr2Ni4WA 钢。但是对于一些要求耐磨的零件，应选择碳含量略高的钢，保证其在调质以及表面淬火后有较高的表面硬度。

调质钢中主要加入的合金元素是锰、硅、铬、镍、硼等，目的是提高钢的淬透性，辅助加入的合金元素有钼、钨、钒、稀土等，它们往往是复合加入的。

合金元素对中碳马氏体钢回火后硬度的影响如图 3.4 所示。硅、锰、镍等元素高温回火后固溶在铁素体中，因而提高了调质后的硬度。

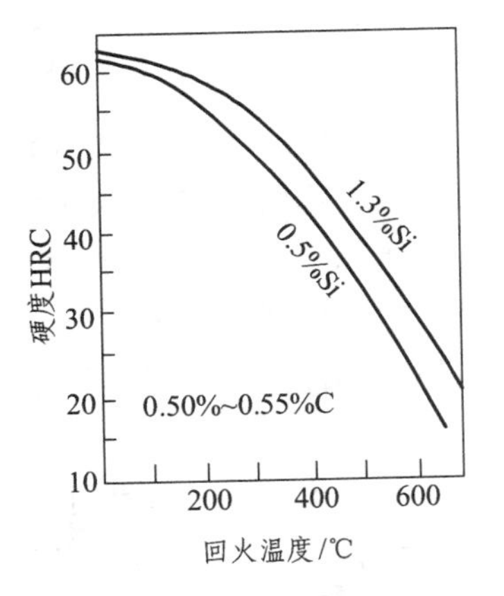

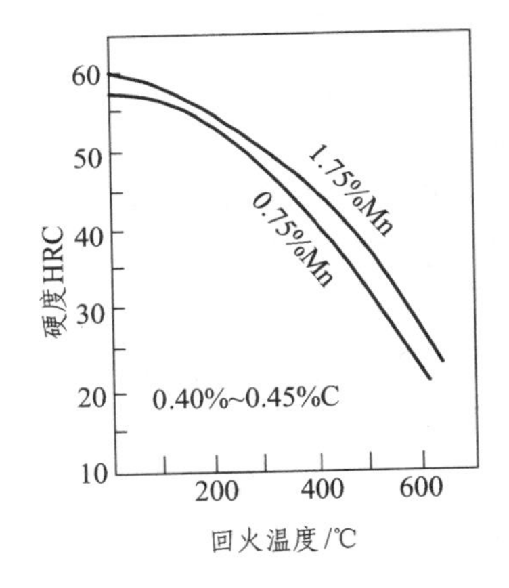

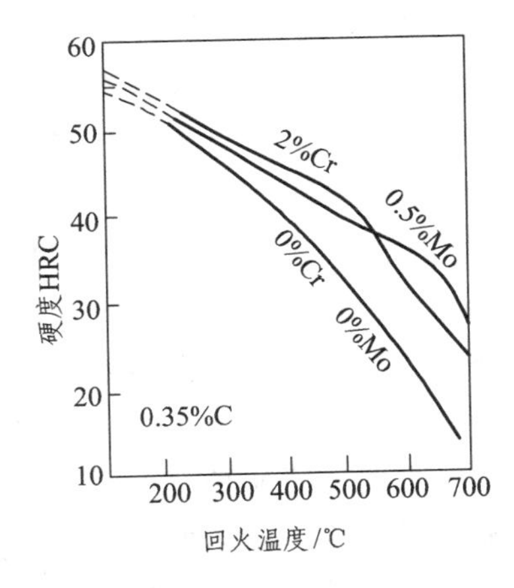

图 3.4　合金元素 Si、Mn、Cr、Mo 对中碳钢回火后硬度的影响

铬、钼、钨、钒等元素阻止渗碳体在高温回火时长大，使钢在高温回火后保持较高的硬度。铬、钼、钨、钒等元素还阻止 α 相再结晶，使其保持细小的晶粒组织，从而保持足够高的强度。

合金元素对调质钢的韧性有不同的影响。在回火后不出现回火脆性的情况下，与碳素钢相比，$w(\mathrm{Mn}) = 1.0\% \sim 1.5\%$ 的钢，冲击韧性有所改善，韧脆转变温度降低；但是，锰使钢淬火加热时容易过热，回火时产生高温回火脆性倾向。钢中镍含量增加能使钢的韧脆转变温度不断下降。而硅则降低回火索氏体的韧性，提高韧脆转变温度。加入含量为 1%～4% 的铬和少量的钼或钒，对回火索氏体的韧性影响不大。

钼、钨、钒形成的碳化物稳定性高，起细化晶粒的作用。钼、钨还可以抑制高温回火脆性，尤其是钼与稀土复合加入效果更好。

在机械制造工业中，调质钢是按淬透性的高低来分级的，也就是根据合金元素含量多少来分级。在同一级内，各钢种可以互换。最普通的调质钢是碳素调质钢，如 45、40Mn 钢等，用作截面尺寸较小或不要求完全淬透的零件。由于淬透性低，只能用盐水淬火。要求淬透性较高的钢有 40Cr、45Mn2、40MnB、35SiMn 钢等，它们可用油淬火。42CrMo、42MnVB、40CrMnMo、40CrNi、35CrMo 钢等为要求淬透性更高一级的钢种。对大截面的零件，要求高淬透性的调质钢为 40CrNiMo、34CrNi3MoV 钢等。调质钢经调质处理后，其力学性能为：R_{eL}(或 $R_{\mathrm{p0.2}}$) = 700～1 000 MPa，R_{m} = 800～1 200 MPa，A = 8%～15%，KU = 48～96 J。

调质钢的一个特殊问题是高温回火脆性问题。某些化学成分的钢，高温回火后的冷却速度对钢的冲击韧度有显著的影响。

钢中元素对高温回火脆性有着重要影响。磷是强烈引起高温回火脆性的元素，即使把钢中的磷含量限制在 0.040% 以下，在锰钢、铬钢、Cr-Mn 钢及 Cr-Ni 钢中仍然显示出磷对回火脆化的促进作用。如果把含磷量限制在 0.02% 以下，磷的不良作用就大为减轻。锡、锑、铋和砷等杂质元素即使含量只有十万分之几，也可能使钢产生回火脆性倾向。

碳素钢对高温回火脆性是不敏感的。但钢中加入锰或铬后就成为敏感的了，而 Si-Mn 钢、Cr-Mn 钢的回火脆化倾向性更大。钢中加入少量钒对回火脆性的影响不大，但 Si-Mn 钢中加入 0.24%～0.30% 的钒后，回火脆化的倾向性大为增大。单纯的镍钢对高温回火脆性的敏感性影响不大，但是在铬钢中加镍则明显促进回火脆化。

钼、钨、钛和稀土元素是降低结构钢高温回火脆性倾向的元素。在锰钢、铬钢、Cr-Mn 钢和 Cr-Ni 钢中加入 0.20%～0.30% 的钼就能减弱钢对高温回火脆性的敏感性。在钢中加入 0.50% 的钼，钢的高温回火脆化倾向性就大为减弱。稀土元素能和杂质元素形成稳定的化合物，如 LaP、LaSn、CeP、CeSb 等金属化合物，可以大大降低甚至消除钢的高温回火脆性。若稀土元素和钼复合添加，则效果更佳，可以解决 450～550 °C 工作的部件的高温回火脆性问题。

总之，要避免发生或减轻回火脆性，可以采用下列措施：① 避免在容易发生高温回火脆性的温度范围内回火；如不能避免，则尽可能缩短在该温度范围内的回火时间；② 如回火温度正处于脆化温度范围内或是在脆化温度范围以上，则零件在回火后采用油冷或水冷；或先将工件油冷或水冷到 400 °C，然后再移入炉内冷却，以减轻回火冷却时产生的内应力；③ 对于无法避免在出现高温回火脆性的温度范围内回火，又无法在高温回火后进行快冷的零件，应选用含钼、含稀土的钢种，并尽可能地降低钢中的磷、锡、锑、砷等的含量；④ 对于已经感受高温回火脆性的钢，可以重新加热到 650 °C 后快冷，使钢恢复到韧性状态。

3.4.2 调质钢的缺点与新技术、新材料

没能充分利用马氏体的精细结构强化作用是调质钢的缺点之一。淬火的主要作用是依靠奥氏体到马氏体的相变，把碳固溶在α相中，为随后回火时形成大量细小、均匀分布的碳化物颗粒做准备。这些碳化物颗粒对铁素体基体起第二相强化作用，但这种强化作用也没有充分利用。所以有人认为，只有当零件需要很高的冲击韧性，或需要充分消除内应力时，采用中碳钢调质处理才是必要的。

淬火加热时的表面氧化会带来金属的损失；脱碳层的形成会降低零件的表面硬度而损害耐磨性，还不利于零件表面残留压应力的形成而降低疲劳性能。一些调质零件，由于淬火形变，影响加工精度。如发动机的曲轴，会造成发动机运行时的振动和噪声。再如机床的丝杆，是以调质处理作为表面渗氮处理的预备热处理，淬火产生的形变会带来难以矫直的困难。如果调质钢的淬透性不足，形不成足够的淬硬层，截面的组织、性能不均匀，不仅导致强度不够，还会降低疲劳寿命。而采用高淬透性的钢，则需要消耗较多昂贵的合金元素。

调质钢的另一个缺点是淬火、高温回火的两次加热要消耗大量的能量，这是其最严重的缺点。为了避免这一致命的问题，在工艺方面，可以采用正火、形变热处理、亚温淬火、自回火等工艺代替这种高能耗的调质处理。

在调质钢的替代钢种中，一种是经淬火、低温回火处理的低碳马氏体钢，如 ML15MnVB 钢等；另一种是微合金非调质钢，如 40MnVTi 钢等。这些钢节能效果好，大量采用的是后者。

3.5 微合金非调质钢

采用微合金化、控制轧制、控制锻造、控制冷却等强韧化技术，取消了调质处理，而能达到或接近调质钢性能水平的钢称为微合金非调质钢，简称非调质钢。应用非调质钢取代调质钢，可以节约能耗。我国的相关标准为 GB/T 15712—2008《非调质机械结构钢》。

按生产和加工工艺，非调质钢可以分为 3 类：

（1）直接切削非调质钢。通过控制轧制和控制冷却而得到所要求的性能，由热轧材直接切削加工而成为零件的非调质钢，又称为轧制非调质钢。

（2）热锻非调质钢。用热轧材通过控制锻造工艺并控制锻后零件的冷却条件达到所要求性能的非调质钢。

（3）冷作强化非调质钢。热轧材经冷拔、冷镦成为零件，同时利用冷形变导致的位错强化提高强度，用作螺栓的非调质钢。

非调质钢还可以按照显微组织、化学成分、性能、钢材品种、用途等特征进行分类。

20 世纪 70 年代，德意志联邦共和国首先开发出了非调质 49MnVS3 钢，它是在中碳含量的 C-Mn 钢基础上添加微合金元素钒产生的，其较高的硫含量是为了改善切削性能。它不经调质处理，在热锻状态即可用于制造曲轴。49MnVS3 钢的显微组织为珠光体 + 铁素体，在先共析铁素体和共析铁素体中均有细小的含钒析出相，起第二相强化作用。49MnVS3 钢的化学成分和力学性能如表 3.1 所示。其抗拉强度较高，但是韧性较低；主要用作对冲击韧性要求不高，而要求高疲劳性能的汽车曲轴。其后，为了改善非调质的韧性，扩大其应用范围，采

用一系列的新工艺、新技术，开发了许多新的非调质钢。同时，非调质钢在化学成分、加工工艺、显微组织、强化机制、力学性能、应用范围等方面的特征也发生了许多变化。

表 3.1 49MnVS3 钢的化学成分和力学性能

化学成分/%						力学性能				
C	Si	Mn	P	S	V	R_{eL} /MPa	R_m /MPa	A /%	Z /%	KU^* /J
0.42～0.50	≤0.60	0.60～1.00	≤0.035	0.045～0.065	0.08～0.13	≥500	800～900	≥8	≥20	≥15

注：* 3 mm 深 U 形缺口的 DVM 试样。

3.5.1 降碳、提锰、增硅，应用复合微合金化技术

为了改善非调质钢的韧性，扩大其应用范围，在 49MnVS3 钢的基础上，降低碳含量，提高锰、硅含量，复合添加钒、钛、铌和氮等微合金元素，开发出了 44MnSiVS6、38MnSiVS5、27MnSiVS6 等非调质钢，如图 3.5 所示。日本的 GNH，英国的 Vanard，中国的 35MnVN、40MnVTi、32Mn2SiV 钢等也是采用这种技术路线开发出的，它们的化学成分和力学性能如表 3.2 所示。这些非调质钢的加工工艺不再是简单的热锻，而是应用了控制轧制、控制锻造、控制冷却工艺，显微组织仍为珠光体 + 铁素体，强化机制除第二相强化外，还有细晶强化。在性能特征方面，与 49MnVS3 钢相比，或强度提高，韧性相当；或韧性提高，强度不变；或强度、韧性均提高。这些非调质钢可以通过感应淬火、氮化、软氮化进行表面强化，切削性能良好，焊接性能也较好。它们已在实际生产中大量应用，其应用范围已不仅仅是单一的曲轴，还包括汽车、工程机械、机床中的许多重要零件以及矿井支柱这样的工程结构件。

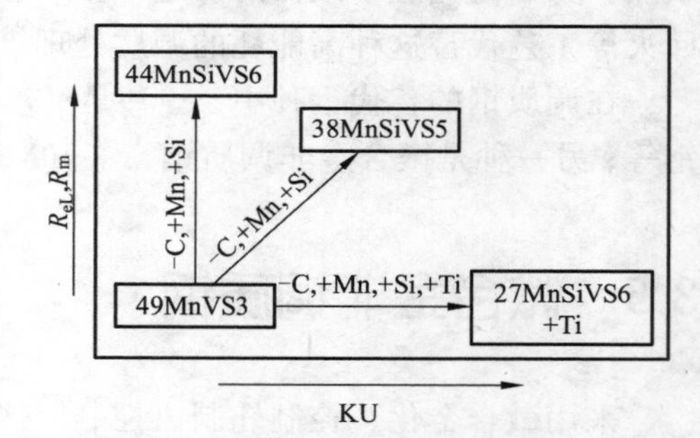

图 3.5 德意志联邦共和国非调质钢钢种的发展

表 3.2 降碳，提锰，增硅，采用复合微合金化技术开发的几种非调质钢的化学成分和力学性能

钢 种	化学成分/%							力学性能				
	C	Si	Mn	P	S	V	Ti	R_{eL} /MPa	R_m /MPa	A /%	Z /%	KU /J
38MnSiVS5	0.35～0.40	0.50～0.80	1.20～1.50	≤0.035	0.040～0.070	0.08～0.13	微量	>550	820～1 000	>12	>25	—
Vanard 850	0.30～0.50	0.15～0.35	1.00～1.50	≤0.035	≤0.050	0.05～0.20	—	≥540	770～930	≥18	—	≥20*
GNH 45	0.43	0.20	0.90	0.17	0.008	适量	微量	550	784	22	35	55
35MnVN	0.32～0.39	0.20～0.40	1.20～1.50	≤0.040	≤0.040	0.10～0.15	N≥0.009	≥490	≥785	≥15	≥40	≥31
40MnVTi	0.37～0.43	0.20～0.40	1.20～1.50	≤0.040	≤0.040	0.08～0.15	微量	≥490	≥785	≥15	≥40	≥31
32Mn2SiV	0.29～0.35	0.30～0.60	1.50～1.80	≤0.035	≤0.035	0.07～0.12	—	≥540	≥830	≥15	≥40	≥47

注：* 3 mm 深 U 形缺口的 DVM 试样。

3.5.2 冷作强化非调质钢

应用微合金元素的细晶强化、第二相强化，以及形变产生的位错强化，开发出了用于高强度紧固件的冷作强化非调质钢，如用作 8.8 级螺栓的 10MnSiTi、20Mn2 钢等，它们的化学成分及其制作的螺栓的力学性能如表 3.3 所示。

表 3.3 10MnSiTi、20Mn2 钢的化学成分及其制作的螺栓的力学性能

钢种	化学成分/%						力学性能			
	C	Si	Mn	P、S	V	Ti	R_{eL} /MPa	R_m /MPa	A /%	KU /J
10MnSiTi	0.06 ~ 0.12	0.50 ~ 0.80	1.40 ~ 1.70	≤0.030	—	0.06 ~ 0.12	—	800 ~ 950	> 12	—
20Mn2	0.16 ~ 0.22	0.30 ~ 0.60	1.35 ~ 1.75	≤0.030	微量	微量	≥640	≥800	≥12	≥24

这种非调质钢的化学成分虽然仍为微合金钢，但不是中碳钢，而是低碳钢。加工工艺是冷拔 + 时效处理。显微组织仍为铁素体-珠光体型，其强度的提高，应用了螺栓制作过程中拉拔形变产生的位错强化。

3.5.3 贝氏体型非调质钢

考虑到在高强度钢板领域，有使钢中生成贝氏体组织来改善韧性的经验，开发出了贝氏体型非调质钢。这种钢既有高的强度，又有高的韧性，特别是具有良好的低温韧性及焊接性，还具有良好的软氮化特性。日本的 VMC 系列和我国开发的汽车前轴用 12Mn2VB 钢和 10.9 级螺栓用 10Mn2VTiB 钢就属于贝氏体型非调质钢。表 3.4 列出了一些贝氏体型非调质钢的化学成分和力学性能。

表 3.4 一些贝氏体型非调质钢的化学成分和力学性能

钢种	化学成分/%							力学性能					
	C	Si	Mn	P	S	V	B	R_{eL} /MPa	R_m /MPa	A_{50} /%	Z /%	KU /J	硬度 HV20
VMC20	0.20	0.28	1.56	0.024	0.017	0.09	—	588	853	—	—	53	262
VMC15-Ⅰ	0.14	0.28	1.52	0.023	0.021	0.08	—	510	784	—	—	63	233
VMC15-Ⅱ	0.13	0.19	1.72	0.024	0.023	0.05	—	539	764	—	—	57	239
12Mn2VB	0.09 ~ 0.16	0.30 ~ 0.60	2.20 ~ 2.65	≤0.040	≤0.040	0.06 ~ 0.12	0.001 ~ 0.004	≥490	≥686	≥17	≥45	≥63*	—

注：* − 40 °C 时为 47。

这种钢的化学成分特征为微合金低碳钢。加工工艺有热锻，热锻 + 时效，冷拔 + 时效处理。显微组织特征已不再是铁素体-珠光体型，而是贝氏体型。强化机制除第二相强化、细晶强化外，有时还有冷作强化。性能方面，韧性有了较大的改善。主要应用范围是像汽车前轴这样的重要零件，9.8 级以上的高强度螺栓以及汽车的 U 型螺栓等。

3.5.4 应用温锻工艺

温锻综合了热锻和冷锻的特点，具有节省能耗、提高材料利用率、工件表面质量高、可实现少切削或无切削加工的近终型成型、工件内部质量好等一系列优点。将温锻工艺应用于微合金中碳钢，因细化了组织，可显著改善其韧性。英国、中国、西班牙、日本等国都进行了这方面的研究工作。

表 3.5 列出了我国的 35MnVN、40MnVTi 钢温锻后的力学性能和日本神户制钢开发的温锻用非调质钢的化学成分和力学性能。这些钢都是在低于 Ac_3 温度锻造的，其显微组织为珠光体 + 铁素体。

表 3.5　4 种非调质钢的化学成分及其在低于 Ac_3 温度锻造后的力学性能

钢种	化学成分/%											力学性能					
	C	Si	Mn	P	S	Al	Cr	V	Ti	Nb	N	R_{eL} /MPa	R_m /MPa	A /%	Z /%	KU /J	硬度 HV10
35MnVN	0.34	0.40	1.45	0.004	0.015	—	—	0.09	—	—	0.009	558	755	20.9	60.2	160	192
40MnVTi	0.41	0.30	1.15	0.027	0.010	—	—	0.12	0.02	—	—	597	790	19.1	58.4	134	213
神户钢 K	0.45	0.22	1.47	0.010	0.014	0.031	0.45	—	0.03	0.02	—	491	844	20.6	50.6	73	—
神户钢 N	0.35	0.25	1.37	0.012	0.082	0.031	0.47	—	0.02	0.03	—	534	767	21.7	49.8	74	—

温锻情况下，非调质钢的组织组成物虽然仍为珠光体和铁素体，但组织已明显细化，韧性大幅度提高，可用于制造重要的汽车零件，如转向节轮轴、等速万向节等。其他方面的特征与 3.5.1 中介绍的非调质钢基本上是一样的，甚至就是那些非调质钢。

3.5.5 应用氧化物冶金技术

氧化物冶金技术是指在生产过程中利用钢中的氧化物夹杂使晶粒中形成大量微小的 MnS 颗粒，在热加工后冷却时，VN 化合物在 MnS 处沉淀，VN 起着 V_8C_7 的沉淀场所的作用。VN 和 V_8C_7 都可以成为非均匀形核的核心，促使产生大量细小、均匀的晶内铁素体（IGF），从而改善韧性，尤其是低温韧性。表 3.6 列出了一种晶内铁素体型非调质钢的化学成分和力学性能。这种非调质钢可以应用于对强度和韧性要求较高的零件。

表 3.6　应用氧化物冶金技术开发的一种非调质钢的化学成分和力学性能

化学成分/%								力学性能				
C	Si	Mn	S	Cr	V	Ti	N	R_{eL} /MPa	R_m /MPa	A /%	Z /%	KU /J
0.33	1.25	1.65	0.06	0.23	0.105	0.014	0.012	724	966	20	51	36*

注：*低温时为 28。

3.5.6 马氏体型非调质钢

1988 年，美国应用锻造余热淬火获得低碳马氏体组织，并经自回火的非调质钢，即马氏体型非调质钢。这种钢是在低碳合金钢的基础上添加微量合金元素，以阻止奥氏体再结晶和晶粒长大，马氏体转变终了点 *Mf* 保证在 200 °C 以上。从锻造温度直接淬火，控制淬火终止温度来实现自回火，获得回火马氏体组织。表 3.7 列出了 3 种马氏体型非调质钢的化学成分和力学性能。

表 3.7 3 种马氏体型非调质钢的化学成分和力学性能

钢种	化学成分/%											力学性能		
	C	Si	Mn	Ni	Cr	Mo	Pb	Ti	Nb	Al	B	R_{eL}/MPa	R_m/MPa	*KU*/J
A	0.08	0.25	2.00	—	2.00	0.25	—	—	0.04	—	微量	> 800	> 1 100	—
B	0.04	0.25	1.60	—	1.00	—	0.07	—	—	—	0.002	—	> 980	> 78
C	0.04 ~ 0.20	0.02 ~ 2.50	1.00 ~ 3.00	0 ~ 3.00	0 ~ 3.00	0 ~ 1.00	—	0.01 ~ 0.05	0 ~ 0.20	0.005 ~ 0.100	0.000 3 ~ 0.005	—	> 980	> 62*

注：* V 形缺口试样。

这种非调质钢的化学成分特征为微合金低碳钢，加工工艺为锻造余热淬火。显微组织为回火马氏体，应用了马氏体强化方法，其强度和韧性都比较高，尤其是韧性进一步得到改善，可用于一些重要的汽车零件。

微合金非调质钢诞生以来，受到了钢铁生产和汽车制造行业的重视。瑞典的 Volvo 汽车制造公司曾提出了除渗碳件外，所有的锻件都采用非调质钢的目标。40 多年来，人们围绕着改善非调质钢的韧性，在化学成分、加工工艺、显微组织、强化机制、性能等方面进行了大量的研究，开发了一系列新技术、新钢种，扩大了品种规格范围。使非调质钢在汽车、机床、工程机械等领域得到了广泛应用，获得了良好的节能效果。

3.6 低碳马氏体钢

低碳马氏体钢是指低碳钢或低碳合金钢经淬火低温回火处理后，使用状态为低碳回火马氏体组织的钢。一般中碳结构钢采用淬火 + 高温回火热处理，没有发挥马氏体的精细结构强化，是以牺牲强度来获得较高的塑性和韧性；若采用淬火 + 低温回火，虽然可以获得高强度，但塑性和韧性又较低。然而，低碳钢经淬火形成亚结构为位错的板条马氏体，再经低温回火转变为回火马氏体，可以实现强度和塑性的最佳配合，并具有良好的韧性。这种钢的综合力学性能优于中碳调质钢，还具有冷脆倾向小、疲劳缺口敏感性较低等优点。中碳调质钢和低碳马氏体钢力学性能的比较如表 3.8 所示。这种钢可以满足许多零件的要求。

表 3.8 中碳调质钢和低碳马氏体结构钢的力学性能

钢 种	热处理工艺	$R_{p0.2}$/MPa	R_m/MPa	A_{50}/%	*Z*/%	*KU*/J
40Cr	850 °C 油淬；560 °C 回火，油冷	≥800	≥1 000	≥9	≥45	48
ML15MnVB	880 °C 盐水淬；200 °C 回火，空冷	≥1 000	≥1 200	≥10	≥45	72
18Cr2Ni4WA	870 °C 空冷；160 °C 回火，空冷	835	1 130	11	50	94

3.6.1 低碳马氏体钢的合金化和低温回火脆性

回火马氏体组织是淬火马氏体经低温回火后形成的。合金含量不高的低碳钢淬火马氏体的亚结构为高密度的位错。在 250 °C 以下回火时，马氏体基本上保持着淬火时形成的精细结构，从而保持着位错强化的效果。

$w(C) < 0.2\%$ 的淬火马氏体中，其碳原子已经绝大部分偏聚在晶体缺陷处，处于能量低的稳定状态，所以在 200 °C 以下回火时并不分解出碳化物。由于低碳钢的 *Ms* 点的温度较高，淬火时形成的马氏体可能发生自回火而分解出碳化物。$w(C) > 0.2\%$ 的淬火马氏体在 200 °C 以下回火时，部分过饱和的碳将以片状 ε-$Fe_{2.4}C$ 碳化物的形式在$(100)_M$ 晶面上析出，但仍有大量的碳残留在马氏体中。ε-$Fe_{2.4}C$ 与 α 基体相保持着共格关系，起着较强的强化作用。回火温度超过 200 °C 时，显微组织中开始出现 Fe_3C。

这种回火马氏体组织的强度主要来源于碳在过饱和 α 相中的固溶强化作用，与基体保持共格关系的 ε-$Fe_{2.4}C$ 碳化物产生第二相强化作用，马氏体中的精细结构在强化作用中也有它的贡献。但后者的作用小一些。$w(C) = 0.2\% \sim 0.5\%$ 的低合金钢，低温回火后的抗拉强度与碳含量呈线性增加的关系：

$$R_m = 2\,880w(C) + 800 \text{ (MPa)} \tag{3-1}$$

当 $w(C) = 0.20\% \sim 0.30\%$ 时，回火马氏体保持着较好的韧性和较低的韧脆转变温度。当 $w(C) > 0.30\%$ 以后，随着钢的强度升高，韧性特别是断裂韧性显著下降，韧脆转变温度迅速上升。

合金钢中合金元素对 α 相的固溶强化作用比碳小得多。合金元素的主要作用是提高淬透性，保证获得足够深的马氏体层。在回火马氏体中，若合金元素质量分数分别为 $w(Mn) = 1.5\%$，$w(Cr) = 1.5\%$，$w(Mo) = 0.5\%$，$w(W) = 1\%$，$w(Ni) = 1\% \sim 4\%$，都能改善钢的韧性，并降低韧脆转变温度。镍在改善钢的冲击韧性方面的作用尤为显著，若 $w(Ni) = 4\%$，即使在液氮温度折断，也不致出现结晶状断口。钢中加入少量的钒可以细化奥氏体晶粒，从而细化马氏体组织，不但提高了低温回火钢的强度，同时能改善钢的韧性，也能降低韧脆转变温度。

淬火钢在 250 ~ 350 °C 回火时有低温回火脆性，在冲击吸收能量与回火温度的关系曲线上出现脆性的凹谷，如图 3.6 所示的曲线 *b*。引起低温回火脆性的原因有两个方面。第一个原因是在这个温度范围内回火时，ε-$Fe_{2.4}C$ 碳化物溶解，而 Fe_3C 在马氏体板条边界或原奥氏体晶界析出，呈连续薄片状，在冲击载荷作用下沿原奥氏体晶界或马氏体板条边界开裂，产生穿晶断裂。350 °C 以上 Fe_3C 开始球化，韧性又开始恢复上升。第二个原因是杂质元素磷、锡、锑、铋和砷等在淬火加热时向奥氏体偏聚，经淬火后这些杂质元素被冻结在原奥氏体晶界。富集杂质的原奥氏体晶界，以及晶界上存在有在这

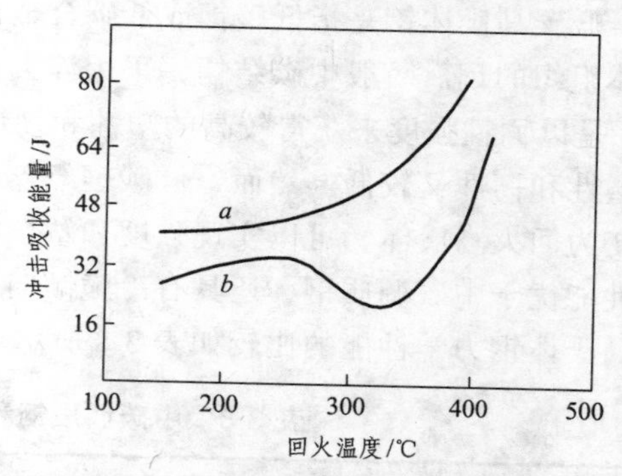

图 3.6 低温回火的 30Mn 钢冲击吸收能量与回火温度的关系（850 °C 盐水淬火，奥氏体晶粒度 8 ~ 9 级）

a—$w(P) = 0.005\%$；*b*—$w(P) = 0.028\%$

个温度范围回火产生的 Fe_3C 连续薄膜；这两者单独存在不足以引起低温回火脆性；但两者同时出现就会加重原奥氏体晶界的脆性，造成沿晶脆断，因而产生低温回火脆性。含杂质元素极低的超纯钢就不出现韧性下降的脆性凹谷，不产生低温回火脆性，如图 3.6 所示的曲线 a。

合金元素锰和铬促进低温回火脆化倾向，锰含量为 2% 以上时，其低温回火脆化倾向将进一步加剧，淬火态也可能产生沿晶脆断。这主要是淬火加热时奥氏体晶界有高浓度磷的晶界偏聚发生。硅、铝推迟 $\varepsilon\text{-}Fe_{2.4}C$ 碳化物向 Fe_3C 转变，将低温回火脆性发生的温度范围推向 350 °C 以上。

防止淬火钢出现低温回火脆性的措施为：① 避免在 250 ~ 350 °C 回火；② 生产高纯钢，降低磷、锡、锑、铋、砷等杂质元素的含量；③ 加入硅或铝推迟脆化温度范围，使钢的回火温度可提高到 320 °C。

3.6.2　低碳马氏体结构钢的应用

ML15MnVB 钢是我国 20 世纪 70 年代研制开发的低碳马氏体结构钢，以冷拔、冷镦法制造 M20 以下的高强度螺栓，其强度级别高达 12.9 级。生产中、小直径的螺栓的工序通常有拉拔减径，六角螺栓头的冷镦成型，采用搓丝或滚丝工艺加工螺纹。这就要求螺栓用钢应具有良好的拉拔、冷镦、搓丝等加工工艺性能。汽车用重要螺栓，如连杆螺栓、缸盖螺栓、半轴螺栓等，过去一般采用中碳调质钢 ML38Cr（或 40Cr）制造，但其塑性差；造成拉拔形变困难，还造成冷镦开裂、掉头而产生大量的废品。为此，需要经过球化退火改善其冷成型性，而退火时的表面氧化和脱碳分别会造成材料利用率降低和螺栓性能下降，退火本身又消耗大量能量。如采用热镦锻方式加工螺栓头，将增大能耗，且表面质量变差。

ML15MnVB 钢为低碳钢，热轧后具有低强度、高塑性和良好的冷形变性能，通常可不经退火直接进行拉拔加工。在整个螺栓加工过程中，可使钢的工艺性能获得显著改善。如冷拔、冷镦不易开裂，冷拔模具、冷镦模具、搓丝板、滚丝轮等不易损坏，使工模具寿命提高 20% ~ 30%。由于采用冷镦成型，比热顶锻制的螺栓精度高、表面质量好、生产率高，并可减少切削量、节约钢材。与调质钢相比，低碳马氏体螺栓用钢可以省略或减少退火次数，且回火温度较低；从而节省了能量消耗，缩短了生产周期，提高了生产效率和材料利用率。

ML15MnVB 钢经 880 °C 淬火，200 °C 回火后可获得位错型的板条马氏体加板条相间的残留奥氏体薄膜以及自回火和回火析出的弥散碳化物组织，具有比 ML40Cr 钢调质处理优良的综合力学性能，这样既具有较高的强度又具有良好的韧性和低的韧脆转变温度。这种钢制造的螺栓的静强度比 40Cr 钢的螺栓提高了 1/3 以上，从而使螺栓承载能力提高了 45% ~ 70%，而螺栓的缺口偏斜敏感性并未显著提高，这不仅显著改善了汽车螺栓的质量，而且还能满足大功率新车型的设计要求。

要求综合性能高的小截面工件采用低碳马氏体钢是非常合理的。但是，对于大截面，要求强度高，冲击韧性好的重要零件，便要采用合金化程度很高的低碳马氏体钢，如中合金的 18Cr2Ni4WA 钢。它含有较多的合金元素，淬透性很高。由于钢中 $w(\mathrm{Ni}) = 4\%$，碳含量又低，因而改善了冲击韧性和断裂韧性，尤其是低温下的冲击韧性和断裂韧性，具有高强度、低缺口敏感性和高疲劳强度。18Cr2Ni4WA 钢多用于制造截面大，而心部必须淬透，对强度和韧性配合要求特别高，缺口韧性好的重要机械零件，如大功率高速柴油机曲轴等。

20SiMn2MoV 和 25SiMn2MoV 钢是代替 35CrMo 钢用于较大截面尺寸零件的低碳马氏体钢。钢中加入硅、锰、钼，既能强化马氏体，又能保证较高的淬透性。与此同时，硅、锰可以保证板条间残留奥氏体的数量及其稳定性；而且硅还可以阻止 Fe_3C 的形核与长大，推迟低温回火脆性的发生。少量钒则可以细化奥氏体晶粒，改善韧性。合金元素的综合作用使得 20SiMn2MoV 和 25SiMn2MoV 钢具有较高的淬透性。直径 80 mm 的零件油冷可以淬透，直径 120 mm 的水冷可以完全淬透。20SiMn2MoV 钢的热处理工艺为 900 °C 油淬，200 °C 回火，空冷。20SiMn2MoV 和 25SiMn2MoV 钢都具有较高的综合力学性能，已用于制造石油机械的重要零件，如石油钻机提升系统的吊环，并为制造有效截面在 100 mm 左右的机器零件提供了合适的低碳马氏体型钢种。

3.7 超高强度钢

超高强度钢是 20 世纪 40 年代以来为了满足航空和航天工业的需要而逐渐发展起来的一类钢种，主要用作飞机起落架、飞机机身大梁、火箭发动机外壳、火箭壳体、高压容器、常规武器等。一般认为钢的抗拉强度大于 1 500 MPa 以上便属于超高强度钢的范畴。飞行器械的设计人员首先需要考虑的一个指标是比强度，即材料的抗拉强度（或屈服强度）和该材料密度的比值。航空工业上应用的铝合金的抗拉强度已达到 600 MPa，而铝合金的密度只有钢的 1/3 左右。因此，钢的抗拉强度要达到 1 800 MPa 才能与铝合金具有同等水平的比强度。一般只有当钢的屈服强度超过 1 400 MPa 时才能在航空和航天工业中得到广泛应用。如果与钛合金竞争，钢的强度还需要提高。密度为 4.43 g/mm^3 的 Ti-6Al-4V 合金，其屈服强度和抗拉强度分别达到 1 040 MPa 和 1 100 MPa；钢的屈服强度和抗拉强度应分别达到 1 850 MPa 和 1 950 MPa，才能达到相同的比强度水平。

通常按合金元素含量的多少和使用性能的不同，将超高强度钢分为以下 3 类：

（1）低合金超高强度钢。合金元素含量在 2.5% ~ 5%，主要在室温或 200 °C 以下使用。

（2）中合金超高强度钢。合金元素含量为 5% ~ 10%，可在 300 ~ 500 °C 使用。

（3）高合金超高强度钢。合金元素含量在 10% 以上，可细分为马氏体时效钢、沉淀硬化不锈钢、HP9Ni-4Co 钢、基体钢等。

超高强度钢的主要问题是强度与脆性的矛盾。结构钢在强度较低的情况下，韧性的潜力尚大，此时，强度成了矛盾的主要焦点，人们的注意力集中在采用各种强化手段去挖掘材料的强度潜力。但是，随着钢的强度不断提高，矛盾逐渐转化。当强度提高到足够的水平时，矛盾的主要焦点就不再是强度而是如何解决钢的脆性问题了。如果此时钢的脆性问题不能很好解决，那么，尽管钢的强度还可以进一步提高，但是，由于在低应力状态下发生脆性断裂而使材料的强度不能发挥出来。因此，钢的脆性就成了超高强度钢进一步发展的最大障碍。在超高强度钢的强度范围内，强度越高，钢的缺口敏感性就越大。近年来，在超高强度钢的研究和生产中，如何降低超高强度钢的缺口敏感性，提高钢的断裂韧性成了人们的努力方向。

超高强度钢发展到现在，抗拉强度可以达到 2 000 MPa。毫无疑问，通过化学成分的调整和热处理，这类钢的强度还能进一步提高。但是，随着强度的升高，塑性和韧性不断下降，以致无法作为结构材料使用。这里所遇到的最大困难之一就是所谓的早期脆性破坏问题。早期破坏与零件中的应力集中有关。钢材内部的冶金缺陷、零件表面的微小缺口是产生应力集中的重要原因，也就是产生脆性裂纹的发源地。所以，超高强度钢的冶金质量必须特别优良，其中的非金属夹杂物少，化学成分和组织均匀。这就需要采用特种冶金方法，如电渣重熔来冶炼超高强度钢。切削加工后超高强度钢零件的表面也应该是十分光洁的。

超高强度钢是在淬火后经低温回火使用的，因此，低温回火脆性就成了低合金超高强度钢生产和使用中的一个重要问题。

低合金超高强度钢还有其他方面的不足。例如，这类钢有严重的脱碳倾向。为防止脱碳，在设备和工艺上往往要采取相应的措施。再如，低合金超高强度钢在淬火回火后，一般来说，形变和扭曲比较大，要矫正这些形变往往不是一件容易的事。还有就是低合金超高强度钢的焊接性能不好等。

3.7.1 低合金超高强度钢

这类钢是从调质钢转化来的，是超高强度钢中应用最早的一种钢，它的生产成本最低廉，生产工艺较简单，因此它的用量至今仍占超高强度钢总产量的大部分。

低合金超高强度钢与调质钢的不同点是最终热处理工艺是淬火加低温回火或者等温淬火。在使用状态下钢的组织是回火马氏体或下贝氏体。这类钢之所以具有高强度是靠含有一定量碳的回火马氏体来保证的，或者说其强度决定于马氏体中固溶的碳浓度。随着碳含量的提高，虽然钢的强度显著提高，其关系也符合式（3-1）；但其塑性和韧性也显著下降，冷加工成型性、焊接性、热处理工艺性等也变差，故其碳含量一般为 0.27% ~ 0.45%。

在低合金超高强度钢中，合金元素的主要作用，一是提高淬透性，如锰、铬、镍、硼、等；二是提高马氏体的回火稳定性，如硅、铬、钒、钼等；三是细化奥氏体晶粒，减小钢的过热敏感性，如钒、钛等。后两方面的作用可以改善回火马氏体的塑性和韧性，如镍、少量的铬、含量小于 1% 的硅等。硅还有将低温回火脆性出现的温度推向 350 °C 的作用。为了充分发挥合金元素的作用，这类钢大多采用多元少量合金化的原则，因此其化学成分比一般合金结构钢要复杂。

常用低合金超高强度钢的钢种主要有 40CrNi2Mo（AISI 4340）、40Si2Ni2CrMoV（300M）、45CrNiMo1VA（D6AC）、30CrMnSiNi2A、35Si2Mn2MoV 钢等，表 3.9 列出了它们的力学性能。

表 3.9 常用低合金超高强度钢的力学性能

钢 号	热处理工艺	$R_{p0.2}$ /MPa	R_m /MPa	A /%	Z /%	KU /J	K_{IC} /MPa · m$^{1/2}$
40CrNi2Mo（AISI 4340）	900 °C 油淬，230 °C 回火	1 628	1 900	10	35	22.4*	40 ~ 80
40Si2Ni2CrMoVA（300M）	870 °C 油淬，315 °C 回火	1 720	2 020	9.5	34	—	45 ~ 85
45CrNiMo1VA（D6AC）	880 °C 油淬，315 °C 回火	1 760	2 000	8	27	—	52 ~ 100
30CrMnSiNi2A	900 °C 油淬，250 °C 回火	1 370 ~ 1 470	1 500 ~ 1 765	≥9	≥40	≥48	—
35Si2Mn2MoVA	900 °C 油淬，320 °C 回火	1 500 ~ 1 650	1 800 ~ 1 950	10 ~ 12	40 ~ 50	40 ~ 48	—

注：* V 形缺口试样。

40CrNi2Mo（AISI 4340）钢是美国早期开发应用的超高强度钢，其中合金元素的配合有效地提高了钢的淬透性，韧性也比较高。钢中的铬、镍和钼的组合可有效地提高淬透性，镍和钼能很好地改善回火马氏体的韧性。在 40CrNi2Mo 钢的基础上加入钒和硅并提高钼含量开发的 40Si2Ni2CrMoVA（300M）钢中，钒可以细化奥氏体晶粒，硅可提高钢的回火稳定性，将回火温度由 200 °C 提高到 300 °C 以上，以改善韧性。故 40Si2Ni2CrMoVA（300M）钢有高的淬透性和强韧性，特别是大截面钢材。该钢可用于制造大型飞机的起落架等重要结构件。

30CrMnSiNi2A 钢是我国广泛使用的低合金超高强度钢，它是在 30CrMnSiA 的基础上提高锰和铬的含量并且添加了 1.40% ~ 1.80% 的镍，使其淬透性得到明显提高，改善了钢的韧性和回火稳定性。经热处理后可获得高的强度，较好的塑性和韧性，良好的抗疲劳性能和断裂韧度。这种钢的切削加工性和焊接性也较好，但缺口敏感性和氢脆敏感性都比较高，适宜制造高强度连接件和轴类等重要受力结构零件。

我国还研究开发了不含镍的 35Si2Mn2MoVA 和 40CrMnSiMoV 钢。

3.7.2 中合金超高强度钢

要求在较高温度（300 ~ 500 °C）使用的超高强度钢，应该利用中合金钢在 550 ~ 650 °C 回火时析出弥散的合金碳化物，以产生二次硬化效应来获得超高强度。这类钢是从 5%Cr-1.5%Mo 型的热作模具钢 5Cr5MoSiV1（美国 ASTM A681—1994 中的 H13）和 4Cr5MoSiV（美国 ASTM A681—1994 中的 H11）发展而来的。其特点是淬透性高，空冷即可实现淬火。在 500 ~ 600 °C 回火时，马氏体中析出弥散的 M_2C 和 MC 型碳化物，产生二次硬化。热处理后的残留应力很小，具有高的室温和中温强度。由于铬含量较高，这类钢还具有较好的抗氧化性和耐蚀性。其过冷奥氏体的稳定性高，可以采用中温形变热处理，以进一步提高其综合力学性能。中合金超高强度钢可用作超音速飞机中承受中温的高强度构件、轴类和螺栓等零件。

但是，这类钢存在对氢脆和应力集中比较敏感、焊接性差的问题。

3.7.3 马氏体时效钢

由于低合金中碳马氏体型钢主要是用碳来强化，这就带来了一些先天性的弱点。为此就发展了无碳的马氏体时效钢，它是在 Fe-Ni 合金马氏体基础上，利用时效析出金属间化合物相的第二相强化作用进一步强化。这种钢属于超低碳的高合金超高强度钢，其基本成分是 $w(C) \leqslant 0.03\%$，$w(Ni) = 18\% \sim 25\%$，并添加有各种能形成金属间化合物的钛、铝、钴、钼、铌等合金元素，碳、硫、氮等元素是以杂质形式存在的，应将它们的含量控制在很低的水平。根据钢中镍含量可以分为 18%Ni、20Ni%和 25Ni% 3 种类型。

3.7.3.1 马氏体时效钢的强化与合金元素的作用

碳原子在 α 相中可以生产很强的间隙固溶强化，但同时显著降低塑性和韧性。马氏体时效钢摒弃了用提高碳含量来提高强度的手段，通过奥氏体→马氏体→时效马氏体等转变实现其特有的组织和性能，采用了如下的强化措施。

（1）置换型合金元素溶入 α-Fe 引起的固溶强化。在马氏体时效钢中合金元素镍、钛、钼、钴、铌、铝等固溶强化效果一般不超过 100～250 MPa。在马氏体时效过程中，这些元素以沉淀相形式析出，降低了它们在固溶体中的浓度；因此，固溶强化对强度的贡献是比较小的。

（2）马氏体相变产生的位错强化。马氏体时效钢中的板条马氏体由于相变过程的切变产生高密度的位错而使其强度上升，即发生了相变冷作硬化。对于这种无碳的铁合金，相变冷作硬化所引起的强化增量可以达到 500～600 MPa。此外，高密度的位错对时效过程有较大的影响。

（3）金属间化合物产生的第二相强化。合金马氏体在时效过程中经历脱溶贯序的各个阶段，当金属间化合物在 α 相基体上呈细小弥散分布，仍与基体保持着半共格关系时，产生的第二相强化效果最大。

以上 3 种强化机制中，第二相强化的作用最大，使马氏体时效钢的抗拉强度达到 2 000 MPa。同时，马氏体时效钢还具有高的抗脆断的能力。

马氏体时效钢含有大量的镍和钴，它们都降低位错和杂质原子之间的相互作用能。另外，由于马氏体中碳、氮原子的浓度很低，使得被钉扎的位错数目减到最少，即有大量可动位错存在；同时位错活动的自由程也较长。所以，在产生应力集中时，可通过局部的塑性形变松弛应力。这种塑性良好的基体可以抵抗比较大的应力集中。另一方面，通过马氏体相变，基体获得了高密度的位错，从而使时效时核心数目显著增大，有利于沉淀相的弥散析出。高度弥散的析出相阻碍了位错的长程运动，但是，可动位错的短程运动仍然是可能的，因而使时效后钢还有一定的塑性形变能力。最后，经过 400～500 °C 的时效后，由于马氏体形变而引起的微观内应力被松弛了，这也是使钢的脆断抗力提高的一个原因。

马氏体时效中合金元素应该具有以下 3 个方面的作用：

（1）当加热到高温时，钢应具有单相奥氏体组织。同时，奥氏体中应固溶有足够数量的合金元素以便于控制随后的转变过程。

（2）奥氏体向马氏体的转变最好在室温以上结束，或者在经过温度不太低的冷处理后即可获得全部马氏体组织。

（3）马氏体在时效过程中应能析出所要求的金属间化合物相，并能通过时效得到良好的强化效果，经过时效的组织应具有最佳的综合力学性能。

下面以 18%Ni 马氏体时效钢为例做具体的分析说明。

这种钢中，w(Ni) = 17%～19%，w(Co) = 8%～9.5%，w(Mo) = 3%～5.2%，w(Ti) = 0.15%～0.8%。

在含有大量钼、钛或铌等元素的情况下，要使得钢在加热时能得到单相奥氏体组织，就必须加入数量相当大的扩大 γ 相区的元素，如镍、锰等。在这两个元素中实际使用的是镍。镍除了使钢在高温具有单相奥氏体组织外，还促使转变后所得到的马氏体基体具有良好的塑性，这样，在经过时效之后，钢仍能保持足够的脆断强度。镍在马氏体时效钢中同时也是引起第二相强化的合金元素。在 Fe-Ni-Co-Mo-Ti 合金系中，引起强化的析出相是镍和钼、钛的金属间化合物，如 Ni_3Ti、Ni_3Mo、$(FeNiCo)_2Mo$ 等。在 18%Ni 马氏体时效钢中加入其他合金元素产生的强化效应列于如表 3.10 所示。

表 3.10 18%Ni 马氏体时效钢中加入 $w(M)=2\%$ 的第二组元对 425 °C 时效硬度峰值的影响

合金元素	Ti	Al	Ta	Nb	W	Mn	Mo	Si	Cr	Co	V
硬度峰值 HRC	52	45.5	45.5	44	44	42	39.5	39.5	—	—	—

镍对提高马氏体的塑性是有利的，为使马氏体具有较高的塑性，需要加入尽可能多的合金元素镍。但是，镍和铬、钛一样，使钢的马氏体点降低。加入镍太多时，淬火后就会保留大量残留奥氏体。为了克服这个困难，往钢中加入钴。在 Fe-Co 系中，奥氏体形成元素钴能无限溶解于 γ-Fe 中形成开启的 γ 相区。同时，钴能使钢的马氏体点升高。在钢中含有适量的钴之后，就可以提高镍、钼等元素的含量而同时使钢的马氏体点不致过低，这样也就避免了在马氏体时效钢中存在较多残留奥氏体的情况。另外，钴对马氏体的塑性也有好处。

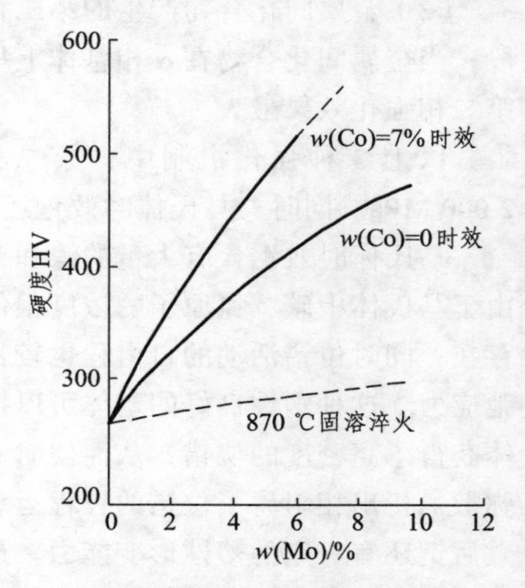

图 3.7 Mo 和 Co 对 18%Ni 钢时效硬度的影响

钼在马氏体中所能引起时效效果是比较弱的，然而，在同时含有钴的情况下，钼在 α-Fe 中的溶解度减少了，此时，较少的钼含量所引起的强化效果却是很显著的，如图 3.7 所示。此外，加入钼还可以防止时效马氏体冲击韧性进一步恶化。钼的这种作用和其在别的结构钢中抑制回火脆性的作用类似。

总之，18%Ni 马氏体时效钢中合金元素的作用可以大体上分为两类：一类是保证钢实现由单相奥氏体转变为马氏体，如镍、钴；另一类是为了使马氏体基体具有充分的第二相强化能力，如钼、钛、铝、铌等。实际上，18%Ni 马氏体时效钢中，各种合金元素之间是互相关联着的，所达到的强化效果比镍、钴、钼、钛、铝、铌等元素各自分别所产生的强化效果的总和还大。

3.7.3.2 马氏体时效钢的热处理和性能

18%Ni 马氏体时效钢的热处理工艺如图 3.8 所示。当钢加热到 815 °C 形成全部奥氏体后，由于合金含量高，即使冷却速率较低也能在低温转变为马氏体，一般采用空冷。发生马氏体转变的温度为 155 ~ 100 °C，冷却到室温后，大部分奥氏体已转变为马氏体，只有少量残留奥氏体。此时硬度为 28 ~ 32 HRC，可以很容易地进行冷形变加工而不产生大的应变强化，切削加工也很容易。这种钢再经 480 °C 时效 3 h，然后空冷，硬度达到 52 HRC。时效处理的温度相对于其他热处理的温度较低，引起的尺寸变化很小，表面氧化也很轻微，可以作为产品的最终热处理。

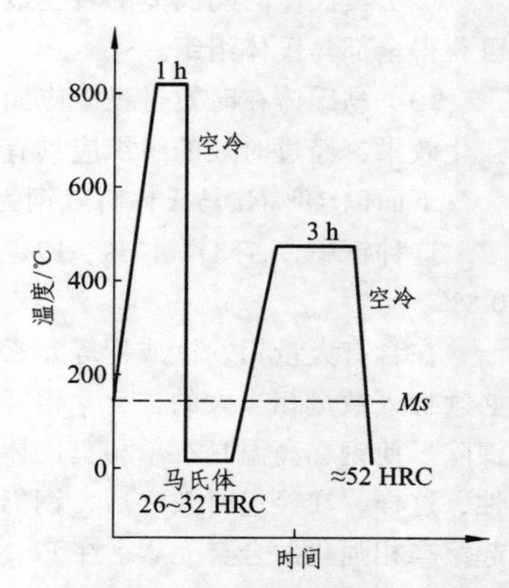

图 3.8 18%Ni 马氏体时效钢的热处理工艺

马氏体时效钢在固溶处理和时效处理状态均表现出一系列优越性能。几种典型的马氏体时效型超高强度结构钢的热处理工艺和室温力学性能如表 3.11 所示。这类钢的主要特点是在高强度水平下还具有优良的韧性；这类钢也表现在比许多常用合金结构钢有较好的氢脆和应力腐蚀抗力；在固溶处理和时效以后均可进行焊接而不需要预热。因此，马氏体时效钢的优异性能是其他类型超高强度结构钢所无法比拟的。这类钢含有较多昂贵的合金元素。要求有高的冶金质量，需采用真空熔炼加真空自耗重熔的双真空熔炼工艺。这两方面的因素使钢的生产成本很高。所以一般只用于航空、航天技术及其他重要的构件，如导弹壳体、喷气发动机传动轴、动力传感器、直升机柔性传动轴、飞机起落架等。即使成本高，这类钢在其他领域也得到了应用，可用于制造高压容器、螺栓、机枪弹簧、枪管、喷油泵零件、低温服役的零件等，还可用于压铸模、塑料模和一些冷成型模具的制造。

表 3.11 典型马氏体时效钢的热处理工艺和力学性能

钢种	热处理工艺	力学性能				
		$R_{p0.2}$ /MPa	R_m /MPa	A /%	Z /%	KV /J
Ni18Co9Mo5TiAl（18Ni）	815 °C 固溶处理 1 h，空冷；480 °C 时效 3 h，空冷	1 350 ~ 1 450	1 450 ~ 1 550	14 ~ 16	65 ~ 70	66 ~ 122
Ni20Ti2AlNb（20Ni）		1 750	1 800	11	45	17 ~ 22
Ni25Ti2AlNb（25Ni）	815 °C 固溶处理 1 h，空冷；705 °C 时效 4 h，冷处理；435 °C 时效 1 h	1 800	1 900	12	53	—

3.7.4 HP9Ni-4Co-××C 钢

自从马氏体时效钢出现以来，9Ni-4Co 钢是超高强度钢中最重要的一种钢。HP9Ni-4Co 系列的钢也是属于高合金钢，由于它利用回火马氏体组织而得到高的强度，从这一点来说，也可以把这类钢与马氏体强化的低合金超高强度钢同等看待。然而，此类钢在某些方面具有非常出色的性能。目前，这类钢正迅速推广应用于飞机结构件、舰船和潜艇壳体、火箭发动机壳体等。

这类钢是在 $w(\mathrm{Ni}) = 9\%$ 的低温用钢基础上发展起来的。作为低温用钢，在 −59 °C 条件下，$w(\mathrm{Ni}) = 2.25\%$ 的钢，冲击吸收能量可满足使用要求；$w(\mathrm{Ni}) = 3.5\%$ 的钢，可在 −101 °C 下使用；$w(\mathrm{Ni}) = 9\%$ 的钢，可在 −195 °C 下使用。所以，较高镍含量能使韧脆转变温度向低温移动，故 9Ni-4Co-×× 钢具有较好的低温冲击韧性。

9Ni-4Co-×× 钢较高的镍含量将会使马氏体点显著降低。而为了达到高强度，必须有充分的马氏体转变，使在高镍下保留的残留奥氏体很少，为此加入钴。钴能提高 *Ms* 点。在 $w(\mathrm{C}) = 0.25\%$、$w(\mathrm{Ni}) = 9\%$ 的钢中加入含量为 4% 的钴，使 *Ms* 点提高了 42 °C，即从 246 °C 提高到 288 °C。另外，钴也起着固溶强化的作用，靠钴来获得其特有的自回火特性。所以，9%Ni-4%Co-0.25%C 钢可在完全热处理状态下进行焊接，既不需要焊前的预热，也无需焊接后再作时效或回火处理，焊缝和母材有充足的强度和韧性。

碳在这类钢中主要起着强化作用，可以根据具体使用情况，调整钢中的碳含量以达到不同的强度级别。根据碳含量的不同，目前这类钢主要有 3 个牌号在生产中使用较多，即 HP-9-4-25、HP-9-4-30 和 HP-9-4-45。随着钢中碳含量的增加，虽然经热处理后强度显著提高，但韧性却有所下降。即使在高碳范围内，这种钢的冲击吸收能量仍有相当高的数值。

在 HP-9-4 钢中除上述合金元素外，还加有少量的碳化物形成元素铬、钼、钒等，以增强其第二相强化效应。用提高铬、钼含量的方法调整的 $w(C) = 0.2\%$ 的钢，具有极高的韧性，而且还提高了强度。

9Ni-4Co 钢既可以通过淬火回火得到回火马氏体组织，也可以在下贝氏体区通过等温转变得到下贝氏体组织。所以，对 9Ni-4Co 这类钢可以根据对性能的要求采用两种不同的热处理工艺，即淬火回火或在下贝氏体区等温淬火。淬火回火的工艺为：840 °C 加热 1 h，油淬；528 °C 回火 2 h，共 2 次。

这种钢经冷压力加工后可获得更高的强度，如淬火后在 149 °C 预回火，经 25% 的形变量冷轧成 2 mm 的薄板，屈服强度超过 2 060 MPa。

3.8 渗碳钢和氮化钢

不少机械零件要求表面有高的硬度和耐磨性，以及高的接触疲劳抗力；而心部保持较高的塑性、韧性，以及良好的抗冲击能力；这就需要进行像渗碳、氮化这样的化学热处理，使零件实际上成为复合材料制造的。渗碳钢和氮化钢是为适用于渗碳热处理和氮化热处理的需要而发展起来的钢种。

3.8.1 渗碳钢

广义地说，渗碳钢是指经渗碳处理后使用的钢。中、高温碳氮共渗与渗碳处理在工艺、应用方面十分相近，渗碳钢也是适用于这种共渗处理的。采用渗碳工艺制造的零件有汽车、拖拉机的变速箱齿轮，内燃机的凸轮和活塞销，部分轴承、模具等；其中以变速箱齿轮最为典型。

齿轮的功能是传递力矩。在工作时，齿根承受脉动的弯曲应力，啮合时齿面承受接触应力，齿面的相对运动还产生摩擦。在起动和突然制动，以及运行不平稳时齿轮还会受到冲击载荷的作用。总之，齿轮的服役条件是十分复杂的。因此，齿轮的主要失效形式有断齿、麻点剥落和深层剥落、黏着磨损和磨粒磨损、擦伤等。

根据以上分析，对齿轮的性能要求是：齿面具有高硬度、高耐磨性和接触疲劳性能；齿轮心部应具有较高的强度，一定的塑性和韧性，即良好的综合力学性能。为了满足这样的力学性能要求，齿轮表层的组织应该是回火的高碳隐晶马氏体为基体，其上分布着均匀的碳化物；心部组织为低碳回火马氏体或低碳回火马氏体 + 部分非马氏体组织。由表层到心部组织和性能应该平缓过渡。低碳钢经渗碳处理后可以获得这种类似于复合材料的组织。

此外，齿轮应具有高的尺寸精度，以保持运行平稳，振动小，噪音低。这就要求齿轮的热处理形变小。

3.8.1.1 渗碳钢的合金化

渗碳钢的合金化应该考虑两个方面，一是零件心部的组织和性能，二是渗碳处理的工艺性能。

渗碳钢的碳含量决定了渗碳零件心部的强度和韧性，从而影响到零件整体的性能。心部过高的碳含量将使零件整体的韧性低，不能在有冲击载荷的状态下使用。一般渗碳钢都是低碳钢，$w(C)\leqslant 0.25\%$，个别钢种可达到 0.28%。但是，有人认为零件承受冲击的能力并不决定于心部的冲击韧性，而表面的接触疲劳抗力在很大程度上取决于渗层以下是否有一个高强度的心部去支撑它。据此，应该采用碳含量较高的渗碳钢。这个问题应该根据零件的具体服役情况来分析确定。

渗碳钢中加入合金元素的主要作用之一是提高淬透性。根据零件承受负荷大小的不同，心部需要的显微组织也有差别。承受负荷从大到小，要求心部由低碳马氏体到珠光体 + 铁素体，这就要求钢的淬透性有所不同。常用的合金元素有锰、铬、钼、镍、钨、钒、钛、硼等。含钼的渗碳钢相对较少，因为稀缺而昂贵的钼在渗碳钢中只起提高淬透性的作用，而不像在调质钢中还起着减轻高温回火脆性倾向的重要作用；而钼提高淬透性的作用可以用像铬、锰、硼这样廉价的元素来代替。过高的淬透性使心部的马氏体数量增大，而马氏体的数量越多，马氏体中的碳含量越高，零件表层的残留压应力越低。对于某些零件，过高的淬透性或碳含量较高的钢反而是不利的。此外，过高的淬透性将导致淬火至室温后有较多数量的残留奥氏体，尤其是在高碳的渗碳层中。

钛和钒还可以阻止奥氏体晶粒在高温长时间的渗碳过程中过度长大。加铌、钒复合合金化的渗碳钢可获得超细晶粒，奥氏体晶粒度达到 12 ~ 13 级，与高镍铬钢相比，由于镍含量较低，渗碳层残留奥氏体减少，渗碳后可直接淬火，提高了渗碳零件的疲劳抗力。

合金元素对钢的渗碳工艺性能也有重要的影响。合金元素对渗碳层表面碳含量和渗碳层深度有重要的影响，如图 3.9 所示。碳化物形成元素将增大钢表面吸收碳原子的能力，增加渗碳层表面碳浓度，有利于增加渗碳层深度，加速渗碳；另一方面又阻碍碳在奥氏体中扩散，因而不利于渗碳层增厚。就总的效果来看，铬、锰、钼有利于渗碳层增厚，而钛能减小渗碳层厚度。非碳化物形成元素则相反，降低钢表面吸收碳原子的能力，减小渗碳层浓度，加速碳在奥氏体中扩散。总的效果是镍、硅等元素不利于渗碳层增厚。钢中碳化物形成元素含量

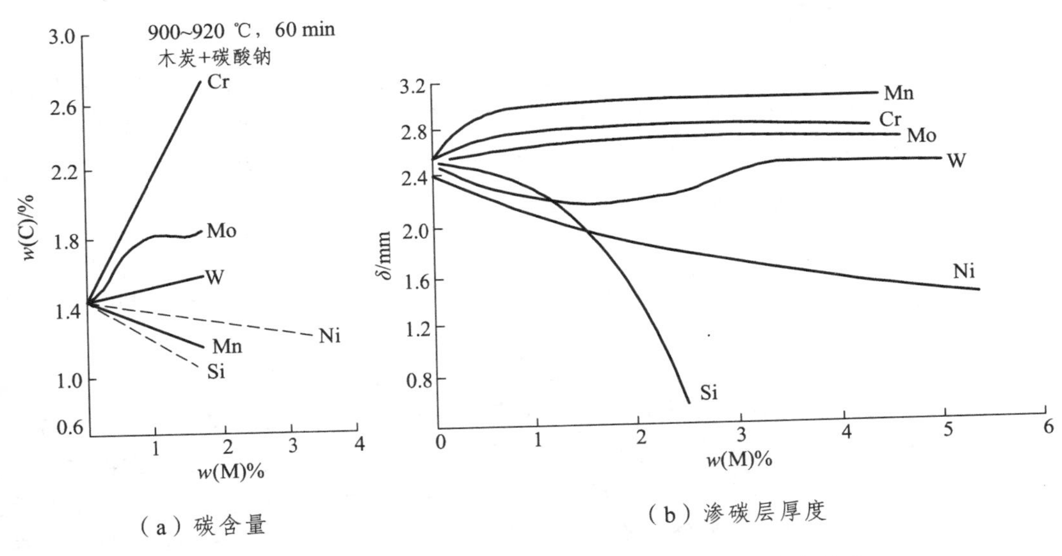

（a）碳含量　　（b）渗碳层厚度

图 3.9　合金元素对渗碳层表面碳含量和渗碳层厚度的影响

过高，将在渗碳层中产生许多块状碳化物，造成表面的脆性，所以碳化物形成元素和非碳化物形成元素在钢中的含量要适当。锰是一个较好的合金元素，它既可以加速渗碳层增厚，又不过多增高渗碳层含碳量；但锰在钢中有促进奥氏体晶粒长大的不利作用。尽管硅可强烈提高渗碳层的淬透性，抑制非马氏体组织的形成；但是硅与氧的亲和力比铬、锰高得多，硅在渗碳层中最容易导致内氧化形成“黑色网状组织”缺陷，使零件的接触疲劳寿命急剧降低。若 $w(Si) \leqslant 0.15\%$，可使 Cr-Mo 系钢的晶界氧化层从 15 ~ 20 μm，降低到小于 5 μm，而接触疲劳寿命提高一倍以上。因此，渗碳钢有降低硅含量的趋势[$w(Si) \leqslant 0.12\%$]。

3.8.1.2 渗碳钢钢种

根据淬透性的大小，常用的渗碳钢大致可以分为 4 类。

（1）碳素渗碳钢，如 15、20 钢。淬透性极低，一般只用于形状简单、强度要求不高的耐磨零件。

（2）低淬透性渗碳钢，如 20Cr、20MnV、20Mn2V 钢等。低淬透性渗碳钢具有一定的淬透性和心部强度，油冷时心部可得到贝氏体组织。

（3）中淬透性渗碳钢，如 20CrMn、20CrMnTi、20MnTiB、20MnVB 钢等。具有较高的淬透性和心部强度，其心部 R_m = 800 ~ 1 200 MPa。这类钢适合于制造心部强度要求较高的齿轮，是汽车、拖拉机、矿山机械制造中应用最广泛的渗碳钢。还有引进的德国牌号 20MnCr5 钢，相当于我国的 20CrMn 钢。这一类中的 20CrMnTi 钢在我国大量应用，国外则大量使用 20CrMnMo 钢。

（4）高淬透性渗碳钢，如 20Cr2Ni4、18Cr2Ni4WA 钢等。这类钢具有很高的淬透性，空冷即可淬硬，心部强度很高，抗拉强度可达到 1 200 MPa 以上。由于含有较多的镍，使得钢具有很好的韧性，特别是低温冲击韧性。高淬透性渗碳钢常用于制造截面较大的重载荷渗碳件，如坦克齿轮、飞机齿轮等。

3.8.1.3 渗碳钢的热处理

渗碳钢零件的热处理包括机械加工和渗碳前的预先热处理，渗碳及其以后的最终热处理。

对于低碳非合金钢制作的零件，可以在锻态装入渗碳炉进行渗碳处理。大多数合金渗碳钢的预先热处理是在 Ac_3 温度以上加热进行正火。正火的目的是细化晶粒，减轻带状组织的程度并调整好硬度，便于机械加工。经过正火后的钢材具有等轴状晶粒。而合金元素含量高的渗碳钢正火后得到马氏体组织，则必须在 Ac_1 以下温度进行高温回火，以获得回火索氏体组织，这样可使马氏体型钢的硬度由 380 ~ 550 HB 降低到 207 ~ 240 HB，以顺利地进行切削加工。

合金渗碳钢渗碳后的热处理工艺（最终热处理）一般是渗碳后直接淬火，再低温回火。图 3.10 即为 20CrMnTi 钢制齿轮的热处理工艺规范。该钢渗碳后出炉预冷到 875 °C 直接淬火；预冷过程中，渗碳层中析出部分二次渗碳体，降低了渗碳层的碳浓度，可以减少淬火后的残留奥氏体数量，同时可减轻淬火形变的程度；最后经低温回火。按这样的工艺处理后，20CrMnTi 钢表面渗碳层的组织为分布着碳化物的隐晶马氏体，耐磨性较高；心部具有较高的强度和韧性。

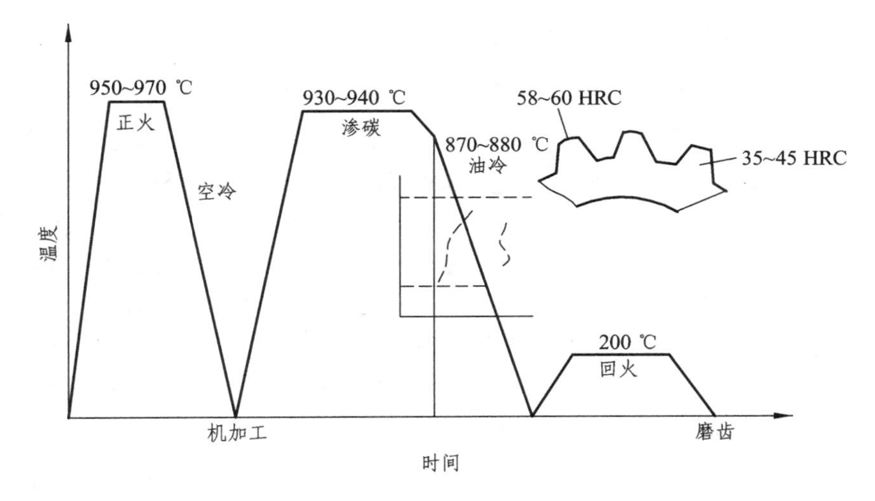

图 3.10 20CrMnTi 钢制齿轮热处理工艺规范

20Cr2Ni4 钢制齿轮热处理工艺规范如图 3.11 所示。这种钢由于含有较多的合金元素铬和镍，渗碳后表层的碳含量又很高，这样就导致了马氏体转变温度的大幅度下降。若渗碳后直接淬火，渗碳层中将保留大量的残留奥氏体，使表面硬度下降。为了减少残留奥氏体的数量，通常可以采用下面 3 种方法。

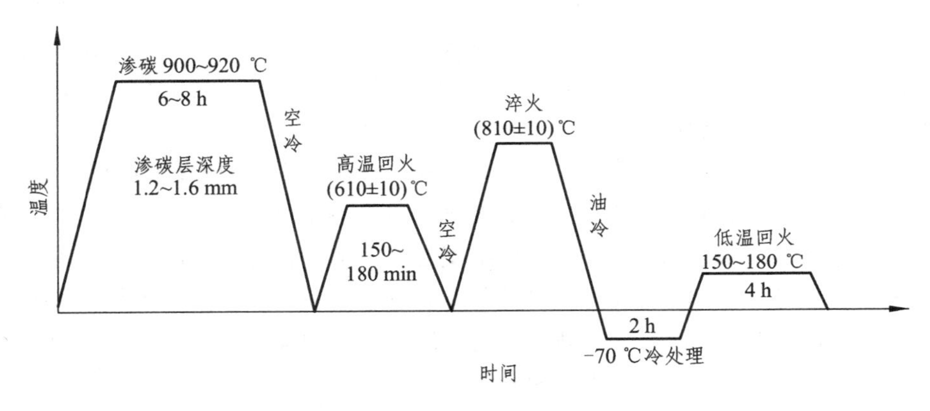

图 3.11 20Cr2Ni4 钢齿轮热处理工艺规范

（1）淬火至室温后立即深冷到 – 70 °C 进行冷处理，使残留奥氏体继续转变为马氏体。

（2）渗碳及正火后进行一次高温回火（600 ~ 620 °C），使碳化物从马氏体和残留奥氏体中进一步析出（高淬透性钢在正火时就可淬火形成马氏体），随后再加热到较低温度（ Ac_1 + 30 ~ 50 °C）淬火时，这些碳化物不再溶入奥氏体中，从而减少了奥氏体中的碳及合金元素的含量，使马氏体转变温度有所升高，淬火后残留奥氏体的数量就自然减少了。最后再进行低温回火，以消除内应力、稳定组织和稳定尺寸，并提高渗层的强度和韧性。这是生产实际中常用的方法。

（3）将上述两种减少奥氏体的方法同时采用，获得的效果更好。

另外，在渗碳后进行喷丸强化，也可以有效地使齿轮表层产生更大的残留压应力，有利于提高齿轮的疲劳抗力。

3.8.1.4 传统渗碳钢的不足与新型渗碳钢

过去生产的渗碳钢，不同炉次之间化学成分波动大。模铸生产还会因偏析造成同一钢锭的不同部位之间存在化学成分的差异。这些因素造成钢的淬透性带比较宽。用这种钢成批生产的齿轮淬硬层深浅不一，热处理后产生的形变程度也不一致，最终降低齿轮的尺寸精度。这样造成齿轮的啮合程度差，齿面受力不均匀，运行时振动大，噪音大，从而降低了齿轮寿命，并增大了能耗。因此，需要控制钢的淬透性波动范围，即限制淬透性带的宽度。这种钢就是保证淬透性钢，如 20CrMnTiH 钢，其 J9 = 30/42，J15 = 22/35。淬透性带的宽度越窄，离散度越小，越有利于齿轮的加工及提高其啮合精度。为了冶炼淬透性波动很小的这种渗碳钢，需要具有成分微调手段和精确预报淬透性的计算机模型。目前，国外先进水平生产的渗碳钢淬透性带宽的实测值≤6 HRC。

渗碳处理需要在 850 °C 以上的高温保温很长时间，通常为 8 h 左右。这种情况下，为了阻止钢的奥氏体晶粒长大，需要添加细化晶粒的元素钛到钢中。钛与钢中的碳、氮、硫、氧等都有较强的亲和力。一方面，钛与碳、氮结合形成碳氮化物细化晶粒；另一方面，钛与硫作用形成塑性比 MnS 低得多的 $Ti_4C_2S_2$，从而降低了 MnS 的有害作用，改善了钢的横向性能。但在渗碳齿轮钢中加入的钛，在炼钢过程中易于与氮结合形成 TiN，液态中析出的 TiN 呈方形的硬质点，在齿轮承受交变应力时，容易在 TiN 与基体的界面处产生位错塞积，形成大的应力集中。TiN 与基体的弹性模量不同，周围基体也会出现应力集中。两者叠加便在 TiN 的尖角处萌生早期裂纹，引起齿轮疲劳剥落，降低齿轮寿命。因此，国外许多重要用途的渗碳钢对钛含量作了严格的限制，如要求 $w(\mathrm{Ti})\leqslant 0.01\%$。还有采用氧化物冶金技术，用铝脱氧，通过形成极细的 Al_2O_3 质点细化晶粒，以避免单独添加钛而形成 TiN 夹杂物。

高温长时渗碳的另一大弊端是能耗高。为了降低能耗，必须缩短渗碳周期，因此提出了快速渗碳钢概念。渗碳处理时形成具有一定碳浓度的渗层深度 δ 与 $\sqrt{Dt}$ 成正比。为了缩短渗碳时间 t，就必须增大扩散系数 D；而 D 随温度增高而增大，且与温度呈指数关系。因此，提高渗碳温度可以显著缩短渗碳时间。但是，提高渗碳温度会导致奥氏体晶粒快速长大。如果在渗碳后通过正火来细化长大了的晶粒，则仍然没有达到降低能耗的效果。而且，高温渗碳还需要考虑渗碳设备的高温耐受能力和寿命等问题。人们对快速渗碳钢的研究曾经进行过多方面的努力。

提高钢的碳含量可以减少对渗入碳量的要求，从而可缩短渗碳周期。有研究认为，适当提高碳含量至 0.27% 最为合适，如超过 0.30% 则影响其韧性，尤其是低温韧性。同时，降低抑制渗碳元素的含量，如减少硅的含量较为有效。为了保证心部硬度，可以相应地增加锰含量。

适当添加提高淬透性的合金元素，可以有效地利用渗碳层深度。稍许增加钼含量便可以获得显著的效果，即为了获得相等的有效硬化层，增加钼含量后可以缩短渗碳时间。例如，在 0.27%C-0.6%Mn-0.6%Cr 钢中加入 0.15%～0.25% 的钼，缩短渗碳时间 20%。也有利用粗晶粒钢提高淬透性，从而减薄渗层后仍然能得到相等的硬化层；据报道，可节省渗碳时间 40% 左右。

开发为缩短渗碳时间而适应高温渗碳的细晶粒钢是快速渗碳钢的发展方向之一。

3.8.1.5 碳氮共渗用钢

作为表面强化工艺，碳氮共渗与渗碳相比具有较多的优点。可以采用心部碳含量较高的钢，渗层可以减薄 0.2 ~ 0.8 mm，从而缩短生产周期，节省能耗，提高生产效率。氮的渗入有利于提高渗层的淬透性。在较低的温度进行碳氮共渗，可以减轻零件的形变，缩短表面渗碳的时间。共渗层的硬度较高，耐磨性好，可以提高抗擦伤与抗咬合的性能，并改善耐腐蚀性。因此，有用碳氮共渗工艺代替渗碳工艺的趋势。

目前，碳氮共渗用钢大多沿用如上所述的渗碳钢，但对碳氮共渗钢而言还要更加注意表面残留奥氏体含量以及力求使碳和氮原子同时渗入等问题。通常碳氮共渗用钢常加入铬、钼、硼等元素而不用镍合金化，对锰含量也应加以限制。为了提高碳氮共渗温度而不降低氮的浓度，可加入 0.2% 的铝；因为铝能促进氮的渗入，并使碳氮共渗温度提高到 875 ~ 880 °C。典型的钢号为 20Cr2MoAlB。有的研究不主张采用铬含量较高的钢，因为碳氮化合物的析出，减少了固溶体中提高淬透性的元素，如铬、碳、氮的含量。而锰不会因析出化合物而影响淬透性。所以建议用 Mn-B 钢进行碳氮共渗比较合适。

3.8.2 氮化钢

广义地说，凡能通过氮化处理提高表面性能的钢统称为氮化钢，如调质钢、微合金非调质钢、低碳马氏体钢、工具钢、不锈钢、耐热钢、马氏体时效钢等。狭义而言是指专门为渗氮零件设计、冶炼、加工的一种特殊钢种，其典型代表为 38CrMoAlA 钢。

有些机械零件，如精密机床的主轴等，其服役条件为：在工作时载荷不大，基本上无冲击力；有摩擦，但比齿轮等零件的磨损轻；受交变的疲劳应力。对这一类零件的重要要求是能保持高的尺寸精度。因此，其性能要求与渗碳钢有所区别。显然，渗碳钢经渗碳处理后是不能满足高尺寸精度的要求。这类零件常常采用氮化钢经渗氮处理，可达到其性能要求。

氮化处理具有如下特点：① 氮化后不需要进行任何热处理即可得到非常高的表面硬度，所以耐磨性好，零件之间发生咬死和擦伤的倾向小；② 可显著提高零件的疲劳强度，改善缺口敏感性；③ 氮化层还具有抗水、油等介质腐蚀的能力，有一定的耐热性，在低于渗氮温度下受热可保持高的硬度；④ 氮化温度通常为 500 ~ 580 °C，这样低的温度处理后零件的形变量很小，热处理后的磨削加工量小，甚至可以不用磨削加工；⑤ 氮化前，零件要经过调质热处理，得到稳定的回火索氏体组织，保证使用过程中尺寸稳定；⑥ 生产周期长，成本高。

氮化处理提高零件耐磨性和疲劳强度的原因有这样几个方面。首先，表面形成高硬度的 γ'-Fe_4N 相或 ε 相（成分可变，介于 Fe_3N 和 Fe_2N 之间）；其次，渗入的氮原子与铬、钼、钨、钒、铝等合金元素在 α 相中形成合金氮化物，其尺寸在 5 nm 左右，并与基体共格，起着第二相强化的作用；再次，表面渗入氮原子后产生体积膨胀，因而形成残留压应力，能抵消外力作用产生的拉应力，不利于表面疲劳裂纹的产生。

氮化钢多为中碳含量的 Cr-Mo-Al 钢。钢中最有效的氮化元素是铝、铌、钒，其所形成的合金氮化物最稳定；其次是铬、钼、钨。合金元素对氮化层深度和表面硬度的影响如图 3.12 所示。非碳化物形成元素铝是特别为渗氮而加入的。不含铝时，形成的氮化层比较脆，容易剥落。要得到性能好的氮化层，钢中要含有 1% 左右的铝。铬、钼、锰元素提高钢的淬透性，以满足氮化前调质处理的要求。钼、钒元素使调质后的组织在较长时间氮化处理时保持稳定，也防止出现高温回火脆性。氮化钢的碳含量比渗碳钢的高，一方面是因为服役条件不同；另一方面是为了获得高的心部硬度，以支撑高硬度的表层，保证过渡区的硬度梯度平缓。

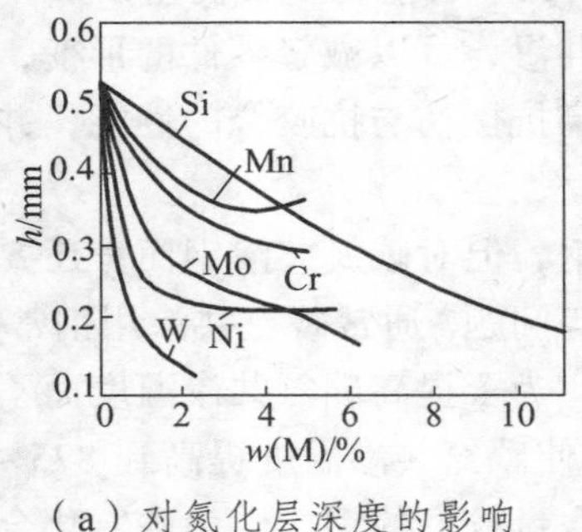

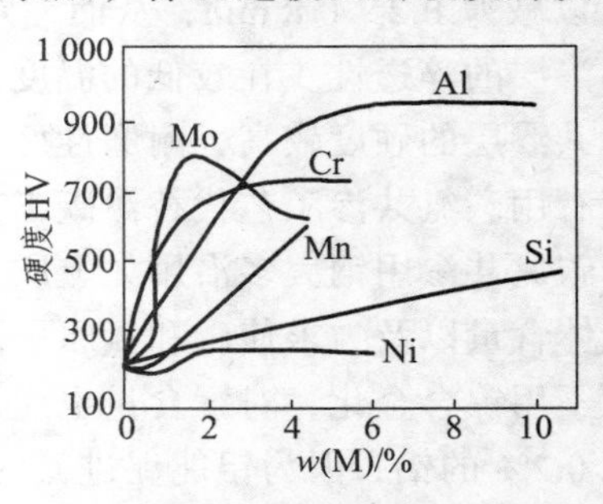

（a）对氮化层深度的影响　　（b）对表面硬度的影响

图 3.12　合金元素对氮化层深度和表面硬度的影响（550 °C 氮化 24 h）

要求高耐磨性的零件要有高硬度的表面氮化层，一般采用含有强氮化物形成元素铝的钢种，如 38CrMoAlA 钢。经调质和表面氮化处理后，38CrMoAlA 钢表面可获得最高的氮化层硬度，达到 900 ~ 1 200 HV。仅要求高疲劳强度的零件，可采用不含铝的 Cr-Mo 型氮化钢，如 35CrMo、40CrV 钢等，其氮化层的硬度控制在 500 ~ 800 HV。不同氮化钢经氮化后截面上硬度分布如图 3.13 所示。

典型的 38CrMoAlA 钢，要获得 0.5 mm 以上的渗氮层，渗氮时间一般都要在 50 h 以上。渗氮层深度主要取决于渗氮的温度和时间，温度越高、时间越长，渗层深度越深。但是以 38CrMoAlA 钢为例，提高温度超过 590 °C 时，表面硬度就显著下降。而延长时间，一则不经济，二则效果也随时间的延长而降低，以致不起作用。因此，进行了快速渗氮钢的研究。用钛进行合金化的氮化钢可以提高钢的氮化速率，减少氮化时间。在钢中加入钛可以保证在 650 °C 以上渗氮时获得高的表面硬度；复合加入镍，可在渗氮时形成 Ni_3Ti 金属间化合物而产生第二相强化，并强化了心部。经 650 °C，5 h 渗氮处理后可获得 0.5 mm 的渗层（测至硬度为 600 HV）。其典型代表是日本开发的 N6 钢（类似于我国 25MnCrMoAlNi4Ti3 钢），后来又发展了 N7 钢（类似于我国 25MoAlNi4V2 钢）。又如，30CrTi2、30CrTi2Ni3Al 钢可以在 600 °C 氮化 6 h，相当于 38CrMoAlA 钢在 510 °C 氮化 20 h 达到的 0.35 mm 以上的氮化层厚度。

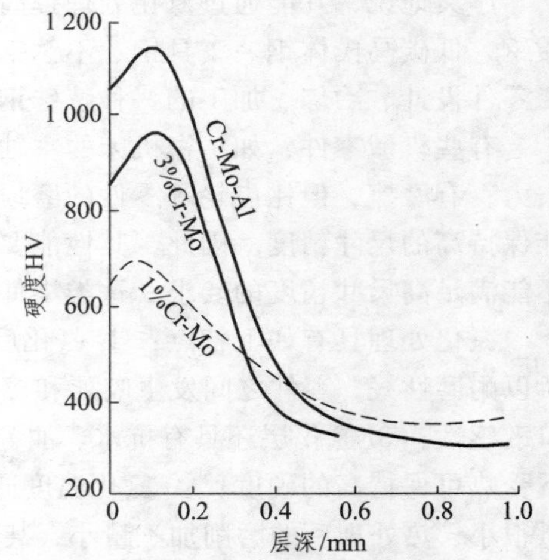

图 3.13　不同氮化钢氮化后截面上硬度分布曲线

减少铝含量，提高钒含量以及多元合金化，也可以缩短渗氮工艺过程。例如，在相同条件下进行渗氮时，25CrMoV、30Cr3NiVNbAl、25CrNiMoVZrAl、25CrNiMoNbAl 钢的有效渗氮层比标准渗氮钢深 30%，同时还可保证硬度及耐磨性。其耐磨性比标准渗氮钢提高 1.5 倍。

表 3.12 列出了一些快速渗氮钢的例子。

表 3.12 一些快速渗氮钢的例子

国家	钢号	化学成分/%						热处理	备注
		C	Cr	Mn	Al	Mo	其他		
日本	N6	0.20～0.30	1.00～1.40	0.50～1.00	0.10～0.20	0.20～0.30	Ti：2.50～3.00 Ni：3.20～3.80	900 °C 固溶处理，水冷；650 °C 渗氮 6 h，氨分解率 75%	心部力学性能：R_{eL} = 490 MPa；R_m = 735 MPa；KV = 24 J
	N7	0.20～0.30	0.30～0.60	0.30～0.60	0.90～1.00	0.20～0.30	Ni：3.20～3.80 V：1.80～2.30	—	—
苏联	30CrTi2Ni3Al	0.29	1.27	0.58	0.8	—	Ni：3.8 Ti：2.1	—	试验用钢成分，供参考
中国	35MnMoAlV	0.34～0.40	—	1.60～1.80	0.95～1.35	0.15～0.25	V：0.45～0.62	—	—

零件氮化前的调质处理可获得回火索氏体组织，这种细小均匀的组织有利于氮原子的扩散，促进氮化过程的进行。这种调质处理对零件表层属于预备热处理，而对零件心部属于最终热处理，因为它赋予零件心部在服役状态的高强度和塑性良好配合的综合力学性能。

3.9 滚动轴承钢

滚动轴承是绝大多数传动机械中不可缺少的重要零件。滚动轴承钢主要用于制造滚动轴承的滚动体和套圈。滚动轴承的工作条件极为复杂，承受着各类高的交变应力，如拉应力、压应力、切应力、接触应力以及摩擦力。

从理论上讲，滚珠轴承的滚动体和套圈呈点接触，滚柱轴承的滚动体和套圈呈线接触。但是，轴承实际工作时，因负荷的作用而产生弹性形变，使应力高度集中在一个极小的面积上。据计算，最大的接触应力高达 5 000 MPa。

轴承工作时，滚珠内部各点都承受一定的应力。粗略地说，靠近滚珠接触的地方，材料处于三向压缩状态，而在“赤道”位置（以接触点为南北极）材料却承受着最大的张应力。滚动体在运转过程中，接触面也在不断地改变，由此导致滚珠各部位出现复杂的交变应力。

滚动体除受到外加负荷外，还受到由于离心力所引起的负荷，这个负荷随着轴承转速的提高而增加。在运转过程中，滚珠和套圈滚道之间不仅有滚动，而且还有滑动，因此相互之间的接触表面会产生摩擦。滚动体和套圈还受到含有水分或杂质的润滑油的化学侵蚀。此外，在各种车辆、轧钢机及采掘机械上的轴承，工作时承受很大的冲击负荷和振动作用。有的轴承还需要在高温或低温条件下工作。在上述几种因素的综合作用下，轴承运转相当时间后发生破坏。破坏的主要形式有两种：一种是接触疲劳破坏，在高的接触应力作用下，经过多次应力循环后，其工作面局部区域产生剥落凹坑，使轴承工作时噪声增大，振动增强，温度升高，磨损加剧，导致轴承不能正常运转；另一种是由相对滑动引起的磨损破坏。滚动轴承正常破坏形式通常是疲劳剥落。

基于对轴承的工作条件和破坏情况的分析，对轴承钢的性能有下列要求：① 轴承钢经热处理后必须具有高而均匀的硬度（一般轴承的硬度要求为 61 ~ 65 HRC），高的耐磨性；② 高的屈服强度和抗压强度，防止在高载荷作用下轴承发生塑性形变，甚至破溃；③ 高的接触疲劳强度，以保证轴承的正常使用寿命；④ 一定的韧性，防止轴承在承受冲击载荷作用下发生破坏；⑤ 良好的尺寸稳定性，防止轴承在长期存放或使用中因尺寸变化而降低精度；⑥ 一定的耐蚀性，在大气和润滑剂中应不易被腐蚀生锈，保持表面的光泽；⑦ 良好的工艺性能，如热成型性能、切削性能、磨削性能、热处理工艺性能等，以便适应大批量生产；⑧ 对于在特殊工作条件下的轴承尚有不同的要求，如耐高温、高的低温韧性、不锈耐蚀性、耐冲击、防磁、抗辐照损伤等。

轴承的接触疲劳寿命对钢的组织和性质的不均匀性特别敏感。因此，对使用状态下的组织和原始组织提出了一系列要求。轴承钢使用状态下的组织应是在回火马氏体基体上均匀分布有细颗粒的碳化物加上少量的残留奥氏体，这样的组织能赋予轴承钢所需要的力学性能。对原始组织的要求主要有两方面：一是纯净，指钢中杂质元素和夹杂物含量要少；二是组织均匀，指钢中非金属夹杂物和碳化物应当细小分散和分布均匀。因此，钢的纯净度和组织均匀度是轴承钢冶金质量的两个主要问题。

轴承钢分为高碳铬轴承钢（即全淬透型轴承钢）、渗碳轴承钢（即表面硬化型轴承钢）、不锈耐蚀轴承钢和高温轴承钢四大类。此外，近年来出现了用于汽车轮毂轴承单元的碳素轴承钢。下面主要阐述高碳铬轴承钢。

3.9.1 轴承钢中的非金属夹杂物

3.9.1.1 轴承钢中的非金属夹杂物的分类

钢中夹杂物按来源可分为外来夹杂物和内生夹杂物。

（1）外来夹杂物。由于炉衬、包衬和浇铸系统的耐火材料，炉渣等在冶炼、出钢、浇铸等过程中进入钢液并滞留其中而造成的。外来夹杂物的特征一般是外形不规则，尺寸较大，数量不多，分布集中。

（2）内生夹杂物。一是脱氧反应的产物；其大部分上浮进入渣中，尚有少部分来不及上浮排出而残留在钢中。其次，钢液在凝固过程中，由于温度降低，氧和硫在钢液中及固态钢中溶解度降低，因而不断从钢中沉淀出氧化物和硫化物。此外，在熔炼及出钢浇铸过程中，钢液要吸收大气中的氮而形成氮化物，有部分来不及排出而保留在钢中。内生夹杂物的分布比较均匀，尺寸较小。

按化学成分可以分为以下 5 类：

（1）简单氧化物，如 Al_2O_3（刚玉）、SiO_2 等。Al_2O_3（刚玉）具有高硬度和高熔点（2 050 °C），无塑性，在钢进行热加工时不形变，呈点链状分布，颗粒大，都具有规则的外形，但也有边缘圆钝的。刚玉抛光性不好，反射本领低，在明场下呈暗灰带蓝紫色。

（2）复杂氧化物，包括尖晶石类夹杂物和各种钙的铝酸盐等。尖晶石类氧化物通常用化学式 $AO \cdot B_2O_3$ 表示，这里 A 是二价金属，如镁、锰、铁等；B 为三价金属，如铬、铝等。尖晶石类夹杂物是一大类氧化物，如 $MnO \cdot Al_2O_3$、$FeO \cdot Al_2O_3$、$FeO \cdot Cr_2O_3$、$MgO \cdot Al_2O_3$

等。钙的铝酸盐不具有尖晶石型结构，所以不属于尖晶石型氧化物，如 $CaO \cdot 2Al_2O_3$、$CaO \cdot 6Al_2O_3$ 等。

（3）硅酸盐或硅酸盐玻璃，如 $l\mathrm{FeO} \cdot m\mathrm{MnO} \cdot n\mathrm{Al_2O_3} \cdot p\mathrm{SiO_2}$。它们的成分复杂，往往是多相的。依硅酸盐的成分，特别是其中 SiO_2 含量的不同，硅酸盐塑性形变能力有很大的差异，它可以是塑性、半塑性及球状不形变的，其中 SiO_2 含量越低，塑性越好。一般硅酸盐夹杂物的尺寸都比较大，反光能力低，在明场下呈暗黑色。

（4）硫化物，如 MnS、FeS、CaS 等。硫化物在显微镜下呈浅灰色，稍微透明的条带状。

（5）氮化物，如 TiN、AlN 等。这种夹杂物熔点高（TiN 为 2 950 °C），硬而脆。在显微镜下多呈规则的几何形状，颜色从淡黄色到玫瑰色。

按热形变能力可以分为以下 4 类：

（1）脆性夹杂物。一般指那些不具有塑性的氧化物和氮化物等。

（2）塑性夹杂物。这类夹杂物在热形变温度下具有良好的塑性。在钢材中一般沿轧向呈连续的条带状分布。

（3）球状不形变夹杂物。属于这类夹杂物的有石英玻璃、钙的铝酸盐玻璃等。

（4）半塑性夹杂物。指各种复相的铝硅酸盐夹杂。

按 GB/T 18254—2002《高碳铬轴承钢》的规定，轴承钢非金属夹杂物的检验分为以下 4 类，且每一类按其尺寸分为细系和粗系。

（1）A 类，硫化物类。具有高的延展性，有较宽范围形态比（长度/宽度）的单个灰色夹杂物，一般端部呈圆角。细系、粗系的厚度分别为 ~ 0.4 mm 和 ~ 0.6 mm。

（2）B 类，氧化铝类。大多数没有形变，带角的，形态比小（一般 < 3），黑色或带蓝色的颗粒，沿轧制方向排成一行（至少有 3 个颗粒）。细系、粗系的厚度分别为 ~ 0.9 mm 和 ~ 1.5 mm。

（3）C 类，硅酸盐类。具有高的延展性，有较宽范围形态比（一般≥3）的单个呈黑色或深灰色夹杂物，一般端部呈锐角。细系、粗系的厚度分别为 ~ 0.5 mm 和 ~ 0.9 mm。

（4）D 类，点状不变形夹杂物。不变形，带角或圆形的，形态比小（一般 < 3），黑色或带蓝色的，无规则分布的颗粒。细系、粗系的直径分别为 ~ 0.8 和 ~ 1.2mm。

3.9.1.2 非金属夹杂物对轴承钢疲劳寿命的影响

非金属夹杂物对轴承钢疲劳寿命有十分显著的影响。轴承钢中的非金属夹杂物分割了钢的基体，破坏了其连续性，并产生应力集中，成为轴承疲劳剥落的裂纹源。钢在压力加工过程中或零件热处理加热时，以及运行过程中温度升高时，由于金属和夹杂物的热膨胀系数不同，在夹杂物和金属中产生符号相反的微观应力。金属和夹杂物之间的弹性模量差也是产生应力集中的一个原因。夹杂物降低轴承的疲劳寿命的危害程度与夹杂物的数量和性质密切相关，还与夹杂物的大小、形状和分布状态有关。但并不是说夹杂物数量多，疲劳寿命就一定低，还必须联系其他影响因素综合考虑。如果在同样尺寸的条件下比较，刚玉比点状夹杂危害大；但是点状夹杂的直径往往比刚玉的尺寸大，所以点状夹杂危害程度更大。其次是半塑性夹杂物，塑性硅酸盐危害较小。

许多研究者指出，当脆性氧化物被硫化物包围形成共生夹杂物时，脆性氧化物的有害作用将减小。对不同硫含量（0.017%、0.027%、0.055%、0.127%）的 GCr15 钢接触疲劳寿命试验研究表明，当 $w(\mathrm{S}) < 0.055\%$ 时，接触疲劳寿命随着钢中硫含量的增加而提高，$w(\mathrm{S}) =$

0.055% 时达到最高，为 $w(S) = 0.017\%$ 时的 3 倍。硫化物夹杂的数量和级别随着钢中硫含量的提高而增大，而且往往以硫化物-氧化物共生夹杂物的形式出现，减轻了脆性夹杂物（如氧化物等）对接触疲劳寿命的不利影响。但当 $w(S) = 0.127\%$ 时，疲劳寿命又有所降低。不过这是在氧含量比较高（约 30×10^{-6}）的钢中进行的试验。日本学者峰谷雄等认为，钢中硫、氧的含量如果能满足如下关系式，轴承的寿命最高：

$$(0.21\sqrt{w[O]} - 0.003) \leqslant w(S) \leqslant (0.21\sqrt{w([O])} + 0.007) \tag{3-2}$$

过高的硫含量产生大量单个的 MnS 夹杂，破坏了钢的连续性。而过低的硫含量，钢中则生成孤立的氧化物夹杂（如 Al_2O_3），线膨胀系数小，严重降低了轴承的疲劳寿命。因为，被 MnS 包围的复合氧化物夹杂比孤立的氧化物危害要小，硫化物形成缓冲层，使切向和径向应力大为减小，提高了轴承的疲劳寿命。可以根据钢中氧含量来调节硫含量，以抵消氧化物对轴承疲劳寿命的有害影响。

总之，为提高轴承的疲劳寿命，不仅应降低钢中杂质元素和夹杂物的总量，而且必须注意控制夹杂物的类型、大小、形态和分布。理想的情况应该是夹杂物细、少，塑性好，呈细条状均匀分布。

3.9.2 轴承钢的碳化物不均匀性

轴承钢要获得良好的显微组织，从而获得高的疲劳寿命，还需要控制原始组织中的碳化物，使其颗粒细小、大小匀称、分布均匀。为此不仅需要严格控制球化退火工艺，还需要控制退火前的组织，尽可能消除网状碳化物、带状碳化物和液析碳化物等不均匀性；否则优良的球化组织就无法得到。

3.9.2.1 网状碳化物

轴承钢属于过共析钢，在轧制或锻造之后的冷却过程中，由于碳在奥氏体中溶解度降低，过饱和的碳以碳化物的形态沿奥氏体晶界呈网状析出，随后的退火不能完全把它消除。保留在轴承钢中的网状碳化物明显地增加了零件的脆性，降低了承受冲击载荷的强度。在动载荷的作用下，零件易沿晶界破坏。网状碳化物还增加了零件淬火开裂倾向。因此，轴承钢中的网状碳化物必须控制在允许范围以内。

为了避免出现网状碳化物，可采用控制轧制工艺，将终轧温度控制在 Ar_{cm} 和 Ar_1 之间，使网状碳化物被破碎，得到未再结晶的奥氏体晶粒。轧后在 850 ~ 700 °C 快冷，如采用喷雾、穿水圈、跑水槽和浸水等，可以防止网状碳化物的析出。在 700 °C 之后改为缓冷，以防止白点的形成。冷却后得到细小的索氏体组织，为球化退火创造良好的原始组织。

对于已经形成了粗厚网状碳化物的轴承钢，可以采用正火来消除。正火时，须注意加热温度和冷却速度。加热温度太低起不到破除网状碳化物的作用。GCr15 钢破除网状碳化物的合适加热温度一般为 870 °C 左右。冷却时先用快冷，冷至 600 °C 再转为空冷。通过正火虽然可以改善网状碳化物的级别，但可能会带来碳化物颗粒不均匀，出现粗大的碳化物颗粒。这是因为钢在加热时，碳化物未完全溶解，未溶解的碳化物在保温过程中发生聚集长大，并在随后球化退火时进一步继续长大，从而形成粗大的碳化物颗粒。因此，在轧制或锻造过程中防止网状碳化物析出有重要意义。这样可以不用正火而直接进行球化退火；既简化了工艺过程，又有助于提高球化退火组织的质量。

3.9.2.2 带状碳化物

带状碳化物是钢液凝固时形成的枝晶偏析而引起的，在各枝晶之间，同时也在枝晶的二次轴之间富集碳和铬，从而引起成分和组织的不均匀性。钢经热形变时，这些富碳、富铬的区域沿轧制方向被延伸，结果在钢材中就形成了带状碳化物。

钢材中存在严重的带状碳化物对钢的组织、力学性能和疲劳寿命均带来不利的影响。主要表现为：钢在退火时不易获得均匀的球化组织，在带间贫碳区形成片状珠光体（或球化不完全），而带上聚集较多的碳化物颗粒。由于带间贫碳区和带上富碳区适宜的淬火温度不一样，造成淬火组织和硬度不均匀。在正常淬火温度下，贫碳区易过热，得到片状马氏体+残留奥氏体；而富碳区由于碳化物颗粒粗大，难于溶解，因而奥氏体中固溶碳和合金元素少，淬火时出现屈氏体。具有带状碳化物的钢材力学性能呈现各向异性，纵向性能高于横向，并且带上和带间性能亦不一致。研究疲劳破坏与流线的关系时发现，疲劳剥落坑大部分位于滚道方向与流线交叉成一定角度的地方。因此，合理利用流线的分布，排除带状组织带来的不利影响，对提高轴承寿命有很大的意义。带状碳化物显著降低轴承的疲劳寿命，如带状碳化物级别由 0.5 级提高到 1.5 ~ 2.0 级，使轴承寿命降低约 1/3。带状碳化物还增加淬火形变、开裂倾向，降低了零件表面的光洁度。

避免或消除带状碳化物的措施与下面提到的消除或改善液析碳化物的措施基本相同。

3.9.2.3 液析碳化物

钢液在凝固时产生了严重的枝晶偏析，使局部地区碳和铬浓度增高，达到了形成共晶成分的条件。当共晶液体量很少时，因不平衡结晶而产生离异共晶，粗大的共晶碳化物从共晶组织中离异出来，如图 3.14 所示。经轧制后它被拉成条带状。由于这种碳化物是由液态共晶反应形成的，故称为液析碳化物。它和带状碳化物一样，都是由枝晶偏析引起的。当偏析程度轻时只出现带状碳化物，而偏析程度严重使钢液成分达到共晶成分时，就会同时出现液析碳化物和带状碳化物。但是，两者形成的方式不同，前者是从液体中形成的共晶碳化物；后者是从奥氏体中析出的二次碳化物。用 X 衍射分析表明，液析碳化物由$(Fe, Cr)_3C$ 加少量$(Fe, Cr)_7C_3$ 组成。液析碳化物尺寸大、硬度高、脆性大，暴露在工作表面容易引起剥落，加速了轴承的磨损。巨大碳化物内部的晶界或者微裂纹是薄弱地带，往往成为疲劳裂纹的发源地，从而降低了轴承的使用寿命，同时还增大了零件淬火开裂倾向，造成淬火硬度的不均匀和力学性能的方向性。因此，对液析碳化物要严格控制。

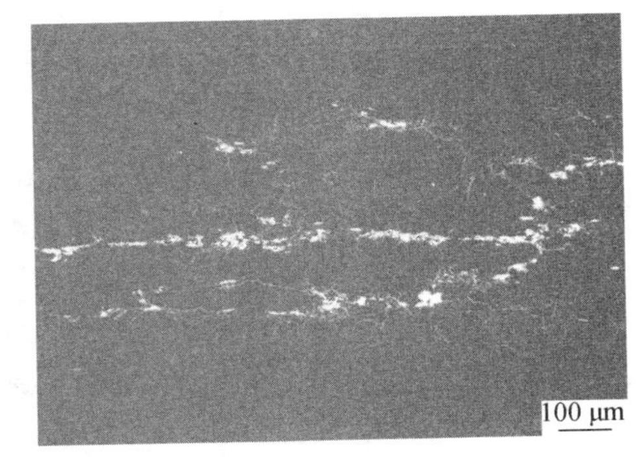

图 3.14 GCr15 钢中的液析碳化物

为消除或改善液析碳化物，生产上采取以下措施：

（1）控制钢中铬含量和碳含量在中下限。钢中加入少量钒也可以减少液析碳化物。

（2）改进浇铸工艺和选择合理锭型。选用合适的浇铸温度和高的凝固速度可减少偏析。

采用扁锭或急冷（包括连铸）也有效果。

（3）采取较大的锻压比以破碎大的碳化物，使成分偏析在成材过程中通过多次加热和形变得到充分的扩散，以改善液析碳化物级别。

（4）通过扩散退火可以消除液析碳化物和改善带状碳化物级别。扩散退火要加热到高温（1 150 ~ 1 250 °C），并长时间保温，通过高温扩散改善偏析，使成分逐步均匀化。由于铬的扩散系数比碳小 4 ~ 5 个数量级，要达到铬的均匀化很困难，铬的浓度不均匀，则碳的浓度也很难均匀。含铬高处，A_{cm} 温度也高，冷却时先析出二次碳化物，且易聚集长大，这种重新聚集现象也就是形成带状组织中粗大碳化物的过程，即碳化物不均匀性从一种形式转为另一种形式。为了避免这种现象，扩散退火须充分，尽可能使铬扩散均匀化。

3.9.2.4 大颗粒碳化物

在正火消除网状碳化物时加热未溶解的碳化物颗粒，在正火保温和随后退火时继续长大而形成大颗粒碳化物。

为了消除大颗粒碳化物，最好取消正火。对尺寸较小的钢材是可行的。但是大规格的钢材因取消正火而没有消除网状碳化物，为此必须采取相应的措施来避免出现网状碳化物。

3.9.3 轴承钢的合金化

轴承钢为了获得所要求的组织，其化学成分特点为：

（1）高碳。轴承钢的 $w(C)$一般控制在 0.95% ~ 1.05%，以保证淬火后达到最大的硬度值，同时获得一定数量的碳化物，以提高耐磨性。

（2）铬作为轴承钢的基本合金元素，$w(Cr)$一般控制在 1.65% 以下。铬的主要作用是提高淬透性，使淬火后的组织和硬度均匀。铬溶于渗碳体中形成较稳定的合金渗碳体，其在淬火加热时溶解较慢，可减小过热倾向；并以细小颗粒均匀分布在基体上，有利于提高耐磨性。铬能减缓加热时表面脱碳的速率。铬还可提高低温回火时的回火稳定性。但过高的铬含量会增加残留奥氏体量，降低硬度和尺寸稳定性，同时还会使液析碳化物、带状碳化物等碳化物的不均匀性增大。铬还能提高钢抵抗水、润滑油腐蚀的能力。用于小尺寸，质量要求不高的轴承，$w(Cr)$为 0.40% 左右。

（3）加入钼、锰、硅、钒等合金元素，进一步提高淬透性，用以制造大型轴承。这些元素也能提高回火稳定性。适量的硅（0.45% ~ 0.85%）还能明显提高钢的强度和弹性极限，而不降低韧性。钒一部分溶于奥氏体，提高淬透性；另一部分以 VC 形式存在，提高钢的耐磨性并防止过热；少量的钒可减少液析碳化物。加入硅和锰可降低网状碳化物的级别；如同一规格的钢材，GCr15SiMn 钢比 GCr15 钢的网状碳化物级别要低。

（4）严格控制杂质元素。磷、硫在轴承钢中也和其他的优质钢一样被视为有害元素，硫的作用在前面已经作了叙述，而磷会导致钢在凝固时产生严重的偏析，固溶于 α 相中的磷增加了钢的冷脆性。铜的存在使钢加热时容易形成表面裂纹，还会引起时效强化，影响轴承精度。高碳轴承钢中作为残存元素的镍主要是增加淬火后残留奥氏体量，降低硬度。钛在高碳轴承钢中被视为有害元素，它多以 TiN、Ti(C，N)的形式存在，硬度高，呈棱角状，严重影响了轴承疲劳寿命；这种钛的化合物还影响轴承的表面粗糙度。砷、锡、铅、锑、铋等痕量有害元素会导致轴承表面出现软点，硬度不均，其含量必须加以限制。钢中的气体元素氮、氢、氧也应该限制在极低的含量水平。

在 GB/T 18254—2002《高碳铬轴承钢》中规定的牌号有：GCr4、GCr15、GCr15SiMn、GCr15SiMo、GCr18Mo 钢。这 5 个牌号中 GCr15 钢的用量最大。高碳铬轴承钢属于优质钢，且冶炼时应该采用真空脱气处理。对于一些质量要求严格的轴承钢，还需要用电渣重熔方法来生产。

3.9.4 轴承钢的热处理

3.9.4.1 球化退火

球化退火的目的是获得碳化物颗粒细小、均匀分布的球化组织，为轴承钢的淬火作好原始组织准备。高碳铬轴承钢的 Ac_1 为 735 ~ 765 °C，其球化退火加热温度为 780 ~ 800 °C。在此温度加热、保温后，索氏体中片层状碳化物已断开，残存一定量细小未溶碳化物质点，作为冷却时碳化物非均匀形核的核心，而且奥氏体的成分不均匀，这就有利于获得良好的球化组织。轴承钢常用的球化退火工艺有一般球化退火和等温球化退火，如图 3.15 所示。图 3.16 为 GCr15 钢球化退火的组织。

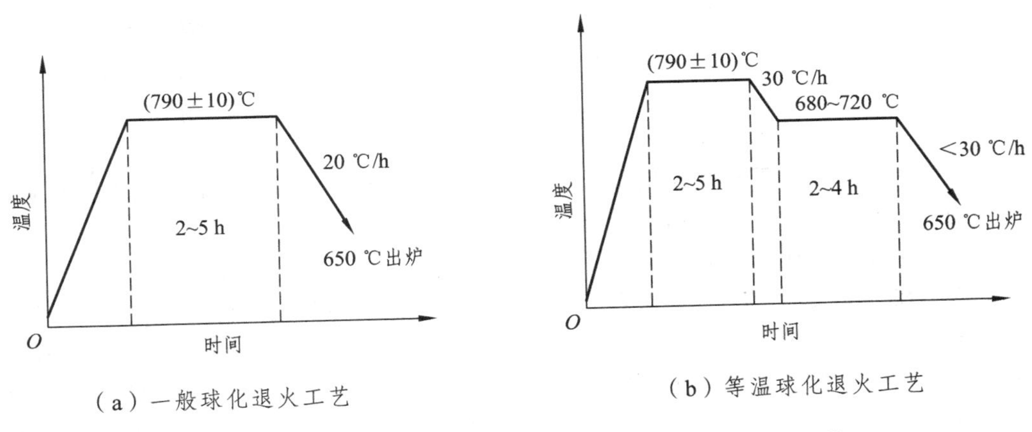

（a）一般球化退火工艺　　（b）等温球化退火工艺

图 3.15　GCr15 钢一般球化退火工艺和等温球化退火工艺

适用于轴承钢的另外一种球化退火工艺是高温形变球化退火。这种工艺将热形变与球化退火工艺结合在一起，节省了能耗，降低了生产成本。这种工艺的曲线如图 3.17 所示，它将轴承钢的轧制或锻造终止形变温度降低至 750 ~ 780 °C，并且经受较大的形变量；然后再以 30 ~ 50 °C/h 的冷却速率冷至 650 °C 后空冷，或者在炉中缓慢冷却至 600 °C 左右出炉空冷。轴承钢在 Ar_{cm} 温度以下形变时，已析出的碳化物生产滑移，同时其内部产生大量的空位、位错、亚晶界等晶体缺陷，这些晶体缺陷的聚合导致碳化物迅速破断，同时这些晶体缺陷的存在加速了碳和合金元素的扩散，促进了球化过程。它是极为有效的快速球化退火工艺，比普通球化退火快 15 ~ 20 倍；还使碳化物平均尺寸细化到 0.2 ~ 0.5 μm，且尺寸均匀性和圆正度明显改善，退火态晶粒尺寸明显细化，从而使轴承的疲劳寿命和可靠性显著提高。

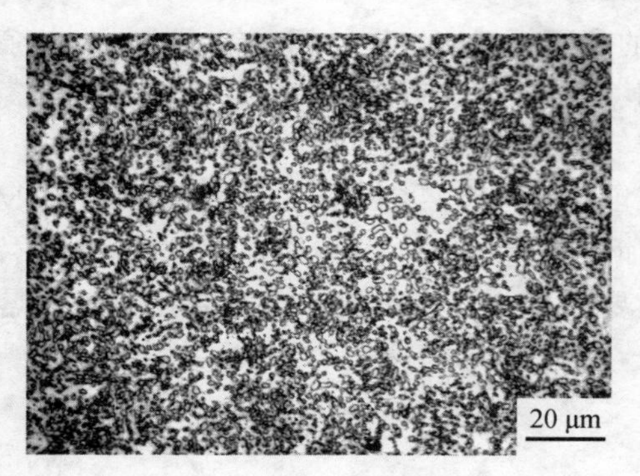

图 3.16 GCr15 钢球化退火的组织

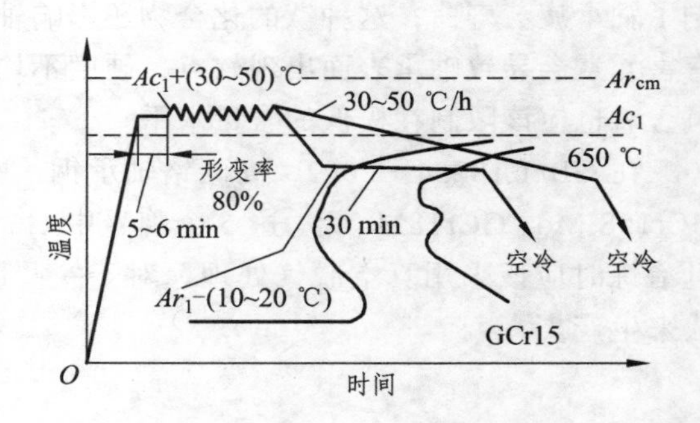

图 3.17 GCr15 钢的高温形变球化退火工艺

3.9.4.2 正 火

正火是为了消除网状碳化物或者返修退火不合格品。

由于正火目的和其原始组织的不同，正火采用的温度也有所不同。为了消除粗大的网状碳化物，采用 930 ~ 950 °C。消除细的网状碳化物或返修退火不合格品采用 850 ~ 870 °C。保温时间为 30 ~ 50 min。正火时冷却速度很重要，冷却速度不够快，不但不能消除网状碳化物，反而会再次析出网状碳化物。因此，在 Ar_{cm} ~ Ar_1 温度快冷，冷速不得小于 50 °C/min。正火温度越高，析出网状碳化物的倾向越大，冷却速度也需相应地增大。根据锻轧件尺寸的大小，分别选用空冷、风冷、喷雾、浸油或浸水等方式冷却。浸水时间要很好地控制，在水中冷至一定时间后取出空冷，并立即退火，以防开裂。

3.9.4.3 淬 火

轴承钢的淬火加热应获得细小的奥氏体晶粒（5 ~ 6 级），快冷之后得到隐晶马氏体加上均匀分布的细粒碳化物及少量残留奥氏体。

淬火加热时应防止脱碳，否则会降低轴承的耐磨性和接触疲劳寿命。

GCr15 钢在 840 °C 加热淬火，能得到最高的硬度、弯曲疲劳强度和冲击韧度。如淬火温度过高，未溶碳化物过少，马氏体组织粗大，残留奥氏体增多。如淬火温度过低，未溶解碳化物数量过多，由于奥氏体中合金浓度低，造成淬火组织中出现非马氏体组织——屈氏体，同时马氏体中碳含量偏低，使零件强度和疲劳寿命降低。经油淬后，马氏体中固溶的碳含量一般为 0.5% ~ 0.6%，碳化物的体积分数为 7% ~ 8%，残留奥氏体数量为 5% ~ 8%，硬度为 63 ~ 66 HRC。

通常尺寸较小的轴承零件在油中冷却，直径大于 12.5 mm 的钢球在浓度为 8% ~ 27% 的苏打水中冷却，水温控制在 15 ~ 40 °C。钢球在水中淬火容易产生软点，这是淬火时由气泡引起的。生产上采用苏打溶液淬火对减少软点有利。搅拌冷却介质或振动零件也可以减少软点。

3.9.4.4 淬火后的回火

轴承钢淬火后要及时回火，以消除淬火应力，提高组织和尺寸的稳定性，并提高综合力学性能。GCr15 钢回火后的组织为在隐晶回火马氏体（体积分数为 ~ 80%）基体上均匀地分布着细小的碳化物颗粒以及少量残留奥氏体，如图 3.18 所示；硬度为 62 ~ 66 HRC。最合适的回火温度为 150 ~ 170 °C，一般轴承零件的回火时间均大于 2.5 h。

3.9.4.5 稳定化处理

对尺寸精度要求高的精密轴承，一般的淬火低温回火不能满足要求，必须进行稳定化处理。影响零件尺寸稳定性的主要因素是钢中的组织和内应力状态。淬火马氏体和残留奥氏体是引起零件尺寸变化的内因。

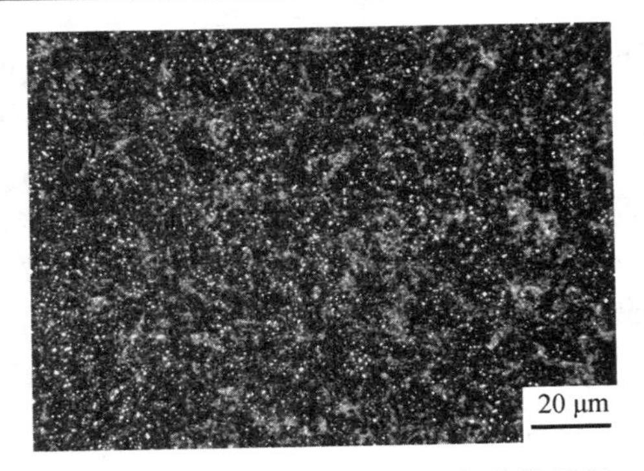

图 3.18 GCr15 钢淬火 + 回火后的组织

减少残留奥氏体可以采用冷处理或提高回火温度。冷处理温度在 – 40 ~ – 70 °C 之间选择。比 – 70 °C 更低的温度对减少残留奥氏体的效果并不明显。冷处理应该是连续而缓慢的。室温停留将引起残留奥氏体的稳定化，使 *Ms* 点降低，减弱冷处理的效果。均温 1.0 ~ 1.5 h 后又缓慢升温至室温。

有采用将回火温度提高至 180 ~ 250 °C 代替冷处理的。这样既简化了工序，提高了生产效率，又能保证尺寸稳定性，但是轴承的硬度将降低。

轴承零件磨削加工中，又将产生磨削应力，因此，在磨削后要进行回火，生产上称为附加回火。

3.10 弹簧钢

弹簧是机器上的重要零部件，其主要作用是储存能量、减振和缓冲，此外还起着联接、支撑、密封、传动等作用。弹簧可分为板簧和螺旋弹簧两种。螺旋弹簧又可分为压力、拉力、扭力弹簧 3 种。按照生产制造过程，弹簧大体上分为热成型弹簧和冷成型弹簧两大类。

热成型弹簧一般用于制造形状复杂的大型弹簧；如汽车，拖拉机，铁路机车、车辆的钢板弹簧、螺旋弹簧和扭转弹簧。所用钢材包括线材和棒材（圆钢、方钢和扁钢），其规格较大，常以热轧状态供货，少数为冷拉或退火状态供货。

冷成型弹簧在冷成型前，钢已经处于强化状态，故只能用于制作小型弹簧。因此，这类钢材规格较小，多以直径为 0.1 ~ 8 mm 的钢丝和厚度为 0.1 ~ 1 mm 的钢带供货。

弹簧是在动载荷条件下服役的，承受周期性的弯曲、扭转等交变应力的作用，以及振动、冲击载荷的作用。弹簧的主要失效形式为疲劳断裂和弹性减退（或弹性松弛）。弹性减退是指弹簧在静载荷或动载荷的作用下，在室温发生塑性形变和弹性模量降低的现象。对弹簧的使用性能要求是要有高的弹性极限、高的屈强比和高的弹性减退抗力，以利用弹性形变吸收和释放能量；还要求足够的塑性和韧性，达到高的疲劳强度，以避免疲劳断裂和冲击脆断。在某些特殊条件下，还要求弹簧具有导电、无磁、耐高温、耐腐蚀等方面的性能。在工艺性能方面，用作热成型的弹簧钢应该具有良好的热处理工艺性能，如足够的淬透性、低的表面脱碳倾向、低的过热敏感性等；而用作冷成型的弹簧钢还要求有良好的塑性。

中、高碳钢的淬火马氏体经中温回火后得到回火屈氏体组织。它由 α 相基体和其上分布着的细小渗碳体颗粒组成。α 相是由马氏体分解产生的，且已发生回复，高碳马氏体的孪晶结构已经消失，残留奥氏体已经分解，相变引起的内应力已经大幅度下降。这种组织具有高的弹性极限、良好的塑性和韧性，以及高的疲劳强度；可以满足弹簧的使用性能要求。

弹簧钢的冶金质量属于优质钢，有的是高级优质钢。非金属夹杂物，尤其是脆性的，对钢的疲劳性能十分有害；因此，弹簧钢也要求钢质纯净，非金属夹杂物少。弹簧工作时表面承受的应力最大，所以弹簧钢应具有良好的表面质量。表面不允许有裂纹、夹杂物、折叠、严重的脱碳等，这些缺陷处容易产生高的集中应力，成为疲劳裂纹源，显著降低弹簧的疲劳寿命。

3.10.1 弹簧钢的合金化

碳素弹簧钢的 $w(C)$一般为 0.6% ~ 0.9%，比较高的碳含量是为了提高弹性极限。碳素弹簧钢的淬透性较低，只能用于截面尺寸在 12 ~ 15 mm 以下的小弹簧。

大多数合金弹簧钢的 $w(C)$为 0.45% ~ 0.65%。合金弹簧钢中最常用的合金元素是硅、锰。它们的作用是提高淬透性，强化铁素体，因为硅、锰的固溶强化效果最好；提高了钢的回火稳定性，使其在相同的回火温度下比碳素弹簧钢具有较高的硬度和强度。其中，硅的作用最大，但硅含量高时增大了碳的石墨化倾向，且在加热时易于脱碳。锰则易于使钢过热。

为了克服 Si-Mn 弹簧钢的不足，尤其是为了降低脱碳敏感性而降低硅含量，可加入铬、钨、钒、铌、钼等碳化物形成元素，它们可以细化晶粒而防止过热，也可以防止脱碳；从而保证重要用途弹簧具有高的弹性极限、屈服强度以及疲劳强度。在大截面弹簧钢中加入少量的钼可以抑制回火脆性。在中截面弹簧钢中也有加入少量硼提高淬透性的。

常用的碳素弹簧钢有 70、65Mn 钢等，合金弹簧钢有 60Si2Mn、55SiMnVB、50CrVA 钢等。值得指出的是，合金弹簧钢的碳含量有降低的趋势，当碳含量低于 0.35% 时，淬火后基本上是以板条马氏体为主的组织，和高碳钢的孪晶马氏体相比，有较高的强韧性。在较低温度回火时，会有弥散的碳化物析出，基体为高密度位错的组织，且位错运动的阻力较高。因而，不仅具有良好的强度和塑性、韧性匹配，而且还具有良好的弹性松弛抗力；与高碳弹簧钢在回火屈氏体和回火索氏体之间的组织所具有的弹性松弛抗力相当。根据这一原理开发出的弹簧钢有 28MnSiB、35SiMnB、35SiMnVB、40CrMnSiMoV、40CrMnSiB、30W4Cr2VA 钢等。这些弹簧钢的淬透性良好，弹性松弛抗力适中，韧性储备高，疲劳寿命长。这里 30W4Cr2VA 钢主要用于阀门弹簧，其余的主要用作汽车悬架弹簧，尤其是变截面板簧。而 35SiMnVB 钢因疲劳寿命高，作为弹条钢成功用于铁路上。

3.10.2 弹簧钢的热处理

3.10.2.1 热成型弹簧

热成型弹簧钢的热处理是采用形变热处理工艺，将钢材加热到热加工温度后，进行大形变量热轧，再趁热成型。当钢的温度下降达到 830 ~ 870 °C 的淬火温度时进行油冷淬火，冷至 100 ~ 150 °C 时再加热到 400 ~ 550 °C 进行中温回火，获得回火屈氏体组织。

回火温度的确定应考虑弹性参数和韧性参数的平衡，即既保证足够的弹性又要保证一定的韧性。若回火温度过低，虽然弹性参数提高，但韧性太差，偶然的冲击或应力集中，弹簧便会发生断裂；反之，若回火温度过高，虽然韧性较高，但弹性太差，偶然的冲击载荷可能引起弹簧的永久形变。在实用中，可以根据钢材的表面状态调整回火温度，如钢材表面质量较好，经过磨削后的，可选用低限回火温度，以保证高的弹性；如表面质量欠佳，则可选用上限回火温度，以提高钢的韧性，降低弹簧对表面缺陷的敏感性。

弹簧钢也可以采用等温淬火，使钢在恒温下转变为下贝氏体，可以提高钢的韧性和多次冲击抗力。如果在等温淬火后再在等温温度做补充回火，则能进一步提高钢的弹性极限和延迟断裂抗力。等温淬火的另一个优点是可以降低淬火应力而减小形变。

弹簧热加工和热处理加热时要特别注意尽可能防止表面脱碳，如采用盐浴炉快速加热或在保护气氛中加热。表面脱碳将严重地损害弹簧的疲劳强度，影响其使用寿命。弹簧回火是在低温回火脆性区以上温度和高温回火脆性区的下限温度进行的。回火后要快冷，以避免高温回火脆化。

弹簧在热处理后通常还要进行喷丸处理，使表面强化并在表面产生残留压应力，以提高疲劳强度。

3.10.2.2 冷成型弹簧

经过预先强化的冷成型弹簧钢丝，按其强化方式和生产工艺，分为 3 种类型。

（1）铅淬冷拔钢丝。采用这种方法生产的有 70、85、65Mn、T9 ~ T10（A）碳素弹簧钢丝。将弹簧钢的盘条冷拔到一定尺寸，再加热到 $Ac_3\,(Ac_{\mathrm{cm}})$ + (80 ~ 100 °C)奥氏体化，接着在 500 ~ 550 °C 进行等温冷却，以获得索氏体组织。此时，钢丝具有良好塑性和较高的强度。在此基础上进行多道次拉拔，最后可获得表面光洁，并具有极高强度及一定塑性的弹簧钢丝（常称为白钢丝或琴钢丝），其屈服强度可达到 3 000 MPa 以上。

（2）冷拔钢丝。这种钢丝也是通过冷拔形变强化，但未经铅浴淬火。在冷拔工序中间加入一道 680 °C 左右的中间退火；它实际是再结晶退火，目的是提高塑性，使钢丝能继续冷拔到最终尺寸。这种钢丝质量较低，强度低于铅淬冷拔钢丝，弹性不均匀，仅用于制造低应力弹簧。

（3）淬火回火钢丝。一种是将热轧态的盘条冷拔到最终尺寸后，再经淬火和中温回火处理，最后冷卷成弹簧；另一种是用退火态的钢丝绕制成弹簧，然后进行淬火和中温回火，以达到所要求的组织和性能。这两种方式生产的弹簧在热处理后都要进行喷丸强化处理。这样的方法适用于高碳钢、合金弹簧钢，如 60Si2Mn、50CrV、60Si2MnW 钢等，这种钢丝具有性能均匀、韧性好、疲劳强度高、制造工艺简单等特点，多用于制造阀门弹簧，但现在其应用范围越来越广泛。

以上 3 种强化方法生产的钢丝在冷卷成弹簧后，必须在 200 ~ 400 °C 进行去应力回火，以消除残留应力，稳定形状和尺寸。

3.11 其他机械制造结构钢

3.11.1 易切削钢

易切削钢是指通过加入某些化学元素即易切削元素，从而提高其切削性能的钢种。自

1920年美国正式生产硫系易切削钢至今已有近100年的历史。自动机床的诞生加速了易切削钢的发展，促使人们努力寻求易被切削的钢种，以发挥自动机床的能力，提高切削速度，增长刀具的寿命。结构钢中有易切削钢，不锈钢也有易切削钢，而微合金非调质钢在诞生之初就是易切削钢。

易切削钢是以优良的切削性能为主要特征。由于切削过程比较复杂，很难用单一的指标来表征。评定切削性能好坏时要考虑切削过程中产生的切削力的大小、刀具寿命长短、零件表面粗糙度大小、断屑性以及切屑形态等。这几方面也因切削加工方式不同而有所区别，如粗车加工，刀具寿命是主要的；而精车加工，表面粗糙度是关键的；若用自动车床加工零件时，从工作效率以及安全性考虑，切屑形态又非常重要。

影响钢切削性能的内因也是多方面的，有钢的化学成分、冶炼方法、组织、塑性形变、力学性能以及物理性能等。钢中常用合金元素对切削性能的影响如图3.19所示。各种金相组织与刀具寿命的关系如图3.20所示。

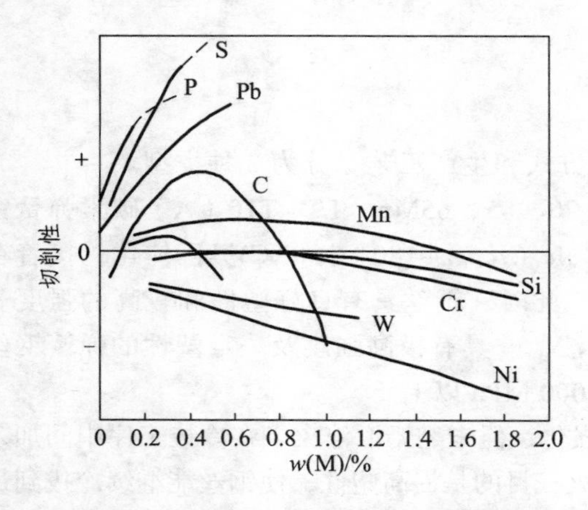

图3.19 钢中常用合金元素对切削性能的影响

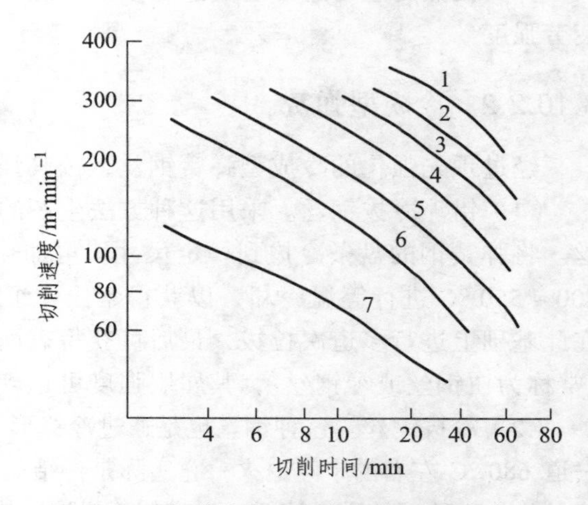

图3.20 各种金相组织与刀具寿命的关系

1—10%P＋90%F；2—30%P＋70%F；3—球状P；4—50%P＋50%F；5—100%P；6—回火M（300 HB）；7—回火M（400 HB）

根据对切削机理的研究，提高钢的切削性能的途径主要通过两个方面：其一是加入一种或几种易切削元素，如硫、磷、铅等，在钢中形成有利夹杂物，从而提高切削性能；其二是加入能溶入固溶体的元素，如氮、磷，使固溶体脆化，达到改善切削性能的目的。二者当中有利夹杂物与易切削机理有更密切的关系，因此，钢中的非金属夹杂物、异金属夹杂物及金属间化合物对改善切削性能起了主要作用。但是，这些夹杂物必须满足以下条件：① 夹杂物是应力集中源，从而成为裂纹源和细碎化切屑，但又不至于使工件产生裂纹；② 夹杂物要有一定的塑性，使切削时被加工金属仍能发生塑性流变；③ 夹杂物能阻碍在切削物和刀具之间的传热，减小刀具升温；④ 夹杂物有光滑的表面，与刀具之间摩擦系数较低，不致划伤刀具。

钢中有利夹杂物改善切削性能的机理有以下几个方面：① 有利夹杂物的应力集中作用；② 有利夹杂物对裂纹扩展的影响；③ 有利夹杂物的减摩作用；④ 覆盖膜的作用；⑤ 对硬质点的包裹作用。

加入合金元素可以改变非金属夹杂物的组成、性能并起变质作用，如硫、硒、碲等；形成不溶于固溶体基体的金属夹杂，如铅、锡。因此，易切削钢中常加入的合金元素是硫、磷、硒、碲、铅、钙等，以形成 MnS、MnTe、PbTe、CaS、α-CaO · SiO_2、2CaO · Al_2O_3 · SiO_2等，而以其本身的金属态存在的铅也类似于夹杂物。在热轧时，这些夹杂物沿轧向伸长，呈条状或纺锤状，类似无数个微小的缺口，破坏钢的连续性，减少切削时把金属撕裂所需的能量，提高了切削性。这些夹杂物本身的硬度不高，与刀具之间的摩擦系数较低，以降低刀具的磨耗。这些夹杂物的存在又可以使切屑容易折断，容易处理。另一方面，这些夹杂物是以细小的条状或纺锤状的形态存在的，不会显著影响钢材的纵向力学性能。

钢中的磷溶于铁素体中，提高了铁素体的硬度和强度，却降低了其塑性和韧性。脆性较大的铁素体容易被折断，从而改善了钢的切削性。

易切削钢通常按照所加易切削元素分类，有硫系、铅系、钙系及复合易切削钢。

易切削钢中含有较多的硫，它与锰形成 MnS 夹杂物。MnS 的熔点高，在钢水凝固之前就以球形的 MnS 颗粒浮在钢水中，钢水凝固时 MnS 颗粒被包含在树枝状晶体之间。在轧制时 MnS 成为条状。

钢中硫含量增加时，刀具寿命随之提高，但是钢材的横向塑性也随之下降。强调切削性高于力学性能的低碳易切削钢，硫的含量通常为 0.23% ~ 0.33%；要求冷镦或焊接的低碳易切削钢，硫的含量必须控制在 0.08% ~ 0.15%；中碳易切削钢中的硫，可以根据对力学性能和切削性能的不同要求，将硫控制在不同的水平。

在含硫易切削钢中，w(Mn)/w(S)比一般控制在 2.5 ~ 4.5，过高的 w(Mn)/w(S)比使 MnS 夹杂长宽比增大，对性能不利。钢中适量的氧有利于 MnS 夹杂的均匀分布，并在热加工时成为纺锤状。钢中高含量的硅或铝会增大 MnS 夹杂的长宽比，因此，对低碳高硫易切削钢往往不用硅、铝脱氧，而用锰脱氧。钢中加入微量的碲（0.04%）或少量的锆（0.15%）可以明显改善 MnS 夹杂的长宽比，这已成功应用于冷镦易切削钢。但碲与硫一样，都是引起热脆的元素。

铅在钢中以金属态的颗粒均匀分布或处于 MnS 夹杂物的两端，能很好地改善切削性，且对横向力学性能的影响较小。由于冶炼时存在密度高的液态铅损害耐火材料，铅蒸气损害人体健康，含铅的废钢回收利用困难等问题，含铅易切削钢本应被淘汰。但是，由于炉外精炼工艺的不断发展，连铸工艺的广泛采用，以及对含铅易切削钢生产过程中防护问题的解决，含铅易切削钢的质量不断改善，品种也在增多，产量逐渐扩大。在国家标准 GB/T 8731—1988《易切削结构钢技术条件》中只有 Y12Pb 和 Y15Pb 钢两个牌号，而在 GB/T 8731—2008《易切削结构钢》中增加了 Y08Pb 和 Y45MnSPb 钢，共有 4 个牌号。

钙处理钢具有优良的切削性。当用 Ca-Si 脱氧时，形成的夹杂物为 2CaO · Al_2O_3 · SiO_2，它在刀具表面形成一层低熔点的铝酸钙保护膜，可延长刀具寿命。Ca-S 复合加入时，钢的切削性更佳。钙的另一个优点是可以改善硫化物夹杂的形态，消除硫对钢横向力学性能的不利影响。钙也不影响钢的接触疲劳强度。

钢中加入的硫、碲、钙、铅等元素是处于夹杂物中或游离态的，对钢的淬透性影响很小，也不影响淬火后的纵向力学性能，而只是降低钢的横向塑性和韧性。

在化学元素周期表中，锡与铅同属一族，有着相近的物理化学性质。可以用锡代替铅生产易切削钢。2003 年，首都钢铁公司申请了含锡易切削钢的专利，并已获得授权。其开发的 Y08Sn、Y15Sn、Y45Sn、Y45MnSn 钢也都纳入了上述 2008 版的国家标准中。

3.11.2 低淬透性钢

一些模数较小（$m=3\sim8$）的齿轮，希望形成沿齿廓分布的硬化层，即仿形硬化，心部仍保持较高的塑性和韧性。这样在具有较高耐磨性的同时，可以承受较大的冲击负荷而不发生断齿现象。这种齿轮如果用渗碳钢制造，经渗碳处理，虽然可以满足要求；但渗碳钢含有合金元素，高温长时间的渗碳处理将消耗大量能量；因而其成本很高。如果用调质钢制造，通过感应淬火实现表面强化；但是，存在感应器设计、制作困难，以及受感应电流的频率和功率参数的限制，难以形成合格的硬化层；往往是整个轮齿淬透，难以经受冲击，使用中容易断齿。一些形状复杂、截面尺寸有变化的零件，同样难以形成沿轮廓分布的均匀硬化层。

20 世纪 50 年代，苏联开发出了一种称为低淬透性钢的钢种。这种钢制作的齿轮在感应热处理时，在穿透加热的情况下，由于钢本身的淬透性低，淬火时，只能使冷却速度大于临界冷却速度的表层形成马氏体组织，获得合适的淬硬层，而轮齿心部得到适当的强化。这种钢淬火后，表面硬化层均匀，可以获得 600～800 MPa 的残留压应力，因而疲劳寿命高。用这种钢代替合金渗碳钢制作齿轮，可以简化齿轮热处理工艺，节约合金元素，显著降低能耗。

低淬透性钢的化学成分有如下特点：

（1）提高钢中的碳含量（0.51%～0.73%），用以提高钢的淬硬性，获得较高的强度和耐磨性。

（2）严格控制钢中的锰、硅含量[$w(\mathrm{Mn})<0.28\%$，$w(\mathrm{Si})<0.35\%$]。

（3）对残存元素铬、镍、铜、钼等的含量作严格限制，应各不大于 0.20%，总和不大于 0.50%。

（4）钢中加入阻碍奥氏体晶粒长大的元素钛（0.03%～0.12%）。钛的碳化物在淬火加热时不易溶入奥氏体，能细化晶粒，提高塑性和韧性；冷却时成为珠光体形成的核心，从而降低了钢的淬透性。钛还能与硫结合形成难溶的化合物，从而防止低锰含量时的热脆性；但过多的钛会形成 TiN 而使疲劳性能下降。

低淬透性钢制造的工件淬火后硬化层可以在 1.5～2.5 mm。由于这种钢的淬透性很低，对于模数 $m=4\sim8$ 的重载齿轮，可以在感应加热淬火后得到沿齿廓均匀分布的硬化层，并使齿根容易硬化而齿顶并不产生过热组织。对于模数 $m=3.5\sim4.2$ 的齿轮，因为截面较小，可以选用 55Ti 钢。对于模数 $m>6$ 的齿轮，为适当提高淬透性可以用淬透性稍高的 60Ti、70Ti 钢。图 3.21 为用 60Ti 钢制造的丰收-35 拖拉机大减速齿轮，其模数 $m=6$，感应加热后水淬获得了沿齿廓均匀分布的硬化层。

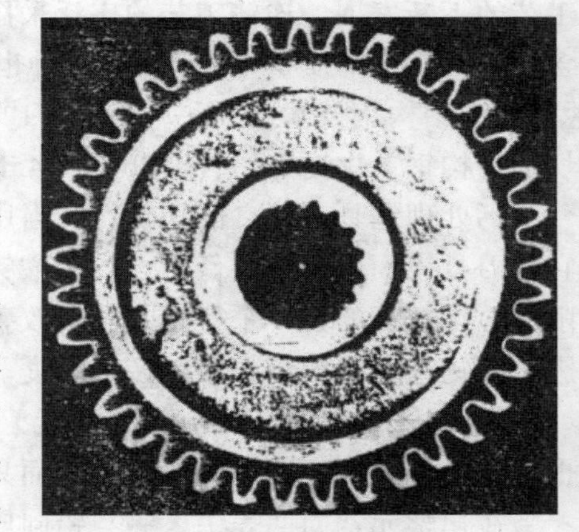

图 3.21　60Ti 钢制作的丰收-35 拖拉机大减速齿轮

对于尺寸较大、要求淬硬层深的重载工件，为了获得感应加热淬火后均匀的硬化层分布，还发展了限制淬透性钢，如 47MnTi、GCr4 钢，这种钢适当提高了增加淬透性的元素含量。在 47MnTi 钢中，锰是提高淬透性的主要元素（1.0%～1.2%），并适当放宽了对钢中残存元素铬、镍的含量的限制（＜0.25%）；还加入 0.06%～0.12%的钛，以阻止奥氏体晶粒长大。47MnTi 钢在较宽的淬火温度范围内硬化层深度极其稳定，从 850 ~ 1 000 °C 淬火，硬化层深度维持在 5 ~ 6 mm。这种限制淬透性钢可以在直径为 10 ~ 60 mm 的工件上得到 5 ~ 7 mm 的均匀硬化层。因此，非常适用于重型载重汽车上的某些重要零件，如万向节、十字轴、曲轴、齿轮等。

GCr4 钢主要用于中型轴承，如铁路用轴承的套圈。这种轴承钢以高的碳含量（0.95% ~ 1.05%）来提高其硬度、耐磨性及接触疲劳强度，并降低铬含量（0.35% ~ 0.50%），以及限制铜、镍的含量分别小于 0.20%、0.25% 来限制淬透性，对于硫、磷含量也应严格控制。

对于粗而短且有截面变化的零件选用低淬透性钢，经强烈淬火后，可形成表面薄的淬硬层，其表层获得较大的残留压应力，可降低由于加工造成的应力集中的影响。低淬透性钢的薄壳淬火与其他钢表面感应淬火相比有其较为有利的一面，即对于类似的零件，感应淬火容易使截面变化的过渡区淬不上火而存在残留拉应力，反而促进了应力集中的有害作用。例如，俄罗斯一汽车厂采用相当于我国牌号的 45Si 代替原来的 60Si2Mn 钢制造汽车钢板弹簧，经感应加热、模压水淬、感应回火，表面硬度达到 55 ~ 60 HRC，使钢板弹簧的疲劳强度提高了 1 倍，疲劳寿命提高了 8 ~ 10 倍，同时还取消了喷丸处理，并以水冷代替油冷，减少了污染。

3.11.3 冷镦钢

在现代化的汽车、拖拉机等机械制造部门，广泛采用拉拔、冷镦工艺生产互换性较高的标准件和其他零件，如螺钉、螺栓、螺帽、销钉、铆钉等。冷镦工艺的优点为：材料利用率高、产量高、成本低。在生产中，零件的压缩比一般都比较高，因此，要求冷镦用钢具有很高的塑性、高的表面光洁度；以使工件在冷拔、冷镦过程中易于发生塑性形变而不致形成裂纹或发生断裂，同时又保证冷镦成型的零件得到高的精确度。钢材的表面质量和内部缺陷是影响冷镦时开裂的主要原因，尤其是钢材的表面质量更为重要。

钢的碳含量对冷镦钢的性能有很大影响，$w(C) > 0.25\%$ 时，冷镦形变较大的零件，应先将冷镦钢进行球化退火处理，以改善钢的塑性。钢的显微组织对钢的冷镦性有影响，以球化组织最好，片状珠光体较差。冷镦钢的表面不允许有任何肉眼可见的皱皮、折叠、刻痕、裂纹等缺陷，否则冷镦时会产生裂纹。钢材内部不允许有严重的夹杂物、夹层、疏松、缩孔和显著的偏析存在，这些缺陷都是导致冷镦时开裂，或者冷拔时断裂的原因。

这类钢过去分属标准件用钢和铆螺钢两个类别，现在统一为冷镦和冷挤压用钢（GB/T 6478—2001《冷镦和冷挤压用钢》），其牌号前冠有“铆螺”的汉语拼音缩写“ML”。

随着钢铁材料及产品技术的发展，用作 8.8 级以上的高强度紧固件用钢，可以分为以下 4 类：

（1）一般冷镦钢。其包括优质碳素钢和合金结构钢，通过调质处理获得回火索氏体组织赋予所要求的性能，如 ML45、ML40Cr 钢等。

（2）低碳低合金高强度冷镦钢。采用低温回火马氏体组织达到高的强度和良好的塑性，如 ML15MnVB 钢等。

（3）微合金非调质钢。通过第二相强化、位错强化和细晶强化获得高强度，同时保持良好的塑性，如 10MnSiTi、20Mn2、10Mn2VTiB 钢等。

（4）铁素体-马氏体双相钢。通过马氏体强化、位错强化和细晶强化提高强度，并具有良好的塑性，如 08SiMn2 钢等。

冷镦钢比其他用途的优质碳素钢和合金结构钢具有更高的要求。主要区别是对于冷镦钢要求具有良好的冷顶锻性能。因此，冷镦钢中的夹杂物、疏松等冶金质量方面的要求较严格，表面质量要求也较高。

3.11.4 高锰钢

高锰钢是指 w(Mn)为 10%～14%，w(C)为 0.9%～1.4% 的合金钢。典型牌号为 ZG120Mn13。它是 1882 年英国冶金学家、被誉为现代合金钢奠基人的 Robert A Hadfield 发明的，因此，国外称为 Hadfield 钢；至今已有 130 多年的历史，仍在大量应用。

高锰钢广泛用于制造要求耐磨及耐冲击的一些零件。如用于制造挖掘机的铲斗、锤式和反击式破碎机的锤头、各种碎石机的颚板、球磨机的衬板、拖拉机和坦克的履带板、路轨道岔等耐磨零件。高锰钢是顺磁性的，可以用于既耐磨又抗磁化的零件，如吸料器的电磁铁罩。

高锰钢的铸态组织可以参照 Fe-Mn-C 三元相图中 w(Mn) = 13%的垂直截面，如图 3.22 所示。对于 Fe-13%Mn-C 三元合金，共析点的 w(C) = 0.3%，T = 580 °C，发生的反应为：$\gamma \to \alpha + (Fe, Mn)_3C$。由于含有大量的奥氏体形成元素锰，在铸造条件下共析转变难以充分进行，因此，其铸态组织为奥氏体和大量沿晶界析出的网状碳化物，如图 3.23（a）所示。铸造成型后，性质硬而脆（硬度为 420 HB，A = 1%～2%），也不具有耐磨性。为此必须对高锰钢进行热处理。通常将钢加热到单相奥氏体相区的温度范围保温，使碳化物充分溶入奥氏体，然后水冷，获得单相奥氏体组织，如图 3.23（b）所示。这种热处理工艺是先固溶处理，然后以水急冷，以便获得性能柔韧的奥氏体组织，所以称为水韧处理或水冷韧化处理。水韧处理加热温度通常为 1 050～1 100 °C。需要注意的是，如果从高温慢冷，或者在 800～400 °C 等温保温，那么将会使奥氏体发生 $\gamma \to \gamma + \alpha + (Fe, Mn)_3C$ 的反应，而得不到所要求的组织。水韧处理后不能再加热到 330 °C 以上，否则会析出针状碳化物，使钢脆化。因此，水韧处理后不需要回火，也不宜在 250～350 °C 的温度下使用。

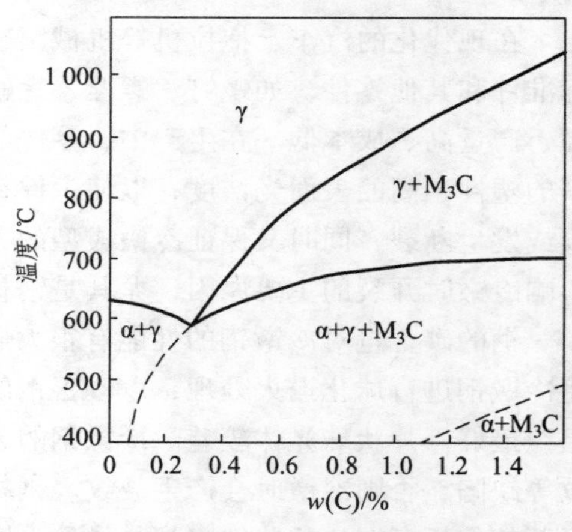

图 3.22 Fe-Mn-C 三元相图中 w(Mn) = 13% 的垂直截面

高锰钢[w(C)为 1.0%～1.3%，w(Mn)为 10%～13%]经水韧处理后，达到的性能如下：R_{eL} = 392～441 MPa，R_m = 784～981 MPa，A = 40%～80%，Z = 40%～60%，KU = 157～298 J，硬度为 180～190 HB。这种组织具有低的屈服强度和良好的塑性、韧性。但是，水韧处理的高锰钢在受到冲击载荷及高压力的作用下，其表面层将迅速产生加工硬化，钢的表面硬度提高到 500 HB 左右，而心部仍保持韧性优良的奥氏体组织，所以能承受强有力的冲击载荷而不破裂。如果表层磨损后，重新露出的表面又继续被加工硬化而恢复高耐磨性。

高锰钢冷作硬化的本质是通过大量形变在奥氏体基体中产生大量位错、层错和形变孪晶、ε-马氏体和 α-马氏体，成为位错运动的障碍。高锰钢在加工硬化后的组织如图 3.23（c）所示。

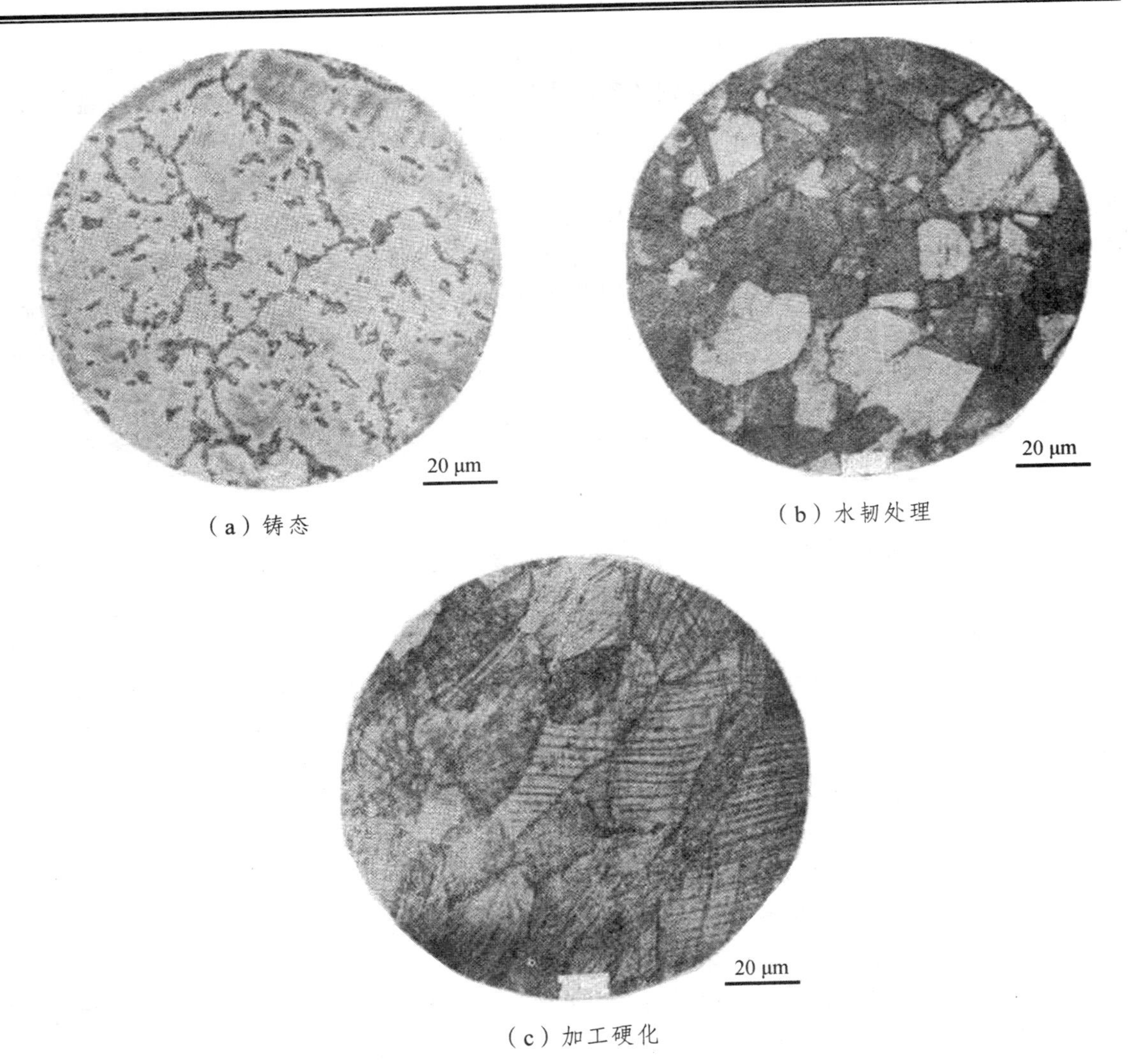

（a）铸态

（b）水韧处理

（c）加工硬化

图 3.23　高锰钢的金相组织

高锰钢中碳含量自 1.0% 增至 1.5% 时，表面硬化后的硬度增加，耐磨性可提高 2 ~ 3 倍，强度亦提高，但冲击韧性下降，增加了开裂倾向，故碳含量以 1.15% ~ 1.25% 为最合适。锰可以扩大 γ 相区，增加奥氏体的稳定性。通常 $w(\mathrm{Mn})/w(\mathrm{C})$应为 9 ~ 11，以保证获得奥氏体组织。对于耐磨性要求较高、冲击韧性要求略低、形状不太复杂或薄壁的零件，碳含量可选 1.2% ~ 1.3%，锰含量为 11% ~ 14%，$w(\mathrm{Mn})/w(\mathrm{C})$取低限；相反，对于冲击韧性要求较高、耐磨性要求略低、形状复杂或厚壁的零件，碳含量可选 0.9% ~ 1.1%，锰含量为 10% ~ 13%，$w(\mathrm{Mn})/w(\mathrm{C})$可取高限。

高锰钢中加入 2.0% ~ 4.0%的铬或适量的钼和钒，能形成细小的碳化物，提高屈服强度、冲击韧性和抗磨性。加入稀土元素可以进一步提高钢液的流动性，增加钢液充填铸型的能力，减少了热裂倾向，显著细化了奥氏体晶粒，延缓铸后冷却时在晶界上析出碳化物；稀土元素还能显著提高高锰钢的冷作硬化效应及韧性，提高了使用寿命。由于稀土元素可显著减少晶界的网状碳化物，水韧处理的加热温度可降低到 1 000 ~ 1 030 °C，如 ZG120Mn13RE 钢。

上述水韧处理工艺中，只发生了碳化物的溶解，基体未发生奥氏体的转变，因此，基体的晶粒度也未发生改变。欲细化高锰钢的奥氏体晶粒，可先将铸件在 610 ~ 650 °C 保温 12 h，让奥氏体发生共析分解，然后再加热到 1 050 °C 水韧处理，通过相变细化奥氏体晶粒。

高锰钢在切削加工过程中也会产生加工硬化，使其加工十分困难，所以，一般只用于铸钢。在生产中，为了改善高锰钢的切削加工性能，以加工一些沟槽和孔；可将铸件先在 600 ~ 650 °C 退火，随后进行切削加工。加工之后再进行水韧处理，使之获得单相奥氏体组织。

高锰钢如果在不受冲击、挤压的纯摩擦条件下使用，由于不易发生加工硬化而不引起表面硬度升高，其耐磨性并不高；甚至还不如淬火回火或表面热处理的低合金钢。

复习思考题

1. 机械制造结构钢与工程结构钢有哪些不同之处？

2. 机械制造结构钢的合金化要点有哪些？这些要点是根据哪些要求提出来的？

3. 什么是马氏体强化？

4. 为什么淬火-回火是机械制造结构钢常用的强化措施？

5. 为什么说适当提高淬火加热温度或延长保温时间是提高合金钢淬透性的有效方法？

6. 只有当加热时溶入奥氏体中的合金元素才能起到提高过冷奥氏体稳定性或增大淬透性的作用，为什么？

7. 分析微量硼在钢中的作用。含硼钢热处理时应注意什么？

8. 为什么说提高淬透性是生产合金钢的目的之一？

9. 为什么说提高回火稳定性是生产合金钢的目的之一？

10. 哪些合金元素可以提高出现低温回火脆性的温度？为什么？

11. 避免高温回火脆性的措施有哪些？

12. 为什么在钢中添加钼可以抑制高温回火脆性？还有哪些合金元素可以降低钢对高温回火脆性的敏感性？

13. 调质钢的性能要求、组织特征、合金化和热处理要点是什么？

14. 早期微合金非调质钢的化学成分、强化机制、组织和性能特征是什么？

15. 改善微合金非调质钢韧性的措施有哪些？

16. 在 49MnVS3 钢的基础上，“降碳、提锰、增硅，应用复合微合金化技术”是改善微合金非调质钢韧性的有效措施，为什么？

17. 为什么超高强度钢的冶金质量要求十分高？

18. 为什么超高强度钢制造的零件要求表面十分光洁？

19. 为使马氏体时效钢强化，一般对其进行什么热处理？试述马氏体时效钢的强化机理。

20. 叙述渗碳钢的合金化原则。

21. 结合渗碳钢 20CrMnTi 和 20Cr2Ni4A 的热处理工艺规范，分析其热处理特点。

22. 20Mn2 钢渗碳后是否适合于直接淬火？为什么？

23. 为什么渗碳钢中的硅含量都比较低[$w(\text{Si}) \leqslant 0.40\%$]？

24. 简要说明氮化钢的合金化要点。

25. 氮化钢制作的零件氮化前通常进行怎样的热处理？这样的热处理起什么作用？

26. 合金元素在渗碳钢和氮化钢中的作用有何异同点？

27. 说明弹簧钢的合金化要点。

28. 热成型弹簧的热处理特点有哪些？

29. 说明轴承的服役条件，分析其性能要求。

30. 高碳铬轴承钢中的碳化物不均匀形式有哪些？它们有哪些危害？

31. 轴承钢中的网状碳化物是怎样形成的？怎样避免或消除？

32. 轴承钢中的带状碳化物和液析碳化物是怎样形成的？避免或消除它们的措施有哪些？

33. 用 GCr15 钢制作轴承要经历哪些种类的热处理？说出其工艺参数以及形成的显微组织。

34. 热成型弹簧与滚动轴承钢都属于高碳钢，它们在合金化和热处理上有什么不同？

35. 为什么精密轴承生产过程中要进行冷处理？冷处理时应注意哪些事项？

36. 易切削钢中通常含有哪些合金元素？它们是怎样改善切削性能的？

37. 说明低淬透性钢的合金化要点。

38. 制作高强度螺栓的钢有哪几种类型？说明它们制作螺栓的工艺特点及其强化方式。

39. 简述高锰钢的化学成分特点、性能特点和热处理特点。

40. 将高锰钢（如 ZG120Mn13）加热到 1 070 °C 左右保温，然后空冷可得到大量的马氏体，而水冷却得到全部奥氏体组织，为什么？

41. 在什么情况下适合使用高锰钢？为什么？

42. 为什么单相奥氏体组织的高锰钢（如 ZG120Mn13）的切削性能很差？有什么方法能改善这种钢的切削性能？

4 工具钢

4.1 概 述

工具钢是用于制造各种刃具、模具和量具等工具的钢材。按照工具钢的主要用途，可将其分为刃具钢、模具钢和量具钢。随着现代加工制造业的快速发展，各类工具，尤其是各类刃具和模具的负荷不断加大，因而对各类工具材料的要求不断提高。

刃具在切削过程中受到弯曲、剪切、冲击、扭转、振动、摩擦等力的作用。刃具使用过程中过大的冲击与振动，将可能导致刃具崩刃或折断；刀刃与工件及切屑之间的强烈摩擦将导致严重的磨损和切削热，有时刃具刃部温度可升到 600 °C，甚至更高。因此，刃具普遍需要具备高硬度、高耐磨性、一定的韧性和塑性，有的还要求有良好的红硬性。

模具种类繁多，服役条件差异巨大，根据模具工作状态和加工材料的不同，模具钢可分为冷作模具钢、热作模具钢和塑料模具钢。冷作模具，如冷冲模、冷镦模、剪切片和冷轧辊等，主要用于常温或不太高的温度下迫使金属材料成型，因而要求高硬度、耐磨性和适当的韧性。热作模具用于迫使赤热金属或液态金属成型，因而模具温度周期升降，容易发生热疲劳。此外，热作模具还受到巨大的压力、冲击力，以及摩擦力和液态金属的冲刷作用，因而要求模具钢在高温下具有较高的硬度、强度及良好的抗热疲劳性和韧性。塑料模具的形状一般比较复杂，但热负荷一般不大，因此对材料的热强性和热疲劳抗力要求不高，但对尺寸精度和表面粗糙度的要求很高，因而对加工工艺性能、耐蚀性和尺寸稳定性等要求较高。

量具钢用来制作量规、卡尺、样板等各类量具，为保证测量的准确性，要求量具钢应有较高的硬度、耐磨性和耐蚀性，以及良好的尺寸稳定性。

由此可知，尽管工具的种类繁多，其服役条件也各不相同，因而对所用材料的要求也不尽相同；但大多数工具钢都是在承受很大局部压力和强烈磨损条件下工作的。工具钢的共性要求为：硬度与耐磨性高于被加工材料，耐热、耐冲击，且具有较长的使用寿命。工具钢的主要矛盾是韧度和耐磨性之间的合理平衡，而影响这个矛盾双方的主要因素包括基体的成分、硬度以及第二相的性质、数量、形态和分布。所以，某些工具钢，如低合金工具钢 9SiCr、CrWMn 钢等，既可做刃具，又可用作模具和量具。此外，某些弹簧钢、轴承钢也可用作工具。因此，应根据使用条件、钢的性能、经济、资源条件等合理选用。

冶金厂生产的工具钢，大多是按照钢的化学成分分为碳素工具钢和合金工具钢两大类。在合金工具钢中，由于高速工具钢的成分复杂、性能独特、用量大，因而单列一类；其余的归于合金工具钢。

一些要求硬度特别高，耐磨性非常好的工具，如拉丝模、冲击钻头等，是用硬质合金做的。而硬质合金通常是用粉末冶金工艺生产的，这里只简单介绍粉末冶金高速工具钢。

4.2 刃具钢的特点

4.2.1 刃具的服役条件

刃具是用来进行切削加工的工具，包括各种手用和机用的丝锥、板牙、钻头、锯条、锉刀、车刀、铣刀、刨刀等。下面以常用的车刀和钻头为例，来分析它们的工作条件和基本性能要求。

车刀的形状比较简单，在工作时主要是承受压应力和弯曲应力，并受到很大的机械摩擦力。在工作过程中由于机床主轴的振动，也会受到一定的冲击作用。在高速、连续切削时，因摩擦会使刃部温度升高。其正常的损坏形式是刃部变钝，但有时也会出现折断、崩刃和塑性形变等。因而刃具在低速切削时，要求其具有高的硬度、高的耐磨性和高的弯曲强度；而在高速切削时不仅要求其具有高的强度、高的硬度和高的耐磨性，还要求其在高温时保持高的硬度。

钻头为长杆状刃具，刃部长而薄。工作时在金属内部进行钻削，承受高的扭转应力，高的轴向压应力以及径向力引起的弯曲应力。为了防止钻头发生折断或崩刃，要求钢具有足够高的弯曲强度和韧性。此外，钻头在连续钻削时，其刃部与工件之间有很大的摩擦，且切削刃全部为金属所包围，产生的热量不易消散，特别是钻深孔时，情况更严重。据此，要求钻头也应有高的强度、高的硬度、高的耐磨性、高的韧性和良好的热稳定性。

如上所述，虽然不同刃具其工作条件有所差异，但在服役过程中，刃具的实际工作部分只是刃部的一个局部区域，该区域在切削时因应力很高而强烈地摩擦和磨损。由于切削发热，刃部工作温度可达到 500 ~ 600 °C 以上，同时还受到一定的冲击和振动。

4.2.2 刃具钢的性能要求

根据以上对刃具工作条件的分析，对刃具钢提出以下性能要求：

（1）高的硬度。刃具必须具有比被切削加工工件更高的硬度，一般切削金属用的刀具，要求刃口部位硬度为 60 ~ 66 HRC。

（2）高的耐磨性。耐磨性与钢的硬度有关，也与钢的组织有关，硬度越高，耐磨性越好。在淬火回火状态及硬度基本相同的情况下，碳化物的硬度、数量、颗粒大小和分布等对耐磨性有很大影响。实践证明，在回火马氏体的基体上分布着细小的碳化物颗粒，能提高钢的耐磨性。

（3）高的红硬性（又称为热硬性）。对于切削刃具，不仅要求其在室温下有高的硬度，而且在高速切削导致温度较高的情况下（如 500 ~ 600 °C）也能保持高硬度（60 HRC 左右），这种性能称为“红硬性”。这是高速切削加工刃具必备的性能。红硬性的高低与回火稳定性和碳化物的弥散析出等有关。钢中加入钨、钒、铌等元素可显著提高其红硬性。

（4）足够的强度、塑性和韧性。刃具钢要求具有一定的强度，保证刃具不发生形变。切削时刃具要受到各种冲击的作用，因此，还要求具有一定的韧性和塑性，以免刃部在冲击、振动作用下发生折断和崩刃等而失效。

4.2.3 化学成分与组织特点

为满足上述性能要求，刃具钢均为高碳碳素钢或高碳合金钢，这是刃具获取高硬度、高耐磨性的基本保证。高的碳含量可以形成足够数量的碳化物和较高硬度的马氏体，以保证工具钢具有高的耐磨性。在合金工具钢中，合金元素的主要作用是弥补碳素工具钢在淬透性、回火稳定性、硬度、耐磨性及红硬性等方面的不足。刃具钢使用状态下的组织通常是高碳的回火马氏体基体上分布着细小均匀的碳化物颗粒。由于下贝氏体组织具有良好的强韧性，刃具钢亦可采用等温淬火工艺获得下贝氏体为主的组织，可以实现在硬度变化不大的情况下，显著改善其韧性，降低淬火内应力及开裂倾向，因而适用于形状复杂并受冲击载荷较大的刃具。

4.3 碳素工具钢和低合金工具钢

4.3.1 碳素工具钢

碳素工具钢的 $w(C)$一般为 0.65% ~ 1.35%，根据国家标准 GB/T 1298—2008《碳素工具钢》，其钢号从 T7 到 T13 钢，另有 T8Mn 钢；还有牌号后加“A”，对冶金质量要求更高的高级优质钢。随着碳含量的增加，碳素工具钢的硬度显著上升，耐磨性增加而韧性下降。碳素工具钢球化退火后经淬火和低温回火，硬度在 58 ~ 64 HRC。碳素工具钢的优点是成本低、加工性能好、热处理工艺简单，主要用作手工工具，如凿子、丝锥、铰刀、锉刀、刻刀、手工钻头等，也可以制作简单的冷冲模。

碳素工具钢制作工件的一般加工工艺路线为：锻造→球化退火→粗加工→淬火→低温回火→精加工。

碳素工具钢的主要缺点是淬透性低，必须用水，甚至盐水或碱水淬火。在盐水中可能完全淬透的最大直径约为 15 mm，而在油中可淬透的直径仅为 5 mm。另一个重大缺点是不具有红硬性，当工作温度超过 200 °C 时，硬度明显下降，切削能力显著降低。碳素工具钢还存在着石墨化问题，即钢中的渗碳体分解，碳以石墨形态出现，在显微组织中呈团絮状和点状形态，如图 4.1 所示。一旦出现石墨化，就无法用热加工或热处理予以消除，并显著降低工具寿命，其断口为黑色断口。碳素工具钢的综合力学性能，如耐磨性也欠佳。所以，碳素工具钢只适宜制作工件断面尺寸小于 15 mm，形状简单，工作温度一般低于 200 °C，不受大的冲击载荷的工具。

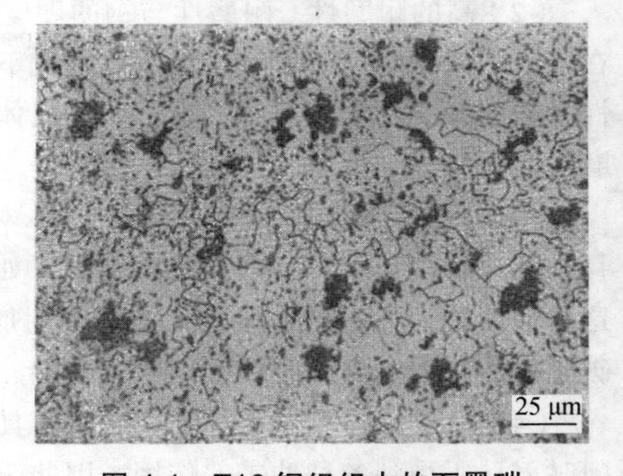

图 4.1 T10 钢组织中的石墨碳

4.3.2 低合金工具钢

为了弥补碳素工具钢的性能不足，而在其基础上添加硅、锰、铬、钨、钼、钒等合金元素，并对其碳含量作适当调整，以提高综合性能，这就是合金工具钢。低合金工具钢的合金元素总量在 5% 以下。不同合金元素对钢性能的影响如表 4.1 所示。

表 4.1 各种合金元素在工具钢中的作用

特 性	合金元素（其能力依次降低）
提高耐磨性	V、W、Mo、Cr、Mn
提高淬透性	Mn、Mo、Cr、Si、Ni、V（固溶于奥氏体时）
减小淬火形变	Mo（与 Cr 同时存在时）、Cr、Mn
细化晶粒提高韧性	V、W、Mo、Cr
增大红硬性	W、Mo、Co（与 W 或 Mo 同时存在时）、V、Cr

这些合金元素的加入提高了钢的淬透性，因而低合金工具钢可以用油淬等相对缓慢的冷却方式，从而减小热处理形变和开裂倾向。强碳化物形成元素，如钨、钼、钒等所形成的碳化物除对耐磨性有提高作用外，还可细化晶粒，改善刃具的强韧性。铬元素除了能细化碳化物，还能使合金渗碳体均匀分布且易于球化。由于合金渗碳体的稳定性高于 Fe_3C，故加入合金元素能有效提高工具钢的回火稳定性。硅强化铁素体作用明显，这使退火钢的硬度偏高，增加了切削加工的难度，而且含硅钢的脱碳敏感性比较大，所以一般不单独加入。在低合金工具钢中的钨含量过高时，容易出现碳化物分布不均匀的现象，从而恶化钢材性能，所以，低合金工具钢中，通常 $w(\mathrm{W}) \leqslant 1.5\%$。

由于合金元素的加入，低合金工具钢的淬透性和综合力学性能均优于碳素工具钢，可用于制造尺寸较大、形状较复杂、受力要求较高的刃具。但由于低合金工具钢中所含强碳化物形成元素量不高，所以红硬性仍较差，其刃部工作温度一般不超过 250 °C，仍然属于低速切削刃具钢。

低合金工具钢的加工工艺路线和热处理特点与碳素工具钢基本相同，只是由于合金元素的影响，其工艺参数，如加热温度、保温时间、冷却方式等有所变化。

低合金工具钢锻造成毛坯后都要经过球化退火，以达到消除锻造应力、降低硬度、便于切削加工的目的。表 4.2 是部分低合金工具钢的球化退火温度与硬度。

表 4.2 部分低合金工具钢的球化退火温度与硬度

钢号	加热温度/°C	等温温度/°C	硬度 HBS
9SiCr	700 ~ 810	700 ~ 720	192 ~ 241
CrWMn	770 ~ 790	680 ~ 700	207 ~ 255
Cr06	760 ~ 790	620 ~ 660	187 ~ 241
Cr2	770 ~ 790	680 ~ 700	179 ~ 229
W	780 ~ 800	650 ~ 680	187 ~ 229

图 4.2 为 9SiCr 钢圆板牙的热处理工艺，其他常用低合金工具钢的热处理规范与其类似。

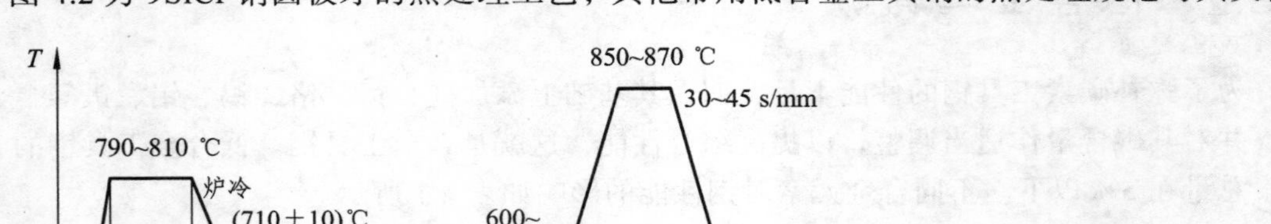

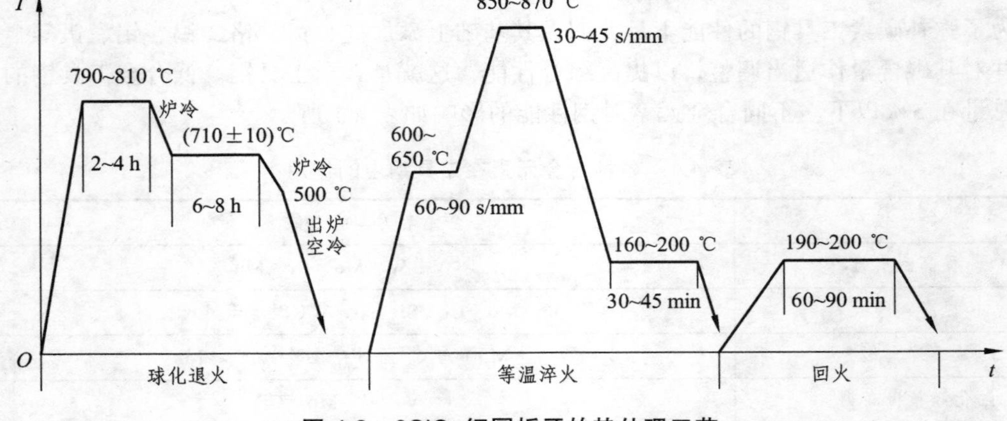

图 4.2　9SiCr 钢圆板牙的热处理工艺

4.4　高速工具钢

高速工具钢简称高速钢，俗称锋钢，是为了适应高速切削而发展起来的具有优良红硬性的一类钢，是金属切削刃具的主要材料。它具有较高的硬度、红硬性和耐磨性，同时兼有适当的韧性和磨削性，其主要特点是在高速切削时，刃部温度上升到 650 °C，其硬度仍然 > 50 HRC。高速钢的淬透性高，甚至在空气中冷却也可得到马氏体。因此，高速钢广泛应用于制造尺寸大、形状复杂、负荷重、工作温度高的各种高速切削刀具，如车刀、铣刀、滚刀、刨刀、钻头、丝锥等。此外，还可用于制造部分模具及一些特殊的轴承。

4.4.1　高速钢的化学成分及分类

4.4.1.1　高速钢的化学成分

高速钢是由大量的钨、钼、铬、钴、钒等元素组成的高碳、高合金钢。世界各国的高速钢成分都是在碳、钨、钼、铬、钴、钒这 6 个主要元素中波动，各元素的大致范围如表 4.3 所示。

表 4.3　高速钢的大致成分范围　　单位：%

C	W	Mo	Cr	V	Co	其他
0.50 ~ 1.60	0 ~ 22	0 ~ 10	~ 4	1 ~ 5	0 ~ 12	0 ~ 2

1. 碳的作用

高速钢中碳含量必须与合金元素含量相匹配。研究发现，合金元素及碳含量满足合金碳化物分子式中定比关系时，淬火后回火，合金碳化物析出产生的二次硬化效果最好，这被称为定比碳规律。总之，高速钢含有较高的碳含量，既保证其淬透性，又保证淬火后有足够的碳化物相。一般含碳量在 1% 左右，最高可达 1.65%。

2. 钨和钼的作用

钨和钼位于元素周期表中的同一族，原子序数分别为 74 和 42，相对原子量分别为 183.84 和 95.94。它们是使高速钢产生红硬性的主要合金元素。W18Cr4V 高速钢在退火状态时，钨以 M_6C 形式存在。在淬火加热时未溶解的 M_6C 碳化物能阻止高温下奥氏体晶粒长大。在淬火加热时，一部分 M_6C 碳化物溶入奥氏体，淬火后存在于马氏体中。钨原子与碳原子结合力较强，能提高回火马氏体的分解温度；钨的原子半径大，能增加铁原子的自扩散激活能；因而使高速钢中的马氏体加热到 600 ~ 625 °C 附近时还比较稳定。在回火过程中，有一部分以 W_2C 的形式弥散析出，引起 二次硬化。钨含量的增加可提高钢的红硬性，减小过热敏感性。钨的大量加入，强烈地降低了钢的热导率，高速钢的加热和冷却必须缓慢进行。钼在高速钢中的作用与钨相似，如以 1% 的钼代替大约 2% 的钨，钨系高速钢演变为 W-Mo 系高速钢，如 W18Cr4V 钢即演变为 W6Mo5Cr4V2 钢，二者红硬性相近。含钼高速钢的脱碳倾向稍大，并且晶粒易于长大，因而淬火加热炉的气氛及温度的控制要求较严。在相似性能的高速钢中，钨系高速钢的价格较 W-Mo 系高速钢高得多，因而钨系高速钢产量急剧下降。

3. 钒的作用

钒在高速钢中能显著提高钢的红硬性、硬度和耐磨性，同时钒还能细化晶粒，降低钢的过热敏感性。如在 W18Cr4V 钢中，钒大都存在于 M_6C 化合物中，当 $w(V) > 2\%$ 时，可形成 VC。M_6C 中的钒在加热时部分溶于奥氏体，淬火后存在于马氏体中，增加了马氏体的回火稳定性，从而提高了钢的红硬性，在回火时以细小的 VC 析出，产生弥散强化。VC 的硬度较高，能提高钢的耐磨性，但给磨削加工造成困难。钒含量为 1% ~ 5%，没有不含钒的高速钢。

4. 铬的作用

铬主要存在于 M_6C 中，使 M_6C 的稳定性下降，同时一部分铬还形成 $Cr_{23}C_6$，它的稳定性更低，所以淬火加热时，几乎全部溶于奥氏体中，从而增加了钢的淬透性。此外，铬还能使高速钢在切削过程中的抗氧化作用增强，利用铬氧化膜的致密性防止粘刀，降低磨损。100 多年以来，除个别钢种外，铬含量都保持在 4% 左右，没有发生演变。

5. 钴的作用

钴是非碳化物形成元素，但在碳化物 Mo_2C 中仍有一定的溶解度；钴能增加回火时 Mo_2C 的形核速度，减缓 Mo_2C 的长大速度。其机理可用钴增加基体中碳的活度和降低钨及钼在 α-Fe 中的扩散系数来解释。钴对回火过程中碳化物形核长大影响的结果，使合金碳化物以更细小弥散的状态析出。所以钴能提高高速钢的红硬性并增强二次硬化的效果，高性能高速钢中一般都含有 5% ~ 12% 的钴。但是，由于钴增加了碳的活度，因而含钴高速钢的脱碳倾向较大，在淬火加热时，应注意防止氧化和脱碳。此外，钴还降低钢的韧性。

6. 微合金元素的作用

在高速钢中加入微量氮，氮可溶于碳化物，形成合金碳氮化物，使碳化物稳定性增高，减小聚集倾向。氮可细化奥氏体晶粒，提高晶界开始熔化温度，因而提高了淬火温度和合金元素溶解量，增加淬火回火后的硬度和红硬性，同时也提高了抗弯强度和挠度，改善了韧性。一般高碳超硬高速钢中可加入 0.05% ~ 0.10% 的氮。

稀土元素加入高速钢中，可明显改善其在 900 ~ 1 150 °C 的热塑性。高速钢的热塑性由于微量硫存在于奥氏体晶界而恶化，将硫含量降低到 0.002% 亦不可避免，并引起热扭转试样的沿晶断口。当钢中加入稀土元素后，降低了硫在晶界的偏聚。我国生产的含稀土高速钢有 W18Cr4VRE 和 W12Mo2Cr4VRE 钢。由于有较高的热塑性，可适应刃具的热扭轧工艺。

4.4.1.2 高速钢的分类

根据高速钢的成分特点，可以分为以下几类。

（1）钨系高速钢。典型钢种为 W18Cr4V（即所谓的 18-4-1 型）、9W18Cr4V 钢。它是发展最早的一类高速钢，但脆性较大，有逐步被韧性较好的钨钼系高速钢取代的趋势。

（2）钨钼系高速钢。以 W6Mo5Cr4V2 钢（即所谓的 6-5-4-2 型）为代表，W6Mo5Cr4V3（简称 6-5-4-3），W9Mo3Cr4V 钢也属于钨钼系高速钢。此系列高速钢的过热和脱碳倾向较大，热加工时应小心。我国已逐渐用钨钼系高速钢代替钨系高速钢。

（3）高碳高钒高速钢。典型钢种为 CW6Mo5Cr4V3 钢。

（4）高钴高速钢。以 W6Mo5Cr4V3Co8 钢为代表，还有 W6Mo5Cr4V2Co5 钢等。这类钢的红硬性非常好，但价格昂贵。

（5）超硬高速钢。W6Mo5Cr4V2Al 钢是根据我国的资源状况而开发的一种不含钴的高速钢。该钢室温下的硬度为 65 ~ 70 HRC，刃部温度达 600 °C 时，硬度仍能维持 54 ~ 55 HRC，红硬性好，适用于制作难切削材料的刃具，但其脆性最大，不宜制作薄刃刃具。该钢已达到钴高速钢的最佳水平，而成本仅为钴高速钢的 1/2 ~ 1/4。

以上前两种高速钢通常称为通用高速钢，而后 3 种高速钢通常称为特殊高速钢，也称为超硬高速钢或高性能高速钢。

4.4.2 高速钢中的组成相和碳化物不均匀性

4.4.2.1 高速钢的组成相

在通用型的钨系和钨钼系高速钢中，含有高钨、高钼和铬、钒等元素，平衡态下存在合金奥氏体（γ）、合金铁素体（δ、α）和多种合金碳化物。合金碳化物为 M_6C、$M_{23}C_6$ 及 MC 3 种类型，含钨、钼较少的高速钢中还有 M_7C_3 型碳化物。

M_6C 型是以钨或钼为主的含铁碳化物。在钨系和钼系分别为 $Fe_2W_4C \sim Fe_4W_2C$ 和 $Fe_2Mo_4C \sim Fe_4Mo_2C$；在钨钼系为 $Fe_2(W、Mo)_4C \sim Fe_4(W、Mo)_2C$，钨、钼可互换。它们都溶有一定量的铬、钒等元素。

$M_{23}C_6$ 型是以铬、钨、钼为主，并溶有铁等元素的碳化物。

MC 型是以钒为主的 VC，也能溶解少量钨、钼、铬等元素。

在热处理过程中，还存在含钨、钼的 M_2C 型亚稳碳化物。

4.4.2.2 高速钢的相图和铸态组织

高速钢中的钨、钼、铬等合金元素含量高，属于莱氏体钢，分析其凝固和相变过程不能用 $Fe\text{-}Fe_3C$ 相图，而要用 Fe-W-Cr-C 系或 Fe-W-Mo-Cr-C 系的变温截面，如图 4.3 所示。这两个合金系中含有较多固溶体相和化合物相，因而相图较为复杂；两者的形状基本相似，只是钨钼系的结晶温度略低一些。

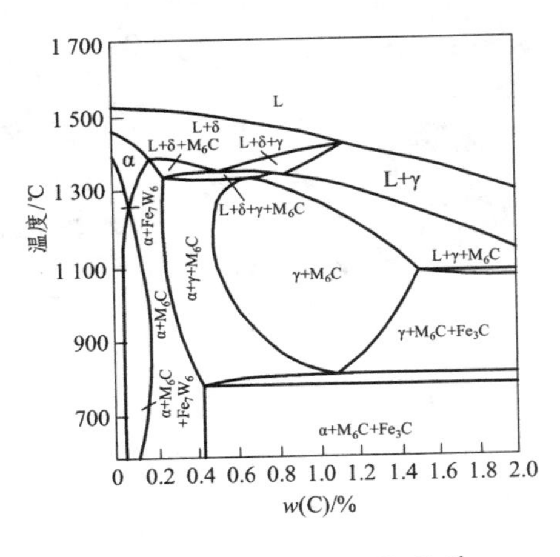

（a）Fe-18%W-4%Cr-C 系

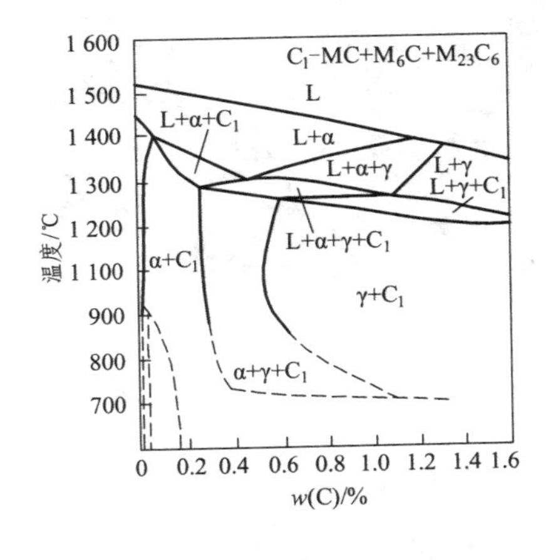

（b）W6Mo5Cr4V2 钢

图 4.3 高速钢变温截面图

由图 4.3 可知，液相高速钢要经过系列三相包晶和四相包晶等反应才能完全凝固。以 W18Cr4V 钢为例，高速钢凝固过程及凝固后的冷却过程中发生下列反应：

（1）开始结晶时析出 δ（高温铁素体）固溶体。

（2）冷却到 1 400 °C 发生包晶反应 $L + \delta \rightarrow \gamma$。

（3）在 1 345 °C 附近很窄的温度范围进行包共晶反应 $L + \delta \rightarrow \gamma + M_6C$。

（4）继而在 1 330 ~ 1 300 °C 发生共晶反应 $L \rightarrow \gamma + M_6C$，一直到完全凝固，形成由奥氏体和碳化物组成的共晶莱氏体，存在于奥氏体枝晶之间，其中碳化物呈鱼骨状，骨络之间为 γ 相，如图 4.4（a）所示。

（5）凝固后继续冷却时，由奥氏体中析出先共析合金碳化物，在 870 ~ 800 °C 发生包析反应 $\gamma + M_6C \rightarrow \alpha$，冷到 800 °C 左右发生共析反应 $\gamma \rightarrow \alpha + M_6C + Fe_3C$。实际上 W18Cr4V 钢在共晶结晶时还出现 VC 型碳化物，并在随后冷却时，由奥氏体中析出 VC 和 $M_{23}C$ 型碳化物，在低温下未发现 Fe_3C 存在。

W6Mo5Cr4V2 钢中的共晶碳化物与 W18Cr4V 钢中的不同，形态呈鸟巢状，如图 4.4（b）所示。其共晶碳化物为 M_2C 型的$(W, Mo)_2C$，而非 M_6C 型的 Fe_3W_3C，高温长时间保温后，可以转变为 M_6C。由图 4.4（b）可以看出，这种鸟巢状的共晶碳化物比鱼骨状的共晶碳化物较为细小。

在实际铸锭生产的凝固条件下，冷却速度较快，碳及合金元素来不及扩散，达不到平衡条件，在高温发生的包晶转变一般进行得不完全。完成结晶时的组织一般由共晶莱氏体（Ld）、奥氏体（γ）和未消耗完的高温铁素体相（δ）。以后随着冷却条件的不同，δ 相可能部分或全部发生共析分解 $\delta \rightarrow \gamma + M_6C$，随后 γ 相再发生共析反应。这种转变产物金相显微镜下呈黑色，称为“黑色组织”。γ 相的共析反应也可能被抑制而过冷到低温，转变为马氏体和残留奥氏体，形成“白亮组织”。因此，高速钢的实际铸态组织很复杂。

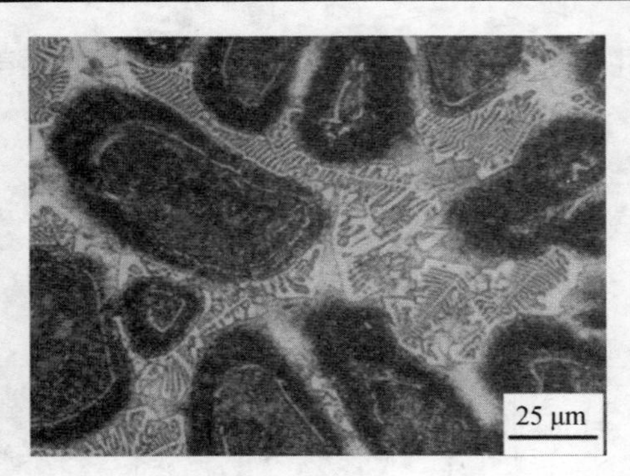

（a）W18Cr4V 钢

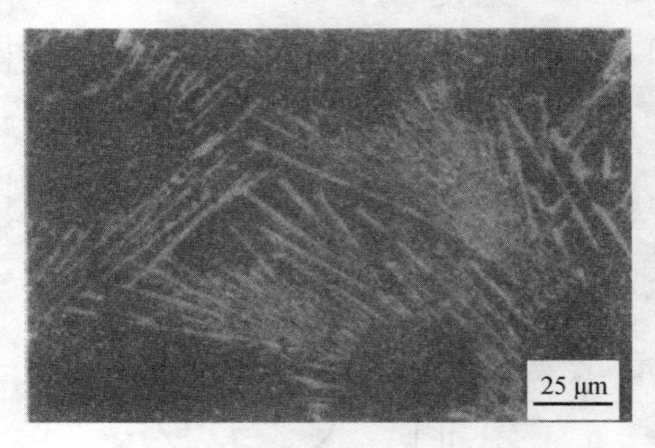

（b）W6Mo5Cr4V2 钢

图 4.4 高速钢的铸态组织

4.4.2.3 高速钢的碳化物不均匀性

高速钢的铸态组织中碳化物分布很不均匀,粗大的鱼骨状共晶莱氏体常连接成网状分布。高速钢的这种碳化物分布不均匀性，会严重恶化刃具的加工、使用性能。淬火加热时，碳化物较少的区域，奥氏体晶粒易粗化，淬火开裂倾向大；而碳化物密集区则脆性大，易引起崩刃。粗大碳化物在加热时溶解少，使附近奥氏体合金度低，热处理后刃具的硬度、红硬性和韧性等都降低。因此，碳化物分布的均匀性是衡量高速钢质量的重要技术指标之一。

改善高速钢碳化物不均匀性的措施有：

（1）采用 200 ~ 300 kg 的小锭型，使钢锭凝固快，减少结晶时宏观偏析，共晶莱氏体也细小。

（2）采用扁锭加快凝固，一般用 630 kg 的锭型，减少集中偏析和使共晶莱氏体细化。

（3）增大钢锭锻压比，反复拔长和镦粗。高速钢的导热性能较差，锻造加热时，在 850 ~ 900 °C 以下一般应缓慢升温。锻造或轧制后为防止产生过多的马氏体组织，应缓慢冷却，以防止产生过高的应力和开裂。高速钢锻后硬度为 240 ~ 270 HB。

（4）大尺寸钢材可采用电渣重熔，钢液在水冷结晶器中径向结晶，共晶莱氏体细小。

4.4.3 高速钢的热加工

通常，用高速钢制作工具的加工工艺路线为：锻造→球化退火→粗加工→淬火→3 次回火→精加工。这其中锻造、热处理等热加工工艺对高速钢的性能有着极其重要的影响。

4.4.3.1 锻 造

高速钢的铸态组织中分布着不均匀的粗大碳化物，很难通过热处理来改善，因此必须经过严格的锻造工艺来改善碳化物的形态与分布。其锻造要点为：①“两轻一重”，即开始锻造和终止锻造时要轻锤快锻，中间温度范围要重锻；②“两均匀”，即锻造过程中温度和形变量要均匀；③“反复多向锻造”，即反复拔长和镦粗等。

由于高速钢含合金元素多，导热性和塑性差，因此，锻造加热时应尽量均匀，加热过程在 850 ~ 900 °C 时应缓慢进行。钨系高速钢的始锻温度为 1 140 ~ 1 180 °C，终锻温度为 900 °C 左右。钨钼系高速钢的始锻温度可以降至 1 000 °C，以减少氧化和脱碳，终锻温度可以降至

850 ~ 870 °C。终锻温度太低会引起锻件开裂，而终锻温度太高则会引起过热缺陷，使钢的强度、韧性降低，工件易崩刃或折断，且出现萘状断口，如图 4.5 所示。因高速钢空冷即可形成马氏体，有产生淬火裂纹的倾向；因此锻后应缓冷，以防产生过高的应力和开裂。

4.4.3.2　退　火

高速钢锻造后应进行球化退火处理，以降低硬度（207 ~ 255 HBS），便于切削加工，为淬火作组织准备。高钒及含钴高速钢退火后的硬度要高一些。高速钢退火后的组织为索氏体 + 细颗粒状碳化物，如图 4.6 所示。

图 4.5　高速钢的萘状断口

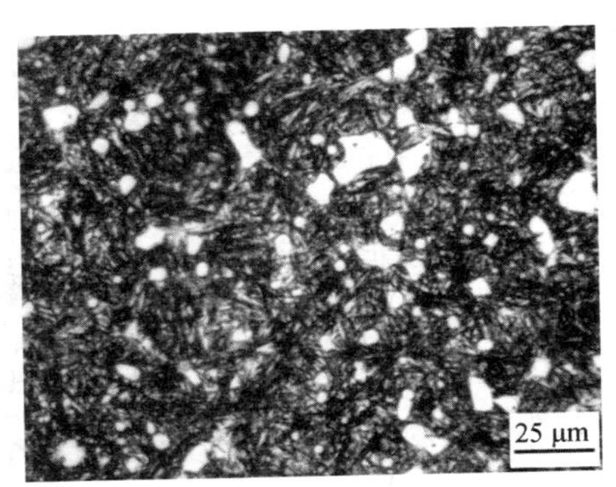

图 4.6　高速钢锻后退火组织

高速钢的 Ac_1 在 820 ~ 840 °C，退火温度选择在略高于 Ac_1。因此，对于各种类型高速钢的退火温度都在 860 ~ 880 °C，保温 2 ~ 3 h。此时大部分合金碳化物未溶入奥氏体，奥氏体中的合金元素含量不高，冷却时易转变成粒状珠光体和剩余碳化物。也可以采用等温球化退火，即快速冷却至 720 ~ 750 °C 等温 4 ~ 6 h 后，再缓慢冷却至 500 °C 后出炉空冷。高速钢的退火工艺规范如图 4.7 所示。

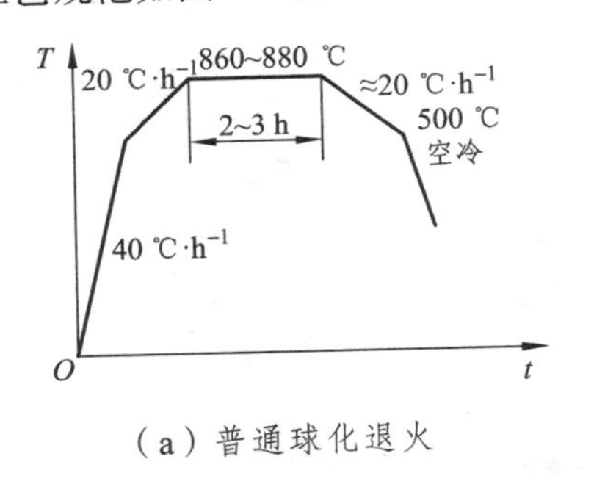

（a）普通球化退火

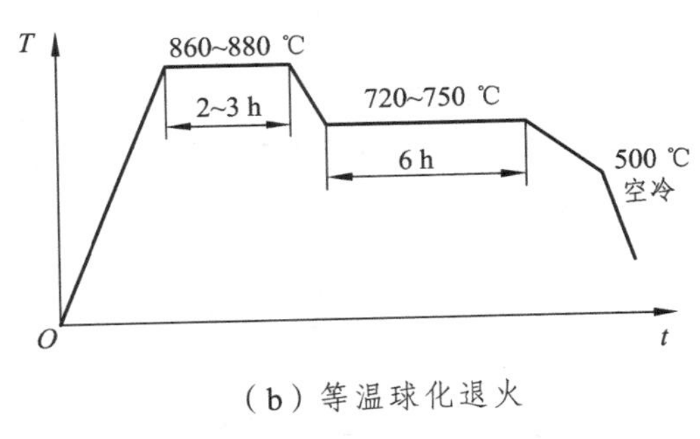

（b）等温球化退火

图 4.7　高速钢的退火工艺

4.4.3.3　淬火与回火

高速钢的优越性只有在正确的淬火及回火之后才能发挥出来。高速钢中含有较多的合金元素，是高合金钢的典型代表，其淬火和回火工艺比较复杂。

高速钢的最终热处理为淬火 + 回火。淬火后获得高合金的马氏体，这种马氏体具有高的回火稳定性。高合金度的马氏体经回火后析出细小弥散的合金碳化物从而产生二次硬化，使高速钢具有高的硬度和红硬性。

1. 淬 火

高速钢中合金碳化物 M_6C、$M_{23}C_6$、MC 都很稳定，必须在很高温度下才能充分溶解。它们通常只有在 1 100 °C 以上才会大量溶入奥氏体；当温度超过 1 300 °C 时溶解度还会增加，但是，奥氏体晶粒会急剧长大，甚至在晶界处发生熔化，从而导致过烧现象。因此，高速钢的淬火加热温度应该在不发生过热的条件下尽可能地高，以提高工件的红硬性。图 4.8 为 W18Cr4V 钢奥氏体合金度与淬火加热温度的关系。所以，高速钢的淬火加热温度范围一般在 Ac_1 + 400 °C 以上。

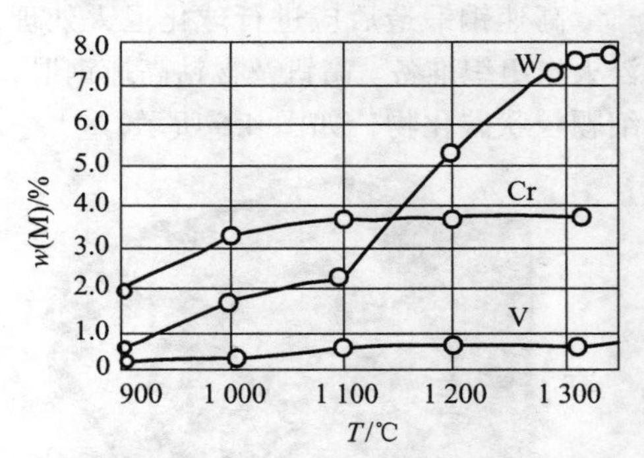

图 4.8 W18Cr4V 钢奥氏体合金度与淬火加热温度的关系

淬火加热温度应严格控制，加热炉的温度波动不得超过 ± 10 °C。温度过高则晶粒粗大、碳化物溶解过多、奥氏体合金度过高，从而在随后的冷却过程中极易在奥氏体晶界上析出网状碳化物，即形成过热组织。温度过低，则大量碳化物未溶解、奥氏体合金度过低、钢件红硬性下降，即出现欠热缺陷。图 4.9 ~ 4.12 分别是 W18Cr4V 高速钢加热奥氏体化的正常组织和欠热、过热及过烧组织。

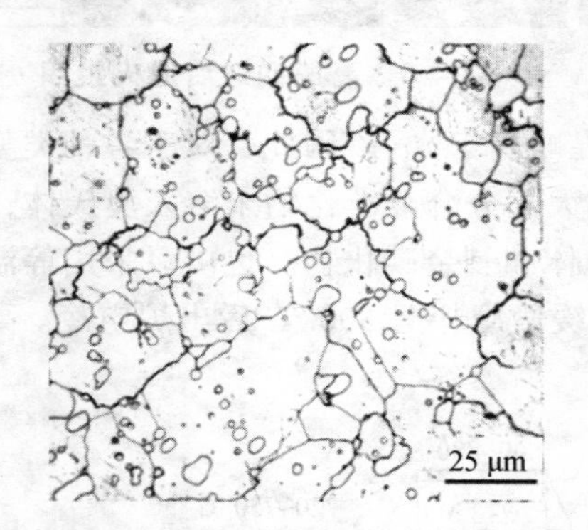

图 4.9 W18Cr4V 钢的正常加热组织

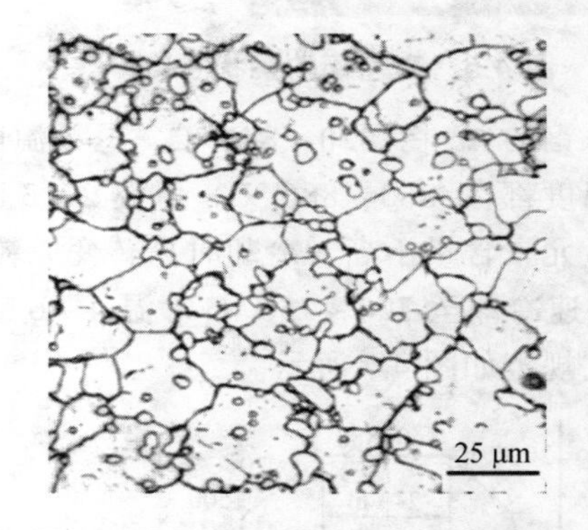

图 4.10 W18Cr4V 钢的欠热组织

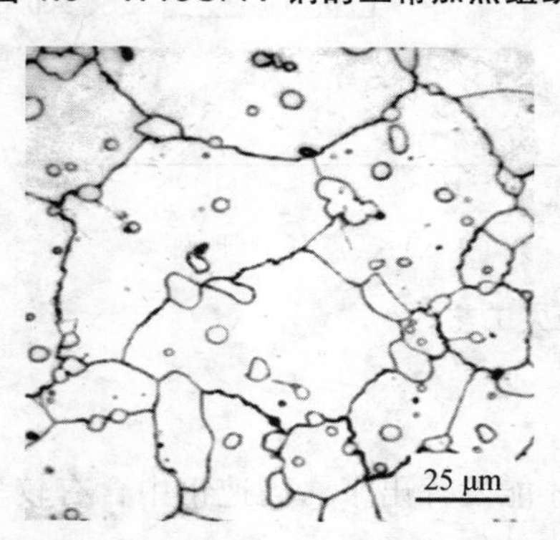

图 4.11 W18Cr4V 钢的过热组织

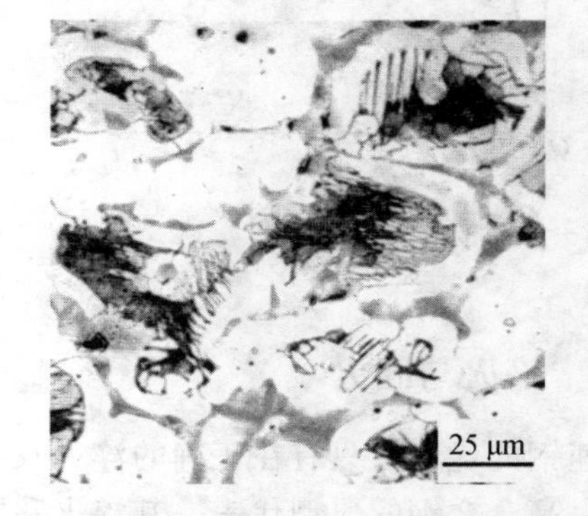

图 4.12 W18Cr4V 钢的过烧组织

在选择高速钢淬火加热温度时还应考虑以下几方面的因素。

（1）服役条件。由于服役条件不同，刃具所需要的性能也不尽相同，因此淬火加热温度也应有所区别。例如，车刀在切削过程中决定其使用寿命的主要性能是高硬度和高的红硬性，相对而言对韧性要求不高，因而可采用较高的淬火温度；而钻头工作时受扭力，对强韧性要求较高，因此，淬火加热温度相对于车刀来说要选择得低一些。

（2）几何形状及尺寸。工件形状复杂、易形变、薄片形和细长刀具（如锯片、细长拉刀、铣刀等）及工件厚薄相差大、有尖角易开裂的刀具（如三面刃铣刀）应采用较低的淬火加热温度；而形状简单的刃具则可采用较高的淬火温度；大型刃具因碳化物分布不均匀，容易发生局部过热，所以淬火加热温度不能太高。

高速钢的导热性较差，为了减小工件由室温直接加热至高温所产生的内应力，缩短高温停留时间以减轻氧化、脱碳和降低过热风险，淬火加热过程应分段预热，使温度分级上升；这对尺寸较大、形状复杂的刃具尤为重要。形状简单、尺寸小的工具可在 800 ~ 850 °C 温度段预热，预热时间为高温加热时间的两倍。对于形状复杂、尺寸较大的工具，通常采用 500 ~ 600 °C 和 800 ~ 850 °C 两段预热，其中低温段预热时间一般为中温段预热时间的两倍。

高速钢淬火加热保温时间的确定原则为：保证有足够的碳化物溶入奥氏体基体而又不会引起奥氏体晶粒过分长大。高速钢在一定的加热温度下通常有一最合适的加热时间。保温时间过长，非但不能进一步增加奥氏体的合金度，反而由于晶粒长大而使工件的力学性能下降，引起刃具表面氧化、脱碳和形变；保温时间太短，则奥氏体合金化程度不足，从而降低了刃具的红硬性。

高速钢的冷却也很重要。高速钢加热奥氏体化后，奥氏体的合金化程度很高；因此，其过冷奥氏体有很高的稳定性。图 4.13 是 W18Cr4V 钢过冷奥氏体等温转变曲线。由图 4.13 可以看出过冷奥氏体分解速度很低，在约 760 °C 完全分解为珠光体至少要 10 h 以上。因此，高速钢空冷也能得到马氏体；但一般不采用空冷，因为冷却速度太慢时，在 1 000 ~ 700 °C 会有碳化物自奥氏体中析出，降低奥氏体的合金度，从而降低钢的硬度和红硬性，这种析出现象在 760 °C 左右尤为强烈。

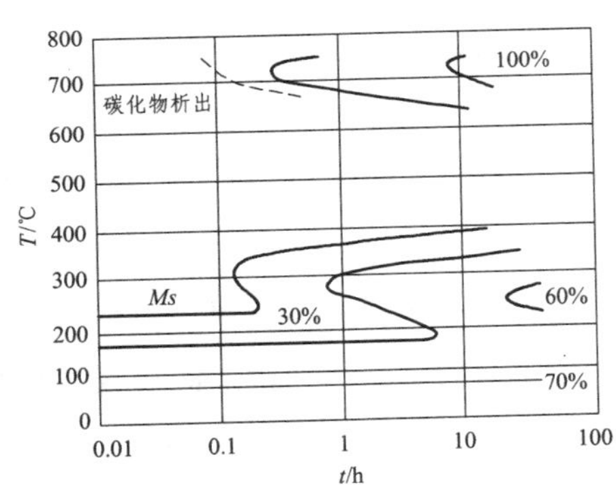

图 4.13　W18Cr4V 钢在 1 290 °C 奥氏体化后过冷奥氏体等温转变曲线

冷却方式可采用直接油冷、油淬空冷、分级淬火等，其组织为隐晶马氏体 + 未溶细粒状碳化物 + 大量残留奥氏体（约 30% 左右），硬度为 61 ~ 63 HRC。

高速钢刃具的淬火冷却工艺大致可以分为以下几种：

（1）油中冷却。形状简单（如车刀、钻头等）、尺寸在 30 ~ 40 mm 以下的刃具可以采用直接油冷。为了避免开裂，在油中的时间不宜太长，最好在工件温度为 200 °C 以上取出后空冷，即实际为油淬空冷。

（2）分级淬火。高速钢工具最常用的冷却方式是分级淬火。根据刃具形状、形变和开裂倾向大小可分别选用一次或多次分级淬火方法。

对于淬火后形变和开裂倾向不严重的刃具可采用 580 ~ 600 °C 等温的一次分级淬火；对于尺寸较大、形状比较复杂等淬火形变要求严格的刃具，应采用 590 ~ 620 °C 和 350 ~ 400 °C 两次分级淬火以减小工件的形变；对于形状特殊、极易形变的工具（如直径较大的圆形薄片刃具、细长易形变的刃具等）可采用多次分级淬火，如 800 ~ 820 °C，550 ~ 620 °C，350 ~ 400 °C 3 次分级。但多次分级冷却所需设备较多、工艺复杂。必须强调，对于分级淬火的分级温度停留时间一般不宜太长，否则二次碳化物可能大量析出，对钢的性能不利。高速钢的正常淬火组织为 60% ~ 70% 的马氏体 + 10% 的碳化物 + 25% ~ 30% 的残留奥氏体。

（3）等温淬火。对于大型复杂刃具，为了减小形变、提高韧性，可采用等温淬火。高速钢的等温淬火有贝氏体等温淬火和马氏体等温淬火，应用较多的是贝氏体等温淬火。即在 240 ~ 280 °C 的贝氏体转变温度下等温 4 ~ 6 h 后再空冷至 100 °C，然后及时回火。贝氏体等温淬火后的组织为下贝氏体 + 残留奥氏体 + 碳化物，如图 4.14 所示。

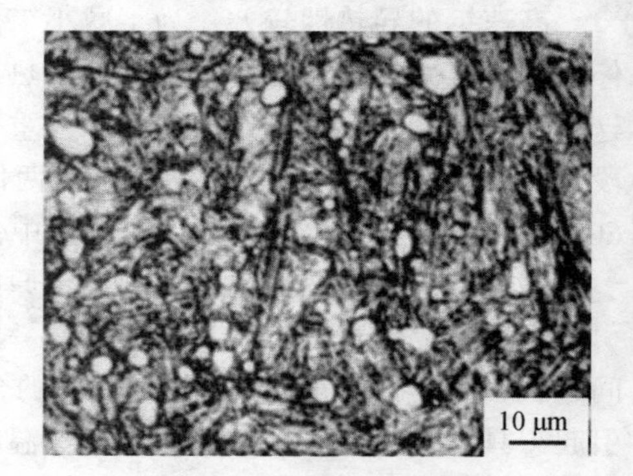

图 4.14　W18Cr4V 钢贝氏体等温淬火后的组织

等温淬火和分级淬火相比，其主要差别是组织中除碳化物及残留奥氏体外，前者含有马氏体，后者含有下贝氏体。等温淬火可进一步减小工件形变，并提高韧性。故等温淬火有时也称为无形变淬火。等温淬火所需时间较长，等温时间的不同，所获得的下贝氏体含量也不等，在生产中通常只能获得约 40% 的下贝氏体。等温时间过长并不能显著减少残留奥氏体的含量。在等温淬火后需要进行冷处理或采用多次回火来消除残留奥氏体；否则将会影响回火后的硬度及热处理质量。

淬火后可通过冷处理（ – 70 °C 左右）来减少残留奥氏体，也可直接进行回火处理。为了避免残留奥氏体的稳定化，淬火与冷处理之间的停留时间应当尽可能地缩短，一般不超过 1 h。冷处理会引起附加应力，不宜用于形状复杂的工具和淬火温度偏高的情况，以免引起开裂。

2. 回　火

为充分减少残留奥氏体量、降低淬火钢的脆性和内应力，更重要的是通过产生二次硬化来保证高速钢的红硬性，高速钢一般需要在 560 °C 左右进行三次回火处理，每次的保温时间都为 1 h。高速钢淬火后在回火过程中最显著的组织变化是从马氏体和残留奥氏体中析出合金碳化物，这是保证高速钢红硬性的基础。合金碳化物的析出也使得残留奥氏体的合金度随着回火温度的升高而降低、奥氏体的 *Ms* 升高，冷却至室温时，部分残留奥氏体发生马氏体转变。由于淬火高速钢中残留奥氏体数量较多，经一次回火后，仍有约 10% 的残留奥氏体未转变，如图 4.15 所示。硬度为 64 ~ 65 HRC。要再经两次回火，才能基本转变完。第一次回火对淬火马氏体起回火作用；而在回火冷却过程中，残留奥氏体转变成马氏体时又产生了新的应力，所以需要第二次回火。而第二次回火后由于产生新的残留应力，还需要第三次回火以进一步消除残留应力，提高钢的强度和韧性。三次回火后的组织为回火马氏体 + 碳化物 + 2% ~ 3% 的残留奥氏体，如图 4.16 所示；硬度比淬火后略高，为 63 ~ 66 HRC。

图 4.17 是 W18Cr4V 钢回火温度与力学性能的关系。图 4.18 是 W18Cr4V 钢经不同回火次数后的金相组织和回火次数与残留奥氏体量及性能的关系。图 4.19 为高速钢的淬火和回火工艺曲线。

图 4.15 W18Cr4V 钢回火一次的金相组织

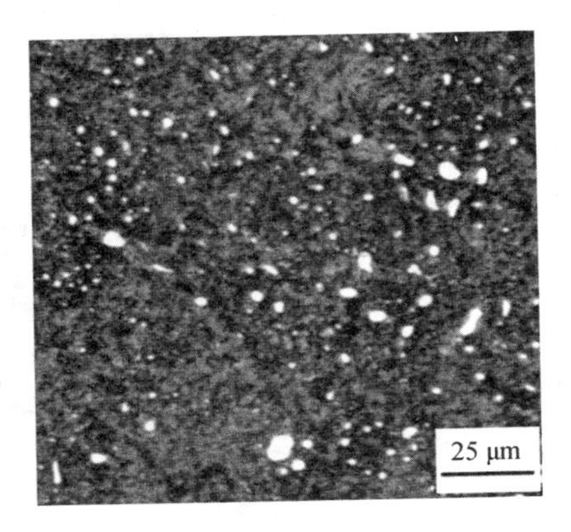

图 4.16 W18Cr4V 钢回火三次的金相组织

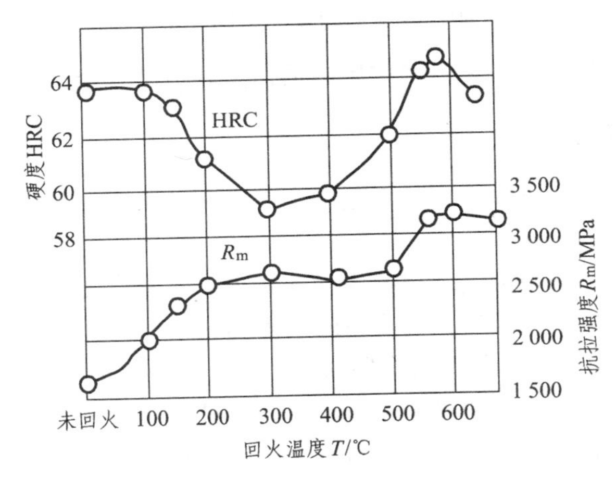

图 4.17 W18Cr4V 钢回火温度与力学性能的关系（1 280 °C 淬火）

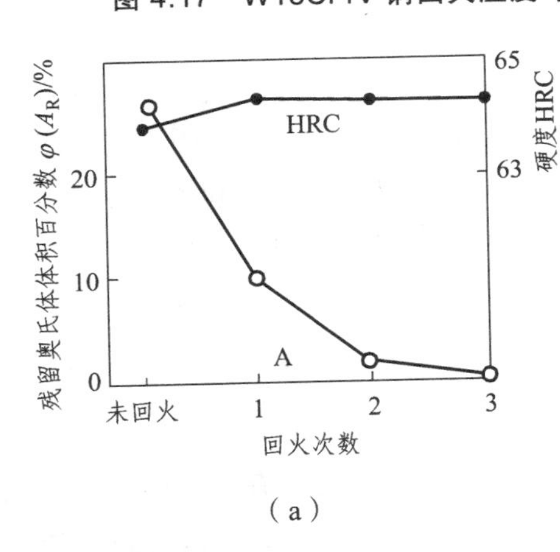

（a）

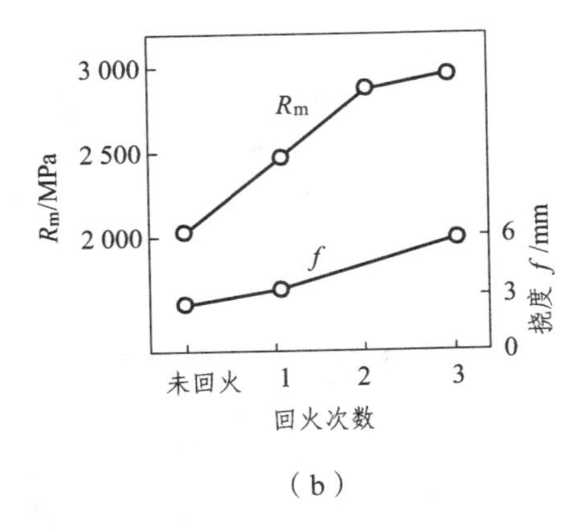

（b）

图 4.18 W18Cr4V 钢回火次数与残留奥氏体体积百分数和性能的关系

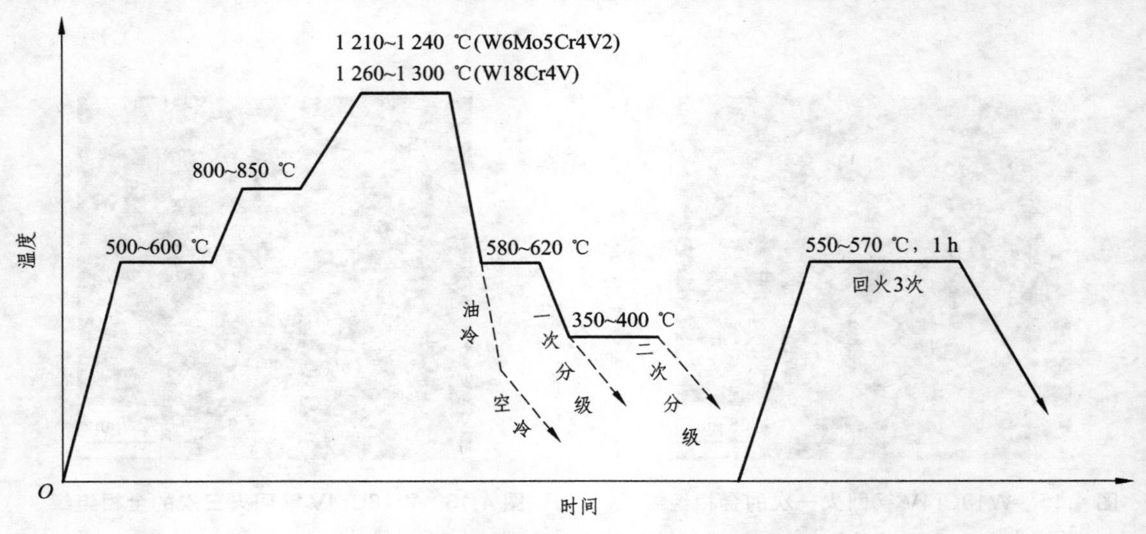

图 4.19 高速钢的淬火和回火工艺曲线

这里介绍的高速钢热处理工艺基本原则也适用于其他高合金工具钢。

4.4.3.4 化学热处理与表面处理

高速钢制作的刃具，经过淬火、回火以后，通过化学热处理可以进一步提高刃具的使用寿命。

氧氮共渗兼有蒸汽处理与渗氮处理的优点。其渗层表面是氧化层，能增加工件的散热能力并具有润滑作用。往里是渗氮层，具有高的硬度和耐磨性。又由于水蒸气的稀释作用，渗氮层中氮含量较低，避免了单一渗氮时渗层的脆性。氧氮共渗处理适用于高速钢制作的刃具，能明显提高使用寿命，在切削较硬材料时效果尤为明显。

硫氮共渗也可以提高高速钢刃具的使用寿命。硫氮共渗是使工件表面同时渗入硫和氮的化学热处理工艺，其目的是综合利用渗硫的减摩作用及渗氮的抗磨损作用。共渗层的相为 Fe_2S、FeS、Fe_4N，层深不超过 10 μm。

适用于高速钢刃具的化学热处理工艺还有氧氮硫三元共渗、氮硫共渗蒸汽处理等。

表面处理可有效提高高速钢刃具（包括模具）的切削效率和寿命，因而受到了普遍重视和广泛应用。可进行的表面处理方法很多，常见有气相沉积 TiN 涂层和激光表面处理等。

经化学热处理或表面处理后，刃具寿命少则提高百分之几十、多则提高几倍甚至十倍以上。

4.4.4 新型高速钢简介

高速钢与其他硬质材料（如硬质合金刃具、陶瓷刃具）相比具有好的韧性和工艺性能，且价格低廉；比碳素工具钢和低合金工具钢的红硬性和耐磨性更好，因此，世界各国都非常重视开发应用更高性能或节约资源的新型高速钢。

（1）低合金高速钢。它是在相应的通用型高速钢成分的基础上，采用较低合金含量和较高碳含量来产生二次硬化。如在 W6Mo5Cr4V2 高速钢基础上，开发的低合金高速钢

W3Mo3Cr4V2、W4Mo3Cr4VSi 等。其特点是：节约合金资源，钨、钼降低了近一半，故钢的成本较低；碳化物细小均匀，故综合力学性能和工艺性能改善；在中低速切削条件下，红硬性与通用高速钢相当。

（2）时效硬化高速钢。它的成分特点是低碳高合金度（高钨、高钴），通过析出金属间化合物，而不是析出碳化物来获取高的硬度、红硬性和耐磨性。这类钢特别适合于制作尺寸较小、形状复杂、精度高和粗糙度低的高速切削刃具或超硬精密模具，是解决钛合金、镍基高温合金等难加工材料的切削成型与精加工的较理想工具材料；其主要缺点是价格较高。

（3）粉末冶金高速钢。用粉末冶金法生产高速钢，先制取粉末，再用热等静压或热挤压，烧结成材。这样就不存在合金元素偏析、碳化物不均匀性问题；细化了共晶碳化物，使钢材的显微组织细化和均匀化；可实现大幅度高合金化的成分设计；因而获得了良好的性能。与相同成分的高速钢相比，有较均匀的硬度、强度和韧性；红硬性和磨削工艺性能显著改善；提高了刃具的使用寿命；用于加工高硬度、难切削材料时优势更显著；可直接压制成型，省去了锻造和粗加工工序。缺点是现阶段的制造成本较高，对其经济上的合理性尚存在争论。

生产粉末冶金高速钢有两种基本工艺，一是采用高压水雾化制粉、压制和烧结工艺；另一种是氮气雾化制粉、装包套和热等静压成坯。

4.5　冷作模具钢

冷作模具钢是用来制作使金属冷形变成型的模具，如冷冲、冷镦、冷挤压、冲裁、拉丝等模具。冷成型方式有不同类型，所用模具的服役条件各有不同，但其共同的特点为：使用工作温度一般不超过 200 ~ 300 °C，冷作模具的工作部分承受很大的载荷及摩擦、冲击作用。冷作模具的正常失效形式是磨损，但若模具选材、设计与加工处理不当，也会因形变、开裂而出现早期失效。所以，为使冷作模具耐磨损、不易开裂或形变，冷作模具钢的主要技术要求为具有高硬度、高耐磨性，同时要求高强度和足够的韧性，这是与刃具钢相同之处。考虑到冷作模具与刃具在工作条件和形状尺寸上的差异，冷作模具对淬透性、耐磨性尤其是韧性方面的要求应高一些，而对红硬性的要求较低或基本上没有要求。因此，冷作模具钢应是高碳钢并多在回火马氏体状态下使用。鉴于下贝氏体的优良强韧性，冷作模具钢也可通过等温淬火以获得下贝氏体为主的组织。

冷作模具钢通常按化学成分可分为碳素工具钢、低合金工具钢、高铬和中铬模具钢、高速钢类冷作模具钢等。

一般中、小型模具常用碳素钢及低合金工具钢制作，如 T12、9Mn2V、Cr2、CrWMn 钢等。对于尺寸大、形状复杂、重载荷的模具必须采用高淬透性、高耐磨性的高碳高铬钢，甚至采用高速钢的基体钢。各种常用冷作模具所用钢种如表 4.4 所示。

本章第 3 节已经对用作刃具的碳素工具钢和低合金工具钢作了详细介绍，其基本原则在用作冷作模具时仍然适用，因此，此处不再赘述。以下主要介绍高铬和中铬冷作模具钢、高速钢类冷作模具钢。

表 4.4 常用冷作模具所用钢种

模具种类	钢号		
	简单（轻载）	复杂（重载）	重载
硅钢片冲模	Cr12、Cr12MoV	Cr12、Cr12MoV	—
落料冲孔模	T10、9Mn2V、GCr15	CrWMn、9Mn2V	Cr12MoV
剪刀	T10、9Mn2V	9SiCr、CrWMn	—
冷挤压模	T10、9Mn2V	9Mn2V、9SiCr、Cr12MoV	Cr12MoV、W18Cr4V、W6Mo5Cr4V2
冷镦模	T10、9Mn2V	基体钢、Cr12MoV	基体钢、Cr12MoV
冲头	T10、9Mn2V	Cr12MoV	W18Cr4V、W6Mo5Cr4V2
压弯模	T10、9Mn2V	—	Cr12MoV
拉丝模	T10、9Mn2V	—	Cr12MoV

4.5.1 高铬和中铬冷作模具钢

相对于碳素工具钢和低合金工具钢，这类钢具有更高的淬透性、耐磨性和强度，且淬火形变小，因此被广泛用于制造尺寸大、形状复杂、精度高的重载冷作模具。这是一种重要的专用冷作模具钢。

高铬模具钢是指 w(Cr) = 12%的高碳亚共晶莱氏体钢。常用牌号有 Cr12 和 Cr12MoV 钢两个，称为 Cr12 型高铬模具钢。Cr12 钢的 w(C)高达 2.00% ~ 2.30%，退火态组织中含有体积分数为 16% ~ 20% 的(Cr，Fe)$_7$C$_3$ 碳化物。由于碳含量高，Cr12 钢中的共晶碳化物分布很不均匀。因此，尽管 Cr12 钢具有优良的淬透性和耐磨性，但韧性较差，由其制造的冷作模具容易发生崩刃、折断等早期失效，因而其应用正逐步减少。

Cr12MoV 钢是在保持 Cr12 钢优点的基础上，将 w(C)降低至 1.45% ~ 1.70%，碳化物仍为(Cr，Fe)$_7$C$_3$，其中也可能会溶入少量的钼和钒；但碳化物分布不均匀性降低，因而其韧性得以改善，图 4.20 是 Cr12MoV 钢的退火态组织。Cr12MoV 钢虽然碳含量降低，但仍存在网状碳化物和带状碳化物，如图 4.21 所示。因此，仍需对 Cr12MoV 钢进行反复、多向锻造，以降低其碳化物偏析现象，改善韧性。锻后需缓慢冷却，防止开裂。

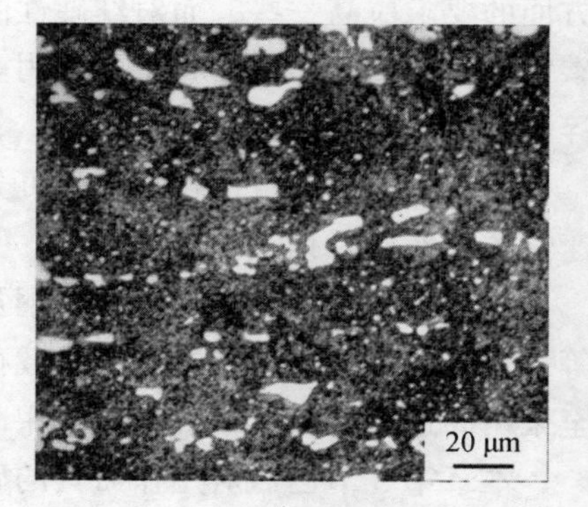

图 4.20 Cr12MoV 钢的退火态组织

Cr12MoV 钢具有高淬透性，截面在 200 ~ 300 mm 以下可以完全淬透，主要制造大尺寸、形状复杂、承受载荷较大的模具，对于韧性不足而易于开裂、崩刃的模具，已取代了 Cr12 钢。

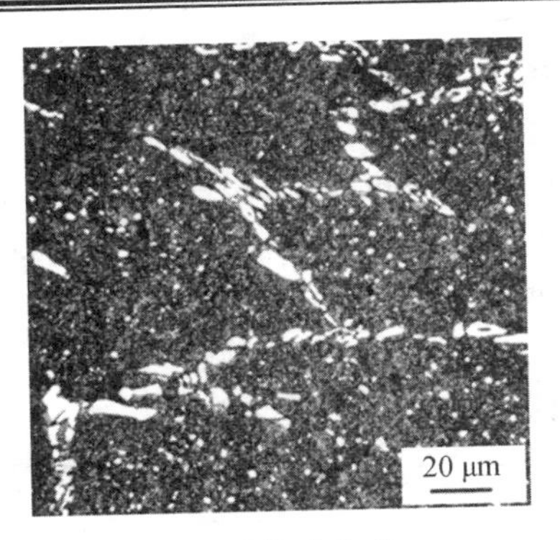

（a）网状碳化物

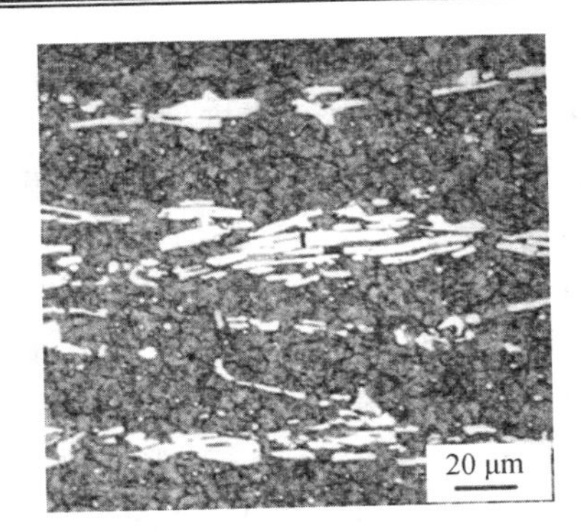

（b）带状碳化物

图 4.21　Cr12MoV 钢中的碳化物偏析

Cr12MoV 钢的最终热处理有一次硬化法和二次硬化法两种。一次硬化法是采用较低的温度淬火后在较低温度回火，淬火后晶粒细小、强韧性好。淬火加热温度通常采用 980 ~ 1 030 °C，回火温度一般选择在 150 ~ 170 °C，硬度为 61 ~ 63 HRC，残留奥氏体量少，未溶$(Cr,Fe)_7C_3$ 碳化物的体积分数约为 12%。随着淬火加热温度的升高，碳化物溶解量增加，奥氏体合金度增加，淬火后残留奥氏体含量增加，硬度降低。图 4.22 为 Cr12MoV 钢淬火 + 低温回火后的组织。一次硬化法使用较普遍，加工工艺路线与低合金工具钢相同。

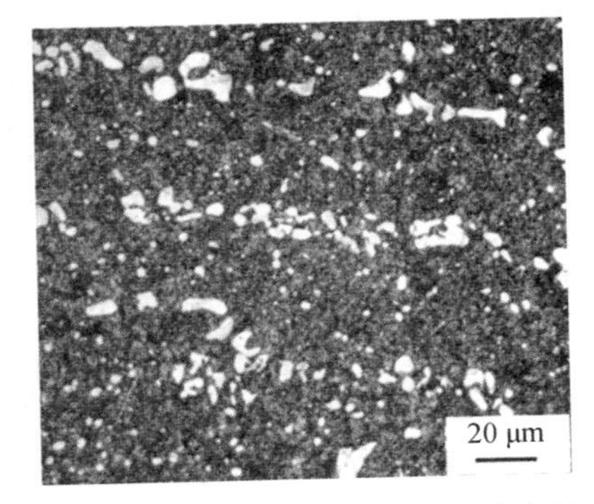

图 4.22　Cr12MoV 钢淬火回火态的组织（1 040 °C 淬火）

二次硬化法是采用较高的温度淬火，并采用多次在较高温度回火。淬火加热温度通常采用 1 050 ~ 1 100 °C，在 500 ~ 520 °C 回火 3 ~ 4 次，每次 1 h。回火后硬度回升到 60 ~ 62 HRC。硬度的提高主要是由于残留奥氏体在回火冷却过程中转变为马氏体。为了减少回火次数，尺寸不大和形状简单的模具，可以进行冷处理（ – 78 °C）。图 4.23 是 Cr12MoV 钢的硬度、残留奥氏体量与淬火温度的关系。图 4.24 是 Cr12MoV 钢不同温度淬火后不同温度回火时硬度的变化。

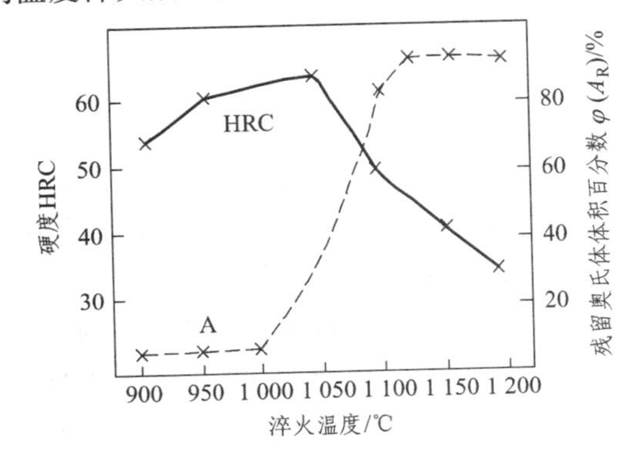

图 4.23　Cr12MoV 钢的硬度、残留奥氏体体积百分数与淬火温度的关系

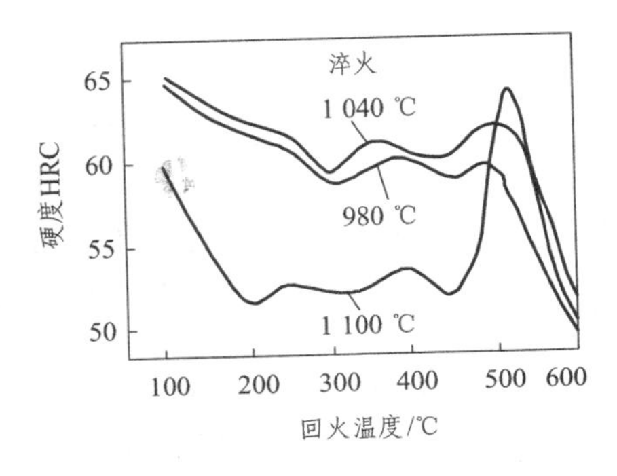

图 4.24　Cr12MoV 钢不同温度淬火后不同温度回火时硬度的变化（980、1 040 °C 淬火后回火 1 次；1 100 °C 淬火后回火 3 次，每次 1 h）

Cr12MoV 钢高温回火后的组织与性能与高速钢有许多相似之处，红硬性较好，强韧性较低。二次硬化法适合于工作温度较高，且承受载荷不大或淬火后表面需要氧化处理的模具。

高碳中铬模具钢是针对 Cr12 型高铬模具钢中存在大量粗大、不均匀分布的碳化物而发展起来的，典型的钢种有 Cr4W2MoV 和 Cr5Mo1V 钢等。此类钢中的碳化物也是以 M_7C_3 型为主，并有少量的 M_6C、MC 型碳化物和合金渗碳体。但由于此类钢的 $w(C)$降至 1.00% ~ 1.25%，碳化物分布均匀；相对于 Cr12 型冷作模具钢而言，韧性明显改善，综合力学性能较佳。用于代替 Cr12 型钢制造易崩刃、开裂与折断的冷作模具，其寿命大幅度提高。

与 Cr12 钢相比，Cr4W2MoV 钢的碳含量和铬含量均大大降低，合金元素总量减少 1/3，但性能与 Cr12 型钢接近，碳化物细小、均匀。Cr4W2MoV 钢的加热临界点 Ac_1 为 795 °C，冷却临界点 Ar_1 为 760 °C，其过冷奥氏体等温转变曲线如图 4.25 所示。可见这种钢的淬透性很好，尺寸为 ϕ150 mm × 50 mm 的棒料经 1 025 °C 淬火后，表面至心部的硬度均在 60 HRC 以上。

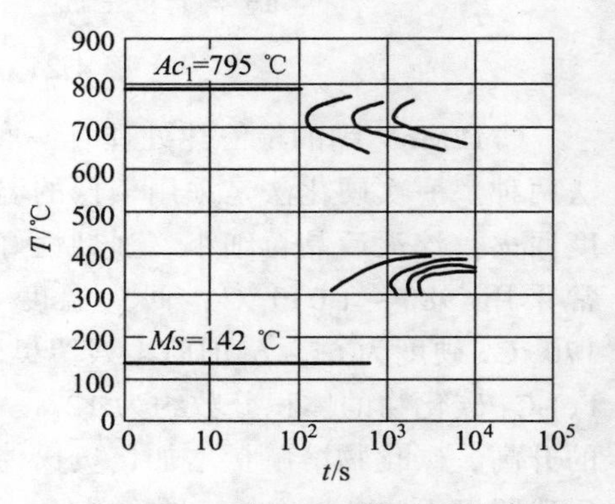

图 4.25　Cr4W2MoV 钢的过冷奥氏体等温转变曲线（奥氏体化条件：960 °C × 30 min）

Cr4W2MoV 钢的热处理方法与高碳高铬钢相似，也有一次硬化法和二次硬化法两种方式。在考虑硬度和强韧性时，可采用 960 ~ 980 °C 淬火后，低温回火（260 ~ 320 °C）两次，每次 1 h。对工作温度高、要求一定红硬性以及进行化学热处理时，可采用较高温度淬火后回火三次，一般淬火加热温度为 1 020 ~ 1 040 °C，回火温度为 500 ~ 540 °C，每次回火 1 ~ 2 h。

Cr5Mo1V 钢是一种空冷淬硬型冷作模具钢。与 Cr4W2MoV 钢类似，Cr5Mo1V 钢也可以分别采用一次硬化法和二次硬化法两种热处理工艺。Cr5Mo1V 钢的一次硬化法即在 940 ~ 960 °C 淬火后，再在 180 ~ 220 °C 回火，硬度为 60 ~ 64 HRC；二次硬化法即在 980 ~ 1 010 °C 淬火后，再在 510 ~ 520 °C 回火三次，硬度为 57 ~ 60 HRC。有一点需要注意：Cr5Mo1V 钢经不同温度淬火后在 200 °C 和 400 °C 回火时出现两个韧性峰值，在每个韧性峰值之后的温度下回火，韧性明显下降。Cr5Mo1V 钢的耐磨性比 CrWMn 钢更好，韧性比 Cr12 型高铬模具钢更好，适用于要求较好的耐磨性和良好韧度的冷作模具，如下料模、成型模和冲头等。

4.5.2　高速钢类冷作模具钢

与 Cr12 型冷作模具钢一样，高速钢也可用于制造大尺寸、复杂形状、高精度的重载冷作模具，但耐磨性更好，因此特别适合于工作条件极为恶劣的黑色金属冷挤压模。由于冷作模具一般对红硬性无特别要求，但须具备比刃具更高的强韧性。因此，直接利用通用型高速钢，如 W6Mo5Cr4V2 钢经普通热处理后用于冷作模具的主要缺点是韧性不足，而红硬性有余。所以，作为冷作模具钢使用的高速钢应在成分和工艺上进行适当调整，因此低碳高速钢和基体钢应运而生。

6W6Mo5Cr4V 钢就是在 W6Mo5Cr4V2 钢的基础上降低了碳含量及合金元素含量，因而碳化物数量减少且均匀性提高，故钢的强韧性明显改善。6W6Mo5Cr4V 钢的主要化学成分为：

w(C) = 0.55% ~ 0.65%，w(W) = 6.00% ~ 7.00%，w(Mo) = 4.50% ~ 5.50%，w(Cr) = 3.70% ~ 4.30%，w(V) = 0.70% ~ 1.10%。利用 6W6Mo5Cr4V 钢代替通用高速钢或 Cr12 型冷作模具钢制作易折断或劈裂的冷挤压冲头或冷镦冲头，其寿命将成倍地提高；若能再进行渗氮等表面强化处理来弥补耐磨性的损失，则使用效果更好、寿命更长。

若对高速钢成分进行更大幅度的调整，可得到相当于高速钢淬火组织中基体成分的钢，这就是所谓的基体钢。基体钢既有高速钢的高强度、高硬度，又因为不含大量的碳化物而具有更加优良的韧性和疲劳性能，不仅可用作冷作模具钢，也可用作热作模具钢。其典型钢号有 6Cr4W3Mo2VNb 和 5Cr4Mo3SiMnVAl 钢等，以 6Cr4W3Mo2VNb 钢的用量最大。

6Cr4W3Mo2VNb 钢的主要化学成分为：w(C) = 0.60% ~ 0.70%，w(Cr) = 3.80% ~ 4.40%，w(W) = 2.50% ~ 3.50%，w(Mo) = 1.80% ~ 2.50%，w(V) = 0.80% ~ 1.20%，w(Nb) = 0.20% ~ 0.35%。该钢所含碳化物细小而均匀，因而耐磨性优良，且韧性较好。6Cr4W3Mo2VNb 钢易于锻造，锻后缓冷。此钢具有较高的淬透性，空冷条件下，直径为 50 mm 的钢棒可淬透；油冷条件下，直径为 80 mm 的钢棒可淬透。6Cr4W3Mo2VNb 钢的淬火加热温度为 1 080 ~ 1 180 °C，正常回火温度为 520 ~ 580 °C，回火两次。为了进一步提高其耐磨性，还可对其进行软氮化等表面处理。6Cr4W3Mo2VNb 钢可用于制造形状复杂或尺寸较大，承受较大冲击载荷的冷作模具钢，如冷挤压模、冷镦模等，也可用于热作模具的零件。

值得一提的是，在解决因韧性不足而导致的崩刃、折断或开裂的各类模具早期失效问题时，从工艺角度着手，均可采用低温淬火或等温淬火来提高钢的强韧性。

4.6 热作模具钢

习惯上，按热作模具钢制作的热作模具工作状况的不同，将其分为三大类：热锤锻模用钢，热挤压、热镦锻及精锻模具用钢，压铸模用钢。而按照热作模具钢主要性能的不同，则可分为高韧性热作模具钢和高耐热性（或高热强性）热作模具钢。各类热作模具在工作时，因与热态金属相接触，其工作部分的温度会升高。如与工件接触时间短的热锤锻模，会上升到 300 ~ 400 °C；热挤压模与工件接触时间长，可上升到 500 ~ 800 °C；黑色金属压铸模与高温液态金属接触时间长，甚至接近 1 000 °C，而且会因交替加热冷却产生交变热应力。形变加工过程完成得越慢，则模具受热时间越长、工作温度越高。此外，还有使工件形变的机械应力和与工件间的强烈摩擦作用。热作模具常见的失效形式有形变、磨损、开裂以及因热疲劳产生的龟裂等。因此，对热作模具钢的性能有如下要求：

（1）高的热稳定性。它保证模具工作受热时具有必要的抵抗塑性形变的能力。

（2）高的韧性。钢的热疲劳强度与韧性密切相关；通常要求室温下的冲击吸收能量不小于 35 J，使用温度下为 50 J。

（3）高的热疲劳强度。通常认为钢的热稳定性和韧性越高，热膨胀系数越低，热疲劳强度便越高。

（4）具有良好的抗氧化性、抗热烧蚀性和耐蚀性。

热作模具钢的成分与组织应保证以上性能要求。其 w(C)一般在 0.30% ~ 0.60% 的中碳范围内；过高则韧性降低，导热性变差，损坏疲劳抗力；过低则强度、硬度及耐磨性不够。

常加入铬、钨、钼、钒、镍、硅、锰等合金元素，提高钢的各类性能。热作模具使用状态的组织可以是强韧性较好的回火索氏体或回火屈氏体，也可以是高硬度、高耐磨性的回火马氏体基体。各类热作模具钢之间的对应关系及常用钢号如表 4.5 所示。当然，各类热作模具钢的界限并不是十分严格的，存在一钢多用和一模多钢的现象，如 4Cr5MoSiV1 钢既可用作热挤压模，也可用作压铸模；而压铸模除了使用 4Cr5MoSiV1 钢外，还可采用 4Cr5MoSiV 钢等。

表 4.5 常用热作模具钢及类型

按模具类型分类	按主要性能分类	常用钢号
热锤锻模	高韧性热作模具钢	5Cr08MnMo、5Cr06NiMo、5CrMnMoSiV、5Cr2NiMoVSi
热挤压模	高耐热性热作模具钢	Cr 系：4Cr5MoSiV(H11)、4Cr5MoSiV1(H13)； Cr-Mo 系：3Cr3Mo3W2V(HM1)、4Cr3Mo2SiV(H10)； W 系：3Cr2W8V(H21)
压铸模		

注：H10、H11、H13、H21、HM1 为美国 ASTM A681—1994 中的钢号。

4.6.1 热锤锻模用钢

由于热锤锻模是在高温下通过冲击作用强迫金属成型的，因此，工作时受到较大的冲击载荷和高温金属对模具型腔的剧烈摩擦作用。模具型腔表面的温度可升到 400 ~ 450 °C，且热锤锻模的截面尺寸一般较大。因此，热锤锻模用钢应具有良好的高温强韧性、耐磨性、抗热疲劳性能和淬透性、导热性等。

因此，热锤锻模用钢一般为中碳合金钢，以保证强韧性。铬的加入主要是增加钢的淬透性、提高回火稳定性，并改善钢的冲击韧度。镍的加入可显著提高钢的冲击韧度，与铬复合加入大大提高了钢的淬透性。锰的加入是替代镍，但锰会增加钢的过热敏感性，并容易引起回火脆性。硅的加入主要是提高钢的强度、回火稳定性和耐热疲劳性，但加入量过高，超过 1% 时会显著增加回火脆性、降低钢的冲击韧度。钼、钒的加入主要是为了细化晶粒，提高回火稳定性；而且，钼能显著抑制钢的高温回火脆性，因此，所有的热锤锻模用钢均含有钼。

热锤锻模用钢中最常用钢种为 5Cr08MnMo 和 5Cr06NiMo 钢。5Cr08MnMo 钢的淬透性和耐热疲劳性较 5Cr06NiMo 钢略差，其他性能与 5Cr06NiMo 钢相似，适用于制作形状简单、载荷较轻的中小型模具，模具高度一般低于 400 mm。5Cr06NiMo 钢具有良好的韧性、强度和高耐磨性，以及十分良好的淬透性，适用于制作形状复杂的重载、大型或特大型热锤锻模。5Cr08MnMo 和 5Cr06NiMo 钢的正常淬火温度分别为 820 ~ 850 °C 和 830 ~ 860 °C，油冷淬火后的硬度分别为 52 ~ 58 HRC 和 53 ~ 58 HRC。

热锤锻模的硬度要求和最终热处理工艺应根据模具的大小、形状及服役条件、制品的生产批量等进行具体选择或调整。例如，高的硬度虽然可以保证良好的耐磨性，但容易引起裂纹，降低钢的耐热疲劳性；硬度过低，则容易被压下和形变。

热锤锻模淬火后，根据需要可在中温或高温下回火，得到回火屈氏体组织或回火索氏体组织，硬度可在 35 ~ 47 HRC 选择，以保证模具对强度和韧性的不同要求。一般来说，小型锤锻模由于锻件冷却较快，硬度相对较高，因此小型热锤锻模应具有较高的耐磨性，硬度要求在 40 ~ 47 HRC；中型热锤锻模的硬度一般要求在 36 ~ 41 HRC；大型热锤锻模由于淬火应力和形变较大，且工作时应力分布不均匀，需要较高的韧性，而且相对高温的锻件硬度较低，硬度一般要求在 35 ~ 38 HRC。

4.6.2　热挤压模用钢

相对于热锤锻模，热挤压模因与工件接触时间长、工件温度较高，其工作部位的温度较高（低则 500 °C，如铝合金挤压模；高则可达 900 °C，如黑色金属热挤压模）。而且，热挤压模还承受很大的压应力和摩擦力，因而热挤压模应采用热稳定性、高温强度、耐热疲劳性和耐磨性都很高的热作模具钢制造，按主要合金成分可分为铬系、钨系和钼系热作模具钢。

铬系热作模具钢除了含有 5% 左右的铬元素外，还含有少量钼、钨、硅、钒等元素。此类钢淬透性较高、强韧性和抗氧化性较好。常用钢号包括 4Cr5MoSiV、4Cr5MoSiV1 和 4Cr5W2SiV 钢等。此类钢从室温到 650 °C，既具有较高强韧性，又具有良好的抗热疲劳性能和热稳定性、抗氧化和耐液态金属冲蚀性能；适用于制造尺寸不大的热锤锻模、钢的挤压模、铝合金及铜合金的压铸模等。

4Cr5MoSiVl 钢有较高的临界点，Ac_1 为 875 °C，Ac_{cm} 为 935 °C。由于含较多的钒，具有良好的抗过热敏感性。4Cr5MoSiVl 钢的淬火硬度随着淬火温度的升高而增高，到 1 050 ~ 1 070 °C 时达到最高值。超过此温度范围硬度很少增加，而奥氏体晶粒开始长大。所以，4Cr5MoSiVl 钢的淬火温度为 1 010 ~ 1 050 °C。4Cr5MoSiVl 钢淬火、回火温度与硬度的关系如图 4.26 所示。

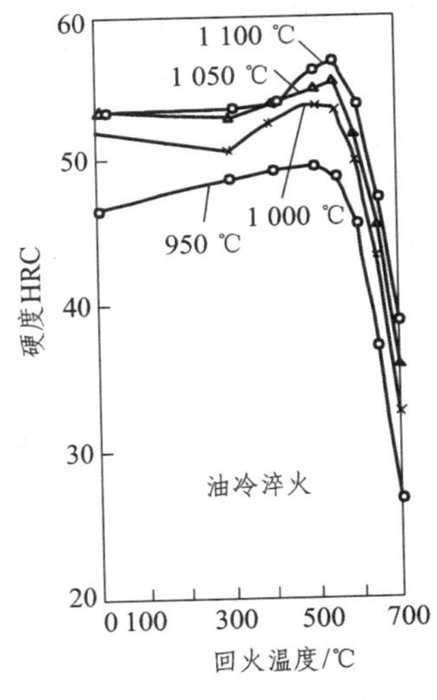

图 4.26　4Cr5MoSiVl 钢淬火、回火温度与硬度的关系

4Cr5MoSiVl 钢近年来在成分上又作了较多的调整，使性能得到了显著改善。如添加铌改性的 H13Nb 钢，虽然添加铌的量不多，但由于形成的 NbC 颗粒比 VC 稳定，且大多细小、弥散地存在于晶界，钉扎了晶界和位错的运动，延缓了位错密度的下降，可有效地起到强化基体的作用，降低了裂纹扩展的速度，从而提高了钢的热疲劳抗力。

钨系热作模具钢由于含有较多的钨元素，所以就其基体成分而言，是一种低碳高速钢，其中使用量最多的是 3Cr2W8V 钢，其工艺性能、热处理规范与 Cr12MoV 钢十分类似。

3Cr2W8V 钢过去在我国使用比较多，但现在已逐渐被其他钢种取代，国外已基本停止使用。这种高钨钢的特点是受热时具有较高的热稳定性、高温强度和耐磨性，但在 600 °C 时，冲击韧度、塑性、耐热振性较低；其高温回火脆性也十分明显。它的主要缺点是在常温时承受冲击的能力差，抗热疲劳性能差。使用前模子必须很好地预热，使用中还要防止急冷，否则会引起开裂。因此，3Cr2W8V 钢已基本上被淘汰，取代它的主要是铬系热作模具钢中的 5Cr5MoSiV1 钢。

钼系热作模具钢的性能介于铬系和钨系之间，兼具两者的优点，即热稳定性优于铬系，韧性优于钨系，常用于制造热挤压模和中、小型热锤锻模，最常用的钢号为 3Cr3Mo3V（相当于德国的 X32CrMoV11）和 3Cr3Mo3VNb（HM3）钢等。3Cr3Mo3VNb 钢的常用淬火温度为 1 020 ~ 1 120 °C，当强调模具的冲击韧性时，最终热处理应采用较低的淬火温度；当要求模具有较高的高温强度时则应采用较高温度淬火。这一原则普遍适用于各种模具钢。例如，3Cr2W8V 钢用于热冲头时，可采用 1 275 °C 加热，300 ~ 320 °C 等温淬火；用作热挤压模具时，可采用 1 200 °C 淬火，680 °C 回火两次；用作半轴摆模时，可采用 900 °C 淬火，600 °C 回火两次；用作热锤锻模时，可采用 880 °C 加热，450 °C 等温淬火，480 °C 回火等。

4.6.3 压铸模用钢

压铸模的工作温度最高，故压铸模用钢应以耐热性要求为主，应用最广的是 5Cr5MoSiV1 钢。但实际生产中常根据压铸对象材料不同来选择压铸模用钢；如对熔点低的锌合金压铸模，可选 40Cr、40CrMo、30CrMnSi 钢等；铝、镁合金压铸模，则多选用 4Cr5MoSiV 钢；而对铜合金压铸模，则多采用 3Cr2W8V 钢，或采用热疲劳性能更佳的钼系热作模具钢，如 3Cr3Mo3VNb 钢；对于黑色金属压铸模，因其压铸温度高、工作条件极为恶劣，采用一般的钢制模具难以满足使用要求，此时应采用熔点高的高温合金来制造，如钼基高温合金、钨基高温合金等，或采用高热导率材料制造，如铜基合金。

4.7 塑料模具钢

塑料制品在电器、仪表和日常生活中使用极为广泛，塑料制品的 80% ~ 90% 都要用模具来生产制造。随着生产的发展，对塑料成型所用的塑料模具材料需求量越来越大，并对钢的质量和性能要求越来越高。因此，在传统的冷作模具钢和热作模具钢之外，新诞生了一类模具钢，即塑料模具钢。

4.7.1 塑料模具工作条件及基本要求

塑料模具的形状一般比较复杂，无论是热塑性塑料还是热固性塑料，其成型过程都是在加热加压条件下完成的。通常，塑料模具的工作条件有以下特征：

（1）工作温度。热固性塑料和热塑性塑料的压制成型温度通常是在 200 ~ 250 °C，近似于冷作模具的工作温度。

（2）受力情况。对于普通热塑性注射模具，其型腔承受的成型压力为 25 ~ 45 MPa；对于某些热塑性工程塑料的精密注射模，成型压力有时可达 200 MPa；对于热固性注射模，型腔承受的成型压力为 30 ~ 70 MPa。

（3）摩擦磨损。注射模和浇注系统会受到熔融塑料对它们的流动摩擦和冲击；脱模时还受到固化后的塑料对其产生的刮磨作用。这些都导致模具型腔表面发生一定程度的磨损，特别是带有玻璃纤维等硬质填料的塑料在成型时，磨损现象更加严重。

（4）腐蚀作用。腐蚀的原因是由于高温塑料分解后挥发出的腐蚀性气体。例如，成型聚氯乙烯、阻燃型或难燃型塑料（如难燃型 ABS 等）以及氟塑料时，高温分解出的 HCl、SO_2 和 HF 等气体均对模具型腔产生腐蚀作用。

塑料具模的主要失效形式为磨损、腐蚀、形变和断裂等。因此，塑料模具钢的基本要求近似于冷作模具钢，如要求有足够的强度、一定的韧性、良好的耐磨性、热处理形变小等。塑料模具钢还要求具有镜面加工性能，塑料制品的表面粗糙度值要求很低，因此模具的表面必须加工成镜面。这就要求钢中的夹杂物要少，偏析小，组织致密，且硬度较高（一般为45 HRC以上），使模具表面的粗糙度能够长期保持不变。对于具有腐蚀性的塑料，其模具用钢还要求有抗腐蚀性能。

4.7.2 塑料模具用钢种类

可用于塑料模具的材料很多，通常使用的渗碳钢、调质钢、碳素工具钢、合金工具钢、不锈钢等都可以用来制造塑料模具。塑料模具用钢可以分为5种类型：渗碳型、整体淬硬型、预硬型、耐蚀型、时效硬化型。这些类型的塑料模具钢中，有的已纳入有关技术标准，如GB/T 1299—2000《合金工具钢》、GB/T 24594—2009《优质合金模具钢》、YB/T 094—1997《塑料模具用扁钢》、YB/T 107—1997《塑料模具用热轧厚钢板》、YB/T 129—1997《塑料模具钢模块技术条件》；有的是借用其他标准中的钢种；有的则尚未纳入标准。

4.7.2.1 渗碳型

用于承受动载荷、磨损严重、型腔复杂的、小型的、采用反印法制造的模具，大都采用低碳钢和低碳合金钢，经渗碳或碳氮共渗后淬火并低温回火，然后镀铬，以保证模具具有较低的表面粗糙度值。这类钢以20、20Cr钢为代表。经渗碳处理后表面硬度可达58 ~ 62 HRC，具有高耐磨性；心部为低碳马氏体组织，硬度为30 ~ 45 HRC，具有较高的强韧性。

国外广泛应用超低碳钢冷挤压成型工艺方法制造塑料模具。由于需要冷挤压成型，除碳含量较低外，经软化退火后，硬度较低（≤160 HBW，挤压复杂型腔时≤130 HBW），特别适合于冷塑性形变。这类钢在冷挤压成型后进行渗碳、淬火、回火。因此，具有生产效率高、制造周期短、模具精度高等优点。典型的钢种有美国P系列低碳模具钢、德国 X6CrMo4 钢[$w(C) \leq 0.07\%$]和国产LJ08Cr3NiMoV钢[$w(C) \leq 0.08\%$,简称LJ钢]。LJ钢的化学成分为$w(C) \leq 0.08\%$，$w(Mn) \leq 0.30\%$，$w(Si) \leq 0.20\%$，$w(Cr) = 3.5\%$，$w(Ni) = 0.5\%$，$w(Mo) = 0.40\%$，$w(V) = 0.12\%$。冷挤压成型后经渗碳淬火和低温回火，表面硬度为58 ~ 62 HRC，心部硬度为28 HRC，模具耐磨性好，无塌陷及表面剥落现象，可用于制造形状复杂和受载荷较高的塑料成型模具。

4.7.2.2 整体淬硬型

磨损小、尺寸精度要求不高的压铸模，可选用45或40Cr钢制造，并在调质态或正火状态下使用。45、40Cr钢是我国较普遍采用的钢种。与机械制造结构钢中的调质钢类似，塑料模具用的调质钢也可以被非调质钢代替；这种非调质钢组织有铁素体-珠光体型的，也有贝氏体型的；但是它们是属于预硬型的。

在中等压力下工作，要求耐磨性高的挤压模或大型塑料模具，可采用4Cr5MoSiV钢制造，经淬火回火后再进行表面氮化处理；也可以采用Cr12MoV钢来制造，但这类钢不适合于镀铬。

而对于中、小型模具还可用碳素工具钢和低合金工具钢来制造，如T10、CrWMn、9SiCr、9Mn2V钢等。

4.7.2.3 预硬型

预硬钢是在专业厂经锻造、热处理后，以硬度为 30 ~ 40 HRC 的模块形式供应市场，用户将其直接加工成模具使用，而不必再进行热处理，从而避免了热处理形变。预硬型塑料模具钢主要用于制造长寿命的、形状复杂的、要求尺寸精度高的大、中型塑料制品用模具。

3Cr2Mo（简称 P20）、3Cr2MnNiMo（简称 718）钢是国际上使用最广泛的预硬型塑料模具钢，已列入合金工具钢国家标准（GB/T 1299—2000、GB/T 24594—2009），在我国得到了较广泛应用。P20 钢的 Ac_1 为 725 °C，Ac_3 为 810 °C，Ms 为 280 °C，热塑性好，形变抗力小，有良好的锻造性能，始锻温度为 1 050 °C，终锻温度为 800 °C，退火加热温度为 760 ~ 790 °C，保温 1.5 ~ 2.0 h，炉冷到 600 °C 出炉空冷，硬度为 207 ~ 241 HBW。淬火温度为 830 ~ 870 °C，油淬后经 550 ~ 650 °C 回火，硬度为 30 ~ 40 HRC。

3Cr2MnNiMo 钢也是预硬化钢，适合于制造大型、精密复杂、镜面抛光的塑料模具。

近年来，我国还研制了应用效果比较明显的 5CrNiMnMoVSCa（简称 5NiSCa）、8Cr2MnWMoVS 钢等新钢种。5NiSCa 钢经 860 ~ 900 °C 加热淬火，575 ~ 650 °C 回火，预硬至 35 ~ 45 HRC，切削加工性能良好。8Cr2MnWMoVS 钢作为预硬钢使用时，经 860 ~ 880 °C 加热淬火，550 ~ 620 °C 回火两次，硬度为 44 ~ 48 HRC，该钢也可以加工后再淬火回火使用，热处理形变很小，属于空冷微形变钢。

P20S、P20SRE 钢是我国开发的易切削预硬型塑料模具钢。P20 钢是在 28 ~ 40 HRC 的预硬状态下加工成型，由于我国的切削工具质量比较低，在钻孔、雕刻、精锉加工上有许多困难。P20S 和 P20SRE 易切削塑料模具钢是在原有成分上加入 0.1% 的硫和 0.05% 的稀土，其预硬状态的硬度为 30 ~ 40 HRC。

P20BSCa 钢是大截面预硬易切削型塑料模具钢，该钢在 880 °C 加热油淬，650 °C 回火，有效直径为 600 mm 时，心部硬度可在 33 HRC 以上，模具表面与心部性能相近，由于钙对 MnS 的变质作用，钢的等向性能优良，其回火温度因合金元素的作用而有所提高，500 ~ 670 °C 回火，硬度可达 28 ~ 45 HRC，常规力学性能优于 P20 钢。这种钢的特点为：具有很高的淬透性，适合于制造有效厚度达 600 mm 的大型或特大型塑料制品的成型模具；优良的预硬性能，使钢在预硬状态下制模，精加工后直接使用；易切削性，可保证预硬处理后在较高硬度下具有良好的切削加工性及磨抛性能；良好的综合性能，如一定的强韧性；良好的等向性能等。该钢的成分设计的特点是少量多元的合金化方案，合金元素的主要作用是提高淬透性，提高可加工性，以保证在预硬状态下的加工、研磨和抛光工艺要求。

非调质塑料模具钢的组织和硬度沿模块分布均匀，型腔加工后不用热处理，有利于模具加工成型、抛光、修整的一次性完成，尤其是具有很好的抛光性能、较好的耐蚀性和渗氮性能。

4.7.2.4 耐蚀型

具有腐蚀性的塑料，其成型模具应选用耐腐蚀的马氏体不锈钢或奥氏体不锈钢制造，一般采用 20Cr13、40Cr13、32Cr13Mo、12Cr18Ni9 钢等，它们能在一定温度和腐蚀条件下长期工作。马氏体不锈钢经淬火回火后使用，这类模具不需要镀铬。

低碳马氏体的沉淀硬化型不锈钢，典型钢种为国产 05Cr16Ni4Cu3Nb 钢[$w(C) \leqslant 0.07\%$，简称 PCR 钢]。该钢经 1 050 °C 淬火后获得单一的低碳马氏体组织，硬度为 32 ~ 35 HRC，可以直接进行切削加工；经 460 ~ 480 °C 回火时效处理后，硬度为 42 ~ 44 HRC，具有良好的力学性能和抗蚀性。例如，聚三氟氯乙烯阀门盖模具，原采用 45 钢镀铬处理模具，使用寿命为 1 000 ~ 4 000 件，后改用低碳马氏体 PCR 钢，寿命可达 10 000 ~ 12 000 件。

4.7.2.5　时效硬化型

1. 马氏体时效钢

我国的 18Ni 钢，日本的 MASIC、YAG 钢，美国的 18MAR300 钢等均属于马氏体时效钢。该类钢以固溶状态供货，硬度为 28 ~ 32 HRC，具有良好的可加工性。加工成模具后，再经 480 ~ 520 °C 时效处理 3 h，可以获得 50 ~ 57 HRC 的硬度。这种钢时效形变小，热膨胀系数小，可用来制作各种精密塑料模具。马氏体时效钢具有较高的强韧性、良好的耐磨性、最佳的镜面抛光性能，可用来制作大批量生产的热塑性、热固性、增强塑料制品的模具和透明塑料制品的模具。但该钢价格昂贵，在国内很少使用。

2. 低镍型时效钢

我国研制的 25CrNi3MoAl、10Ni3MnCuAl（简称 PMS）、20CrNi3AlMnMo（简称 SM2）钢是低镍沉淀硬化型镜面模具钢，属于抑制析出硬化型时效钢，具有良好的冷热加工性能、综合力学性能和镜面性能，用于制造使用温度在 300 °C 左右，硬度为 30 ~ 45 HRC，要求高镜面，高精度图案蚀刻性能好的热塑性塑料模具。这些钢在固溶处理后硬度很低（一般≤30 HRC），可以很容易地进行切削加工，加工完成后再进行低温时效硬化处理，获得要求的综合力学性能和耐磨性。由于时效处理温度低，形变很小。时效处理后不需再进行切削加工，即可得到精度很高的模具成品，使用寿命高于预硬型塑料模具钢。

PMS 钢在 860 ~ 900 °C 淬火（空淬），硬度为 31 ~ 33 HRC，其组织为贝氏体和马氏体。经 500 °C 时效后，硬度为 40 HRC 左右；并可在 600 °C 回火软化（硬度为 25 HRC）后进行加工；然后再进行 510 °C 时效，硬度可达 40 ~ 43 HRC。该钢已在国内 130 余家企业中应用，效果良好。这类钢的耐蚀性和耐磨性优于预硬钢，可用于复杂精密的塑料模具或大批量生产用的长寿命模具。

25CrNi3MoAl 钢经 830 °C 固溶处理后，硬度可达 50 HRC，540 °C × 4 h 时效处理后，硬度为 39 ~ 42 HRC。

后来开发的 06Ni6CrMoVTiAl 钢[简称 06 钢，$w(C)\leq 0.06\%$]，属低镍、低碳马氏体时效硬化钢。该钢经 800 ~ 880 °C 加热，水或油冷固溶处理。在 500 ~ 540 °C 经 4 ~ 8 h 时效处理后的组织为低碳马氏体 + 析出强化相 Ni_3Al、Ni_3Ti、TiC 和 TiN，硬度为 42 ~ 45 HRC，屈服强度为 1 100 ~ 1 400 MPa。06 钢是一种有发展前途的钢种。

4.8　其他类型工具用钢

4.8.1　量具钢

在机械制造行业大量使用的卡尺、千分尺、块规、塞规、样板等量具，用于测量工件的尺寸。量具在使用过程中常受到工件的摩擦与碰撞，且本身须具备极高的尺寸精度和稳定性，故量具钢应具备高硬度（58 ~ 64 HRC）、高耐磨性、高的尺寸稳定性、足够的韧性（防撞击与折断）和特殊环境下的耐蚀性；最重要的要求是具有稳定而精确的尺寸。

制作量具没有专用的钢号，都是选用其他类型的钢种来制造，如结构钢、轴承钢、低合金工具钢和不锈钢等。

量具钢的热处理基本上可依照其相应钢种的热处理规范进行。但量具对尺寸稳定性要求很高，在处理过程中应尽量减小形变；在使用过程中组织应稳定，因为组织稳定方可保证尺寸稳定；因此，热处理时应采取一些附加措施。如淬火加热时进行预热，以减小形变，这对形状复杂的量具更为重要；在保证力学性能的前提条件下降低淬火温度，尽量不采用等温淬火或分级淬火工艺，减少残留奥氏体的生成；淬火后立即进行冷处理减少残留奥氏体量；延长回火时间、回火或磨削之后进行长时间的低温时效处理等。

常用作量具的钢有轴承钢 GCr15，低合金工具钢 CrWMn 和 CrMn。这些用作量具的钢，其热加工和退火工艺与一般的过共析低合金钢相同。淬火温度和冷却条件都会影响自然时效，从而影响量具的尺寸变化。淬火温度一般取下限，即在保证淬火硬度的前提下，尽量降低淬火加热温度，以减少时效因素。淬火冷却也一般采用油冷，很少使用分级淬火。

量具在淬火后要进行冷处理。冷处理可提高硬度 0.5 ~ 1.5 HRC，减少残留奥氏体量和由此而引起的尺寸不稳定因素。淬火后应立即进行冷处理，以避免过冷奥氏体的陈化稳定。冷处理的温度采用 – 70 ~ – 80 °C 就可满足要求。

对精度要求特别高的量具，在淬火、回火后，还需要进行时效处理。时效处理可进一步消除残留应力，稳定钢的组织。时效温度一般在 120 ~ 130 °C。

GCr15 钢的冶金质量比较高，退火后获得球化组织，正确热处理后钢的耐磨性和尺寸稳定性都比较好。所以，精度要求比较高的量具，如块规、螺纹塞头、千分尺螺杆及其他量具的测头等都用 GCr15 钢制造。

有些量具有可能在一定腐蚀环境下使用，为了使量具具有抗腐蚀能力，可用 95Cr18、40Cr13 钢等不锈钢制造。95Cr18 钢在 1 050 ~ 1 075 °C 淬火后可达到 60 HRC 的硬度，在 150 ~ 200 °C 回火后硬度为 57 ~ 59 HRC，如淬火后进行冷处理可达到 60 ~ 62 HRC 的硬度。

用 38CrMoAlA 钢制造花键环规等形状复杂的量具，调质处理后进行精加工，氮化处理后只需进行研磨。这样处理的量具尺寸稳定性很好，耐磨性高，并且在潮湿空气中可以防止腐蚀。

高铬含量的 Cr12MoV 和 Cr12 钢，由于耐磨性高，适宜制造使用频繁的量具或块规等基准量具。高铬钢的淬透性好，热处理形变小，可制造形状复杂和尺寸大的量具（直径大于 100 mm）。主要缺点是钢的碳化物分布不均匀，抛光操作困难；并且由于残留奥氏体量多，为减少自然时效引起的尺寸变化，热处理工艺比较复杂。

15、20、20Cr 钢等低碳钢采用渗碳工艺制造形状简单的量具，如卡板、卡规等。渗层深度在 0.3 ~ 1.0 mm。用中高碳的 55、65 钢等制造量具时应先进行调质，再进行高频感应淬火。

4.8.2 耐冲击用钢

在实际生产中，有许多工具是在振动、冲击条件下工作的，如风铲、风凿承受较大的振动，加工较厚钢板的剪切工具及一些冲孔模、切边模都受到较大的冲击力。这些工具都要求具有较高的韧度，所以一般情况下钢的 $w(C) \leqslant 0.7\%$。

在碳素工具钢中主要有 T7（T7A）和 T8（T8A）可制作一般的风动工具和钳工工具。如要求不高的凿子、冲子、錾子、型锤和穿孔器等。在热处理时要保证工作部分有足够的硬度，而被敲击部分的硬度要低，以便有足够高的韧度。

一些合金工具钢也可做这类用途的工具，最常用的为 4CrW2Si、5CrW2Si 钢等。这些钢都含有钨、硅、铬元素，它们能提高钢的回火稳定性，并推迟低温回火脆性，因此可把回火温度提高到 280 °C 而得到较高的韧度，特别是硅元素更为有效；这些元素提高了钢的淬透性，提高了强度和耐磨性。

为了进一步提高耐磨性和细化晶粒，钢中加入钨元素，钨还能有效地削弱高温回火脆性，所以含钨的钢可在 430 ~ 470 °C 回火，得到更好的韧度。这些钢在组织上都属于亚共析钢或共析钢。

4CrW2Si、5CrW2Si 和 6CrW2Si 钢仅是碳含量不同，用于不同的场合。4CrW2Si 钢可用作风动工具，也可用作一些受热不高的热镦锻模。5CrW2Si 和 6CrW2Si 钢可用作剪刀片、风动工具和冲头等，6CrW2Si 钢还可用作冷冲模及一些木工工具。中国剪切钢板或型材的冷、热剪刀片大都采用 5CrW2Si 钢。这些钢或者在 200 ~ 250 °C 回火，得到的硬度为 54 ~ 56 HRC；或者在 430 ~ 470 °C 回火，得到的硬度为 48 ~ 50 HRC。应避免在 300 ~ 400 °C 回火，以防止低温回火脆性的产生。

4.8.3 冷轧辊用钢

冷轧辊用钢一般属于大截面用钢。冷轧辊用钢在化学成分、性能要求上与一些冷作模具钢相似。冷轧辊按照工作性质可分为工作辊和支承辊两类，这里主要介绍工作辊用钢。

冷轧工作辊承受很大的静载荷、动载荷，表面受到轧材的剧烈摩擦和磨损，所以表面经常会局部过热，可能产生热裂纹。所以，冷轧工作辊要求表面具有高而均匀的硬度和足够深的淬硬层，以及良好的耐磨性和耐热裂性。一般冷轧工作辊辊身表面硬度要求为 90 ~ 102 HS，支承辊为 45 ~ 85 HS。

常用冷轧辊用钢有 9Cr、9Cr2、9CrV、9Cr2W、9Cr2Mo 钢。这些钢是在高碳铬钢基础上加入了钼、钨、钒等元素的低合金工具钢。根据轧辊的尺寸和各钢种的淬透性，合理选择钢号。辊身直径超过 500 mm 者，采用 9Cr2W 或 9Cr2Mo 钢；辊身直径超过 400 mm、负荷较大的冷轧辊，应采用 9Cr2MoV 钢制造；辊身直径在 300 ~ 500 mm 的冷轧辊，可用 9Cr2 钢制造；辊身直径小于 300 mm 者，可采用 9Cr、9CrV 钢。9CrV 钢虽然淬透性较低，但韧度好，性能稳定，其使用寿命优于 9Cr 钢。

由于冷轧辊的要求比较高，尺寸一般都比较大，所以高硬度冷轧辊的生产工艺很复杂。轧辊在锻造后最好是立即热装进行等温退火，以防止产生白点。等温退火的加热温度为 780 ~ 800 °C，根据轧辊大小确定保温时间，一般在 8 ~ 15 h，然后冷至 350 ~ 400 °C，保温 4 ~ 10 h，再升温到 650 ~ 670 °C，保温 32 ~ 60 h，然后以 $\leqslant 20\ °C \cdot h^{-1}$ 的冷速冷至 350 ~ 400 °C，再以 $10\ °C \cdot h^{-1}$ 的冷速冷至 100 °C。退火后对轧辊进行粗加工和钻中心孔，然后进行调质处理。

调质处理的作用在于消除网状碳化物，得到细粒状球化组织。调质处理淬火加热温度的选择应使碳化物能完全溶解，晶粒又不粗大，一般选择 880～900 °C。为避免产生大的内应力，形状简单的轧辊采用水淬油冷，直径比较大的轧辊选用油冷或间歇油冷方式。辊身表面应冷却至 180～250 °C，立即进行高温回火，高温回火温度多采用 690～710 °C。

工作辊辊身和辊颈由于工作条件不同，对硬度要求也不同。辊身表面硬度不低于 90 HS，而辊颈处的硬度要求在 30～55 HS。为了达到这种不同的硬度要求，一般采用两种最后热处理方式：① 将辊颈绝热，用绝缘材料把辊颈包起来，进行整体加热，并使用激冷圈进行淬火；② 感应加热淬火。

为了改善冷轧板材的冲压性能，可对轧辊表面进行激光毛化处理。对使用过程中表面磨损了的轧辊，可采用堆焊技术修复后继续使用。

复习思考题

1. 碳素工具钢有哪些优点？有哪些不足？为什么？

2. 低合金工具钢中的合金元素有哪些？各有什么作用？

3. 为什么 9SiCr 钢的淬火加热温度比 T9 钢高？

4. 直径为 30～40 mm 的 9SiCr 钢在油中能淬透，相同尺寸的 T9 钢能否淬透？为什么？

5. T9 钢制造的刀具刃部受热到 200～250 °C，其硬度和耐磨性已迅速下降而失效；9SiCr 钢制造的刀具，其刃部受热到 230～250 °C，其硬度仍不低于 60 HRC，耐磨性良好，还可正常工作，为什么？

6. 为什么 9SiCr 钢适宜制作要求形变小，硬度较高和耐磨性较高的圆板牙等薄刃工具？

7. 用 9SiCr 钢制作圆板牙，其工艺路线为：锻造→球化退火→机械加工→淬火→低温回火→磨平面→开槽口。试分析：① 球化退火、淬火和回火的目的；② 球化退火、淬火和回火的大致工艺。

8. 试用合金化原理分析比较 9SiCr、9Mn2V 和 CrWMn 钢的优缺点。

9. 钳工锉刀、机用铣刀在选择材料方面有何异同点？若需提高二者的耐磨性，有哪些可行的措施？

10. 分析比较 T9、9SiCr、W18Cr4V 钢制造的刃具在特性和应用场合的异同点。

11. 分析碳和合金元素在高速钢中的作用。

12. 试述高速钢热处理工艺的特点。

13. 什么是红硬性？为什么它是高速钢的一种重要性能？哪些元素在高速钢中提供红硬性？

14. 高速钢在淬火加热时，如产生欠热、过热和过烧现象，在金相组织上各有什么特征？

15. 利用 W18Cr4V 钢作盘形铣刀，在淬火加热时，为什么要采用两段预热？为什么淬火后需要在 560 °C 回火 3 次？能否采用 200 °C 左右的回火温度？

16. W18Cr4V 钢的正常淬火温度约为 1 280 °C，若将其淬火温度降至 950 °C，两种情况下钢的主要性能特点有何不同？若其淬火温度升至 1 310 °C，该钢冲击断裂后断口有何特点？

17. W18Cr4V 高速钢的 A_1 点为 800 °C 左右，为什么该钢常用的淬火加热温度却高达 1 270～1 290 °C？

18. 高速钢淬火加热过程中为什么要在600～650 °C和800～850 °C进行两次预热保温？

19. 高速钢分级淬火时，为什么不宜在950～670 °C的温度下停留过长时间？

20. 在工厂里，工人师傅常常把高速钢叫作“fēng钢”，如果写出来，应该是“锋钢”还是“风钢”，为什么？

21. 高速钢每次回火为什么一定要冷到室温再进行下一次回火？为什么不能用较长时间的一次回火来代替多次回火？

22. 冷作模具钢从Cr12→Cr12MoV→Cr4W2MoV钢的演变过程，钢的组织、性能与应用发生了怎样的变化？若用Cr4W2MoV钢制造一高强度、高韧性、高耐磨性的精密冷作模具，当这类模具的耐磨寿命不足时，最有效的改善方法有哪些？

23. 高碳高铬工具钢耐磨性极好的原因何在？抗氧化的原因是什么？

24. 高碳高铬工具钢（如Cr12MoV钢）的淬火回火处理通常有两种工艺方法，即一次硬化处理——通常选用980～1 030 °C淬火＋200 °C回火；二次硬化处理——通常选用1 050～1 080 °C淬火＋490～520 °C多次回火。试分析这两种工艺方法对Cr12MoV钢的组织和性能的影响。

25. 为减少Cr12MoV钢淬火形变与开裂，只淬火冷却到200 °C左右就出油，出油后不空冷，立即低温回火，而且只回火一次，这样做有什么不好？为什么？

26. 某冷冲模由Cr12MoV钢制造，若该模具工作时发生了崩刃失效，可能的原因是什么？防止此类失效的措施有哪些？

27. 高碳高铬钢的拉丝模磨损之后内孔变大，采用怎样的热处理工艺能减小内孔直径？

28. 热锤锻模、热挤压模、压铸模的主要性能要求有什么异同点？

29. 用5Cr08MnMo或5Cr06NiMo钢制造形状复杂的热锤锻模，为减少形变、防止开裂，在淬火工艺操作上应该采取哪些措施？

30. 有些量具在保存和使用过程中，尺寸为何发生变化？为了保证量具的尺寸稳定性可采用哪些热处理措施？

31. 5CrW2NiSi钢中的合金元素有什么作用？该钢常用作什么工具？

5 不锈耐蚀钢

工业生产中经常遇到各种腐蚀介质，如强酸、强碱、有机酸、盐溶液以及含有腐蚀气体和水蒸气的气氛等。它们对生产流程中应用的容器、管道、反应塔、泵等会产生各种腐蚀作用。人们日常生活中使用的许多器具，尤其是炊具、餐饮用具，会接触酸碱盐而受到腐蚀。大多数金属材料可谓是随时、随地都在发生腐蚀。腐蚀是导致材料失效的主要形式之一。为了满足工农业生产、交通运输、通信、国防建设以及提高人民群众生活水平的需要，研究金属腐蚀的现象和机理，开发耐腐蚀金属材料，为金属材料的合理利用提供理论依据，寻找各种环境条件下防腐蚀的措施和方法是十分重要的。碳钢的耐腐蚀性差，通过合金化，提高钢的耐腐蚀性，生产各种类型的不锈耐蚀钢就是开发合金钢的重要目的之一。

5.1 金属腐蚀基础

5.1.1 腐蚀的定义与分类

金属材料表面和环境介质发生化学和电化学作用，引起材料的退化与破坏叫作腐蚀。多数情况下，金属腐蚀后失去其金属特性，往往变成某种化合物，以稳定形态存在。金属的腐蚀过程属于氧化还原反应。按照热力学的观点，腐蚀是自由能降低的过程，因此是一种自发过程。这种自发的变化过程使金属材料向着离子态或化合物状态变化，破坏了材料的性能。

金属腐蚀破坏所造成的损失和危害是十分严重的。据估计，世界上每年的冶金产品有1/3是由于腐蚀而报废的；其中有2/3可再生，其余的不可再生而散落在地球表面。这只是直接损失，而间接损失是无法估量的。因而必须开发耐腐蚀的材料，或采用防护措施以阻止腐蚀过程。

但是，腐蚀现象也有有利的一面，如利用腐蚀原理进行电化学加工、制备印刷电路板等。

金属腐蚀的现象与机理比较复杂，因此，金属腐蚀的分类方法也是多种多样的。根据金属与介质发生腐蚀反应的机理或特性，金属腐蚀可以分为化学腐蚀和电化学腐蚀。根据金属腐蚀破坏的形式，可以分为全面腐蚀和局部腐蚀两大类。按照使金属腐蚀的环境介质分类，可分为自然环境介质腐蚀和人造环境介质腐蚀两大类。前者包括大气腐蚀、海洋腐蚀、土壤腐蚀、生物腐蚀等。人造环境介质是人类从事各种活动带来的，包括含有各种酸碱盐的水溶液或其他液体，熔融的盐和碱等，液态金属，含有燃烧产物、碳粒、碳化物、硫化物、硫酸、氨气、盐粒或盐雾等的工业气氛等。值得注意的是，人类的活动对自然环境产生影响，使其腐蚀性增强了。

5.1.2　腐蚀机理简介

5.1.2.1　化学腐蚀

化学腐蚀是金属材料和与它接触的环境介质发生界面化学反应造成的腐蚀。通常这种腐蚀反应在室温进行得很慢，而在高温条件下可快速发生。20 世纪 50 年代以前一直把金属因高温氧化而引起的腐蚀作为化学腐蚀的典型实例，因此称为高温腐蚀或高温氧化。但根据 1952 年瓦格纳（C. Wagner）提出的高温氧化膜观点，金属高温氧化也包含有电化学反应，因此，现在在对腐蚀进行深入研究时已不再将金属的高温氧化视为单纯的化学腐蚀了。

化学腐蚀可以用如下反应式表示：

Me（金属）+ X（介质）→MeX（腐蚀产物）

图 5.1 示意地表示金属材料的化学腐蚀过程。

化学腐蚀与在水溶液介质中发生的金属腐蚀不同，前者是以界面的化学反应为特征的，而后者是一个电化学过程。因此，有时将化学腐蚀称为“干腐蚀”。

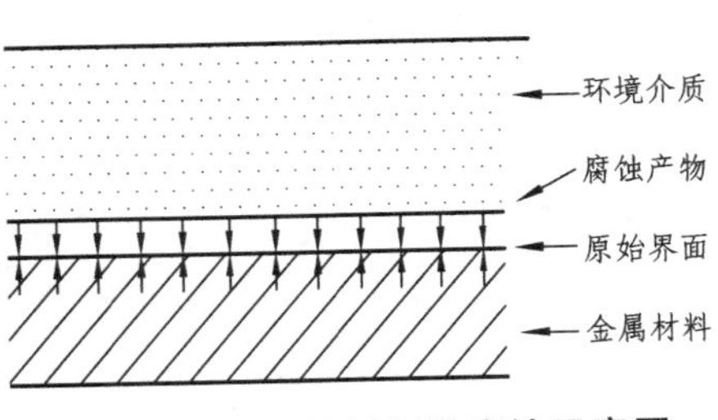

图 5.1　金属材料化学腐蚀示意图

5.1.2.2　电化学腐蚀

金属材料与电解质溶液接触时，在界面上将发生有自由电子参加的广义的氧化和广义的还原反应，致使接触面处的金属变为单纯离子、络离子而溶解，或者生成氢氧化合物、氧化物等稳定化合物，从而破坏了金属的特性。这个过程被称为电化学腐蚀或湿腐蚀，它是以金属为阳极的腐蚀原电池过程。

在实际中遇到的腐蚀主要是电化学腐蚀。钢在电解质溶液中由于本身各部分电极电位有差别，有的区域为阳极，相邻区域为阴极。在电解质溶液的作用下，形成了通路，就像一个微小的原电池一样，产生了微电池作用，如图 5.2 所示。其过程如下：

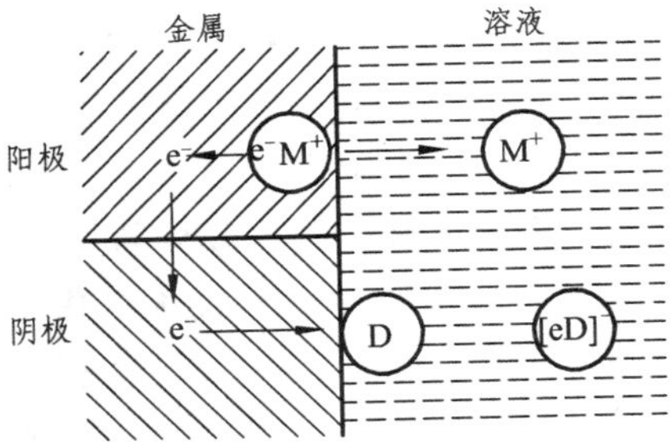

图 5.2　金属腐蚀过程微电池作用示意图

（1）阳极过程。在阳极，铁变成离子进入溶液，同时在阳极留下价电子。

$$Fe - 2e^- \xrightarrow{nH_2O} Fe^{2+} \cdot nH_2O$$

（2）阴极过程。电子由阳极流到阴极后，由溶液中的去极化剂（D）吸收外来的电子。

$$e^- + D \longrightarrow [eD]^-$$

通常在非氧化性酸中，钢的腐蚀是以 H^+ 吸收电子变成原子氢 H，再结合成分子氢 H_2，这就是氢去极化作用。

$$H^+ + e^- \longrightarrow H$$
$$H + H \longrightarrow H_2 \uparrow$$

这一腐蚀过程由于有氢气放出，所以称为析氢腐蚀或放氢腐蚀。

在中性盐类等介质中，由于溶液中溶解有氧，氧和水还原成 OH^- 的反应成为主要的阴极去极化反应，这就是氧的去极化作用。

$$\frac{1}{2}O_2 + H_2O + 2e^- \longrightarrow 2OH^-$$

因这个过程需要吸附氧气而称为吸氧腐蚀。

钢表面生锈就是这种电化学腐蚀造成的。钢暴露在大气中，表面吸附了一层很薄的水膜，钢表面不同电极电位区和水膜就构成了微电池。而抛光的样品放在干燥器里就不容易生锈，是因为表面的水膜没有了，不能组成微电池的缘故。在非氧化酸性介质和中性介质的作用下，钢的阳极部分不断被腐蚀溶解。

影响钢电化学腐蚀的因素很多，其中既有与金属本身有关的因素，如金属的电极电位、钝性、超电压、形变和应力状态、表面状态等；也有与金属所处的环境条件有关的因素，如腐蚀介质的组成、浓度、温度、介质的流速等。

钢在宏观上是均匀的，而在微观上是不均匀的。如钢的成分和组织是不均匀的，它包含有碳化物、夹杂物等相；此外，应力也不均匀；这些都促使各部分产生相互间的电极电位差。这种电极电位差越大，微阳极和阴极间的电流强度也越大，钢的腐蚀速度也越大，其结果是微阳极部分发生严重的腐蚀。

5.1.3 腐蚀的形态

5.1.3.1 全面腐蚀

通常全面腐蚀也称为均匀腐蚀，是最常见的腐蚀形态，如图 5.3 所示。其特征是腐蚀分布于金属的整个表面，使金属整体减薄。发生全面腐蚀的条件为：腐蚀介质能够均匀地抵达金属表面的各部位，而且金属的成分和组织比较均匀化。如碳钢或锌板在稀硫酸中的溶解以及某些材料在大气中的腐蚀都是典型的全面腐蚀。腐蚀进行的快慢，即腐蚀速率是依据一段时间内金属腐蚀前后发生的质量变化的多少来表示的；视腐蚀产物的性质有增重法和减重法，也可以用腐蚀破坏的深度表示腐蚀速率。全面腐蚀往往造成金属的大量损失，使金属有效截面不断减小，直到破坏。这种腐蚀虽然损耗或破坏了大量金属材料；但是，容易被发现，其腐蚀速率容易测定，腐蚀量可以预测；在工程设计时可预先考虑应有的腐蚀余量。因此，全面腐蚀的危害相对不大，通常不会因为全面腐蚀造成预先毫无察觉的灾难性事故。

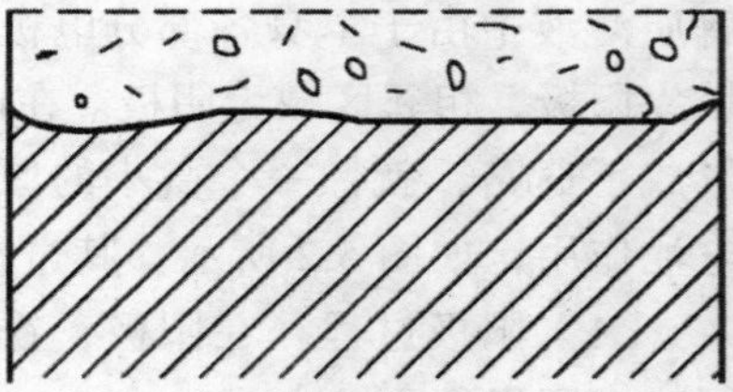

图 5.3 均匀腐蚀示意图

5.1.3.2 局部腐蚀

局部腐蚀是相对于全面腐蚀而言的，其特点是腐蚀的发生仅局限或集中在金属的某一特定部位。局部腐蚀基本都为电化学腐蚀，其种类很多，有点蚀、晶间腐蚀、应力腐蚀、疲劳腐蚀、磨损腐蚀、选择性腐蚀、水线腐蚀、缝隙腐蚀、沉积物腐蚀、漏散电流腐蚀和空泡腐蚀等。据统计，腐蚀事故中 80% 以上是由局部腐蚀造成的。由于其发生在金属的局部位置，很难检测其腐蚀速率，不易预测和防止；因此，危险性非常大，尤其是像应力腐蚀，往往在没有什么预兆的情况下，金属构件就突然发生破坏，甚至造成灾难性事故。以下对几种典型的局部腐蚀作简单的介绍。

（1）点蚀。点蚀又称为小孔腐蚀，是由于应力等原因使腐蚀集中在材料表面不大的区域，向深处发展，最后甚至能穿透金属，如图 5.4 所示。这是各类容器常见的破坏形式，其危害性很大。它是因为在介质的作用下，不锈钢表面钝化膜受到局部破坏而造成的。不锈钢在含有氯离子的介质中容易产生点蚀。由于氯离子容易吸附在钢表面的个别点上，破坏了该处的钝化膜，将钢的表面暴露出来，组成了微电池，形成了不锈钢的点蚀源。一般用单位面积上的腐蚀坑数量及最大深度来评价不锈钢点蚀程度的大小或倾向。

（2）晶间腐蚀。晶间腐蚀又称为晶界腐蚀，是指腐蚀过程是沿着晶界进行的，其危害性最大，如图 5.5 所示。金属材料产生这种腐蚀后，宏观上没有什么明显变化，如产生晶间腐蚀的不锈钢表面仍十分光亮；但材料的强度几乎完全丧失，常常造成设备突然破坏。除不锈钢外，镍合金、铝合金、镁合金等都存在晶间腐蚀问题。在粉末冶金中，可以利用金属的晶间腐蚀特性，制取金属粉末。

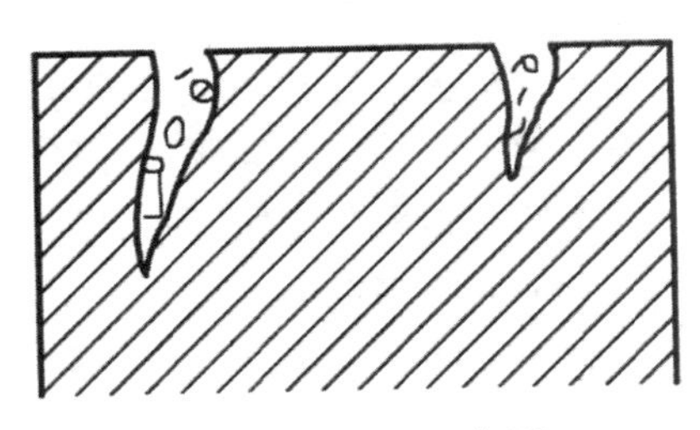

图 5.4　点蚀示意图

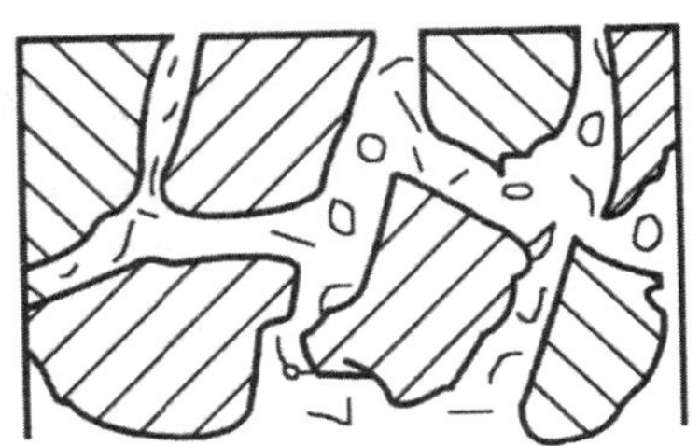

图 5.5　晶间腐蚀示意图

（3）应力腐蚀。应力腐蚀是指金属和合金在腐蚀介质和拉应力的同时作用下引起的腐蚀损伤。由其导致的金属破裂称为应力腐蚀破裂（SCC）。随着拉应力的加大，发生破裂的时间越短；当取消拉应力时，金属的腐蚀量很小，并且不发生破裂。应力腐蚀的特征是裂纹与拉应力垂直，断口为脆性断裂，其方式可能是沿晶，也可能是穿晶等。如果材料承受一定的载荷或加工过程中产生残留拉应力，就有可能产生这种腐蚀形式。应力腐蚀破坏前也是不容易被观察到，没有什么预兆，所以其危害性也是比较大的。金属的应力腐蚀破坏是具有选择性的，一定的金属在一定的介质中才会产生。

（4）磨损腐蚀。腐蚀介质与金属表面的相对运动，可加速金属的腐蚀，因此，有时把磨损腐蚀叫作冲蚀（冲击腐蚀）。因为这类腐蚀常与金属面上的湍流有关，故又叫湍流腐蚀。湍流不仅加速了腐蚀剂的供应和腐蚀产物的迁移，而且在液体与金属之间附加了一个切应力，这种切应力能将金属表面上的腐蚀产物剥离掉。所以，磨损腐蚀实际上是机械磨耗和腐蚀的共同作用下产生的，故又叫磨耗腐蚀。遭到磨损腐蚀的金属表面，往往具有沟槽、凹谷或波浪形的外观，这种表面形态是磨损腐蚀的特征。水电站的涡轮机，船舶的推进器，以及泵、搅拌器、离心机和各种导管的弯曲部分，都发现有磨损腐蚀现象。如果液体中含有悬浮颗粒，将加速磨损腐蚀。

（5）空蚀。空蚀是空泡腐蚀的简称，是在高速液流和腐蚀的共同作用下，引起的一种特殊腐蚀形态。其腐蚀过程的特点是在接近金属表面的液体中不断有气泡的形成和破溃。气泡的破溃将对金属表面起强烈的锤击作用，这种锤击作用不仅能破坏表面膜，而且可能损坏膜下面的金属。在高流速和压力突变的条件下，气泡的形成和破溃所引起的锤击作用重复进行着，这种锤击作用的压力足以使金属发生塑性形变。空蚀通常发生在高流速和压力突变的区域，如出现在船舶推进器、涡轮叶片、泵叶片的端部。

5.1.4 金属的保护

根据金属材料的腐蚀机理，可知金属材料的腐蚀损坏离不开金属材料和环境（气态、液态、固态介质）以及它们之间的界面反应，因此为了提高材料的耐蚀性应从以下 3 方面入手：

（1）研制新耐蚀材料和改善材料的组织、状态。如根据耐蚀合金化原理研制耐蚀合金；通过热处理、表面处理等方法改变材料的组织和表面状态，以发掘材料的潜力；根据材料具体的使用环境，合理地选材、设计。

（2）对腐蚀环境和介质采取措施。如去除腐蚀介质中的氧，从液体燃料或有机溶液中去除微量的水及硫化物，调整腐蚀介质的流速，控制土壤与大气的组成、湿度、温度等。

（3）涂层和电化学保护方法。这种方法主要是以改善相界面性质，借以达到缓蚀与防蚀的目的。它包括缓蚀剂的利用、金属涂覆各种屏蔽层、施行阳极保护与阴极保护等。

总之，解决金属材料腐蚀问题没有一种万能的方法。为了解决腐蚀问题，除了从材料本身着手外，还必须兼顾材料所处的环境条件，即从环境条件与材料两方面入手，寻求在特定条件下的材料耐蚀性，这才是切实可行而又有效的方法。金属防腐保护的方法有腐蚀电极反应的控制、金属的缓蚀方法、电化学保护方法以及金属表面上的保护层等。

5.2 不锈钢的基本特征与分类

钢是工业上最常用的金属材料，其基体元素铁具有一定的钝化性能，但其钝化性能不够高，只有在氧化性较强的介质中才能钝化，而在一般自然条件下不钝化。为了显著提高钢的耐蚀性，可在钢中加入更易钝化合金元素，提高整个合金的钝化性能，制成耐蚀的不锈钢。

对不锈钢来说，晶间腐蚀、点蚀和应力腐蚀是不允许发生的，凡是有其中一种腐蚀发生，即认为不锈钢在该介质中是不耐蚀的。对于一般腐蚀，根据不同使用条件对耐蚀性提出了不同指标，一般分为不锈钢和耐蚀钢两大类。

不锈钢是指能抵抗大气及弱腐蚀介质腐蚀的钢种。凡腐蚀速度小于 $0.01\ mm \cdot a^{-1}$，就认为是“完全耐蚀”；腐蚀速度小于 $0.1\ mm \cdot a^{-1}$，就是“耐蚀”；腐蚀速度大于 $0.1\ mm \cdot a^{-1}$，就是“不耐蚀”。

耐蚀钢是指在各种强烈腐蚀介质中能耐蚀的钢。凡是腐蚀速度小于 $0.1\ mm \cdot a^{-1}$，就是“完全耐蚀”；腐蚀速度小于 $1.0\ mm \cdot a^{-1}$，就是“耐蚀”；腐蚀速度大于 $1.0\ mm \cdot a^{-1}$，就是“不耐蚀”。

不锈钢不一定耐蚀，但耐蚀钢肯定是不锈钢。通常，把不锈钢和耐蚀钢统称为不锈耐蚀钢，或简称不锈钢。

不锈钢并不是不能被腐蚀，只不过是腐蚀速度较慢而已。不锈钢对腐蚀介质具有选择性。

即在同一介质中，不同种类的不锈钢的腐蚀速度大不相同；而同一种不锈钢在不同的介质中的腐蚀行为也不完全一样。没有绝对不生锈、不受腐蚀的钢。由此可见，不锈钢的“不锈”、“耐蚀”都是相对的。

不锈钢具有如下基本特征：

（1）较高的耐蚀性。耐腐蚀性是不锈钢的主要性能。耐腐蚀是相对于不同介质而言的。目前，还没有能抵抗任何介质腐蚀的钢。一般都要求不允许有晶间腐蚀、应力腐蚀和点蚀产生。

（2）应具有一定的力学性能。很多构件是在腐蚀介质下承受一定的载荷，所以不锈钢的力学性能，如强度高，可减小构件的质量。

（3）应有良好的工艺性能。各种品种的不锈钢钢材，如管材、板材、型材和线材等，常常要经过各种塑性形变和焊接加工制成容器、管道、锅炉等构件或零件。因此，不锈钢要有良好的塑性加工性能和焊接性能。

按不锈钢的基本组织，可分为马氏体型不锈钢、铁素体型不锈钢、奥氏体型不锈钢、奥氏体-铁素体复相不锈钢（也称为双相不锈钢）、沉淀硬化不锈钢五大类。

我国现行的不锈钢牌号及化学成分的标准是 GB/T 20878—2007《不锈钢和耐热钢　牌号及化学成分》。

5.3　不锈钢的化学成分对组织与性能的影响

不锈钢的耐蚀性随着碳含量的增加而降低。大多数不锈钢的碳含量均较低，最大不超过 1.2%；甚至有些钢的 $w(C) < 0.03\%$，如 022Cr12 钢。不锈钢中的主要合金元素是铬，只有当铬含量达到一定值时，钢才有耐蚀性。因此，不锈钢一般 $w(Cr) \geqslant 12\%$（略高于原子分数 1/8 所对应的 11.7%）。不锈钢中还含有镍、钛、锰、氮、铌、钼、硅、铜等元素。

根据合金元素对不锈钢组织的影响基本上可分为两类：铁素体形成元素，如铬、钼、硅、钛、铌等；奥氏体形成元素，如镍、碳、氮、锰、铜等。当这两类作用不同的元素同时加入到钢中时，不锈钢的组织就取决于它们综合作用的结果。舍夫勒（A. L. Schaeffler）在研究合金元素对不锈钢焊缝金属组织的影响时，将铁素体形成元素折合成铬的作用，称为铬当量 $w(Cr_{eq})$；奥氏体形成元素折合成镍的作用，称为镍当量 $w(Ni_{eq})$；将 $w(Cr_{eq})$ 和 $w(Ni_{eq})$ 分别作为横坐标和纵坐标，作图表示钢的实际成分和所得到的组织状态，如图 5.6 所示。这种图称为 $w(Cr_{eq})$ 和 $w(Ni_{eq})$ 状态图，也称为舍夫勒组织图。

后来，研究者们提出了许多计算 $w(Cr_{eq})$ 和 $w(Ni_{eq})$ 的公式，使舍夫勒组织图更加精确，并将其推广应用到轧制后的钢材中。常用的计算公式如下：

$$w(Cr_{eq}) = w(Cr) + 1.5w(Mo) + 2.0w(Si) + 1.5w(Ti) + 1.75w(Nb) + 5.5w(Al) + 5w(V) + 0.75w(W)$$

$$w(Ni_{eq}) = w(Ni) + w(Co) + 0.5w(Mn) + 30w(C) + 25w(N) + 0.3w(Cu)$$

可以根据钢的实际化学成分，换算成铬当量和镍当量来估算不锈钢的组织。要获得单相奥氏体组织，必须使这两类元素达到某种平衡，否则钢中就会出现一定量的铁素体，成为复相组织。铁素体形成元素在铁素体中的含量高于钢的平均含量，而奥氏体形成元素在奥氏体中的含量高于钢的平均含量。

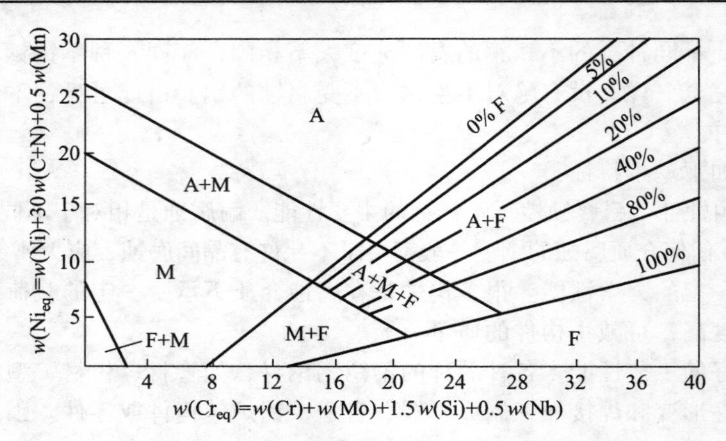

图 5.6 $w(Cr_{eq})$和 $w(Ni_{eq})$状态图（焊后冷却）

5.3.1 铬的作用

体心立方结构的铁和铬的原子半径都为约 0.14 nm。铁和铬的电负性分别为 1.83、1.66，相差不多。所以铬可以和 α-Fe 形成无限固溶体。铬是不锈钢中最重要的合金元素，也是提高钢钝化膜稳定性的必要元素。不锈钢的不锈耐蚀性的获得主要是由于铁中若加入超过 10%～12% 的铬时，在氧化性介质的作用下，促进了钢的钝化，钢的钝化能力有显著提高。而且当钢中 $w(Cr) \geqslant 10.5\%$，钢钝化形成的氧化膜中富集了铬的氧化物；这种富铬的氧化膜具有尖晶石结构，在许多介质中有很高的稳定性，铬使钢的钝化态保持稳定。

5.3.1.1 铬对不锈钢组织的影响

铬是强烈形成并稳定铁素体的元素，缩小了奥氏体区。随着铬含量的增加，奥氏体钢中可出现铁素体组织。在 Cr-Ni 奥氏体不锈钢中，当 $w(C) = 0.1\%$，$w(Cr) = 18\%$ 时，为获得稳定的单一奥氏体组织，所需的 $w(Ni)$最低，大约为 8%。

随着铬含量的增加，一些金属间化合物，如 σ 相、χ 相的形成倾向增大。铬含量高的铁素体不锈钢、复相不锈钢在 500～900 °C 停留，铁素体将发生分解。由于铁素体中铬含量高，易分解析出 σ 相，引起钢的脆化。在 Cr-Ni-Mo 系和 Cr-Mn-Mo 系复相不锈钢中，铁素体除分解析出 σ 相外，还析出 χ 相。χ 相是具有 α-Mn 结构的 Fe-Cr-Mo 三元金属间化合物，同样会引起钢的脆性。高铬铁素体不锈钢中除形成 σ 相外，在 400～500 °C 长期保温还会出现 475 °C 脆性，它以在 475 °C 时脆性最严重而得名。从图 5.7 中 Fe-Cr 二元相图的低温部分可以看到，此时析出富铬的 α′ 相。α′ 相呈片状，在高铬铁素体的{100}面和位错上析出，其长大速度极缓慢。α′ 相的析出是引起 475 °C 脆性的原因。实验表明，$w(Cr) \geqslant 13.7\%$ 时，就可能产生 475 °C 脆性。

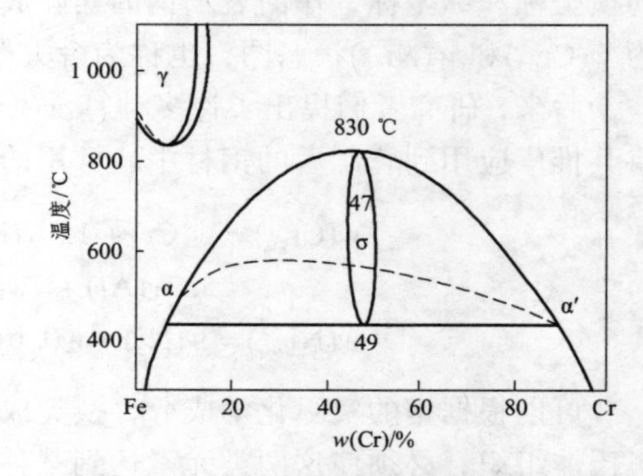

图 5.7 Fe-Cr 二元相图低温部分

这些金属间化合物，如 σ 相、χ 相等的存在不仅显著降低钢的塑性和韧性，而且在有些条件下还降低钢的耐蚀性。一般情况下，奥氏体钢的最终组织中也是不希望有金属间化合物存在。

铬含量的提高可使马氏体转变温度 *Ms* 点下降，从而提高奥氏体基体组织的稳定性。铬是中强碳化物形成元素。奥氏体钢中常见的铬碳化物有 $Cr_{23}C_6$、Cr_7C_3，其一般形式为 $M_{23}(C, N)_6$、$M_7(C, N)_3$。当钢中含有钼或铌时，还可见到 Cr_6C 型碳化物。当氮作为钢中合金化元素时，可能会出现各种氮化物。

5.3.1.2　铬对不锈钢性能的影响

铬是决定钢耐蚀性的主要元素。少量铬只能提高钢的抗蚀性，但不能使其不生锈。铬使固溶体电极电位提高，并在表面形成致密的氧化膜。铬提高耐蚀性的作用符合 *n*/8 定律，如图 5.8 所示。固溶体中的铬含量达到原子比为 12.5%（即 1/8）时，铁基固溶体的电极电位有一个突然升高，当铬含量提高到原子比为 25%（即 2/8）时，电位又一次突然升高。塔曼（Tammann）首先总结和发现了这一规律，并且发现许多二元合金固溶体合金中存在这种规律，所以又把这个规律称为塔曼定律，也称为二元合金固溶体电位的 *n*/8 定律。

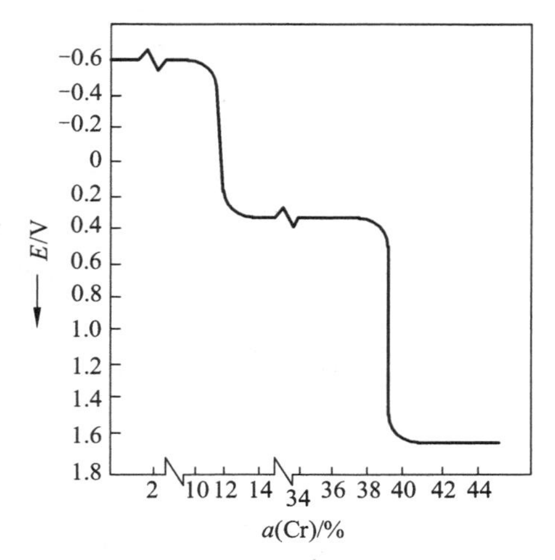

图 5.8　*a*(Cr)对 Fe-Cr 合金电极电位的影响

铬提高钢耐蚀性的主要表现为：铬提高了钢的耐氧化性介质、有机酸、尿素和碱介质耐蚀的性能；还提高了钢耐局部腐蚀，如晶间腐蚀、点蚀、缝隙腐蚀以及某些条件下应力腐蚀的性能。

5.3.2　镍的作用

镍是奥氏体不锈钢中的主要合金元素，是扩大奥氏体相区的元素，其主要作用是形成并稳定奥氏体，使钢获得完全奥氏体组织，从而使钢具有良好的强度和塑性、韧性的配合，并具有优良的冷热加工、焊接、低温与顺磁性等性能。在奥氏体不锈钢中，随着镍含量的增加，残余的铁素体可完全消除；并显著降低 σ 相形成的倾向，如图 5.9 所示。镍降低了马氏体转变温度，甚至使钢在很低的温度下可不出现马氏体转变。镍含量的增加会降低碳、氮在奥氏体钢中的溶解度，从而使碳氮化合物析出的倾向增强。

在纯铁中加入镍能提高铁的耐蚀性，尤其是在非氧化性的硫酸中更为显著，如图 5.10 所示。当镍的原子百分数为 12.5%、25% 时，耐蚀性有明显的提高。镍加入铬不锈钢中也提高了其在硫酸、醋酸、草酸及中性盐（特别是硫酸盐）中的耐蚀性。

在 Cr-Ni 奥氏体不锈钢中可能发生马氏体转变的镍含量范围内，随着镍含量的增加，钢的强度降低而塑性提高。具有稳定奥氏体组织的 Cr-Ni 奥氏体不锈钢的韧性（包括低温韧性）是非常优良的，因而可作为低温钢使用。对于具有稳定奥氏体组织的 Cr-Mn-N 奥氏体不锈钢，镍的加入可进一步改善韧性。

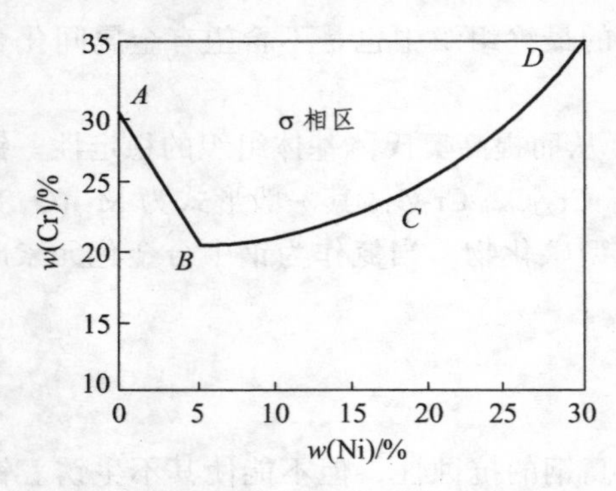

图 5.9 w(Cr)、w(Ni)对 σ 相形成倾向的影响

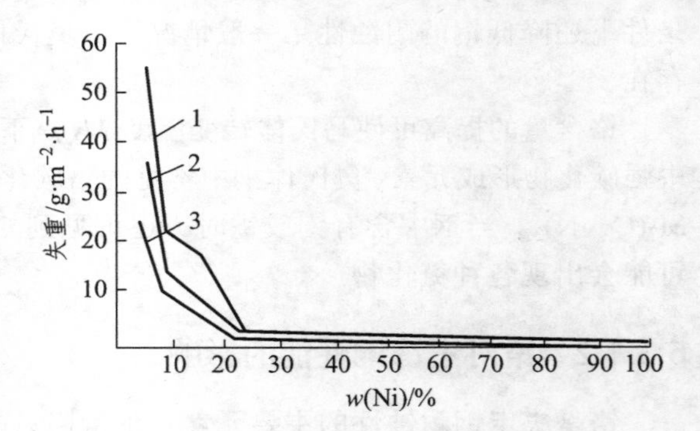

图 5.10 Ni 对 Fe-Ni 合金在硫酸中 60 °C，100 h 腐蚀速度的影响

1—20% H_2SO_4；2—10% H_2SO_4；3—5% H_2SO_4

镍还可显著降低奥氏体不锈钢的冷加工硬化倾向。这主要是因为镍使奥氏体层错能提高，位错比较容易通过交滑移而越过障碍，减少以致消除了冷加工硬化的能力。这对奥氏体不锈钢的冷加工成型性能是有利的。镍还可显著提高 Cr-Mn-N 和 Cr-Mn-Ni-N 奥氏体不锈钢的热加工性能，从而提高了钢的成材率。

在奥氏体不锈钢中，镍的加入以及随着镍含量的提高，使钢的热力学稳定性增加。因此，奥氏体不锈钢具有更好的不锈性和耐氧化性介质腐蚀的性能；且随着镍含量的提高，耐还原性介质的性能进一步得到改善。镍还是提高奥氏体不锈钢耐许多介质穿晶型应力腐蚀的唯一重要的元素。

随着奥氏体不锈钢中镍含量的提高，产生晶间腐蚀的临界碳含量降低，即钢的晶间腐蚀敏感性增加。镍对奥氏体不锈钢的耐点蚀及缝隙腐蚀的影响作用并不显著。此外，镍还提高了奥氏体不锈钢的高温抗氧化性能，这主要与镍改善了铬的氧化膜的成分、结构和性能有关，但镍的存在使钢的抗高温硫化性能降低。

镍的资源稀少，价格昂贵。人们在开发节镍或无镍不锈钢方面作了大量的研究，取得了很大的进展，解决了用锰、氮代替镍的许多技术问题。

5.3.3 碳和氮的作用

不锈钢中碳含量越高，耐蚀性就越可能下降，但是钢的强度是随着碳含量的增加而提高的。对于不锈钢来说，耐蚀性是主要的，另外还应考虑钢的冷形变性、焊接性等工艺因素，所以不锈钢中，碳含量应尽可能地低。

在 1926 年，作为战略资源的镍出现短缺，激发了人们研究用氮取代部分镍。早期氮主要用于 Cr-Mn-N 和 Cr-Mn-Ni-N 奥氏体不锈钢中，以节约镍。近年来，氮也日益成为奥氏体不锈钢中的重要合金元素。在奥氏体不锈钢中加入氮，可以稳定奥氏体组织、提高强度，并且提高耐腐蚀性能，特别是耐局部腐蚀，如耐晶间腐蚀、点蚀和缝隙腐蚀等。现在应用的含氮奥氏体不锈钢可分为控氮型、中氮型和高氮型 3 种。控氮型是在超低碳[$w(\mathrm{C}) \leqslant 0.02\% \sim 0.03\%$]Cr-Ni 奥氏体不锈钢中加入 0.05% ~ 0.10% 的氮，用以提高钢的强度，同时耐晶间腐蚀和晶间应力腐蚀性能优良。中氮型的 $w(\mathrm{N}) = 0.10\% \sim 0.50\%$，在正常大气压力条件下冶炼和浇铸。高氮型的 $w(N)>0.40\%$，一般在加压条件下冶炼和浇铸，主要在固溶态或半冷加工态下使用，既具有高强度，又耐腐蚀。$w(N)$达到 0.80% ~ 1.00% 水平的高氮奥氏体钢已获得实际应用并开始工业化生产。

氮可以提高奥氏体不锈钢的耐腐蚀性能。超级高氮奥氏体不锈钢在耐点蚀、缝隙腐蚀等局部腐蚀性能方面可以和镍基合金相媲美。奥氏体不锈钢敏化态晶间腐蚀的机理主要是贫铬理论，非敏化态晶间腐蚀机理主要是杂质元素的偏聚理论。对于前者，凡是用碳来提高强度的不锈钢都不具有高的抗晶间腐蚀性。原因是 Fe-C 奥氏体合金热稳定性比较低，使 $Cr_{23}C_6$ 在晶界析出，导致腐蚀抗力变坏。而氮不同，氮提高了钢的热稳定性，使敏化曲线朝时间坐标右侧移动。但是由于氮加入量过高也会导致氮化物的析出而使基体铬含量减少，从而耐腐蚀性下降。

氮的加入改善了普通低碳、超低碳奥氏体不锈钢耐敏化态晶间腐蚀性能，其本质是氮影响敏化处理时 $Cr_{23}C_6$ 的析出过程，达到提高晶界贫铬区的铬浓度。在高纯奥氏体不锈钢中，没有 $Cr_{23}C_6$ 的析出。此时氮的作用为：一方面，增加钝化膜的稳定性，从而可在一定程度上降低平均腐蚀率；另一方面，在含氮高的钢中虽有氮化铬在晶界析出，但由于氮化铬析出速度很慢，敏化处理不会造成晶界贫铬，对敏化态晶间腐蚀影响很小。氮对磷在晶界偏聚的抑制作用是氮对钢耐非敏化态晶间腐蚀影响的重要因素。

氮有助于形成初次膜及以后的含铬钝化膜，引起点蚀的有效电压、点蚀电位和保护电位均随氮含量的增加而增加。含氮钢中的氮在溶解时形成 NH_4^+，在形成过程中消耗 H^+，改善了局部腐蚀环境。有人则认为存在吸收 NO_3^- 的抑制蚀坑的活性溶解，更有利于钢的钝化和再钝化。双相钢在实验室条件下，其抗蚀性能提高了一个数量级。对于一些流体机械中的部件如涡轮机、泵和阀门，这一结果是十分重要的。在高铬[$w(Cr)\geqslant 20\%$]奥氏体钢中加入钼和大约 0.2% 的氮可以显著提高抗酸蚀的能力。

在常规冶炼条件下，难以往钢中添加足够的氮。对于不含氮的不锈钢，可以通过等离子渗氮或离子注入等表面处理方法在其表面形成高氮层。高氮层中氮的加入使表层进一步富铬，提高了膜的稳定性和致密性。离子注入或等离子体源等工艺要控制温度，实验发现，奥氏体不锈钢的渗层硬度、耐磨性及抗腐蚀性能随离子渗氮温度的降低而增高。高氮层中如果出现富氮的第二相，则耐均匀腐蚀性能严重恶化，因为 CrN 等第二相析出导致了基体贫铬。

大多数研究人员认为增加氮含量可以降低晶间腐蚀开裂倾向，这主要因为氮降低了铬在钢中的活性，氮作为表面活性元素优先沿晶界偏聚，抑制并延缓 $Cr_{23}C_6$ 的析出，降低了晶界处铬的贫化度，改善了表面膜的性能。

在奥氏体不锈钢中用氮合金化，由于其间隙固溶强化和稳定奥氏体组织作用比碳要大得多，所以既大大提高了钢的强度，又保持了很好的塑韧性，同时有效改善了奥氏体不锈钢的局部抗腐蚀能力。含氮奥氏体不锈钢的研究和应用日益受到了大家的重视。

氮是强奥氏体形成元素。和碳相比，氮原子在奥氏体中有不同的间隙分布，其本质是氮原子结合能 E_{NN} 要比碳原子的 E_{CC} 大。氮原子在奥氏体中的分布要比碳均匀得多。这也有利于理解氮合金化的奥氏体有比较高的稳定性。

根据西华特（Sievert）定律，双原子气体在金属中的溶解度，与其在气相分压的平方根成正比。应用压力电渣重熔法熔炼奥氏体不锈钢可获得较高的氮含量。研究发现，氮原子引起铬、钼原子周围出现强烈的短程无序，在铁、镍原子周围引起较小的变化，这表明氮易于在铬和钼原子周围聚集，所以在合金中加入铬、锰能够提高氮的溶解度，而镍会降低氮的溶解度。

在 Cr-Ni 奥氏体不锈钢中，随着氮含量的增加可形成 Cr_2N 型氮化物。氮可抑制碳化物的析出，并且延缓金属间化合物 σ 相、χ 相的形成。

5.3.4 其他元素的作用

锰是比较弱的奥氏体形成元素，但有强烈稳定奥氏体组织的作用。锰也能提高铬不锈钢在有机酸，如醋酸、甲酸和乙醇酸中的耐蚀性，而且比镍更有效。当钢中 $w(\mathrm{Cr})\approx 14\%$ 时，为节约镍，仅靠加入锰是无法获得单一奥氏体组织的。由于不锈钢中 $w(\mathrm{Cr})\geqslant 17\%$ 时才有比较好的耐蚀性，因此，工业上已应用的锰代镍奥氏体不锈钢主要是 Fe-Cr-Mn-Ni-N 型钢。如 12Cr18Mn8Ni5N 和 12Cr17Mn6Ni5N 钢等。而无镍的 Fe-Cr-Mn-N 奥氏体不锈钢的用量比较少。进一步的研究发现，锰和氮复合加入就克服了这一不足。当加入氮元素后，$\gamma/(\gamma+\alpha)$的相界线向高铬方向移动。所以对 Fe-Cr-Mn-N 系合金的开发引起了大家的重视。人们对 Fe-Cr-Mn-N 系合金进行了大量的研究，发现该系列合金取代 Fe-Cr-Ni 系合金不仅可能，而且还具备一些 Fe-Cr-Ni 系合金所没有的特性，发展和应用前景广阔。

钛和铌是强碳化物形成元素，它们是作为形成稳定的碳化物，以防止晶间腐蚀而加入不锈钢中的。所以，加入的钛和铌必须与钢中的碳保持一定的比例。

钼能提高不锈钢的钝化能力，扩大其钝化介质范围，如在热硫酸、稀盐酸、磷酸和有机酸中。含钼不锈钢中可以形成含钼的钝化膜，如 06Cr18Ni8Mo 钢表面钝化膜的成分为 $53\%Fe_2O_3+32\%Cr_2O_3+12\%MoO_3$。这种含钼的钝化膜在许多强腐蚀介质中具有很高的稳定性，不易溶解。因为 Cl^- 半径很小（0.181 nm），可穿透不够致密的氧化膜而与钢起作用，生成可溶性的腐蚀产物，而在钢表面造成点蚀。由于含钼钝化膜致密而稳定，所以可防止 Cl^- 对膜的破坏，所以含钼不锈钢具有抗点蚀的能力。

在不锈钢中加入 2%～4% 的硅，可提高不锈钢在盐酸、硫酸和高浓度硝酸中的耐蚀性。

5.4 环境对不锈钢耐蚀性的影响

不锈钢的钝化除了与其化学成分有关之外，还与介质的特点有关，特别是与介质的氧化能力有关。在氧化性介质，如硝酸中，NO_3^- 是氧化性的，不锈钢表面氧化膜容易形成，钝化时间也短。在非氧化性介质，如稀硫酸、盐酸、有机酸中，氧含量低，钝化所需时间要延长。当介质中氧含量低到一定程度后，不锈钢就不能钝化。如在稀硫酸中，铬不锈钢的腐蚀速度甚至比碳钢还快。所以必须根据工作介质的特点来正确选择使用不锈耐蚀钢钢种。

对大气、水、水蒸气等弱腐蚀介质，只要固溶体中 $w(\mathrm{Cr})>13\%$，就可保证不锈钢的耐蚀性。如水压机阀门、蒸汽发电机透平叶片、水蒸气管道等零部件。

在氧化性酸，如硝酸中，由于有足够的氧使不锈耐蚀钢在短期内达到钝化状态，但是酸中含有作为阴极去极化剂的 H^+，故随着浓度的增加，钝化所需铬含量也要增加。只有这样，氧化膜中铬含量才能提高，含高铬的氧化膜在硝酸中才具有很好的稳定性。故必须使 $w(\mathrm{Cr})>16\%$ 的钢才有较高的钝化能力。

在稀硫酸等非氧化性酸中，由于介质中SO_4^{2-}不是氧化剂，溶有的氧量较低，基本上没有钝化能力，所以，一般的铬不锈钢和 Cr-Ni 型不锈耐蚀钢难以达到钝化状态，因而是不耐蚀的。若再提高铬含量，非但耐蚀性不能提高，有时甚至要降低。在这类介质中，不锈耐蚀钢需要加入提高钢的钝化能力的元素，如镍、钼、铜等。盐酸也是一种非氧化性酸，不锈耐蚀钢在其中也不耐蚀，一般需采用 Ni-Mo 合金，使合金表面生成稳定的$MoOCl_2$保护膜，才能保持良好的钝化能力。

强有机酸中，由于介质中氧含量低，又有H^+存在，一般铬和 Cr-Ni 不锈钢难以钝化，必须向钢中加入铝、铜、锰等元素，以提高不锈耐蚀钢的钝化能力。

在含有Cl^-的介质中，需要含钼的不锈耐蚀钢抵抗Cl^-产生的点蚀。

到目前为止，还没有一种不锈钢能抵抗所有介质的腐蚀。所以必须根据腐蚀介质等环境因素的条件，结合各不锈钢的特点，综合考虑来选择不锈钢。

5.5 奥氏体不锈钢

奥氏体不锈钢是指使用状态组织为奥氏体的不锈钢。奥氏体不锈钢含有较多的铬、镍、锰、氮等元素。奥氏体不锈钢除了具有很高的耐腐蚀性外，还有许多优点。它具有高的塑性，容易加工形变成各种形状的钢材，如薄板、管材、丝材等。加热时没有同素异构转变，即没有 $\alpha \rightarrow \gamma$ 相变，焊接性好。韧性和低温韧性好，一般情况下没有冷脆倾向。奥氏体是面心立方结构，为顺磁性。由于奥氏体比铁素体的再结晶温度高，所以奥氏体不锈钢还可以用于 550 °C 以上工作的热强钢。奥氏体组织的加工硬化率高，因此容易加工硬化，使切削加工比较困难。此外，奥氏体不锈钢的线膨胀系数高，导热性差。奥氏体不锈钢是应用最广泛的耐酸钢，约占工业用不锈钢总产量的 2/3。由于奥氏体不锈钢具有优异的不锈耐酸性、抗氧化性、抗辐照性、高温和低温力学性能、生物相容性等，所以在石油、化工、电力、交通、航空、航天、航海、国防、能源开发以及轻工、纺织、医学、食品等工业领域都有广泛的用途。

因为奥氏体不锈钢含有大量的铬、镍等合金元素，所以价格比较贵。

5.5.1 奥氏体不锈钢的化学成分特点

奥氏体不锈钢的主要成分为 $w(Cr) \geqslant 18\%$ 和 $w(Ni) \geqslant 8\%$，这种配合是世界各国奥氏体不锈钢的典型成分，称为 18-8 型奥氏体不锈钢。图 5.11 为 Fe-18%Cr-8%Ni-C 相图的垂直截面，由图 5.6 可知，这样的成分配合正处于舍夫勒组织图上形成奥氏体的有利位置。这种配合的成分还有利于提高钢的耐蚀性。18%Cr-8%Ni 钢既得到了单相奥氏体组织，又具有良好的钝化性能，使钢的耐蚀性达到了较高的水平。

在 18%Cr-8%Ni 钢的基础上再增加铬、镍含量，可提高钢的钝化性能，增加奥氏体组织的稳定性，提高钢的固溶强化效应，使钢的耐腐蚀性等性能更为优良。加入钛、铌元素是为了稳定碳化物，提高抗晶间腐蚀能力；加入钼可增加不锈钢的钝化作用，防止点蚀倾向，提高钢在有机酸中的耐蚀性；铜可以提高钢在硫酸中的耐蚀性；硅使钢的抗应力腐蚀断裂的能力提高。

18-8 型奥氏体不锈钢平衡态时为奥氏体 + 铁素体 + 碳化物组织，经过固溶处理后获得了单相奥氏体。由图 5.11 可知，这类钢在高温有一个碳含量比较宽的奥氏体相区，碳在奥氏体中的溶解度随着温度沿 $Fe\text{-}Fe_3C$ 相图中的 *ES* 线变化。所以缓慢冷却时，过饱和的合金奥氏体会有合金碳化物析出，主要为 $(Cr, Fe)_{23}C_6$ 碳化物。缓冷至共析 *PSK* 线以下还将发生 $\gamma \rightarrow \alpha$ 相变，部分 γ 相转变成 α 相。所以为得到优良的性能，奥氏体不锈钢都需要进行热处理。

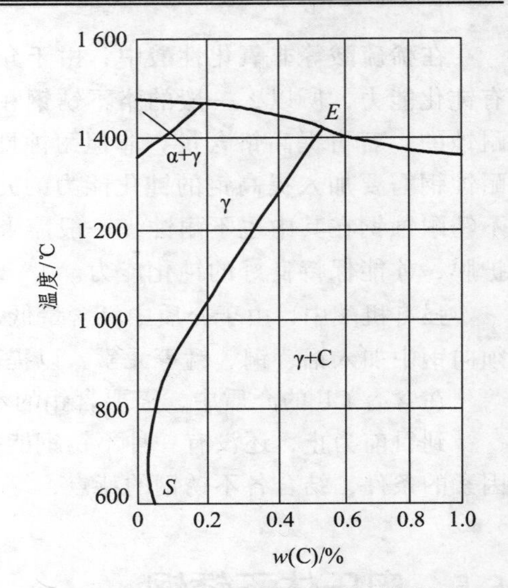

图 5.11 Fe-18%Cr-8%Ni-C 相图的垂直截面

5.5.2 奥氏体不锈钢的晶间腐蚀

奥氏体不锈钢焊接后，在浓度为 50%～65% 的硝酸、含铜盐和氧化铁的硫酸溶液、热有机酸等腐蚀介质中工作时，在离焊缝不远处会产生严重的晶间腐蚀。奥氏体不锈钢晶间腐蚀主要是在 450～800 °C 的敏化温度区间内容易导致沿晶界析出连续网状的富铬 $(Cr, Fe)_{23}C_6$，从而使晶界周围基体产生贫铬区，如图 5.12 所示。在析出 $(Cr, Fe)_{23}C_6$ 过程的不太长的时间内，由于铬的扩散速度较慢，贫铬区得不到恢复。贫铬区的宽度约 100 nm，铬的原子百分数低于 12.5%（低于 1/8 定律的临界值），在许多介质中没有钝化能力，贫铬区成为微阳极而发生腐蚀。若在此敏化温度范围长期加热，通过铬的扩散消除贫铬区，则晶间腐蚀倾向就被消除；这种处理叫作脱敏处理。

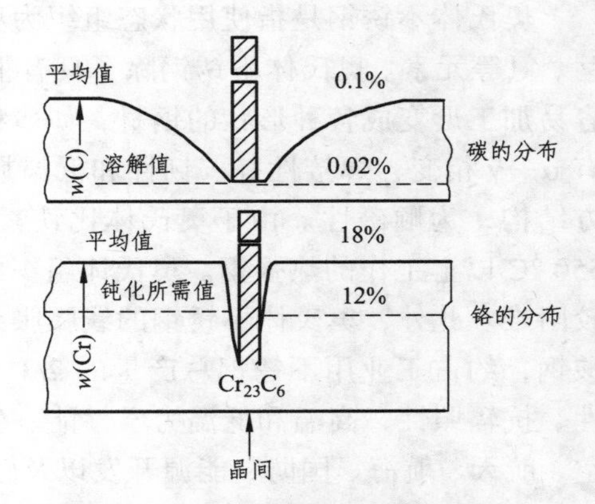

图 5.12 晶间腐蚀贫铬区示意图

在 Cr-Ni 奥氏体不锈钢中，如果在 450～800 °C 温度下工作，或在该温度范围内时效处理，同焊接加热的效果一样。这种时效处理可以考察不锈钢晶间腐蚀的敏感性，称为不锈钢的敏化处理。敏化处理和敏感性的关系通常用 TTS（Time-Temperature-Sensitivation）曲线来表示，如图 5.13（a）所示。曲线 1 表示开始产生晶间腐蚀；曲线 2 是晶间腐蚀现象结束线，由于时间充分，晶间腐蚀倾向已不再出现，即对晶间腐蚀倾向已经脱敏。显然，温度越高，通过扩散消除晶间腐蚀倾向所需要的时间也越短。曲线包围的区域是产生晶间腐蚀的温度、时间范围。奥氏体不锈钢敏化处理后，在金相组织上可看到碳化物沿着晶界析出。

奥氏体不锈钢的晶间腐蚀主要是由钢中碳以 $Cr_{23}C_6$ 形式析出所引起的，碳对 18%Cr-9%Ni 钢晶间腐蚀的影响如图 5.14 所示。在 550～800 °C 温度下停留会引起晶间腐蚀，以 650 °C 左右最敏感。钢中碳含量越高，晶间腐蚀倾向越严重。

18%Cr-9%Ni 钢中的奥氏体在 600 °C 以下碳的溶解度为 0.02%，此时没有 $Cr_{23}C_6$ 析出。实际上当 $w(C) \leqslant 0.03\%$，也没有晶间腐蚀发生。所以，最有效解决奥氏体不锈钢晶间腐蚀倾向的办法是生产超低碳不锈钢，使钢中 $w(C) \leqslant 0.03\%$，如 022Cr19Ni10 钢。

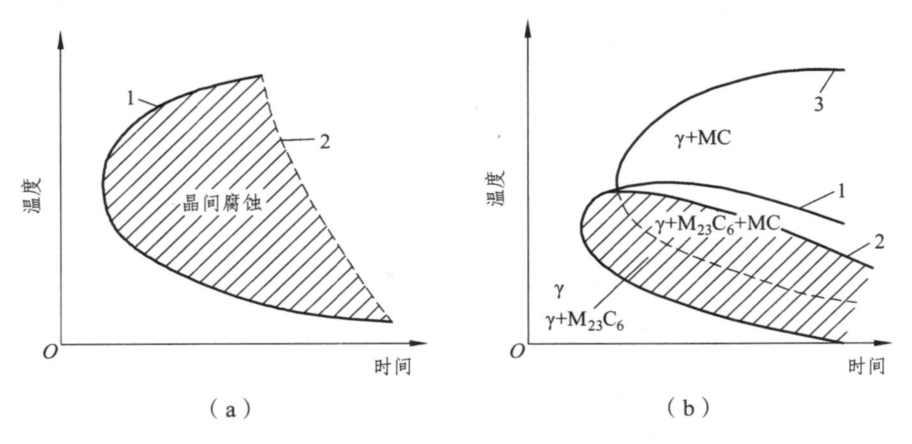

图 5.13 奥氏体不锈钢产生晶间腐蚀的 TTS 曲线

对于影响碳的热力学活性的元素，凡是提高碳活性的元素，如镍、钴、硅都促进形成晶间腐蚀；凡是降低碳活性的元素，如锰、钼、钨、钒、铌、钛都阻碍形成晶间腐蚀。所以，消除晶间腐蚀倾向的另一种办法是加入强碳化物形成元素钛和铌，形成稳定的 TiC 或 NbC 以固定钢中的碳。与 TiC 相平衡，奥氏体中固溶的碳仅为 0.01% 以下，这就排除了 $Cr_{23}C_6$ 析出的可能性。若钛、铌含量不足，有过剩的碳溶于奥氏体，则仍不能避免 $Cr_{23}C_6$ 的析出。为此，钛或铌在钢中的含量分别为

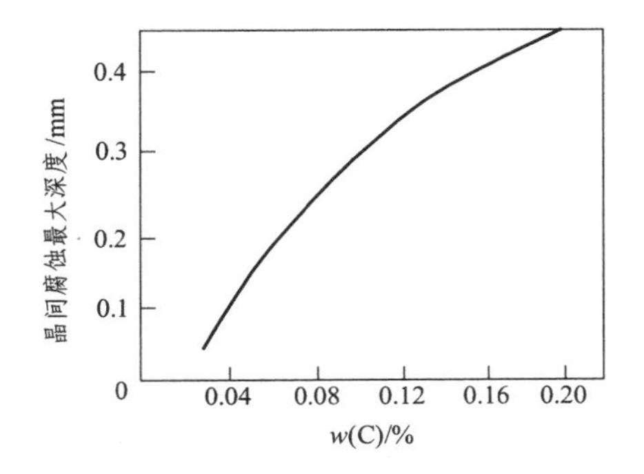

图 5.14 碳对 18%Cr-9%Ni 钢晶间腐蚀的影响（650 °C 敏化 1 000 h，H_2SO_4-$CuSO_4$ 试剂中 100 h）

$$0.8\% \geqslant w(\mathrm{Ti}) \geqslant 5[w(\mathrm{C}) - 0.02\%]$$
$$1.0\% \geqslant w(\mathrm{Nb}) \geqslant 10[w(\mathrm{C}) - 0.02\%]$$

经强碳化物形成元素钛、铌合金化的不锈钢称为稳定性钢。这种钢析出碳化物的温度范围可分为两个区域，如图 5.13（b）所示。这里的曲线 1 表示析出 $M_{23}C_6$ 型碳化物的富铬区域，曲线 3 表示析出 MC 型碳化物的区域，曲线 2 是产生晶间腐蚀的区域。在仅有 MC 型碳化物析出的区域，没有晶间腐蚀倾向。

如果钢中有体积分数为 10% ~ 50% 的 δ 铁素体，可以改善奥氏体不锈钢的晶间腐蚀倾向。由于 δ 铁素体在 500 ~ 800 °C 发生相间沉淀，$Cr_{23}C_6$ 在δ/γ 相界的 δ 相一侧呈点状析出，排除了在奥氏体晶界析出 $Cr_{23}C_6$；而 δ 相内铬的扩散系数比 γ 相内高 1 000 倍，不致产生贫铬区。

钢中 σ 相在晶界析出也会造成晶间腐蚀。超低碳奥氏体不锈钢特别是含钼钢，如 06Cr18Ni11Ti 和 022Cr17Ni14Mo2 钢，固溶的钼和钛促进了 σ 相在晶界析出，在晶界产生贫铬区，在体积分数为 65% 的沸腾硝酸中就能产生晶间腐蚀。

钢中不同氮含量对晶间腐蚀产生不同的影响，当 $w(\mathrm{N}) < 0.16\%$ 时，由于抑制 $Cr_{23}C_6$ 在晶界析出，有利于改善奥氏体钢的晶间腐蚀。当 $w(\mathrm{N}) > 0.16\%$ 时，由于沿晶界析出 Cr_2N 而增加了晶间腐蚀倾向。

在氧化性介质中，奥氏体不锈钢经固溶处理后也会发生晶间腐蚀，是非敏化态晶间腐蚀。如在热的浓硝酸加重铬酸盐溶液，经 1 050 °C 固溶处理后，奥氏体不锈钢的晶间腐蚀最严重，其原因是杂质元素磷和硅的晶界偏聚。实验表明，当 $w(P) \geqslant 0.01\%$ 后晶间腐蚀量显著增加，而高纯钢则无晶间腐蚀。

检验奥氏体不锈钢晶间腐蚀倾向的方法，是将试样经固溶处理后再经 650 °C 的晶间腐蚀敏化处理，然后放在加速晶间腐蚀介质中做试验。试验完毕后，将试样用弯曲法、电阻法和失重法等检测是否存在晶间腐蚀及其腐蚀程度。通常用两种工业检验试剂：① H_2SO_4-$CuSO_4$ 试剂，每升蒸馏水加 55 mL 的 H_2SO_4 和 110 g 的 $CuSO_4 \cdot 5H_2O$，试样在试剂中煮沸 60 h 后取出测试；② 65% 沸腾硝酸，试剂每 48 h 更换一次，共试验 240 h，其间每隔一定时间取出试样称量失重。上述两种试剂主要是浸蚀晶界贫铬区，但后者对晶粒也有少量腐蚀。前者不能测定 σ 相引起的晶间腐蚀，而后者可以。

综上所述，在工程上为防止奥氏体不锈钢的晶间腐蚀，可采取以下措施：

（1）降低钢中的碳含量，生产超低碳不锈钢，使钢中 $w(C) \leqslant 0.03\%$；这是最有效的办法。

（2）在钢中加入强碳化物形成元素钛或铌，以形成特殊碳化物，稳定组织，消除贫铬区。

（3）对钢进行 1 050 ~ 1 100 °C 的固溶处理，保证固溶体中的铬含量。

（4）对于非稳定性奥氏体不锈钢，可进行退火处理，使钢的奥氏体成分均匀化，消除贫铬区；对于稳定性钢，通过适当的热处理形成钛、铌的特殊碳化物，以稳定固溶体中的铬含量，保证耐蚀所需要的含铬量水平。

（5）引入适量的 δ 铁素体。

5.5.3 奥氏体不锈钢的应力腐蚀及点蚀

奥氏体不锈钢在拉应力和某种腐蚀介质的共同作用下，可能出现应力腐蚀开裂。其特征是形成腐蚀-机械裂缝，这种裂缝不仅可以沿着晶界发展，而且也可穿过晶粒。由于裂缝向金属内部发展，使金属结构的强度大大降低，严重时能使金属设备突然损坏。如果该设备是在高压条件下工作，将可能造成严重的爆炸事故。

应力腐蚀是应力和电化学腐蚀共同作用的结果，是按滑移-溶解机制（也称保护膜破坏理论）进行的，即在初始裂纹诱发阶段，拉应力引起位错滑移面运动，移出表面，形成表面滑移台阶，破坏了表面钝化膜，裸露的滑移台阶直接暴露在腐蚀介质中，更重要的是裂纹阶段形成的应力集中降低阳极电位，从而加速作为阳极的裂纹尖端金属的溶解，形成蚀坑，使裂纹扩展。裂纹扩展到一定程度，其表面又会形成新的钝化膜。这种钝化膜的形成与破坏过程反复进行，直至裂纹达到临界尺寸时，钢迅速产生失稳断裂。

影响应力腐蚀的主要因素是介质特点、附加应力、环境温度、钢的化学成分和组织等。

介质中含有 Cl^-，容易引起应力腐蚀。随着 Cl^- 浓度的升高，应力腐蚀破断时间缩短。在微酸性的 $FeCl_2$、$MgCl_2$ 溶液中，氧能促进应力腐蚀破坏。在 $pH < 4 \sim 5$ 的酸性介质中，H^+ 浓度越高，应力腐蚀破断时间就越短。当 $pH > 4 \sim 5$ 时，加入 NO_3^-、I^- 及醋酸盐就可抑制应力腐蚀。

应力的影响主要表现为只有拉应力才会引发应力腐蚀。此拉应力可能是冷加工、焊接或机械束缚引起的残留应力，也可能是在使用条件下外加的，甚至是腐蚀产物引起的残留应力。引起应力腐蚀的拉应力值一般低于材料的屈服强度。在大多数产生应力腐蚀的系统中存在一个临界应力值，当所受应力低于此临界应力值时，不产生应力腐蚀。相反，压应力可减缓应力腐蚀。温度恒定时，应力越大，破断时间越短。温度可以通过影响化学反应速度和物质输运时间而影响应力腐蚀过程。在含 Cl^- 的水溶液中，80 °C 以上才产生应力腐蚀。温度越高，应力腐蚀破断时间越短。

不锈钢的化学成分和组织对应力腐蚀也有强烈影响。低镍奥氏体不锈钢对应力腐蚀很敏感，而 $w(Ni) \geq 45\%$ 的高镍钢就不会产生应力腐蚀。氮促进了应力腐蚀裂缝的诱发和扩张，增加了应力腐蚀的敏感性，而碳降低了奥氏体不锈钢的应力腐蚀敏感性。$w(Cr) > 12\%$ 的奥氏体不锈钢，其 $w(Cr)$越高，则应力腐蚀敏感性越强。硅元素在单相奥氏体和复相不锈钢中都可以提高钢对应力腐蚀的抗力，一般硅的加入量为 2% ~ 4%。铜元素能改善不锈钢的应力腐蚀，如在 022Cr18Ni10 钢中加入 2%的铜，可以获得良好的应力腐蚀抗力。钼元素使奥氏体不锈钢应力腐蚀破断的诱发期缩短。磷、砷、锑、铋等元素都降低了奥氏体不锈钢的应力腐蚀抗力。残余的硫也是有害的，因为 MnS 可优先被腐蚀介质溶解，并形成裂纹源。钛和铌元素的影响不大。

此外，由于奥氏体钢的层错能影响位错滑移的方式，从而影响了应力腐蚀敏感性。影响层错能的元素，也影响奥氏体不锈钢的应力腐蚀。因为层错能高的钢形变时采取交滑移方式，位错缠结呈网状分布，引起的表面台阶小，钝化膜不易被破坏，或钝化膜破坏后容易修复。而镍和碳都增高奥氏体的层错能，故高镍奥氏体钢有较高的应力腐蚀抗力。而氮则促进了位错呈平面分布，进而促进应力腐蚀。铁素体在形变时易发生交滑移，导致表面钝化膜破坏、减少，进而降低不锈钢应力腐蚀敏感性。

由以上分析可知，为防止发生应力腐蚀常用以下方法：

（1）改变钢的化学成分，比较有效的是加入 2% ~ 4% 的硅或 2% 的铜，另外增加 $w(Ni)$，一般 $w(Ni) > 35\% \sim 40\%$ 的奥氏体不锈钢是抗应力腐蚀的。

（2）提高钢的纯度，降低钢中 $w(N)$（$\leq 0.04\%$）。此外尽可能减少磷、砷、锑、铋等杂质元素的含量。

（3）采用高纯度的铁素体不锈钢。

（4）选择奥氏体-铁素体复相不锈钢，初始的微细裂纹遇到铁素体后就不再继续扩展。一般铁素体含量至少要有 60%。

（5）降低甚至消除拉应力，经过消除应力退火可以减轻或避免发生应力腐蚀开裂；提高奥氏体不锈钢的屈服强度也可提高其应力腐蚀抗力；用喷丸处理使金属表面的拉应力变为压应力对抵抗应力腐蚀有显著效果。

奥氏体不锈钢的点蚀是由于腐蚀性阴离子，如 Cl^- 在氧化膜表面上吸附后穿过钝化膜而导致的。这种钝化膜的局部破坏会形成许多尺寸较小的蚀孔，如果钢的钝化能力很强，被破坏的钝化膜可以再钝化，小蚀孔就不再成长；否则小蚀孔将继续扩大，不断向金属深处发展，直至将金属穿透。提高不锈钢抗点蚀能力最好的方法是合金化，钢中加入铬、钼、氮等元素可显著提高抗点蚀能力；镍、硅、稀土等元素也有一定的作用。

5.5.4 奥氏体不锈钢的热处理

奥氏体不锈钢分为组织稳定和亚稳两大类。稳定的奥氏体不锈钢具有低的屈服强度，高的塑性、韧性和低的韧脆转变温度，影响其强度的因素之一是合金元素的固溶强化。间隙元素碳、氮的强化效应远大于置换元素，而氮的强化效应最大。在置换元素中，铁素体形成元素的强化效应又大于奥氏体形成元素。亚稳奥氏体不锈钢在冷形变时发生部分马氏体转变，使得钢在冷作硬化基础上又加上马氏体强化。在 *Md* 点以下到 *Ms* 点之间的塑性形变引起马氏体转变，产生形变诱发马氏体。随着形变量的增加，马氏体量也增加。越接近 *Md* 点，产生马氏体转变所需的形变量也越大；超过 *Md* 点，形变就不再发生马氏体转变。越接近或低于 *Ms* 点形变，就越能增加马氏体量。奥氏体不锈钢的热处理一般有固溶处理和稳定化处理。

1. 固溶处理

根据图 5.11，固溶处理就是要把钢加热到 Fe-Fe_3C 相图中 *ES* 线以上，才有可能使碳化物溶解。奥氏体不锈钢的固溶处理温度一般为 1 050 ~ 1 150 °C，比较常用的是 1 050 ~ 1 100 °C。对于 18%Cr-9%Ni 钢，固溶处理常采用 1 000 °C 加热淬火。钢中的碳含量越高，所需要的固溶处理温度也越高。为了保证高温下得到的奥氏体不发生分解，稳定到室温，固溶处理后的冷却速度应比较快。一般情况下，多采用水冷。因为在室温下为单一奥氏体组织，钢的强度和硬度是最低的，所以固溶处理是奥氏体不锈钢最大程度的软化处理。由于这时的奥氏体具有最大的合金度，所以也具有最高的耐蚀性能。

对于非稳定化奥氏体不锈钢，即不含钛、铌元素的 Cr-Ni 奥氏体不锈钢，常采用的固溶处理工艺如图 5.15（a）所示。固溶处理后对钢进行退火，可以提高晶界上铬的浓度，使钢具有高的抗晶间腐蚀性。虽然有时钢中存在 $Cr_{23}C_6$，但经过 850 ~ 950 °C 的退火，就消除了晶间腐蚀倾向。

对于用钛、铌元素稳定化的钢，固溶处理加热温度选择在奥氏体 + 特殊碳化物的两相区范围，通常为 1 000 ~ 1 100 °C，常用 1 050 °C，如图 5.15（b）所示。固溶处理的缺点是必须加热到高温且需要快速冷却，这在工艺上常常是很难实现的。许多焊接构件尺寸很大，焊接后无法进行高温加热淬火，即使能进行，也还有形变大等问题难以克服。

2. 稳定化处理

稳定化处理，也可称为稳定化退火。这种处理只是在含钛、铌元素的奥氏体不锈钢中使用。在生产实际中发现，未经稳定化处理的钛、铌的奥氏体不锈钢（如 12Cr18Ni9Ti 钢），虽然化学成分合格，但按照标准检验时，仍然发现有晶间腐蚀。稳定化处理的温度和时间应合理选择，才能获得最佳的效果。确定稳定化处理工艺的一般原则为：高于 $Cr_{23}C_6$ 的溶解温度而低于 TiC 或 NbC 的溶解温度。稳定化退火通常采用 850 ~ 950 °C，保温 2 ~ 4 h 后空冷，如图 5.15（b）所示。在稳定化退火过程中，能将 $Cr_{23}C_6$ 转变为特殊碳化物 TiC 或 NbC，这样就比较彻底地消除了晶间腐蚀倾向。

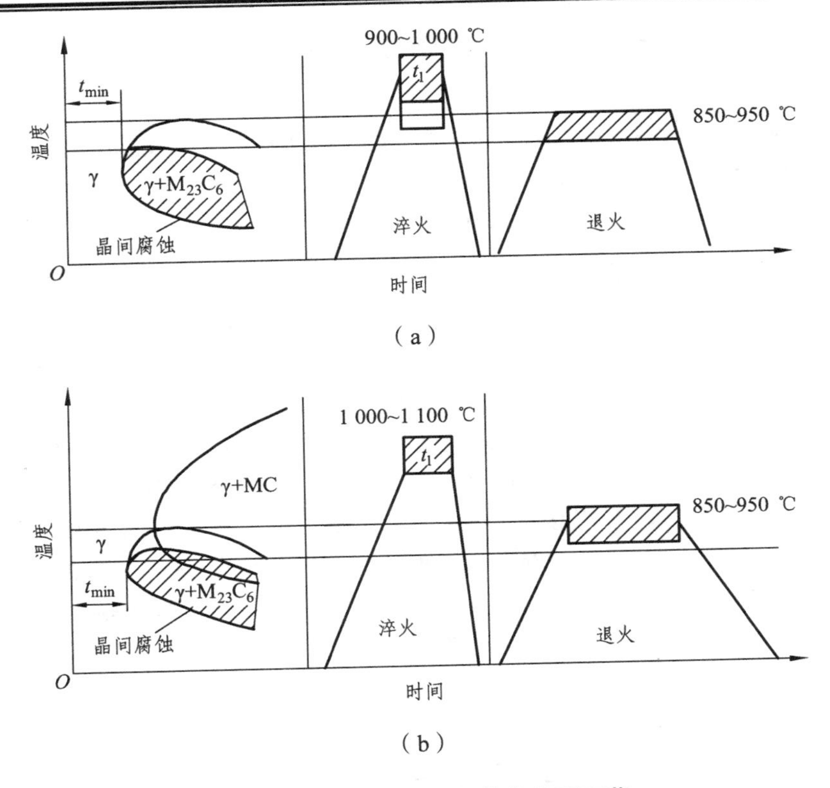

图 5.15 奥氏体不锈钢的热处理工艺

5.5.5 Cr-Mn-N 奥氏体不锈钢

Cr-Ni 奥氏体不锈钢的应用广泛，但镍是比较紧缺的元素，为了减少镍的消耗，因此国内外进行了大量的研究，发展了许多少镍和无镍的奥氏不锈钢。主要有 3 种类型：Cr-Mn 系奥氏体不锈钢，Cr-Mn-N 系奥氏体不锈钢和 Cr-Mn-Ni、Cr-Mn-Ni-N 系奥氏体不锈钢。这里主要介绍 Cr-Mn-N 奥氏体不锈钢。

锰和镍都是奥氏体形成元素，且都可以与铁形成无限固溶体。由图 5.16 可知，当含 $w(C)=0.1\%$ 时，由于碳稳定奥氏体的作用，获得单相奥氏体的铬量可提高到 15%，但是铬量大于 15% 后，锰量再增加，也不能得到单相奥氏体，而且钢中出现了 σ 相。所以，Cr-Mn 系奥氏体不锈钢不能用于耐热腐蚀的部件。

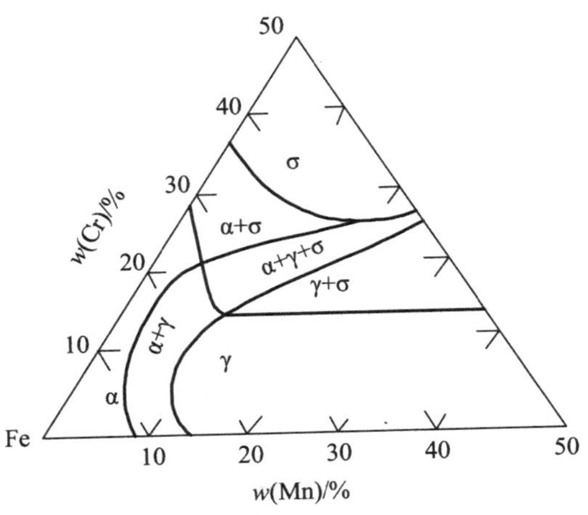

图 5.16 Fe-Cr-Mn-0.1%C 合金系 650 °C 时的等温截面

利用氮稳定奥氏体的作用，开发了 Cr-Mn-N 系奥氏体不锈钢。氮能抑制 σ 相的形成，稳定奥氏体组织的作用也比较大，能有效提高钢的强度而不降低室温韧性，并且对耐腐蚀性无影响。但是，氮含量受到溶解度的限制，一般的氮含量在

0.3% ~ 0.5% 以下，对于 Cr-Mn-N 系奥氏体不锈钢，为获得单相奥氏体，各合金元素平衡量及其相互关系可由下式估算：

$$w(\mathrm{C}) + w(\mathrm{N}) + 0.035w(\mathrm{Ni}) + 0.01w(\mathrm{Cu}) + 0.02w(\mathrm{Mn}) - 0.000\,26w(\mathrm{Mn})^2$$
$$= 0.045w(\mathrm{Cr}) + 0.067w(\mathrm{Mo}) + 0.031w(\mathrm{W}) + 0.112w(\mathrm{Si}) +$$
$$0.135[w(\mathrm{Ti}) + w(\mathrm{Nb}) + w(\mathrm{V})] + 0.221T - 2.46$$

式中，T 为高温加热温度，单位为 K。此式表示：在高温下为获得单相奥氏体组织，避免 δ 相的形成，铁素体形成元素和奥氏体形成元素之间的平衡关系。该式为合金设计提供参考。同样，在 Cr-Mn-N 系中加入铜、钼等元素可改善钢的耐蚀性。用锰和氮完全代替镍，不太容易得到单一而稳定的奥氏体组织。所以，在合金设计时保留了部分镍，开发了 Cr-Mn-Ni-N 系奥氏体不锈钢。从图 5.17 中可知，镍强烈扩大了 Cr-Mn 钢的奥氏体区，所以国际上 Cr-Mn-Ni-N 系发展较快，成熟的钢种也比较多，如 12Cr18Mn8Ni5N 钢是国内外都生产的钢种，它的耐蚀性、力学性能和焊接性与 18-8 型钢相当，主要用于硝酸及化肥工业设备。12Cr18Mn10Ni5Mo3N 钢是在 12Cr18Mn8Ni5N 钢基础上加入 2.5% ~ 3.5% 的钼，再相应提高锰量稳定奥氏体组织的钢，其性能和 Cr-Ni-Mo 钢相近，用于尿素、磷酸、醋酸等工业生产设施。

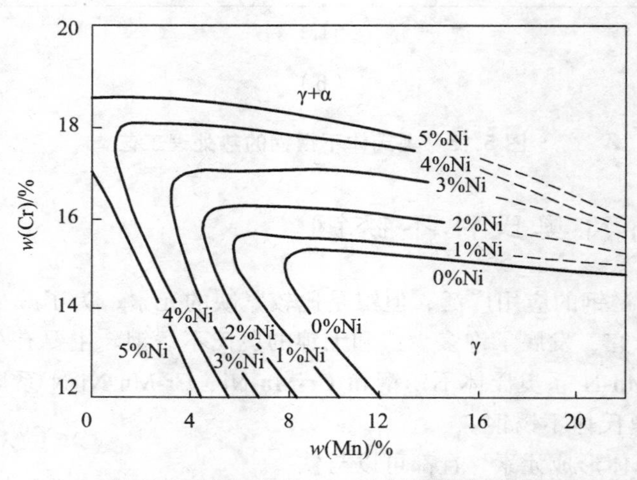

图 5.17　Ni 对 Cr-Mn-N 钢组织的影响

5.6　铁素体不锈钢

铁素体不锈钢都是高铬钢。由于铬稳定 α 相的作用，当 $w(\mathrm{Cr}) = 13\%$ 时，Fe-Cr 合金将无 γ 相变，从高温到低温一直保持 α 铁素体相组织。铁素体不锈钢的 $w(\mathrm{Cr})$在 13% ~ 30%。随着 $w(\mathrm{Cr})$的增加，耐蚀性不断提高。

5.6.1　铁素体不锈钢的化学成分特点

铁素体不锈钢主要有 3 种类型：① Cr13 型，如 06Cr13、06Cr13Al、06Cr11Ti 钢等；

② Cr17 型，如 10Cr17、06Cr17Ti、10Cr17Mo 钢等；③ Cr25-30 型，如 12Cr28、12Cr25Ti、008Cr30Mo2 钢等。

铁素体不锈钢的 $w(C) < 0.25\%$。为了提高某些性能，可加入钼、钛、铝、硅等元素。如钛元素可提高钢的抗晶间腐蚀的能力。

铁素体不锈钢的力学性能和工艺性比较差，脆性大，韧脆转变温度 T_C 在室温左右。所以多用于受力不大的耐酸和抗氧化要求的结构部件。

铁素体不锈钢在加热和冷却过程中基本上无同素异构转变，多在退火软化态下使用。

铁素体不锈钢在硝酸、氨水等介质中有较好的耐蚀性和抗氧化性，特别是抗应力腐蚀性较好。常用于硝酸、维尼龙等化工设备或储藏氯盐溶液及硝酸的容器。

5.6.2 铁素体不锈钢的脆性

铁素体不锈钢比奥氏体不锈钢的屈服强度高，但铁素体不锈钢的冲击韧度低，韧脆转变温度高。要改善铁素体不锈钢的力学性能，必须控制钢的晶粒尺寸、马氏体量、间隙原子含量及第二相。高铬铁素体不锈钢的缺点是脆性大，主要表现为以下几个方面：

（1）原始晶粒粗大。铁素体由于原子扩散快，有低的晶粒粗化温度和高的粗化速率。在 600 °C 以上，铁素体不锈钢的晶粒就开始长大，而奥氏体不锈钢相应的温度为 900 °C。若铁素体不锈钢中有一定量奥氏体或 Ti(C，N)，就可以阻碍晶粒长大，提高晶粒粗化温度。细化铁素体不锈钢的晶粒，还可以提高钢的强度。增加铁素体不锈钢中在高温的奥氏体量后，在冷却时将发生马氏体转变，得到铁素体和部分马氏体组织。少量马氏体（体积分数小于 15%～20%）将降低钢的屈服强度，提高均匀伸长率，对塑性有利。由于同时细化了铁素体晶粒，就消除了含有部分马氏体对冲击韧度的不利影响，降低了钢的韧脆转变温度。

（2）475 °C 脆性。铁素体不锈钢存在 475 °C 脆性。当钢中 $w(Cr) \geqslant 15\%$ 时，随着 $w(Cr)$ 的增高，其脆化倾向也增加，因而要避免在 400～500 °C 停留。在 400～525 °C 长时间加热后或在此温度范围内缓慢冷却时，钢在室温下就变得很脆。这个现象以在 475 °C 加热为甚，所以把这种现象称为 475 °C 脆性。一般认为，产生 475 °C 脆性的原因为：在脆化温度范围内长期停留时，铁素体中的铬原子趋于有序化，形成许多富铬的、点阵结构为体心立方的 α' 相，它们与母相保持共格关系，引起大的晶格畸变和内应力。其结果使钢的强度提高，而冲击韧度大为降低；甚至严重时，塑性和冲击韧度几乎全部丧失。

（3）金属间化合物 σ 相的形成。理论上，根据图 5.7 所示的 Fe-Cr 相图，$w(Cr) = 45\%$时，在 830 °C 才开始形成 σ 相。实际生产中，由于钢的成分偏析和其他铁素体形成元素的作用，在 $w(Cr) = 17\%$ 的不锈钢中就有可能形成 σ 相。σ 相具有很高的硬度，形成时还伴有大的体积效应，并且常常沿晶界分布，所以使钢产生很大的脆性（即 σ 相脆性），并可能促进晶间腐蚀。σ 相不仅在铁素体不锈钢中产生，在奥氏体不锈钢、奥氏体-铁素体不锈钢中也可以形成。

此外，高铬铁素体不锈钢存在低温脆性，除以上原因外，还与钢中含有碳、氮、氧等杂质以及夹杂物有关。若采用精炼技术，如真空感应熔炼、电子束精炼、氩氧脱碳精炼等，可大大降低高铬钢脆韧转变温度。008Cr27Mo 铁素体不锈钢经过精炼后，$w(C)$降到 0.001%，$w(N)$降到 0.001%，就是厚钢材也有很好的韧性。

5.6.3 铁素体不锈钢的热处理

铁素体不锈钢在加热和冷却过程中有碳化物的溶解和析出，在热轧退火状态，其组织为富铬的铁素体和碳化物。为了获得成分均匀的铁素体组织和减少碳化物量，消除晶间腐蚀倾向，铁素体不锈钢在热轧后常采用淬火和退火两种热处理工艺，如图 5.18 所示。

从图 5.18 中可以看出，铁素体不锈钢有形成晶间腐蚀敏感区（Ⅰ）、σ 相析出区（Ⅱ）和 475 °C 脆性区（Ⅲ）3 个相变动力学区。所以，热处理特点是只采用（870 ~ 950）°C × 1 h 的淬火水冷，避免高温晶间腐蚀区和铁素体晶粒长大区。采用 560 ~ 800 °C 退火，退火时要考虑 σ 相析出区（Ⅱ）动力学时间和 475 °C 脆性区（Ⅲ）的温度。

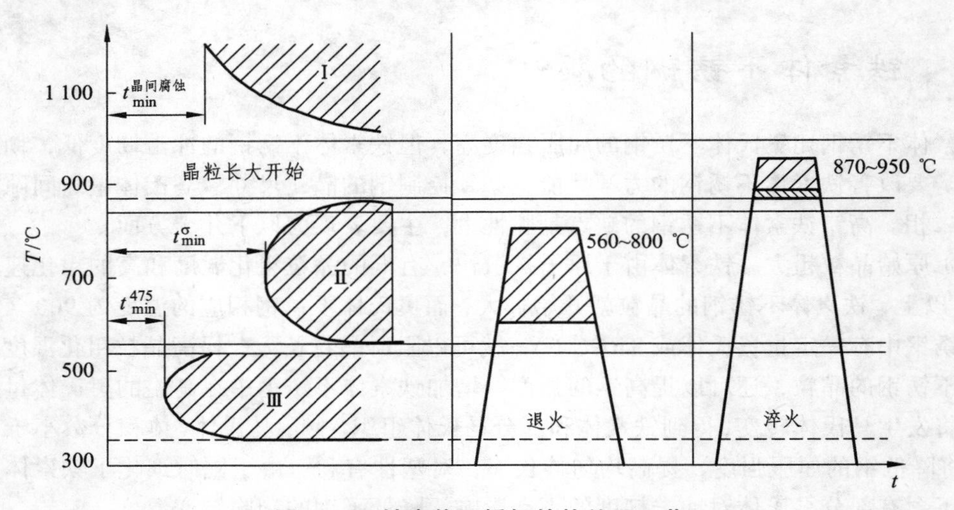

图 5.18 铁素体不锈钢的热处理工艺

5.7 马氏体不锈钢

这类钢的 $w(Cr) = 12\% \sim 18\%$，还含有一定的碳和镍等奥氏体形成元素，所以在加热时有比较多的或完全的 γ 相，由于马氏体点 *Ms* 仍在室温以上，所以淬火冷却能产生马氏体。因此，根据组织分类方法，这类钢称为马氏体不锈钢。

5.7.1 马氏体不锈钢的成分和组织特点

马氏体不锈钢可分为 3 类：① Cr13 型，如 12Cr13、20Cr13、30Cr13、40Cr13 钢等；② 高碳高铬钢，如 95Cr18、90Cr18MoV 钢等；③ 低碳 17%Cr-2%Ni 钢，如 14Cr17Ni2 钢。

Cr13 型钢中，主要区别是碳含量。12Cr13 钢的组织是马氏体 + 铁素体；20Cr13 和 30Cr13 钢是马氏体组织；因为铬等合金元素使钢的共析点 *S* 大为左移，40Cr13 钢已是属于过共析钢，所以 40Cr13 钢组织为马氏体 + 碳化物。

马氏体不锈钢具有高的强度和耐磨性。含碳较低的 12Cr13、20Cr13、14Cr17Ni2 钢等对应地类似于结构钢中的调质钢，可以制造机械零件，如汽轮机叶片等要求不锈的结构件；

30Cr13、40Cr13、95Cr18 等钢对应地类似于工具钢，用来制造要求有一定耐腐蚀性的工具，如医用手术工具、测量工具、轴承、弹簧、日常生活用的刀具等，应用比较广泛。

马氏体不锈钢中的重要成分是碳和铬，按照 $n/8$ 定律，1/8 临界值为 $w(\mathrm{Cr}) \geqslant 11.7\%$（原子百分数为 12.5%）。因为有一部分铬要与碳形成碳化物而不存在于固溶体中，所以 $w(\mathrm{Cr})$ 应提高到 13%，随着碳含量的增加，钢中的 $w(\mathrm{Cr})$ 也要相应地提高。如 95Cr18 钢，由于 $w(\mathrm{C})$ 增加到 0.9% 左右，为了保证固溶体中含有 1/8 值的最低铬含量，所以钢中的总 $w(\mathrm{Cr})$ 设计为 18%。当然，随着碳含量的增加，钢的强度提高，耐蚀性降低；随着铬含量的增加，耐蚀性提高。

14Cr17Ni2 钢是在 Cr13 型基础上提高铬含量并加入 2% 的镍，这样的合金化设计可保持奥氏体相变，使钢仍然能通过淬火获得马氏体组织而强化。在马氏体不锈钢中，14Cr17Ni2 钢的耐蚀性是最好的，强度也是最高的。该钢的缺点是有 475 °C 脆性、回火脆性，以及大锻件容易产生氢脆，工艺控制比较困难。14Cr17Ni2 钢的特点是具有较高的电化学腐蚀性能，在海水和硝酸中有较好的耐腐蚀性。该钢在船舶尾轴、压缩机转子等制作中有广泛的应用。

5.7.2 马氏体不锈钢的热处理

马氏体不锈钢常用的热处理工艺有软化处理、调质处理和淬火 + 低温回火等。

（1）软化处理。由于钢的淬透性好，钢经锻轧后，在空冷条件下也会发生马氏体转变。所以这类钢在锻轧后应缓慢冷却，并要及时进行软化处理。软化处理有两种方法：一是高温回火，将锻轧件加热至 700 ~ 800 °C 保温 2 ~ 6 h 空冷，使马氏体转变为回火索氏体；二是完全退火，将锻轧件加热至 840 ~ 900 °C 保温 2 ~ 4 h 后炉冷至 600 °C 后再空冷。经过软化处理后，12Cr13、20Cr13 钢的硬度在 170 HB 以下，30Cr13、40Cr13 钢硬度可降到 217 HB 以下。

（2）调质处理。12Cr13、20Cr13 钢常用于结构件，所以常用调质处理以获得高的力学性能。12Cr13 钢难于得到完全的奥氏体，但是在 950 ~ 1 100 °C 加热可以使铁素体量减到最少，淬火后的组织为低碳马氏体，所以淬火后可以获得板条马氏体组织和少量的残留奥氏体。淬火后应及时回火。

因为铬使钢具有回火稳定性，并提高 Ac_1 点，所以调质处理的回火温度也可相应地提高。通常 12Cr13 和 20Cr13 钢为 640 ~ 700 °C。该钢有回火脆性的倾向，因此回火后应采用油冷。由于合金化程度高，所以高温回火时不会完全再结晶，回火组织是保留马氏体位向的回火索氏体。

（3）淬火 + 低温回火。30Cr13、40Cr13 钢常制造要求有一定耐腐蚀性的工具。所以热处理采用淬火 + 低温回火。淬火加热温度在 1 000 ~ 1 050 °C，为减少形变可用硝盐分级冷却。淬火组织为马氏体和碳化物，以及少量的残留奥氏体。图 5.19 为 40Cr13 钢手术剪刀的淬火 + 低温回火工艺。

14Cr17Ni2 钢加热到 900 ~ 1 000 °C 时，主要处于 γ 相区。但是由于合金化的缘故，γ 相区比较狭窄，如图 5.20 所示。所以钢中的镍、锰、硅、铬等成分稍有波动，就容易影响钢中的铁素体量。一般情况下，铁素体量控制在 10% ~ 15% 比较好。铁素体量增加，钢的力学性能降低。

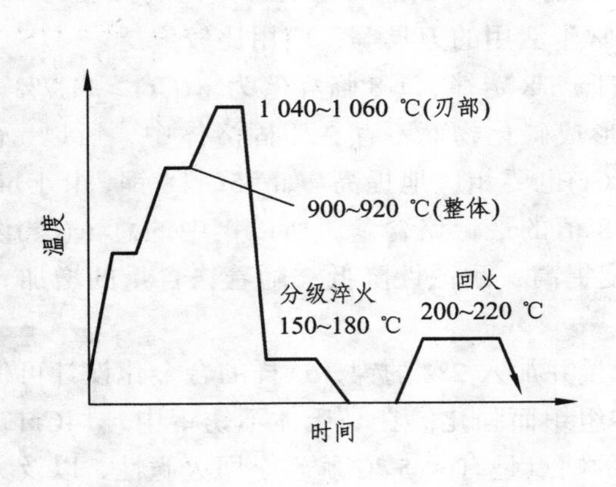

图 5.19 40Cr13 钢手术剪刀的淬火 + 低温回火工艺

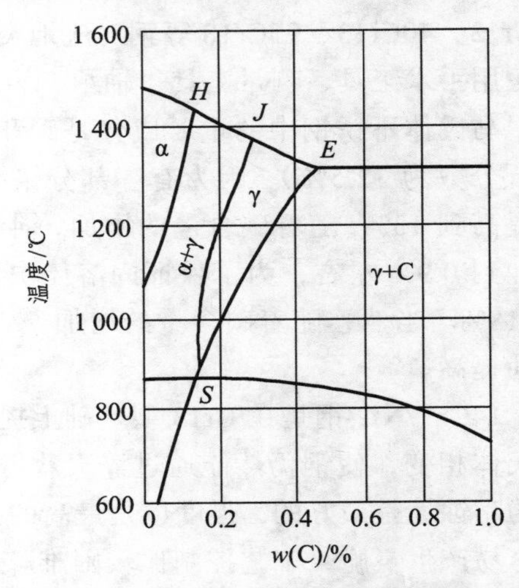

图 5.20 Fe-18%Cr-2%Ni 系相图垂直截面

5.8 双相不锈钢

根据组成相的种类，双相不锈钢可分为铁素体-奥氏体型不锈钢和奥氏体-马氏体型不锈钢。这里先讨论铁素体-奥氏体型的双相不锈钢。而奥氏体-马氏体型不锈钢属于沉淀硬化不锈钢，将在下一节介绍。

铁素体-奥氏体双相不锈钢的成分为 $w(\mathrm{Cr}) = 18\% \sim 26\%$，$w(\mathrm{Ni}) = 4\% \sim 7\%$，再根据需要分别加入锰、钼、铜、钛、钨、氮等合金元素。这种钢需要控制好铁素体和奥氏体的体积分数，可根据舍夫勒组织图来确定。通常，铁素体的体积分数控制在 40% ~ 60%，以保证耐蚀性和力学性能。根据工作条件的需要，选择适当的稳定化处理温度和淬火工艺来调节铁素体和奥氏体组织的比例。

这种钢的高铬含量可以使两种相都具有独立的钝化能力，以减轻由于双相组织引起的耐蚀性下降。加氮可以促进加热冷却过程中奥氏体再形成的能力，以保持所要求的铁素体和奥氏体数量的比例，特别是焊接区的组织。

表 5.1 列出了典型的奥氏体-铁素体不锈钢 022Cr22Ni5Mo3N 和 022Cr18Ni5Mo3Si2 钢的力学性能，以及与单相奥氏体不锈钢 06Cr19Ni10 钢、单相铁素体不锈钢 10Cr17 钢的对比。

表 5.1 奥氏体-铁素体双相不锈钢与单相奥氏体不锈钢和单相铁素体不锈钢的力学性能对比

牌 号	组 织	$R_{p0.2}$/MPa	R_m/MPa	A/%	Z/%
022Cr22Ni5Mo3N	奥氏体 + 40% ~ 50% 铁素体	≥450	≥620	≥25	—
022Cr19Ni5Mo3Si2N	奥氏体 + 50% ~ 60% 铁素体	≥390	≥590	≥20	≥40
06Cr19Ni10	单相奥氏体	≥205	≥520	≥40	≥60
10Cr17	单相铁素体	≥205	≥450	≥22	≥50

铁素体-奥氏体双相不锈钢兼有奥氏体不锈钢和铁素体不锈钢的优点。铁素体的存在，提

高了奥氏体钢的屈服强度，提高了抗晶间腐蚀、应力腐蚀、点蚀和缝蚀的能力等；但韧性和塑性形变性能较奥氏体钢差。而奥氏体的存在降低了高铬铁素体钢的晶粒长大的倾向，降低了脆性，提高了韧性，改善了焊接性。因而这种钢的强度比单相奥氏体不锈钢高；塑性比单相铁素体不锈钢好，如表 5.1 所示。这类钢焊接时晶粒长大倾向较铁素体不锈钢小，焊接热影响区的韧性也比较好。因此，双相不锈钢的发展越来越受到重视。但是，由于铁素体与奥氏体在形变时性能的差异，有时在相界处容易产生热裂纹，故其热加工性能比单相奥氏体不锈钢差。

概括地说，双相不锈钢具有如下特点：

（1）屈服强度高，约为奥氏体不锈钢的两倍。

（2）具有优良的耐应力腐蚀、晶间腐蚀、点蚀和缝隙腐蚀性能。

（3）虽然铬含量较高，但稀缺的镍含量较低，属于节镍钢种，具有经济效益和社会意义。

（4）导热系数大，膨胀系数小，因此热应力小。

（5）因铁素体相的存在而具有铁磁性。

（6）在适当温度下具有超塑性。

（7）高温强度介于铁素体钢和奥氏体钢之间。

（8）焊接性优良，热裂倾向小，焊后不需热处理。

（9）仍具有高铬铁素体不锈钢的各种脆性倾向（475 °C 脆性、σ 相脆性、χ 相脆性、高温晶粒粗化脆性），因此使用温度受到限制，要避免在 350 ~ 900 °C 停留。

（10）仅在低应力下具有优异的耐应力腐蚀性能，在高应力下并不如此。

5.9 沉淀硬化不锈钢

由于航空航天事业的发展，有些零部件的要求也不断地提高，所以铝合金不能胜任，需要用既耐热、耐腐蚀又具有高强度的钢来代替。为了达到高强度铝合金的比强度水平，高强度钢的抗拉强度至少要达到 1 100 MPa。

不锈钢要获得高强度，一般采用在马氏体基体上产生沉淀强化的方法。为此加入合金元素钼、钛、铝等，形成新的沉淀强化相，如 Fe_2Mo、Ni_3Mo、Ni_3Ti 和 Ni_3Al 等。根据基体和热处理工艺，沉淀硬化不锈钢分为马氏体型沉淀硬化不锈钢和奥氏体-马氏体（半奥氏体）型沉淀硬化不锈钢两类，它们属于超高强度不锈钢。

5.9.1 马氏体型沉淀硬化不锈钢

马氏体型沉淀硬化型不锈钢以 17-4PH（05Cr17Ni4Cu4Nb）钢为代表，是一种以 Cr13 型马氏体不锈钢发展起来的低碳马氏体沉淀硬化超高强度不锈钢。它具有高强度、较高韧性、高耐蚀性、高耐氧化性以及优良的成型性、焊接性等综合性能，被广泛用于航空、航天、核能、军工和民用工业。在 17-4PH 钢基础上通过减铬增镍以消除 δ 铁素体，并加入钼、钛、铝、铌等强化元素，也可以获得马氏体型沉淀硬化不锈钢。如 PH13-8Mo（04Cr13Ni8Mo2Al）钢，该钢主要化学成分为：$w(\mathrm{Cr}) = 13\%$，$w(\mathrm{Ni}) = 8\%$，$w(\mathrm{Mo}) = 2.2\%$，$w(\mathrm{Al}) = 1.1\%$，经奥氏体化并淬火和 510 °C 时效 4 h 后，从过饱和的马氏体基体中析出弥散的金属间化合物而产生沉淀强化；力学性能为：$R_{p0.2}$ = 1 450 MPa，R_m = 1 550 MPa，A = 12%，硬度为 47 HRC。又如 022Cr12Ni8Cu3TiMoNb（Custom455）钢，主要化学成分为：w(Cr) = 12%，w(Ni) = 8%，w(Cu) = 2.5%，w(Ti) = 1.2%，w(Mo) = 0.5%，w(Nb) = 0.3%，经高温固溶处理和 480 °C 时效 4 h 后，$R_{p0.2}$ = 1 620 MPa，R_m = 1 690 MPa，A = 12%，硬度为 49 HRC。马氏体型沉淀硬化型不锈钢用于锻件或棒材，由于热处理温度低，形变量小，可在固溶处理后精加工，然后再时效强化。马氏体型沉淀硬化型不锈钢有良好的工艺性能和低的加工费用。

5.9.2 奥氏体-马氏体型沉淀硬化不锈钢

奥氏体-马氏体（半奥氏体）型沉淀硬化型不锈钢是在 07Cr17Ni7 钢的基础上加入强化元素发展起来的。钼、铝等形成的金属间化合物，在马氏体基体上析出产生沉淀强化。钢经固溶处理后，在室温下的组织为奥氏体及少量 δ 铁素体（体积分数为 8% ~ 10%）。

这类钢的热处理工艺制度是不锈钢中最复杂的，工艺参数控制要求严格。以 07Cr17Ni7Al（17-7PH）钢为例，有 3 种类型。

（1）高温固溶处理（1 050 °C）+ 成型的塑性形变 + 低温调节处理（750 °C，90 min，空冷）+ 时效处理（550 ~ 575 °C，90 min）。此法经“低温调节”处理，升高 Ms 点，使 750 °C 冷却到室温时获得必要的马氏体量，然后通过时效进一步强化。这种处理工艺比较简单，但在“低温调节”处理时，沿奥氏体晶界析出了碳化物，塑性较低。为了弥补这一不足，一般采用较高的时效温度。

（2）高温固溶处理（1 050 °C）+ 成型的塑性形变 + 高温调节处理（950 °C，90 min，空冷）+ 冷处理（ – 70 °C，8 h）+ 时效处理（500 ~ 525 °C，60 min）。此法通过冷处理来获得必要的马氏体数量，为了保证在冷处理过程中获得质量均匀的工件，采用“高温调节”处理。高温调节处理的温度选择应使钢的 Ms 点在室温附近，而以略低于室温为宜。用这种办法处理后，钢在奥氏体晶界没有碳化物析出，因而时效后仍能保证良好的塑性和较高的强度。此外，由于调节处理的加热温度较高，奥氏体（也就是以后的马氏体）中的碳含量及合金元素量增加，也增加了钢的强度。

（3）高温固溶处理（1 050 °C）+ 成型的塑性形变 + 高温调节处理（950 °C，90 min，空冷）+ 室温下的塑性形变 + 时效处理（475 ~ 500 °C）。此法通过室温下的塑性形变来获得必要数量的马氏体。高温调节处理也是为了使钢的 Ms 点位于室温附近。由于冷塑性形变不仅能导致形变马氏体的形成，而且本身还起细化镶嵌块的作用，因此可以获得更好的性能。为获得必要数量的马氏体，冷轧时形变量以不小于 60% 为宜。

另一典型钢种为 07Cr15Ni7Mo2Al（PH15-7Mo）钢；主要化学成分为：w(Cr) = 15%，w(Ni) = 7%，w(Mo) = 2.2%，w(Al) = 1.2%。该钢经固溶及冷处理加时效后，$R_{p0.2}$ = 1 550 MPa，R_m = 1 655 MPa，A = 6%，硬度为 48 HRC，315 °C 的持久强度 $R_{u100/315}$ =1 383 MPa。

这两个钢种适宜制造航空薄壁结构件、各种容器、管道、弹簧、阀门、船用轴、压缩机盘、反应堆部件，以及多种化工设备的部件等。

从工艺性角度考虑，半奥氏体型沉淀硬化型不锈钢有较大的优越性。固溶处理后为奥氏体组织，易于成型加工；经马氏体相变和时效强化处理后，又具有高强度钢的优点，并且热处理温度不高，大为减少了形变、氧化的倾向。这种高强度和工艺特点是制造飞行器蒙皮、化工压力容器等比较理想的材料。由于在温度较高时，沉淀强化相会继续析出和粗化，并且仍存在 475 °C 脆性和高温回火脆性，所以半奥氏体型沉淀硬化型不锈钢的使用温度应在 315 °C 以下。

复习思考题

1. 提高钢耐腐蚀性的方法有哪些？

2. 为使“不锈钢”不锈，铁中大约需要多少质量百分数的铬？铬是铁素体稳定剂还是奥氏体稳定剂？并加以解释。

3. 铬、钼、铜等元素在提高不锈钢抗腐蚀性方面有什么作用？

4. 什么叫 $n/8$ 规律或塔曼（Tammann）规律？

5. 通常，不锈钢是按什么特征进行分类的？分为哪几类？

6. 奥氏体不锈钢的主要优缺点是什么？

7. 说明 18-8 型奥氏体不锈钢产生晶间腐蚀的原因及防止办法。结合图 5.15 说明为什么常采用 850～950 °C 的退火工艺？

8. 什么叫敏化处理？什么叫脱敏处理？

9. 为什么在奥氏体不锈钢中加钛或铌能防止晶间腐蚀？

10. 为什么 $w(\mathrm{C}) = 0.08\%$ 的奥氏体不锈钢在 1 050～1 120 °C 退火后必须迅速冷却？

11. 除镍外，还有其他哪些元素有助于不锈钢保持奥氏体组织？

12. 图 5.13（a）是不含钛、铌的非稳定化奥氏体不锈钢产生晶间腐蚀的 TTS 图，阴影线区为产生晶间腐蚀区。曲线 1 表示钢开始产生晶间腐蚀倾向，曲线 2 表示晶间腐蚀倾向已消除。试解释该现象：在产生晶间腐蚀温度范围内，保温一定时间后产生晶间腐蚀，但继续保温足够时间后，晶间腐蚀倾向又消失了。

13. 奥氏体不锈钢热处理的目的与一般结构钢、耐磨高锰钢淬火的目的有什么异同？

14. 有一 ϕ40 mm 耐酸钢拉杆，由 06Cr18Ni11Ti 钢经锻造制成毛坯，送车床加工时发现，车削加工很困难。用磁铁接触毛坯，立即被吸住。试分析这一拉杆锻坯的金相组织，锻造后的工序存在什么问题？应采取什么工艺措施来解决？为什么？

15. 试述铁素体不锈钢的主要性能特点和用途。

16. 说出铁素体不锈钢中所发现的 3 种脆性，并分析每一种脆性产生的原因以及防止措施。

17. 一般认为引起铁素体不锈钢产生 475 °C 脆性的机理是什么？

18. 不锈钢中产生高温脆性问题的原因是什么？怎样才能防止铁素体不锈钢中产生高温脆性问题？

19. Fe-Cr 合金中的 σ 相是什么？为什么在工程合金中它被认为是有害的？

20. 为什么 10Cr17 钢多在退火态下使用，而 10Cr17MoNb 钢可进行淬火强化？

21. 为什么在所有正常的热处理温度下，铁素体不锈钢的组织基本上保持为铁素体？

22. 为什么铁素体不锈钢在退火状态下使用？为什么它们不经过热处理以得到马氏体？

23. 分析讨论 12Cr13、20Cr13、30Cr13 和 40Cr13 钢在热处理工艺、性能和用途上的区别。

24. 为什么 Cr12 型冷作模具钢不是不锈钢，而 95Cr18 钢为不锈钢？

25. 在碳含量较高（0.6%~1.1%），$w(Cr) = 16\% \sim 18\%$ 的马氏体不锈钢中，怎样才能得到马氏体组织？

26. 为什么与奥氏体或者铁素体不锈钢相比，马氏体不锈钢的耐腐蚀性较差？

27. 为什么碳是马氏体不锈钢中的主要合金添加剂？

28. 简述低合金高强度钢、渗碳钢、低碳马氏体钢、不锈钢等钢类的碳含量都比较低的原因。

29. 为什么 δ 铁素体的存在对马氏体沉淀硬化不锈钢的强度性能是有害的？

30. 沉淀硬化不锈钢作为工程材料的优点是什么？

31. 叙述淬硬 17-7PH 型不锈钢所需的热处理顺序。一般认为，什么是 17-4PH 型不锈钢中的沉淀硬化相？17-7PH 型不锈钢的沉淀硬化机理是什么？

6 耐热钢及耐热合金

耐热钢和耐热合金是指在高温下工作并具有一定强度和抗氧化、耐腐蚀能力的金属材料。耐热钢和耐热合金的发展是高温下工作的机械和设备的需要，如火电厂的蒸汽锅炉、蒸汽涡轮，航空工业的喷气发动机，以及航天、舰船、石油和化工设备等中的高温工作部件，它们都在高温下承受各种载荷，如拉伸、弯曲、扭转、疲劳和冲击等。此外，它们还与高温蒸汽、空气或燃气接触，表面发生高温氧化或气体腐蚀。高温下工作的金属零部件内部会发生原子扩散，并引起组织转变，这是耐热钢及耐热合金与常温和低温工作部件的根本不同点。

6.1 耐热钢及耐热合金的高温性能

耐热钢及耐热合金在高温下工作，要承受各种载荷的作用，还要与高温蒸汽、空气或燃气等接触，表面发生高温氧化或气体腐蚀；同时，在高温作用下材料的抗拉强度、断裂强度等性能都会下降。依据材料的工作和制造条件，对其性能的要求有：① 高的化学稳定性，即抗氧化性；② 良好的力学性能，尤其是要有高的抵抗蠕变的能力，即良好的热强性；③ 良好的热传导性和低的热膨胀性，以降低热应力；④ 良好的组织稳定性以及强化机制的有效性；⑤ 良好的铸造性、锻造性、焊接性、切削性能等。其中，抗氧化性和热强性是最基本和最重要的性能要求。

6.1.1 抗氧化性

在高温下，由于多数金属氧化物的自由能都低于纯金属，能自发地被氧化腐蚀。钢铁在高温下也能自发地被氧化为铁的氧化物。

6.1.1.1 氧化膜的组成

铁的氧化物有 FeO、Fe_2O_3、Fe_3O_4 3 种。在 570 °C 以下只生成 Fe_2O_3、Fe_3O_4 两层结构，温度高于 570 °C 才生成有 FeO 层的三层结构。Fe_2O_3、Fe_3O_4 和 FeO 的厚度比例大约为 1 : 10 : 100，其中与钢接触的是 FeO，最外层是 Fe_2O_3。室温下，Fe_2O_3、Fe_3O_4 的结构致密性较高，和基体结合牢固，能对基体起较好的保护作用。存在于 570 °C 以上的 FeO，结构疏松，原子容易扩散通过 FeO 层，氧离子由表向里扩散，而铁离子由里向外扩散，使基体不断被氧化。由于铁离子半径比氧离子小，因而氧化膜的生成主要靠铁离子向外扩散。从高温冷却经过 570 °C 时 FeO 要分解，发生相变，产生一定的应力，同时 FeO 和基体结合力较弱，此时氧化皮容易剥落。由此可见，要提高钢的抗氧化性，需尽可能地阻止 FeO 出现；如加入能形成稳定而致密氧化膜的合金元素，能使铁离子和氧离子通过膜的扩散速率减慢，并使膜与基体牢固结合；这样便可以提高钢在高温下的化学稳定性。

6.1.1.2 氧化速度

由于不同氧化膜的结构和性质不同，其氧化动力学过程也是不同的。氧化速度主要取决于化学反应的速度和原子扩散的速度。显然，温度高，化学反应速度和扩散速度都会增大，但速度随着时间的延长和膜的增厚或膜的致密性提高而减慢。金属的氧化速度有以下 3 种情况。

（1）直线规律。氧化膜增厚与时间的关系是线性关系，即

$$y = kt + A$$

式中 y——氧化膜增厚；

t——时间；

k、A——常数。

氧化膜随时间不断增厚，氧化速度为一恒值，如图 6.1 中的直线 OA。直线规律表明氧化膜多孔、不完整、不连续，氧化膜对金属的进一步氧化没有抑制作用，氧化由化学反应速度控制，如氧化物比体积较小的镁、钠、钙等。

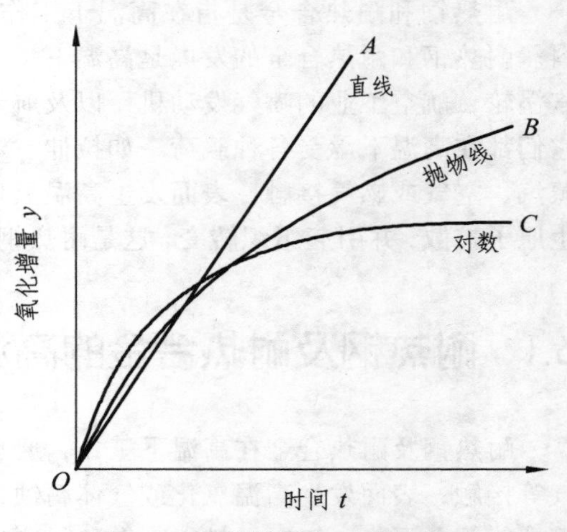

图 6.1 氧化增量与时间的关系

（2）抛物线规律。氧化膜增厚的平方与试验时间成直线关系，氧化膜成长速度随时间下降。膜层的增厚遵循抛物线规律，即

$$y^2 = kt + A$$

式中，k 值常称为（抛物线）速度常数。这种情况如图 6.1 中的曲线 OB。大量研究数据表明，多数金属，如铁、镍、铜、钛在中等温度范围内的氧化都符合简单抛物线规律，氧化反应生成致密的厚膜，能对金属产生保护作用。显然，公式不可能适用于氧化开始阶段，因为由公式，当 $t \to 0$ 时，氧化速度趋于无穷大，而实际的氧化速度只能是有限值。在氧化开始阶段，尚未形成完整的连续性保护膜时，氧化应由化学反应速度控制，即符合直线规律，这已为精确的测量所证实。

当氧化符合简单抛物线规律时，氧化速度与膜厚成反比，这表明氧化受离子扩散通过表面氧化膜的速度所控制。如果氧化过程中还有其他因素起作用，那么抛物线规律中的指数将发生偏离。

（3）对数规律。在温度比较低时，金属表面上形成薄（或极薄）的氧化膜，就足以对氧化过程产生很大的阻滞作用，使膜厚的增长速度变慢，在时间不太长时膜厚实际上已不再增加。在这种情况下，膜的成长符合对数规律：

$$y = \log(kt) + A$$

对数规律的氧化膜形成速度如图 6.1 中的曲线 OC 所示。试验表明，镍在 200 °C 以下，锌在 225 °C 以下的温度发生的氧化符合正对数规律。

膜成长规律既与金属种类和气体组成有关，又与发生氧化的温度范围有关。当温度不同时，膜成长动力学规律也可能改变。如铁在 400 °C 以下氧化符合对数规律，而在 500 ~

1 000 °C 符合抛物线规律。镁在 450 °C 以下的氧化符合抛物线规律，而温度大于 475 °C 时则符合直线规律等。虽然在不同文献上关于一种金属符合某种氧化规律的温度范围有差异，但变化趋势则是一致的：即在温度比较低时为对数规律；随着温度升高，转变为抛物线规律；温度再升高，一些金属则符合直线规律。

6.1.1.3 提高抗氧化性的途径

在高温下工作的钢件，必定会发生氧化。但是氧化的速度和继续氧化的问题是可以改变和控制的。

（1）加入不同的合金元素改变钢表面氧化膜的结构和性质，生成具有良好保护作用的复合氧化物膜。按原子价定律，在铁中加入铬对抗高温氧化性能是有害的，但是当铬的加入量达到 10%以上时，却可以大大提高抗高温氧化性能，此时生成复合氧化物膜。Cr^{3+}取代 Fe_3O_4 中的 Fe^{3+}，生成具有尖晶石晶体结构的复合氧化物 $FeO \cdot Cr_2O_3$。在这种复合氧化物中，FeO 和 Cr_2O_3 有一定的比例，因此合金化时必须提供形成新相所需的充分的合金组分量。显然，为了使合金抗高温氧化性能提高，尖晶石型氧化物应具有以下特点：熔点高、蒸气压低、离子扩散速度小。$FeO \cdot Cr_2O_3$ 和 $FeO \cdot Al_2O_3$ 都满足以上条件。故铁中加入一定量的铬、铝，对提高抗高温氧化性能非常有效，而且加铝的效果比铬更好。

（2）加入合金元素，通过选择性氧化形成保护性优良的氧化膜。由合金氧化可知，如果在基体金属中加入与氧亲和力更大、而且扩散速度更快的合金元素，那么在合金表面将发生选择性氧化而生成该合金元素的氧化物膜。如在铁中加入 18% 以上的铬，或者加入 10% 以上的铝，就可以获得即使加热到极易发生扩散的温度（1 100 °C）仍具有优良耐高温氧化性能的铬钢或铝钢。这是因为选择性氧化在铬钢表面生成的 Cr_2O_3 表面膜，在铝钢表面生成的 Al_2O_3 表面膜，致密完整，晶格缺陷少，保护性能优良。

（3）加入合金元素，增加氧化物膜与基体金属的结合力。研究表明，在耐热钢和耐热合金中加入稀土元素铈、镧、钇，能显著提高抗高温氧化性能。原因是稀土元素加入后增强了氧化膜与基体金属的结合力，使氧化膜不易破坏脱落。

6.1.2 热强性

6.1.2.1 金属强度与温度的关系

金属零件在高温下长时间承受负荷时，可能出现两种情况：一是在应力远低于抗拉强度的情况下，抗拉强度与塑性会随着载荷持续时间的增长而显著降低，发生断裂；二是在工作应力低于屈服强度的情况下，工件连续而缓慢地发生塑性形变，从而导致失效。

（1）温度和时间对力学性能的影响。随着温度的升高，钢的强度、硬度逐渐降低，塑性逐渐升高。钢在高温时的强度，随着载荷作用时间的延长不断降低，而且温度越高，降低越多，钢的塑性随着载荷作用时间的延长也降低。

（2）温度和时间对断裂形式的影响。温度升高，晶粒和晶界强度下降，晶界强度下降比晶内快，原因是晶界缺陷较多，原子扩散比晶内快。由此，温度升高会导致原来室温下晶界强度高于晶内的状况转变为晶界强度低于晶内强度。在某一温度下，晶内和晶界强度相等，这个温度称为等强温度 T_E，如图 6.2 所示。当零件在等强温度以上工作时，金属的断裂形式由低温的穿晶断裂过渡到高温的晶间断裂，即由韧性断裂过渡为脆性断裂。

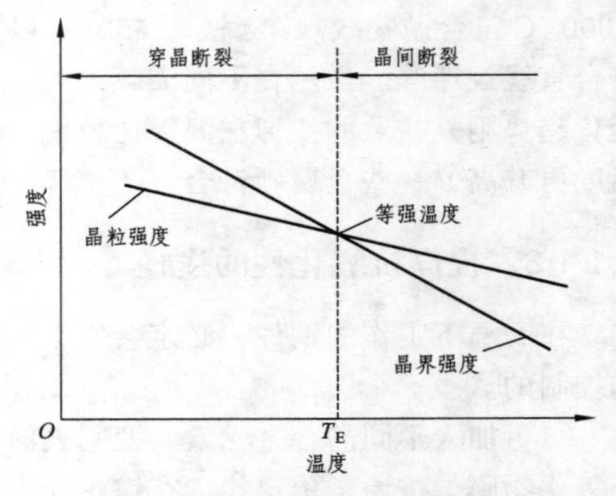

图 6.2 温度对金属的晶粒强度和晶界强度的影响

6.1.2.2 热强性指标

热强性是指金属材料在高温下抵抗塑性形变和破坏的能力，亦称金属高温强度或称热强度。试验表明，随着温度升高，金属材料一般是强度降低而塑性增加。如 30CrMnSiA 钢，常温强度 R_m = 1 100 MPa，在 550 °C 时，R_m 只有 550 MPa。另外，在高温下，随着加载时间的延长，金属的强度还要进一步下降。因此，金属材料在高温下的力学性能，除了考虑载荷因素外，还要考虑温度和时间因素的影响，从而建立高温强度指标。常用的高温强度指标有蠕变强度、持久强度等。

（1）蠕变强度。金属材料在一定的温度下受到一定应力作用时，随着时间的增长而缓慢地产生塑性形变的现象称为蠕变。由于蠕变而导致的材料断裂称为蠕变断裂。金属发生蠕变的原因是由于金属在高温和应力的同时作用下，一方面由于位错的运动和增殖产生加工硬化；另一方面由于原子的扩散和移动，产生回复和再结晶使加工硬化消除。金属的蠕变就是在强化与软化这对矛盾的交替作用下进行的。

为了保证在高温长期载荷作用下的机件不致产生过量的塑性形变，要求金属材料具有一定的蠕变强度（也称蠕变极限）。蠕变强度通常采用在给定温度下和在规定的时间内使金属产生一定应变量的应力值作为金属在该条件下的蠕变强度。蠕变强度实际是规定塑性应变强度，以符号 R_p 表示，并以最大塑性应变量 x（%）作为第二角标，到达应变量的时间（h）为第三角标，试验温度 T（ °C）为第四角标的符号 R_p 来表示。例如，某种合金在 700 °C，经过 100 h，产生 0.2% 的最大塑性应变量时的应力为 350 MPa，则该合金的蠕变强度可表示为 $R_{p0.2,\ 100/700}$ = 350 MPa。

（2）持久强度。持久强度是指在规定的温度下，材料达到规定的持续时间而不发生断裂的最大应力，也即蠕变断裂强度；用符号 R_u 表示，并以蠕变断裂时间 t_u（h）作为第二角标，试验温度 T（°C）为第三角标的符号来表示。如 $R_{u\ 1\ 000/700}$ = 300 MPa 表示在 700 °C 下，经 1 000 h 后的破断应力为 300 MPa。

持久强度的试验目的是确定在规定时间内金属抵抗破坏的能力。对于某些在高温运转过程中不考虑形变量的大小，只考虑在承受给定应力下使用寿命的机件，如对于锅炉过热蒸汽管来说，金属材料的持久强度是极其重要的性能指标。

（3）持久寿命。它是指在某一规定温度和规定的初始应力作用下，从作用开始到试样被拉断的时间，即蠕变断裂时间。持久寿命表征材料在高温下抵抗破断的抗力，以符号 t_u 表示，并以规定试验温度 T（°C）为上角标，规定的初始应力 σ_0（MPa）为下角标；例如，$t_{u\ 50}^{375}$ 表示在试验温度为 375 °C、初始应力为 50 MPa 的条件下的蠕变断裂时间。

（4）应力松弛。金属应力松弛是一种在具有恒定总形变的零件中，随时间延长而自行降低应力的现象。例如，螺栓联接并压紧的两法兰零件，在高温下经过一段时间后，需要再拧紧一次，以避免漏水、漏气。这样做的原因是在高温存在拉应力的情况下，原子容易发生扩散，使弹性形变变成了塑性形变，从而使应力不断降低。

工程应用中需要知道零件在高温工作一段时间后存在多少“残留应力”，会不会因紧固松弛而发生泄漏现象。在工程设计中，对于在应力松弛条件下工作的零件，一般是以金属在使用温度和规定的初应力下达到使用期限的剩余应力作为选材和设计的依据。此时的剩余应力称为条件松弛极限。

（5）热疲劳。材料在高温下工作，除机械疲劳外，热疲劳性能也是一项重要指标。在温度循环变化产生的热应力作用下的塑性形变循环是热疲劳的基本现象之一。热疲劳的形成是塑性形变逐渐累积损伤的结果，因此塑性形变幅度可作为热疲劳过程受载特征，建立塑性形变幅度与循环周次之间的关系作为耐热材料的热疲劳强度。

此外，还可能存在由温度循环和机械应力循环叠加所引起的疲劳，即热机械疲劳。如果材料的工作温度高于 $0.5T_m$（T_m 为熔点）或再结晶温度，将可能产生高温疲劳断裂，此时需要考虑高温疲劳强度。

6.1.2.3 提高热强性的途径

提高合金热强性的基本原理在于提高金属和合金基体的原子结合力，获得具有对抵抗蠕变有利的组织结构。具体的途径主要有强化基体、强化晶界、弥散强化等。

1. 强化基体

金属熔点的高低可以反映原子间结合力的大小。熔点越高，金属原子间的结合力越强。因此，耐热温度要求越高，就要选用高熔点的金属作为基体。在工业上常用的耐热合金中，铁基、镍基、钼基耐热合金的熔点是依次升高的。

金属与合金基体的强度取决于原子结合力的大小。高温时，奥氏体钢一般比铁素体钢具有更高的热强性，这是因为 γ-Fe 原子排列较致密，原子间结合力较强的缘故。所以，奥氏体钢要比铁素体钢、马氏体钢、珠光体钢的蠕变抗力高。因此，在比较高的温度下均使用奥氏体钢。奥氏体钢的蠕变抗力高是由两方面的因素决定的：一是其晶体结构的致密度高，合金元素的扩散和铁原子的自扩散都比较困难；二是面心立方结构的层错能较低，体心立方结构的层错能较高，而基体金属层错能越低，蠕变抗力就越高。

对于已选用的基体，还可通过添加合金元素形成单相固溶体的方法提高原子间结合力，提高蠕变极限。而且加入少量多元合金元素，比加入相同数量的一种合金元素更能显著地提高热强性。现代一些性能良好的耐热钢的基体都是多元合金化的固溶体。

在耐热钢及耐热合金中，由于溶质原子尺寸与基体晶格中的位错等缺陷产生交互作用，形成各种气团，从而增加了位错运动阻力，提高了蠕变抗力。然而，一般蠕变温度在 $0.5T_m$ 以上，各种气团的作用都几乎消失了。因为温度升高，弹性模量和切变模量下降，溶质原子引起的弹性应力场和畸变能很小；另一方面，这时溶质原子的扩散已经足够快，使其对位错运动失去了阻碍作用。固溶的合金元素提高了合金的再结晶温度，这可能是提高其蠕变抗力的真正原因。例如，工业纯铁的再结晶温度为 480 °C，加入 0.5% 的硅可使再结晶温度提高到 570 °C，加入 0.5% 的铬可达到 650 °C，而加入同样含量的钼可提高到 670 °C。

2. 强化晶界

如前所说，随着温度的上升，晶界强度下降的速率比基体快得多，这是合金在高温下弱化的一个因素。当使用温度低于等强温度 T_E 时，细晶粒的合金有较高的强度。当使用温度高于 T_E 时，粗晶粒合金的蠕变强度和持久强度较高。但是，晶粒太大会降低高温下的塑性和韧性。因此，通过强化晶界本身，从而提高合金的热强性是较好的策略。强化晶界的主要方法有净化晶界和填充晶界空位两种。

（1）净化晶界。钢中的硫、磷等杂质易偏聚在晶界，并和铁原子形成低熔点的夹杂物，如 FeS、Ni_3S_2 等，削弱了晶界强度，使钢的高温强度明显降低。在钢中加入稀土、钛、锆等化学性质比较活泼的元素，它们将优先和这些杂质结合，形成熔点高且稳定的化合物，从而避免这些杂质在晶界的偏聚；或者这些化合物在结晶过程中可作为异质晶核，使杂质从晶界转入晶内，从而净化了晶界。

（2）填充晶界空位。硼的原子半径比铁、铬等元素要小，但比碳、氮间隙元素的原子半径要大，也是易在晶界偏聚的元素。晶界上空位间隙比晶内的大，硼填充于晶界空位更能降低体系的能量，更重要的是使晶界的空位减少，这样就大大减弱了晶界扩散，提高了蠕变抗力。

3. 弥散强化

金属基体上分布着细小的第二相质点，能有效地阻止位错运动，从而提高强度。对于高温合金来说，这种强化机制的效果主要取决于弥散相质点的性质，尤其是在高温下的稳定性，以及质点的大小和分布。获得弥散相有通过粉末冶金方法直接加入难熔质点和由过饱和固溶体析出两种方法。

在合金中加入难熔的弥散化合物，如氧化物、硼化物、氮化物、碳化物等，能获得比较好的强化效果，可将金属材料的使用温度提高到$(0.80 \sim 0.85)T_m$。

钨、钼、铝、钒、钛、铌等元素在钢中能形成各种类型的碳化物和其他金属间化合物。如 Mo_2C、V_4C_3、VC、NbC 等，这些碳化物的熔点和硬度都很高，在高温下能保持很高的强化效果，从而显著提高热强性。又如在镍基耐热合金中加入钴，能提高强化相 $Ni_3(Al, Ti)$ 的析出温度，延缓弥散相聚集长大的过程。

6.1.3 耐热钢和耐热合金的分类

耐热钢和耐热合金的分类方法较多；主要分类方法有两种，即按钢的性能特征和使用态的显微组织分类。

1. 按钢的性能特征分类

（1）抗氧化钢。抗氧化钢是指在高温下抗氧化或抗高温介质腐蚀而不破坏，并有适当强度的耐热钢。它们工作时的主要失效形式是高温氧化，而单位面积上承受的载荷并不大，故又称热稳定性钢，旧称耐热不起皮钢。抗氧化钢广泛用于制作在高温下长期承受载荷的零件，如热交换器和工业炉中的构件（如炉底板、炉栅、马弗罐、料架、料盘、辐射管、导轨等）。

（2）热强钢。热强钢是指在高温下有一定抗氧化能力，同时具有足够的强度而不产生大量形变或断裂的钢种。它们工作时要求承受较大的载荷，失效的主要原因是高温下强度不够。热强钢广泛用于制造锅炉管道、高温螺栓和弹簧、汽轮机转子和叶片、内燃机的排气阀和进气阀等。

（3）耐热合金（也叫高温合金、超耐热合金、超级合金）。高温合金是指以铁、镍、钴为基，能在 600 °C 以上的高温及一定应力作用下长期工作的一类金属材料。高温合金具有较高的高温强度，良好的抗氧化和耐腐蚀性能，良好的疲劳性能、断裂韧性、塑性等综合性能。由于以镍和难熔金属为基的耐热合金具有比铁基合金更高的耐热温度，因而耐热高温合金特别是镍基合金得到了广泛使用。现代航空工业的发展出现了超音速飞机，其发动机的工作温度高达 1 200 °C，耐热合金就是为此而开发的。耐热合金根据成分、组织和成型工艺不同，有不同的分类方法，按基体元素分类，以铁为主，加入的合金元素总量不超过 50% 的铁基合金称为铁基高温合金，但其最高使用温度一般只能达到 750 ~ 850 °C；以镍为主或以钴为主的合金分别称为镍基或钴基高温合金。按制备工艺分类，有形变高温合金、铸造高温合金和粉末冶金高温合金。按强化方式分类，有固溶强化型、沉淀强化型、金属间化合物强化型、氧化物弥散强化型和纤维强化型等。铁基、钴基和镍基合金的使用温度一般不超过 1 000 °C，温度再高就必须选用难熔金属（指熔点高于 1 650 °C 的金属）及其合金，或者金属间化合物结构材料了。

2. 按钢的显微组织分类

（1）铁素体型。这类钢属于抗氧化钢，以铁素体为基体，一般在 350 ~ 550 °C 工作，06Cr13Al、10Cr17、008Cr27Mo 钢等均属此类。

（2）奥氏体型。该类钢是在奥氏体不锈钢的基础上发展起来的，以奥氏体为基体，可在 600 ~ 870 °C 工作，作为抗氧化钢可工作到 1 200 °C。

（3）珠光体（或珠光体-铁素体）型。这类耐热钢的组织主要是珠光体，一般在 600 °C 以下工作，低合金铬钨钢、铬硅钢、铬镍铝钢是这类耐热钢的代表，在汽轮机和锅炉制造中应用广泛。

（4）马氏体型。这类钢一般经过淬火、回火后使用，使用状态是回火马氏体，铬含量为 9% ~ 13% 的铬钢是该类钢的代表。

一般铁素体型耐热钢和大部分奥氏体型耐热钢属于抗氧化钢。珠光体（或珠光体-铁素体型）型耐热钢、马氏体型耐热钢和部分奥氏体型耐热钢属于热强钢。

根据工程结构的要求不同，耐热钢和耐热合金的使用温度范围是十分宽广的，从几百°C 到千°C 以上。在 GB/T 20878—2007《不锈钢和耐热钢　牌号及化学成分》中规定了耐热钢的牌号和化学成分，耐热合金的相关标准为 GB/T 14992—2005《高温合金和金属间化合物高温材料的分类和牌号》。

6.2 抗氧化钢

抗氧化钢的工作条件和热强钢的区别是，工作时所受的负荷并不十分大，但要抗工作介质的化学腐蚀，对这类钢的选用要考虑最高工作温度以及温度的变化情况、工作介质的情况、负荷的性质。抗氧化钢分为铁素体钢和奥氏体钢两类。

6.2.1 铁素体型抗氧化钢

铁素体型抗氧化钢是在铁素体型不锈钢的基础上进行抗氧化合金化所形成的钢种。铁素体型抗氧化钢具有铁素体不锈钢的特点：无相变，有晶粒长大倾向，韧性较低，不宜做承受冲击负荷的零件；但抗氧化性强，在含硫的气氛中有好的耐蚀性；适宜制作各种承受应力不大的炉用构件，如过热器吊架、退火炉罩、热交换器等。按照使用温度的不同，分为如下几种：

（1）使用温度在 800 ~ 850 °C 的 Cr13 型钢。例如，06Cr13Al 钢由于具有较好的抗高温氧化性能，适用于 800 ~ 900 °C 以下受低负荷和在含硫气体腐蚀条件下使用，如过热器支架、喷嘴、退火炉罩及石油工业用管式加热炉吊挂等。

（2）使用温度为 1 000 °C 左右的 Cr18 型钢。例如，019Cr19Mo2NbTi 钢中铬含量较高，抗高温氧化性能好，对含硫气氛也有一定的耐蚀性，可用作 1 000 °C 以下的炉用部件。

（3）使用温度在 1 050 ~ 1 100 °C 的 Cr25 型钢。例如，16Cr25N、008Cr27Mo 钢抗氧化性能强，可耐含硫气氛的腐蚀，在 1 100 °C 以下不产生易剥落的氧化皮，可应用于燃烧室部件。由于该钢种铬含量高，存在脆性问题，使其应用受到了极大的限制。

铁素体型抗氧化钢和铁素体型不锈钢一样，因为在加热、冷却过程中无同素异构相变，所以也有晶粒粗大、韧性较低的缺点，一般不进行特殊的热处理，仅进行退火处理。高铬铁素体型抗氧化钢晶粒容易长大，脆性大，以前用来制造锅炉、加热炉等设备的耐热构件，现在这类钢已经很少用了。曾经研究开发的铁锰铝抗氧化钢，由于工艺性能不好，现在也已经不用了。典型的铁素体耐热钢的力学性能、热处理工艺、特性与用途等如表 6.1 所示。

表 6.1 典型的铁素体型耐热钢的力学性能、热处理工艺、特性与用途

牌　号	力学性能	热处理工艺	特性与用途
06Cr13Al	$R_m \geq 410$ MPa $R_{p0.2} \geq 177$ MPa $A \geq 20\%$	退火：800 ~ 900 °C，缓冷或缓冷至约 750 °C，快冷 淬火（固溶）：950 ~ 1 000 °C，油冷 回火：700 ~ 750 °C，快冷	由于加工硬化小，常用作燃气压缩机叶片、退火箱、淬火台架等
022Cr12	$R_m \geq 265$ MPa $R_{p0.2} \geq 196$ MPa $A \geq 22\%$	退火：700 ~ 820 °C，缓冷	碳含量低，焊接部位弯曲性能、加工性能、耐高温氧化性能好。用作汽车排气处理装置、锅炉燃烧室、喷嘴等
10Cr17	$R_m \geq 450$ MPa $R_{p0.2} \geq 205$ MPa $A \geq 22\%$	退火：780 ~ 850 °C，缓冷	耐蚀性良好的通用钢种，用于建筑内装饰、重油燃烧器部件、炊具和家用电器部件等
16Cr25N	$R_m \geq 510$ MPa $R_{p0.2} \geq 275$ MPa $A \geq 20\%$	退火：780 ~ 880 °C，缓冷	耐高温腐蚀性强，1 082 °C 以下不产生易剥落的氧化皮，主要用于燃烧室

6.2.2 奥氏体型抗氧化钢

奥氏体型抗氧化钢是在奥氏体不锈钢的基础上进一步经铝、硅合金化而形成的。由于具有单相奥氏体组织，具有更好的加工性和热强性。奥氏体型抗氧化钢主要有以下几种。

1. Cr-Ni 系抗氧化钢

常用的高铬镍奥氏体钢有 12Cr16Ni35、16Cr25Ni20Si2 钢等，可在 1 000 ~ 1 200 °C 长期工作。在 Cr-Ni 抗氧化钢中加入 2% 的硅，可以提高钢的抗氧化能力。采用 1 150 ~ 1 200 °C 固溶处理，使碳化物溶解，消除 δ 铁素体，得到均匀的奥氏体组织，能够改善钢的抗氧化性和高温蠕变强度。12Cr16Ni35 钢经固溶后，室温下的屈服强度约 340 MPa，伸长率 25%。16Cr25Ni20Si2 钢由于铬含量高，可以在 1 200 °C 的温度下工作。

常用碳、氮部分替代镍制成高铬低镍耐热钢，牌号有 53Cr21Mn9Ni4N、20Cr15Mn15Ni2N 钢等，其中氮含量为 0.20% ~ 0.30%。

2. Cr-Mn-C-N 系抗氧化钢

以碳、氮、锰替代镍的耐热钢中，常用钢种有 26Cr18Mn12Si2N、22Cr20Mn10Ni2Si2N 钢等。钢中含氮和碳，固溶处理后得到单相奥氏体组织。此类钢在 700 ~ 900 °C 工作时，将析出大量氮化物和碳化物，并产生时效脆性，使钢的室温韧性下降。

这种耐热钢有较高的高温强度，可制成锻件，能承受较大负荷，适于制作高温下的受力构件，如锅炉吊挂、渗碳炉构件等，最高使用温度约 1 000 °C。

3. Fe-Al-Mn 系抗氧化钢

Fe-Al-Mn 系耐热钢的主要添加元素是铝、锰、硅、钛和稀土等。其中，铝提高钢抗氧化和抗渗碳性能，锰扩大 γ 相区和稳定奥氏体，稀土元素能提高抗氧化性和钢液流动性、改善铸件表面质量、降低热裂倾向。$w(C) > 0.85\%$ 时，Fe-Al-Mn 系钢中会在晶界发生不连续沉淀，并发生部分珠光体转变，使钢脆化。碳、锰、铝的适当配合，可以得到奥氏体或含有少量 δ 铁素体的奥氏体-铁素体组织。

Fe-Al-Mn 系抗氧化钢的常用钢种有 06Mn28Al7TiRE、06Mn28Al8TiRE 钢等。其中，06Mn28Al7TiRE 钢的工作温度可达 900 °C，可用作热处理炉用构件，通常获得单一奥氏体组织，以保持较高的高温强度。06Mn28Al8TiRE 钢可用于 950 °C 以下工作，显微组织为含有体积分数不超过 25% 的 δ 铁素体的奥氏体-铁素体组织。Fe-Al-Mn 系耐热钢由于不含铬和镍，其经济性远优于 Cr-Ni 奥氏体耐热钢 16Cr25Ni20Si2。

6.3 热强钢

6.3.1 珠光体热强钢

珠光体型热强钢的合金元素含量较少，总量不超过 5%，使用状态的显微组织是由珠光体和铁素体组成。此类钢为低、中碳钢，$w(C) = 0.10\% \sim 0.40\%$，是合金结构钢中的一部分钢种，常加入少量的合金元素，如铬、钼、钨、钒、钛、铌等。这类钢中合金元素的主要作用是强化铁素体，防止碳化物的球化、聚集长大乃至石墨化，以保证热强性，改善 Fe_2O_3 氧化膜的稳定性，使其成为可在 500 ~ 620 °C 以下工作，性能良好的热强钢。

这类钢的工艺性、导热性好，热处理工艺简单，价格便宜。这类钢按碳含量可分为低碳珠光体热强钢和中碳珠光体热强钢。按应用特点又可分为锅炉管子、紧固件和转子用钢等几大类。

6.3.1.1 锅炉管子用钢

锅炉过热器和蒸汽导管等管子是处于高温和压力长期作用下工作的，同时管子在高温烟气和水蒸气的作用下将发生氧化与腐蚀，为了使管子在长期工作条件下安全可靠，对管子用钢性能的一般要求是：① 有足够的高温强度和持久塑性；② 良好的抗氧化性和耐腐蚀性；③ 足够的组织稳定性；④ 良好的工艺性能。

锅炉管子用珠光体热强钢一般将 w(C)控制在 0.2% 以下。原因是钢中碳含量越高，球化和聚集速度越快。碳含量增加还能使石墨化加快，同时会使合金元素再分配加速，从而使钢的塑性、焊接性、耐蚀性和抗氧化性下降。锅炉管子用珠光体热强钢中加入合金元素的目的是既能获得良好的固溶强化效果，同时又能生成稳定的第二相。此类钢加入合金元素可固溶强化铁素体基体（包括珠光体或索氏体中的铁素体），提高钢的热强性和再结晶温度。加入的合金元素可形成第二相并强化基体，如利用合金元素形成一定数量的碳化物，并通过合金化稳定碳化物，使形成的碳化物不仅在高温下不易球化、不易石墨化，而且在 400 ~ 620 °C 还形成弥散分布的、稳定性高的、不易聚集长大的碳化物，保持弥散强化作用。

这类钢中含有铬、钼、钒等合金元素，因此显著提高了钢的淬透性，并强烈地推迟珠光体区的转变，这类钢在生产上采用的热处理工艺一般为正火加高温回火。正火温度 980 ~ 1 020 °C，正火后可以得到相当数量的贝氏体组织，工艺简单。由于经正火处理得到的组织不稳定，采用高于使用温度的回火处理制度，通常回火温度为 720 ~ 740 °C。

锅炉管子最常用珠光体热强钢是 12Cr1MoV 钢，以铬、钼合金化后，钢的热强性比碳钢有显著提高。12Cr1MoV 钢的使用温度可达 580 °C，可用作高压和超高压锅炉蒸汽参数为 540 °C 的导管和金属壁温小于 580 °C 的过热器管子。此外，常用锅炉管子珠光体热强钢还有 12CrMo、15CrMo、12Cr2MoWSiVTiB 和 12Cr3MoV5SiTiB 钢。12CrMo 钢可用于制作温度 540 °C 以下的过热器管子、使用温度为 510 °C 的集箱和蒸汽导管等。15CrMo 钢可用于制造使用温度小于 500 °C 的过热器管子和壁温为 510 °C 的蒸汽导管等。12Cr2MoWSiVTiB 珠光体热强钢在 620 °C 时 $R_{u\ 100\ 000/620}$ 可达到 75 MPa，并具有良好的焊接及冷弯性能。

6.3.1.2 紧固件用热强钢

紧固件是在应力松弛条件下工作的，工作时会承受拉伸应力（有时存在弯曲应力）。为了确保汽轮机、锅炉安全可靠运行，紧固件用钢应满足下列性能要求：① 足够的屈服极限，以保证螺栓在初紧时不产生屈服现象，紧固件用钢的室温屈服极限 $R_{eL} \geqslant 2 \sim 2.5\sigma_0$，$\sigma_0$ 为初紧应力；② 高的松弛稳定性；③ 足够高的持久塑性和小的持久缺口敏感性；④ 在工作温度下具有一定的抗氧化性能，以防止螺栓与螺母之间咬合。

紧固件用珠光体热强钢有优质碳素钢与合金钢，常用牌号有 35、45、35CrMoA、25Cr2Mo1V 钢等。35、45 碳素钢用于使用温度 400 °C 以下的螺钉、螺栓。35CrMoA、25Cr2Mo1V 钢用于制造蒸汽温度为 540 °C 的高压机组螺栓、气密弹簧片、阀杆等。

6.3.1.3 转子（主轴和叶轮）用钢

主轴、叶轮、整锻转子是汽轮机的重要部件，用作这些部件的钢材应满足以下基本要求：① 适当的综合力学性能，其轴向和径向性能均匀一致；② 足够的热强性和持久塑性；③ 在高温长期应力作用下有良好的组织稳定性；④ 有良好的淬透性和工艺性能。

常用转子热强钢的牌号有 34CrMo、27Cr2Mo1V、20Cr3MoWV 钢等。其中，34CrMo 钢在 500 °C 时有良好的热强性和长期工作后的稳定性能，无热脆倾向，可用作 480 °C 以下汽轮机叶片和主轴。34CrMo 钢的热处理采用正火 + 回火，也可采用 860 ~ 880 °C 油淬 + 560 ~ 580 °C 回火处理。27Cr2Mo1V 钢可用作大型汽轮机高、中压转子和叶轮，其工作温度为 535 °C，这种钢采用 970 ~ 990 °C 正火 + 930 ~ 950 °C 二次正火 + 680 ~ 700 °C 回火的热处理。20Cr3MoWV 钢合金元素含量不高，仍有良好的淬透性和良好的工艺性能，在航空工业上广泛用于制造盘形件、环形件、紧固螺栓等。

典型的珠光体热强钢力学性能、热处理工艺、特性与用途等如表 6.2 所示。

表 6.2　典型的珠光体热强钢的力学性能、热处理工艺、特性与用途

牌　号	力学性能	热处理工艺	特性与用途
15CrMo	$R_m \geq 550$ MPa $R_{p0.2} \geq 235$ MPa $A \geq 21\%$	包括普通热处理（退火、正火）和表面热处理（表面淬火及化学热处理）两大类	珠光体组织耐热钢，在高温下具有较高的热强性和抗氧化性，并具有一定的抗氢腐蚀能力。由于钢中含有较高的铬和其他合金元素，钢材的淬硬倾向较明显，焊接性差。专用于锅炉用无缝管、地质用无缝管及石油用无缝管等
12MoVWBSiRE	$R_m \geq 607$ MPa $R_{p0.2} \geq 314$ MPa $A \geq 18\%$	正火：980 °C 回火：760 °C	是一种无铬多元素贝氏体型热强钢。虽然不含铬，但由于多元素的综合作用，使钢具有较高的热强性、抗氧化性和组织稳定性。可作使用温度为 580 °C 的锅炉过热器管，也可用于压力容器等
25Cr2Mo1V	$R_m \geq 735$ MPa $R_{p0.2} \geq 590$ MPa $A \geq 16\%$	淬火：1 040 °C，油冷 回火：700 °C，空冷	强度、韧性较高。低于 500 °C 时，高温性能良好，无热脆倾向，淬透性较好，切削加工性尚可，冷形变塑性中等，焊接性差。一般可在调质状态下使用，也可在正火及高温回火后使用。用于制造高温条件下的螺帽（低于 550 °C）、螺栓、螺柱、紧固件，汽轮机套筒、主汽阀、调节阀；还可作为渗氮钢，用以制作阀杆、齿轮等
35CrMo	$R_m \geq 985$ MPa $R_{p0.2} \geq 835$ MPa $A \geq 12\%$	淬火：850 °C，油冷 回火：550 °C，水冷或油冷	有很高的静力强度、冲击韧性及较高的疲劳极限，有高的蠕变强度与持久强度，长期工作温度可达 500 °C；冷形变时塑性中等，焊接性差。可作汽轮发电机紧固件，也可作在高负荷下工作的重要结构件，如车辆和发动机的传动件、重载荷的传动轴、主轴等
33Cr3MoWV	$R_m \geq 1\ 152$ MPa $R_{p0.2} \geq 1\ 025$ MPa $A \geq 15\%$	淬火：960 °C，油冷 回火：620 °C，空冷或炉冷	是无镍大锻件用钢，淬透性高。用于工作温度在 450 °C 以下，截面厚度 450 mm 以下的汽轮机叶轮、轴类锻件及紧固件等，也可用于截面厚度在 400 mm 以上的大尺寸零件
27Cr2MoV	$R_m \geq 637$ MPa $R_{p0.2} \geq 490$ MPa $A \geq 16\%$	淬火：890 °C，油冷 回火：670 °C，空冷	热强性能较高，在 550 °C 下长时间保温仍有良好的塑性，组织稳定性较好，室温冲击吸收能量变化很小。浇铸及锻造工艺性能较差，锻造易出现裂纹。用作 535 °C 以下的汽轮机转子和叶轮，也可用作 525 °C 以下工作的紧固件、套筒、主汽阀活塞环等
34CrNi3Mo	$R_m \geq 827$ MPa $R_{p0.2} \geq 685$ MPa $A \geq 13\%$	淬火：860 °C，油冷 回火：550 °C，油冷	是一种高强度合金钢，具有良好的综合力学性能和工艺性能，焊接性能差，焊后容易出现冷裂纹。广泛应用于大型汽轮机低压转子、叶轮、发动机转子等

6.3.2 马氏体热强钢

6.3.2.1 汽轮机叶片用钢

汽轮机叶片的工作温度为 450 ~ 620 °C，但要求更高的蠕变强度、耐蚀性和耐腐蚀磨损性能。满足这种要求的马氏体热强钢主要有 Cr13 型和 Cr12 型，此类钢淬透性良好，空冷即可形成马氏体，常在淬火 + 高温回火状态下使用。低碳的 Cr13 型马氏体不锈钢虽有高的抗氧化性和耐蚀性，但组织稳定性较差，只能做 450 °C 以下工作的汽轮机叶片等。Cr12 型马氏体耐热钢是在 Cr13 型马氏体不锈钢的基础上进一步合金化，加入钼、钨、钒、钛、铌、氮、硼等合金元素来进行综合强化而发展的，可用作在 570°C 工作的汽轮机转子。Cr12 型马氏体耐热钢中加入钼、钨后，可使 Cr13 型钢中的 $Cr_{23}C_6$、Cr_7C_3 两种碳化物转变为$(Cr、Mo、W、Fe)_{23}C_6$ 合金碳化物，产生了一定的沉淀强化作用。加入钒、钛、铌等更强的碳化物形成元素在钢中会形成 MC 型复合碳化物(V、Nb、Ti)C，起沉淀强化作用，并促使绝大部分钼、钨进入固溶体，从而提高热强性和使用温度。加入氮元素也能增加沉淀强化相数量，有利于加强沉淀强化效应。加入硼元素可强化晶界，降低晶界扩散，也有利于提高钢的热强性。但是，钼、钨、钒、钛、铌都是铁素体形成元素，容易使钢在高温加热时产生高温铁素体，对钢的蠕变强度和韧性不利，影响钢的加工工艺性。为此，可以加入 1% ~ 2% 的镍，以扩大奥氏体区。保证淬火加热时得到单相奥氏体。

常用马氏体耐热钢有 12Cr12、14Cr11MoV，15Cr12WMoV、21Cr12MoV 钢等。

Cr12 型马氏体耐热钢可用作在 570 °C 工作的汽轮机转子，并可用于 593 °C、蒸汽压力为 3 087 MPa 的超临界压力大功率火力发电机组。21Cr12MoV 钢的铬含量高，因而有很高的淬透性和很高的回火稳定性，经 1 000 ~ 1 050 °C 淬火，650 ~ 750 °C 回火，得到回火屈氏体或回火索氏体组织，适合制造 500 ~ 580 °C 工作温度的大型热力发电设备中大口径厚壁高压锅炉蒸汽管道、汽轮机转子和涡轮叶片等。14Cr12Ni2WMoVNb 钢采用多元合金复合合金化，钢中强化相有 MC、$M_{23}C_6$ 和 M_6C，在 600 °C 和 650 °C 有很高的蠕变强度，这种钢可作为高蠕变强度的高压锅炉用耐热钢。

6.3.2.2 内燃机气阀用钢

内燃机进气阀在 300 ~ 400 °C 下工作，一般采用 40Cr、38CrSi 钢就能满足要求。而排气阀的端部在燃烧室中，工作温度常在 700 ~ 850 °C，还要受到燃气的高温腐蚀、氧化腐蚀和冲刷腐蚀磨损。由于阀门的高速运动，还使阀门产生机械疲劳和热疲劳，所以工作条件非常苛刻。气阀用钢应具有高的热强性、硬度、韧性、耐高温氧化性、耐蚀性等，并要求在高温下具有良好的组织稳定性和加工工艺性。典型钢种有 42Cr9Si2、45Cr9Si3、40Cr10Si2Mo 钢。它们具有更高的铬含量和硅含量，提高了钢的耐磨性和综合性能。硅、铬的加入提高了 Ac_1 和 Ac_3，提高了出现 FeO 的温度，从而提高了热强性和抗氧化性。42Cr9Si2 钢的 Ac_1 为 870 ~ 890 °C，Ac_3 为 950 ~ 970 °C，可用于 700 °C 工作的阀门。40Cr10Si2Mo 钢中加入钼可进一步提高热强性，钼可溶于铬的碳化物中，提高其稳定性，钼还能降低这类钢的高温回火脆性倾向，该钢可用于 750 °C 工作的阀门。

马氏体型阀门钢由于基体再结晶温度的限制，只能用于 750 °C 以下的阀门。在更高温度下工作的阀门需要采用奥氏体型热强钢。

6.4 高温合金

珠光体、马氏体型热强钢的使用温度通常在 650 °C 以下，对于在更高温度工作的构件则需要采用高温合金。高温合金为单一面心立方晶体结构的固溶体组织，在工作温度下具有良好的组织稳定性和使用可靠性。基于上述性能特点，以及为了获得这些性能而具有很高的合金化程度，因此，英美等称之为超级合金。

根据 GB/T 14992—2005《高温合金和金属间化合物高温材料的分类和牌号》，高温合金的牌号采用字母加阿拉伯数字相结合的方法表示，如形变高温合金牌号采用汉语拼音字母“GH”作前缀，“G”和“H”分别为“高”和“合”字汉语拼音的第一个字母。

6.4.1 铁基高温合金

铁基高温合金是在奥氏体不锈钢基础上加入钨、钼、钒、铌、钛、硼、氮等热强元素而发展起来的，又称为奥氏体热强钢。铁基高温合金与珠光体、马氏体热强钢相比，具有更好的热强性，同时还有良好的塑性、韧性、焊接性和冷成型性等。虽然其切削性能较差，但其具有较好的中温（600 ~ 800 °C）力学性能，是中温条件下使用的重要材料，因而得到了广泛应用。铁基高温合金主要用于制作航空发动机和工业燃气轮机上涡轮盘、导向叶片、涡轮叶片、燃烧室等，也可制作承力件、紧固件以及柴油机上的废气增压涡轮等。

6.4.1.1 固溶强化型铁基高温合金

这类合金常用的有 GH1035、GH1140、GH1131 等牌号，它们均含有大量的铬和镍，但能形成强化相的元素少，一般不进行时效处理，常在固溶状态下使用。它们在性质上的共同特点是具有良好的抗氧化性、塑性和焊接性。由于基本上是单一的奥氏体组织，化合物很少，故热强度不高，常用来制造在高温下受力不大的冲压焊接件。

GH1140 是以钨、钼、钛等元素进行复合固溶强化的一种铁基合金。该合金成分比较复杂，组织为单相奥氏体及在结晶过程中生成的少量 TiC、TiN 等化合物。GH1140 具有中等的热强性、高的塑性、良好的热疲劳、组织稳定性和焊接工艺性能，同时还具有较高的瞬时强度和持久强度，其持久强度比镍基高温合金 GH3030 约高一倍，与镍基高温合金 GH3039 相当。虽然 GH1140 合金在 700 ~ 800 °C 由于强化相析出会产生一定的时效硬化倾向，使塑性略有降低，但仍保持相当高的水平。GH1140 适用于制造工作温度 850 °C 以下的航空发动机和燃气轮机燃烧室的板材结构件、加力扩散器、整流支板、稳定器、输油圈、加力可调喷口壳体、管接头、衬套以及飞机机尾罩蒙皮等高温零部件。

GH1131 是一种以钨、钼、铌、氮等元素复合固溶强化的高性能铁基高温合金，镍含量约为 28%，但其热强性水平却与镍基高温合金 GH3044 相当。该合金具有良好的热加工塑性、焊接性和冷成型工艺性能。与同类用途的镍基合金相比，合金的高温组织稳定性较差，在 700 ~ 900 °C 长期使用后塑性下降。可用于制作在 700 ~ 1 000 °C 短时工作的火箭发动机和在 750 °C 长期工作的航空发动机的高温部件。GH1140 的热处理制度为固溶处理，加热温度 1 050 ~ 1 090 °C，保温后空冷。合金在固溶状态的组织除奥氏体基体外，还有少量一次 Ti(C，N)，其数量约占合金质量的 0.4%。

6.4.1.2 时效强化型铁基高温合金

时效强化型铁基高温合金的化学成分比较复杂，含有较多的能形成化合物的合金元素，其组织为奥氏体加数量较多的化合物,可通过固溶 + 时效处理使合金的热强性得到大大提高。常用牌号有 GH2036、GH2132、GH2135 等。

GH2036 添加有锰、镍、钼、钒、铌等热强元素，沉淀强化相是(V，Nb)C，当钒、铌和碳的比例正好和 VC、NbC 的化学式相等时，具有最佳的高温强度。VC 析出的最高速度在 670 ~ 700 °C，在此温度时效，合金具有最高的沉淀硬化效应。当 $w(\mathrm{Nb})\geqslant 0.6\%$ 时，合金中才会出现单独的 NbC 相，它溶有不太多的钒和钼。另一种碳化物是复合的 $M_{23}C_6$ 型的 $(Cr, Mn, Mo, Fe, V)_{23}C_6$，$M_{23}C_6$ 在较低温度析出量很少，最高析出温度在 900 °C，$M_{23}C_6$ 不能成为沉淀强化相。GH2036 合金的热处理制度是固溶处理，固溶温度 1 140 °C，保温后水冷，以防止冷却时析出 VC 而造成大截面零件在时效时内外组织和性能的不均匀性。固溶处理后需要进行两次时效处理，第一次在 670 °C 时效 16 h，第二次在 760 ~ 800 °C 时效 14 ~ 16 h，然后空冷。GH2036 合金用于制作工作温度在 650 °C 的零件，如涡轮盘件等。

GH2132 是以金属间化合物 γ'-$Ni_3(Al, Ti)$相为强化相的一种铁基高温合金。GH2132 合金中镍含量一般较高，达到了 25% ~ 40%，同时添加铝、钛、钼、钒、硼等元素，其中铝、钛和镍元素能形成金属间化合物 γ' 相，γ' 相具有高度弥散、稳定性好的特点，综合性能比以碳化物为强化相的 GH2036 好。该合金的特点是碳含量很低[一般 $w(\mathrm{C})\leqslant 0.08\%$]，形成的碳化物很少，金属间化合物 γ' 相的晶体结构与奥氏体相同，但有点阵常数的差异；由于点阵的匹配度差异，导致强化。钼元素能溶于奥氏体，产生固溶强化效应，并减慢奥氏体中铁的扩散，从而提高了合金的高温强度，改善了合金的高温塑性和减小缺口敏感性。钒和硼元素能强化晶界，硼元素的加入还可使晶界的网状沉淀相变为断续沉淀相，因而提高了合金的持久强度。GH2132 通过添加合金元素达到了综合利用固溶强化、第二相沉淀强化和晶界强化等多种手段的目的，并且有抑制一些有害元素的作用，从而保证了合金获得良好的综合力学性能。GH2132 的热处理制度是固溶处理，加热温度 980 ~ 1 000 °C，704 ~ 760 °C 时效 16 h，此时，γ'相以极微小的颗粒状分布于奥氏体基体上，从而达到了最好的强化效果。如果对 GH2132 合金配以冷形变时效，则强化效果将进一步增强。GH2132 在 650 °C 以下具有良好的综合性能，工艺性良好；主要用于在 650 °C 以下工作的航空发动机压气机盘、涡轮盘、承力环、机匣、轴类、紧固件等。

6.4.2 镍基高温合金

耐热钢和铁基耐热合金的最高使用温度一般只能达到 750 ~ 850 °C，对于在更高温度下使用的耐热部件，则采用镍基和难熔金属为基的合金。镍是面心立方结构，没有同素异构转变，熔点为 1 454 °C，而铁的 $\gamma\rightarrow\delta$ 转变为 1 394 °C。镍的抗蚀电位为 – 0.25 V，铁为 – 0.44 V，其钝化性能也优于铁。因此，镍基合金具有比铁基合金更高的耐热温度，又由于它具有良好的工艺性能，所以镍基高温合金是当前广泛使用的高温合金。镍基高温合金按其生产方式可分为铸造和形变两种合金。形变镍基合金的使用温度达到 950 °C。铸造镍基合金的使用温度达到 1 050 °C。随着合金化程度和组元数的增加，合金的再结晶温度和热强度越来越高，但其熔点越来越低，使得形变温度范围变窄、塑性变差，所以使用温度越高的镍基合金，其锻造性能也越差。现在的发展趋势是，对于要求耐热温度高的镍基合金，更多地采用铸造合金。

镍基高温合金是在Cr20Ni80基础上加入大量强化元素（如钨、钼、钛、铝、铌、钴、钽等）形成的，合金以含量大于50%的镍基固溶体为基体，弥散分布的金属间化合物γ'-Ni_3(Al，Ti)为强化相，并在650～1 000 °C具有较高的强度和良好的抗氧化性、抗燃气腐蚀能力。镍基合金是高温合金中应用最广、高温强度最高的一类合金，主要原因是：① 镍基合金中可以溶解较多的合金元素，且能保持较好的稳定性；② 可以形成共格有序的 A_3B 型金属间化合物γ'-Ni_3(Al，Ti)并作为强化相，使合金得到有效的强化，获得比铁基高温合金和钴基高温合金更高的高温强度；③ 含铬的镍基合金具有比铁基高温合金更好的抗氧化和抗燃气腐蚀能力。

镍基高温合金中添加钨、钼、钴、铬等合金元素，能够提高原子间结合力，减缓扩散，起固溶强化作用。钴可溶于γ'相，形成γ'-$(Ni，Co)_3$(Al，Ti)相，提高了合金的稳定性。同时，钴还能减少γ'-$(Ni，Co)_3$(Al，Ti)相的固溶度，增加γ'相的数量。合金中铅、锑、锡、铋等低熔点杂质元素，会强烈降低晶界的强度、高温冲击韧性和高温塑性。这些杂质元素有强的晶界偏聚倾向，富集于晶界，降低了晶界原子扩散激活能，使镍基合金的持久性能强烈降低。改善的方法是添加碱土金属钙和钡，稀土金属铈和镧，以及锆、硼等元素，在一定含量范围内可以减轻甚至消除低熔点杂质元素的有害作用，其作用由大到小的顺序为：硼、镧、铈、锆、钙和钡。

6.4.2.1 固溶强化型镍基高温合金

固溶强化型镍基高温合金常用牌号有GH3030、GH3039、GH3044、GH3128、GH3625（Inconel 625）等。

GH3030固溶强化型高温合金，是早期发展的Cr20Ni80高温合金，化学成分简单。合金在800 °C以下有满意的热强性和高的塑性，具有良好的抗氧化、热疲劳、冷冲压和焊接工艺性能，但合金热膨胀系数大，易形变；适用于工作温度低于800 °C，用于制造800 °C以下工作的涡轮发动机燃烧室部件和在1 100 °C以下要求抗氧化但承受载荷很小的其他高温部件。GH3030合金热处理制度是固溶处理，固溶加热温度为980～1 020 °C。GH3030经固溶处理后组织为单相镍基固溶体，并有少量TiC或Ti(C，N)。

GH3128合金是我国研制成功的一种性能较好的热稳定形变镍基合金。与GH3044合金相比，GH3128合金把w(W)减为7.5%～9%，而加入等量的钼，这样钨、钼分别溶入镍内，从而大大提高了合金的热稳定性和热强性。另外，GH3128合金中含有铈、锆、硼等多种微量元素，进一步提高了合金的热稳定性和热强度。GH3128合金热处理制度是固溶处理，加热温度为1 140～1 180 °C，空冷。该合金固溶处理组织为单相镍基固溶体组织，含有少量细小均匀分布的TiN和M_6C。GH3128具有高的塑性，较高的蠕变强度以及良好的抗氧化性，且冲压、焊接等加工性能良好，适合于制造950 °C下长期工作的航空发动机的燃烧室火焰筒、加力燃烧室壳体、调节片、燃气轮机燃烧室的结构件、涡轮发动机燃烧室零部件等。

GH3625（Inconel 625）合金能在600 °C以上的高温及一定应力作用下长期工作，具有较高的高温强度，良好的抗氧化和抗腐蚀性能，良好的疲劳性能、断裂韧性等综合性能。GH3625为单一镍基固溶体组织，在650 °C保温足够长的时间后，将析出碳化物颗粒和不稳定的四元相并转化为稳定的Ni_3(Nb，Ti)斜方晶格相。GH3625具有良好的组织稳定性，合金化程度较高，是广泛应用于航空、航天、石油、化工、舰船的一种重要材料。

6.4.2.2 时效强化型镍基高温合金

时效强化型镍基高温合金采用金属间化合物作为沉淀强化相，首先采用的是 γ'-Ni_3(Al，Ti)相。γ'-Ni_3(Al，Ti)相与镍基固溶体有相同的点阵类型和相近的点阵常数，γ'-Ni_3(Al，Ti)相与基体形成共格，其相界面能低，使其在高温长期停留时聚集长大速度小，且γ' 相本身有较好的塑性，故 γ'-Ni_3(Al，Ti)相是理想的沉淀强化相。γ'相的稳定性与 w(Al)/w(Ti)有关，当 w(Al)/w(Ti)小于 1 时，就会出现 η'-Ni_3Ti 相，这是不希望发生的。随着使用温度的增高，不仅要增加铝、钛总量以增加 γ'相总量，而且 w(Al)/w(Ti)也要增加，以增加 γ'-Ni_3(Al，Ti)相的稳定性。铝、钛总量可超过 8%，w(Al)/w(Ti) 可达到 2 ~ 3。合金中铝、钛总量越高，使用温度也越高。

时效强化型镍基高温合金常用牌号有 GH4033、GH4037、GH4049、GH4169 等。

GH4037 镍基合金中，添加了总量约 4% 的合金元素铝、钛。GH4037 合金热处理制度是于氩气中加热至 980 °C 保温，在加热箱内冷却至 700 °C，然后空冷。再加热至 800 °C，时效 8 h，空冷。该合金热处理后的组织为镍基固溶体基体和弥散析出的 γ' 相，晶界有少量的 $M_{23}C_6$ 和 M_6C 型碳化物，晶内有块状的 MC 型碳化物。该合金具有高的热强性、好的焊接性能、高的热疲劳性能和良好的抗氧化性。在 800 ~ 850 °C 以下长期使用组织稳定，广泛用于制造航空发动机涡轮工作叶片、航空发动机燃烧室、加力燃烧室零部件、航空发动机涡轮工作叶片等。

GH4049（Inconel 718）合金为高合金化的镍基难形变高温合金，在 1 000 °C 以下具有良好的抗氧化性能，950 °C 以下具有较高的高温强度。GH4169 合金在 – 253 ~ 700 °C 具有良好的综合性能，650 °C 以下的屈服强度居形变高温合金的首位，并具有良好的抗疲劳、抗辐射、抗氧化、耐腐蚀性能，以及良好的加工性能、焊接性能。在宇航、核能、石油工业及挤压模具中得到了广泛应用，能够制造各种形状复杂的零部件，如盘、环件、机匣、轴、叶片、紧固件、弹性元件、燃气导管、密封元件等。

6.4.3 钴基高温合金

钴基高温合金以钴作为主要成分[w(Co) = 40% ~ 65%]，并含有相当数量的镍、铬、钨和少量的钼、铌、钽、钛、镧等合金元素。这类合金在 730 ~ 1 100 °C 下具有一定的高温强度、良好的抗热腐蚀和抗氧化能力。根据其成分的不同，可以制成焊丝、热喷涂粉、喷焊粉等，也可以制成铸锻件和粉末冶金件。

钴基高温合金的牌号有 GH5188、GH5605、GH5941、GH6159、GH6783。

钴基高温合金强化方式与其他高温合金不同，不是由与基体牢固结合的有序沉淀相来强化，而是由已被固溶强化的钴基固溶体为基体并以基体上分布的少量碳化物作为强化相。纯钴晶体在 417 °C 以下是密排六方晶体结构，在 417 °C 上将转变为面心立方结构。为了避免钴基高温合金在使用时发生这种转变，所以钴基高温合金需添加镍元素，以便在室温到熔点温度范围内使组织稳定化。在 1 000 °C 以上钴基高温合金比其他高温合金具有更优异的抗热腐蚀性能，这可能是因为该合金铬含量较高。钴基高温合金中最主要的碳化物是 MC、$M_{23}C_6$ 和 M_6C，一些合金中，细小的 $M_{23}C_6$ 能与基体钴基固溶体形成共晶体。细小弥散的碳化物有良好的强化作用，而位于晶界上的碳化物（主要是 $M_{23}C_6$）能阻止晶界滑移，从而改善持久强度。

GH5605（Haynes-25）是固溶强化的钴基高温合金，其主要合金元素含量为：$w(\mathrm{Cr})\approx 20\%$，$w(\mathrm{Ni})\approx 10\%$，$w(\mathrm{W})\approx 15\%$。该合金在 815 °C 以下具有中等的持久和蠕变强度，在 1 090 °C 以下具有优良的抗氧化性能，同时具有满意的塑性成型、焊接加工等工艺性能。该合金对硅含量很敏感，硅可促使合金在 760 ~ 925 °C 形成 Co_3W 中间相，从而使合金的室温塑性下降，因此应使合金中 $w(\mathrm{Si})\leqslant 0.40\%$。GH5605 适用于制造航空发动机燃烧室和导向叶片等要求中等强度和优良的高温抗氧化性能的高温零部件。

GH5188（Haynes 188）合金的使用温度高，最高可达 1 100 °C，具有良好的抗氧化性能和综合力学性能以及组织稳定性，合金的抗硫化性能及对钠盐的耐蚀能力强，适于制作航空喷气发动机、工业燃气轮机、舰船燃气轮机的导向叶片和柴油机喷嘴等。

复习思考题

1. 钢铁材料在常温及高温下，其力学性能有何不同？
2. 根据耐热钢的服役环境，耐热钢应满足哪些性能要求？
3. 提高钢抗氧化性的机理是什么？怎样提高钢的抗氧化性？
4. 在耐热钢的常用合金元素中，哪些是抗氧化元素？哪些是强化元素？哪些是奥氏体形成元素？说明其作用机理。
5. 分析合金元素对提高钢的热强性和热稳定性方面的特殊作用规律，比较高温和常温用结构钢的合金化方向。
6. 综合比较不锈钢与耐热钢在服役条件、主要失效形式、合金化、热处理方面的异同。
7. 分析合金元素铬、铝、硅、铌和稀土元素对耐热钢和耐热合金的抗氧化、抗腐蚀性能的影响。
8. 什么叫抗氧化钢？抗氧化钢常用在什么地方？
9. 提高钢热强性的途径有哪些？
10. 钢材的强度随着温度的变化将发生变化，从合金化的角度考虑如何提高钢的热强性？
11. 为什么 γ-Fe 基热强钢比 α-Fe 基热强钢的热强性要高？
12. 为什么低合金热强钢都用铬、钼、钒合金化？
13. 为什么锅炉管子用珠光体热强钢的碳含量都较低[一般为 $w(\mathrm{C})<0.2\%$]？
14. 有一锅炉管子运行两年后，发现有“起瘤”现象，试分析原因，并提出改进设想。
15. 低碳珠光体耐热钢（锅炉蒸汽管道用钢）在使用过程中经常出现哪些问题而影响使用寿命？
16. 珠光体热强钢中稳定组织、提高热强性的合金化原则是什么？试分析锅炉管用典型钢种的成分、热处理工艺、性能及其应用范围。
17. 有一汽轮机末级叶片，工作温度为 450 ~ 560 °C，要求抗蠕变及抗腐蚀磨损，试进行选材分析，并制订其热处理工艺。
18. 试分析珠光体热强钢、马氏体热强钢和铁基高温合金提高强度的主要手段。
19. 高温合金是怎样分类的？

20. 铁基高温合金的合金化途径有哪些？

21. 铁基高温合金按主要强化相的不同可分成哪几种类型？

22. 分析讨论铁基高温合金中稳定组织、提高热强性的合金化原则，结合锅炉、燃气轮机制造业的要求分析固溶处理型、沉淀强化型铁基高温合金的典型牌号在成分、热处理、性能方面的特点。

23. 铁基高温合金和镍基高温合金的主要强化相是什么？

24. 镍基高温合金中存在的主要相是哪些？

25. 镍基高温合金中添加的主要固溶强化元素是哪些？

26. 在固溶强化的镍基高温合金中，影响合金元素有效作用程度的两个主要因素是什么？

27. 钼和钨添加剂如何影响镍基高温合金的高温蠕变性能？

28. 钴是如何提高镍基高温合金高温稳定性的？

29. 镍基高温合金中相的化学组成是什么？其结构是什么样的？

30. 为什么一些镍基高温合金的强度随着温度的增加（直到约 800 °C）而增加？

7 铸 铁

7.1 概 述

铸铁是 $w(C) > 2.11\%$ 的铁碳合金，除碳以外，还含有较多的硅、锰和其他一些杂质元素；但其中对铸铁的组织和性能起决定作用的主要是铁、碳和硅。同钢相比，铸铁熔炼简便、成本低廉，虽然强度、塑性和韧性较低；但铸造性能优良，还有很高的减摩和耐磨性、良好的消振性和切削加工性以及缺口敏感性低等一系列优点。因此，铸铁广泛应用于机械制造、冶金、石油、化工、交通、建筑和国防工业各部门。

铸铁与钢的主要区别：一是铸铁的碳含量及硅含量高，并且碳多以石墨（符号 G）形式存在；二是铸铁中硫、磷杂质多。

根据碳在铸铁中存在的形式，铸铁可分为以下几种：

（1）白口铸铁。碳全部或大部分以渗碳体形式存在，因断裂时断口呈白亮颜色，故称白口铸铁。

（2）灰铸铁。碳大部分或全部以游离的石墨形式存在。因断裂时断口呈暗灰色，故称为灰铸铁。根据石墨的形态，灰铸铁可分为：① 普通灰铸铁，石墨呈片状；② 球墨铸铁，石墨呈球状；③ 可锻铸铁，石墨呈团絮状；④ 蠕墨铸铁，石墨呈蠕虫状。

（3）麻口铸铁。碳既以渗碳体形式存在，又以游离态石墨形式存在。

铸铁与钢具有相同的基体组织，主要有铁素体、珠光体、铁素体 + 珠光体 3 类。由于基体组织不同，灰铸铁可分为铁素体灰铸铁、珠光体灰铸铁和铁素体 + 珠光体灰铸铁。

7.1.1 铸铁组织的形成

无论是铸铁的基体组织，还是游离态石墨，它们的形成都与铸铁的石墨化过程有关。铸铁中石墨形成的过程叫作石墨化过程。

石墨是单质碳的多种同素异晶形态之一。其晶体结构如图 7.1 所示，原子呈层状排列，晶格的点阵类型为简单六方。同一层内部，原子排列成六角型的蜂巢状，原子间距为 0.142 1 nm；每一个原子固定和相邻的 3 个原子依靠共价键结合，结合力较强；另有一个键却不固定，而是活动于六边形的上方或下方的一个平面内，具有金属键的性质。故石墨在平面层内是共价键和金属键混合的中间型键。所以，石墨具有不太明显的金属性能，如导电性和导热性；而共价键的特性使其具有很好的高温稳定性和耐酸、耐碱腐蚀的能力。故石墨可以用作电极、坩埚。石墨的层与层之间的面间距为 0.335 5 nm，依靠较弱的分子间力（范德瓦尔斯力）结合。由于层与层间的结合力较弱，易滑动，故石墨的强度、塑性和韧性较低，硬度仅为 3 ~ 5 HBS；所以，石墨常用作润滑剂。

由于铁液化学成分、冷却速度以及铁液处理方法不同，铸铁中的碳除了极少量固溶于铁素体外，既可以形成石墨碳，也可以形成渗碳体。

共晶点处铁液的 $w(C) = 4.26\%$，渗碳体的 $w(C) = 6.69\%$；铁液的 $w(C)$与渗碳体的 $w(C)$之差，远小于与石墨 $w(C)$（ = 100%）的。奥氏体的最大 $w(C) = 2.08\%$，其与渗碳体的 $w(C)$之差也远小于与石墨的。铁液中近程有序原子集团的空间结构以及奥氏体的晶体结构又与渗碳体晶格相近。因此，从成分和结构方面来看，从铸铁液相或奥氏体中析出渗碳体比析出石墨碳较容易。

但是，石墨是稳定相，而渗碳体是亚稳定相，即铁素体-石墨或奥氏体-石墨的组织比铁素体-渗碳体或奥氏体-渗碳体的组织有较低的自由能。如图 7.2 所示，共晶成分液体的自由能和共晶莱氏体（奥氏体 + 渗碳体）的自由能都是随着温度的上升而降低的。当铁液中碳、硅的含量较高，并且冷却非常缓慢时，可直接从铁液中析出石墨。已经形成渗碳体的铸铁在高温下长时间退火，可使渗碳体分解析出石墨碳：$Fe_3C \longrightarrow 3Fe + C(G)$。可见，从热力学上考虑，在一定条件下从铁液或奥氏体中形成石墨更为有利。

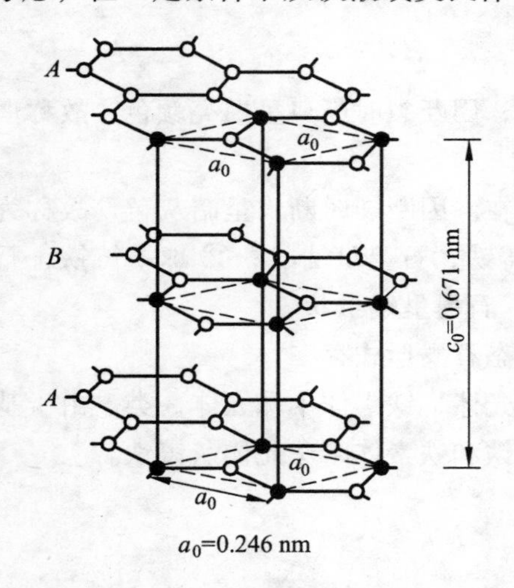

图 7.1 石墨的晶体结构

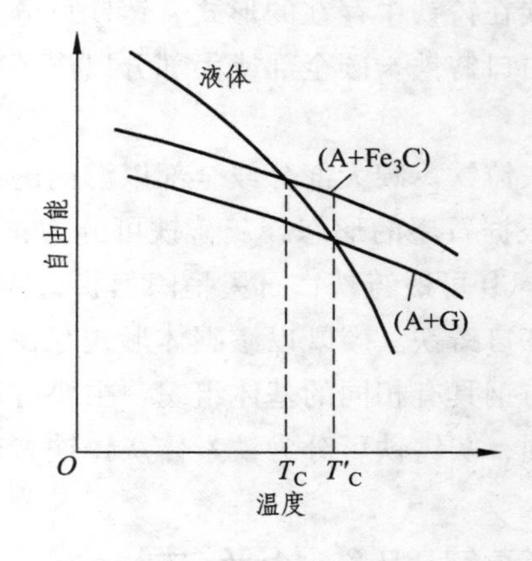

图 7.2 铸铁中各种组成体的自由能随温度而变的示意图

因此，根据成分和冷却速度不同，铁碳合金的结晶过程和组织形成规律，可用 Fe-Fe_3C 相图和 Fe-C（G）相图综合在一起形成的铁碳双重相图来描述（见图 7.3）。图中实线表示 Fe-Fe_3C 相图，虚线表示 Fe-C（G）相图。虚线与实线重合的线条都用实线表示。由图 7.3 可见，虚线在实线的上方或左上方，表明 Fe-C(G)系较 Fe-Fe_3C 系更为稳定。Fe-C(G)系的共晶温度和共析温度比 Fe-Fe_3C 系相应的温度要高。在同一温度下，石墨在液相、奥氏体和铁素体中的固溶度分别低于渗碳体在这些相中的溶解度。

Fe-C(G)相图和 Fe-Fe_3C 相图的主要不同之处在于：

（1）稳定平衡的共晶点 C' 的成分和温度与 C 点不同。

$$L_{C'}[w(C) = 4.26\%] \xrightarrow{1\,154\ ^\circ C} \gamma_{E'}[w(C) = 2.08\%] + G$$

$$L_C[w(C) = 4.30\%] \xrightarrow{1\,148\ ^\circ C} \gamma_E[w(C) = 2.11\%] + Fe_3C\ \text{（二相组成Ld）}$$

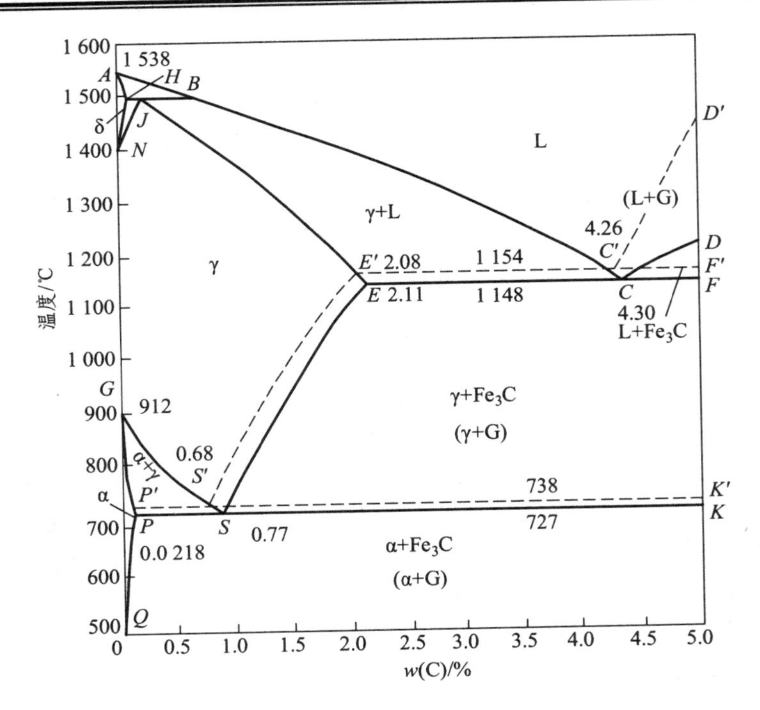

图 7.3 铁碳双重相图

（2）稳定平衡的共析点 S'的成分和温度与 S 点不同。

$$\gamma_{S'}[w(\mathrm{C})=0.68\%]\xrightarrow{738\ ^\circ\mathrm{C}}\alpha_{\mathrm{P}}+\mathrm{G}$$

$$\gamma_{S}[w(\mathrm{C})=0.77\%]\xrightarrow{727\ ^\circ\mathrm{C}}\alpha_{\mathrm{P}}+\mathrm{Fe_3C}\text{（二相组成 P）}$$

对于同一成分的铁碳合金，在熔炼条件等完全相同的情况下，石墨化过程主要取决于冷却条件。当铁液或奥氏体以极缓慢速度冷却（过冷度很小）至图 7.3 中 $S'E'F'$和 SEF 之间温度范围时，通常按 Fe-C(G)系结晶，石墨化过程能较充分地进行。例如，共晶成分铁液从高温一直缓冷至 1 154 °C 开始凝固，形成奥氏体 + 石墨的共晶体。此时，奥氏体的含碳量 $w(\mathrm{C})$ = 2.08%；随着温度下降，奥氏体的溶碳量下降，其固溶度按 $E'S'$ 线变化，从奥氏体中析出二次石墨；当温度降至 738 °C 时，奥氏体含碳量达到 $w(\mathrm{C})$ = 0.68%，发生共析转变，形成铁素体加石墨的共析体，此时铁素体的含碳量 $w(\mathrm{C})$ = 0.020 6%；温度再继续下降，铁素体中溶碳量减少，其固溶度沿 $P'Q'$线变化，从铁素体中析出的三次石墨量很少。冷至室温时，铁素体中含碳量 $w(\mathrm{C})$远小于 0.000 6%。上述共晶合金的石墨化过程如图 7.4 所示。

如果合金冷却较快，过冷度较大，通过 $S'E'C'$和 SEC 范围共晶石墨或二次石墨来不及析出，而过冷到实线以下的温度时将析出 $\mathrm{Fe_3C}$。

根据铁碳双重相图和上述共晶合金结晶过程分析，在极慢冷却条件下，铸铁石墨化过程可分为两个阶段：在 $P'S'K'$线以上发生的石墨化称为第一阶段石墨化，包括结晶时一次石墨、共晶石墨、二次石墨的析出和加热时一次渗碳体、共晶渗碳体及二次渗碳体的分解；在 $P'S'K'$线以下发生的石墨化称为第二阶段石墨化，包括冷却时共析石墨的析出和加热时共析渗碳体的分解，以及三次石墨的析出和三次渗碳体的分解。第二阶段石墨化形成的石墨大多优先附加在已有石墨上。

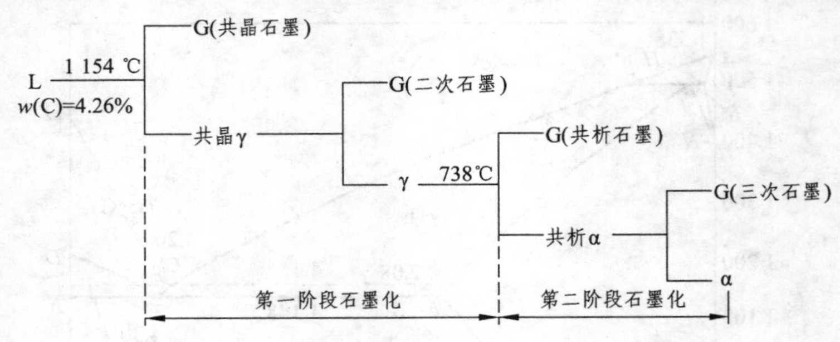

图 7.4 共晶合金石墨化过程

铸铁的组织与石墨化过程及其进行的程度密切相关。以铁素体基灰铸铁为例，石墨的形态主要由第一阶段石墨化所控制。普通灰铸铁由液态结晶的石墨多为粗片状，如图 7.5（a）所示。如果在浇铸前向铁液中加入少量硅铁或硅钙等孕育剂，进行孕育处理，促进石墨的非均匀形核，可使灰铸铁粗片状石墨细化，如图 7.5（b）所示，形成孕育铸铁。如果在浇铸前向铁液中加入纯镁或稀土镁合金，可以阻止铁液结晶时片状石墨析出，促进球状石墨生成，如图 7.5（c）所示，形成球墨铸铁。如果在浇铸前向铁液中加入稀土硅铁、稀土镁铁等稀土合金进行适当处理，可促使石墨呈蠕虫状，如图 7.5（d）所示，形成蠕墨铸铁。若将白口铸铁经长时间石墨化退火，使渗碳体分解，由于石墨数量较少，呈团絮状分布于金属基体中，如图 7.5（e）所示，形成可锻铸铁。

（a）粗片状（灰铸铁）

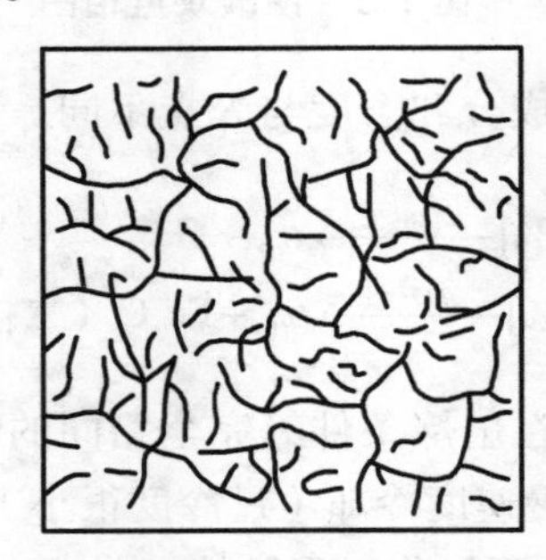

（b）细片状（孕育铸铁）

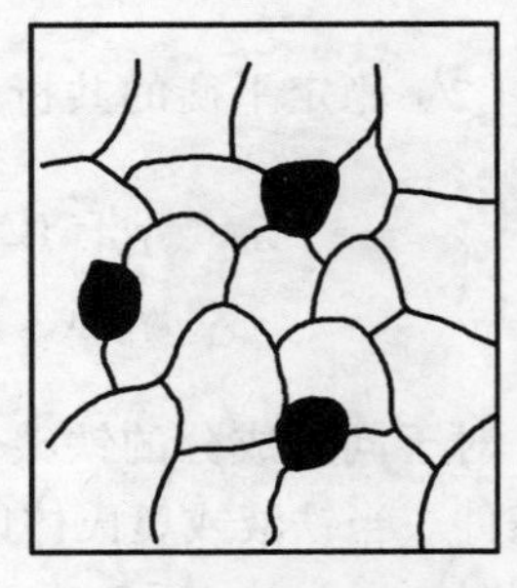

（c）球状（球墨铸铁）

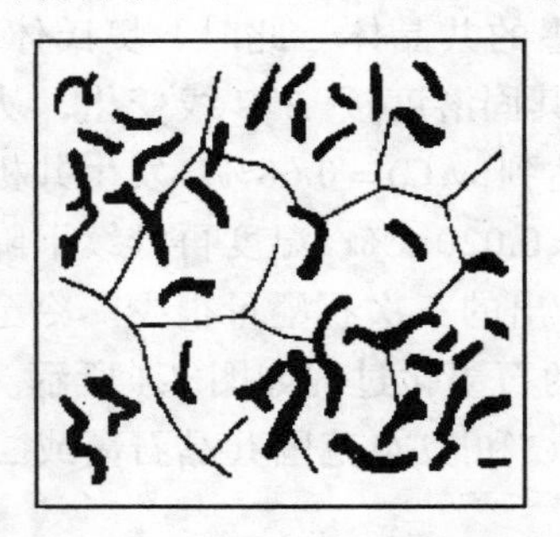

（d）蠕虫状（蠕墨铸铁）

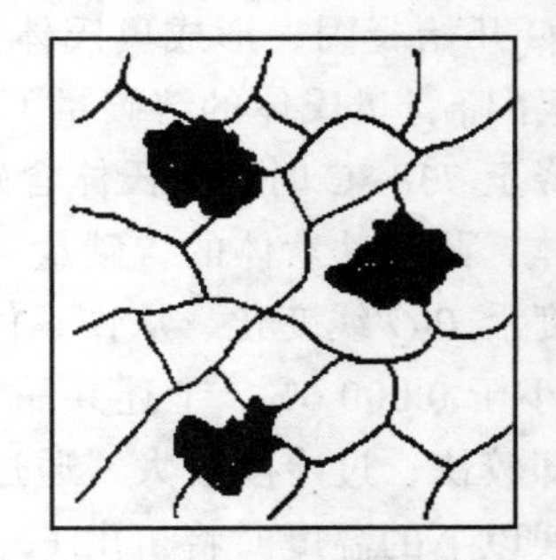

（e）团絮状（可锻铸铁）

图 7.5 铁素体基铸铁不同石墨形态示意图

根据石墨化过程进行的程度，以灰铸铁为例，将得到不同基体组织的铸铁。如果第一阶段和第二阶段石墨化过程都能够充分地进行，那么可得到铁素体基灰铸铁，如图 7.6（a）所示。如果第一阶段完全石墨化，而第二阶段石墨化完全没有进行，则得到珠光体基灰铸铁，如图 7.6（b）所示；如果第一阶段石墨化充分进行，第二阶段石墨化部分进行，则得到铁素体＋珠光体基灰铸铁，如图 7.6（c）所示。若第一阶段和第二阶段石墨化都不进行，那么将得到白口铸铁，如图 7.7 所示。

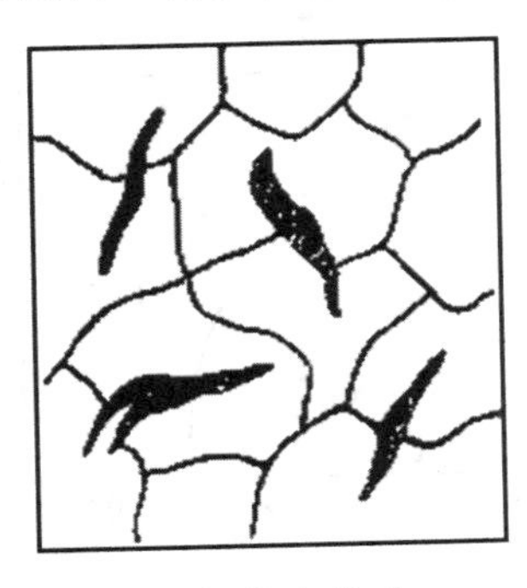

（a）铁素体基

（b）珠光体基

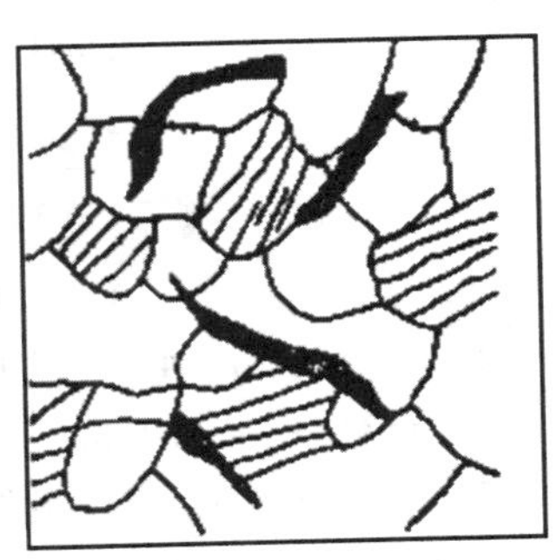

（c）铁素体＋珠光体基

图 7.6 不同基体的灰铸铁示意图

由上可见，影响铸铁组织或石墨化的主要因素有化学成分和冷却速度。图 7.8 表示不同碳、硅含量和不同壁厚铸铁件的组织。在其他条件一定的情况下，铸铁的冷却速度取决于铸件壁厚；铸件越厚，冷却速度越小。由图 7.8 可见，铸件壁较薄时，为防止出现白口或麻口，必须增加铸铁中碳、硅的含量。当铸件中碳、硅的含量一定时，铸件越厚，铸铁石墨化程度越充分，所得片状石墨越粗大，铁素体数量增加；要得到珠光体基灰铸铁，必须相应地降低铸铁中碳、硅含量。图 7.8 将碳和硅对组织的影响同等看待是不符合实际的。碳和硅是影响铸铁组织和性能的主要元素。为了综合考虑它们的影响，引入了碳当量 $w(C_{eq})$和共晶度 S_c 的概念。

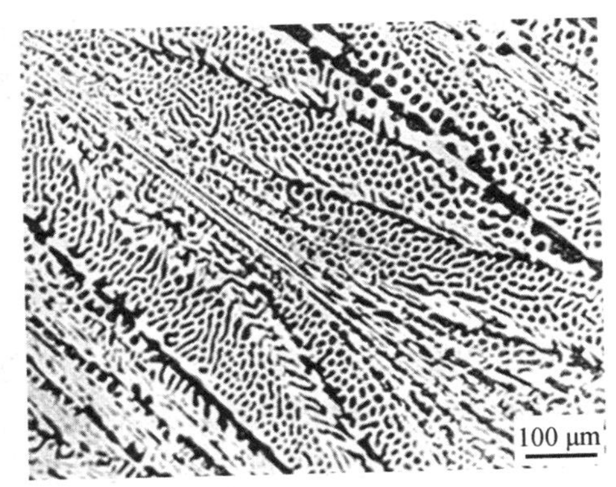

图 7.7 共晶白口铸铁组织

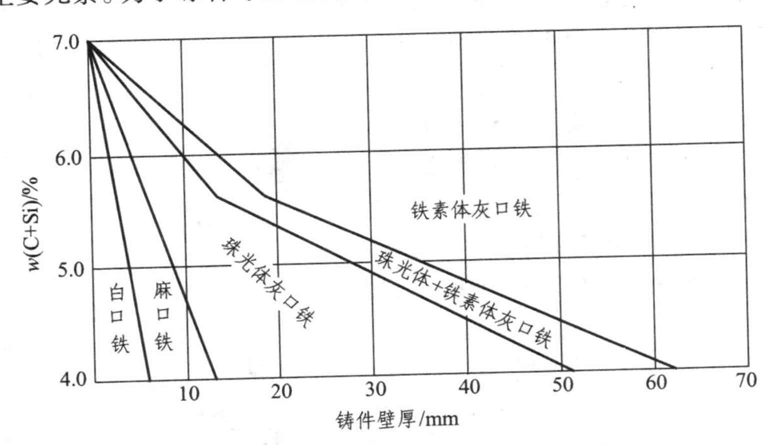

图 7.8 碳、硅总量及铸件壁厚对铸铁组织的影响

根据各元素对共晶点实际碳量的影响，将这些元素的量折算成碳量的增减，称之为碳当

量。为简化计算，一般只考虑硅、磷的影响，因而 $w(C_{eq}) = w(C) + [w(Si) + w(P)]/3$。将 $w(C_{eq})$ 和 C' 点碳量（4.26%）相比，即可判断某一成分的铸铁偏离共晶点的程度；铸铁偏离共晶点的程度也可用铸铁的实际含碳量和共晶点的实际含碳量的比值来表示，这个比值称为共晶度，即实际 $w(C)$与共晶 $w(C)$之比值，即

$$S_c = \frac{w(C)}{4.26 - [w(Si) + w(P)]/3}$$

当 $S_c = 1$[即 $w(C_{eq}) = 4.26\%$]时，为共晶铸铁；当 $S_c < 1$[即 $w(C_{eq}) < 4.26\%$）时，为亚共晶铸铁；当 $S_c > 1$[即 $w(C_{eq}) > 4.26\%$]时，为过共晶铸铁。随着铸铁 $w(C_{eq})$和 S_c 增加，石墨的数量增多且变得粗大，铁素体数量增加。图 7.9 为铸铁共晶度和壁厚与铸铁组织的关系。生产中一般将铸铁的 $w(C_{eq})$控制在 4% 左右，共晶度应接近于 1。

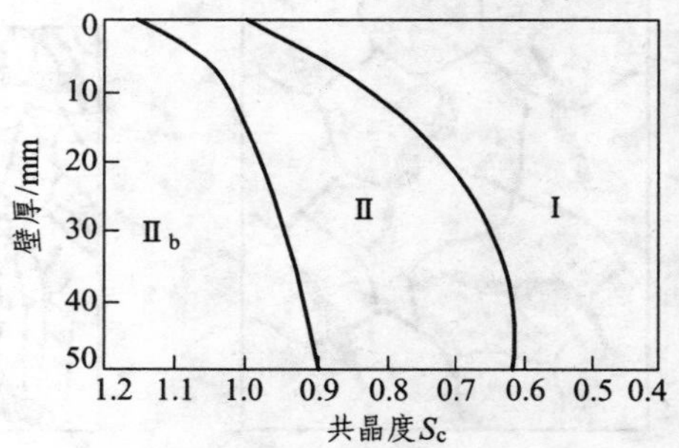

图 7.9 铸铁组织图

Ⅰ—白口、麻口铸铁；Ⅱ—珠光体灰铸铁；Ⅱb—珠光体-铁素体灰铸铁

铸铁中的合金元素，按其对石墨化的影响，可以分为石墨化元素和反石墨化元素，如图 7.10 所示。

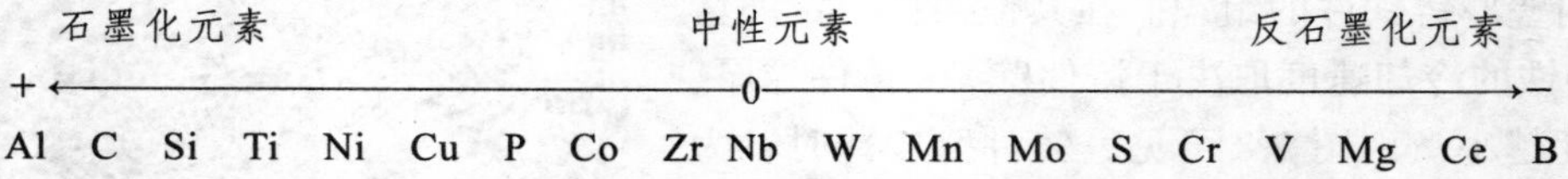

石墨化元素　　　　中性元素　　　　反石墨化元素

\+ ←——————————0——————————→ −

Al　C　Si　Ti　Ni　Cu　P　Co　Zr　Nb　W　Mn　Mo　S　Cr　V　Mg　Ce　B

图 7.10 铸铁中合金元素对石墨化的影响

铌是中性元素。它左侧的元素是促进石墨化的元素，它右侧的元素是阻碍石墨化或反石黑化的元素。与铌相距越远，其促进石墨化或阻碍石墨化的作用越强烈。

除了碳、硅是强烈促进石墨化的元素外，铝、磷、镍、铜等元素也是促进石墨化的元素，而硼、镁、钒、铬、硫、钼、锰、钨等元素属于阻碍石墨化的元素。铜和镍既促进共晶时的石墨化，又能阻碍共析时的石墨化。生产中为了避免产生白口和麻口，铸铁中必须加入足够的碳、硅、铝等促进石墨化的元素。为了提高铸铁的强度，又希望得到珠光体基体，加入铜和镍可起这种作用。铸铁中加入适量的锰，$w(Mn) = 0.5\% \sim 1.4\%$，可溶于基体及碳化物中，强化基体，促使珠光体形成并细化珠光体，且与硫结合生成 MnS，削弱硫的有害作用，但过多的锰又易使铸铁产生白口。除了硅、锰外，一般铸铁中还存在硫、磷等杂质元素。硫是铸铁中一个有害元素，它强烈阻碍石墨化，恶化铸铁力学性能及铸造性能。因此，应该严格控制铸铁中的硫含量，一般应小于 0.15%。磷是一个促进石墨化不太强烈的元素，它在奥氏体或铁素体中固溶度很低，并随着碳含量的增加而降低。铁液中 $w(P) \geqslant 0.05\%$ 时，凝固过程中会出现 Fe_3P，它同渗碳体和奥氏体形成磷共晶（在白色的 Fe_3P 和 Fe_3C 基本上分布着颗粒状的奥氏体转变产物），如图 7.11 中的白亮区域所示；有的文献中将其称为斯氏体。磷共晶硬而脆，

图 7.11 铸铁的光学金相显微组织（白亮区域为磷共晶）

若沿晶界分布，将使铸铁强度降低，脆性增大，所以磷含量一般限制在 0.2% 以下；但少量均匀分布的磷共晶能显著提高铸铁硬度和耐蚀性。因此，碳、硅、锰为调节组织元素，磷是控制使用元素，硫属于限制元素。

7.1.2 石墨与基体对铸铁性能的影响

铸铁力学性能的高低，是由其金相组织所决定的。铸铁的组织由基体组织和石墨组成，铸铁的性能取决于基体组织的性能和石墨的性能及其数量、大小、形态和分布。

石墨十分松软而脆弱，抗拉强度极低，在 20 MPa 以下，伸长率趋近于零。因此，石墨就像基体组织中的孔洞和裂缝，可以把铸铁看成是含有大量孔洞和裂缝的碳钢。石墨一方面破坏了基体金属的连续性，减少了铸铁的实际承载面积；另一方面石墨边缘好似尖锐的缺口或裂纹，在外力作用下会导致应力集中，形成裂纹源。灰铸铁的金属基体与碳钢的一般基体相比没有多大区别，但约 3%（质量比）的游离碳就可以在铸铁中形成占体积约 10% 的石墨，致使金属基体强度得不到充分的发挥。因此，灰铸铁的抗拉强度、塑性和韧性都很低。

石墨的数量、大小和分布对铸铁的性能有显著影响。就片状石墨而言，石墨数量越多，对基体的削弱作用和应力集中程度越大，灰铸铁的抗拉强度和塑性越低。但是灰铸铁的抗压强度比抗拉强度高得多，这是由于在压应力的作用下，石墨片不引起过大的局部应力。石墨数量一定时，石墨片过粗，虽然应力集中程度减弱，但在局部区域使承载面积急剧减少，性能也显著下降；石墨片过细，石墨片增多，应力集中程度增大，尤其当石墨片相互连接时，承载面积显著下降，所以石墨片尺寸应以中等为宜（长度为 0.03 ~ 0.25 mm）。当石墨的数量和尺寸一定时，石墨分布不均匀，产生方向性排列，则灰铸铁的强度和塑性也显著下降，尤其当石墨形成封闭的网络时，则铸铁的力学性能最低。

石墨形态也显著影响铸铁的性能。当基体为珠光体的铸铁，石墨由粗片状（灰铸铁）分别变成细片状（孕育铸铁）、团絮状（可锻铸铁）和球状（球墨铸铁）时，则抗拉强度由 100 ~ 200 MPa 分别提高到 200 ~ 400 MPa、450 ~ 700 MPa 和 600 ~ 800 MPa；伸长率从 0 ~ 0.3% 分别提高到 0.2% ~ 0.5%、2.5% ~ 5% 和 2.0% ~ 4.0%；无缺口试样冲击吸收能量则从 0 ~ 3 J 分别提高到 3 ~ 8 J、5 ~ 15 J 和 15 ~ 30 J。这是因为片状石墨对基体的削弱程度和应力集中程度最大，所以灰铸铁强度最低，塑性和韧性最差。可锻铸铁中石墨呈团絮状，对基体的割裂作用显著降低，因而强度增大，塑性明显提高。球墨铸铁中石墨呈球状，对基体的割裂作用最小，并不造成明显的应力集中，故对基体的破坏作用最小，强度利用率最高（达到 70% ~ 90%），因此强度最高，塑性和韧性也明显改善，断裂韧度也较高。当石墨呈团絮状或球状时，铸铁的强度可以和中碳钢的强度相当。因此，改善石墨形状是提高铸铁性能的一条最重要的途径。

基体组织对铸铁的力学性能也起着重要的作用。对于同一类铸铁来说，在其他条件相同的情况下，可以显示出基体组织对铸铁性能的影响。铸铁基体中铁素体相越多，铸铁塑性越好；基体中珠光体数量越多，则铸铁的抗拉强度和硬度越高（见图 7.12）。但是普通灰铸铁由于粗片状石墨对基体的强烈割裂作用，即使得到全部铁素体基体组织，塑性和冲击韧度仍然很低。因此，只有当石墨为团絮状、蠕虫状或球状时，改变基体组织才能显示出其对性能的影响。例如，铁素体基可锻铸铁具有一定的强度和较高的塑性、韧性。珠光体可锻铸铁具有较高的强度、硬度和耐磨性及一定的塑性和韧性。球墨铸铁的基体组织对铸铁的力学性能起着更显著的作用。铁素体基球墨铸铁塑性和韧性相当高，伸长率为 10%～20%，冲击吸收能量可达 50～150 J，珠光体基球墨铸铁强度很高，耐磨性较好，并具有一定的塑性和韧性。例如，铸态珠光体基球墨铸铁抗拉强度高达 588～735 MPa。

此外，通过热处理可使球墨铸铁基体得到下贝氏体、回火马氏体、回火索氏体等组织，从而使球墨铸铁具有更高的强度、塑性和断裂韧度。

因此，强化铸铁时，一方面要改变石墨的数量大小、形态和分布，尽量减少石墨的有害作用；另一方面又可通过合金化、热处理或表面处理方法调整基体组织，提高基体性能，以改善铸铁的强韧性。

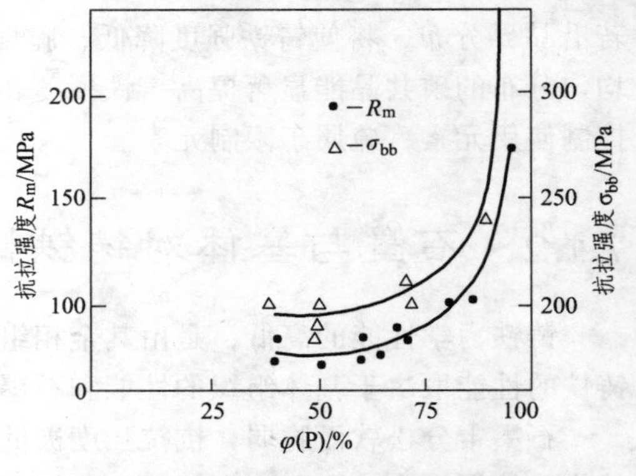

图 7.12 灰铸铁珠光体体积分数 φ(P)与强度之间的关系

石墨基体除了影响铸铁常规力学性能外，还能使铸铁具有某些特殊性能及优良的工艺性能。

石墨在铸铁中具有良好的减振作用。石墨对铸铁的振动起缓冲作用，将振动能转变为热能，削弱和阻止了振动能的传递。尤其是粗片状石墨对基体分割作用大，减振能力比较强，所以普通灰铸铁比球墨铸铁具有更好的消振性。因此，对于承受振动的零部件，如机床床身、气缸体等往往采用低强度灰铸铁制造。

石墨本身具有良好的润滑作用和减摩作用。在有润滑的条件下，石墨脱落后的空洞可以吸附和储存润滑油，使摩擦面保持良好的润滑条件，从而使铸铁比钢有更好的耐磨性。就灰铸铁而言，石墨呈均匀片状分布时，珠光体基灰铸铁耐磨性最高，铁素体基灰铸铁耐磨性较差。同样，珠光体基球墨铸铁的耐磨性比铁素体基球墨铸铁高。

一般钢制零件，表面若有刀痕、键槽、油孔等缺口存在，易造成应力集中，使疲劳强度降低，即缺口敏感性高。石墨的存在，尤其是片状石墨的存在，相当于存在很多小切口。因此，铸铁的疲劳强度对表面缺口或缺陷几乎不具有敏感性，但铸铁疲劳强度值比钢低。

由于石墨具有润滑作用和断屑作用，因此，铸铁具有良好的切削加工性，尤其是灰铸铁切削加工性最好。此外，铸铁比钢具有优良的铸造性能。因为铸铁的碳、硅含量较高（一般碳当量调整到共晶成分），其熔点比钢低，具有良好的流动性，并且，由于石墨比体积大，使凝固时铸件的收缩量减少，可减少铸件内应力，防止铸件形变和开裂，同时可以减小冒口，简化铸造工艺。因此，铸铁是工业上十分有价值的结构材料，可以广泛用于制造各种机器零件，尤其适宜铸造薄壁复杂的机器零件。

7.2 常用铸铁

7.2.1 灰铸铁

7.2.1.1 灰铸铁的牌号、成分、组织及性能

灰铸铁价格便宜，应用广泛，其产量约占铸铁总产量的 80% 以上。

按 GB/T 9439—2010《灰铸铁件》规定，根据直径 30 mm 单铸试棒的抗拉强度，将灰铸铁分为 8 个牌号，其中常用部分如表 7.1 所示。灰铸铁牌号由“灰铁”二字拼音首字母“HT”和其后的数字组成，数字表示最低抗拉强度。例如，HT200，表示最低抗拉强度为 200 MPa 的灰铸铁。其中，HT300 和 HT350 两种灰铸铁为孕育处理后的灰铸铁。

表 7.1 灰铸铁的牌号及力学性能（GB/T 9439—2010）

牌号	铸件壁厚 t/mm		最小抗拉强度 R_m（强制性值）(min)		铸件本体预期抗拉强度 R_m/MPa（min）
	>	≤	单铸试棒/MPa	附铸试棒或试块/MPa	
HT100	5	40	100	—	—
HT150	10	20	150	—	130
	20	40		120	110
	40	80		110	95
	80	150		100	80
HT200	10	20	200	—	180
	20	40		170	155
	40	80		150	130
	80	150		140	115
HT250	10	20	250	—	225
	20	40		210	195
	40	80		190	170
	80	150		170	155
HT300	10	20	300	—	270
	20	40		250	240
	40	80		220	210
	80	150		210	195
HT350	10	20	350	—	315
	20	40		290	280
	40	80		260	250
	80	150		230	225
	150	300		210	—

灰铸铁中的主要化学元素有碳、硅、锰、磷、硫等，其中碳、硅、锰是调节组织的元素，磷是控制使用的元素，硫是应该限制的元素。灰铸铁的化学成分范围一般为：$w(C) = 2.7\% \sim 3.6\%$，$w(Si) = 1.0\% \sim 2.5\%$，$w(Mn) = 0.5\% \sim 1.3\%$，$w(P) \leqslant 0.3\%$，$w(S) \leqslant 0.15\%$。

灰铸铁的组织是由铁液缓慢冷却时通过石墨化过程形成的，由片状石墨和基体组织组成。根据石墨化进行的程度，可以分别得到铁素体、铁素体-珠光体和珠光体 3 种不同基体组织的灰铸铁，它们的显微组织如图 7.13 所示。铁素体灰铸铁（HT100）用于制造盖、外罩、手轮、支架、重锤等低负荷、不重要的零件。铁素体-珠光体灰铸铁（HT150）用来制造支柱、底座、齿轮箱、工作台等承受中等负荷的零件。珠光体灰铸铁（HT200、HT250）可以制造气缸套、活塞、齿轮、床身、轴承座、联轴器等承受较大负荷和较重要的零件。孕育铸铁（HT300、HT350）可用来制造齿轮、凸轮、车床卡盘、高压液压筒和滑阀壳体等承受高负荷的零件。

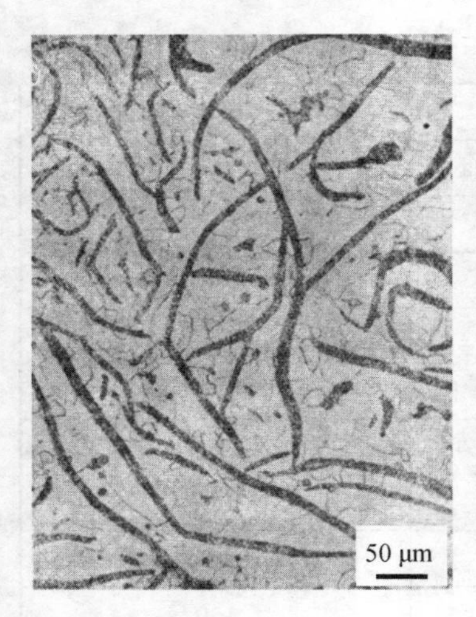

（a）铁素体基体

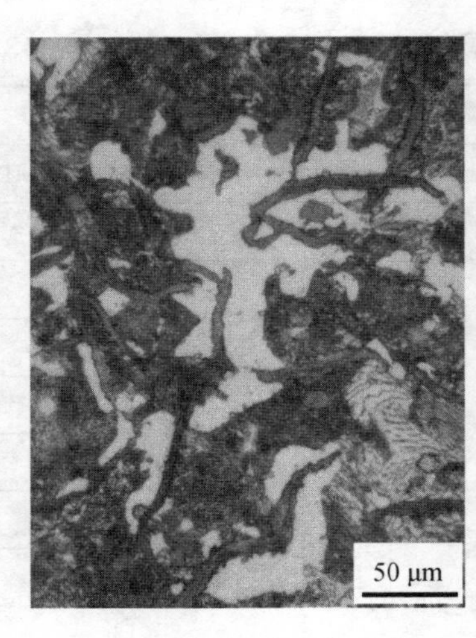

（b）铁素体-珠光体基体

（c）珠光体基体

图 7.13　灰铸铁的显微组织

生产高强度灰铸铁时，希望获得珠光体基体和细片状石墨。为此，可以适当减少碳、硅含量，降低铸铁石墨化程度。但是碳、硅含量的下降又增大壁厚较小铸件出现麻口的倾向。为消除麻口，可提高铸型温度，减小铸铁的冷却速度。此外，增大铁液的过冷度并加快冷却速度，促进均匀生核，从而得到细片状石墨。采用孕育处理方法可以促进石墨的非均匀形核并细化石墨，适当增加共晶团数量和促进细片状珠光体的形成，从而提高组织和性能的均匀性，提高了铸铁的力学性能。常用的孕育剂为 $w(\text{Si}) = 75\%$ 的硅铁、$w(\text{Si}) = 60\% \sim 65\%$ 和 $w(\text{Ca}) = 25\% \sim 35\%$ 的硅钙合金。经孕育处理后得到具有细小石墨片的珠光体基铸铁，亦即孕育铸铁。孕育铸铁的力学性能与灰铸铁相比，具有较高的强度、硬度、耐磨性、伸长率和冲击韧性。孕育铸铁 HT300 和 HT350 属于高强度耐磨铸铁。

对于一般铸铁的组织来说，铁液共晶凝固时的石墨化以及奥氏体共析转变为珠光体的环节是两个关键性问题，对这两个阶段有着重要影响的主要因素为：① 炉料特征和铁液的纯净程度；② 铁液的化学成分；③ 铁液中气体含量；④ 铸件的冷却速度；⑤ 与成核能力有关的因素。为提高灰铸铁的性能，常采取下列措施：合理选定化学成分；孕育处理；微量或低合金化。根据要求，这些措施可同时采用。

灰铸铁具有良好的铸造性能也是它获得广泛应用的主要原因之一。

7.2.1.2　灰铸铁的热处理

灰铸铁热处理只能改变基体组织，不能改变石墨的形态和分布，所以灰铸铁热处理不能显著改善其力学性能，主要用来消除铸件内应力、稳定尺寸、改善切削加工性和提高铸件表面耐磨性。

1. 消除内应力退火

在铸造过程中，产生很大的内应力不仅降低铸件强度，而且使铸件产生翘曲、形变，甚至开裂。因此，铸铁件铸造后必须进行消除应力退火，又称人工时效。即将铸件缓慢加热到 500 ~ 550 °C 适当保温（每 10 mm 截面保温 2 h）后，随炉缓冷至 150 ~ 200 °C 出炉空冷。去应力退火加热温度一般不超过 560 °C，以免共析渗碳体分解、球化，降低铸件强度、硬度和耐磨性。

2. 消除白口组织的退火或正火

铸件冷却时，表层及截面较薄部位由于冷却速度快，易出现白口组织使硬度升高，难以切削加工。通常将铸件加热至 850 ~ 950 °C 保温 1 ~ 4 h，然后随炉缓冷，使部分渗碳体分解，得到铁素体基或铁素体-珠光体基灰铸铁，从而消除白口，降低硬度，改善切削加工性。正火是将铸件加热至 850 ~ 950 °C 保温 1 ~ 3 h 后出炉空冷，使共析渗碳体不发生分解，得到珠光体基灰铸铁，既消除了白口，改善了加工性，又提高了铸件的强度、硬度和耐磨性。

3. 表面淬火

铸铁件和钢一样，可以采用表面淬火工艺使铸件表面获得回火马氏体加片状石墨的硬化层，从而提高灰铸铁件（如机床导轨）的表面强度、耐磨性和疲劳强度，延长其使用寿命。为了获得较好的表面淬火效果，对高、中频淬火，一般希望采用珠光体灰铸铁，最好是细片状石墨的孕育铸铁。

7.2.2 球墨铸铁

球墨铸铁是石墨呈球状的灰铸铁，简称球铁。球墨铸铁是将经球化和孕育处理的铁液石墨化后得到的，具有比普通灰铸铁高得多的强度、塑性和韧性。同时保留了普通灰铸铁耐磨、消振、易切削、铸造性能好以及对缺口不敏感等一系列优点。球墨铸铁也比可锻铸铁具有更高的力学性能。因此，球墨铸铁是重要的铸造金属材料，在工业上获得了广泛的应用，产量仅次于普通灰铸铁。

7.2.2.1 球墨铸铁的化学成分及其处理方法

球墨铸铁的化学成分和灰铸铁相比，主要是碳、硅含量较高，锰含量较低，硫、磷含量限制很严，同时含有一定量的残余镁和稀土元素。表 7.2 列出了球墨铸铁与普通灰铸铁化学成分的对比。球墨铸铁碳当量较高（4.5% ~ 4.7%），属于过共晶铸铁。碳当量过低，石墨球化不良；碳当量过高，容易出现石墨漂浮现象。球墨铸铁含较高的碳量，铁液石墨化能力强，石墨结晶核心多，可以细化石墨，提高石墨球圆整度、改善铁液的流动性。适当提高硅含量可降低球墨铸铁因镁及稀土处理引起的白口化倾向，促进石墨析出，并有利于获得铁素体基球墨铸铁，提高塑性和韧性；适当降低硅含量有利于得到高强度的珠光体基球墨铸铁。通常，球墨铸铁中 $w(\mathrm{Mn}) < 1\%$，要求高塑性的球墨铸铁以 $w(\mathrm{Mn}) < 0.6\%$ 为宜；若要得到珠光体基球墨铸铁，则 $w(\mathrm{Mn}) = 0.6\% \sim 0.9\%$。球墨铸铁硫、磷含量应严格控制，即 $w(\mathrm{S}) < 0.03\%$、$w(\mathrm{P}) < 0.1\%$。硫量过多，易造成球化元素的烧损；磷量过多，则降低了球墨铸铁的塑性和韧性。

表 7.2　球墨铸铁与普通灰铸铁化学成分（%）的对比

化学成分	C	Si	Mn	P	S
球墨铸铁	3.5 ~ 3.9	2.0 ~ 2.1	≤0.3 ~ 0.8	< 0.08	< 0.03
球化处理前的铁液	3.7 ~ 4.0	1.0 ~ 2.0	≤0.3 ~ 0.8	< 0.08	< 0.06
灰铸铁	2.9 ~ 3.5	1.4 ~ 2.1	0.6 ~ 1.0	0.1 ~ 0.15	0.1 ~ 0.12

将球化剂加入铁液的操作过程叫作球化处理。加入铁液中能使石墨在结晶生长时长成球状的元素称为球化元素，球化能力强的元素，如镁、铈、钙等都是很强的脱氧及去硫元素，并且在铁液中不溶解，与铁液中的碳能够结合。能使石墨球化的元素有多种；但在生产条件下，实用的是镁、铈（或铈与镧等的混合稀土元素）和钇 3 种。工业上常用的球化剂即是以这 3 种元素为基本成分而制成的。我国常用的球化剂有镁、稀土或稀土-硅铁-镁合金 3 种。纯镁的球化作用很强，球化率高，容易获得完整的球状石墨。但是纯镁又是强烈的阻碍石墨化元素，有增大铸铁白口化倾向。由于纯镁的沸点（1 120 °C）远低于铁液温度，因此，纯镁加入铁液中因沸腾而飞溅、烧损严重。需采用压力加镁办法，处理工艺较为复杂，而且铸件的收缩、疏松、夹渣、皮下气泡等缺陷较为严重。我国目前广泛应用的球化剂是稀土-硅铁-镁合金。主要成分为：$w(\mathrm{RE}) = 17\% \sim 25\%$，$w(\mathrm{Mg}) = 3\% \sim 12\%$，$w(\mathrm{Si}) = 34\% \sim 42\%$，$w(\mathrm{Fe}) = 21\% \sim 22\%$。采用这种球化剂时，由于镁含量低，球化反应平稳；通常采用冲入法，即将球化剂放入浇包中，然后冲入铁液使球化剂逐渐熔化。

因为镁及稀土元素都强烈阻碍石墨化，铁液经球化处理后容易出现白口，难以产生石墨核心。因此，球化处理的同时，必须进行孕育处理。孕育剂必须含有强烈促进石墨化的元素，通常采用硅铁和硅钙合金。要得到珠光体基球墨铸铁时，孕育剂的含量为 0.5% ~ 1.0%。要得到铁素体基球墨铸铁时，其含量为 0.8% ~ 1.6%。经孕育处理后的球墨铸铁，石墨球数量增加，球径减小，形状圆整，分布均匀，从而显著改善了球墨铸铁的力学性能。

7.2.2.2　球墨铸铁的牌号、组织和性能

根据国家标准 GB/T 1348—2009《球墨铸铁件》，我国球墨铸铁的牌号用“球铁”汉语拼音首字母“QT”和其后两组数字表示。第一组数字表示最低抗拉强度（MPa），第二组数字表示最低伸长率（%）。表 7.3 列出了球墨铸铁的具体牌号及性能。

表 7.3　球墨铸铁牌号及性能（GB/T 1348—2009）

材料牌号	抗拉强度 R_m /MPa（min）	屈服强度 $R_{p0.2}$ /MPa（min）	伸长率 A /%（min）	布氏硬度 HBW	主要基体组织
QT350-22	350	220	22	≤160	铁素体
QT400-15	400	250	15	120 ~ 180	铁素体
QT450-10	450	310	10	160 ~ 210	铁素体
QT500-7	500	320	7	170 ~ 230	铁素体 + 珠光体
QT550-5	550	350	5	180 ~ 250	铁素体 + 珠光体
QT600-3	600	370	3	190 ~ 270	珠光体 + 铁素体
QT700-2	700	420	2	225 ~ 305	珠光体
QT800-2	800	480	2	245 ~ 335	珠光体或索氏体
QT900-2	900	600	2	280 ~ 360	回火马氏体或屈氏体 + 索氏体

球墨铸铁组织由基体组织和球状石墨组成。由表 7.3 可见，球墨铸铁的基体组织常用的有珠光体、珠光体-铁素体和铁素体 3 种。图 7.14 为这 3 种基体组织球墨铸铁的显微组织。经合金化和热处理，也可以获得下贝氏体、马氏体、屈氏体、索氏体和奥氏体-贝氏体等基体组织。珠光体基球墨铸铁的抗拉强度比铁素体基球墨铸铁高 50% 以上，而铁素体基球墨铸铁的伸长率是珠光体基球墨铸铁的 3 ~ 5 倍。经热处理后马氏体基球墨铸铁具有高硬度、高强度，下贝氏体基球墨铸铁具有优良的综合力学性能。球状石墨的大小也显著影响球墨铸铁的力学性能。一般来说，石墨球径越小，强度越高，塑性、韧性越好。例如，石墨球径为 0.05 ~ 0.11 mm 的珠光体基球墨铸铁，$R_{\mathrm{m}} = 676$ MPa，$A = 1.1\%$，而球径为 0.04 ~ 0.06 mm 的珠光体基球墨铸铁，$R_{\mathrm{m}} = 784$ MPa，$A = 2.6\%$。同其他铸铁相比，球墨铸铁不仅抗拉强度高，而且屈服强度也很高，屈强比达到 0.7 ~ 0.8，比同等强度钢高得多。因此，对承受静载荷的零件，可以用球墨铸铁代钢，以减轻机器质量。球墨铸铁的塑性和韧性虽低于钢，但高于其他各类铸铁。此外，球墨铸铁的疲劳强度亦可和钢相媲美。总之，球墨铸铁具有优异的力学性能，可用于制造负荷较大、受力复杂的机器零件。如铁素体基球墨铸铁多用于制造受力较大、承受振动和冲击的零件，珠光体基球墨铸铁常用于承受重载荷及摩擦磨损的零件。

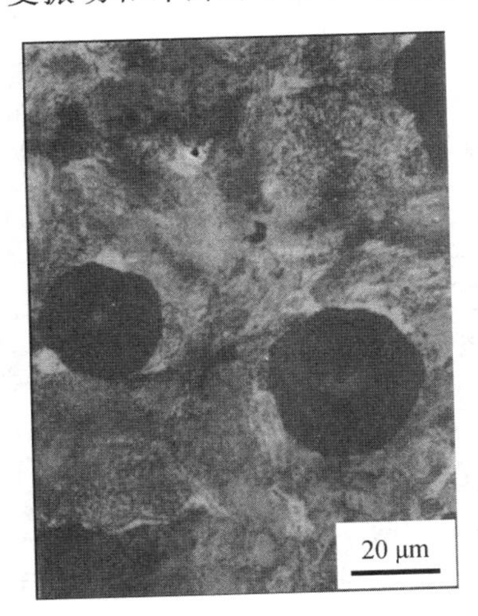

（a）珠光体基体

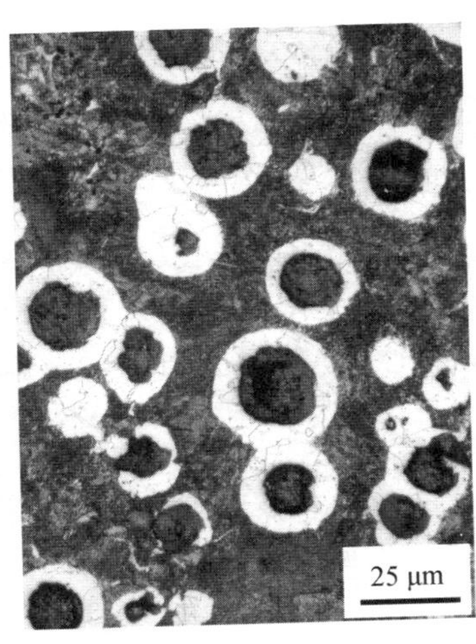

（b）铁素体-珠光体基体

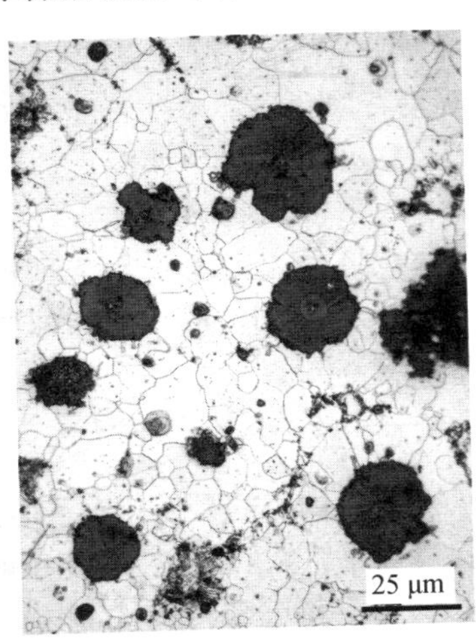

（c）铁素体基体

图 7.14 球墨铸铁的显微组织

7.2.2.3 球墨铸铁的热处理

球墨铸铁的力学性能主要取决于基体组织，通过热处理改变基体组织可以显著改善球墨铸铁的力学性能。球墨铸铁的相变规律同钢相似，但球墨铸铁中有石墨存在并含有较多的碳、硅、锰等元素，因此，球墨铸铁的热处理又具有一定的特殊性。

球墨铸铁共晶和共析转变温度较高，而且是在一个温度范围内进行。因此，加热奥氏体化温度一般高于碳钢。在共析温度范围内存在一个由铁素体、奥氏体和石墨组成的三相平衡区，在此温度范围不同的温度下，铁素体和奥氏体有不同的相对量，所以控制不同的加热温度和保温时间可以获得不同比例铁素体和珠光体基体，从而可大幅度调整球墨铸铁的力学性能。

在热处理过程中，石墨作为球墨铸铁中的一个相，也参与相变过程。石墨的存在相当于一个“储碳库”，形成铁素体基球墨铸铁时，碳全部或绝大部分集中于石墨这个碳库中。球墨铸铁热处理加热时，球状石墨表面的碳又部分溶入奥氏体，提供必要的碳量。控制加热温度可以控制奥氏体中碳含量，从而得到低碳马氏体或者高碳马氏体。奥氏体化后的球墨铸铁在 Ar_1 以下缓慢冷却时析出石墨，或沉积在原来石墨表面上，形成退火石墨；冷却速度较快时将沿奥氏体晶界析出网状渗碳体。因此，控制奥氏体化温度、保温时间和冷却条件可以改变奥氏体及其转变产物的碳含量，从而可在较大范围内改变球墨铸铁的力学性能。

由于硅能减小碳在奥氏体中的溶解能力，因此为使奥氏体中溶解必要的碳量，高温下保温时间应延长。石墨的导热性比金属基体差，故石墨向奥氏体中溶解较渗碳体困难，因此，球墨铸铁热处理时加热温度要高，保温时间要长，加热和冷却速度要缓慢。

球墨铸铁的主要热处理工艺有退火、正火、调质和等温淬火。

1. 退 火

球墨铸铁退火工艺包括消除内应力退火、高温退火和低温退火 3 种。球墨铸铁消除内应力退火工艺与灰铸铁相同，此处不再作介绍。

（1）高温退火。球墨铸铁形成白口组织的倾向较大，铸态组织中常出现莱氏体和自由渗碳体，使铸件硬度升高，脆性增大，切削性能恶化。为了消除白口，获得高韧性的铁素体球铁，需进行高温石墨化退火，其工艺是将铸件加热至 900～950 °C，保温 2～4 h，进行第一阶段石墨化。然后炉冷至 720～780 °C（$Ac_1 \sim Ar_1$），保温 2～8 h，进行第二阶段石墨化。如果在 900～950 °C 保温后炉冷至 600 °C 空冷，则由于第二阶段石墨化没有进行，将得到铁素体-珠光体球墨铸铁。

（2）低温退火。当铸态球墨铸铁组织只有铁素体、珠光体及球状石墨而无自由渗碳体时，为了获得高韧性的铁素体球墨铸铁，可采用低温退火。其工艺是将铸件加热到 720～760 °C，保温 3～6 h，然后随炉缓冷至 600 °C 出炉空冷，使珠光体中渗碳体发生石墨化分解。

2. 正 火

正火的目的是使铸态下的铁素体-珠光体球墨铸铁转变为珠光体球墨铸铁，并细化组织。以提高球墨铸铁的强度、硬度和耐磨性。根据正火加热温度不同，可分为高温正火和低温正火两种。

高温正火即将铸铁加热到 800～950 °C，保温 1～3 h，使基体全部转变为奥氏体，然后出炉空冷、风冷或喷雾冷却，从而获得全部珠光体基体球墨铸铁。球墨铸铁导热性差，正火冷却时容易产生内应力，故球墨铸铁正火后需进行消除内应力的退火。

低温正火即将铸件加热到 820～860 °C（共析温度区间），保温 1～4 h，使球墨铸铁组织处于奥氏体、铁素体和球状石墨三相平衡区，然后出炉空冷，得到珠光体 + 少量铁素体 + 球状石墨组织，可使球墨铸铁获得较高的塑性、韧性和一定的强度，具有较高的综合力学性能。在共析温度范围内，不同温度对应着不同铁素体和奥氏体的平衡数量，温度越高，奥氏体越均匀，则珠光体数量越多。因此，通过控制正火温度，可以在很宽范围内控制球墨铸铁的力学性能。

3. 调质处理

调质处理即将球墨铸铁加热到奥氏体区（850～900 °C），保温 2～4 h 后油冷淬火，再经 550～600 °C 回火 4～6 h，得到回火索氏体 + 球状石墨组织。其目的是为了得到高的强度和韧性的球墨铸铁，其综合力学性能比正火还好，尤其适于受力复杂、截面较大、综合性能要求高的连杆、曲轴等重要机器零件。球墨铸铁淬透性比钢好，一般中、小铸件，甚至形状简单的较大铸件均可采用油淬，以防淬火开裂。控制球墨铸铁淬火温度和保温时间可以获得不同碳量的奥氏体，淬火后得到不同成分的马氏体，从而可以控制淬火后球墨铸铁的基体组织和性能。在保证完全奥氏体化条件下应尽量采用较低的淬火温度，以获得低碳马氏体基体组织，经回火后可以获得较好的综合力学性能。过高淬火温度将使马氏体针变粗，并出现较多的残留奥氏体，在冷却稍慢时甚至可出现网状二次渗碳体，从而使球墨铸铁性能变坏。

4. 等温淬火

球墨铸铁等温淬火是将铸件加热到 850 ~ 920 °C（奥氏体区）保温以后，立即放入温度为 250 ~ 350 °C 的硝盐中等温 30 ~ 90 min，使过冷奥氏体转变为下贝氏体。其目的是提高球墨铸铁的综合力学性能，在获得高强度或超高强度的同时，具有较好的塑性和韧性。等温淬火后应进行低温回火；使残留奥氏体转变为下贝氏体，或使等温后空冷过程中形成的少量马氏体转变为回火马氏体；以进一步提高球墨铸铁的强韧性。等温淬火适用于截面不大但受力复杂的齿轮、曲轴、凸轮轴等重要机器零件。

7.2.3 蠕墨铸铁

自球墨铸铁问世以来，作为球墨铸铁球化不充分的缺陷形式，蠕虫状石墨也同时被人们发现。蠕墨铸铁作为迅速发展的一种新型铸铁材料，它兼备灰铸铁和球墨铸铁的某些优点，可以用来代替高强度灰铸铁、合金铸铁、黑心可锻铸铁及铁素体球墨铸铁，因此日益引起人们的重视。

7.2.3.1 蠕墨铸铁的获得

蠕墨铸铁的化学成分要求与球墨铸铁相似，即要求高碳、低硫、低磷，一定的硅、锰含量。一般成分范围如下：$w(C) = 3.5\% \sim 3.9\%$，$w(Si) = 2.1\% \sim 2.8\%$，$w(Mn) = 0.4\% \sim 0.8\%$，$w(S)$和 $w(P) < 0.1\%$，$w(C_{eq}) = 4.3\% \sim 4.6\%$。

蠕墨铸铁的生产是在上述成分铁液中，加入一定量蠕化剂进行炉前处理得到的。我国采用的蠕化剂主要有稀土硅铁镁合金、稀土硅铁合金、稀土硅铁钙合金等。稀土合金的加入量与原铁液硫含量有关，原铁液硫含量越高，则稀土合金加入量越多。如 $w(S) = 0.03\%$ 时，采用 $w(Mg) = 5\%$、$w(Ti) = 7\%$、$w(Ce) = 0.3\%$ 的 Mg-Fe-Si-Ti-RE 中间合金（加入量为 1.1% ~ 1.3%）进行蠕化处理，可以稳定地得到蠕虫状石墨铸铁。蠕化处理方法和球墨铸铁球化处理完全相似，即将蠕化剂放入浇包内一侧，从另一侧冲入铁液，利用高温铁液将蠕化剂熔化。蠕墨铸铁经蠕化处理后也要进行孕育处理，以获得良好的蠕化效果。

7.2.3.2 蠕墨铸铁的组织和性能特点

蠕墨铸铁中的石墨是一种介于片状石墨和球状石墨之间的一种中间类型石墨。蠕虫状石墨在光学显微镜下的形状似乎也呈片状，但是石墨片短而厚，头部较钝、较圆，形似蠕虫状，故称之为蠕墨铸铁。图 7.15、图 7.16 分别为铁素体蠕墨铸铁和铁素体-珠光体蠕墨铸铁的显微组织。蠕墨铸铁基体组织在铸态时铁素体体积分数高，约为 50% 或更高。通过加入铜、镍等稳定珠光体元素，可使铸态珠光体体积分数增加至 70% 左右。若再进行正火处理，可将珠光体体积分数提高至 90% ~ 95%。

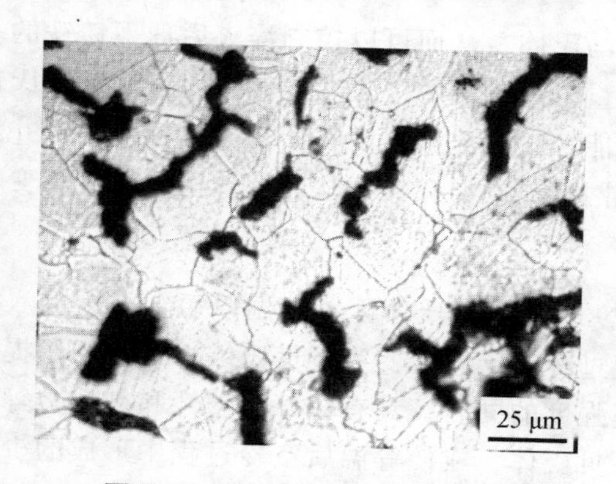

图 7.15　铁素体蠕墨铸铁组织

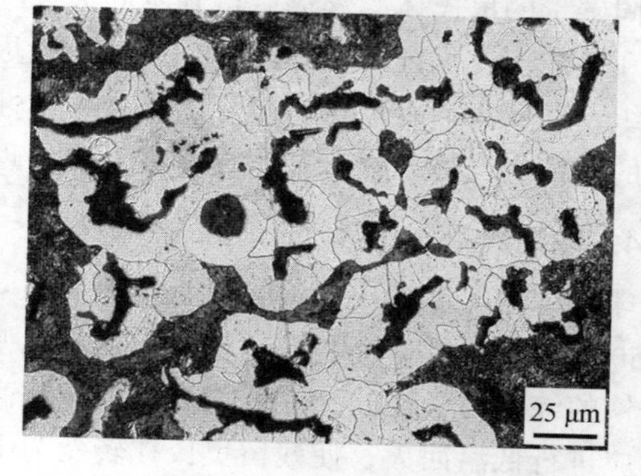

图 7.16　铁素体-珠光体蠕墨铸铁组织

蠕墨铸铁的力学性能介于基体组织相同的灰铸铁和球墨铸铁之间。当成分一定时，蠕墨铸铁的强度和韧性比灰铸铁高。由于蠕虫状石墨是互相连接的，其塑性和韧性比球墨铸铁低，但强度接近于球墨铸铁。蠕墨铸铁还具有优良的抗热疲劳性能。此外，蠕墨铸铁的铸造性能和减振能力都优于球墨铸铁。因此，蠕墨铸铁广泛用来制造电动机外壳、柴油机缸盖、机座、机床床身、钢锭模、飞轮、排气管、阀体等机器零件。蠕墨铸铁的牌号、组织及力学性能如表 7.4 所示。

表 7.4　蠕墨铸铁牌号、组织及性能（GB/T 26655—2011《蠕墨铸铁件》）

牌　号	主要壁厚 t /mm	抗拉强度 R_m /MPa（min）	0.2% 屈服强度 $R_{p0.2}$ /MPa（min）	伸长率 A /%（min）	典型布氏硬度范围 HBW	主要基体组织
RuT300A	$t \leqslant 12.5$	300	210	2.0	140～210	铁素体
	$12.5 < t \leqslant 30$	300	210	2.0	140～210	
	$30 < t \leqslant 60$	275	195	2.0	140～210	
	$60 < t \leqslant 120$	250	175	2.0	140～210	
RuT350A	$t \leqslant 12.5$	350	245	1.5	160～220	铁素体 + 珠光体
	$12.5 < t \leqslant 30$	350	245	1.5	160～220	
	$30 < t \leqslant 60$	325	230	1.5	160～220	
	$60 < t \leqslant 120$	300	210	1.5	160～220	
RuT400A	$t \leqslant 12.5$	400	280	1.0	180～240	铁素体 + 珠光体
	$12.5 < t \leqslant 30$	400	280	1.0	180～240	
	$30 < t \leqslant 60$	375	260	1.0	180～240	
	$60 < t \leqslant 120$	325	230	1.0	180～240	
RuT450A	$t \leqslant 12.5$	450	315	1.0	200～250	珠光体
	$12.5 < t \leqslant 30$	450	315	1.0	200～250	
	$30 < t \leqslant 60$	400	280	1.0	200～250	
	$60 < t \leqslant 120$	375	260	1.0	200～250	
RuT500A	$t \leqslant 12.5$	500	350	0.5	220～260	珠光体
	$12.5 < t \leqslant 30$	500	350	0.5	220～260	
	$30 < t \leqslant 60$	450	315	0.5	220～260	
	$60 < t \leqslant 120$	400	280	0.5	220～260	

7.2.4 可锻铸铁

可锻铸铁是由一定成分的白口铸铁经石墨化退火得到的一种高强度铸铁。由于石墨呈团絮状分布，对基体破坏作用较小，所以可锻铸铁比灰铸铁具有较高的强度、塑性和冲击韧度，但并不能锻造。

7.2.4.1 可锻铸铁的牌号、性能及组织

可锻铸铁根据化学成分、热处理工艺、性能及组织的不同分为黑心可锻铸铁和珠光体可锻铸铁以及白心可锻铸铁 3 类。可锻铸铁牌号中“KT”为“可铁”汉语拼音首字母，其后面的“H”表示黑心可锻铸铁；“Z”表示珠光体可锻铸铁；“B”表示白心可锻铸铁。符号后面的两组数字分别表示最低抗拉强度和最低伸长率值。例如，KTH350-10 表示最低抗拉强度 R_m = 350 MPa，最低伸长率 A = 10% 的黑心可锻铸铁。表 7.5 列出了黑心可锻铸铁和珠光体可锻铸铁的牌号及力学性能，表 7.6 列出了白心可锻铸铁的牌号及力学性能。

表 7.5 黑心可锻铸铁和珠光体可锻铸铁牌号及力学性能（GB/T 9440—2010《可锻铸铁件》）

牌 号	试样直径 d /mm	抗拉强度 R_m /MPa（min）	0.2% 屈服强度 $R_{p0.2}$ /MPa（min）	伸长率 A /%（min，$L_0 = 3d$）	布氏硬度 HBW
KTH275-05	12 或 15	275	—	5	≤150
KTH300-06	12 或 15	300	—	6	
KTH350-10	12 或 15	350	200	10	
KTZ450-06	12 或 15	450	270	6	150 ~ 200
KTZ500-05	12 或 15	500	300	5	165 ~ 215
KTZ550-04	12 或 15	550	340	4	180 ~ 230
KTZ600-03	12 或 15	600	390	3	195 ~ 245
KTZ650-02	12 或 15	650	430	2	210 ~ 260
KTZ700-02	12 或 15	700	530	2	240 ~ 290
KTZ800-01	12 或 15	800	600	1	270 ~ 320

表 7.6 白心可锻铸铁牌号及力学性能（GB/T 9440—2010《可锻铸铁件》）

牌 号	试样直径 d /mm	抗拉强度 R_m /MPa（min）	0.2% 屈服强度 $R_{p0.2}$/MPa（min）	伸长率 A /%（min，$L_0 = 3d$）	布氏硬度 HBW（max）
KTB350-04	6	270	—	10	230
	12	350	—	4	
	15	360	—	3	
KTB400-05	6	300	—	12	220
	12	400	220	5	
	15	420	230	4	
KTB450-07	6	330	—	12	220
	12	450	260	7	
	15	480	280	4	
KTB550-04	9	490	310	5	250
	12	550	340	4	
	15	570	350	3	

黑心可锻铸铁和珠光体可锻铸铁是由白口铸铁经长时间石墨化退火得到的。如白口铸铁在退火过程中的第一阶段和第二阶段石墨化能充分进行，将得到铁素体基加团絮状石墨的组织（见图 7.17），称铁素体可锻铸铁，其断口心部由于铁素体基体上分布大量石墨而呈墨绒色，表层因退火时脱碳而呈灰白色，故有“黑心可锻铸铁”之称。如白口铸铁在退火过程中完成第一阶段石墨化和析出二次石墨后，以较快速度冷却通过共析转变温度，使共析渗碳体不发生分解，则可得到珠光体 + 团絮状石墨组织（见图 7.18），即为珠光体可锻铸铁。

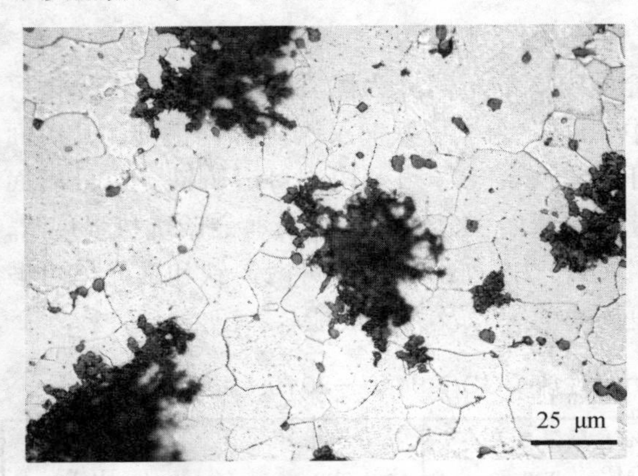

图 7.17　铁素体可锻铸铁组织

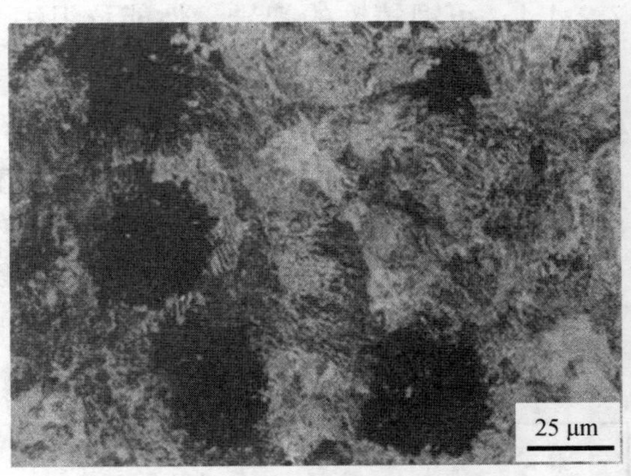

图 7.18　珠光体可锻铸铁组织

如果白口铸铁件在氧化性介质中退火，深度为 1.5 ~ 2.0 mm 的表层完全脱碳，得到铁素体组织，心部为珠光体基加团絮状石墨，其断口中心呈白色，表层呈暗灰色，故有“白心可锻铸铁”之称。我国生产的可锻铸铁多数为黑心可锻铸铁和珠光体可锻铸铁。白心可锻铸铁生产工艺较为复杂，退火周期长，性能和黑心可锻铸铁差不多，故应用较少。

黑心可锻铸铁强度不算高，但具有良好的塑性和韧性。珠光体可锻铸铁塑性和韧性不及黑心可锻铸铁，但强度、硬度和耐磨性高。因此，可根据性能要求选择适当的基体，若要求高强度和高耐磨性，应选择珠光体可锻铸铁，如汽油机或柴油机曲轴、连杆、齿轮、凸轮及活塞等零件。若要求高塑性和韧性时，应选用黑心可锻铸铁，如汽车和拖拉机后桥外壳、转向机构、低压阀、管接头等受冲击和振动的零件。

7.2.4.2　可锻铸铁的化学成分及石墨化退火

可锻铸铁的生产首先必须得到白口铸件，然后进行石墨化退火，使渗碳体较快地分解，得到团絮状石墨，而不至于出现片状石墨。为了保证获得完全的白口组织，必须控制铸铁的化学成分，适当降低碳、硅等促进石墨化元素的含量和增加锰、铬等阻碍石墨化元素的含量。但是碳、硅的含量亦不能太低；否则会影响石墨化过程，延长退火周期。为此，碳、硅含量应分别控制在 $w(\text{C}) = 2.4\% \sim 2.8\%$ 和 $w(\text{Si}) = 0.8\% \sim 1.4\%$，加入锰可去除硫的有害作用，一般控制 $w(\text{Mn}) = 0.3\% \sim 0.6\%$，珠光体可锻铸铁 $w(\text{Mn})$提高到 $1.0\% \sim 1.2\%$。此外，$w(\text{Cr}) \leqslant 0.06\%$，$w(\text{S}) \leqslant 0.18\%$，$w(\text{P}) \leqslant 0.20\%$。

可锻铸铁显微组织取决于石墨化退火工艺。图 7.19 为铁素体可锻铸铁石墨化退火工艺曲线。如将白口铸铁在中性介质（高炉炉渣、细砂）中加热到 950 ~ 1 000 °C 长时间保温，珠光体转变为奥氏体，渗碳体在此温度下完全分解，形成团絮状石墨，此乃石墨化第一阶段。然后从高温随炉缓冷到 720 ~ 750 °C，以便从奥氏体中析出二次石墨。在 720 ~ 750 °C 应以极缓慢速度（3 ~ 5 °C · h^{-1}）通过共析转变温度区，避免二次渗碳体析出，保证奥氏体直接转变为铁素体加石墨，完成第二阶段石墨化，则可得到铁素体基体的可锻铸铁。为了便于控制第二阶段石墨化，亦可从高温加热后直接缓冷至略低于共析转变温度范围（720 ~ 750 °C）长时间（15 ~ 20 h）等温保持，使共析渗碳体分解为铁素体加石墨。

若将白口铸铁在 950 ~ 1 000 °C 加热保温完成第一阶段石墨化后，随炉缓冷至 800 ~ 860 °C，使奥氏体析出二次石墨，然后出炉空冷通过共析转变区，使共析渗碳体不发生石墨化分解，从而得到珠光体基体的可锻铸铁，如图 7.20 所示。将铁素体可锻铸铁重新加热至共析温度以上进行一次正火处理也可得到珠光体可锻铸铁。

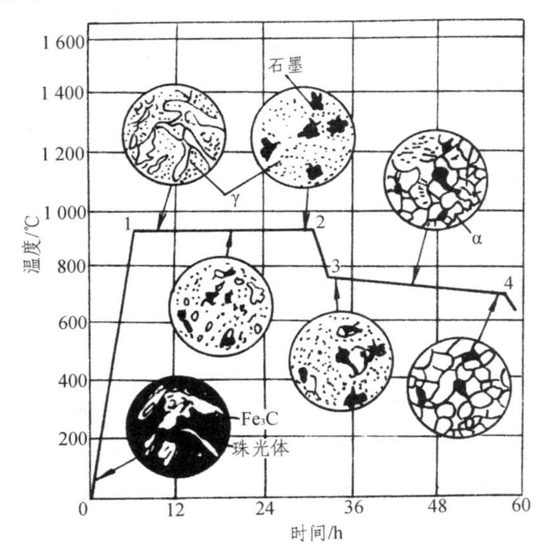

图 7.19 铁素体可锻铸铁石墨化退火工艺曲线

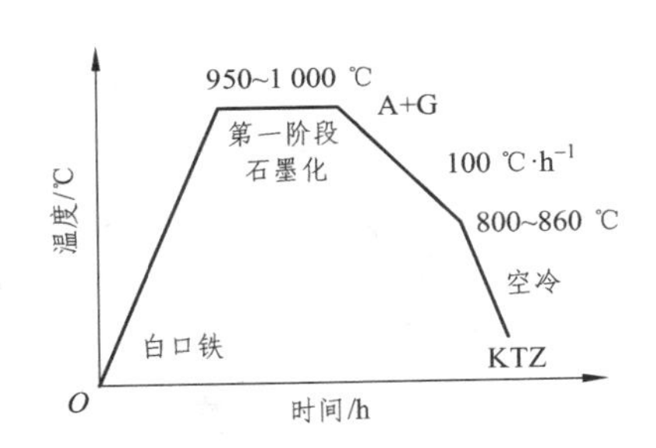

图 7.20 珠光体可锻铸铁石墨化退火工艺曲线

可锻铸铁石墨化退火周期很长，一般需 70 ~ 80 h 甚至上百小时。为了缩短退火周期，提高生产率，可采用“低温时效”、“淬火”等新工艺。低温时效即在退火前将白口铸件先在 300 ~ 400 °C 加热保温 3 ~ 6 h。经这种处理后可显著加快高温保温时渗碳体的分解，使退火时间缩短到 15 ~ 16 h。这是由于在低温时效过程中发生了碳原子的偏聚，促进了高温退火时石墨晶核的形成。白口铸铁在石墨化退火前先进行淬火亦可实现可锻铸铁的快速退火。铸件淬火后得到细晶粒组织和高内应力，造成大量的石墨结晶核心，从而大大加速了第一、二阶段石墨化过程，可使石墨化退火时间缩短到 10 ~ 15 h。

可锻铸铁、球墨铸铁、蠕墨铸铁统称为强韧铸铁，与灰铸铁相比，其组织上的最大差别在于石墨形状的改善。强韧铸铁中的石墨避免了灰铸铁中尖锐石墨边缘的存在，因此，使石墨对金属基体的破坏作用得到了缓和，从而使铸铁中金属基体的性能得到了不同程度的发挥，摆脱了灰铸铁强度低、韧性差的缺点，而具有较高的强度和较好的韧性。

7.3 特殊性能铸铁

在普通铸铁基础上加入某些合金元素，可使铸铁具有某种特殊性能，主要包括减摩铸铁、抗磨铸铁、耐热铸铁和耐腐蚀铸铁，从而形成了一类具有特殊性能的合金铸铁。

7.3.1 耐磨铸铁

铸铁件经常在摩擦条件下工作，承受不同形式的磨损。为了保持铸铁件精度和延长其使用寿命，除要求一定的力学性能外，还需要提高其耐磨性。

耐磨铸铁分为减摩铸铁和抗磨铸铁两类。前者在有润滑、受黏着磨损条件下工作，如机床导轨、发动机缸套、活塞环、轴承等；后者在干摩擦的磨料磨损条件下工作，如轧辊、犁铧、磨球等。

7.3.1.1 减摩铸铁

减摩铸铁的组织通常是在软基体上牢固地嵌有坚硬的强化相。控制铸铁的化学成分和冷却速度获得细片状珠光体基体能满足这种要求，铁素体是软基体，在磨损后形成沟槽能储油，有利于润滑，可以降低磨损；石墨也起储油和润滑的作用；而渗碳体很硬，可承受摩擦。铸件的耐磨性随着珠光体数量的增加而提高；细片状珠光体耐磨性比粗片状好，粒状珠光体的耐磨性不如片状珠光体。故减摩铸铁希望得到细片状珠光体基体。屈氏体和马氏体基体铸铁耐磨性更好。球墨铸铁的耐磨性比片状石墨铸铁好，但球墨铸铁减振性能差，铸造性能又不及灰铸铁。所以，减摩铸铁一般多采用灰铸铁。在灰铸铁基础上，加入适量的铜、钼、锰等元素，可以强化基体，增加珠光体含量，有利于提高基体耐磨性。加入少量的磷能形成磷共晶；加入钒、钛等碳化物形成元素可形成稳定的、高硬度的碳、氮化合物质点；它们起支撑骨架作用，能显著提高铸铁的耐磨性。

在灰铸铁基础上加入 0.4% ~ 0.7% 的磷即形成高磷铸铁，由于高硬度的磷共晶细小而断续地分布，提高了铸铁的耐磨性。用高磷铸铁作机床床身，其耐磨性比孕育铸铁 HT250 提高 1 倍。

在高磷铸铁基础上加入 0.6% ~ 0.8% 的铜和 0.1% ~ 0.15% 的钛，形成磷铜钛铸铁。铜在铸铁凝固时能促进石墨化并使石墨均匀分布，在共析转变时促进珠光体形成并使之细化。少量钛能促进石墨细化，并形成高硬度的化合物 TiC。因此，磷铜钛铸铁的耐磨性超过了高磷铸铁和镍铬铸铁，是用于精密机床的一种重要结构材料。

利用我国丰富的钒、钛资源，并加入一定量稀土硅铁，处理后可得到高强度稀土钒钛铸铁，其中，$w(V) = 0.18\% \sim 0.35\%$，$w(Ti) = 0.05\% \sim 0.15\%$。钒、钛是强碳化物形成元素，能形成稳定的高硬度的强化相质点，并能显著细化片状石墨和珠光体基体。其耐磨性高于磷铜钛铸铁，比孕育铸铁 HT300 高约 2 倍。

添加微量的硼可以得到廉价的硼耐磨铸铁，其中，$w(B) = 0.02\% \sim 0.2\%$，形成珠光体基体 + 石墨 + 硼化物的铸铁组织。若铸铁中含少量磷，则可形成磷共晶、硼化物硬质点，珠光体是软基体，因此具有优良的耐磨性，用来制造柴油机缸套，其寿命比高磷铸铁提高 50%。

7.3.1.2 抗磨铸铁

抗磨铸铁在干摩擦及磨粒磨损条件下工作。这类铸铁件不仅受到严重的磨损，而且承受很大的负荷。获得高而均匀的硬度是提高这类铸铁件耐磨性的关键。常用的耐磨铸铁有普通白口铸铁、合金白口铸铁、中锰球墨铸铁等。

白口铸铁就是一种良好的耐磨铸铁。这种铸铁中碳以碳化物形式存在，铸态组织不含石墨、断口呈银白色。普通白口铸铁中加入铬、钼、铜、钒、硼等元素，形成珠光体合金白口铸铁，既具有高硬度和高耐磨性，又具有一定的韧性。加入铬、镍、硼等提高淬透性的元素可以形成马氏体合金白口铸铁，可以获得更高的硬度和耐磨性。

根据化学成分可将白口铸铁分为普通白口铸铁和合金白口铸铁两大类。普通白口铸铁只含碳、硅、锰、磷、硫。合金白口铸铁根据其合金含量的多少分为低合金、中合金和高合金白口铸铁。合金白口铸铁有铬系、锰系、钨系、硼系、钒系等，其中铬系最为普遍，铬系又分为低铬白口铸铁、中铬白口铸铁和高铬白口铸铁。

$w(\mathrm{Mn}) = 5.0\% \sim 9.0\%$、$w(\mathrm{Si}) = 3.3\% \sim 5.0\%$ 的中锰合金球墨铸铁耐磨性很好，并具有一定的韧性。当 $w(\mathrm{Mn}) = 5\% \sim 7\%$ 时，这种铸铁的组织为马氏体 + 碳化物 + 球状石墨，当 $w(\mathrm{Mn}) = 7\% \sim 9\%$ 时，为奥氏体 + 碳化物 + 球状石墨，适于制造在冲击载荷和磨损条件下工作的零件，如犁铧、球磨机的磨球及拖拉机履带板等，可以用来代替部分高锰铸钢和锻钢。

镍硬铸铁是在普通白口铸铁的基础上加入 3.0% ~ 5.0% 的镍和 1.5% ~ 3.5% 的铬而得到的，其组织由非常硬而耐磨的马氏体基体加 M_3C 型碳化物组成。镍和铁无限固溶，能有效地提高淬透性，促使形成马氏体-贝氏体基体，同时镍稳定奥氏体，过高镍含量会造成大量残留奥氏体。铬的加入可以阻止石墨化，促使形成碳化物，并提高 M_3C 型碳化物的硬度，由不含合金时的 900 ~ 1 000 HV 提高到 1 100 ~ 1 200 HV。镍硬铸铁的耐磨性优于普通白口铸铁，在采矿、电力、水泥、陶瓷等行业得到较为广泛的应用。

7.3.1.3 冷硬铸铁

冷硬铸铁铁液浇入铸型（金属型或金属挂砂型）后，在激冷作用下，使铸件表面形成硬度高、耐磨性好的冷硬层，其断口形貌呈白色，组织中碳主要以渗碳体形式存在。随着后续传热速度的降低，铸件内部石墨析出量增多，断口由白口向麻口过渡进一步到灰口，相应的中心硬度降低，强韧性提高，断口呈现三区（白口区、麻口区、灰口区）结构特点。这种现象称为冷硬现象，具有以上特征的铸铁称为冷硬铸铁。

普通白口冷硬铸铁有明显的白口冷硬层界面，断口呈典型的三区结构特点。无限冷硬铸铁其断口组织由外及里转变时，白口、麻口区无明显的区分界限，有时表层也会出现少量石墨。半冷硬铸铁石墨量相对较多，断口组织呈麻口，其既无明显的白口区又无明显的灰口区和各区界限，这种冷硬铸铁叫作半冷硬铸铁。无限冷硬铸铁与半冷硬铸铁是冷硬铸铁的两大特例。

因普通冷硬铸铁未进行合金化，其碳化物类型为普通的 Fe_3C 型，基体为珠光体，其硬度很大程度上取决于碳的含量。

在相同的冷却速度条件下，化学成分中各元素由于石墨化能力及白口化倾向上的差异，反映在对冷硬铸铁白口层深度的影响上也不同，常见元素对白口层深度的影响强弱排列依次为磷、钴、铜、镍、钛、硅、碳。

在冷硬铸铁成分范围内，采用金属型，冷硬层内碳主要以碳化物形式存在，因此，冷硬层内的硬度与材质自身碳含量成正比。但在冷硬层以内的麻口区，随着碳量的提高，石墨化能力提高，硬度反而下降。硅在铁液中有控制铁液氧化、调整铸件白口化倾向、凝固时充当石墨形核的作用。在金属型激冷作用下，硅含量为 0.1% ~ 0.2% 时可获得无石墨的纯白口冷硬层。生产时一般控制在 0.25% ~ 0.75%。硅有调整白口深度的作用。冷硬铸铁中每增加 0.02%

的硅，其纯白口深度减少 1 mm，麻口区减少 2 mm。锰在冷硬铸铁中，通常使用的范围为 0.2% ~ 1.6%，在特种锰合金铸铁材质中有时增加到 0.5% ~ 3.8%。镍是有效地强化基体组织、提高综合力学性能的元素。其含量在 1.5% ~ 4.5%。铬在冷硬铸铁中，通常控制在 0.15% ~ 1.8%。铬含量较低时，有显著强化基体、提高强度和硬度的作用，有减少铸件硬度梯度、增加白口深度、提高白口纯度、强烈增加过渡区宽度的作用。

制造工艺对冷硬铸铁组织和性能影响大。形成冷硬铸铁的必要条件是铁液在冷凝过程中要有足够的冷却强度，其大小取决于铸件截面、铸型冷却能力（材料、壁厚）、铁液过热温度等。在化学成分、冷却条件一定的情况下，冷硬铸铁的性能则取决于炉料的配比、熔炼温度、孕育处理、浇铸温度等制造工艺参数。

冷硬铸铁冷硬层硬度高，耐磨性好，但脆性大。由于冷硬铸铁内韧外硬的结构特点，在工农业生产中得到了广泛应用，主要产品有冶金及非冶金轧辊、凸轮轴、耐磨衬板、犁铧等。

7.3.2 耐热铸铁

铸铁的耐热性是指在高温下铸铁抵抗“氧化”和“生长”的能力。氧化是铸铁在高温下与周围气氛接触使表层发生化学腐蚀的现象，还会发生氧化性气体沿石墨片边界或裂纹渗入铸铁内部的内氧化现象。生长是铸铁在反复加热冷却时产生的不可逆体积长大的现象。这是由于铸件中的渗碳体在高温下分解形成密度小而体积大的石墨以及在加热冷却过程中铸铁基体组织发生 $\alpha \rightleftarrows \gamma$ 相变引起体积变化。铸件在高温和负荷作用下，由于氧化和生长最终会导致零件形变、翘曲、产生裂纹，甚至破裂。耐热铸铁就是在高温下能抗氧化和生长，并能承受一定负荷的铸铁。因此，耐热铸铁必须具有一定的室温和高温力学性能，还必须在高温具有良好的抗氧化和抗生长性。加热炉炉底板、换热器、坩埚、废气管道以及压铸型等在高温下工作的铸件要求选用耐热性高的合金耐热铸铁。

在高温下钝铁表面氧化膜由最外层的 Fe_2O_3、中层的 Fe_3O_4 和里层的 FeO 组成，一般铸铁锈层比钢锈层黏附更牢固，能阻止大气自由穿透到下面的金属内。温度高于 400 °C 而低于 650 ~ 700 °C 时，石墨周围的金属基体比石墨优先被氧化；温度超过 650 ~ 700 °C，金属基体的氧化脱碳使石墨周围形成铁素体壳层；温度超过 800 °C 时，铁的氧化速度最大。

加入铬、铝、硅等元素可在铸铁表面形成 Cr_2O_3、Al_2O_3、SiO_2 等稳定性高、致密而完整的氧化膜，具有良好的保护作用，能阻止铸铁继续氧化和生长，当 $w(Si) > 3.0\%$，$w(Cr) > 1.0\%$，$w(Al) > 0.9\%$ 时就能使铸铁在 750 °C 左右的抗氧化性有明显改善。铬、硅、铝等元素能提高铸铁的相变温度，促使铸件得到单相铁素体基体。加入镍、锰或铜时，能降低相变温度，有利于得到单相奥氏体基体，从而使铸件在高温时不发生相转变。加入铬、钒、钼、锰等元素使碳化物稳定，在高温下不发生分解，以免发生石墨化过程。此外，通过加入球化剂和铬、镍等合金元素，促使石墨细化和球化，球状石墨互不连通可防止或减少氧化性气体渗入铸铁内部。白口铸铁无石墨存在，氧气渗入机会少。显然，白口铸铁、球墨铸铁的耐热性比灰铸铁要好。

耐热铸铁分为硅系、铝系、铝硅系及铬系铸铁等。

牌号为 RTSi5 的中硅耐热铸铁，$w(Si) = 4.5\% \sim 5.5\%$，高温下能形成 SiO_2 保护膜，同时能获得单相铁素体基体，其上分布细片状石墨，硅还使铸铁的相变温度（Ac_1 点）提高到 900 °C

以上，故在 850 °C 以下温度范围不发生 $\alpha \rightleftarrows \gamma$ 转变，因此，中硅耐热铸铁具有良好的耐热性，工作温度在 700 °C 以下。但是这种耐热铸铁的含硅量高，故硬度高，脆性大，适宜制造载荷较小、不受冲击的零件，如锅炉炉栅、横梁、换热器、节气阀等零件。

采用 RQTSi5 中硅球墨铸铁可进一步提高中硅铸铁的耐磨性。这种铸铁的组织为铁素体 + 球状石墨（珠光体体积分数不大于 10%），由于石墨呈球状，不仅改善了力学性能，铸铁的耐热性也明显提高，工作温度可提高到 900 °C。

铸铁中加入 $w(\mathrm{Al}) = 20\% \sim 24\%$，形成高铝耐热铸铁（RQTAl22），在高温下表面可形成 Al_2O_3 保护膜，能得到单相铁素体基体以及非常致密、电导率很小的尖晶石型氧化膜 $FeO \cdot Al_2O_3$，这种氧化膜的晶格常数比铁小，可阻止铁原子向表面扩散。每加入 1% 的铝，提高共析转变温度约 50 °C。所以，高铝铸铁有很好的抗氧化能力和高温稳定性，能在 950 °C 以下温度长期使用。用于制造加热炉炉底板、炉条、滚子框架等零件。同样，采用高铝球墨铸铁可以改善高铝耐热铸铁脆性较大的缺点，并使耐热温度提高到 1 000 ~ 1 100 °C，用于制造炉管、热交换器以及粉末冶金用坩埚等零件。

$w(\mathrm{Si}) = 4.0\% \sim 5.0\%$ 和 $w(\mathrm{Al}) = 4.0\% \sim 6.0\%$ 的铝硅耐热铸铁（RQTAl4Si4、RQTAl5Si5），铸造性能良好，耐热性能更高，可在 900 ~ 1 050 °C 的高温下工作，是耐热铸铁中最常用的一种材料，广泛用于制造加热炉炉门、炉条、炉底板、炉子传送链及坩埚等。

高铬耐热铸铁成分中含 $w(\mathrm{Cr}) = 15\% \sim 35\%$，碳和铬可形成稳定的碳化物，阻止石墨化，提高共析转变温度，每 1% 的铬提高约 40 °C，强化基体，有很好的高温强度和抗热冲击以及抗机械冲击能力。所有的高铬耐热铸铁都有极好的抗氧化特性，铬含量越高，抗氧化性越好。高铬铸铁中有大量的共晶碳化物，硬度高，在高温下也具有很好的耐磨性。高铬耐热铸铁在耐热铸铁中有广泛的用途。高铬铸铁（RTCr16）使用温度高达 900 °C，可做在 900 °C 下工作的热处理炉的运输链条等。

7.3.3 耐蚀铸铁

在石油、化工、造船等工业中，阀门、管道、泵体、容器等各种铸铁件经常在大气、海水及酸、碱、盐等介质中工作，需要具备较高的耐蚀性能。普通铸铁通常是由石墨、渗碳体和铁素体组成的多相合金。在电解质溶液中，石墨的电极电位最高（+3.7 V），渗碳体次之，铁素体最低（−4.4 V）。石墨和渗碳体是阴极，铁素体是阳极，组成微电池。因此，铁素体将不断被溶解，产生严重的电化学腐蚀。铸铁表面与水气接触，也能产生化学腐蚀作用。

耐蚀合金中加入硅、铝、铬、钼、镍、铜等合金元素可在铸件表层形成牢固、致密的保护膜（硅、铝、铬），能提高铸铁基体的电极电位（铬、硅、钼、铜、镍等），还可使铸铁得到单相铁素体或奥氏体基体（铬、硅、镍），从而显著提高铸铁的耐蚀性。此外，减少石墨数量、形成球状或团絮状石墨等也能减少微电池数目，提高铸铁的耐磨性。

常用耐蚀铸铁有高硅、高铝、高铬、高硅钼等耐蚀铸铁。

高硅耐蚀铸铁的组织由硅铁素体、细小石墨和硅化铁（Fe_3Si 或 FeSi）组成，主要有高硅铸铁和稀土高硅铸铁。高硅铸铁硬度很高，强度和韧性很低，加工性能差；此外，流动性好，但吸气性大，线收缩和内应力较大，铸造时易于开裂。稀土高硅铸铁由于加入稀土合金处理，去气效果好，铸件致密度增加。稀土元素又能细化晶粒和改善石墨形态，因此，合金强度和冲击韧度都有提高。高硅铸铁硅含量高，力学性能下降，为进一步提高铸铁强度，适当降低 $w(Si)$至 10% ~ 12%，再加入 1.8% ~ 2.0% 的铜、0.4% ~ 0.6% 的铬，仍用稀土合金处理，形成稀土中硅合金，虽然耐蚀性稍有下降，但力学性能显著提高，广泛用于耐酸泵、管道、阀门等零件。

在 $w(Si)$ = 14.5% 的基础上加入 2.5% 的铜，或在含稀土并且 $w(Si)$ = 14.5% 的基础上加入 7% ~ 9% 的铜，使铸铁既有很高的耐蚀性，又能提高其强度和冲击韧度。

高铝耐蚀铸铁主要用作碳酸氢钠、氯化铵、硫酸氢铵等生产设备上的耐蚀材料，如各种泵类零件。化学成分为：$w(Al)$ = 4% ~ 6%，$w(C)$ = 2.8% ~ 3.3%，$w(Si)$ = 1.2% ~ 2.0%，$w(Mn)$ = 0.5% ~ 1.0%，$w(P) < 0.2\%$，$w(S) < 0.12\%$。组织为珠光体 + 铁素体 + 石墨 + 少量的 Fe_3Al。在铸铁中 $w(Al)$ = 4% ~ 6% 时可表面形成 Al_2O_3 保护膜，因而高铝铸铁具有良好的耐蚀性能，同时具有一定的耐热性，其工作温度可达到 600 ~ 700 °C。

高铬耐蚀铸铁中 $w(Cr)$为 24% ~ 35%，其显微组织为奥氏体或铁素体加碳化物。一般来说，对于不含一定量稳定奥氏体合金元素（镍、铜和氮）的高铬铸铁，$w(C)<1.3\%$时容易得到铁素体基体；反之，易获得奥氏体基体。

高铬耐蚀铸铁中的铬含量较高，能在铸铁表面形成 Cr_2O_3 保护膜，并能提高基体电极电位。因此，高铬铸铁不仅具有优良的耐蚀性，同时具有优异的耐热性，而且力学性能亦良好。其主要缺点是耗铬量太多而成本高。常用作离心泵、冷凝器、蒸馏塔、管子等各种化工铸件。

复习思考题

1. 铸铁与碳钢相比，在化学成分、组织、性能以及应用方面有哪些主要区别？

2. 为什么铁碳相图有双重相图存在？双重相图的存在对铸铁生产有何实际意义？

3. 说明石墨的形态、大小、数量和分布以及基体组织对铸铁性能的影响。

4. 碳、硅、锰、磷、硫对铸铁的石墨化有何影响？“三低”（碳、硅、锰含量低）、“一高”（硫含量高）的铸铁为什么容易出现白口？

5. 在铸铁石墨化过程中，如果第一阶段石墨化完全进行；第二阶段石墨化或完全进行，或部分进行，或未石墨化；它们各得到何种组织？

6. 铸铁作为工程材料，有什么优点？

7. 在实际生产中，灰铸铁制成的薄壁铸件上，常有一层硬度高的表层，致使机械加工困难；试指出形成高硬度表面层的原因。如何消除？在什么工作条件下应用铸件，反而希望获得这种表面硬化层？

8. 球墨铸铁生产时化学成分的选择原则是什么？它和灰铸铁有何不同？

9. 球墨铸铁组织中为何比较容易出现少量渗碳体？如何防止？

10. 和钢相比，球墨铸铁的热处理原理有什么异同？

11. 如何理解铸铁在一般热处理过程中，石墨参与相变，但是热处理并不能改变石墨的形状和分布。

12. 蠕墨铸铁生产中应注意控制哪些因素？

13. 孕育处理、球化处理及蠕化处理的区别是什么？

14. 试分析可锻铸铁中碳、硅、锰和硫对石墨化过程速率、石墨数量及石墨形状的影响。

15. 简述加速可锻铸铁石墨化过程的基本原则及有效方法。

16. 下列说法是否正确，为什么？

（1）石墨化过程中第一阶段石墨化最不易进行。

（2）采用球化退火可以获得球墨铸铁。

（3）可锻铸铁可以锻造加工。

（4）白口铸铁由于硬度高，可作切削工具使用。

（5）灰铸铁不能整体淬火。

17. 假定白口铸铁的组织十分密实，当进行可锻化退火时，渗碳体全部转变为石墨和铁素体，此时铸铁的组织发生什么变化？

18. 查阅相关资料，比较分析几种特种性能铸铁在成分、组织和性能上有何特点？各自用于哪些领域？

19. 铸铁的焊接性为什么较差？

20. 为什么铸铁焊接时一定要预热？为了保证焊件的塑性，为什么焊后必须进行完全退火？

8 铝及铝合金

铝是一种活泼金属元素，在自然界以化合态的形式存在于各种岩石或矿石里，分布极广。地壳中的铝含量约为8.8%，仅次于氧和硅，居第三位。电解熔融的冰晶石和氧化铝的混合物可得到金属铝。纯铝具有密度小，导热性、导电性、耐蚀性、塑性、焊接性良好等突出优点，在现代工业技术及日常生活中应用极为广泛。但纯铝的强度不高，不适合作为承受较大载荷的结构零件。在纯铝中添加合金元素得到铝合金，铝合金仍旧保持纯铝的密度小和耐蚀性好的特点，且强度比纯铝高得多。经热处理后，铝合金的力学性能可以和钢铁材料相媲美。铝的应用有两种形式：纯铝和铝合金。铝及铝合金的产量在金属材料中仅次于钢铁材料而居于第二位，是有色金属材料中用量最多、应用范围最广的材料。

8.1 纯 铝

8.1.1 原子特征

铝（Al），第三周期第ⅢA族元素，原子序数13，电子轨道分布为$1s^22s^22p^63s^23p^1$，相对原子质量为26.981 5，原子体积为$10.0\ cm^3 \cdot mol^{-1}$，原子直径为0.286 nm。

8.1.2 晶体结构

纯铝为面心立方结构，在25 °C时的晶格常数为$a = 0.404\ 96$ nm。无同素异晶转变。在铝的晶格中，存在两种间隙，即直径为0.118 nm的八面体间隙和直径为0.064 nm的四面体间隙。碳、氮、氢、硼、氧、氟、氯等元素均可作为间隙原子溶入铝的晶格中，但固溶度极小。

金属铝的形变机制主要是滑移。室温时的滑移系为{111}〈110〉；高于450 °C时，滑移系除{111}〈110〉外，还有{100}〈100〉。

8.1.3 物理性能

铝是银白色的金属。高纯铝的主要物理性能如表8.1所示。

铝的密度很低，是一种轻金属。在室温下，铝的热导率是铜的1.5倍，铝线的电导率大约是铜线的60%。和钢铁相比，铝的熔点较低，但导热性远优于铁，导电性很高。因此，纯铝可代替铜用作导电和导热材料。此外，铝还可以用来制造铝箔、屏蔽壳体、反射器等。

表 8.1 铝的主要物理性能

参 数	数 值	备 注
密 度	2.698 $g \cdot cm^{-3}$	固态，20 °C
	2.390 $g \cdot cm^{-3}$	固态，熔点
熔 点	(660 ± 1) °C	标准大气压，纯度为 99.996%
沸 点	2 477 °C	标准大气压
体膨胀系数	68.1×10^{-6} °C^{-1}	—
线膨胀系数	23.6×10^{-6} °C^{-1}	0 ~ 100 °C
体收缩率	6.6%	液态到固态
线收缩率	1.7% ~ 1.8%	
热导率	2.37 $W \cdot (cm \cdot °C)^{-1}$	25 °C
比热容	24.351 $kJ \cdot (mol \cdot °C)^{-1}$	25 °C
熔化潜热	10.67 $kJ \cdot mol^{-1}$	—
汽化潜热	290.8 $kJ \cdot mol^{-1}$	—
体积电阻率	2.655×10^{-8} Ω · m	25 °C

8.1.4 化学性能

铝的常见化合价为 + 3。铝与氧的亲和力极大，它同氧结合生成 Al_2O_3 时有很高的生成热（1 675.7 $kJ \cdot mol^{-1}$），是一种强的还原剂。炼钢过程中用铝作为脱氧剂、冶炼有色金属的铝热还原法、用于焊接钢轨的铝热焊都是利用了铝的这一特性。

铝的化学活性极高，标准电极电位为 – 1.67 V。在大气中极易和氧作用生成一层牢固致密的氧化膜，厚度为 5 ~ 10 nm，可防止铝继续氧化。在浸蚀性介质中，铝的抗蚀性取决于氧化膜的稳定性。Al_2O_3 为酸、碱两性氧化物，因此在酸、碱介质中均易溶解，使铝受到腐蚀。铝在中性盐类溶液中被腐蚀的程度主要与溶液中的阴、阳离子的特性有关。当溶液中含有活性离子，尤其是氯离子时，由于它们破坏氧化膜而产生点状腐蚀，因此在海水中铝的耐蚀性很差。当溶液中含有一些电位序位于铝后面的离子时，如 Cu^{2+}、Ag^{2+}、Ni^{2+} 等，由于二次析出的结果，也能加速铝的腐蚀。但在含氧或氧化性溶液中，由于促进氧化膜的形成和修复，可提高铝的抗蚀性。铝在氧化性酸中的抗蚀性和酸的浓度有关。当硝酸浓度超过 30%时，随着浓度的增加，铝的稳定性提高，浓度到达 80% 时，铝的抗蚀性甚至超过铬镍不锈钢。因此，纯铝可以用来制造包覆材料、化工容器、日用炊具和餐具等。

8.1.5 力学性能

（1）屈服强度和抗拉强度。纯铝的屈服特性呈锯齿状的不连续屈服。室温下，纯铝的抗拉强度为 90 ~ 120 MPa，屈服强度为 20 ~ 90 MPa。

（2）伸长率。室温下，铝的伸长率为 11%～25%。

（3）冲击韧度。室温下，纯铝的冲击吸收能量为 8～16 J。

（4）硬度。室温下，纯铝的硬度为 24～32 HB。

8.1.6 铝的牌号表示方法

纯铝的牌号用国际四位字符体系表示。牌号中第一、三、四位为阿拉伯数字，第二位为英文大写字母 A、B 或其他字母（有时也可用数字）。纯铝牌号中第一位为 1，即其牌号用 1×××表示；第三、四位数为最低铝的质量分数中小数点后面的两位数字，如铝的最低质量分数为 99.70%，则第三、四位数为 7 和 0。如果第二位的字母为 A，则表示原始纯铝；如果第二位字母为 B 或其他字母，则表示原始纯铝的改型情况，即与原始纯铝相比，元素含量略有改变。如果第二位不是英文字母而是数字时，则表示杂质极限含量的控制情况，0 表示纯铝中杂质极限含量无特殊控制，1～9 表示对一种或几种杂质含量有特殊控制。

工业纯铝的主要用途是配制铝基合金，制作电线、电缆和日用器皿等。高纯铝则主要应用于科学试验、化学工业和其他特殊用途。

8.2 铝合金

8.2.1 铝合金的分类及牌号表示

铝合金按其加工方法可分为形变铝合金和铸造铝合金两大类。两类合金的分类及其成分特点，可以用二元铝合金相图来大致说明。如图 8.1 所示，*D* 点以左的合金加热时均能形成单相固溶体，因为其塑性较高，适于压力加工，故称为形变铝合金。*D* 点以右的合金具有 α + β 共晶组织，难以进行压力加工，但其熔体的流动性好，适于铸造，故称为铸造铝合金。实

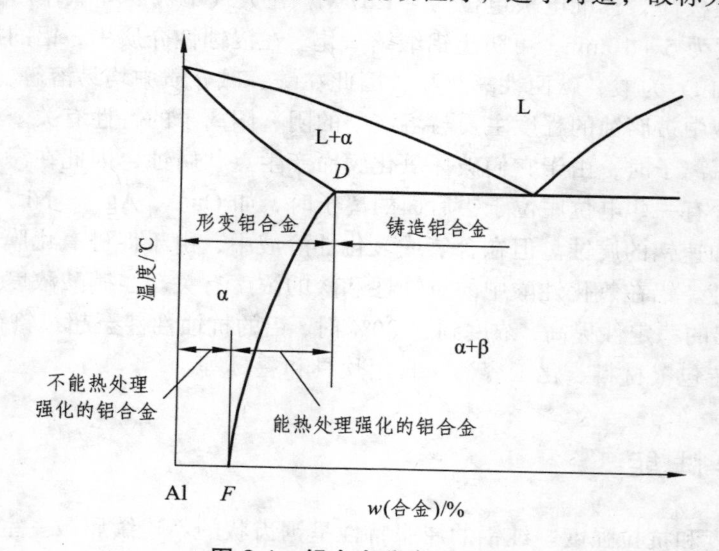

图 8.1 铝合金分类示意图

际上，形变铝合金中合金元素含量较高的，也可以进行铸造，而铸造铝合金中合金元素含量较低的，也可进行压力加工。因此，图 8.1 中所示的形变与铸造铝合金的成分有一部分是相互交错的。

形变铝合金又可分为不能热处理强化的铝合金和能热处理强化的铝合金两类。如图 8.1 所示，*F* 点以右、*D* 点以左的合金，溶解度随温度的改变而变化，因而可以采用热处理的方法进行强化，属于能热处理强化的铝合金。*F* 点以左的合金，当温度改变时没有溶解度的变化，属于不能热处理强化的合金。有些铝合金，如 Al-Mn，Al-Mg 合金，虽然合金元素的固溶度曲线也随温度变化，但时效强化效果微弱，因此，这类合金仍属于不能热处理强化的铝合金。

以上根据铝合金的化学成分在相图上的位置进行分类的方法也适用于其他有色金属的合金。

形变铝合金按其主要的性能特点又可分为防锈铝、硬铝、超硬铝、锻铝 4 类。其中，防锈铝是不能热处理强化的形变铝合金，而其他 3 类是能热处理强化的形变铝合金。形变铝合金也可按照其所含的主要合金元素分为：Al-Cu 系合金、Al-Mn 系合金、Al-Si 系合金、Al-Mg 系合金、Al-Mg-Si 系合金、Al-Zn-Mg-Cu 系合金、Al-Li 系合金及备用合金组。

根据国家标准 GB/T 16474—2011《变形铝及铝合金牌号表示方法》，凡是化学成分与形变铝及铝合金国际牌号注册协议组织命名的合金相同的所有合金，其牌号直接采用国际四位数字体系牌号，未与国际四位数字体系牌号的形变铝合金接轨的采用四位字符牌号命名，并按要求注明化学成分。

四位字符体系牌号的第一、第三、第四位为阿拉伯数字，第二位为英文大写字母（C、I、L、N、O、P、Q、Z 字母除外）。牌号的第一位数字表示组别，如表 8.2 所示。除改型合金外，铝合金组别按主要合金元素来确定。主要合金元素指极限含量算术平均值为最大的合金元素。当有一个以上的合金元素极限含量算术平均值同为最大时，应按铜、锰、硅、镁、镁 + 硅、锌、其他元素的顺序来确定合金组别。铝合金的牌号用 2× × × ~ 8× × × 系列表示。牌号的最后两位数字没有特殊意义，仅用来区别同一组中不同的铝合金。牌号第二位的字母表示原始合金的改型情况，A 表示原始合金；B ~ Y 表示原始合金的改型合金。如 2A06 表示主要合金元素为铜的 6 号原始铝合金。

表 8.2 铝合金组别

组　别	牌号系列	组　别	牌号系列
以铜为主要合金元素的铝合金	2×××	以镁和硅为主要合金元素并以 Mg_2Si 相为强化相的铝合金	6×××
以锰为主要合金元素的铝合金	3×××	以锌为主要合金元素的铝合金	7×××
以硅为主要合金元素的铝合金	4×××	以其他元素为主要合金元素的铝合金	8×××
以镁为主要合金元素的铝合金	5×××	备用合金组	9×××

铸造铝合金的牌号由“Z”和基体元素化学符号、主要元素化学符号以及表示合金元素平均含量的百分数组成。优质合金在牌号后面标注 A，压铸合金在牌号前面冠以字母“YZ”。

8.2.2 铝的合金化

8.2.2.1 铝合金强化的一般规律

铝合金主要依靠固溶强化、沉淀强化、过剩相强化、细化组织强化、冷形变强化等方式来提高其力学性能。

1. 固溶强化

大多数金属元素可与铝形成固溶体合金，使铝获得固溶强化。但只有几种合金元素在铝中有较大的固溶度，为常用的合金化元素。银、铜、镓、锗、锂、镁、硅和锌在铝中的最大平衡固溶度比较大，超过 1%（摩尔分数）。锰的最大平衡固溶度为 0.9%（摩尔分数）。其他元素的平衡固溶度都比较低。由于银属于贵金属，镓、锗为稀散金属；不可能作为一般工业用合金的主要添加元素。因此，铜、镁、锌、硅、锰、锂成为铝合金的主要合金化元素。它们不仅有足够大的固溶能力而显示出很大的固溶强化作用；而且相互之间可以形成金属间化合物，通过热处理进行控制，起着显著的沉淀强化作用。因此，无论是形变铝合金还是铸造铝合金，其主要合金系列都是以铜、镁、锰、锌、硅为主要合金化元素建立起来的。锂由于化学性质十分活泼，获取金属锂比较困难，成本高，在一定程度上限制了其应用。但是，Al-Li 合金具有突出的优良性能，在航空航天领域有着广泛用途，近十几年来 Al-Li 合金发展很快。

2. 沉淀强化

单纯的固溶强化效果总是比较有限的，对铝合金来讲，要想获得高强度，必须配合时效处理以获得沉淀强化效果。铝合金时效是指把经过固溶处理的过饱和固溶体放置在室温或加热到一定温度，其强度和硬度随时间延长而增加，塑性和韧性随时间延长而降低的过程。为达到强化效果，要求合金元素在铝中应有较大的溶解度，而且其溶解度随着温度的降低而急剧减小；在时效过程中能形成细小、弥散分布的共格或半共格过渡相，这种相在基体中能造成较强烈的应变场，对位错运动产生较大的额外阻力；从而提高了合金的强度。

3. 过剩相强化

当铝中加入的合金元素含量超过其溶解度极限时，固溶加热时有一部分不能溶入固溶体的第二相存在，称之为过剩相。在铝合金中过剩相多数为硬而脆的金属间化合物。它们在合金中起阻碍位错滑移的作用，使铝合金强度、硬度提高，塑性、韧性降低。一般来说，合金中过剩相越多，其强化效果越好，但过剩相过多使合金的脆性增加，反而导致强度下降。

4. 细化组织强化

在铝合金中添加钛、硼、锆、锶、铬、钒、稀土元素等微量合金元素细化组织是提高铝合金力学性能的另一种有效手段。细化组织包括细化铝合金固溶体基体和过剩相组织。在铸造铝合金中加入作为变质剂的微量合金元素，进行变质处理来细化组织，提高强度和塑性。变质处理对不能热处理强化或热处理强化效果不显著的铸造铝合金和形变铝合金具有特别重要的意义。在形变铝合金中，固溶度比较小的钛、锆、铬、钒等过渡族元素用于形成金属间化合物，控制回复和再结晶过程，细化组织。

5. 冷形变强化

形变强化是铝合金常用的一种强化方式。对于纯铝和不能热处理强化的铝合金，形变强化成为提高其强度的重要手段。经强烈冷形变后，材料的强度高，塑性和韧性低，残留应力也高。为了恢复其塑性和韧性，消除残留应力，通常进行退火处理。如果要求具有良好的塑性和韧性，则需要进行再结晶退火，以达到消除加工硬化和获得细小晶粒的目的。对于要求具有较高强度的组织，可在高于回复温度、低于再结晶温度之下进行回复退火，得到多边化组织或部分再结晶组织，同时消除残留应力，以获得介于冷形变和再结晶之间的性能。

8.2.2.2 合金元素对铝合金组织和性能的影响

1. 常用合金元素

（1）铜。Al-Cu 二元相图如图 8.2 所示。铜是铝合金化的重要合金元素之一。在 548.2 °C 时铜在铝中有最大溶解度，其值为 5.65%。铜固溶在铝中有一定的固溶强化效果，此外，含铜的铝合金在时效时可析出 $CuAl_2$ 相，有显著的时效强化效果。铝合金中铜含量通常在 2.5% ~ 5%，铜含量在 4% ~ 6.8% 时强化效果最好，所以大部分硬铝合金的铜含量在这个范围。Al-Cu 合金中可以含有较少的硅、镁、锰、铬、锌、铁等元素。

（2）硅。Al-Si 二元相图如图 8.3 所示。在共晶温度 577 °C 时，硅在铝固溶体中的最大溶解度为 1.65%。尽管硅在铝中的溶解度随着温度的降低而减少，但 Al-Si 合金一般是不能热处理强化的。Al-Si 合金具有极好的铸造性能和抗蚀性。将硅和镁同时加入铝中可形成 Al-Mg-Si 系合金，该系合金中镁和硅会生成质量比为 1.73∶1 的 Mg_2Si 强化相。故该系合金成分设计时，基本上也是按照 1.73∶1 的比例配置镁和硅的含量。形变铝合金中，可将硅单独加入铝中得到 Al-Si 系焊接材料，也可将硅加入铝中得到铸造 Al-Si 合金。

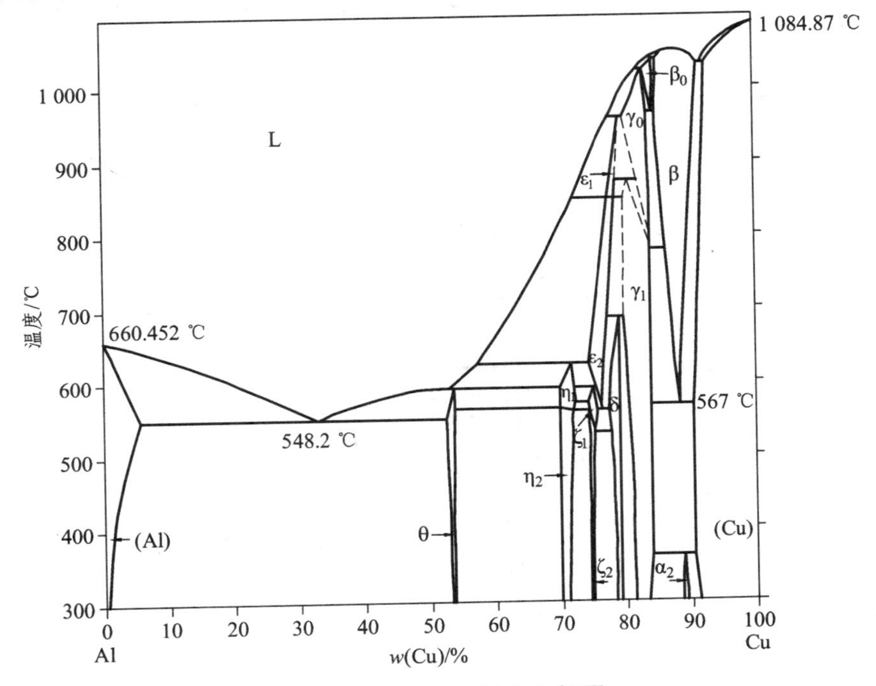

图 8.2 Al-Cu 二元合金相图

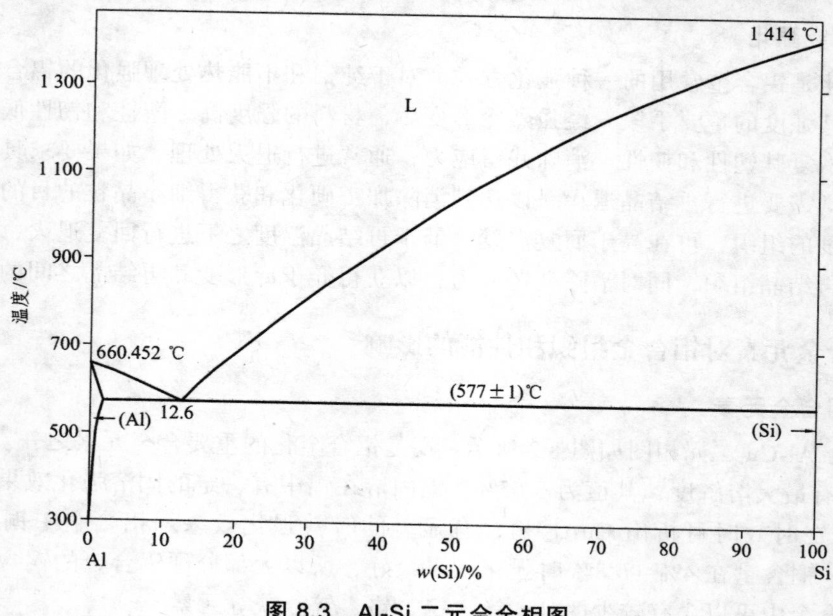

图 8.3 Al-Si 二元合金相图

（3）镁。Al-Mg 二元相图如图 8.4 所示。450 °C 时，镁在铝中的溶解度达到最大值 17.4%，镁在铝中的溶解度随着温度的下降而迅速减小，室温时，镁在铝中的溶解度仅为 0.05%。在大部分工业用形变铝合金中，镁含量均小于 6%，而硅含量也低，这类合金是不能热处理强化的，但焊接性良好，抗蚀性也好，并有中等强度。镁对铝的强化是明显的，每增加 1% 镁，抗拉强度大约升高 34 MPa。如果加入 1% 以下的锰，可起补充强化作用。因此，加锰后可降低镁含量，同时可降低热裂倾向；另外，锰还可以使 Al_3Mg_2 化合物均匀沉淀，改善抗蚀性和焊接性能。

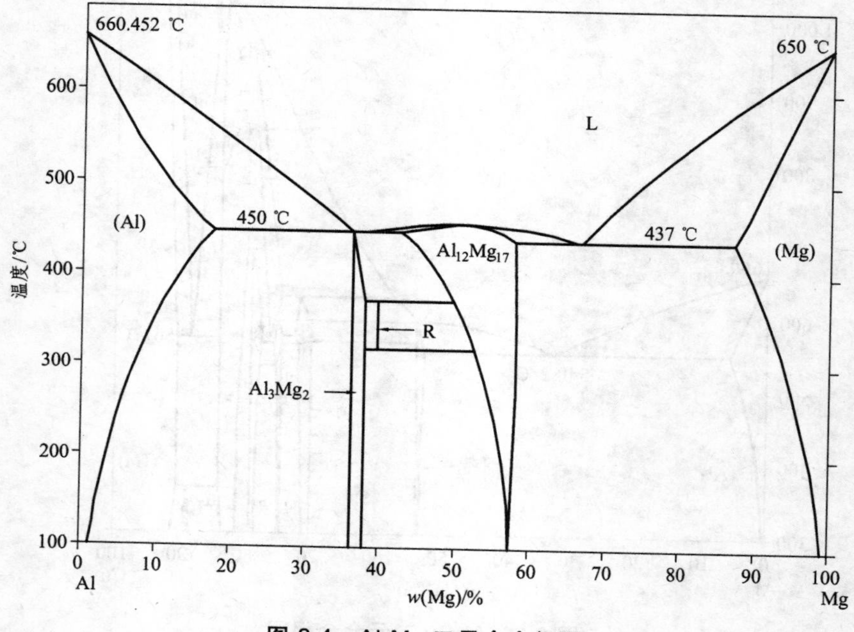

图 8.4 Al-Mg 二元合金相图

（4）锰。Al-Mn 二元相图如图 8.5 所示。在共晶温度 658 °C 时，锰在 α 固溶体中的最大溶解度为 1.82%。合金强度随着溶解度的增加不断提高，锰含量为 0.8% 时，伸长率达到最大值。Al-Mn 合金是非时效硬化合金，即不可热处理强化。锰能阻止铝合金的再结晶过程，提高再结晶温度，并能显著细化再结晶晶粒。再结晶晶粒的细化主要是通过 $MnAl_6$ 化合物弥散质点对再结晶晶粒长大起阻碍作用。$MnAl_6$ 的另一作用是溶解杂质铁，形成(Fe、Mn)Al_6，减小铁的有害影响。锰是铝合金的重要元素，可以单独加入形成 Al-Mn 二元合金，更多的是和其他合金元素一起加入，因此，大多数铝合金中均含有锰。

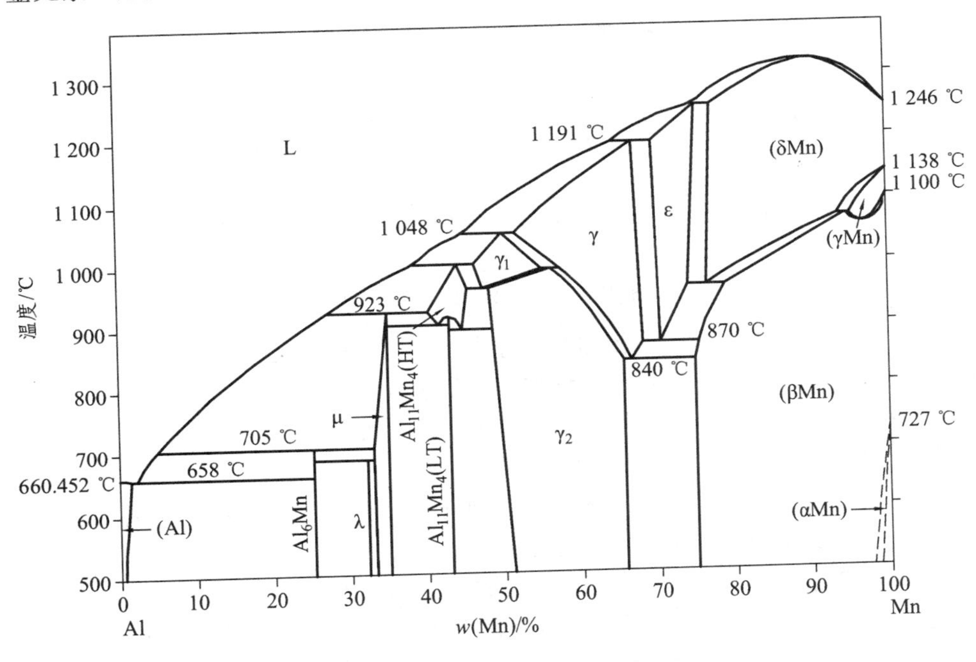

图 8.5 Al-Mn 二元合金相图

（5）锌。Al-Zn 二元相图如图 8.6 所示，该图省略了包晶反应。443 °C 时，液相与铝的固溶体发生包晶反应生成 ZnAl，在此温度下锌在铝中的溶解度达到极限，约为 70%。锌单独加入铝中，在形变条件下对合金强度的提高十分有限，同时存在应力腐蚀开裂倾向，因而限制了它的作用。在铝中加入锌和镁，可形成强化相 $MgZn_2$，对合金产生明显的强化作用。$MgZn_2$ 含量从 0.5% 提高到 12% 时，可明显增加抗拉强度和屈服强度。镁含量超过形成 $MgZn_2$ 相所需要的量时，还会产生补充强化作用。由于调整锌和镁的比例可提高抗拉强度和增大应力腐蚀开裂抗力，所以在超硬铝合金中通常将锌和镁的比例控制在 2.7：1 左右，以使其应力腐蚀开裂抗力最大。如在 Al-Zn-Mg 基础上加入铜元素，形成 Al-Zn-Mg-Cu 合金，其强化效果在所有铝合金中最大。

（6）钛和硼。钛是铝合金中常用的添加元素，以 Al-Ti 或 Al-Ti-B 中间合金形式加入。钛与铝形成 $TiAl_3$ 相，成为结晶时的非自发核心，起细化铸造组织和焊缝组织的作用。Al-Ti 系合金发生包晶反应时，钛的临界含量约为 0.15%，如果有硼存在，则减小到 0.01%。

（7）铬。铬是 Al-Mg-Si 系、Al-Mg-Mn 系、Al-Mg 系合金中常见的添加元素。在 600 °C 时，铬在铝中溶解度为 0.8%，室温时基本上不溶解。铬在铝中形成(Cr、Fe)Al_7 和(Cr、Mn)Al_{12}

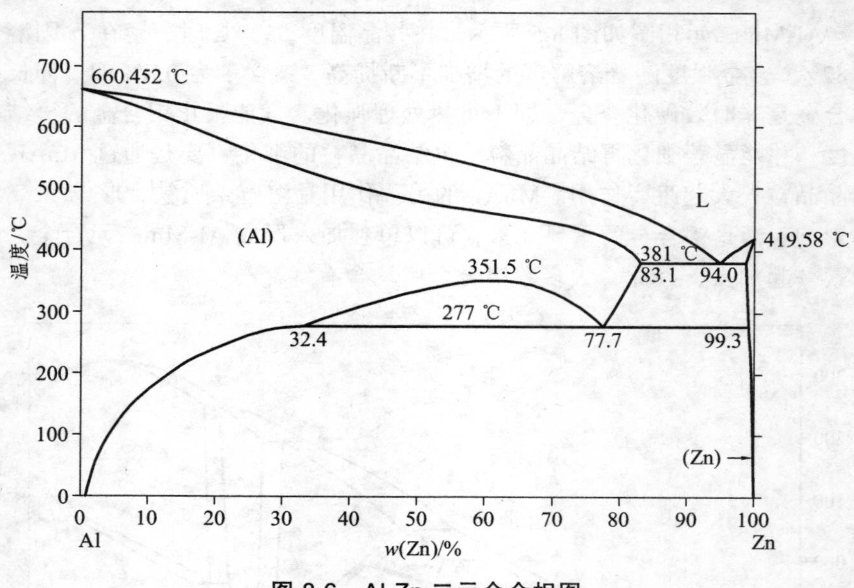

图 8.6 Al-Zn 二元合金相图

等金属间化合物，阻碍再结晶的形核和长大过程，对合金有一定的强化作用，还能改善合金韧性和降低应力腐蚀开裂敏感性；但会增加淬火敏感性，使阳极氧化膜呈黄色。铬在铝合金中添加量一般不超过 0.35%，并随着合金中其他过渡族元素量的增加而降低。

（8）锶。锶是表面活性元素，能改变金属间化合物相的行为。因此，用锶元素进行变质处理能改善合金的塑性加工性能和最终的产品质量。由于锶具有变质有效时间长、效果好和再现性好等优点，近年来在 Al-Si 铸造合金中取代了钠的使用。在挤压用铝合金中加入 0.015%～0.03% 的锶，使铸锭中 β-AlFeSi 相变成 α-AlFeSi 相，减少了铸锭均匀化时间 60%～70%，提高了合金的力学性能和塑性加工性，改善了制品表面粗糙度。对高硅（10%～13%）形变铝合金，加入 0.02%～0.07% 的锶元素，可使初晶硅减少至最低限度，力学性能也略有提高，抗拉强度由 233 MPa 提高到 236 MPa，屈服强度由 204 MPa 提高到 210 MPa，伸长率由 9% 增加到 12%。在过共晶 Al-Si 合金中加入锶，能减小初晶硅粒子尺寸，改善塑性加工性能，可顺利地热轧和冷轧。

（9）锆。锆是常用的微量添加元素，通常在铝合金中的加入量为 0.1%～0.3%，锆和铝形成 $ZrAl_3$ 化合物，可阻碍再结晶过程，细化再结晶晶粒。锆亦能细化铸造组织，但比钛的效果小。有锆存在时，会降低钛和硼细化晶粒的效果。在 Al-Zn-Mg-Cu 系合金中，由于锆对淬火敏感性的影响比铬和锰小，因此，宜用锆来代替铬和锰细化再结晶组织。

（10）稀土元素。稀土元素加入铝合金中，使铝合金熔铸时增加成分过冷，细化晶粒，减小二次枝晶间距，减少合金中的气体和夹杂物，并使夹杂物趋于球化；还可降低熔体表面张力，增加流动性，有利于浇铸成锭，对工艺性能有着明显的改善。稀土的适宜加入量约为 0.1%。混合稀土（La-Ce-Pr-Nd 等混合）的添加，使 Al-0.65%Mg-0.61%Si 合金时效时 GP 区形成的临界温度降低。含镁的铝合金，能激发稀土元素的变质作用。

2. 其他元素

在铝合金中，除了以上元素之外，还可能存在钒、钙、铅、锡、铋、锑、铍及钠等杂质元素。这些杂质元素由于熔点高低不一、结构不同，与铝形成的化合物也不相同，因而对铝合金性能的影响各不一样。

铁仅在 Al-Cu-Mg-Ni-Fe 系锻铝合金中作为合金元素加入，主要以 $FeAl_3$ 形式存在。在该系铝合金中，当硅含量大于铁含量时，形成 β-$FeSiAl_5$（或 $Fe_2Si_2Al_2$）相；而铁含量大于硅含量时，形成 α-Fe_2SiAl_8（或 Fe_3SiAl_{12}）相。当铁和硅比例不当时，会引起铸件产生裂纹；铸铝中铁含量过高时会使铸件产生脆性。

钒在铝合金中形成难熔化合物，在熔铸过程中起细化晶粒的作用，但比钛和钙的作用小。钒也有提高再结晶温度，细化再结晶组织的作用。

钙在铝中的固溶度极低，与铝形成 $CaAl_4$ 化合物，钙又是形成超塑性铝合金的元素。钙和锰的含量都约为 5% 的铝合金具有超塑性。钙和硅形成 $CaSi_2$，不溶于铝，由于减小了硅的固溶量，可稍微提高工业纯铝的导电性能。钙能改善铝合金切削性能。$CaSi_2$ 不能使铝合金热处理强化。微量钙有利于去除铝液中的氢。

铅、锡、铋元素是低熔点金属，它们在铝中固溶度不大，略降低合金强度，但能改善切削性能。铋在凝固过程中膨胀，对补缩有利。高镁合金中加入铋可防止钠脆。

锑主要用作铸造铝合金中的变质剂，形变铝合金中很少使用。仅在 Al-Mg 形变铝合金中代替铋防止钠脆。锑元素加入 Al-Zn-Mg-Cu 系合金中，能改善热压与冷压工艺性能。

铍在形变铝合金中可改善氧化膜的结构，减少熔铸时的烧损和夹杂。铍是有毒元素，能使人产生过敏性中毒。因此，用于制造食品和饮料器皿的铝合金中不能含有铍。焊接材料中的铍含量通常控制在 8×10^{-6} 以下。用作焊接基体的铝合金也应控制铍含量。

钠在铝中几乎不溶解，最大固溶度小于 0.002 5%，熔点低（97.8 °C）。合金中存在钠时，在凝固过程中，钠吸附在枝晶表面或晶界。热加工时，晶界上的钠形成液态吸附层，产生脆性开裂，即钠脆。当有硅存在时，形成 NaAlSi 化合物，无游离钠存在，不产生钠脆。当镁含量超过 2% 时，镁夺取硅，析出游离钠，产生钠脆，因此，高镁铝合金不允许使用钠盐熔剂。防止钠脆的方法有氯化法，使钠以 NaCl 的形式排入渣中。加铋使之与钠生成 Na_2Bi 进入金属基体。加锑使之与钠生成 Na_3Sb 或加入稀土也可起到相同的作用。

8.3 铝合金的热处理

大多数铝合金可以通过热处理来改善性能，常用的热处理方法如下。

8.3.1 退　火

退火的目的是提高合金成分的均匀性及组织的稳定性，并通过回复及再结晶过程，消除残留应力与加工硬化，以利于随后的加工和使用。

8.3.1.1 均匀化退火

均匀化退火主要用于铝合金半成品加工厂的铸锭处理。由于结晶速度快，铸锭晶粒内部化学成分是不均匀的，先结晶的部分即树枝状晶体内通常合金浓度较低，而后结晶的部分即树枝状晶体之间的合金浓度却较高，造成晶内偏析。工业铝合金中的锰、镁、铜、锌等元素都会出现这种偏析，而其中以锰偏析最为明显。存在成分偏析的铸锭若直接进行压力加工，很容易发生开裂。另外，铸锭由于冷凝快，内部还存在相当严重的残留应力，这也会加剧铸锭在加工过程中的开裂倾向。因此，除纯铝铸锭外，合金铸锭一般都要进行均匀化退火，以消除残留应力及晶内偏析，提高铸锭的塑性。

8.3.1.2 回复与再结晶

金属冷形变后，表现为晶粒发生扭曲形变，并沿形变方向拉长。形变量很大时，就形成所谓的纤维状组织。从晶粒内部来说，塑性形变将造成晶粒破碎，形成许多亚晶粒，同时晶体点阵也发生畸变。晶体缺陷数量增加，提高了金属的自由能，使之处于一种不稳定状态。经受形变的金属在退火加热时可能发生以下变化：回复→再结晶→晶粒长大。回复阶段发生在退火温度较低或时间较短的情况下。随着退火温度的提高或时间的延长，金属的硬度、强度迅速下降，而塑性明显增加，这就标志着再结晶过程业已开始。当强度下降和塑性提高到某一稳定值，则表示再结晶过程已经结束。通过再结晶可以消除金属因塑性形变而产生的加工硬化，恢复塑性，有利于下一道工序的进行或最终使用。

8.3.2 固溶处理

铝合金的固溶处理即铝合金的淬火，是指通过高温加热使铝合金中的强化相溶入基体，随后快速冷却，以抑制强化相在冷却过程中重新析出；从而获得一种过饱和的、以铝为基的 α′ 固溶体，为下一步时效处理做好组织上的准备。

以 Al-Cu 合金为例（见图 8.2），共晶温度为 548 °C。室温时，铜在铝中的溶解度不足 0.1%，加热到 548 °C，溶解度提高到 5.65%。因此，铜含量在 5.65% 以下的 Al-Cu 合金，加热温度超过固溶度线以后，进入 α 单相区，即 $CuAl_2$ 相全部溶入基体，淬火后就可获得单一的过饱和 α′ 固溶体。

当合金成分大于铜在铝中的极限溶解度时，则铝合金中存在部分共晶体，这部分组织在固态下加热时几乎不发生变化。所以，对于大多数铸造铝合金，淬火组织中除 α′过饱和固溶体外，还有相当数量的共晶体及杂质相（合金中含有初晶体，这部分组织也不固溶）。例如，ZL101 合金，退火组织为 α + 共晶体(α + Si) + Mg_2Si，固溶处理时，只有 Mg_2Si 溶入基体，所以，固溶组织为 α′ + 共晶体(α + Si)。

铝合金固溶处理的工艺操作与钢的淬火工艺操作基本上相同，但与钢的淬火有着本质的不同。铝合金尽管淬火加热时，也是由 α 固溶体加第二相转变为单相的 α 固溶体，淬火时得到单相的过饱和 α′ 固溶体，但它不发生同素异晶转变。因此，铝合金的淬火处理称为固溶处理。这种过饱和固溶体 α′与碳溶于铁中的过饱和固溶体（马氏体）不同，因而强化效果也不同。钢从奥氏体区淬火后形成的马氏体，是碳溶于α-Fe 中形成的过饱和间隙固溶体，且晶体结构也发生了改变，引起的晶格畸变较大；溶于马氏体中的碳易和位错形成科垂耳气团，其强化机制除固溶强化外，还有细晶强化、位错强化。这些因素使钢淬火后的强度和硬度显著提高，而塑性、韧性大幅下降。铝合金固溶、淬火后得到的α′固溶体是合金元素溶于铝中形成的置换型过饱和固溶体，引起的晶格畸变不大，所以铝合金固溶处理后强度、硬度提高并不明显；但由于硬而脆的第二相消失，塑性明显提高。故铝合金经固溶处理后还需经过时效处理，才能显著提高铝合金的强度、硬度。

8.3.3 时效处理

8.3.3.1 时效过程中的脱溶贯序

通过淬火处理获得的过饱和固溶体是一种亚稳定的组织，在室温长期放置或加热时将发生分解而转化为平衡组织，这个过程就是时效处理。按照相图，Al-4%Cu 合金的平衡组织应为 $\alpha + CuAl_2$。经淬火固溶处理后，为亚稳定的过饱和固溶体 α'。α'相中不仅溶质原子过饱和，空位、位错等缺陷也是过饱和的。α' 固溶体在加热时会析出 $CuAl_2$ 相，即 θ 相。由于 θ 相与 α 相在成分及晶体结构上都是不同的，因此，时效析出过程必然是通过原子扩散来实现的。若加热温度较高，原子有足够的活动能力，则 θ 相（$CuAl_2$）可以直接从 α 固溶体中析出；反之，若温度较低，原子活性差，直接析出 θ 相（$CuAl_2$）就会有困难。实际上它在 130 °C 时效时将发生一系列的复杂变化。

Al-4%Cu 合金中的时效过程是一个经典的例子，可以分为 4 个阶段。

第一阶段：形成铜原子的富集区（GP Ⅰ 区，或 GP 区）。

α' 相在时效的早期发生铜原子在母相的{100}晶面上偏聚，形成溶质原子铜的偏聚区。该偏聚区呈薄片状，厚度仅为 0.3 ~ 0.6 nm，约几个原子间距；其直径随时效温度的升高而增大，但一般不超过 10 nm；其结构与 α 基体相同，保持着共格关系。铜原子比铝原子小，其附近会产生晶格畸变，阻碍位错运动，使强度、硬度上升。

时效硬化现象是德国科学家 A. Wilm 在 1906 年发现的，但直到 1919 年才弄清楚是由 α' 过饱和固溶体分解引起的。1935 年，发现在 θ 相（$CuAl_2$）析出之前还有过渡相 θ′。在早期的光学显微镜下，是看不到沉淀相的。1938 年法国的纪尼埃（A. Guinier）和英国的普雷斯顿（G. D. Preston）分别独立地依据精确的 X 射线衍射实验推断出自然时效后 Al-Cu 合金中已发生了沉淀反应。随后在其他合金中也发现了类似的现象。过去曾将这类沉淀产物称为预沉淀物，现在统称为 GP 区。

第二阶段：铜原子富集区的有序化（GP Ⅱ 区，或 θ″相）

随着时效过程的继续或温度的上升，铜、铝原子形成有序排列，形成正方晶格的 θ″ 相；其点阵常数 $a = 0.404$ nm，$c = 0.768$ nm。它是一个真正的过渡相，其溶质原子和溶剂原子按一定的规则排列，即呈有序化。根据旧习惯，称之为 GP Ⅱ 区。θ″相在基体的{100}面上形成圆盘状组织，与基体完全共格。在 θ″ 过渡相附近会产生一个弹性应力场或晶格畸变区，其畸变程度比第一阶段的 GP Ⅰ 区更大；从而对位错运动产生的阻碍作用也进一步增加，显著提高了合金的强度和硬度。θ″ 相产生的强化效果大于 GP Ⅰ 区的。

第三阶段：形成过渡相（θ′ 相）。

随着时效进程的继续，当铜与铝的原子比达到 1∶2 时，θ″ 相转变为 θ′ 相。它与 $CuAl_2$ 的化学成分相当，但还是一个过渡相。θ′ 相具有正方晶格，点阵常数为 $a = 0.571$ nm，$c =$ 0.580 nm。由于 θ′相的点阵常数发生较大的变化，原来的共格关系遭到部分破坏，形成半共格界面，共格界面仍为{100}晶面。θ′ 相与基体局部失去共格，晶格畸变程度会降，界面处的应力场必然减小。所以，当 θ′ 相刚开始出现时，强化效果最大；随后强化效果逐渐减弱，出现过时效。

第四阶段：形成平衡相（θ 相）。

继续时效，过渡相 θ′ 从铝基固溶体中完全脱溶，最终形成与基体有明显相界面的独立的稳定相 $CuAl_2$，称之为 θ 相。它属于体心正方晶格的有序化结构，点阵常数（$a = 0.607$ nm，$c = 0.487$ nm）比 θ′ 相大些，与基体完全失去共格关系，共格畸变随之消失，强化效果显著下降，合金完全软化。

上述 Al-4%Cu 合金中时效的 4 个过程可以概括为

$$\alpha' \rightarrow \text{GP Ⅰ 区（或 GP 区）} \rightarrow \text{GP Ⅱ 区（或 } \theta''\text{）} \rightarrow \theta' \rightarrow \theta(CuAl_2)$$

时效过程与合金的成分、时效参数有关。不同的时效阶段还会相互重叠，交叉进行，往往有一种以上的中间过渡相同时存在。GP 区所造成的硬度增加到一定的程度会达到饱和状态。随着 θ″ 相的出现，硬度的上升达到最高值。当组织中出现 θ′ 时，合金进入过时效阶段。若形成稳定的 θ 相，则合金完全软化。

图 8.7 表示 A1-Cu 合金时效时发生的强化效应。由该图可见，最佳的强化效应是发生在θ′ 相形成之前。此现象说明，主要的强化效应是由位错与很小的共格 GP 区及 θ′ 析出相相互作用造成的，这也说明了为什么在强化峰值出现之前用光学显微镜观察不到显微组织的变化。

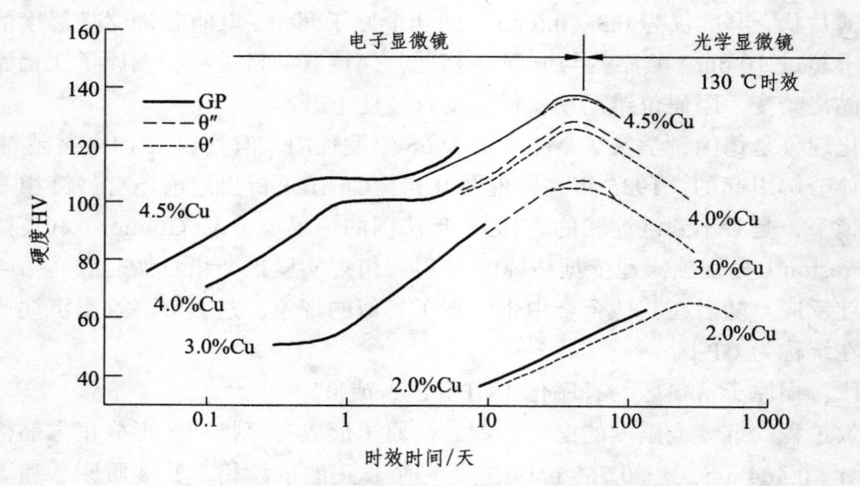

图 8.7　Al-Cu 合金时效时硬度与时间的关系

其他合金的时效原理和过程与上述 Al-Cu 合金基本相似，其他合金中出现的溶质原子偏聚区，也称为 GP 区。

8.3.3.2　时效处理的种类

时效可以分为自然时效和人工时效。自然时效是将固溶处理所得到的过饱和固溶体在室温放置一段时间，使其亚稳态的组织逐步发生转变的过程。人工时效是将这种固溶体加热到室温以上的某一温度，保温适当的时间，使其组织趋于稳定的过程。为了达到一定的强化效果，人工时效的温度较高，其处理时间通常比自然时效放置的时间短得多。

人工时效分为 3 类：不完全人工时效、完全人工时效和过时效。不完全人工时效是采用比较低的时效温度或比较短的保温时间，获得优良的综合力学性能，即获得比较高的强度、良好的塑性和韧性，但耐腐蚀性能可能比较低。完全人工时效是采用比较高的时效温度和较长的保温时间，获得最大的硬度和最高的抗拉强度，但伸长率较低。过时效是在更高的温度下进行的，这时合金保持较高的强度，同时塑性有所提高，主要是为了得到好的抗应力腐蚀性能。为了得到稳定的组织和几何尺寸，时效应该在更高的温度下进行。时效根据使用要求通常也分为稳定化处理和软化处理。

铝合金在淬火后先进行塑性形变再进行时效处理的复合工艺叫作形变时效。经塑性形变后，位错密度显著增加，促进时效时过渡相的形成，可加速时效过程。

8.4 常用铝合金

8.4.1 形变铝合金

8.4.1.1 防锈铝合金

防锈铝合金，简称防锈铝，具有优良的抗腐蚀性能、良好的塑性和焊接性能、较差的切削加工性能，适宜于制作焊接管道、容器、铆钉以及其他冷形变零件。防锈铝合金主要包括 Al-Mn 系及 Al-Mg 系两大类。

1. Al-Mn 合金

Al-Mn 合金有高于纯铝的强度，又有高的塑性、抗蚀性和优良的焊接性及压力加工性能，常以管、板和型材形式应用于飞机油箱、油管等焊接用品方面。国外还大量应用于饮料罐、炊具及建筑用屋面板。

Al-Mn 合金中，主要合金元素锰既可溶于 α 固溶体中起强化作用，也可与铝形成弥散的金属间化合物 $MnAl_6$，阻碍晶粒长大，起细化晶粒的作用。但当锰含量大于 1.6% 时，由于形成大量的脆性 $MnAl_6$，导致合金塑性显著降低，压力加工性能下降，所以防锈铝中锰含量一般不超过 1.6%。

Al-Mn 合金中，$MnAl_6$ 与基体的电极电位相近，产生的腐蚀电流很小，故该合金具有优良的耐蚀性。该合金中主要的杂质元素是铁和硅，铁降低了锰在铝中的溶解度，形成脆性的 $(Mn，Fe)Al_6$ 化合物，使合金的塑性降低。硅会增大合金的热裂倾向，降低合金的铸造性能。因此，Al-Mn 合金中通常将铁含量控制在 0.4% ~ 0.7%，硅含量控制在小于 0.6% 的范围。

Al-Mn 系防锈铝不宜采用时效处理。3A21 合金制品的热处理工艺主要是退火。锰在铸锭时极易发生晶内偏析，使锰的微区分布不均匀。锰能显著提高再结晶温度。因此，为了防止在退火过程中产生粗大晶粒，可提高退火时的加热速度；或在合金中加入少量钛的同时，加入 0.4% 左右的铁使之形成 $(Mn，Fe)Al_6$，减少锰的偏析，从而细化晶粒。但锰和铁的含量同时达到允许的上限时，会出现粗大的一次化合物 $MnAl_6$，对轧制不利。故锰的实际加入量通常控制在 1.0% ~ 1.2%。

2. Al-Mg 合金

Al-Mg 合金是应用最广的一类铝合金，特点是密度比纯铝小，抗海水腐蚀性能优良，焊接性能、抛光性能好，强度比 Al-Mn 合金高，适宜于生产各种塑性加工制品，供造船、车厢、仪器和各种容器等焊接结构用。

Al-Mg 合金的主要合金元素为镁，当镁含量小于 5% 时，镁固溶于 α 相中，该合金为单相合金，经扩散退火及冷形变后退火等热处理，组织和成分均匀，耐蚀性较好。当镁含量大于 5% 时，退火组织中会出现脆性的 β（Al_3Mg_2）相，其电极电位低于 α 固溶体，导致合金的耐蚀性恶化，塑性、焊接性也变差。Al-Mg 合金中还可加入少量锰、钛、钒及硅等元素，锰可提高合金强度、改善合金耐蚀性；钛、钒可细化合金晶粒；硅可改善合金流动性，减少焊接裂纹倾向。Al-Mg 合金的主要杂质元素包括铁、铜和锌，这些元素将恶化合金的耐蚀性及工艺性，故其含量应严格控制。

Al-Mg 合金牌号从 5A02 ~ 5A12，其 $w(\mathrm{Mg}) = 2\% \sim 9\%$。$w(\mathrm{Mg}) < 7\%$ 的 Al-Mg 合金通常采用冷形变强化的方法来提高其强度，因为此类合金在时效过程中形成的过渡相 β′与基体不共格，时效强化效果甚微。Al-Mg 合金在大气、海洋中的耐蚀性优于 Al-Mn 合金 3A21，与纯铝相当；在酸性及碱性介质中比 3A21 略差。

8.4.1.2 硬铝合金

硬铝合金属于 Al-Cu-Mg 系合金，该系合金经时效处理后具有很高的强度和硬度，故 Al-Cu-Mg 系合金总称为硬铝合金。根据合金元素含量及性能不同，硬铝合金可分为低强度硬铝、中强度硬铝及高强度硬铝 3 种类型。这类合金具有优良的加工性能和耐热性，但塑性、韧性低，耐蚀性差，常用来制作飞机大梁、空气螺旋桨、铆钉及蒙皮等。

硬铝合金的主要合金元素为铜、镁，铜、镁单独或共同与铝结合可形成 θ（$CuAl_2$）、S（$CuMgAl_2$）、T（Al_6CuMg_4）、β（Al_3Mg_2）4 种金属间化合物，其中 θ 相、S 相是强化相，且 S 相的室温、高温强化作用均高于 θ 相。当铜与镁的比值一定时，铜和镁总量越高，强化相数量越多，强化效果也越大。除铜、镁外，硬铝合金中还可加入一定量的锰元素。锰可以中和杂质元素铁带来的不利影响，改善合金的耐蚀性。锰还具有固溶强化和抑制再结晶的作用。但锰含量高于 1.0% 时会产生粗大的脆性相 (Mn，Fe)Al_6，降低了合金的塑性，因此硬铝合金中锰含量通常控制在 0.3% ~ 1.0%。硬铝合金的主要杂质元素为铁和硅，它们的存在会减少强化相 θ 和 S 的数量，降低了硬铝的时效强化效果。

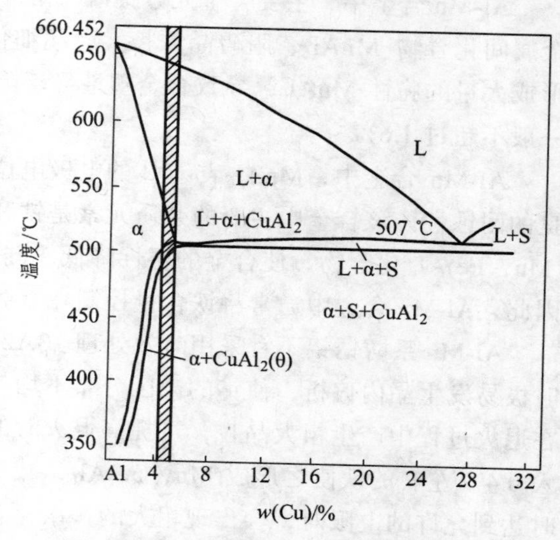

图 8.8　Al-Cu-Mg 三元合金垂直截面

硬铝合金的热处理特点是强化相充分固溶温度与（α + θ + S）三元共晶温度的间隙很窄，如图 8.8 所示。2A12 高强度硬铝合金的 θ、S 相完全溶入 α 固溶体的温度非常接近三元共晶的熔点 507 °C。因此，硬铝淬火加热的过烧敏感性很大。为了获得最大固溶度的过饱和固溶体，2A12 合金最理想的淬火温度为（500 ± 3）°C，但实际生产条件很难做到，所以 2A12 合金常用的淬火温度为 495 ~ 500 °C。此外，硬铝合金人工时效比自然时效具有更大的晶间腐蚀倾向，所以硬铝合金除高温工作的构件外，一般都采用自然时效。为了减少淬火过程中θ相沿晶界大量析出，从而导致自然时效强化效果降低和晶间腐蚀倾向增大，硬铝合金淬火时，在保证不发生形变开裂的前提下，冷却速度越快越好。

8.4.1.3 超硬铝合金

超硬铝属于 Al-Zn-Mg-Cu 系合金，是目前室温强度最高的一类铝合金，其抗拉强度高达 500 ~ 700 MPa，超过高强度硬铝 2A12 合金，故称为超硬铝合金。这类合金除强度高之外，韧性储备也很高，又具有良好的工艺性能，是飞机工业中重要的结构材料。

超硬铝中主要合金元素包括锌、镁、铜，其中锌和镁可与铝结合形成强化相 η（$MgZn_2$）和 T（$Al_2Mg_3Zn_3$），在高温下这两个相在 α 固溶体中有较大的溶解度，且溶解度随温度升降剧烈变化，$MgZn_2$ 在共晶温度下的溶解度达 28%，冷至室温时下降到 4% ~ 5%。固溶处理后的超硬铝经时效处理后具有强烈的沉淀强化效应，故锌、镁是超硬铝中的主要强化元素。但锌、镁含量过高时，合金的塑性及抗应力腐蚀性能下降。加入铜不但可以改善超硬铝的应力腐蚀倾向，还能形成 θ 和 S 强化相，进一步提高了合金的强度。但铜含量超过 3% 时，合金的耐蚀性反而降低，故超硬铝中的铜含量应控制在 3% 以下。此外，铜还会降低超硬铝的焊接性，所以一般超硬铝采用铆接或粘接。超硬铝中还可加入少量锰、铬或微量钛，锰既可起固溶强化作用也可改善合金的抗晶间腐蚀性能，铬和钛可形成弥散分布的金属间化合物，强烈提高超硬铝的再结晶温度，阻止晶粒长大。

与硬铝相比，超硬铝淬火温度范围较宽。对于锌含量小于 6%，镁含量小于 3% 的合金，淬火温度为 450 ~ 480 °C。超硬铝一般经人工时效后使用，且采用分级时效处理。先在 120 °C 时效 3 h，再在 160 °C 时效 3 h，形成 GP 区和少量的 η′相，此时合金达到最大强化状态。

超硬铝的主要缺点是耐蚀性差，疲劳强度低。为了提高合金的耐蚀性能，一般在板材表面包铝。此外，超硬铝的耐热强度不如硬铝，当温度升高时，超硬铝中的固溶体迅速分解，强化相聚集长大，而使强度降低。超硬铝合金只能在低于 120 °C 的温度下使用。

8.4.1.4 锻铝合金

锻铝属于 Al-Mg-Si-Cu 系合金。这类合金具有优良的锻造性能，主要用于制作外形复杂的锻件，故称为锻铝。它的力学性能与硬铝相近，但热塑性及耐蚀性较高，更适合锻造；主要用于航空仪表工业中形状复杂、强度要求高的锻件。

锻铝中的主要合金元素为镁、硅、铜，镁与硅形成强化相 Mg_2Si，由于硅在 α 固溶体中的溶解度比镁小，故硅会先于镁发生偏聚，且硅原子偏聚区小而弥散，造成基体中固溶的硅含量大大减少。当再进行人工时效时，这些小于临界尺寸的硅的 GP 区将重新溶解，导致形成亚稳的 β″ 相，故通常要求该合金淬火后立即进行时效处理。合金元素锰可起固溶强化、提高韧性和耐蚀性的作用。合金元素铜可显著改善热加工塑性和提高热处理强化效果，降低因加入锰引起的各向异性。

8.4.2 铸造铝合金

8.4.2.1 Al-Si 及 Al-Si-Mg 铸造合金

1. Al-Si 铸造合金

Al-Si 铸造合金是以 Al-Si 为基，含有少量杂质或其他合金元素的二元或多元合金，是用途最广的铸造铝合金。最基本的 Al-Si 铸造合金为含 10%～13% 的硅，具有共晶组织的 ZL102 二元合金，该合金淬火、时效强化效果很差，不能进行热处理强化；强度低，但焊接性、耐热性较好；组织中的 α 相与硅的电位差很小，不易产生微电池作用，抗蚀性好；常用于制造形状复杂、薄壁、载荷较低但要求气密性和抗蚀性较高的零件，如仪表壳体、涡轮泵壳体、气缸活塞。

由于铸造 Al-Si 合金中的共晶硅呈粗大针状或板片状，会显著降低合金的强度和塑性，所以一般都要进行变质处理，以便改变共晶硅形貌，使共晶硅细化和颗粒化，组织由共晶或过共晶变成亚共晶，可以显著改善共晶组织的塑性。铸造 Al-Si 合金的变质剂通常为钠盐。经变质处理后，Al-Si 二元合金相图发生改变，如图 8.9 所示，共晶温度下降，共晶硅含量增大，即共晶点向右下方移动。此时，ZL102 合金处于亚共晶相区，共晶组织变成由 α 固溶体和细小的共晶体组成的亚共晶组织，共晶体中粗大的针状共晶硅细化成细小条状或点状。图 8.10 为 ZL102 合金未经变质处理和经变质处理后的显微组织。

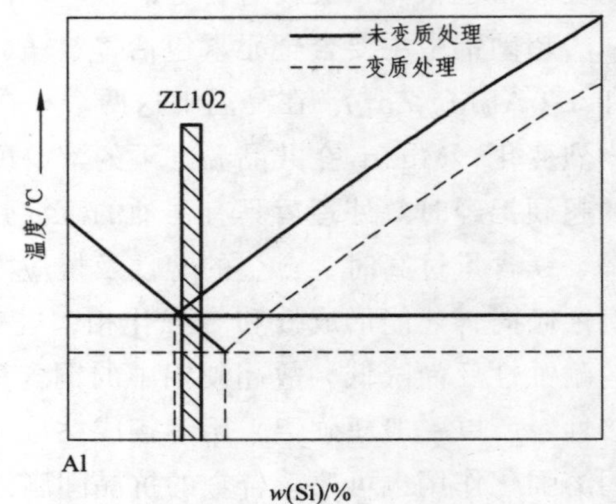

图 8.9 变质处理对 Al-Si 二元合金相图共晶点的影响

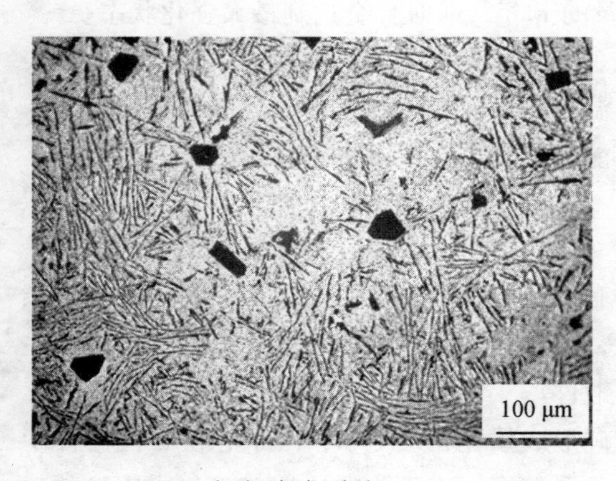

（a）未变质处理

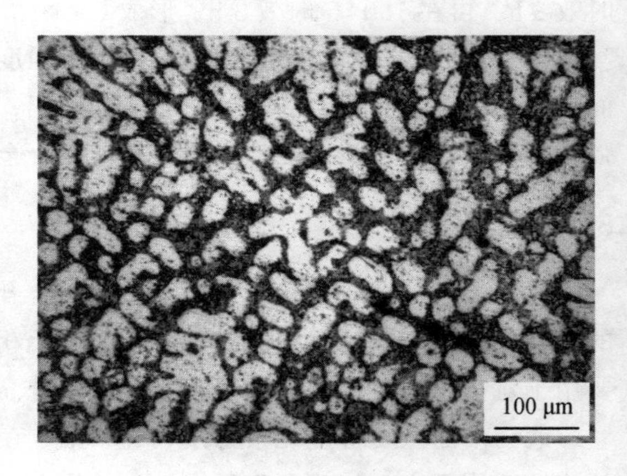

（b）变质处理

图 8.10 ZL102 合金显微组织

钠的变质效果良好，但变质工艺不易掌握。钠的熔点很低（97 °C），在铝合金熔炼浇铸过程中极易挥发烧损，变质处理后必须在 30 min 内浇铸完毕（砂型铸件），否则失效；钠的加入量也不好控制，量少则变质不足，量多则变质过度，使组织中出现 $(NaAl)Si_2$ 化合物；钠会增加合金中镁的损耗、坩埚和工具的腐蚀；加钠变质后的合金易与水汽反应，产生针孔和夹渣，降低力学性能。为了克服钠变质剂的缺点，可采用锶代替钠进行变质。锶在 710 °C 有效变质时间长达 6 ~ 8 h，且重熔后仍有变质效果，是一种长效变质剂，加入量一般为 0.04% ~ 0.08%（以 Al-5%Sr 中间合金加入）。锶不仅能细化共晶硅片，还能细化共晶团，且变质后合金的力学性能与加钠变质合金的力学性能相当。与用钠盐变质相比，用锶变质可简化操作，对坩埚也无浸蚀作用，但价格昂贵，影响其大量推广使用。

实际生产中，当硅含量小于 7% ~ 8% 时，变质处理对合金的力学性能改善不大，反而容易引起针孔，故通常不进行变质处理。采用金属型铸造薄壁零件或采用压铸工艺时，因冷却快，组织中的硅晶体已经细化，而且变质处理后的合金因黏度升高，会降低充型能力，故也不进行变质处理。

2. Al-Si-Mg 铸造合金

Al-Si 合金经变质处理后，可以提高力学性能。但由于硅在铝中的固溶度变化大，且硅在铝中的扩散速度很快，极易从固溶体中析出，并聚集长大，时效处理时不能起强化作用，故 Al-Si 二元合金的强度不高。为了提高 Al-Si 合金的强度而加入镁，形成强化相 Mg_2Si，并采用时效处理以提高合金的强度。

常用的 Al-Si-Mg 铸造合金有 ZL104、ZL101 等合金。ZL104 合金的主要成分为：$w(Si) = 8\% \sim 10.5\%$、$w(Mg) = 0.17\% \sim 0.30\%$、$w(Mn) = 0.2\% \sim 0.5\%$。室温时的平衡组织为 α 固溶体与（α + Si）二元共晶体以及从 α 固溶体中析出的 Mg_2Si 相。ZL104 合金常采用金属模铸造，加热至（535 ± 5）°C，保温 3 ~ 5 h 固溶处理后水冷，再加热至（175 ± 5）°C 时效处理 5 ~ 10 h 后，其力学性能为 $R_m > 235$ MPa，$A > 2\%$；在铸造 Al-Si 合金中是强度最高的；可用于制造工作温度低于 200 °C、承受高负荷、形状复杂的工件，如发动机气缸体、发动机机壳等。

8.4.2.2 Al-Cu 铸造合金

Al-Cu 铸造合金是应用最早的一种铸造合金，其最大的特点是耐热性高，是所有铸造铝合金中耐热性最高的一类合金。其高温强度随着铜含量的增加而提高。但铜含量增加，合金的密度增加，脆性增大，耐蚀性降低。该合金具有高的热处理效果和热稳定性，适于铸造高温铸件。但这种合金的线收缩和热裂倾向大，铸造性能差，易产生热裂纹。为了提高合金液的流动性，改善其铸造性能，减少铸后热裂倾向，常加入适量的硅以形成一定量的三元共晶组织（$\alpha + Si + CuAl_2$）；但硅的加入同时会损害合金的室温性能及高温性能。当硅加入量约为 3% 时，常采用金属型铸造；当硅加入量约为 1% 时，常采用砂型铸造。

ZL202、ZL203 是二元 Al-Cu 合金，其强化相是具有高的热稳定性的 $CuAl_2$，铸态是 $\alpha + CuAl_2$ 亚共晶组织。铜含量为 4.0% ~ 5.0% 的 ZL203 是热处理强化效果最大的 Al-Cu 铸造合金，也是最常用的 Al-Cu 铸造合金，其共晶组织几乎为连续的网状。铜含量约 10% 的 ZL202 合金的共晶组织则变成厚的封闭网状。但淬火和自然时效处理后，ZL203 合金的共晶完全溶解，变成单相 α，而 ZL202 合金仍有大量共晶 $CuAl_2$ 残留在晶界，故高温强度高，但塑性低。

8.4.2.3 Al-Mg 铸造合金

Al-Mg 铸造合金的优点是密度小，强度和韧性较高，并具有优良的耐蚀性、切削性和抛光性。Al-Mg 铸造合金的结晶温度范围较宽，故流动性差，形成疏松的倾向大，其铸造性能不如 Al-Si 合金好，且熔化、浇铸过程易形成氧化夹渣，使铸造工艺复杂化。为了改善 Al-Mg 合金的铸造性能，通常在其中加入 0.8% ~ 1.3% 的硅，以提高合金的流动性。Al-Mg 铸造合金常用于制造承受冲击、振动载荷，耐海水或大气腐蚀，外形较简单的重要零件和接头，但由于该合金熔点较低，热强度低，故工作温度不超过 200 °C。

Al-Mg 铸造合金共有两种牌号，分别为 ZL301、ZL302，其中镁含量为 9.5% ~ 11.5% 的 ZL301 合金的强度与塑性组合的综合性能最佳。继续增加 Al-Mg 合金中的镁含量，会形成难以完全固溶的 β-Al_3Mg_2 相，使合金性能下降。ZL301 合金铸态组织中除 α 固溶体外，还有部分 Al_3Mg_2 离异共晶组织存在于树枝晶边界。图 8.11 为 ZL301 合金固溶处理后的组织。经固溶处理后，β 相大多固溶到 α 相中，呈蝴蝶状的黑色 Mg_2Si 未溶解。由于 Al-Mg 合金时效处理过程不经历 GP 区阶段，而直接析出 Al_8Mg_5 相，故时效强化效果较差，且强烈降低了合金的耐蚀性和塑性，因此，ZL301 合金常以淬火状态使用。

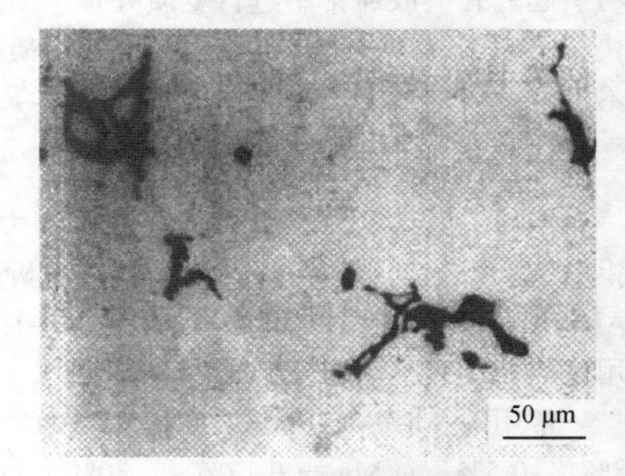

图 8.11 ZL301 合金固溶处理后的组织

8.4.2.4 Al-Zn 铸造合金

Al-Zn 系合金铸态即有明显的时效硬化能力，故称为自强化合金。该系合金的主要特点是具有良好的铸造性能、切削性能、焊接性能和尺寸稳定性，可免除淬火工序引起的形变和尺寸变化。其抗蚀性比 Al-Si 铸造合金低，密度高。因采用金属模铸造时易产生热裂现象，故通常采用砂模铸造。Al-Zn 系铸造合金具有较高的强度，是一种最便宜的铸造合金，其主要缺点是耐蚀性差。该系合金主要包括 ZL401、ZL402 两个牌号。

ZL401 合金除含有主要合金元素锌外，还加入了 6% ~ 8% 的硅，使合金流动性高，热裂倾向小；因而铸造性能好，可用砂模、金属模铸造，也可以压铸，常用于制造结构形状复杂的汽车、飞机、仪器零件，也可制造日用品。锌在铝中的溶解度很大，277 °C 时的极限溶解度为 32.4%，故合金中无固溶体 α 之外的含锌相，平衡组织为 $\alpha + Si + Mg_2Si$，此外还含有少量含铁的 $\beta(Al_8Fe_2Si_2)$相夹杂物。含锌的 α 固溶体很稳定，在铸造冷却过程中不发生分解，有高的固溶强化效应，铸造后在 175 °C 时效处理 5 ~ 10 h，或在 250 ~ 300 °C 退火处理 1 ~ 3 h，可以提高强度和尺寸稳定性。该合金耐热性差，强度不高，有中等耐蚀性，适于压铸工作温度不高于 200 °C 的压铸件。

ZL402 合金在 ZL401 的基础上取消了硅，增加了镁含量，同时加入少量铬和钛，细化了晶粒，改善了抗蚀性，提高了强度和塑性，铸造后经时效处理，屈服强度达 150 MPa，抗拉强度达 240 MPa，硬度约 80 HB，伸长率约为 5%，适用于砂模铸造空压机活塞、气缸座和仪表壳等铸件。

复习思考题

1. 铝的晶体结构有什么特点？

2. 简述纯铝的基本性质和用途。

3. 对于晶粒粗大的铝合金，为什么不能通过重新进行热处理来细化晶粒？

4. 怎样根据相图对铝合金进行分类？

5. 试述铝合金的强化方法。

6. 合金元素在铝合金中的存在状态有哪几种？

7. 试述铝合金的合金化原则。为什么以铜、硅、镁、锰、锌等作为主加元素，而钛、硼、锆、锶、铬、钒、稀土元素等为辅加元素？

8. 铝合金中常见的合金元素有哪些？分别起什么作用？

9. 铝合金的成分应满足哪些条件才能进行时效强化？

10. 为什么大多数 Al-Si 铸造合金都要进行变质处理？当 Al-Si 铸造合金的硅含量为多少时一般不进行变质处理？原因是什么？

11. 为什么硅对铸造铝合金是极其重要的合金元素？

12. Al-Si 铸造合金中加入镁、铜等元素的作用是什么？

13. 与钢铁材料相比，铝合金的淬火有什么特点？

14. 叙述 Al-Cu 合金时效处理过程中的组织变化。

15. 铸造铝合金的热处理与形变铝合金的热处理相比有什么特点？为什么？

16. Al-Zn-Mg 合金时效过程中，其沉淀的一般顺序是什么？试解释两次时效对经固溶热处理和淬火的 Al-Zn-Mg 合金中所形成的 GP 区及中间沉淀物的影响？

17. Al-Zn-Mg-Cu 合金的最高强度是怎样通过化学成分和热处理获得的？

18. 为什么 Al-Zn-Mg-Cu 合金在固溶热处理和淬火后与时效前冷加工不会导致强度提高？

9 钛及钛合金

9.1 概 述

钛是英国化学家格雷戈尔（R. W. Gregor）在 1790 年研究钛铁矿和金红石时发现的。5 年后，德国化学家克拉普罗特（M. H. Klaproth）在分析匈牙利产的红色金红石时也发现了这种元素。他主张采取为铀（1789 年由克拉普罗特发现的）命名的方法，引用希腊神话中泰坦神族“the Titans”的名字给这种新元素取名为“Titanium”，寓意这一新元素像天地之子那样英雄无比。

格雷戈尔和克拉普罗特当时所发现的钛是粉末状的二氧化钛，而不是金属钛。因为钛的氧化物极其稳定，而且金属钛能与氧、氮、氢、碳等直接激烈地化合，所以单质钛很难制取。直到 1910 年才由美国化学家亨特（M. A. Hunter）用钠热还原法第一次制得纯度达 99.9% 的金属钛，这种方法称为亨特法。

钛属于稀有金属。钛在地壳中的丰度为 0.6%，在重要元素中居第 5 位。海水中含钛 0.001×10^{-6}。因此，钛实际上并不稀有，其储量比铜、镍、锡、锌等常见有色金属都大。中国钛资源总量约 9.65 亿 t，占世界探明储量的 1/3 左右，居世界之首；主要集中在四川、云南、广东、广西、海南等地。四川攀西（攀枝花—西昌）地区是中国最大的钛资源基地，与钒钛磁铁矿共生的 TiO_2 储量约 8.7 亿 t，约占全国的 90%，居世界首位。

钛的化学性质活泼，冶炼困难，使得人们长期无法制得大量的钛，从而被归类为“稀有”金属。用于冶炼钛的矿物主要有钛铁矿（$FeTiO_3$）、金红石（TiO_2）和钙钛矿等。矿石经处理得到 $TiCl_4$，再用钠热法或镁热法还原而制得海绵钛。镁热法是卢森堡科学家克劳尔（W. J. Kroll）在美国发明的，故此称为克劳尔法。致密钛是以海绵钛为原料用真空熔炼法生产的，也有用粉末冶金法制得的。

钛及钛合金作为一种重要的结构金属是 20 世纪 50 年代发展起来的。钛及钛合金具有优异的特性，如密度小、比刚度和比强度高、耐高温和低温、耐腐蚀、无磁性等特点，非常适合用于航空工业，有“空间金属”之称。但是，钛异常活泼，熔点又高，因此，钛及其合金的熔炼、浇铸、焊接和热处理等都要在真空或惰性气体中进行。钛的导热性差、摩擦系数大，使切削、磨削加工困难。钛的弹性模量较低，屈强比较高，这使得钛和钛合金冷形变成型时回弹大，不易成型和校直。因其生产困难，加工条件严格，导致成本较高，使其应用范围受到极大限制；在早期主要用于军事、宇航领域。然而，近 20 年来世界上许多国家都认识到钛合金材料的重要性，相继对其进行了研究开发，使钛合金生产、加工过程中的这些问题不断得到解决；从而被广泛用于非军事、非宇航领域，如造船、化工、机械制造、通信器材、硬质合金、生物医学材料、体育器材和生活用具等。随着科学技术的不断进步，钛合金必将成为普遍应用的结构材料以及重要的功能材料。

9.2 纯 钛

9.2.1 物理性质

钛具有银白色的金属光泽。密度为 4.51 g · cm^{-3}，是最重的轻金属。熔点（1 668 ± 10）°C，沸点 3 260 °C。熔点比铁和镍高。25 °C 时的热导率为 14.99 W · (m · °C)$^{-1}$，只有铁的 1/6，铝的 1/16，对切削加工和焊接不利。25 °C 时的膨胀系数为 8.36×10^{-6} °C^{-1}，比铁和镍小；可以补偿加热和冷却过程中因热导率低引起的热应力，从这一点上说对材料加工和热处理有利。摩尔热容为 250.344 kJ(mol · °C)$^{-1}$。线弹性模量为 115 GPa，剪切弹性模量为 44 GPa，泊松比为 0.33。弹性模量只比铁和镍的一半略高一些，对结构的刚度有不利影响。高纯钛的电阻率为 540×10^{-9} Ω · m；但工业纯钛的电阻率为 650×10^{-9} Ω · m，此外，热导率也相应低些。

钛有两种同素异晶形态。在较低温度稳定的 α-Ti 是密排六方结构，点阵常数 a = 0.295 11 nm，c = 0.468 43 nm，c/a = 1.587 3，比理想的 c/a 值 1.633 低。在 882.5 °C 的同素异晶转变温度，α-Ti 转变为 β-Ti。β-Ti 为体心立方结构，点阵常数 a = 0.328 2 nm。

9.2.2 化学性质

钛（Ti），第 4 周期ⅣB 族元素，原子序数是 22，电子轨道分布为 $1s^22s^22p^63s^23p^63d^24s^2$。相对原子质量为 47.867。钛的化合价有 – 1、+ 2、+ 3、+ 4，其中以 + 4 价化合物最稳定。钛的标准电极电位为 – 0.86 V（$TiO_2 + 4H^+ + 4e^- \rightleftharpoons Ti + 2H_2O$）。

钛是化学活性极高的金属，在高温能同卤族元素、氧、硫、碳、氮等发生强烈反应而受污染，钛尘在空气中能发生强烈的爆炸。液体钛几乎能同 ThO_2 以外的所有坩埚材料起反应。因此，钛不能用常规方法熔铸，只能在真空或保护气氛下进行熔炼和铸造。

钛在氮气中加热即能燃烧，在室温还能大量吸收氢气，特别是在 500 °C 以上吸气能力更为强烈，是高真空电子仪器的理想脆气剂（又称钛泵）。利用钛极易吸氢的特点，可以制成以钛为主要成分的储氢材料。

钛在室温和 550 °C 以下的空气中能形成致密的氧化膜，阻止基体继续氧化，并有较高的稳定性，故纯钛可在 500 ~ 550 °C 长期工作。但温度超过 600 °C，氧能迅速透过氧化膜向内扩散使基体继续氧化，给热加工和热处理带来许多麻烦。

纯钛在大多数介质中，特别是在中性、氧化性和海水等介质中有极高的抗蚀性。在海水中的抗蚀性比铝合金、不锈钢和镍基合金还高；在工业、农业环境和海洋大气中虽经数年，表面也不发生任何变化。

氢氟酸、硫酸、盐酸、正磷酸和某些热的有机酸对钛的腐蚀作用较强；特别是氢氟酸，不管浓度或温度高低，均有很强的腐蚀作用。因此，氢氟酸是制备钛及钛合金金相试样时常用的腐蚀剂，也是酸洗液的主要成分。

钛对各种浓度的硝酸和铬酸稳定性极高，在碱溶液和大多数有机酸及化合物中也很耐蚀。

纯钛的特点是不发生局部腐蚀和晶界腐蚀现象，只发生均匀腐蚀，但某些钛合金（如 Ti-Ni-Mo 系）却有明显的缝隙腐蚀现象。纯钛的抗腐蚀疲劳性能也较好。

9.2.3 组织和力学性能

纯钛的显微组织与热形变温度和热处理条件有关。在α相区（＜800 °C）加工或退火（540～710 °C）的组织是由等轴晶粒组成的，如图9.1所示，它是纯钛的常见组织，其强度低，韧性高。如自β相区缓冷，则形成片状的魏氏组织，强度虽略有提高，但伸长率和断面收缩率却变坏，如图9.2所示。如自β相区淬火，则得到针状马氏体组织，如图9.3所示，晶界呈锯齿状，强度显著提高，但组织不稳定，很少利用。

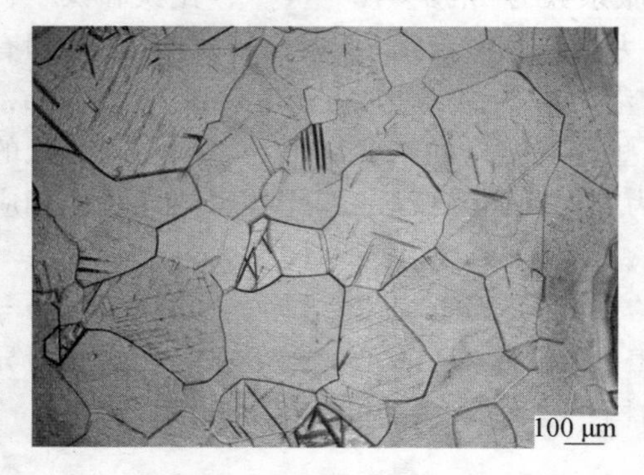

图9.1 工业纯钛自α相区退火的组织

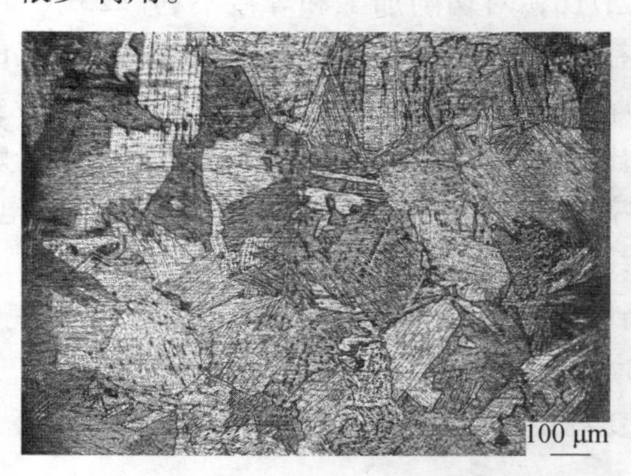

图9.2 工业纯钛自β相区退火形成的片状魏氏组织

钛本质上是高塑性的。用碘化法制取的高纯钛的强度仅为220～290 MPa，而伸长率可达50%～60%，断面收缩率可达70%～80%。这是因为密排六方结构的纯钛的轴比 c/a = 1.587 3，在室温形变时，不仅基面{0001}参加滑移，而且棱柱面 $\{10\bar{1}0\}$ 和棱锥面 $\{10\bar{1}1\}$ 也参加滑移，并起主要作用。滑移方向都是沿基面的密排方向 $\langle 11\bar{2}0\rangle$。这是纯钛不同于六方晶系的镁、锌、镉的原因。纯钛形变的另一个特点是，当温度低时，虽然滑移形变会减少，但会出现大量形变孪晶。孪生形变的增加使钛在低温时具有很好的塑性（甚至比室温还高）。α-Ti的孪晶面为 $\{10\bar{1}2\}$、$\{11\bar{2}1\}$、$\{11\bar{2}\bar{2}\}$ 和 $\{11\bar{2}\bar{4}\}$。

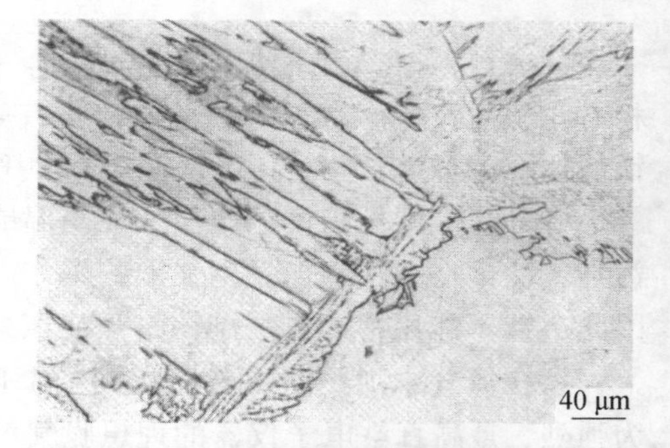

图9.3 工业纯钛自β相区淬火形成的针状马氏体组织

杂质对钛的力学性能有明显的影响。镁热法还原的钛的主要杂质是间隙式杂质氧、氮、碳以及置换式杂质铁和硅等。影响最大的是氧和氮，碳的影响较小。这些间隙式杂质在α-Ti中的溶解度虽很高，但能形成脆性化合物，对冲击韧性影响极坏。当氧含量达0.7%，氮达0.5%，伸长率即几乎等于零。杂质铁的含量≤0.3%，对力学性能的影响不大（比间隙式杂质影响小），Si≤0.15%时的影响与铁相似。氢的影响最坏，因形成TiH化合物引起氢脆而强烈降低冲击韧性，故氢含量应不超过0.015%～0.02%。

工业纯钛的杂质含量较化学纯钛要多，因此，其强度、硬度也稍高；抗拉强度可达到300～600 MPa，伸长率为27%，硬度为50～80 HB。力学性能及化学性能与不锈钢相近，在抗氧化性方面优于奥氏体不锈钢，但耐热性较差。TA1、TA2、TA3的杂质含量依次增高，强度、硬度依次增强，但塑性、韧性依次下降。

9.3 钛的合金化

纯钛的塑性高，但强度低，因而限制了它在工业上的应用。为了获得要求的性能，扩大钛的使用范围，在钛中添加不同的合金元素，得到各种不同牌号的钛合金。钛合金中常用的合金元素有 10 余种，其主要强化途径是固溶强化和沉淀强化。前者是通过提高 α 相或 β相中的溶质浓度而提高合金的性能；后者是借助热处理获得高度弥散的 α + β 或 α + 金属间化合物以达到强化的目的。按现有水平，钛合金利用单相或复相固溶强化效果，可使抗拉强度从高纯钛的约 300 MPa 提高到 1 000 ~ 1 200 MPa，即提高 3 ~ 4 倍；如再结合适当的热处理，还可进一步提高到 1 200 ~ 1 500 MPa，个别合金可达 1 800 ~ 2 000 MPa。钛中加入不同元素，可获得单相或多相的合金。合金元素浓度的差异、组织形态、晶粒大小等因素对钛合金的力学性能都有影响。

9.3.1 钛合金二元相图

以钛为基的二元合金相图大致可分为 4 类，如图 9.4 所示。

（1）合金元素与 α-Ti 及 β-Ti 形成连续固溶体，如图 9.4（a）所示，锆、铪等元素的性质与钛极其相近，原子半径差别也不大，因此，可以形成连续固溶体。

（2）合金元素与 β-Ti 形成连续固溶体，而与 α-Ti 只形成有限固溶体，图 9.4（b）所示，这类元素扩大 β 相区，缩小 α 相区，降低 β→α 相变温度，称为 β 相稳定元素。钛在周期表中的近邻，如钒、铌、钽、铼、钼属于这一类，它们也是体心立方结构，原子尺寸相差也不大。

（3）此类合金元素与 α-Ti 及 β-Ti 都形成有限固溶体，β 相会发生共析分解，如图 9.4（c）所示。这类元素有铬、钨、锰、铁、镍、铜、银、金、钯、铂等。它们使 β 相转变温度下降，所以也属于 β 相稳定元素。

（4）合金元素与 α-Ti 及 β-Ti 都形成有限固溶体，但 α 相由包析反应生成，如图 9.4（d）、（e）所示，使 β 相转变温度升高，因而是 α 相稳定元素。主要元素有铝、硼、氧、氮、碳、钪、镓、镧、铈、钆、钕、锗等，其中氮、氧属于图 9.4（d）类简单包晶相图。

9.3.2 钛合金中合金元素的分类

钛合金是以钛为基础加入其他元素组成的合金。合金元素溶入 α-Ti 中形成 α 固溶体，溶入 β-Ti 中形成 β 固溶体。根据它们对 α→β 相变温度的影响可分为 3 类。

（1）稳定 α 相，提高相转变温度的元素为 α 稳定元素，有铝、碳、氧和氮等。其中，铝是钛合金主要合金元素，它对提高合金的常温和高温强度、降低密度、增加弹性模量有明显效果。

（2）稳定 β 相，降低相变温度的元素为 β 稳定元素，又可分为同晶型和共析型两种。前者有钼、铌、钒等，与钛形成的二元合金相图类型为图 9.3（b）；后者有铬、锰、铜、铁、硅等，与钛形成的二元合金相图类型为图 9.3（c）。

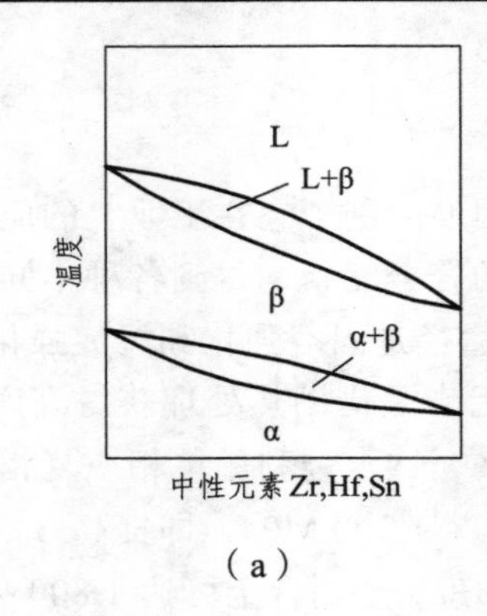

（a）

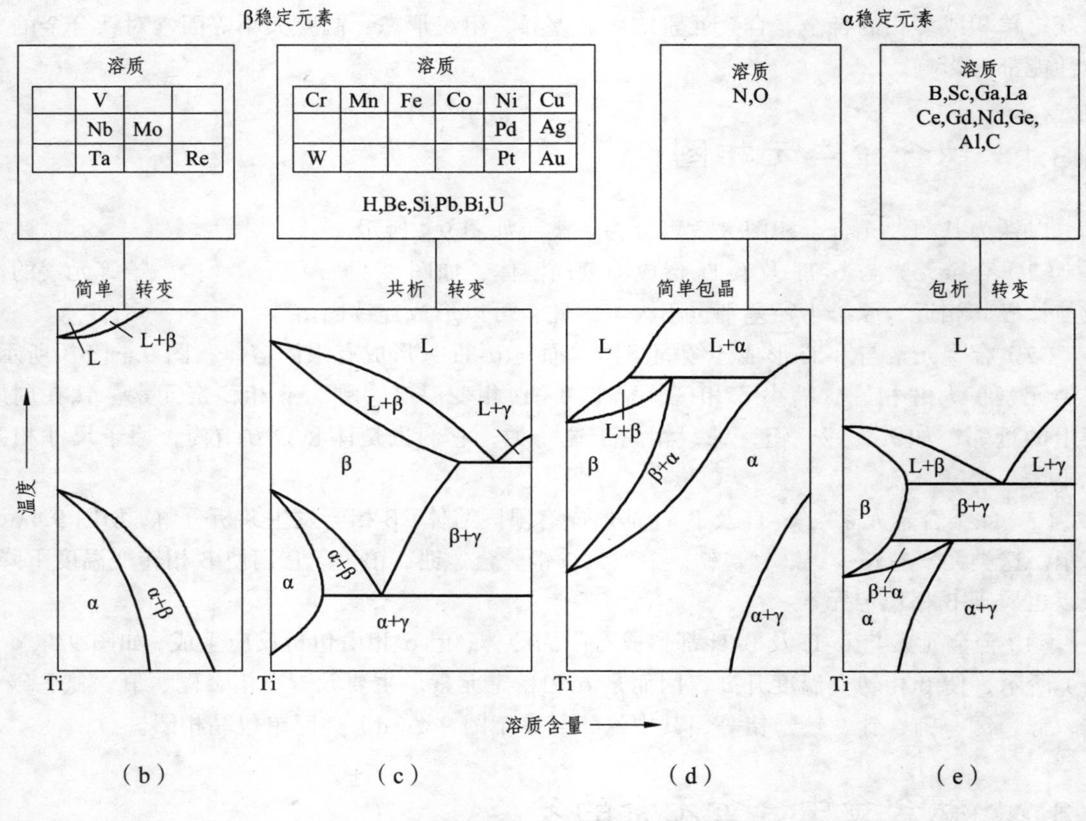

（b） （c） （d） （e）

图 9.4 Ti-M 二元相图分类

（3）对相变温度影响不大的元素为中性元素，它们在 α、β 两相中均有较大的溶解度，甚至能够形成无限固溶体，如与钛同族的锆、铪。另外，锡、铈、镧、镁等，对钛的 β 相变温度影响也不明显，也属于中性元素。中性元素加入后主要对 α 相起固溶强化作用，故有时也可将其看作 α 稳定元素。

9.3.3 常用合金元素对钛性能的影响

（1）锆。锆是中性元素，在 α 相和 β 相中均能形成无限互溶固溶体，起固溶强化作用。

锆还能提高钛合金的高温性能。当 $w(\mathrm{Zr})<2\%$ 时，提高合金的抗蠕变效果最好。

（2）锡。锡与锆相似，亦是中性元素。它在 α 相和 β 相中的固溶度都比较大，能起固溶强化作用，是固溶体的有效强化元素，而且在提高强度的同时不明显降低合金的塑性。锡还能显著提高合金的抗蠕变能力，是耐热钛合金中的主要合金元素之一。

（3）铝。铝是 α 稳定元素，Ti-Al 二元合金相图如图 9.5 所示。钛合金中加入的铝主要溶入 α 相形成固溶体，少量溶于 β 相，具有显著的固溶强化效果，提高了合金的强度，但会降低塑性和韧性。钛合金中加入铝后，可以提高氢的溶解度，从而减轻钛合金对氢脆的敏感性。铝还能提高钛合金的再结晶温度、热强性和弹性模量。Ti-Al 合金的密度小。添加铝可提高 α→β 转变温度，使 β 稳定元素在 α 相中的溶解度增大。所以，铝是钛合金中应用最广泛的合金元素，类似于碳在钢中的作用。但铝对合金的耐蚀性无益，还会使压力加工性能降低。钛合金中铝原子以置换方式存在于 α 相中，当铝含量大于 7% 时，会出现以 Ti_3Al 为基的有序 α_2 固溶体，使合金变脆，热稳定性降低，故钛合金中的铝含量一般不超过 7%。

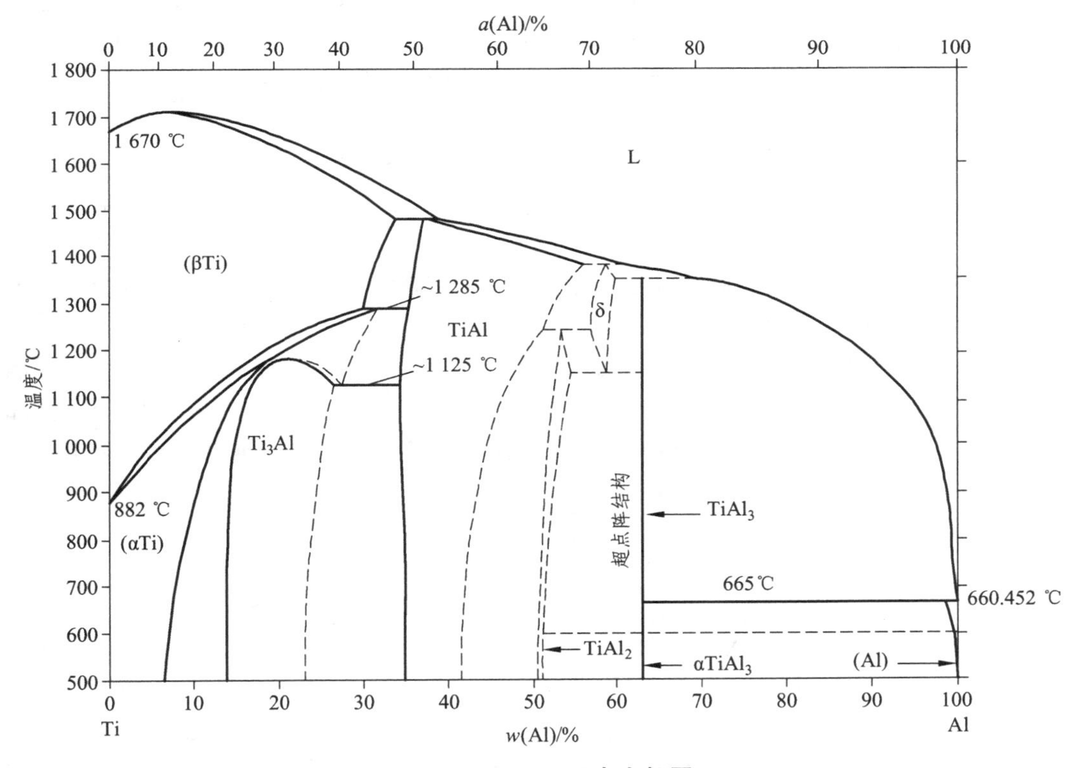

图 9.5 Ti-Al 二元合金相图

（4）钒。钒是钛的 β 同晶元素，在 β-Ti 钛中能无限固溶，而在 α-Ti 中也有一定的溶解度，因此，钒能起有效的固溶强化作用，其强化效果比锡高。钒在提高合金强度的同时还能保持良好的塑性。在耐热合金中加入钒能提高合金的抗蠕变能力和合金的热稳定性。

（5）钼。钼和钒相似，是钛的 β 同晶元素。钛中加入钼主要起固溶强化作用和改善合金的热加工性能，钼还能提高钛合金的抗蠕变能力和热稳定性，以及减小钛合金的氢脆倾向。

（6）铜。铜是 β 共析元素。铜加入钛中，一部分溶解于 α 相；一部分以 Ti_2Cu 化合物存在，提高了合金的热稳定性和热强性。钛合金中铜含量超过极限溶解度时，可以通过时效强化，显著提高钛合金的室温强度和高温强度。

（7）硅。硅是 β 共析元素。硅能有效提高钛合金的热强性。当钛合金中硅含量大于 0.2% 时形成合金化合物。因此，硅能提高合金的抗蠕变能力，但降低热稳定性。硅含量越高，热稳定性降低越多。所以，在耐热钛合金中硅含量应控制在 α 相的极限溶解度以下，一般控制在 0.3% 以下。硅还能提高氢在 β 相中的溶解度，减小因氢化物引起的氢脆倾向。

钛的合金化发展趋势是向高成分多元合金的方向发展，主要是多元固溶强化，有时再配合时效强化。

9.4 常用钛合金

钛合金的牌号、品种很多，超过 100 种。工业上应用的有 40 ~ 50 种，最常用的也就 10 多种，其中包括各种不同纯度的工业纯钛和被精选出的钛合金，如 Ti-6A1-4V、Ti-5A1-2.5Sn、Ti-2Al-1.5Mn、Ti-3Al-2.5V、Ti-6Al-2Sn-4Zr-2Mo、Ti-6Al-2Sn-4Zr-6Mo、Ti-8A1-1Mo-1V、Ti-13V-11Cr-3Al、Ti-15V-3Cr-3A1-3Sn、Ti-l0V-2Fe-3A1 以及 Ti-0.2Pd、Ti-0.3Mo-0.8Ni 等。前两个合金（Ti-6A1-4V、Ti-5A1-2.5Sn）是最重要的。

钛合金按强度分为低强度合金（小于 500 MPa）、普通强度合金（大于 500 MPa）、中等强度合金（900 MPa）、高强度合金（最低强度为 1 000 MPa）、最高强度合金（最小强度为 1 200 MPa）5 类。

钛合金按用途又可分为高温钛合金、低温钛合金、高强度钛合金、耐蚀钛合金（Ti-Mo、Ti-Pd 合金等）、铸造钛合金及特殊功能钛合金（如 Ti-Ni 记忆合金、Ti-Fe 储氢材料）等。

根据热处理后的组织特点，钛合金还可分为 α 合金、β 合金和 α + β 合金 3 类，我国分别以 TA、TB、TC 表示。图 9.6 为一般的 Ti-β 稳定元素的二元相图，实际上与 Ti-β 同晶元素相图［见图 9.4（b）］类似，也可看作钛与合金元素的多元相图的垂直截面。各类钛合金

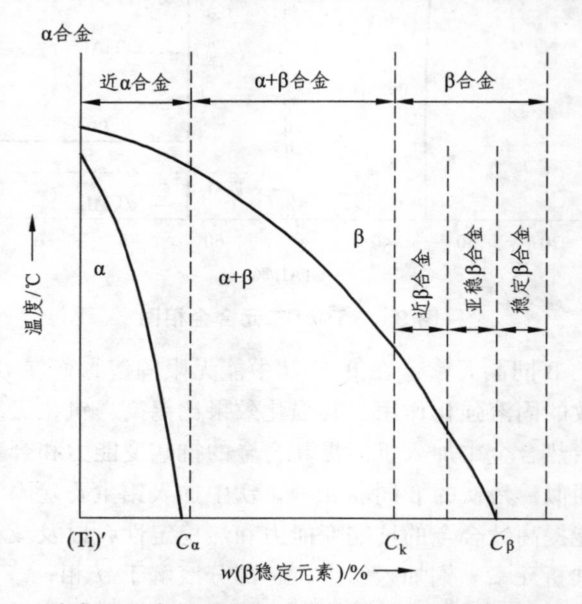

图 9.6 钛合金分类与钛合金平衡组织及化学成分关系示意图

的成分范围已在图中示意，原点成分 (Ti)′ 表示工业纯钛成分或钛与 β 稳定元素及中性元素的混合成分，临界浓度 C_k 表示获得β 合金的最低浓度。工业纯钛和部分钛合金的牌号和力学性能如表 9.1 所示。

表 9.1 常用钛合金的牌号及力学性能

类别	牌号	名义化学成分/%	材料状态	室温力学性能			高温力学性能		
				R_m /MPa	A /%	硬度 HBS	试验温度 /°C	R_m /MPa	$R_{p0.2}$ /MPa
工业纯钛	TA1	0.1%O，0.03%N，0.05%C	板材，退火	350	25	80	—	—	—
	TA2	0.15%O，0.05%N，0.05%C	板材，退火	450	20	70	—	—	—
	TA3	0.15%O，0.03%N，0.10%C	板材，退火	550	15	50	—	—	—
α 型钛合金	TA5	Ti-4Al-0.005B	棒材，退火	700	15	60	—	—	—
	TA7	Ti-5Al-2.5Sn	棒材，退火	800	10	30	350	500	450
β 型钛合金	TB2	Ti-3Al-5Mo-5V-8Cr	板材，固溶＋时效	1 400	7	15	—	—	—
α＋β 型钛合金	TC4	Ti-6Al-4V	棒材，退火	920	10	40	400	630	580
	TC10	Ti-6Al-6V-2Sn-0.5Cu-0.5Fe	棒材，退火	1 050	12	35	400	850	800

三大类钛合金各有其特点。当前应用最多的是α ＋ β 合金，其次是α 合金，β 钛合金应用很少。

9.4.1 α 钛合金

它是由 α 相固溶体组成的单相合金，不论是在一般温度下还是在较高的实际应用温度下，均是 α 相，组织稳定，焊接性能好，耐磨性高于纯钛，抗氧化能力强，是耐热钛合金的主要组成部分。在 500 ~ 600 °C 的温度下，仍保持其强度和抗蠕变性能，但不能进行热处理强化，室温强度低，塑性不够高。代表性的合金有 TA5、TA6、TA7。

若要使钛合金退火组织由单相 α 构成，添加元素应以 α 稳定元素为主。工业上，主要靠加入铝获得 α 钛合金，并起固溶强化作用。因此，此类钛合金，多半属于 Ti-Al 系。添加合金元素铝是因为铝有较低的密度，能抵消加入合金中重过渡金属元素对钛合金密度的影响作用。铝能显著地使室温和高温下的 α 相强化，但加入量过多会出现 α_2（Ti_3Al）相而引起脆性，因此，铝的添加量一般不超过 7%。

为了进一步改善 α 钛合金的性能，Ti-Al 系合金中还添加锆、锡等中性元素和少量的 β 稳定元素，形成多元复合强化，强化效果更好，这就是所谓的近 α 钛合金。这种合金退火的显微组织由 α 相基体和少量的 β 相组成。少量 β 相的存在可以改善压力加工性能，并使合金具有一定的热处理强化效果，也可抑制 α_2 相的形成。

TA4、TA5、TA6 主要用作钛合金的焊丝材料。TA7 合金的热塑性和焊接性能较好，热强性和热稳定性较好，可制造在 500 °C 以下长期工作的零件。TA8 合金的室温力学性能和高温力学性能都比 TA7 合金高，能在 500 °C 长期工作，可用于制造发动机压气机盘和叶片等零件。

9.4.2 β 钛合金

它是 β 相固溶体组成的单相合金，不经热处理就具有较高的强度，淬火、时效后合金得到进一步强化，室温强度可达 1 372 ~ 1 666 MPa；但热稳定性较差，不宜在高温下使用。

β 钛合金是发展高强度钛合金潜力最大的合金。合金化的主要特点是加入大量 β 稳定元素，空冷或水冷后在室温能得到全由 β 相组成的组织，通过时效处理可以大幅度提高强度。体心立方晶格的 β 钛合金的另一特点是塑性加工性能好，在淬火状态下能够冷成型，然后进行时效处理。由于 β 相中合金元素的浓度高，马氏体转变开始点 *Ms* 点低于室温，淬透性高，大型工件也能完全淬透。缺点是铸锭时易于偏析，冶炼工艺复杂，性能波动大。另外，β 相稳定元素多系稀有金属，价格昂贵，组织性能也不稳定，工作温度不能高于 200 °C，故这种合金的应用还受许多限制。

β 型钛合金主要有 TBl、TB2 两个牌号。

9.4.3 α + β 钛合金

α + β 钛合金既加入 α 稳定元素，又加入 β 稳定元素，使 α 相和 β 相同时得到强化。β 稳定元素的加入量为 4% ~ 6%，主要为了获得足够数量的 β 相，以改善合金的塑性成型性和赋予合金热处理强化的能力。由此可知，α + β 钛合金的性能主要由 β 相稳定元素来决定。元素对 β 相的固溶强化和稳定能力越大，对性能的改善作用也越明显。

α + β 钛合金的 α 相稳定元素主要是铝。铝几乎是这类合金不可缺少的元素，但加入量应控制在 6% ~ 7% 以下，以免出现有序反应，生成 α_2 相，损害合金的韧性。为了进一步强化 α 相，只有补加少量的中性元素锡和锆。

β 稳定元素的选择比较复杂。就稳定 β 相的能力来看，非活性的共析型 β 稳定元素铁和铬最高，但加入铁或铬的钛合金组织不稳定；在共析温度以下（450 ~ 600 °C）长时间加热，共析化合物 $TiCr_2$ 或 TiFe 能沿晶界沉淀，降低合金的韧性，甚至降低强度。这种钛合金或在加热时易受氧化或受其他气体夹杂污染而使性能变坏，出现热稳定性降低的现象；这是钛合金化应当极力避免的问题。因此，这类合金只能用稳定 β 相能力较低，而且能与 β 相形成连续固溶体的钼和钒等作为主要 β 稳定元素，再适当配合少量非活性共析型元素锰和铬或微量活性共析型元素硅。

低铝含量的 α + β 钛合金中一般含 β 稳定元素较多，β 相的数量及稳定程度较大。退火状态下 β 相在组织中占 10% ~ 30%，淬火后的 β 相数量可达到 55%。这类合金具有中等的强度、塑性、蠕变抗力和热稳定性，使用温度在 300 ~ 400 °C，可用于小型结构件或紧固件。

高铝含量的 α + β 钛合金中，除含有较多的铝、锡、锆外，还含有适量的 β 稳定元素，尤其是钒和钼。有些合金中还添加了微量的硅，是在 400 ~ 500 °C 实际应用最广泛的钛合金。

与近 α 钛合金相比，两相组织的 α + β 钛合金具有较高的强度和良好的塑性，尤其是高铝含量的 α + β 钛合金，其高温拉伸强度居所有类型钛合金之首，蠕变抗力及热稳定性也较好，但焊接性不如近 α 钛合金。

α + β 钛合金可在退火状态下使用，也可进行热处理强化，但淬透性较低，强化热处理后断裂韧性也降低。这类钛合金淬火时 β 相也可发生马氏体转变，因而也称为马氏体型 α + β 钛合金。

$\alpha+\beta$ 钛合金具有良好的综合性能，组织稳定性好，有良好的韧性、塑性和高温形变性能，能较好地进行热压力加工，能进行淬火、时效使合金强化，但焊接性能差。热处理后的强度大约比退火状态提高 50% ~ 100%。高温强度高，可在 400 ~ 500 °C 的温度下长期工作，其热稳定性次于 α 钛合金。

TC1 和 TC2 合金是 Ti-Al-Mn 系合金，是在 Ti-Al 系合金基础上加入锰以进一步强化合金和改善合金的热塑性，其 $w(\mathrm{Mn})=1.5\%$。这两个合金由于锰含量低，在合金组织中 β 相数量较少，故不能通过热处理强化，通常只在退火状态下使用。退火后塑性接近于工业纯钛并有优良的低温性能，强度比工业纯钛高，可作低温材料使用。

TC3、TC4 和 TC10 合金属 Ti-Al-V 系合金，合金中铝和钒都是主要合金元素，它们主要起固溶强化作用；钒还有稳定 β 相的作用。Ti-Al-V 合金的特点是具有良好的综合力学性能，没有脆性的第二相，组织稳定性高，能在较宽的温度范围使用，因此获得广泛应用。其中，TC4（Ti-6A1-4V）合金应用最广，其产量占全球钛合金总产量的 60%，在 400 °C 以下组织稳定，有较高的热强度。合金的热塑性良好，适合锻造、热压成型，但冷压性能差，常用于制造 400 °C 以下长期工作的零件，如火箭发动机外壳、航空发动机压气机盘和叶片、结构锻件和紧固件等。TC10 合金是在 TC4 合金的基础上加入 2% 的锡和 0.5% 的铁，其目的是提高合金的强度和热强性，因此，TC10 合金具有较高的室温和高温力学性能以及良好的热稳定性和塑性。

TC5 合金是 Ti-Al-Cr 合金，铬是代替钒而加入的，其强化作用和稳定 β 相的能力比钒高。但铬是共析型 β 稳定元素，在高温（350 ~ 500 °C）下长期工作时，β' 会发生共析转变，形成 $\alpha+\mathrm{TiCr_2}$，使合金材料的塑性降低，即热稳定性不高，故基本上已被淘汰。在 Ti-A1-Cr 系合金中加钼有抑制原子扩散和共析转变的作用，故能提高含铬钛合金的热稳定性和持久强度。因此，在 TC5 的基础上发展了 TC6、TC7 和 TC8 合金，其中分别加入铁、硅、锡或锆的目的是进一步提高了合金的热强性。

9.5　钛及钛合金的热处理

9.5.1　钛合金相变特点

钛合金的相变是钛合金热处理的理论基础。

在标准大气压下，纯钛在 882.5 °C 发生同素异构转变，即

$$\alpha(\mathrm{hcp}) \rightleftharpoons \beta(\mathrm{bcc})$$

平衡冷却时，β 相转变为 α 相的体积效应不大，约为 0.17%。两相之间的晶体学位向完全符合 Burgers 位向关系：

$$\{110\}_\beta // \{0001\}_\alpha, \langle 111\rangle_\beta // \langle 11\bar{2}0\rangle_\alpha$$

但钛合金因合金系、浓度和热处理条件的不同，还会出现一系列复杂的相变过程。这些相变可归纳为两大类，即淬火相变和回火相变。

将纯钛自 882.5 °C 以上温度以足够的冷却速率冷却时，金相试样表面出现浮凸，组织中出现马氏体相，即在淬火快冷过程中，钛可发生马氏体相变。纯钛中的马氏体形态如图 9.3 所示。

β稳定型钛合金自β相区淬火也会发生无扩散的马氏体转变，生成α稳定元素过饱和的固溶体，即马氏体。钛或钛合金中的马氏体相变是由于β相快冷时来不及通过扩散转变成平衡的α相，只有通过β相中的原子集体做有规律的迁移，发生切变而完成相变，形成马氏体。

当β稳定元素含量高于C_k时，如β钛合金，马氏体转变开始点 *Ms* 降低到室温以下，β相将被冻结到室温。这种β相称为“残留β相”或“过冷β相”，用β_r表示。值得说明的是，当合金的β相稳定元素含量少，转变阻力小，β相可由体心立方晶格直接转变为密排六方晶格，这种马氏体称为“六方马氏体”，用α′表示。图9.7为Ti-6Al-4V合金自1 050 °C的β相水冷后形成的针状α′马氏体。如果β稳定元素含量高，转变阻力大，不能直接转变成六方晶格，只能转变为斜方晶格，这种马氏体称为“斜方马氏体”，用α″表示。

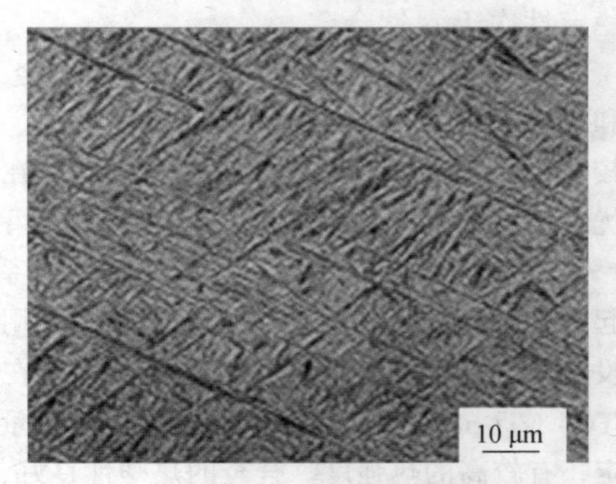

图 9.7　Ti-6Al-4V 合金中的针状 α′马氏体

应当指出，钢中马氏体是过饱和的间隙固溶体，能强烈地提高钢的硬度与强度。而钛合金中的马氏体是过饱和的置换固溶体，产生的晶格畸变较小，故其强度、硬度仅略高于α相，对合金只有较小的强化作用。当合金中出现斜方马氏体时，强度、硬度，特别是屈服强度甚至明显下降。

钛合金中如果β稳定元素含量较高，淬火时除了形成α′或β_r相外，还能形成淬火ω相，用ω_q表示。ω_q相是六方晶格，与β相共生，并且为共格关系。ω相的形状与合金元素的原子半径有关，合金元素原子半径与钛相差较小的合金中，ω相为椭圆形，半径相差较大时为立方体形。

若β稳定元素含量更高，淬火时不出现ω相，但在200 ~ 500 °C回火，β_r相可以转变为ω相。这种ω相称为回火ω相或时效ω相，用ω_a表示。ω_a相的形核是无扩散过程，但长大要靠原子迁移，是β→α转变的过渡相。在500 °C以下回火形成ω_a相，是由于不稳定的过冷β_r相在回火过程中发生了溶质原子偏聚，形成溶质原子偏聚区和贫化区。当贫化区浓度接近某一程度时就转变为ω_a相。

ω相硬而脆，虽能提高强度、硬度和弹性模量，但塑性急剧下降。当ω相的体积分数超过80%，合金即完全失去塑性。如果体积分数控制在50%左右，合金会有较好的强度和塑性的配合。ω相是钛合金的有害组织，在淬火和回火时都应该避开它的形成区间。加铝能抑制ω相的形成，大多数工业用钛合金都含有铝，故ω_a相一般很少出现或体积分数很小。

钛合金淬火形成的相都是不稳定的，回火时即发生分解。各种相的分解过程很复杂，但分解的最终产物都是平衡的α + β相。如果合金是β共析型的，分解的最终产物将是α + Ti_xM_y化合物。但应说明，这种共析分解在一定条件下可以得到弥散的α + β相，有弥散硬化作用，是钛合金时效硬化的主要原因。

9.5.2　钛合金热处理的特点

为了改善钛合金的性能，除了合金化外，还要进行适当的热处理。通过调整热处理工艺，钛合金中会出现各种相变，可以获得不同的相组成和组织。适当的热处理可以控制这些相变并获得所希望的组织，从而改善力学性能和工艺性能。一般认为细小等轴组织具有较好的塑性、热稳定性和疲劳强度；针状组织具有较高的持久强度、蠕变强度和断裂韧性；等轴状和针状混合组织具有较好的综合性能。

钛合金的热处理有以下特点：

（1）马氏体相变不引起合金的显著强化。这个特点与钢的马氏体相变不同。钛合金的热处理强化只能依靠淬火形成的亚稳相（包括马氏体相）的时效分解。

（2）应避免形成 ω 相。形成 ω 相会使合金变脆。正确选择时效工艺（如采用高一些的时效温度），即可使 ω 相分解为平衡的 α + β 相。

（3）同素异构转变难于细化晶粒。

（4）导热性差。导热性差可导致钛合金，尤其是 α + β 钛合金的淬透性变差，淬火热应力大，淬火时零件易翘曲。此外，由于导热性差，钛合金形变时易引起局部温升过高，使局部温度有可能超过 β 相变点而形成魏氏组织。

（5）化学性活泼。热处理时，钛合金容易与氧和水蒸气反应，在工件表面形成具有一定深度的富氧层或氧化皮，使合金性能变坏。钛合金热处理时容易吸氢，引起氢脆。

（6）β 相变点差异大，即使是同一合金成分，但冶炼炉次不同的合金，其 β 转变温度有时差别很大（一般相差 5 ~ 70 °C）。这是制定工件加热温度时要特别注意的特点。

（7）在 β 相区加热时，β 晶粒长大倾向大。β 晶粒粗化可使塑性急剧下降，故应严格控制加热温度与时间，并慎用在 β 相温度加热的热处理。

以上特点，在钛合金热处理工艺的制订与实施过程中，必须给予充分注意。

钛合金能进行的热处理类型较多，有退火、时效、形变热处理、化学热处理等。

9.5.3 退 火

退火的目的是消除内应力，提高塑性及稳定组织。

常见的钛合金的退火方式有去应力退火、再结晶退火、双重退火、真空去氢退火等。具体退火规范如表 9.2 所示。

表 9.2 常用钛合金的退火规范

合金牌号	低温退火温度/°C	再结晶退火温度/°C		备 注
		板 材	棒材及锻件	
TA1 ~ TA3	445 ~ 485	520 ~ 540	670 ~ 690	空 冷
TA6	550 ~ 650	—	800 ~ 850	空 冷
TA7	550 ~ 650	700 ~ 750	800 ~ 850	空 冷
TA8	550 ~ 650	—	750 ~ 800	—
TC1	520 ~ 560	640 ~ 680	740 ~ 760	空 冷
TC2	545 ~ 585	660 ~ 680	740 ~ 760	空 冷
TC3	600 ~ 650	750 ~ 800	750 ~ 800	空 冷
TC4	600 ~ 650	750 ~ 800	750 ~ 800	空 冷
TC6	550 ~ 620	—	870 ~ 920 + 550 ~ 650	等温或双重退火
TC9	550 ~ 650	—	950 ~ 980 + 530 ~ 580	等温或双重退火
TC10	550 ~ 650	—	760	空 冷
TB2	480 ~ 650	790 ~ 810	800	空 冷

退火保温时间决定于工件的截面尺寸，薄件的退火保温时间一般不超过 0.5 h。表 9.3 列出了退火保温时间与工件厚度的关系。

表 9.3 退火保温时间与工件厚度的关系

截面尺寸/mm	< 1.5	1.6 ~ 2.0	2.1 ~ 5.0	5.0 ~ 6.0	> 50
保温时间/min	15	20	25	60	120

α 钛合金经形变加工制成的半成品或零件，在退火加热时，主要发生再结晶。退火冷却速度对合金组织和性能影响不大，但 α + β 钛合金在退火时，除再结晶外，还同时发生 α ⇌ β 相变过程，退火温度较低或冷却速度较慢时，容易得到 α + 晶间 β 组织。因而退火温度及随后的冷却速度将影响合金的组织和性能。应根据需要确定其冷却方式。

退火常用的冷却方式有：炉冷到一定温度后空冷；简单空冷；分级冷却，即在加热保温后，将工件迅速转入另一温度较低的炉中保温一定时间后空冷；二次（或三次）空冷，每次加热后均采用空冷，即双重或三重退火。

除简单空冷外，所有以上最后空冷的出炉温度，应保证合金组织已足够稳定，在以后的工作条件下受热或冷却时不再发生明显的变化。

在 α + β 钛合金中，β 相稳定元素含量减少，退火冷却速度对合金组织性能的影响越小。β 钛合金在平衡状态下的组成相主要是 β 相。合金中 β 稳定元素含量很高，β 相比较稳定，β →α 的转变过程缓慢，空冷能阻止 α 相的析出。炉冷时，有少量的 α 相析出，组织不均匀，使合金的强度降低。所以，β 钛合金常采用空冷，获得单一的 β 相组织。

退火加热温度的高低能影响合金再结晶和相变进行的程度。大多数钛合金的 β 相转变温度均高于其再结晶温度，只有一些 β 稳定元素含量很高的合金例外，其相变温度接近或低于再结晶的终了温度。

再结晶温度与材料的形变度有关。两相钛合金的再结晶过程比单相钛合金复杂，因为两个相都要发生再结晶，由于两相的特性及形变量不同，故它们的再结晶过程不完全相同，且 β 相对 α 相的再结晶有一定的阻碍作用。

退火温度和冷却速度不同时，合金的组织不同，性能也不同。可根据所需性能及晶粒大小，确定退火加热温度。再结晶退火温度应选择在再结晶已基本完成，但晶粒还未开始明显长大的温度。

对于热形变合金，一般情况下，其形变终了温度低于再结晶终了温度，具有局部形变硬化效应。为了减少钛合金的氧化和污染程度，退火加热温度应考虑尽可能不要过高，但在真空炉内加热时，加热温度可比非真空炉高。板材面积大，氧化倾向大，故其加热温度比锻件低，半成品的加热温度可比成品略高。

综上所述，在确定退火温度时，应考虑到合金的再结晶、相变、加热炉、氧化和产品类型等问题。

9.5.4 淬火和时效

9.5.4.1 钛合金的淬火和时效强化

淬火后时效是钛合金热处理的主要方式，利用相变产生强化效果，故又称强化热处理。钛合金的强化热处理兼有钢和铝合金的特点，但不完全相同。

钛合金的强化热处理与钢和铝合金的强化处理主要异同点如下：

（1）钢和钛合金淬火都可以得到马氏体，但钢淬火所得到的马氏体硬度高，强化效果大，回火是为了降低马氏体的硬度，提高韧性。而钛合金淬火所得到的马氏体硬度不高，强化效果不显著，回火时马氏体分解使钛合金产生弥散硬化。

（2）成分一定的钢，淬火回火后只有马氏体强化一种强化方式。而成分一定的 α + β 钛合金由于淬火温度不同，有两种方式获得第二相强化效应：高温淬火时，β 相中所含 β 稳定元素小于临界浓度 C_k，淬火转变为马氏体，时效时马氏体分解为弥散相使合金强化；低温淬火时，β 相中所含 β 稳定元素大于临界浓度 C_k，淬火得到过冷 β 亚稳相，时效时过冷亚稳 β 相分解为弥散相使合金强化。

（3）铝合金固溶时得到的是溶质过饱和固溶体，而钛合金的固溶处理得到的是含 β 稳定元素的欠饱和固溶体；铝合金时效时靠过渡相强化，而钛合金时效时是靠平衡相弥散分布强化。

钛合金的强化处理主要用于 α + β 钛合金和 β 钛合金。一些近 α 钛合金有时也采用强化热处理。β 钛合金的强化属于固溶时效强化，加热时 β 相的成分总是大于临界浓度 C_k，其在冷却过程中不形成马氏体。α + β 钛合金的强化机制取决于淬火组织（马氏体或亚稳 β 相），即与淬火温度无关。

钛合金热处理的强化效果决定于合金元素的性质、浓度及热处理规范，因为这些因素影响合金淬火所得的亚稳相的类型、成分、数量和分布，以及亚稳相分解过程中析出相的本质、结构、弥散程度等，而这些又与合金的成分、热处理工艺规范和原始组织有关。一般情况下，淬火所得亚稳相的时效强化效果由强到弱的次序为：亚稳 β 相、α″ 相、α′ 相。表 9.4 列出了几种工业用钛合金的热处理强化效果。

表 9.4 几种钛合金的热处理强化效果

合金成分	R_m/MPa		热处理强化效果/%
	退火态	淬火时效态	
Ti-6Al-4V	931	1 078	15
Ti-6Al-3Mo-0.3Si	980	1 176	20
Ti-5.5Al-3Mo-1V	882	1 176	33
Ti-13V-11Cr-3Al	867	1 303	50

9.5.4.2 淬 火

对于 α + β 钛合金，淬火温度一般选在（α + β）两相区的上部范围，而不是加热到 β 单相区。因为这类合金的临界温度均较高，若加热到 β 单相区，势必引起晶粒粗大，导致韧性降低。对于 β 钛合金，由于含有大量 β 稳定元素，降低了临界温度，淬火温度应选择在临界温度附近，既可以选择在（α + β）两相区的上部范围，也可以选择在 β 单相区的低温范围。淬火加热保温时间主要依据半成品或成品的截面尺寸而定。淬火冷却方式可以是水冷，也可以是空冷。

9.5.4.3 时 效

时效过程主要是控制时效温度和时效时间。时效温度一般应避开形成 ω 相的脆化区，选择在 425 ~ 480 °C 范围内。大多数钛合金在 450 ~ 480 °C 时效之后，均出现最大的强化效果，但塑性低。故在实际生产中，往往采用比较高的时效温度，如 500 ~ 550 °C；对于某些合金来说，这个温度已经是过时效，但此时塑性会更好些。总之，合金时效温度的选择可根据零件性能的要求，在 425 ~ 550 °C 范围内选择。

时效时间对合金的力学性能有着重要的影响。对于 α + β 钛合金淬火后的亚稳相 β、α″、α′的分解过程是比较快的。对于 β 钛合金，由于合金中 β 相稳定元素含量较多，β 相稳定程度较高，分解过程比较慢。但时效时间对力学性能的影响不如时效温度明显，一般为 1 ~ 20 h。β 稳定元素含量高的合金，时效时间应长一些。

钛合金最常用的是一次时效。与铝合金的分级时效类似，有的钛合金也采用两次时效。第一次时效温度较低，目的是为了产生大量新相的核心，使第二相均匀、弥散析出，以获得较高的强度。第二次时效温度较高，使第二相颗粒部分聚集，亚稳相进一步分解，改善塑性和组织的稳定性。

9.5.5 形变热处理

除淬火时效外，形变热处理也是提高钛合金强度的有效方法。

按形变温度的高低，钛合金的形变热处理可以分为：① 高温形变热处理，是在再结晶温度以上进行形变加工，经 40% ~ 85% 的形变后迅速淬火，再进行常规的时效处理；② 低温形变热处理，是在再结晶温度以下经 50% 的形变后，再进行常规的时效处理。两种形变热处理可分别进行，也可组合进行。

高温形变热处理主要用于 α + β 钛合金，提高其综合性能。形变温度一般不超过 β 相变点温度，形变度为 40% ~ 70%。此种工艺已应用于叶片、盘形件、杯形件及端盖等简单形状的薄壁锻件的强化处理。β 钛合金可采用高温或低温形变热处理，也可将两者综合在一起进行。高温形变温度对 β 钛合金的影响不如对 α + β 钛合金的敏感。因此，在生产条件下，β 钛合金更容易采用高温形变热处理工艺。

影响形变热处理强化效果的因素主要有合金成分、形变温度、形变程度、冷却速度以及随后的时效规范等。

合金中 β 稳定元素含量高时，淬火后亚稳 β 相的数量多，形变热处理强化效果好。形变程度的影响规律比较复杂，一般加大形变度，强化效果增加。

α + β 钛合金形变热处理时，在形变后应采用水冷。因为在缓慢冷却过程中，会发生再结晶，使强度降低。形变加工后至水冷之间的时间间隔应尽量缩短。β 钛合金淬透性好，高温形变终止后可采用空冷。

9.5.6 化学热处理及表面改性

钛合金的摩擦系数较大，耐磨性差，比钢和耐热合金约低 40%，在接触表面上容易产生黏结，引起摩擦腐蚀。在氧化性介质中钛合金的耐腐蚀性较强，但在还原性介质（如盐酸、硫酸等）中的耐腐蚀性较差。为了改善钛合金的这些性能，可采用化学热处理、机械强化以及电镀、喷涂等表面改性方法。

9.5.6.1 化学热处理

钛合金的化学热处理与钢的化学热处理类似，即采用一定方法，将待渗元素转换成活性原子或离子状态，在热能或电场作用下，向工件表面渗透，并扩散至一定深度，形成一定厚度的渗层，提高合金表面的硬度、耐磨性和耐蚀性。

钛合金的化学热处理方法很多，包括渗氮、渗氧、渗碳、渗硼、渗金属等。氧、氮、碳、硼在钛中属间隙元素，并在钛中有较大的固溶度。经渗入处理后，除在表面形成一定厚度的渗层外，在内部这些元素在钛中形成过饱和固溶体，使钛合金具有很高的硬度。钛合金的化学热处理存在的主要缺点是表面质量往往不够理想，一般会使表面脆化，有些工艺也比较复杂，不易掌握。为了广泛应用化学处理工艺，还需大力发展先进的工艺与设备。实际生产中较为常用的是渗氮和渗氧。

1. 渗 氮

渗氮是在钛合金零件的表面形成坚硬的氮化层的化学热处理工艺。氮化后的表面形成由氮化物和含氮的固溶体组成的氮化层，渗层厚度可达 0.06 ~ 0.08 mm，渗层中的氮化物有两种，即 δ（TiN）相和 ε（Ti_2N）相。δ 相比 ε 相的脆性大，所以以 ε 相为主的渗层的韧性比以 δ 相为主的渗层的韧性好，氮化时要求获得以 ε 相为主的氮化物。

钛合金氮化层的硬度比未氮化时表层硬度高 2 ~ 4 倍，明显提高了合金的耐磨性，改善了合金在还原介质中的抗蚀性。氮化物的体积效应在工件表面形成压应力，使疲劳强度提高。

渗氮是在密封炉中进行，温度为 850 ~ 950 °C，通入纯氮气，保温 30 ~ 40 h；或在含氮气体中进行离子氮化。后者是一种较新的氮化工艺，将一定成分的低压含氮气体（纯氮、氮氢或氮氩混合气体）净化后，通入真空炉内。在工件和阳极之间加以数百伏的直流电压，使含氮的反应气体发生辉光放电并离子化。正离子在电场作用下高速轰击工件表面，通过离子冲击时的冲撞、溅射和扩散作用，使氮向工件表面和内部渗透，形成氮化层。调整气体的组成、氮化温度和时间，可获得不同的氮化层厚度和结构。

2. 渗 氧

钛合金零件在空气或硼酸盐浴中加热，温度为 700 ~ 850 °C，保温 2 ~ 10 h，工件表面形成一薄氧化物层和富氧固溶体，渗氧层厚度为 0.06 ~ 0.08 mm，硬度可达 500 ~ 800 HV。渗氧后需将氧化物层去掉，减少合金的脆性。渗氧可使合金的耐蚀性提高 7 ~ 9 倍，但使塑性和疲劳强度下降。

9.5.6.2 机械强化

为了提高钛合金叶片和其他零件的抗疲劳性能，往往采用表面机械强化方法，如湿喷丸处理、压缩空气喷丸强化处理和超声波处理等，目的是使工件表面产生冷作强化，造成残留压应力，使疲劳裂纹不易生成。

9.5.6.3 表面改性

表面改性是利用特殊手段改变钛合金表面特性的方法及工艺，也是相当活跃的研究和应用领域。例如，通过等离子喷涂（镀）、激光或电子束熔敷、离子注入、离子镀、物理气相沉积（PVD）及化学气相沉积（CVD）等方法，将碳、氮、氧、钼、钒、铝、镍、铬、银、SiC、TiN 及 Al_2O_3 等元素或化合物，与钛或钛合金表面结合在一起，形成硬化层或涂（镀）层，可以提高钛合金的耐磨性、耐蚀性及其他性能。

表面改性技术种类较多，但工艺及设备比较复杂，不易掌握，成本较高，并且大多数方法还不够成熟，正处于研究发展阶段。有些方法已在化工工业的钛合金轴承、齿轮、轴类及医用钛合金人工骨方面有所应用。

9.6 钛及钛合金的发展与应用

9.6.1 钛及钛合金的发展

自 1948 年美国杜邦公司采用克劳尔法首先开始工业化生产海绵钛以来，钛及钛合金生产和应用发展迅速。在传统的熔炼、铸造和成型工艺技术基础上开发并应用了不少新工艺、新技术。

在熔炼方面，冷床炉熔炼技术已成功应用于工业化生产，能熔炼 25 t 重的无偏析和夹杂的铸锭，残钛回收率增加。凝壳-自耗电极熔炼技术也在真空自耗熔炼技术基础上增加了不少优点，使得残钛回收率提高，还可节省投资。冷坩埚熔炼技术进一步发展后，使得熔化能力大大提高，解决了凝壳问题。

在铸造方面，冷坩埚 + 离心浇铸技术、真空吸铸和压铸技术已使产品质量进一步提高。冷坩埚感应熔炼后进行离心浇铸生产钛合金铸件，可以节省原材料，降低预热成本，并提高铸件精度，消除缩孔和疏松。真空吸铸技术广泛用于高尔夫球杆头等薄壁型产品生产。真空压铸法采用金属模取代陶瓷模后，产品质量较好，成本下降。

在成型方面，具有代表性的工艺是激光成型技术和金属粉末注射成型技术。前者采用计算机模型直接用金属粉末生产零件，不需要硬模，性能在铸造与锻造状态之间，成本低 15% ~

30%。注射成型技术用于制造高质量、高精度复杂零件（如武器系统），但其原料球形钛粉末成本高，还不宜推广到民用产品。

钛合金材料的发展趋势是开发竞争力更强的钛合金，实现高性能化、多功能化和低成本化。主要在以下 5 个领域进行研究开发。

（1）研究耐热性更高的高温钛合金。为了满足高推重比航空发动机生产的需要，国内外正在研究能在 600 ~ 650 °C 长时使用的钛合金，共计有 3 条途径。一是研究传统型（以固溶强化为基的）钛合金；但受氧化性的制约，这种钛合金的极限使用温度估计为 650 °C。二是发展金属间化合物为基的钛合金，即 Ti_3Al 基与 TiAl 基合金，其极限使用温度分别达到 750 °C 和 900 °C，高铌的 TiAl 基合金甚至可达 1 000 ~ 1 100 °C；这些高比强度、高比模量、抗氧化的钛合金，可以向镍基超级合金挑战，用于航空发动机的“热端”（涡轮部分）；α_2 和 γ 型合金已进入工程评价阶段，即将获得实际应用。三是发展以 SiC 纤维增强的钛基复合材料和以 TiC 或 TiB 颗粒增强的钛基复合材料。SiC 纤维增强的钛基复合材料技术已经比较成熟，它将使航空发动机的结构发生革命性变化，实现压气机的“叶盘一体化”，使发动机的推重比达到 20 以上。

（2）发展综合性能更好的高强钛合金。高强钛合金已达到 $R_m \geq 1\ 250$ MPa 的水平，其强度可与 30CrMnSiA 优质结构钢媲美，但其伸长率与断裂韧度（K_{IC}）及弹性模量还差一些，耐热性在 350 °C 以下。人们正在努力提高其综合性能，如近年研制出了既高强又耐热的 β21S 合金。

（3）发展耐蚀性更好的钛合金。特别是发展在还原性介质中像 Ti-32Mo 一样耐蚀，但加工性较好的钛合金。

（4）发展多用途的专用钛合金。如新型形状记忆合金、新型储氢合金、恒弹性钛合金、低膨胀钛合金、高电阻钛合金、消气钛合金、抗弹钛合金、透声钛合金、低屈强比易冷成型钛合金和高应变速率的超塑性成型钛合金等。

（5）发展低成本钛合金。其包括不含或少含贵重元素的钛合金，能充分利用残料的钛合金和易切削加工的钛合金等。

9.6.2 钛及钛合金的应用

20 世纪 50 年代，钛及钛合金因密度低、比强度高、耐蚀性好等特点，开始应用于航空、宇航工业和军事工业，然后逐渐扩展到海洋、化工等工业领域，用作容器、管路、泵、阀类的耐蚀结构材料。

在船舶工业中，美国最先将钛合金成功应用到深海潜水调查船的耐压壳体上。在高性能的深海潜水调查船上，特别需要比强度高的结构材料。用钛合金的目的就是在不大幅度增加质量的情况下，增加潜水深度。用于深海潜水器的钛合金主要是近 α 钛合金 Ti-6Al-2Nb-1Ta-0.8Mo 和 α + β 钛合金 Ti-6Al-4V(TC4)。

20 世纪 70 年代，钛合金就开始应用在汽车工业中。但由于成本较高，仅应用于赛车和运动汽车上。但在民用汽车上应用很少，且一般仅用低成本钛合金。钛合金制作的进气阀在 20 多年前就已市场化。在进气阀上使用钛合金时，需要进行轴的耐烧结和轴端耐磨损表面处理，如镀铬、喷涂钼等。美国生产的钛合金进气阀用的是耐热钛合金 Ti-6Al-2Sn-4Zr-2Mo，排气阀用 Ti-6Al-4V 钛合金。与钢制阀相比，一个阀能减轻汽车质量约 50 g，高速性能好，而且寿命延长 2 ~ 3 倍，可靠性高。在减轻汽车的运动质量方面，用钛合金制造连杆是最有效的，很早就有使用；但由于成本高，没有像阀以及阀座那样更多使用。用 Ti-5Al-2Cr-1Fe 钛合金制作的连杆需要进行时效处理。

钛合金在日常生活用品与保健运动品领域的应用也日益增大。钛合金在自行车、摩托艇、高尔夫球头、网球拍、马具等运动器材上都获得了应用。20 世纪 70 年代开始，钛制网球拍就已在市场上出售。它兼备了打球的控制力和弹力两方面的性能。与铝合金球拍相比，钛制球拍在任何方向的回弹力都大，具有很宽的击球面，此外，还有很好的耐撞击性能和耐疲劳性能。但最成功的当属高尔夫球头；与不锈钢相比，钛合金可以制作打击面与容积更大的球头，因而打得更准、更远。它使用的是 $\alpha+\beta$ 钛合金 Ti-6Al-4V、β 钛合金 Ti-15V-3Cr-3Sn-3Al 的锻件或铸件；其市场需求很大，且以每年 20% ~ 25% 的速度增长。

1981 年，日本光学工业公司克服了钛加工上的困难，开创了用钛制作眼镜架的历史。用纯钛、Ti-Ni 合金以及 β 钛合金制作的眼镜架具有耐腐蚀、质量轻、不变色等优点，因此受到了消费者的欢迎。

手表的表壳和表链用材的质量占手表材料的 95%。传统的手表材料有黄铜镀镍和奥氏体不锈钢。钛合金作为手表材料，是从高档防水、带计时器的体育手表开始的，随后用于带指南针的军用手表。现代钛手表具有质量轻，比强度大，表面硬度是不锈钢的 2 倍，耐人体汗液的腐蚀，无过敏反应等优点。

因钛为顺磁性，但电阻率高，质量轻，低热容和高耐腐蚀性，将其用作烹调、餐饮用具是很吸引人的，特别是可以用超塑性加工做成精确的形状。Ti-6Al-4V 钛合金已经用作电磁烹调器具。

除用作结构材料之外，钛合金还被用作形状记忆合金、储氢合金和生物医学材料等功能材料。

1963 年，美国的布赫列（W. J. Buehler）等在一次偶然的情况下发现，Ti-Ni 合金元件的声阻尼性能与温度有关。进一步的研究发现近等原子比的 Ti-Ni 合金具有良好的形状记忆效应。这种效应是合金中的热弹性马氏体在冷却转变和加热转变过程中呈现热弹性似的长大和缩小而产生的。自此，具有形状记忆效应的 Ti-Ni 合金受到了人们的广泛重视，以后作为商品进入市场。

形状记忆合金最早的典型应用之一是 1970 年美国巧妙地用 Ti-Ni 记忆合金丝制作的宇宙飞船天线。宇宙飞船发射之前，在室温条件下（$< Ms$），将 Ti-Ni 合金制成的凸状抛物面天线，经过形状记忆定形处理，折成直径小于 5 cm 的球状放入飞船。飞船进入太空后，通过加热或利用太阳能使合金丝升温。当温度高达 77 °C（$> Af$）后，被折叠成球状的合金丝团就自动完全打开，形状复原，成为原先定形的凸状抛物面天线。这类应用的开发使形状记忆 Ti-Ni 合金的研究进入了新阶段。

形状记忆合金加热至 As 点以上温度，形状发生回复时能产生很大的回复力。把这一回复力作为驱动力可实现热-机械转换，制成各种类型的热发动机。利用这一特性可制成具有感温与驱动功能的自动控制器件，已经广泛应用于机械、交通工具、家用电器等各种领域。

在医学上形状记忆合金还被用作人造关节、牙床、骨折固定锔钉或夹板、牙齿整形用弓形箍等。

钛与钛合金具有优良的生物相容性，对人体毒性小，有利于其作为生物医学材料在临床上应用。钛与钛合金表面能形成一层稳定的氧化膜，具有很强的耐腐蚀性。在生理环境下，钛与钛合金的均匀腐蚀甚微，也不会发生点蚀、缝隙腐蚀与晶界腐蚀。当发生电偶腐蚀时，通常是与钛合金形成偶对的金属被腐蚀。但是，钛与钛合金的磨损与应力腐蚀较明显，腐蚀疲劳也较为复杂。

在生物医学材料领域，钛合金与其他医用金属材料相比，主要性能特点是密度较低，弹性模量值小，约为其他医用金属材料的一半，且与人体硬组织的弹性模量比较匹配。因此，广泛应用于制作各种人工关节、接骨板、骨螺钉与骨折固定针等。用纯钛和钛合金制作的牙根种植体、义齿、托环、牙桥与牙冠已广泛应用于临床。用纯钛网作为骨头托架已用于颚骨再造手术。用微孔钛网可修复损坏的头盖骨和硬膜，能有效地保护脑髓液系统。用纯钛制作的人工心脏膜瓣与瓣笼已成功得到应用，临床效果良好。

氢气是一种洁净、无污染、发热值高的二次能源。安全而方便地储存、运输氢是其利用的前提。20 世纪 60 年代发现 $LaNi_5$ 和 TiFe 等金属间化合物具有可逆吸、放氢的特性。氢原子很容易进入这种合金内部并与之形成金属氢化物，可以储存相当于合金自身体积 1 000 ~ 3 000 倍的氢气。氢与这些金属的结合力很弱，稍一加热，氢便会自动逸出。这种储氢方式轻便而又安全。自此储氢合金及其应用的研究得到迅速发展。迄今为止，具有使用价值的储氢合金主要有三大类：稀土系、钛系、镁系储氢合金。

钛系储氢合金有 Ti-Fe 系、Ti-Mn 系和 Ti-Ni 系 3 类。

在 Ti-Fe 系储氢合金中，可以形成 TiFe 和 $TiFe_2$ 两种稳定的金属间化合物。1969 年，美国 Broukhaven 国家实验室首先研制成功的 TiFe 是 Ti-Fe 系储氢合金的典型代表。TiFe 合金的储氢能力略高于 $LaNi_5$，吸氢和脱氢速度较快，只是活化需要 400 °C 以上的高温，且需要在 6.5 MPa 下长时间与氢气作用，所以实现比较困难。此外，吸放氢过程也有较为严重的滞后，对杂质敏感。Ti-Fe 系的最大特点就是价格便宜，储氢量大，但活化困难和易于中毒限制了其实际应用。

为了改善 TiFe 合金的储氢特性，用其他过渡金属元素代替其中的部分铁，形成 $TiFe_xM_{1-x}$（M = V、Cr、Mo、Ni、Cu），改善了 Ti-Fe 系储氢合金的活化性能，但平台变得倾斜。为此，用锆、铌置换部分钛，研制了四元或五元 Ti-Fe 系储氢合金，以获得更好的储氢性能。

Ti-Mn 系二元储氢合金中，以 $TiMn_{1.5}$ 的储氢性能最佳，而与 Ti-Fe 系的成本相近。$TiMn_{1.5}$ 具有吸氢量大、初期氢化容易、反应速度快、反复吸放氢性能稳定、价格便宜等优点。但是，Ti-Mn 系合金在反复吸、放氢过程中粉化严重，中毒后再生性较差，滞后严重，影响其实际应用。添加少量其他元素（如锆、钴、镍、铬、钒、硅、锌、铜等）代替部分锰，已研制成数种滞后现象较小，储氢性能优良的 Ti-Mn 系多元储氢合金。

Ti-Ni 系储氢合金有：① TiNi 合金；② Ti_2Ni 合金；③ TiNi-Ti_2Ni 烧结合金；④ $Ti_{1-y}Zr_yNi_x$（$x = 0.5 \sim 1.45$，$y = 0 \sim 1.0$）；⑤ TiNi-Zr_7Ni_{10}；⑥ TiNiMn 系合金。用钒、锆、锰、钴、铜、铁等元素置换部分镍，可进一步提高其性能。

20 世纪末，钛及钛合金铸件进入人们的日常生活，用作高档建材、医疗器件、体育和娱乐用品、餐具器皿及工艺美术品等。将由高科技领域应用的“太空金属”变为公众熟知、广泛应用的“常用有色金属”。钛及钛合金的应用发展如图 9.5 所示。

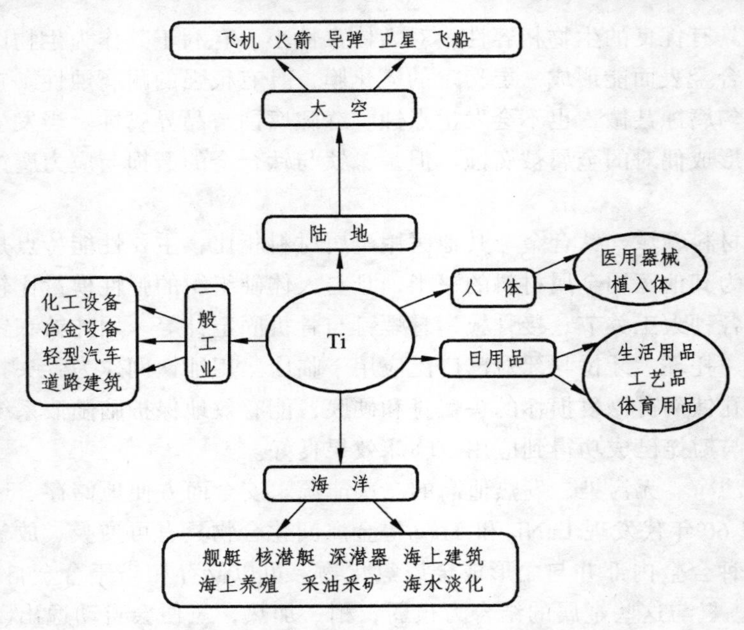

图 9.8 钛及钛合金的应用领域

钛及钛合金由于综合性能好，用途广泛，资源丰富，发展前景好，必将成为仅位于铁和铝之后的“第三金属”。

复习思考题

1. 金属钛具有哪些优良的物理化学性质？

2. 纯钛有几种同素异晶形态？其同素异晶转变温度是多少？

3. 试述不同类型钛合金的强韧化机理、应用与发展状况。

4. 试述钛合金的合金化原则。

5. 钛合金的性能特点是什么？其主要缺点是什么？

6. 什么是 β 同晶型稳定元素？哪一种是最重要的？什么是 β 共析体稳定化元素？

7. β 同晶元素与 β 共析元素的区别是什么？

8. 什么是钛的 α 稳定元素？其中什么元素最重要？为什么？

9. 为什么几乎所有的钛合金中都含有一定数量的合金元素铝？为什么铝的含量一定要限制在大约 7% 以内？

10. 钛合金中主要有哪几类典型组织？形成条件是什么？这些显微组织有什么特点？主要性能特点如何？

11. 简略说明钛合金中的 α′、α″、ω 和亚稳 β 相的特点及形成条件。

12. 为什么从高温淬火时，钛马氏体的硬度不高？当钛马氏体在 500 °C 回火时，显微组织发生什么变化？

13. 为什么国内外广泛应用的钛合金是 Ti-Al-V 系的 Ti-6Al-4V，即 TC4 合金？

14. 影响 Ti-6Al-4V 合金显微组织的主要因素是什么？

15. 最重要的钛合金是什么？什么重要的性能使这种合金如此重要？它的一个主要的不利性能是什么？

16. 试述 Ti-6Al-4V 合金中的钛马氏体的显微组织。它是如何产生的？

17. 在 Ti-6Al-4V 中，针状是如何产生的？它是根据什么机理形成的？

18. 说明两相钛合金热处理的特点。

19. 简述按热处理后的组织特点、钛合金的分类及其牌号表示方法，并简述各类型钛合金的典型特点。

20. 简述钛合金的主要热处理工艺。

21. 大致计算钛合金的比强度，并与铝合金以及超高强度钢的比强度进行比较。

22. 钛合金有哪些用途？

10 镁及镁合金

镁资源十分丰富。镁在地壳中的埋藏量约为2.10%。此外，还有大量的镁储存在海水、盐泉水和湖水中。镁的总储量估计为100亿吨以上。采用氯化镁熔盐电解法及硅热法还原可得到纯镁；但纯镁强度较低，作为结构材料应用范围受到了很大限制。在纯镁中添加合金元素得到镁合金，镁合金密度小，比强度和比刚度高，尺寸稳定性好，热导率较高，机械加工性能好；而且其产品回收利用率高，还具有良好的抗电磁干扰性及电磁屏蔽性，被誉为新型“绿色工程材料”。世界上工业发达国家十分重视镁及镁合金的研究和应用，并于20世纪90年代在全球范围掀起镁合金开发应用的热潮。世界镁产业以15%～25%的速度增长，这在近代和现代工程金属材料的应用中是前所未有的。镁合金有望成为21世纪重要的商用轻质结构材料。

10.1 金属镁

10.1.1 原子特征

镁（Mg），第3周期ⅡA族元素，原子序数12，电子轨道分布为$1s^2 2s^2 2p^6 3s^2$。镁的同位素原子有78.99%的^{24}Mg、10.00%的^{25}Mg、11.01%的^{26}Mg，相对原子质量为24.305，原子体积为14.0 $cm^3 \cdot mol^{-1}$，原子半径为0.160 2 nm。

10.1.2 晶体结构

标准大气压下纯镁的晶体结构为密排六方。在25 °C时，镁的晶格常数为a = 0.320 94 nm，c = 0.521 07 nm，轴比c/a = 1.623 57。理想密排六方结构的轴比c/a = 1.633，镁的轴比略低于理论值。

10.1.3 物理性能

镁是银白色的金属。金属镁的主要物理性能如表10.1所示。

镁的密度较小，是常用结构材料中最轻的金属，镁的这一特性与其优越的力学性能相结合成为大多数镁基结构材料应用的基础。

10.1.4 化学性能

镁的常见化合价为+2。镁的化学性质十分活泼，在高温下（包括切削加工时）可以在空气中发生氧化甚至燃烧，并放出含紫外线的耀眼白光。

表 10.1 金属镁的主要物理性能

性　能	数　值	备　注
密　度	$1.738\ g\cdot cm^{-3}$	20 °C
熔　点	(650 ± 1) °C	标准大气压，随压力增大线性上升
沸　点	1 090 °C	标准大气压
线膨胀系数	$25.0+0.011\ 87T[\mu m\cdot(m\cdot °C)^{-1}]$	0 ~ 550 °C
热导率	$156\ W\cdot(m\cdot °C)^{-1}$	27 °C
	$146\ W\cdot(m\cdot °C)^{-1}$	527 °C
摩尔热容	$24.86\ kJ\cdot(m\cdot °C)^{-1}$	27 °C
	$31.05\ kJ\cdot(m\cdot °C)^{-1}$	527 °C
Debye 特征温度	53 °C	− 243 °C
熔化潜热	$8.750\sim9.163\ kJ\cdot mol^{-1}$	—
汽化潜热	$125.171\sim131.247\ kJ\cdot mol^{-1}$	—
升华潜热	$148.577\sim151.615\ kJ\cdot mol^{-1}$	25 °C
蒸气压	1.5×10^{-18} kPa	25 °C，随温度上升而增大
燃　点	632 ~ 635 °C	空气中
电阻率	$4.46\times10^{-8}\ \Omega\cdot m$	20 °C
自扩散系数	$4.4\times10^{-10}\ cm^2\cdot s^{-1}$	468 °C
	$3.6\times10^{-9}\ cm^2\cdot s^{-1}$	551 °C
	$2.1\times10^{-8}\ cm^2\cdot s^{-1}$	627 °C
动力学黏度	$1.23\ MPa\cdot s$	液态，650 °C
	$1.13\ MPa\cdot s$	700 °C
表面张力	$0.545\sim0.563\ N\cdot m^{-1}$	660 ~ 852 °C
	$0.502\sim0.504\ N\cdot m^{-1}$	894 ~ 1 120 °C

镁在潮湿的大气、海水等环境中耐蚀性较差，是使用过程中不可忽视的一个方面。镁的标准电极电位为 − 2.37 V，比铝、钛都低。镁极易氧化生成 MgO 薄膜。这种表面薄膜疏松，很难阻止金属镁的进一步氧化，而且 MgO 可以与水反应生成 $Mg(OH)_2$，造成腐蚀。

镁的腐蚀行为随环境而改变。在普通工业大气中，镁发生轻微腐蚀。在静止的淡水中，镁的腐蚀程度类似于在大气中。盐类，尤其是氯化物可使 MgO 膜迅速破坏，大大增加了镁的腐蚀速度。杂质的含量和分布强烈影响镁在盐溶液中的腐蚀行为。氯化物杂质可以与镁形成 $MgCl_2$，$MgCl_2$ 与水生成 $Mg(OH)_2$，导致镁产生灾难性破坏。所以，镁在海水中也是极易受到腐蚀的。镁在所有无机酸中都能被迅速腐蚀，而对稀碱有一定的抗蚀能力。因此，可以用碱清洗镁，但随着温度的升高，其腐蚀速率会迅速增加。

金属镁较差的耐蚀性要求镁合金生产、加工、储存和使用期间必须采取适当的防护措施，如表面氧化处理或涂漆等。镁合金与其他金属接触时会发生接触腐蚀。为此，在和铝合金（Al-Mg 合金除外）、钢、铜合金及镍基合金组装时，接触面上应垫以浸油或浸石蜡的硬化纸。

镁中的主要杂质是镍、铁、铜、硅、锡。其中，镍、铜、铁，特别是镍的危害最大，急剧降低镁的抗蚀性。镍的熔点和密度远超过镁，但它与铁、钴、铬等金属不同，很容易在液态镁中溶解。因此，规定熔炼镁合金的坩埚必须用含镍量很低的钢材制造，以防污染。

铁对镁的抗蚀性也有不利影响。铁含量从 0.003% 增加到 0.026% 时，抗蚀性能下降为原来的 1/5；但铁在镁中溶解度很低，因此，熔镁坩埚和其他用具可以用钢材制作。

但是，镁在干燥的大气、碳酸盐、氟化物、铬酸盐、氢氧化钠溶液、苯、四氯化碳、汽油、煤油以及不含水和酸的润滑油中却很稳定。

纯镁作为一种化学活性材料，在化学、冶金、军事和日常生活中得到了广泛应用。作为强还原剂，广泛应用于冶炼稀有金属，如镁热还原法生产海绵钛。生产球墨铸铁和蠕墨铸铁的添加剂——球化剂和蠕化剂都含有镁。将微量的镁添加到钢中可以对夹杂物作改性处理。在军事中用于制作照明弹、曳光弹、信号弹、燃烧弹等。镁是生产烟花爆竹的原料。过去，摄影的闪光灯是用燃烧镁粉的方法来发出强光的。

10.1.5 力学性能

（1）拉伸性能。在 0 ~ 300 °C，镁的拉伸性能随温度及应变速率变化而显著变化。温度对镁拉伸性能的影响如图 10.1 所示。由于镁是密排六方结构，主滑移面为基面，滑移系为 $\{0001\}\langle 11\bar{2}0\rangle$，滑移系少。虽然单晶镁在有利取向时伸长率可达 100%，但对于多晶镁，在室温和低温时塑性较低，容易脆断。温度提高到 150 ~ 225 °C 时，则棱柱面和棱锥面也能参与滑移，即滑移可以在次滑移系 $\{10\bar{1}0\}\langle 11\bar{2}0\rangle$、$\{10\bar{1}1\}\langle 11\bar{2}0\rangle$ 上进行；因而高温塑性较好，可进行各种形式的热加工。镁晶体在发生塑性形变时，只有 3 个几何滑移系。多晶镁及其合金在形变时不易产生宏观屈服而易在晶界产生大的应力集中，从而导致晶间断裂。镁除以滑移方式进行塑性形变外，孪生也起着重要的作用。孪晶主要出现在 $\{10\bar{1}2\}$ 晶面上，二次孪晶出现在 $\{30\bar{3}4\}$ 晶面上。高温下 $\{10\bar{1}3\}$ 晶面上也出现孪晶。

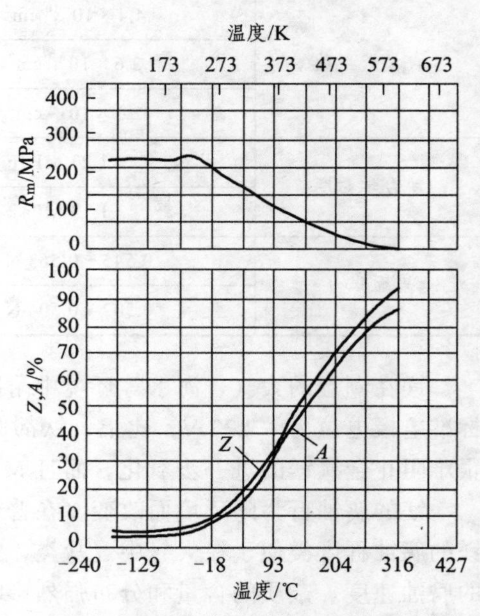

图 10.1 试验温度对镁拉伸性能的影响（挤压态，试样直径为 15.875 mm，拉伸速度为 1.27 mm · min^{-1}）

（2）弹性模量。金属镁的弹性模量与纯度有关。在 20 °C 时，纯度为 99.98% 的金属镁的动态弹性模量为 44 GPa，静态弹性模量为 40 GPa；当纯度为 99.80% 时，金属镁的动态弹性模量为 45 GPa，静态弹性模量为 43 GPa。温度对弹性模量也有显著影响，随着温度的增加，金属镁的弹性模量线性下降。

镁的弹性模量较低，约为铝的50%，钢的20%。故其刚度低，但比刚度大，与铝合金和钢相当，远高于工程塑料。当受外力作用时，应力分布更均匀，可以避免过高的应力集中。在弹性范围内承受冲击载荷时，能产生较大的弹性形变，所吸收的能量比铝高50%左右。因此，具有抗冲击振动的能力，有很好的抗阻尼性能；可用作精密电子仪器的底座、轮毂和风动工具等。

（3）泊松比。金属镁的泊松比为0.35。

（4）硬度。纯镁在20℃时的硬度如表10.2所示。

（5）摩擦系数。在20 °C下金属镁对金属镁的摩擦系数为0.36。

表10.2 20 °C时纯镁的硬度（HB）

砂型铸造	挤压成型	冷轧板	退火板
30	35	45～47	40～41

10.2 镁的合金化

在纯镁中添加合金元素，可以显著改善镁的物理、化学和力学性能。加入的合金元素主要通过与镁形成固溶体产生固溶强化，形成化合物产生沉淀强化，从而提高镁合金的强度。

10.2.1 镁合金的合金化特点

按合金元素与镁的作用性质，镁的二元相图可以分为3类：

（1）在液态及固态只能有限互溶的合金系，如镁与碱金属的钠、钾、铯，高熔点的过渡族元素钒、铌、铀等组成的二元系。

（2）在液态及固态均完全互溶的合金系，如Mg-Cd系。

（3）在固态有限溶解并具有共晶或包晶转变的二元系，绝大多数元素属于这种情况，也是镁合金的主要合金系。

镁的合金化原则与铝合金十分相似，都是利用固溶强化和时效处理所造成的沉淀强化来提高合金的常温和高温性能。因此，所选择的合金元素在镁基合金中应有较高的固溶度，且固溶度随温度有较明显的变化，并且在时效过程中能形成强化效果显著的第二相。此外，也要考虑合金元素对抗蚀性和工艺性能的影响。

根据上述原则，实际应用的镁合金都集中在以下几个合金系：

（1）Mg-Al-Zn系，如AZ40M、AZ41M、ZMgAl8Zn。

（2）Mg-Zn-Zr系，如ZMgZn5Zr、ZK61M。

（3）Mg-RE-Zr系或Mg-RE-Mn系，如ZMgRE3ZnZr、ME20M。

10.2.2 合金元素对组织和性能的影响

添加合金元素对镁进行合金化必须考虑加入的合金元素是否会与镁熔体发生反应，同时还要考虑加入合金元素对合金的浇铸性能、显微组织、力学性能、耐蚀性能、物理性能、机加工性能、成型性能、焊接性能的影响。

（1）锂。在 Mg-Li 二元体系中，锂在 α-Mg 中的极限固溶度为 5.5%，当锂含量低于 5.5% 时，其组织为锂在密排六方晶格的 α-Mg 中的固溶体，具有明显的固溶强化效应。当锂含量超过 5.5% 后，合金中会出现体心立方结构的 β-Li 固溶体，其组织为 α 相与不规则片状 β 相；锂含量达到 10.2% 以上时，其组织为 β-Li 固溶体。与密排六方的 α-Mg 相相比，体心立方结构的 β 相冷、热形变能力更强，故当锂含量达到约 11% 时能大幅度提高镁合金的塑性形变能力，甚至使其具有良好的超塑性形变能力。由于锂的密度小，故加入锂能显著降低镁合金的密度，甚至能够得到比纯镁密度还低的 Mg-Li 合金。但锂会显著降低镁合金的强度和抗蚀性。温度稍高时，Mg-Li 合金会出现过时效现象，但有时也能产生时效强化效应。由于 Mg-Li 合金的强度问题，至今为止其应用仍然非常有限。此外，锂增大了镁蒸发及燃烧的危险，只能在保护密封条件下冶炼。

（2）铍。微量的铍（一般低于 30×10^{-6}）能有效地降低镁合金在熔融、铸造和焊接过程中金属熔体表面的氧化。压铸镁合金和锻造镁合金都成功地应用了这种特性。但是，铍含量过高会引起晶粒粗化，恶化力学性能，增加热裂倾向，因此，通常将铍含量控制在 0.003% 以下。加铍是为了防止镁液氧化、燃烧而采取的辅助措施，在砂型铸造合金中应谨慎使用。

（3）铝。铝是镁合金中最常用的合金元素。铝固溶于镁形成有限固溶体，可提高合金强度和硬度。在 437 °C 的共晶温度下，铝在镁中的饱和溶解度为 12.7%，且溶解度随着温度的下降而显著减小，在室温时约为 2%。通常情况下，镁合金中铝含量大于 6% 时可进行热处理，且合金的强度和延展性匹配得最好。铝含量过高会加剧镁合金的应力腐蚀倾向，提高其脆性。

（4）钙。少量的钙能够改善镁合金的冶金质量，许多生产厂家利用这一点来实现镁合金的冶金质量控制。添加钙的目的有 3 点：其一是在铸造合金浇铸前加入钙来减轻金属熔体和铸件热处理过程中的氧化，提高薄板的可轧制性；其二是形成 $Al_{12}Ca$ 代替 $Mg_{17}Al_{12}$，提高合金蠕变抗力；其三是减小镁合金的微电池效应，降低镁合金电化学腐蚀速率。在 Mg-Cu-Ca 合金中由于 Mg_2Ca 的沉淀中和了 Mg_2Cu 相的电池效应，从而导致阴极活性区减小。快速凝固 AZ91 合金中添加 2% 的钙后腐蚀速率由 $0.8\ mm \cdot a^{-1}$ 下降至 $0.2\ mm \cdot a^{-1}$。但钙的添加也会带来不利影响。添加钙易导致铸造镁合金产生黏模缺陷和热裂；当钙添加量大于 0.3%时，易导致薄板在焊接过程中开裂。

（5）铜。铜是影响镁合金抗蚀性的元素，添加量不小于 0.05% 时，显著降低镁合金抗蚀性，但能提高合金的高温强度。

（6）铁。与铜一样，铁也是一种影响镁合金抗蚀性的元素。即使含极微量的杂质铁也能大大降低镁合金的抗蚀性。通常镁合金中铁的平均含量为 0.01% ~ 0.03%。为了保证镁合金的抗蚀性，铁含量不得超过 0.005%。

（7）锰。镁合金中添加锰对抗拉强度几乎没有影响，但是能稍微提高屈服强度。锰通过除去铁及其他重金属元素，避免生成有害的晶间化合物来提高 Mg-Al 合金和 Mg-Al-Zn 合金的抗海水腐蚀能力；在熔炼过程中部分有害的金属间化合物会分离出来。锰在镁中的固溶度较低，镁合金中的锰含量通常低于 1.5%；在含铝的镁合金中，锰的固溶度不到 0.3%。此外，锰还可以细化晶粒，提高焊接性。因此，锰通常不会单独加入，而是与其他合金元素，如铝等一起复合加入。

（8）镍。镍类似于铁，是另一种有害的杂质元素，少量的镍会大大降低镁合金的抗蚀性。

常用镁合金的镍含量为0.01%~0.03%。如果要保证镁合金的抗蚀性，镍含量不得超过0.005%。

（9）稀土。稀土是镁合金中的一种重要合金元素，可显著提高镁合金的高温强度及蠕变抗力。开发高温稀土镁合金是近年来的研究热点。稀土镁合金的固溶强化和时效强化效果随着稀土元素原子序数的增大而增加。因此，稀土元素对镁的力学性能的影响基本是按镧、铈、富铈的混合稀土、镨、钕的顺序排列。镁合金中添加的稀土元素分为两类：一类为含铈的混合稀土，由镧、钕和铈组成，其中铈含量约为 50%；另一类为不含铈的混合稀土，是由 85% 的钕和 15% 的镨组成的混合物。稀土元素原子扩散能力差，既可以提高镁合金再结晶温度和减缓再结晶过程，又可以沉淀出非常稳定的弥散相颗粒，从而能大幅度提高镁合金的高温强度和蠕变能力。近年来有关钆、镝等稀土元素对镁合金性能影响的研究很多。有研究表明，钆、镝和钇等通过影响沉淀反应动力学和沉淀相的体积分数来影响镁合金的性能，Mg-Nd-Gd 合金时效后的抗拉强度高于相应的 Mg-Nd-Y 和 Mg-Nd-Dy 合金。通常，镁合金中的稀土添加剂都是混合稀土，含有两种或两种以上的稀土元素。稀土元素间的相互作用能降低彼此在镁中的固溶度，并对稀土元素溶于 α-Mg 中形成的过饱和固溶体的沉淀动力学产生影响，从而对镁合金产生附加强化作用。此外，稀土元素能使合金凝固温度区间变窄，并且能减轻焊缝开裂倾向和提高铸件的致密性。

（10）硅。镁合金中添加硅能提高熔融金属的流动性，与铁共存时，会降低镁合金的抗蚀性。添加硅后生成的 Mg_2Si 具有高熔点（1 085 °C）、低密度（$1.9\ g\cdot cm^{-3}$）、高弹性模量（120 GPa）和低热膨胀系数（$7.5\times10^{-6}\ °C^{-1}$），是一种非常有效的强化相，通常在冷却速率较快的凝固过程中得到。硅元素在镁合金中的应用极少，仅在 AS21S 及 AS41B 两个牌号中含约 1% 的硅。

（11）银。银的原子半径与镁相差 11%，银在镁中的固溶度大，可达到 15.02%。当银溶入镁中后，产生很强的固溶强化效果。银与空位结合能较大，可优先与空位结合，使原子扩散减慢，阻碍时效沉淀相长大，阻碍溶质原子和空位逸出晶界，减少或消除了时效处理时在晶界附近出现的沉淀带，使合金组织中弥散性连续析出的 γ 相占主导地位。因此，镁合金中添加银，能增强时效强化效应，提高镁合金的高温强度和蠕变抗力，但降低了合金抗蚀性。

（12）钍。镁合金中添加钍能提高合金在 370 °C 以上的蠕变强度。常规镁合金中含 2%~3% 的钍，与锌、锆和锰结合，形成强度较高的沉淀相。钍能提高镁合金的焊接性能。钍是提高镁合金高温强度和蠕变性能的最佳元素；但具有放射性，其应用受到很大限制。

（13）锡。在镁合金中添加锡并与少量的铝结合是非常有用的。锡能提高镁合金的延展性，降低热加工时的开裂倾向，从而有利于锻造加工。

（14）锑。微量的锑能细化 Mg-Al-Zn-Si 合金晶粒，并改变 Mg_2Si 相的形貌，由粗大的汉字形颗粒变为细小的多边形颗粒，其晶粒细化效果甚至比钙更显著。锑和混合稀土一起加入 Mg-Al-Zn-Si 合金时，镁合金的抗蚀性大大提高，甚至优于 AE42（美国 DOW 公司牌号）合金；其室温力学性能优于 AZ91D 合金；其高温性能优于 AE42 合金。

（15）锌。锌在镁中的最大固溶度为 6.2%，是除铝以外的另一种非常常见的、有效的合金元素，具有固溶强化和时效强化的双重作用。锌通常与铝结合来提高室温强度。当镁合金中铝含量为 7%~10%，且锌添加量超过 1% 时，镁合金的热脆性明显增加。锌也同锆、稀土或钍结合，形成强度较高的沉淀相强化镁合金。高锌镁合金由于结晶温度区间间隔太大，合金流动性大大降低，从而铸造性能较差。此外，锌也能减轻因铁、镍存在而引起的腐蚀作用。

（16）锆。锆在液态镁中的固溶度很小，在包晶温度下仅为 0.60%。锆与镁不形成化合物，凝固时首先以 α-Zr 颗粒沉淀，α -Mg 包在其外。α-Zr 与 α-Mg 同为密排六方结构，且 α-Zr 的晶格常数（a = 0.322 3 nm，c = 0.512 3 nm）与镁非常接近，符合结构相似、尺寸相当的点阵匹配原理，促进了镁的非均匀形核，具有很强的晶粒细化作用。锆能与熔体中的铁、硅、碳、氮、氧和氢等元素形成稳定的化合物。由于只有固溶体中的锆用于晶粒细化，从而对合金有用的只是固溶的那部分锆，而并不是所有的锆。锆在形变镁合金中可以抑制晶粒长大，因而含锆镁合金在退火或热加工后仍具有较高的力学性能。

（17）钇。钇在镁中的固溶度较高（11.4%），同其他稀土元素一起能提高镁合金高温抗拉性能及蠕变性能，改善了腐蚀行为。钇对镁合金高温力学性能的改善可归结于固溶强化、对合金枝晶组织的细化和沉淀产物的弥散强化。镁中添加 4% ~ 5% 的钇能形成 WE54A、WE43A 合金，在 250 °C 以上的高温性能优良。就 Mg-Y 二元合金而言，合金的延性随着钇含量的增加而由高延性向延性，延性向脆性转变；当钇含量大于 8%，Mg-Y 合金就会产生脆性。然而，钇的价格昂贵且难以加进熔融的镁中，因此，实用的 Mg-Y 合金中钇的含量通常低于 8%。

10.3 镁合金的热处理

10.3.1 再结晶退火

再结晶退火可以消除镁合金在塑性形变过程中产生的加工硬化效应，恢复和提高其塑性，以便进行后续形变加工。由于再结晶退火已将形变强化完全消除，也有叫作完全退火的。几种形变镁合金的再结晶退火工艺规范如表 10.3 所示。通常，这些工艺可以使镁合金制品获得实际可行的最大退火效果。对于 ME20M 合金，当要求其强度较高时，退火温度可定在 260 ~ 290 °C。当要求其塑性较高时，退火温度可以稍高一些，一般可以定在 320 ~ 350 °C。

表 10.3 形变镁合金再结晶退火工艺

合金牌号	温度/°C	时间/h	合金牌号	温度/°C	时间/h
M2M	340 ~ 400	3 ~ 5	ME20M	280 ~ 320	2 ~ 3
AZ40M	350 ~ 400	3 ~ 5	ZK61M	380 ~ 400	6 ~ 8

10.3.2 去应力退火

去应力退火既可以减小或消除形变镁合金制品在冷、热加工，成型，校正和焊接过程中产生的残留应力，也可以消除铸件或铸锭中的残留应力。

10.3.2.1 形变镁合金的去应力退火

表 10.4 列出了形变镁合金去应力退火工艺，这些去应力退火工艺可以最大限度地消除镁合金工件中的残留应力。如果将镁合金挤压件焊接到镁合金冷轧板上，那么应适当降低退火温度并延长保温时间，从而最大限度地降低工件的形变程度。

表 10.4 形变镁合金常用的去应力退火工艺

合金牌号	板 材		冷挤压件和锻件	
	温度/°C	时间/h	温度/°C	时间/h
M2M	205	1	260	0.25
AZ40M	150	1	260	0.25
AZ41M	250～260	0.5	—	—
ZK61	—	—	260	0.25

10.3.2.2 铸造镁合金的去应力退火

凝固过程中模具的约束、热处理后冷却不均匀或者淬火引起的收缩等都是镁合金铸件中出现残留应力的原因。镁合金铸件中的残留应力一般不大，但是由于镁合金弹性模量低，故在较低应力下就能使镁合金铸件产生相当大的弹性应变。因此，必须彻底消除镁合金铸件中的残留应力，以保证其精密机加工时的尺寸公差，避免其翘曲等形变，以及防止 Mg-Al 铸造合金焊接件发生应力腐蚀开裂等。此外，机加工过程中也会产生残留应力，所以在最终机加工前最好进行中间去应力退火处理。镁合金铸件的去应力退火工艺如表 10.5 所示，所有工艺都可以在不显著影响力学性能的前提下彻底消除铸件中的残留应力。

表 10.5 镁合金铸件的去应力退火

合 金	状 态	工 艺	合 金	状 态	工 艺
Mg-Al-Mn	所 有	260 °C×1 h	ZK61K	淬火＋不完全人工时效	330 °C×2 h＋130 °C×48 h
Mg-Al-Zn	所 有	260 °C×1 h	ZE41A	所 有	330 °C×2 h

10.3.3 固溶处理和时效处理

10.3.3.1 固溶处理

镁合金经过固溶淬火后不进行时效可以同时提高其抗拉强度和伸长率，由于镁合金中原子扩散较慢，因而需要较长的加热（或固溶）时间以保证第二相充分溶解。镁合金砂型厚壁铸件的固溶时间最长，其次是薄壁铸件或金属型铸件，形变镁合金的固溶时间最短。

10.3.3.2 人工时效

部分镁合金经过铸造或压力加工成形后不进行固溶处理而是直接进行人工时效。这种工艺很简单，也可以获得相当高的时效强化效果。特别是 Mg-Zn 系合金，重新加热固溶处理将导致晶粒粗化，所以通常在热形变后直接人工时效以获得时效强化效果。

10.3.3.3 固溶处理＋人工时效

固溶处理后人工时效可以提高镁合金的屈服强度，但会降低部分塑性；这种工艺主要应用于 Mg-Al-Zn 和 Mg-RE-Zr 合金。此外，锌含量高的 Mg-Zn-Zr 合金也可以选用这种处理，以充分发挥时效强化效果。

固溶处理获得的过饱和固溶体在人工时效过程中发生分解并沉淀出第二相。时效过程和沉淀相的特点受合金体系、时效温度以及添加元素的综合影响，情况十分复杂。目前，对镁合金时效析出过程的了解还不十分清楚。

10.3.3.4 热水中淬火 + 人工时效

镁合金淬火时通常采用空冷，也可以采用热水淬火来提高强化效果。特别是对冷却速度敏感性较高的 Mg-RE-Zr 系合金常采用热水淬火。

10.3.4 二次热处理

通常情况下，当镁合金铸件经热处理后其力学性能达到了期望值时，很少再进行二次热处理。不过，如果镁合金铸件热处理后的显微组织中化合物含量过高，或者在固溶处理后的缓冷过程中出现了过时效，则要求进行二次热处理。大部分镁合金在二次热处理时晶粒不易过分长大。为了防止晶粒过分长大，Mg-Al-Zn 合金进行二次热处理时的固溶时间应该限制在 30 min 以内。

10.3.5 氢化处理

氢化处理可以显著提高 Mg-Zn-RE-Zr 合金的力学性能。在 Mg-Zn-RE-Zr 合金中，粗大块状的 MgZnRE 化合物沿晶界呈网状分布，这种合金相十分稳定，很难溶解或破碎。Mg-Zn-RE-Zr 合金在氢气中进行固溶处理时，氢原子沿晶界向内部扩散，并与偏聚于晶界的 MgZnRE 化合物中的稀土发生反应，生成不连续的颗粒状稀土氢化物。由于氢与锌不发生反应，从而当稀土从 MgZnRE 相中分离出来后，被还原的锌原子溶于 α 固溶体中，导致固溶体中锌过饱和度增加。Mg-Zn-RE-Zr 合金时效后在晶粒内部生成了细针状的沉淀相（β″ 或β′）且不存在显微疏松，从而合金强度显著提高，伸长率和疲劳强度也明显改善，综合性能优异。

10.4 常用镁合金

按成型工艺，镁合金可分为铸造镁合金和形变镁合金，两者在成分、组织、性能上存在很大差异。铸造镁合金主要用于汽车零件、机件壳罩和电气构件等；形变镁合金主要用于薄板、挤压件和锻件等。

10.4.1 形变镁合金

形变镁合金主要有 Mg-Al、Mg-Zn、Mg-Mn、Mg-Zr、Mg-RE、Mg-Li 等合金系。其中，最常用的合金系是以 Mg-Al 和 Mg-Zn 为基础的 Mg-Al-Zn 和 Mg-Zn-Zr 三元系，也就是人们通常所说的 AZ 和 ZK 系列。

10.4.1.1　Mg-Al 系

Mg-Al 系合金具有良好的力学性能、铸造性能和抗大气腐蚀性能，是室温下应用最广的镁合金系。商业形变 Mg-Al 合金中 $w(\mathrm{Al}) = 0 \sim 8\%$，$w(\mathrm{Zn}) = 0 \sim 1.5\%$，典型牌号如 AZ10A、AZ31B、AZ31C、AZ61A、AZ80A 等，可用于锻件和板材，其中含铝量为 8% 的 AZ80 是高强度和唯一可进行淬火时效强化的合金，但应力腐蚀倾向严重，已被更好的 Mg-Zn-Zr 代替。

Mg-Al 系镁合金中主要合金元素为铝，铝的加入可改善合金的铸造性能，有效提高合金的强度和硬度，如图 10.2 所示，图中热处理工艺为在 420 °C 下固溶 2 h，水淬，然后在 200 °C 下时效 12 h。Mg-Al 系镁合金中铝含量达到 7% 时，可采用热轧成型；但合金中铝含量较低时，可采用热轧 + 冷轧方式成型；但合金中铝含量达到 10% 时，合金具有高的抗拉强度和屈服强度，可采用挤压和锻造工艺成型。铝含量大于 2% 时，铸态组织中的化合物相为 γ 相（$Mg_{17}Al_{12}$），当铝含量超过 8% 左右时，这些化合物以共晶形式沿晶界呈不连续网状分布。根据 Mg-Al 二元合金相图（见图 8.4），采用退火或固溶处理（退火或固溶温度约为 430 °C）可以使全部或部分的 γ 相（$Mg_{17}Al_{12}$）溶解，形成过饱和固溶体 α 相，从而使合金的强度提高，但同时合金的塑性会下降。由于时效过程中析出的 γ 相与基体为非共格关系，因而 Mg-Al 合金时效硬化效果不明显。

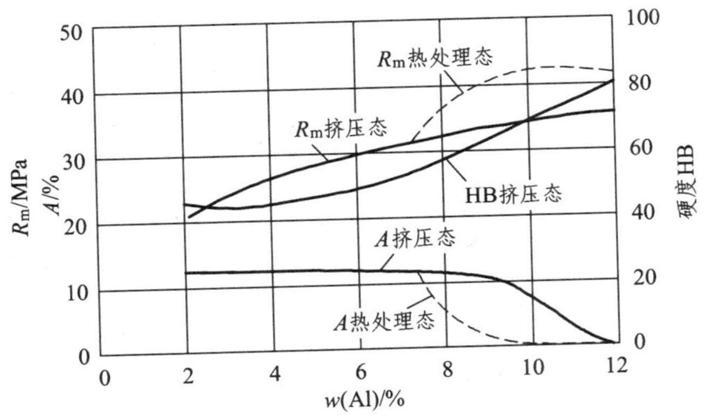

图 10.2　铝对镁合金力学性能的影响

Mg-Al 系镁合金中一般会添加锌及少量的锰，加入锌可以使固溶体强化，提高合金的室温强度，并略微提高耐蚀性。但是在铝含量为 7% ~ 10% 的镁合金中添加大于 1% 的锌，将增加合金的热脆性。锰可提高合金的耐蚀性，加入的锰可能与铝生成 Mn-Al 化合物。

10.4.1.2　Mg-Zn 系

Mg-Zn 二元合金具有较强的固溶强化、时效强化效应，并且具有较好的耐腐蚀性能，但 Mg-Zn 二元合金的晶粒粗大，合金中易产生微孔洞，力学性能差，在生产实际中很少应用。

Mg-Zn 二元合金中，锌除了起固溶强化的作用外，还可消除镁合金中铁、镍等杂质元素对腐蚀性能的不利影响。根据 Mg-Zn 二元合金相图（见图 10.3），合金铸态组织中主要的共晶相为 $Mg_{51}Zn_{20}$，经 315 °C、4 h 固溶处理后，共晶相 $Mg_{51}Zn_{20}$ 完全分解成与 Laves 相 $MgZn_2$ 晶体结构相同的中间相。Mg-Zn 系合金的时效过程与 Al-Cu 合金类似，也分为 4 个阶段。

首先是从过饱和固溶体 α 相中形成 GP 区，然后从 GP 区中析出与基体完全共格且垂直于$\{0001\}_{Mg}$的棒状 β_1'（$MgZn_2$）相，再从 β_1' 相中析出与基体半共格且平行于$\{0001\}_{Mg}$的盘状 β_2'（$MgZn_2$）相，最后从 β_2' 相中析出非共格的 β（Mg_2Zn_3）相。Mg-Zn 合金可以通过低温预时效形成 GP 区，但是 GP 区硬化效果不明显。Mg-Zn 合金在较高温度时效得到细微的棒状 β_1'，由于 β_1' 析出相周围的截面产生共格应变，使析出强化更显著，故 Mg-Zn 系合金析出 β_1' 相时合金强度最高。向 Mg-Zn 合金中添加微量稀土元素具有抑制 β_2' 相析出的作用，从而推迟过时效。Mg-Zn 合金添加铜元素可以提高 β_1' 相和 β_2' 相的析出密度，增强时效强化效果，提高合金的高温强度。

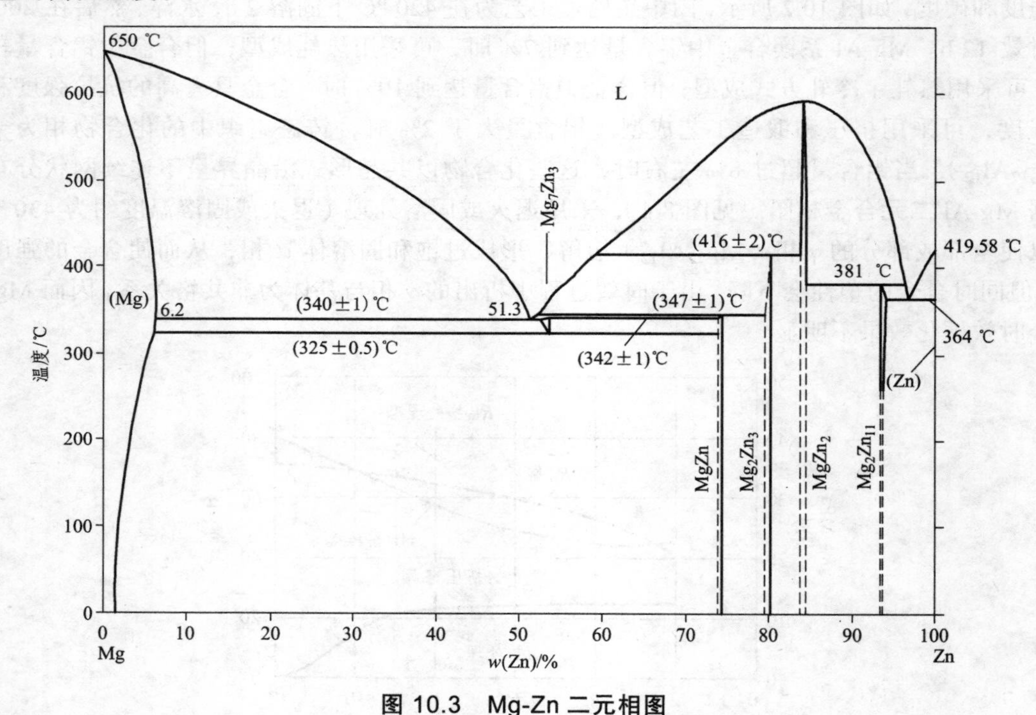

图 10.3 Mg-Zn 二元相图

向 Mg-Zn 合金中添加少量锆后得到 Mg-Zn-Zr 系合金，锆的加入能显著细化晶粒，提高合金强度。向 Mg-Zn 合金中添加少量钙后得到 Mg-Zn-Ca 系合金，加入钙不但可以形成高熔点的化合物，提高合金的高温性能，还可细化晶粒，提高 Mg-Zn 合金的可加工性。此外，钙可在合金表面形成保护性氧化膜来提高合金的抗蚀性。在 Mg-Zn 合金中加入铜后得到 Mg-Zn-Cu 系合金，可以显著提高合金塑性和时效强化程度。

10.4.1.3 Mg-Mn 系

Mg-Mn 系合金具有中等强度，易于挤压和焊接，在盐水溶液中有很好的抗腐蚀性，可用于制造各种型材和锻件，已用于制造飞机蒙皮、壁板及外形复杂的模锻件和汽油等系统中耐蚀性高的附件。典型牌号为 M1A。

Mg-Mn 系合金中主要合金元素为锰，其最大含量不超过 2.5%。锰对合金力学性能的影响较小，但可以提高合金的抗应力腐蚀能力，降低合金塑性。Mg-Mn 二元合金相图如图 10.4 所示。Mg-Mn 合金室温下的组织为 α-Mg 固溶体和角状的初生锰。当有铝存在时，锰与铝生成 MnAl、$MnAl_4$ 或 $MnAl_6$ 等化合物相，而且这些化合物可能同时存在于同一个化合物颗粒中，$w(Al)/w(Mn)$由颗粒中心向表面逐渐增加，即 3 种化合物依次由中心向表面过渡。固溶处理将使 MnAl 和 $MnAl_4$ 向 $MnAl_6$ 化合物转变。当有足够量的杂质元素铁存在时，将生成硬脆的 Mn-Al-Fe 化合物，取代 Mn-Al 化合物。另外，还可形成有利于提高合金耐热性的 MgFeMn 相。Mg-Mn 合金的时效析出过程为从过饱和的 α′ 固溶体中析出立方晶体结构的棒状 α-Mn 相，中间无亚稳相生成。由于镁与锰不形成化合物，因此固溶体中析出的 α-Mn 相实际上是纯锰，强化作用很小，因此，Mg-Mn 系合金没有明显的时效强化效果，但合金中有铝时，MnAl、$MnAl_6$ 和 $MnAl_4$ 等化合物相颗粒在时效过程中析出会起到强化合金的作用。

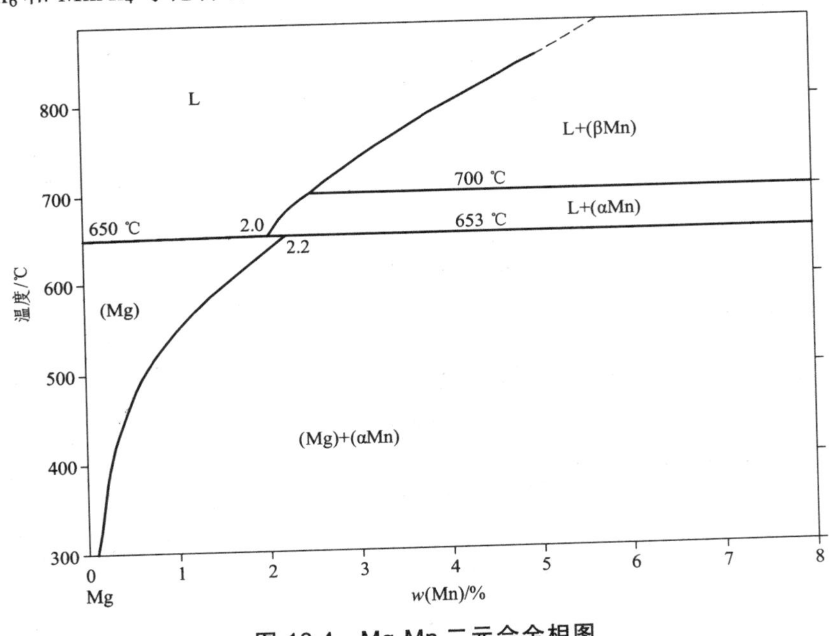

图 10.4 Mg-Mn 二元合金相图

10.4.1.4 Mg-RE 系

Mg-RE 系合金是重要的耐热合金系，在 200 ~ 300 °C 具有良好的抗蠕变性能。Mg-RE 二元合金因晶粒粗大，致使拉伸强度极差，实际上不能作为结构件使用。故通常在 Mg-RE 合金系中加入锆元素，以细化合金铸态组织，使合金铸态拉伸性能提高到可接受的水平。在 Mg-RE 合金系中加入锌可以进一步提高合金的抗蠕变性能。近年来在 Mg-RE 耐热合金系方面，研究者们致力于利用钇在镁中的高固溶度（11.4%）和 Mg-Y 合金的时效硬化潜力，来开发新的 Mg-RE 合金。

由图 10.5 所示的 Mg-Nd 二元合金相图可知，稀土元素钕在镁中的固溶度较大，且固溶度随着温度的降低而急剧减小，在 197 °C 附近仅为最大固溶度的 1/10。稀土镁合金在 500 ~ 530 °C 固溶处理后可以得到过饱和固溶体，然后在 150 ~ 250 °C 时效时均匀弥散地沉淀出第二相，获得显著的时效强化效果。其时效析出的一般规律是在时效初期形成盘状的与基体完全共格的六方晶系的 DO_{19} 型结构；时效中期析出与基体半共格的盘状的 β_1' 相，可以获得最高强度；时效后期的沉淀相为平衡相。由于稀土元素在镁中的扩散速率较低，沉淀相的热稳定性很高，所以 Mg-RE 合金具有优异的耐热性和高温强度。

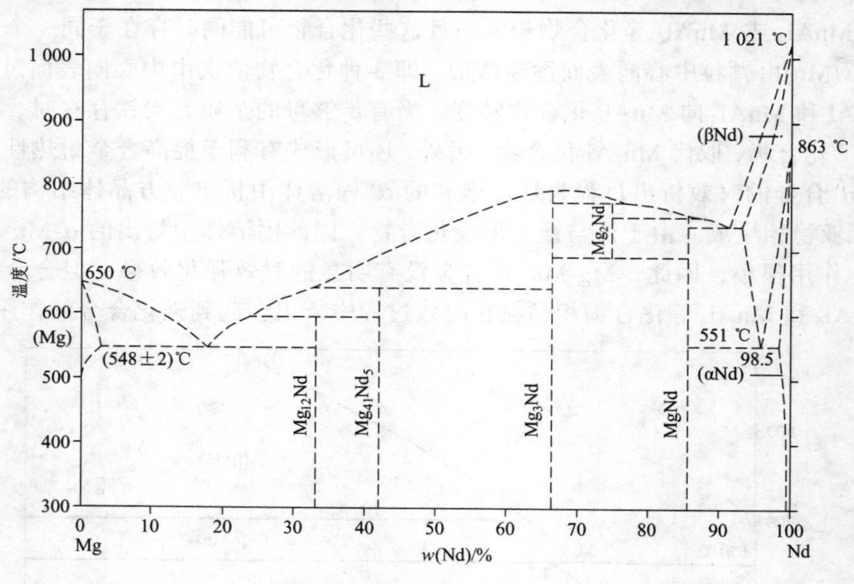

图 10.5 Mg-Nd 二元相图

10.4.1.5 Mg-Th 系

Mg-Th 合金可采用锻造成型，产品形状通常为厚板或薄板，主要用于导弹和航天飞行器。在镁合金中，钍的作用与稀土非常相似。钍可提高合金在高达 370 °C 的温度下的蠕变强度，此外，钍还可改善合金的铸造性能和含锆合金的焊接性能。除钍元素外，Mg-Th 合金中还常加入锆、锌元素。Mg-Th-Zr 系合金的典型牌号为 HK31A，Mg-Th-Zn-Zr 系合金的典型牌号为 HZ32A。

钍是 Mg-Th 合金中的主要合金元素，其含量通常为 2%～3%。根据图 10.6 所示的 Mg-Th 二元合金相图，582 °C 时钍在镁中的最大溶解度为 4.75%，其溶解度随着温度的降低而减小，

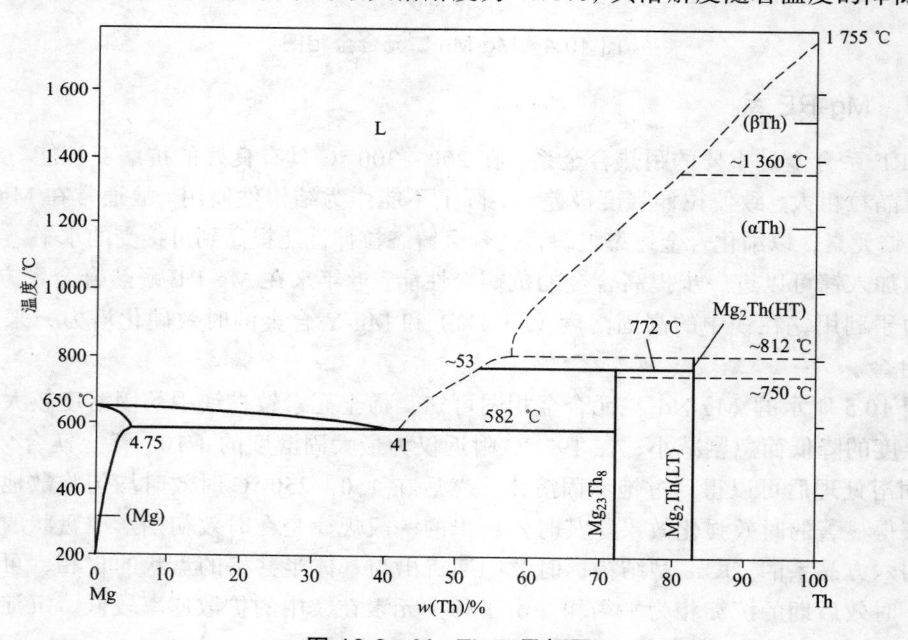

图 10.6 Mg-Th 二元相图

具有明显的固溶强化效应，因此，Mg-Th 合金可以进行热处理强化。通常认为 Mg-Th 系合金时效过程为：先从过饱和固溶体 α′ 相中析出 β″ 相，再从 β″ 相中析出 β 相。这些析出相的热稳定性高，且高温下不易软化，因此，Mg-Th 合金的耐热性能优异。

10.4.1.6　Mg-Ag-RE（Nd）系

银的加入可以提高镁合金的时效硬化效应，从而提高了合金的力学性能。在 Mg-RE-Zr 合金中添加银可以大大提高合金的拉伸性能。

图 10.7 是 Mg-Ag 二元合金相图。银在镁中的最大固溶度为 15.02%，比钇（11.4%）和铝（12.7%）高，并且与钕和镁形成 $Mg_{12}Nd_2Ag$ 相，能产生明显的时效强化效应。Mg-Ag-RE（Nd）系合金的时效析出过程极为复杂。当银含量小于或等于 2% 时，可以通过沉淀反应析出平衡相 MgNd。当银含量大于 2% 时，可以通过两种沉淀反应析出平衡相 $Mg_{12}Nd_2Ag$，即：① 过饱和固溶体 α′（Mg）先析出棒状 GP 区，棒状 GP 区再析出棒状 γ 相，棒状 γ 相析出等轴 β 相；② 过饱和固溶体 α′（Mg）先析出旋转椭圆状 GP 区，旋转椭圆状 GP 区再析出等轴β 相。由两种方式形成的等轴 β 相再转变为复杂六方结构的 $Mg_{12}Nd_2Ag$。

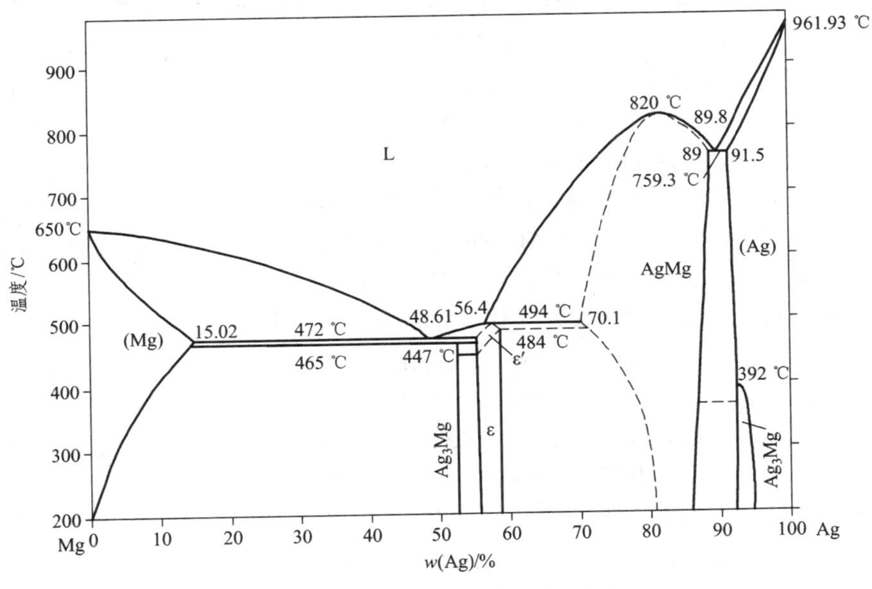

图 10.7　Mg-Ag 二元合金相图

10.4.2　铸造镁合金

10.4.2.1　Mg-Al 系合金

Mg-Al 系合金是最早用于铸件的二元合金系，该系既包括前述的形变镁合金也包括此处的铸造镁合金，是牌号最多、应用最广的系列。大多数 Mg-Al 系合金实际上还包括其他的合金元素，以 Mg-Al 二元合金为基础发展的三元合金系有：Mg-Al-Zn、Mg-Al-Mn、Mg-Al-Si 和 Mg-Al-RE 共 4 个系列。

Mg-A1 合金中往往还含有一些其他的合金元素，但其中最重要的就是锌和锰。AZ

(Mg-Al-Zn)系和 AM(Mg-Al-Mn)系镁合金是应用最广泛的商业化 Mg-Al 基铸造镁合金。AZ 系镁合金(如 AZ91D)的屈服强度很高，广泛用于制造形状复杂的薄壁压铸件，如发动机和传动系的壳体、电子器材壳体、手动工具等。铝含量比 AZ 系镁合金低的 AM 系镁合金(如 AM60B、AM50A、AM20S)具有优良的断裂韧性，但屈服强度较低，通常用于承受冲击载荷的场合，如轿车侧门、仪表盘、座椅框架、轮毂及体育用品等。

然而 AZ 和 AM 系镁合金的高温抗蠕变性能比常用铝合金低一个数量级还多，温度高于 150 °C 时拉伸强度迅速降低。为了改善 Mg-Al 基镁合金的高温性能，除通过加入合金元素以改善析出相的特性(晶体结构、形态及热稳定性)来提高现有 AZ 系镁合金的耐热性能外，还开发出 AS(Mg-Al-Si-Mn)系、AE(Mg-Al-RE)系和 Mg-Al-Ca 系铸造镁合金。尽管增加铝含量可提高合金的铸造性能，但为了减少非连续析出 β 相的数量，AS 和 AE 系耐热镁合金的铝含量都较低。

10.4.2.2 Mg-Zn 系合金

纯粹的 Mg-Zn 二元合金在实际中几乎没有得到应用，因为该合金的组织粗大，对显微缩孔非常敏感。但这一合金有一个明显的优点，就是可通过时效硬化来显著地改善合金的强度。因此，Mg-Zn 系合金的进一步发展，需要寻找第三种合金元素，以细化晶粒并减小产生显微缩孔的倾向。研究表明，在 Mg-Zn 二元合金中加入第三种组元铜，将明显提高其韧性，产生时效硬化效果。砂型铸造合金 ZC63A[$w(\mathrm{Zn}) = 6\%$，$w(\mathrm{Cu}) = 3\%$，$w(\mathrm{Mn}) = 0.5\%$]是这类合金的典型代表，在时效状态，$R_m = 240$ MPa、$R_{eL} = 145$ MPa、$A = 5\%$，高于 Mg-A1-Zn 系合金的 AZ91D。铜可以提高 Mg-Zn 合金的共晶温度，故可在较高的温度进行固溶处理，以便使更多的锌和铜固溶，增加随后的时效强化效果。在 Mg-Zn 合金中加入铜会改变铸态合金的共晶组织，使由完全离异共晶形成的、处于 α-Mg 晶界及枝晶臂之间的不规则块状 MgZn 相转变为片状。Mg-Zn-Cu 合金的缺点是由于铜的加入导致了合金的耐蚀性能降低。

Mg-Zn 系合金的晶粒容易长大，锆则被认为在镁合金中具有细化作用，是铸态 MgZn 合金最有效的晶粒细化的元素，故工业 Mg-Zn 系合金中均添加一定量的锆，得到 Mg-Zn-Zr 系铸造合金，其典型牌号包括 ZMgZn5Zr、ZMgZn4RE1Zr，ZMgZn5Zr 合金适用于铸造形状简单、承受高强度和冲击载荷的零件，如飞机轮毂、隔框、支架等；ZMgZn4RE1Zr 耐蚀性好，高温力学性能优于 ZMgZn5Zr，适于铸造 200 °C 以下工作的发动机零件，如发动机机匣、整流舱、电机壳体等。这类合金都属于时效强化合金，一般都在直接时效或固溶再接着时效的状态下使用，具有较高的抗拉强度和屈服强度。

10.4.2.3 Mg-RE 系合金

在铸造镁合金中加稀土元素进行合金化，可提高镁合金熔体的流动性、降低微孔率、减轻疏松和热裂倾向，并提高合金的耐热性，故稀土在铸造镁合金中有广泛的应用，除个别国家外，含稀土元素的铸造镁合金占铸造镁合金总数的 50% 以上。

稀土元素可降低镁在液态和固态下的氧化倾向。由于大部分 Mg-RE 系，如 Mg-Ce、Mg-Nd 和 Mg-La 二元相图的富镁区都是相似的，即它们都具有简单的共晶反应，因此，一般在晶界存在着熔点较低的共晶体。这些共晶体以网络形式存在于晶界上，可以起到抑制显微疏松的作用。在 Mg-RE 合金中添加部分锌，在晶界上形成了 Mg-Zn-RE 相，降低了一些原有的固溶强化效果，导致合金的室温强度和塑性有所降低，但高温蠕变性能得到明显的改善。在 Mg-Zn 合金中添加稀土元素还可以显著改善其耐热性能，使其使用温度提高至 150 °C，其典型的应用是用来制造直升机的变速箱壳体。进一步增加锌含量，镁合金中会有大块的 Mg-Zn-RE 相在晶界形成，导致合金的脆性增加，并降低晶界附近的熔点，在固溶处理时产生局部熔化现象。在氢气中长时间加热可使 Mg-Zn-RE 相溶解，这一工艺已成功用于生产镁合金 ZE63（美国 DOW 公司牌号）薄壁件。银的加入可明显改善 Mg-RE 合金的时效硬化效应，据此开发了 QE22A、QE21（美国 DOW 公司牌号）及 EQ21A 等合金。从室温到 200 °C 温度区间，Mg-RE-Ag 合金的高温抗拉性能和蠕变抗力接近 Mg-Th 合金的性能。

铸造稀土镁合金需注意铝的不利影响。因为稀土金属与铝会生成非常稳定的稀土铝化物，夺取 α-Mg 基固溶体中的稀土。因此，在砂模和永久模重力铸造时不能使用 RE-Al 的合金元素组合，但利用压铸冷却速度快抑制铝化物生成的优点，可开发出在 300 °C 具有良好抗蠕变性能的 AE 型合金。

与在 Mg-Zn 合金中常常要加入稀土金属一样，在 Mg-RE 合金中往往也通过加入锌来增加合金的强度，加入锆细化合金的晶粒组织；并在熔炼过程中净化熔体，改善镁合金的耐蚀性。例如，镁合金 EZ33A[w(RE) = 3%，w(Zn) = 2.5%，w(Zr) = 0.6%]，既具有高强度，同时又具有高的抗蠕变性能，使用温度可高达 250 °C。在 Mg-RE 中有时还要加入锰，因为锰具有一定的固溶强化效果，同时可降低原子的扩散能力，提高耐热性；还有提高合金耐蚀性的作用。

镁合金中的另一个重要的稀土元素是钇。钇在镁中的最大溶解度是 11.4%，其溶解度随着温度的改变而变化，表明 Mg-Y 合金具有很高的时效硬化倾向。在 Mg-Y 合金中往往还要加入钕和锆。Mg-Y-Nd-Zr 合金系列具有比其他合金高得多的室温强度和高温抗蠕变性能，使用温度可高达 300 °C。此外，Mg-Y-Nd-Zr 热处理后的耐蚀性能优于所有其他的镁合金。

复习思考题

1. 镁的晶体结构有什么特点？
2. 简述金属镁的基本性质及其用途。
3. 为什么镁合金在航空工业中有重要的应用前景？
4. 镁合金的合金化与铝合金有何异同点？
5. 合金元素在镁合金中的存在状态有哪几种？
6. 镁合金中常见的合金元素有哪些？分别起什么作用？
7. 在镁合金中，合金元素与镁形成的化合物有哪几种类型？
8. 简述镁合金的强化方法。
9. 试述锆、钍、稀土元素在镁合金中的作用。
10. 常见的镁合金热处理工艺有哪些？并说明它们的特点。
11. 在什么情况下镁合金需要进行二次热处理？
12. 与钢铁材料相比，镁合金的热处理有什么特点？
13. 镁合金有哪些常用的合金系？
14. 形变镁合金的塑性与合金的哪些因素有关？
15. 在铸造镁合金中，稀土元素的作用是什么？哪一种稀土元素的应用效果最佳？为什么？
16. 简要说明 Mg-Al-Zn 系合金时效析出过程。
17. 简述镁合金牌号的表示规则。

11 铜及铜合金

铜是人类最早使用的金属材料之一，自然界就有自然铜存在。人类历史上的青铜器时代开始于公元前三千年。古代的青铜为铜锡合金，是历史上第二种人造材料，第一种合金。它在辉煌灿烂的人类文明产生过程中发挥了重要作用，而且至今仍作为工程材料被广泛应用。现代大量应用的铜及铜合金包括工业纯铜、黄铜、青铜和白铜，它们具有优良的导电和导热性，且易于成型、耐蚀性良好。

11.1 纯 铜

1. 纯铜的特点

铜(Cu)，第4周期第ⅠB族元素，原子序数为29，电子轨道分布为$1s^22s^22p^63s^23p^63d^{10}4s^1$，化合价有+2、+1，相对原子量为63.546，原子直径为0.270 nm。铜的熔点为1 084.87 °C 铜在20 °C时的理论密度为8.932 $g\cdot cm^{-3}$，在熔点时的固态密度为8.89 $g\cdot cm^{-3}$，刚超过熔点时的液态密度为8.53 $g\cdot cm^{-3}$。

纯铜又称紫铜，呈玫瑰红色。纯铜具有优良的导电性，20 °C时含铜99.90%的纯铜电阻率为$1.724\,1\times10^{-8}\ \Omega\cdot m$，其导电性仅次于银。冷形变后，纯铜的电导率变化小，形变80%后电导率降低量不足3%，因而可在冷加工状态用作导电材料。纯铜的导热性良好，在0~100 °C的热导率为399 $W\cdot(cm\cdot{}^\circ C)^{-1}$。杂质元素会降低纯铜的导电性和导热性。

纯铜的室温磁化率$\chi=-0.96\times10^{-5}$，为抗磁性材料，是优良的磁屏蔽材料，常用来制造不受磁场干扰的磁学仪器。

纯铜具有面心立方结构，无同素异构转变，强度不高（R_m = 200~250 MPa），硬度较低（40~50 HBS），塑性很好（A = 45%~50%）。冷形变后，其抗拉强度可达400~500 MPa，硬度提高到100~200 HBS，但延伸率下降到5%以下。采用退火处理可消除铜的加工硬化。纯铜还具有优良的焊接性能。

铜具有高的正电位，Cu^+、Cu^{2+}的标准电极电位分别为+0.522 V及+0.345 V。纯铜在大气、淡水中具有良好的耐蚀性，但在海水中略差。铜与其他金属接触时，能使被接触的金属腐蚀加快。因此，结构件中铜或铜合金与其他金属接触时，需要镀锌，使被接触金属得到保护。

2. 纯铜的牌号及应用

纯铜分为两大类，一类为含氧铜，即普通工业纯铜；另一类为无氧铜，其氧含量极低（≤0.003%）。根据国家标准GB/T 29091—2012《铜及铜合金牌号和代号表示方法》，工业纯铜以“T+顺序号”或“T+第一主添加元素化学符号+各添加元素含量（数字间以“-”隔开）”命名。例如，T1[w(Cu) > 99.95%]、T2[w(Cu) > 99.90%]、T3[w(Cu) > 99.70%]、TAg 0.1[表示w(Ag)为0.06%~0.12%的银铜]等。工业纯铜的主要用途是配制铜合金，制作导电、导热材料及耐蚀器件等，如电线、电缆、电器开关等。

无氧铜以“TU＋顺序号”或“TU＋添加元素的化学符号＋各添加元素含量”命名。例如，TU1、TU2、TU Ag 0.2[表示 w(Ag)为 0.15%～0.25% 的无氧铜]，主要用作真空器件。

磷脱氧铜以“TP＋顺序号”表示，用作焊接铜材，制作热交换器、排水管、冷凝管等。

11.2 铜的合金化

尽管纯铜有很多优良的特性，但它的强度和硬度低，耐磨性差，切削性能等工艺性能也无法满足快速发展的需求；因此，通过在铜中添加合金元素，开发各种铜合金，以适应各方面的要求。铜合金中常用的合金元素包括：锌、铝、锡、锰、镍、铁、铍、钛、铬、锆等。

在铜中固溶的合金元素将起固溶强化作用，锡、锑、铟的固溶强化效应最强烈，金、锰、锗次之，镍、硅、锌又次之。但镍、铝、锡、锌、锰在铜中的溶解度较大，是有效的固溶强化元素，其中镍和锰在铜中能无限固溶。

合金元素在铜合金中的强化作用除固溶强化外，还体现在沉淀强化。例如，铍与铜形成的电子化合物 γ_2-CuBe 相，可产生强烈的沉淀强化效应；铬和锆共同加入铜合金能生成 Cr_2Zr 金属间化合物，沉淀强化效应显著，且可同时提高铜合金的耐热性和导电率；镍与硅在铜合金中形成 Ni_2Si 金属间化合物，经固溶淬火后，Cu-Ni-Si 合金在时效时有很强的沉淀强化效应；镍与铝在铜合金中形成 Ni_3Al 金属间化合物，经高温固溶淬火后，在 450～600 °C 时效，有很强的沉淀强化效应。

固溶的溶质元素对铜的导电性有很大的影响，磷、硅、铁、钴、铍、铝、锰、砷及锑均强烈降低铜的导电性，而银、铬、镁对导电性的降低幅度较小。常用合金元素对铜的导电性的影响如图 11.1 所示。固溶元素使铜的导热性有较大的降低。

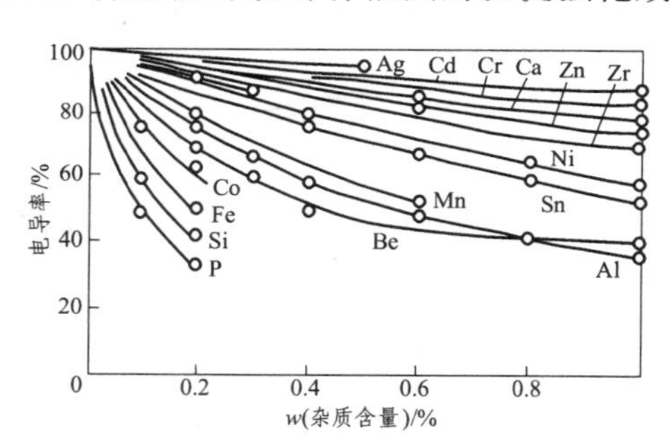

图 11.1 合金元素对铜的导电性的影响

铜的颜色可以通过加入合金元素的办法来改变，如加入锌、铝、锡、镍等元素，随着含量的变化，颜色也发生红—青—黄—白的变化。合理地控制含量就可获得仿金和仿银合金，如 Cu-7Al-2Ni-0.5In 和 Cu-15Ni-20Zn 合金系分别是著名的仿金和仿银合金。这种颜色变化可以用能带理论说明。当光子射向铜时，使 3d 带电子受到激发而跃迁到 4（s-p）带上去，这样的跃迁需要能量，而当 4（s-p）带电子浓度不同时，跃迁所需的光量子能也不同。在铜中加入合金元素，改变其 4（s-p）带电子浓度，使保证这种跃迁所需光量子的能量对应的光谱也发生相应的变化，能量小于这一光谱的光将被反射，从而使铜合金呈现出不同的颜色。

11.3 黄 铜

黄铜是以锌为唯一或主要添加元素的铜合金。Cu-Zn 二元铜合金是最简单的黄铜，称为普通黄铜。在普通黄铜基础上加入一种或多种其他合金元素形成的铜合金，称为复杂黄铜，又称特殊黄铜。黄铜也可按照生产工艺不同分为压力加工黄铜和铸造黄铜。

11.3.1 黄铜牌号的表示方法

普通黄铜的牌号以“H + 铜含量”命名。例如，H65 为名义含铜量为 65% 的普通黄铜。复杂黄铜是以“H + 第二主添加元素化学符号 + 铜含量 + 除锌以外的各添加元素含量（数字间以“-”隔开）”命名。例如，$w(Pb) = 0.8\% \sim 1.9\%$、$w(Cu) = 57.0\% \sim 60.0\%$ 的铅黄铜牌号为 HPb59-1。

根据 GB/T 29091—2012《铜及铜合金牌号和代号表示方法》，铸造黄铜的牌号是在加工铜合金牌号的命名方法基础上，在牌号的最前端冠以“铸”的汉语拼音第一个大写字母“Z”。铸造用青铜和白铜的牌号表示方法与此相同，也是在相应的加工铜合金牌号最前端加上“Z”字母。

11.3.2 普通黄铜

1. 普通黄铜的组织

根据 Cu-Zn 二元相图（见图 11.2），其中有 5 个包晶反应和 6 种相（α、β、γ、δ、ε、η）。

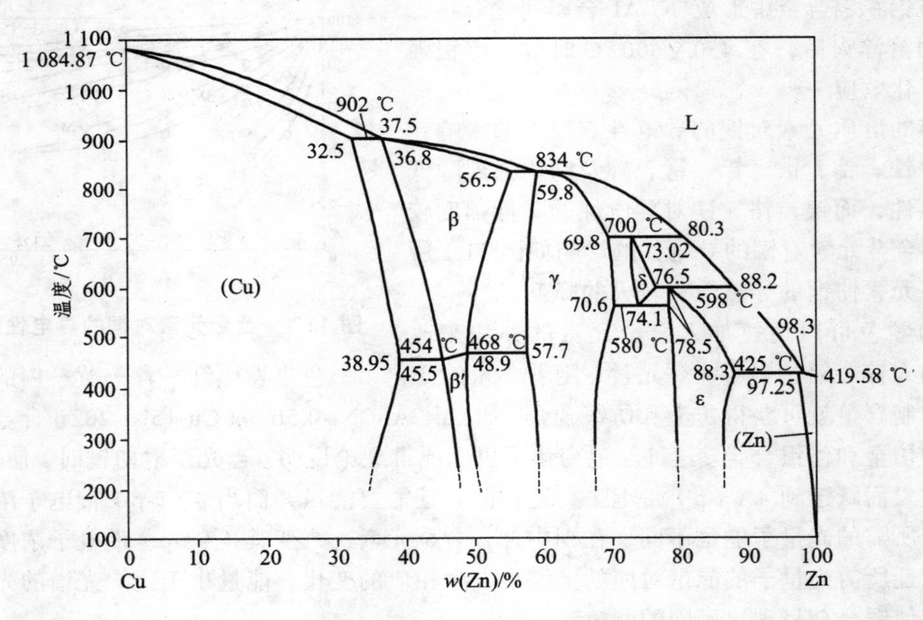

图 11.2 Cu-Zn 二元合金相图

锌在铜中的溶解度随着温度的降低而增大。在 902 °C 的包晶温度，锌在铜中的溶解度为 32.5%；在 454 °C 时溶解度最大，为 38.95%。在此溶解度以内，锌在铜中形成 α 固溶体相，α 相为面心立方晶格。α 固溶体中有两个有序固溶体，即 Cu_3Zn 及 Cu_9Zn。Cu_3Zn 有两个变体，即 α_1 和 α_2。约在 420 °C 时，α 固溶体有序化为 α_1，在 217 °C 时，α_1 转变为 α_2。α 相具有良好的塑性、较低的强度和优良的冷热加工性。

β 相为电子化合物，其电子浓度为 21/14，是以 CuZn 为基的二次固溶体，具有体心立方结构，在 454～468 °C 以下时，β 相通过有序化转变，转为 β′。高温无序的 β 相的塑性好，而有序的 β′相塑性差，难以冷形变。故含 β′ 相的黄铜只能采用热加工成型。

γ 相是以电子化合物 Cu_5Zn_8 为基的固溶体相，电子浓度为 21/13，硬且脆，难以塑性加工。因此，含 γ 相的黄铜无工业实用价值。

所以，工业上实际应用的普通黄铜为 $w(Zn) < 36\%$ 的单相 α 黄铜和 $w(Zn)$为 36%～46% 的双相（α + β）黄铜。H96、H90、H80、H70 和 H68 均为单相黄铜，H62、H59 为双相黄铜。单相黄铜铸态组织为单相树枝状晶，形变及再结晶退火后得到等轴 α 相晶粒，具有退火孪晶，如图 11.3 所示。双相黄铜的铸态显微组织如图 11.4 所示。

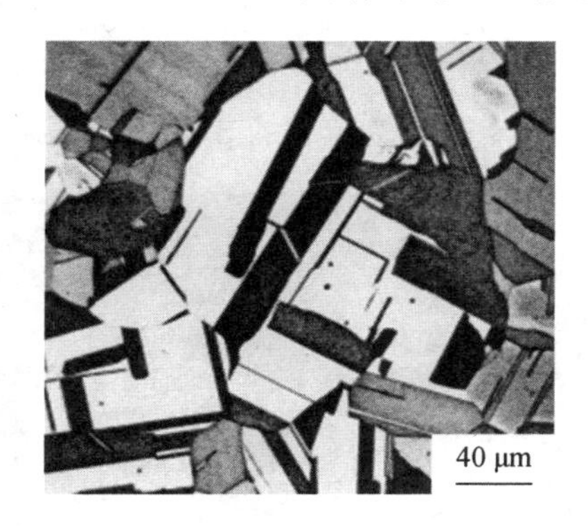

图 11.3　H70 黄铜的退火态组织（α相）

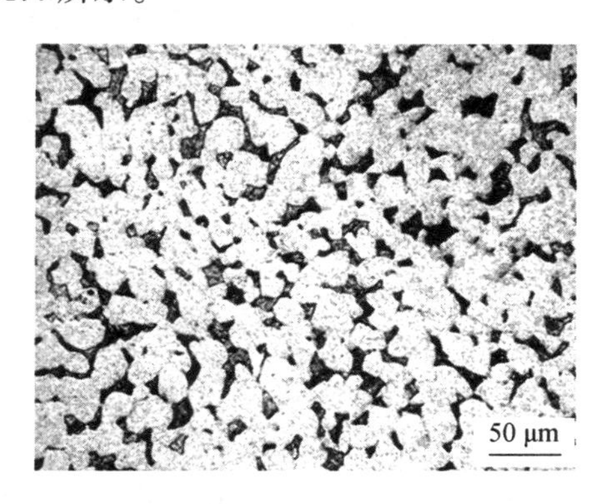

图 11.4　H59 黄铜的铸态组织 α(亮色) + β(暗色)

2. 普通黄铜的性能

普通黄铜的性能主要受锌含量的影响，随着锌含量的增加，普通黄铜的导电、导热性和密度降低，而线膨胀系数增加。在铸态，当 $w(Zn) < 32\%$ 时，锌能完全溶于 α 固溶体，起到固溶强化的效果。所以，普通黄铜的强度和塑性随着锌含量的增加而升高，当 $w(Zn)$增至 30%时，黄铜的伸长率达到最高值。此后，由于脆性的 β′ 相出现，导致黄铜塑性降低，而强度则随 $w(Zn)$的增加继续进一步提高，直至 $w(Zn)$增至 45% 时，强度达到最高值。再增加锌含量，则组织为单相 β′ 相，脆性显著增加，而强度则急剧下降。锌含量和组织对普通黄铜性能的影响规律如图 11.5 所示。普通黄铜经过塑性形变和退火后，其成分均匀性提高，晶粒得到细化，因而强度和塑性均比铸态有所提高，但其性能与锌含量的关系与铸态相似。

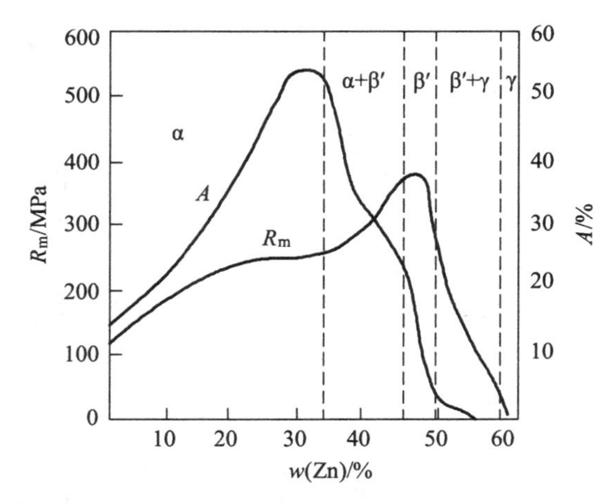

图 11.5　锌含量和组织对普通黄铜性能的影响

从图 11.2 给出的 Cu-Zn 二元合金相图中可以看出，液相线与固相线之间的间隔小。表明液相黄铜具有很高的流动性、偏析倾向小，因而铸造性能良好。

单相 α 黄铜强度较低、塑性特别好，适于压力加工，但在 200 ~ 700 °C 中温区表现出较大脆性，具体出现脆性的温区随锌含量不同而不同。α 黄铜中温脆性区的产生主要有两方面原因：一是在中温时发生原子有序化转变，出现 Cu_9Zn 和 Cu_3Zn 有序固溶体，降低了合金的塑性；二是合金中存在的微量铋、锑、铅等杂质元素与铜形成低熔点共晶产物沿晶界分布，导致晶界脆化。加入微量稀土元素可消除这些杂质元素的有害影响，改善黄铜在这个温度范围的塑性。

单相 α 黄铜中的 H70 和 H68 又称为三七黄铜，强度较高，塑性特别好，用于深冲或深拉制造复杂形状的零件，如枪弹壳和炮弹药筒以及散热器外壳、导管、波纹管等，故有“弹壳黄铜”之称。

低锌黄铜 H96、H90、H85、H80 有良好的导电性、导热性和耐蚀性，有适宜的强度和良好的塑性，易于焊接和锻造，大量用于冷凝器、散热器和工艺品等。此类黄铜的表面呈鲜艳的金黄色，有“金色黄铜”之称。

α + β 黄铜 H62 凝固时，先从液相中析出 β 相，凝固完毕，合金为单相的 β 组织。当温度降至 α + β 两相区时，则自 β 相析出 α。随着温度的降低，析出的 α 相逐渐增多，β 相则逐渐减少，浓度也不断改变。根据相图，在平衡状态，此合金在 500 °C 即应全部转变为 α 相。但在生产条件下，冷速快，扩散来不及充分进行，整个 α 相区界限向左移动，故有一部分 β 相残留下来，残留的 β 相冷至 454 °C 时，进行有序化转变，变为有序固溶体 β′ 相。最后，合金为 α + β′的两相组织；α 相呈亮色，β 相呈暗色，如图 11.6 所示。α 相除在原始的晶界上呈网状分布外，主要在晶内呈针状析出。冷速越快，α 针越细。将 α + β 两相黄铜加热至 β 相区后，β 晶粒极易长大。经形变、退火后，其组织与图 11.4 类似。

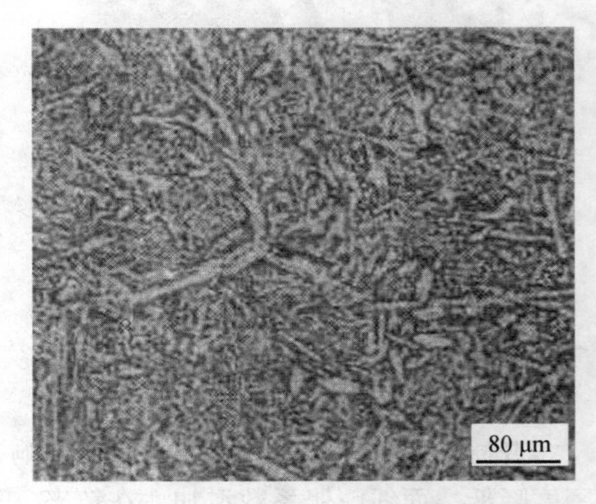

图 11.6　$w(Zn) = 38\%$ 的 H62 黄铜的组织

α + β 两相黄铜，由于β′相在室温下脆性很大，冷形变能力很差。将其加热到有序化温度以上，β′ 相转变为 β 相。β 相的高温塑性好，所以 α + β 两相黄铜适宜于热加工，故称为“热加工黄铜”。但是，将 α + β 两相黄铜加热至 β 相区后，β 晶粒极易长大，使压力加工性能降低。因此，α + β 两相黄铜锻造时，加热温度应略低于(α + β)/β 相区界线。

H62 黄铜强度较高，塑性较好，大量用于制造销钉、螺帽、水管、油管、导管及散热器零件等，是应用最广泛的合金，有“商业黄铜”之称。在光学仪器制造中，H62 黄铜用于制造镜座、隔圈、垫圈等。H59 黄铜的价格最低，强度、硬度高，但塑性差，耐蚀性一般，其他性能与 H62 黄铜相近。

黄铜在干燥大气、淡水中耐蚀性较好，在海水中耐蚀性一般，在某些介质中会发生脱锌和季裂。

脱锌是电化学腐蚀。由于锌的电极电位远低于铜，所以黄铜在盐水中极易发生电化学腐蚀。合金中电位低的锌被溶解，铜则成多孔薄膜残留在表面，并与表面下的黄铜组成微电池，使黄铜成为阳极而加速腐蚀，形成脱锌。为了防止脱锌，可选用低锌黄铜[$w(Zn) < 15\%$]或加

入 0.02% ~ 0.06% 的砷。

经冷形变的黄铜半成品或成品，有时在车间放置几天会自行破裂。这种现象称为黄铜的自裂或季裂。它实际上是一种应力腐蚀破裂，是在残留拉应力、腐蚀介质的联合作用下发生的；这里所说的腐蚀介质是氨、SO_2、海水以及潮湿空气等。黄铜锌含量越高，越易自裂。因此，H70、H68、H62 等锌含量较高的黄铜对此更为敏感。为了防止黄铜的自裂，冷加工后的黄铜零件应在 260 ~ 300 °C 进行消除应力退火，并在退火后应避免撞伤或装配时产生附加拉应力，或者用电镀层（如镀锌、镀镉）加以保护。在黄铜中加入少量硅（1.0% ~ 1.5%）或微量砷（0.02% ~ 0.06%），或 0.1% 的镁等可减小黄铜的自裂倾向。

11.3.3 特殊黄铜

在普通黄铜的基础上加入铝、硅、铅、锡、锰、铁、镍等合金元素以改善、提高黄铜的性能，形成复杂黄铜，习惯上又称特殊黄铜。

黄铜中加入合金元素后并不形成新相，只是影响 α 相和 β 相的相对含量，因而对铜合金性能的影响效果与增加锌含量相似。1% 的合金元素含量对黄铜组织的影响相当于能产生相同影响所需加入的锌含量称为锌当量（K）。$K<1$ 的元素是扩大 α 相区的元素，$K>1$ 的元素是缩小 α 相区的元素。特殊黄铜中常用的几种合金元素的锌当量如表 11.1 所示。

表 11.1 几种合金元素的锌当量

合金元素	Si	Al	Sn	Mg	Cd	Pb	Fe	Mn	Ni
锌当量 K	10	6	2	2	1	1	0.9	0.5	−1.4

合金元素加入后对黄铜相区的影响可用“虚拟锌当量”x 来判断。x 表示加入其他合金元素后，相当于普通黄铜中的锌含量。

$$x=\frac{A+\sum CK}{A+B+\sum CK}\times 100\%$$

式中，A、B 分别为锌和铜的实际含量；$\sum CK$ 为除锌以外的各合金元素 C 的实际含量与其锌当量（K）乘积的总和。如 HAl59-3-2，其中 $w(\mathrm{Zn})=36\%$，应为单相 α 黄铜，但是由于含有 3% 的铝、2% 的镍，$x=46.5\%$，所以，特殊黄铜 HAl59-3-2 的平衡组织与 $w(\mathrm{Zn})=46.5\%$的（α + β）双相普通黄铜相当。

（1）锡黄铜。在黄铜中加入 0.5% ~ 1.5% 的锡能提高合金在海水中的耐蚀性，抑制脱锌，并能提高强度、硬度，因而大量应用于舰船制造业，如冷凝管、焊条、船舶零件等，故有“海军黄铜”之称。常用牌号有 HSn70-1、HSn62-1。

（2）铝黄铜。在黄铜中加入少量铝可在合金表面形成与基体结合牢固的致密氧化膜，提高了合金的耐蚀性，尤其是在海水中的耐蚀性显著提高。铝在黄铜中的固溶强化作用能提高合金的强度和硬度，但塑性降低。常用铝黄铜牌号有 HAl77-2（α 黄铜）和 HAl60-1-1（α + β 双相黄铜）等。其中，HAl77-2 具有最高的热塑性，可制成强度高、耐蚀性好的管材，广泛用于海轮和发电站的冷凝器等。HAl60-1-1 在光学仪器制造中，用于制造齿轮、蜗轮、衬套、轴及要求耐腐蚀的零件。HAl85-0.5 的色泽金黄，耐蚀性极高，可做装饰材料，作为金的代用品。铝黄铜的焊接性能较差，且应力腐蚀开裂倾向高，必须进行充分的去应力退火。

（3）铅黄铜。铅的加入能提高黄铜的耐磨性和切削性能。但铅在黄铜中的溶解量小于 0.03%。在 α 黄铜中，铅是作为金属夹杂物分布在 α 枝晶间，会引起热脆性，如 HPb74-3。在（α + β）双相黄铜中，凝固时先形成 β 相，随后继续冷却，转变为 α + β 组织，铅转移到黄铜晶内，因而危害减轻，甚至不产生热脆。锌含量越高的黄铜，允许的铅含量越大，在 w(Zn) = 40% 的黄铜中加入 1% ~ 2% 的铅，不仅无害，还能提高切削性能。HPb59-1 的切削性能特别好，称为“易切削黄铜”，加上具有足够的强度、耐磨性和耐蚀性，广泛用于钟表的机芯部件、电器插座、衬套、螺钉等。

此外，还有锰黄铜、镍黄铜、铁黄铜和硅黄铜等，都是为了改善耐蚀性或进一步提高强度而开发的，常用牌号有 HMn58-2、HNi65-5、HFe59-1-1、HSi80-3 等。

11.4 青 铜

青铜最早指的是铜和锡的合金。现在青铜是除黄铜和白铜之外的铜合金的总称，并以主加元素冠于青铜之前，以区别不同的青铜。如锡青铜、铝青铜、铍青铜等。

根据 GB/T 29091—2012，青铜牌号以“Q + 第一主添加元素化学符号 + 各添加元素含量（数字间以“-”隔开）”命名。例如，w(Al)为 4.0% ~ 6.0% 的铝青铜牌号为 QAl5；w(Sn)为 6.0% ~ 7.0%、w(P)为 0.10% ~ 0.25% 的锡磷青铜牌号为 QSn6.5-0.1。

11.4.1 锡青铜

锡青铜是指 Cu-Sn 系铜合金，是我国历史上应用最早的合金。在黄河中游殷商遗址中出土了大量公元前 16 世纪的青铜器。

Cu-Sn 二元合金相图如图 11.7 所示，α 相为含锡的铜基固溶体；β 相为 Cu_5Sn，具有体心立方结构，降温时分解；γ 相为不稳定的高温相；δ 相为 $Cu_{31}Sn_8$，复杂立方结构，硬且脆；ε 相是 Cu_3Sn，具有密排六方结构。δ 相在约 350 °C 时分解为 α + ε，但实际因原子扩散慢而难以进行，一般生产中不会形成 α + ε 组织。

锡青铜的显微组织与锡含量及合金状态有关。由于锡青铜的固液相线间隔宽，结晶时偏析严重，加上锡原子扩散慢，因而难以获得平衡组织。w(Sn) > 6% 的锡青铜铸态组织为树枝状 α 固溶体；w(Sn) < 6% 的锡青铜铸态组织由 α 固溶体和（α + ε）共析体所组成。w(Sn)为 7% ~ 14% 的锡青铜在 700 ~ 800 °C 退火后，α + δ 共析组织消失，室温组织为单相 α 固溶体。图 11.8 为 w(Sn) = 10% 的锡青铜铸态组织，黑色区域为锡偏析区。

锡青铜具有较高的强度、硬度、耐磨性和优良的铸造性能。浇铸时线收缩小，热裂倾向小是其突出的优点；因此，适于铸造形状复杂、壁厚变化大的零件，而且尺寸精确，纹络清晰，可用作艺术品。我国历史上就制造出了无数精美的青铜器铸件。但是，铸态锡青铜存在枝晶间的分散缩孔，致密性不高，因而在高压下容易渗漏，故不适合制造密封性高的铸件。铸态锡青铜的力学性能与锡含量的关系如图 11.9 所示。

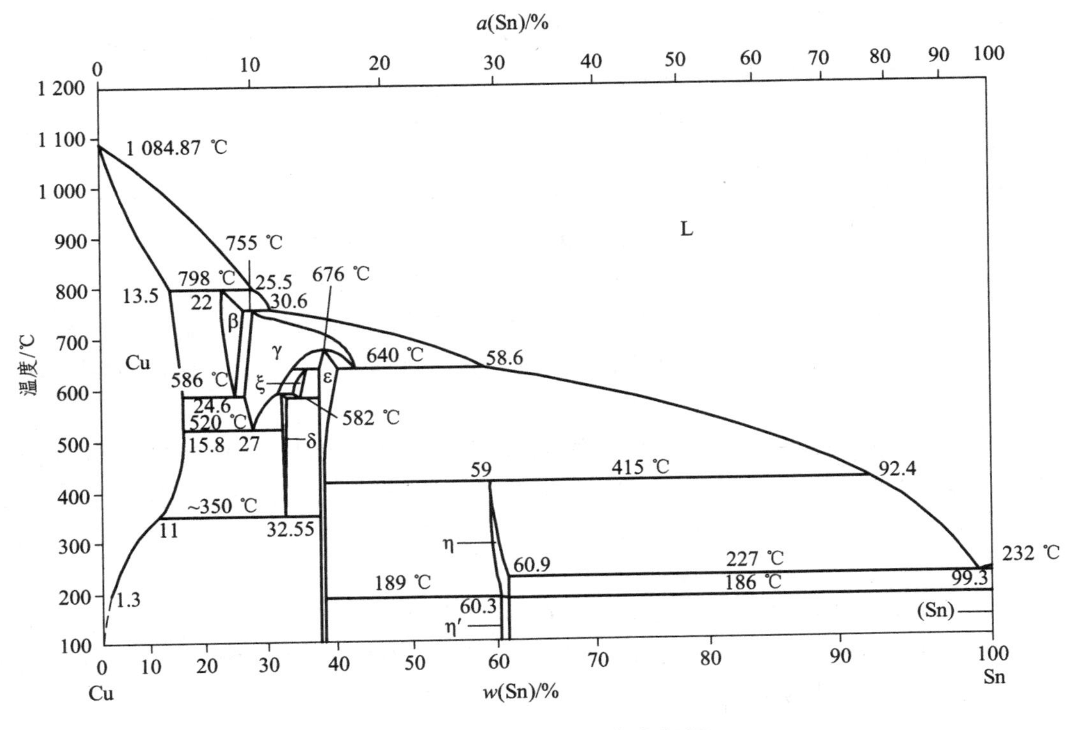

图 11.7 Cu-Sn 二元合金相图

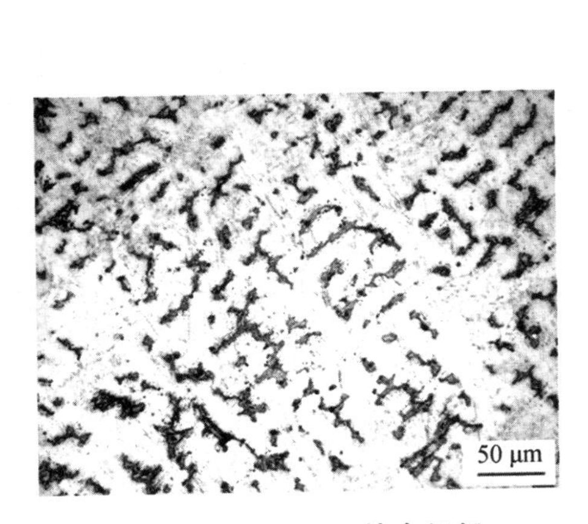

图 11.8 ZQSn10 铸态组织

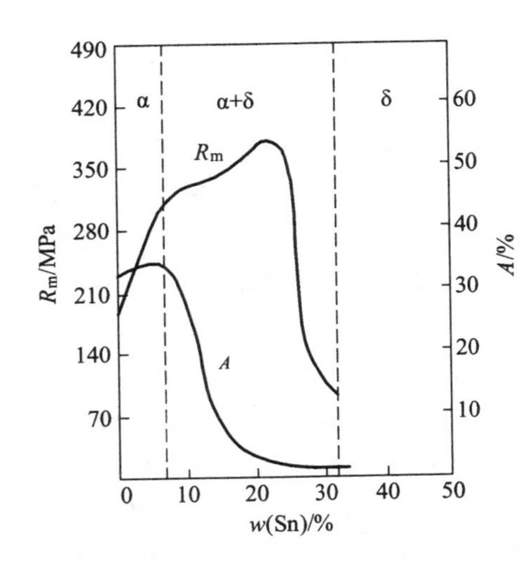

图 11.9 铸态锡青铜的力学性能与锡含量的关系

铸态锡青铜中的锡固溶于 α 固溶体，起固溶强化效果。由图 11.9 可知，锡青铜的强度和延伸率随着锡含量的升高而增加；当 $w(Sn) > 6\%$ 时，由于脆性 δ 相的出现而使延伸率急剧下降，但强度继续随着锡含量的增加而提高；当 $w(Sn)$达到 25% 时，合金组织中存在大量的脆性 δ 相，强度急剧下降。因此，工业上实际应用的锡青铜中的 $w(Sn)$一般不超过 14%，其中 $w(Sn)$低于 7% ~ 8% 的锡青铜有较高的塑性和适当的强度，适用于塑性加工，又称为形变锡青铜；$w(Sn) > 10\%$ 的锡青铜为铸造合金，因塑性太低，只用于铸造零件。

为了进一步改善锡青铜的工艺性能和力学性能，一般工业用锡青铜中都分别加入磷、锌、铅、镍等合金元素，得到多元锡青铜。

锡青铜中容易出现有害夹杂 SnO_2，SnO_2 极其硬、脆，其存在不仅降低了合金的性能，更严重的是作轴承时，会损伤轴颈。因此，一般需加入适量的磷进行脱氧，改善铸造性能。同时，磷能显著提高锡青铜的弹性极限和疲劳极限，因此，锡磷青铜广泛用于制造各种弹性元件。如 QSn6.5-0.1 广泛用于制造导电性好的弹簧、接触片、精密仪器中的齿轮等。ZQSn10-1 因含较多的 Cu_3P 和 δ 相，显著提高了合金的耐磨性，所以可用作耐磨的轴承合金。

锡青铜中锌的主要作用是节约部分锡，并改善合金的铸造性能。锡青铜中含有 2%～4% 的锌时，具有良好的力学性能和耐蚀性。如 QSn4-3 常用于弹簧、弹片等弹性零件和抗磁零件。

铅不溶于铜，在锡青铜中以金属夹杂物形式存在，主要作用是改善锡青铜的切削加工性和耐磨性；但铅显著降低了锡青铜的力学性能和热加工性能，因此，压力加工用锡青铜的 $w(Pb) \leqslant 4\%$，铸造锡青铜的 $w(Pb)$ 可达 30%，以获得最佳的耐磨性。铸造锡铅青铜广泛用于滑动轴承材料。

锡青铜表面生成由 Cu_2O 及 $2CuCO_3 \cdot Cu(OH)_2$ 构成的致密氧化膜，在大气、淡水、海水、碱性溶液和其他无机盐类溶液中有极高的耐蚀性。所以，对那些暴露在海水、海风和其他盐类中的船舶、蒸汽锅炉和矿山机械零件，广泛使用锡青铜制造。但锡青铜在酸性溶液中会被剧烈腐蚀。

11.4.2 铝青铜

由于锡的价格昂贵，很早以前，就产生了用其他合金来代替锡青铜的想法。很多青铜的性能都已超过了锡青铜，铝青铜就是其中之一。

Cu-Al 系铜合金就是铝青铜。铝青铜有良好的力学性能、耐蚀性和耐磨性，是工业应用最广的一种青铜。

图 11.10 为 Cu-Al 二元合金相图的富铜端。在 1 036 °C 时，铝在 α 固溶体中的溶解度为 7.4%；在 565 °C 时，铝的最大溶解度为 9.4%。铝在 α 固溶体中有强的固溶强化作用，α-铝青铜有高的强度和塑性。β 相为 Cu_3Al 为基的固溶体，具有体心立方点阵；β 相在 565 °C 发生共析分解，得到（$\alpha + \gamma_2$）共析组织；若从 β 相快冷淬火，可发生与钢相似的马氏体转变，形成具有密排六方结构的亚稳相 β′。γ_1、γ_2 相是以 Cu_9Al 电子化合物为基的固溶体，γ_2 相硬且脆，能提高合金的耐磨性。图 11.11 为 QAl9-4 的铸态组织，图 11.12 为铝青铜中的针状马氏体形貌。

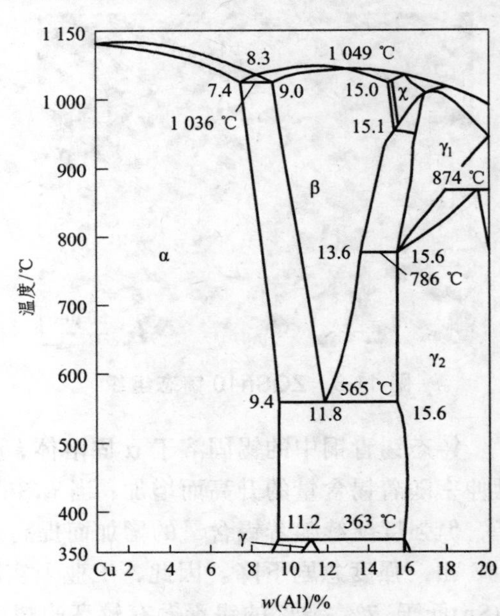

图 11.10 Cu-Al 二元合金相图富铜端

图 11.11 QAl9-4 的铸态组织

图 11.12 铝青铜中的针状马氏体形貌

铝含量对铝青铜的力学性能影响较大。随着铝含量的增加，铝青铜的强度和硬度显著提高，但塑性下降。当 $w(\mathrm{Al})$超过 5%～7% 时，由于合金塑性较低，不适合用压力加工的方式成型，$w(\mathrm{Al})$高于 7%～8% 时，铝青铜的塑性强烈下降，只能用热加工或铸造方式成型；当 $w(\mathrm{Al})$高于 10%～11% 时，由于硬脆相 γ_2 相的出现，不仅合金的塑性降低，强度也随之降低。所以，工业用铝青铜的 $w(\mathrm{Al})$不超过 12%，压力加工用铝青铜的 $w(\mathrm{Al})$不超过 5%～7%。QAl5、QAl7 等主要用于高耐蚀弹性元件；QAl9-4、QAl9-2 等主要用于齿轮、轴承、摩擦片等。

与锡青铜不同，液相铝青铜的流动性极高，Cu-Al 系合金液相线与固相线的结晶间隔很小（见图 11.10），仅 10～30 °C，凝固产生的缩孔集中，可获得高密度铸件。液固两相的浓度差也不大，故偏析不严重。但体积收缩大，因而集中缩孔大，要求留较大的冒口，且易生成粗大的柱状晶。此外，氧化吸气倾向高，容易生成 Al_2O_3 夹杂，使铸件质量降低。冷轧铝青铜时，如出现开裂，可能是共析体或 Al_2O_3 夹杂引起的，或是由粗大晶粒引起的。消除开裂倾向的措施，除提高铸锭质量外，可将合金加热到 800～850 °C，而后较快地冷却，以避免共析体形成。但应注意，两相 Cu-Al 合金加热到 β 相区后晶粒容易长大。故热加工或热处理时加热温度不宜过多地超过$(\alpha+\beta)/\beta$ 相区界线，而且保温时间也不宜过长。

由于铝青铜可在合金表面形成一层含铝和铜的致密复合氧化膜，其在大气、海水、碳酸和有机酸中的耐蚀性优于黄铜和锡青铜；但是，碱会破坏铝青铜的保护膜，所以铝青铜不能用于制作在碱溶液中工作的零件。铝青铜的表面保护膜一旦破裂，会自动生成新的保护膜，即有自医能力。但若表面存在夹杂等缺陷，则自修补受阻，容易发生局部腐蚀。在过热蒸汽中，铝青铜耐蚀性差。

铝青铜有应力腐蚀破裂倾向，可用低温去应力退火或加入 0.35% 的锡的方法防止。

为了进一步改善铝青铜的性能，可在 Cu-Al 二元合金中添加铁、锰、镍等元素，获得多元铝青铜。

铁的主要作用是改善铝青铜的工艺性能。铝青铜中加入少量铁后，可在液相中形成细小的 $FeAl_3$ 质点，使合金在凝固时形核率大大增加，细化铸造组织，从而改善合金的热塑性。但 $w(\mathrm{Fe})>5\%$ 时，合金的力学性能和耐蚀性都会降低。

锰在铝青铜中的溶解度较大，可起到强烈的固溶强化效应，且锰含量不高时，合金在得到强化的同时不降低塑性。

镍能显著提高铝青铜的强度、热稳定性和耐蚀性。在铝青铜中同时加入镍、铁或锰元素可实现合金元素的复合效应，强化效果更好。如 QAl10-4-4（Al-Fe-Ni 青铜）用于制造受力大、转速高的耐磨、耐热零件，如排气门座、齿轮、轴承、摩擦片、蜗轮、螺旋桨等。

11.4.3　铍青铜

Cu-Be 系铜合金就是铍青铜。图 11.13 为 Cu-Be 二元合金相图的富铜端。

由图 11.13 可知，铍在铜中的溶解度随着温度的降低而降低；866 °C 时，铍在 α-Cu 中的溶解度最大，为 2.7%；温度降至 605 °C 时，铍的溶解度降为 1.55%；温度降至室温时，铍的溶解度仅为 0.16%。因此，铍青铜有强烈的时效硬化效应，经固溶淬火和时效处理后，能得到高的强度和弹性极限，且稳定性好，弹性滞后小。图中 γ_1 和 γ_2 相都是以 CuBe 为基的体心立方结构的无序固溶体；γ_1 相在高温具有良好的塑性，但 γ_2 相是硬脆相。γ_1 相在 605 °C 发生共析转变，得到（$\alpha+\gamma_2$）共析组织。铍青铜的这种共析转变速度很快，只有在淬火时才能抑制这种转变。

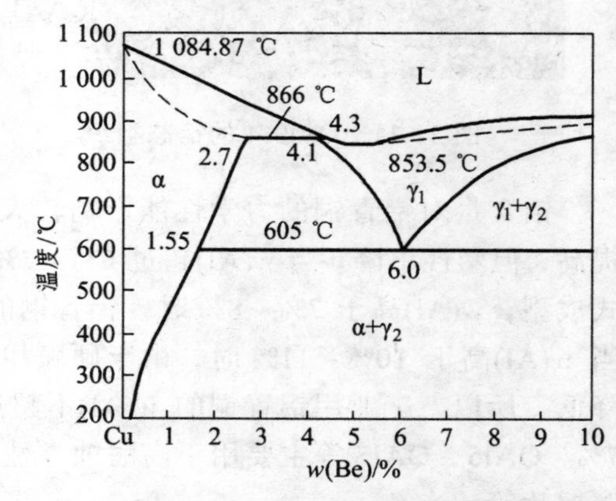

图 11.13　Cu-Be 二元合金相图的富铜端

工业用铍青铜中一般含有 0.2% ~ 0.5% 的镍，故它实际上是 Cu-Be-Ni 三元系合金。二元铍青铜的相变过程进行得很快，往往由于淬火冷却速度不够快，使固溶体在淬火过程中即发生局部分解，以致时效后得不到最好的力学性能。微量镍的加入能抑制相变过程，延缓淬火及时效过程中过饱和固溶体的分解，使淬火及时效过程易于控制。镍还能抑制铍青铜的再结晶过程，在某种程度上促进均匀组织的获得。但镍的含量必须严格限制，因为微量的镍能强烈地降低铍在固态铜中的溶解度，从而降低合金的时效效果及时效后的力学性能。铍青铜中最适当的 $w(\mathrm{Ni})$是 0.2% ~ 0.4%。但是，对于低铍合金，微量镍能大大提高它们的时效效果及力学性能。镍还有细化 α 相晶粒的作用。

微量钛（0.1% ~ 0.25%）可降低铍的溶解度，也能抑制二元铍青铜过饱和固溶体的分解，其抑制效果甚至比镍还强。微量钛还能强烈细化铍青铜的铸造组织，并使形变再结晶材料获得细而均匀的组织；从而改善工艺性能，提高强度，保持高硬度，并减少弹性滞后。

从 Cu-Be 二元合金相图可知，铍青铜淬火加热时容易产生过热和过烧，必须严格控制加热温度。

铍青铜具有很高的强度、硬度、疲劳极限和弹性极限；弹性滞后小，弹性稳定；而且导电和导热性能良好，耐蚀和耐磨，无磁，冲击时无火花等。因此，铍青铜常被用作高级精密仪器、仪表的弹性元件，如弹簧、膜片、膜盒等；特殊要求的耐磨元件，如罗盘及钟表的机动零件，高速高压高温下工作的轴承、衬套、齿轮等；此外，还被用作各种换向开关、电接触器以及矿山、炼油厂用的冲击不发生火花的工具等。在电子工业及仪表工业中铍青铜应用很广泛。常用铍青铜有 QBe2、QBe1.7、QBe1.9、QBe1.9-0.1 等，其中 QBe2 主要用于重要的精密仪器、仪表中的弹簧、膜片等弹性元件和在高速、高压、高温下工作的轴承、衬套等；

QBe1.7、QBe1.9 特性与 QBe2 相近，强度、硬度比 QBe2 略低，但价格相对低廉，可代替 QBe2；QBe1.9-0.1 性能与 QBe1.9 基本相同，晶粒更细、强化相（γ_2 相）分布更为均匀。

由于铍为强毒性金属，合金熔炼时应严格操作，而且铍的资源宝贵；所以钛青铜作为一种代用品，其研究也日益深入。

11.4.4　其他青铜

1. 铅青铜

铅青铜是 Cu-Pb 系铜基合金。铅不溶于铜，在铅青铜组织中以独立的软质点均匀分布在硬的铜基体上，如图 11.14 所示。铅青铜的这种组织特点使其表现出优良的减摩性、高的疲劳强度和导热性，是一种理想的轴承材料，可用于制造高速、高负荷的大型轴瓦和衬套。最常用的铅青铜为 ZQPb30。

图 11.14　QPb30 的铸态组织

2. 硅青铜

硅青铜是指 Cu-Si 系铜合金。硅青铜的弹性好，耐蚀性极高，有良好的耐磨性，并且抗磁、耐寒，撞击无火花，工艺性能好。硅在铜中起固溶强化作用，随着硅在 α 固溶体中的含量增加，硅青铜的强度、塑性增加；当 $w(\mathrm{Si}) > 3.5\%$ 时，由于脆性相的出现，合金塑性明显下降。硅在铜中的最大溶解度为 5.4%。为了保证足够的塑性，一般工业硅青铜的 $w(\mathrm{Si}) \leqslant 4\%$。硅含量对硅青铜的力学性能的影响如图 11.15 所示。

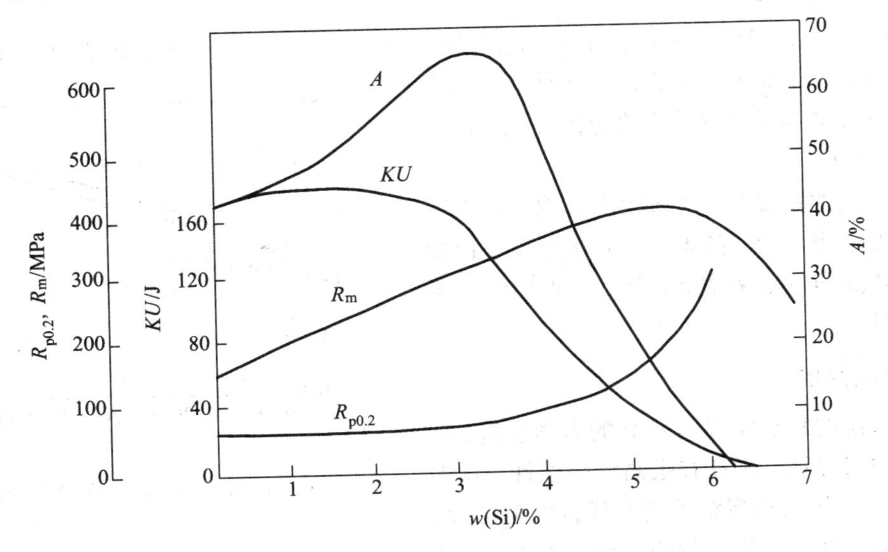

图 11.15　硅含量对硅青铜的力学性能的影响

为了进一步改善硅青铜的性能，还可在合金中适量添加锰、镍、铬、锆等合金元素。锰的加入主要起固溶强化作用，同时能提高硅青铜的耐蚀性。例如，QSi3-1 可在仪器制造中用作弹性元件，在机械制造中用作蜗轮、蜗杆、齿轮等耐磨件。镍加入后能与硅形成 Ni_2Si，产生强的沉淀强化效果。例如，QSi1-3 经固溶、时效处理后，抗拉强度可达 700 MPa，而且在大气和海水中都有良好的耐蚀件，可用于制造发动机结构件、工作温度在 300 °C 以下的摩擦零件及排气和进气阀门的导向套等。铬和锆都能提高硅青铜的蠕变极限和再结晶温度，且导电率降低小。铬和锆同时加入能形成以 Cr_2Zr 金属间化合物，是良好的沉淀强化相，可得到耐热性好的高导电合金。

11.5 白 铜

白铜是以镍为主要合金元素的铜合金，由于呈银白色，故名白铜。白铜在中国古代即已得到应用。

按用途白铜可分为结构白铜和电工白铜；按成分则可分为普通白铜和复杂白铜。简单 Cu-Ni 二元合金称为普通白铜；再加锰、铁、锌或铝等元素的白铜，称为复杂白铜，又称特殊白铜，并分别称之为锰白铜、铁白铜……

根据 GB/T 29091—2012，普通白铜以“B + 镍含量”命名，例如，镍（含钴）含量为 29% ~ 33% 的白铜牌号为 B30。常用普通白铜牌号有 B5、B20、B30 等。复杂白铜的命名有两种情况：① 铜为余量的复杂白铜，以“B + 第二主添加元素化学符号 + 镍含量 + 各添加元素含量（数字间以“-”隔开）”命名；② 锌为余量的复杂白铜，以“BZn + 第一主添加元素（镍）含量 + 第二主添加元素（锌）含量 + 第三主添加元素含量（数字间以“-”隔开）”命名。例如，*w*(Ni)为 9.0% ~ 11.0%、*w*(Fe)为 1.0% ~ 1.5%、*w*(Mn)为 0.5% ~ 1.0% 的铁白铜牌号为 BFe10-1-1；*w*(Cu)为 60.0% ~ 63.0%、*w*(Ni)为 14.0% ~ 16.0%、*w*(Pb)为 1.5% ~ 2.0%、锌为余量的含铅锌白铜牌号为 BZn15-21-1.8。

图 11.16 为 Cu-Ni 二元合金相图。铜与镍在电负性、尺寸因素和点阵类型方面均满足无限固溶的条件，因而可形成无限固溶体。正因为如此，各种白铜中镍含量的变化范围较宽，可在 3% ~ 44% 变化。

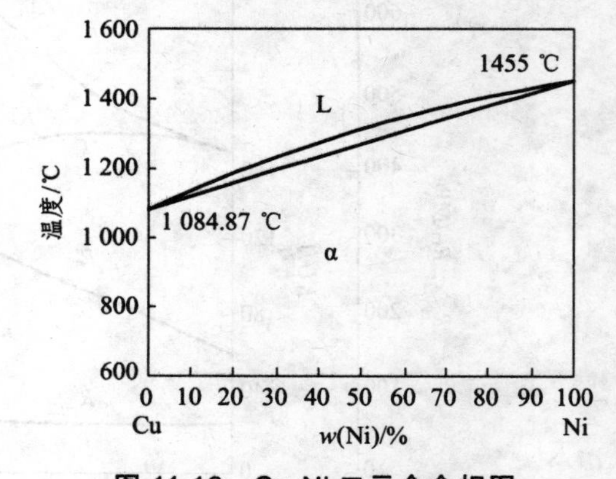

图 11.16 Cu-Ni 二元合金相图

普通白铜的室温组织为单相固溶体，因而不能通过热处理来强化。随着镍含量的增加，白铜的强度、硬度和电阻率增加，塑性、电阻温度系数随之降低。

1. 结构白铜

结构白铜的特点是具有较高的力学性能，良好的耐热和耐冷性，还具有很高的耐蚀性，在大气、海水、过热蒸汽和高温下均有优良的耐蚀性，而且冷热加工性能良好。常用的牌号有 B10、B20、B30，可用于在高温和强腐蚀介质中工作的零部件，如蒸汽和海水环境下工作的精密机械、船舶仪器零件、化工机械及医疗器械中的关键材料等。B20 还是常用的镍币材料，可制造高面额的硬币。

铁、锰、锌、铝作为合金元素均可提高白铜的强度和抗蚀性，并可节约价格较高的镍，因而有铁白铜、锰白铜等出现。锌白铜具有很高的耐蚀性，锌的固溶强化作用使其强度和弹性也相当好，其色泽酷似银，故有中国银或德国银之称。如 BZn15-20 广泛用于医疗器械、艺术制品等。铝在铜镍合金中能产生沉淀强化效应。铝白铜经时效处理，是强度最高的白铜，其弹性和耐蚀性也相当好；并具有较好的耐低温性，在 – 183 °C 下仍能保持较好的力学性能。铁能显著细化晶粒，增加白铜的强度又不降低塑性，尤其提高在流动海水中发生冲蚀的耐蚀性。

2. 电工白铜

电工白铜的特点是具有特殊的热电性，即电阻率大、电阻温度系数小和热电势大等，广泛用于电工仪器、仪表、变阻器、热电偶和电热器等。

成分为 Cu-40%Ni-1.5%Mn 的锰白铜，又称为康铜，与铜、铁、银配对成热电偶时，能产生高的热电势，组成铜-康铜、铁-康铜、银-康铜热电偶，其热电势与温度间的线形关系良好，测温精确，工作温度为 – 200 ~ 600 °C。

成分为 Cu-43%Ni-0.5%Mn 的锰白铜，又称为考铜，考铜-铬镍热电偶的测温范围从 – 253 °C（液氢沸点）到室温。

B0.6 白铜在 100 °C 以下与铜线配对，其热电势与铂铑-铂热电偶的热电势相同，常用作铂铑-铂热电偶的补偿导线。

复习思考题

1. 简述纯铜的物理和化学性质。纯铜的力学性能有何特点？
2. 如何提高铜导线的强度？
3. 纯铜中常见的杂质元素有哪些？它们对纯铜的性能会产生哪些不利影响？
4. 铜合金的合金化原则是什么？
5. 简述铜合金中合金元素的主要作用？
6. 锌含量对黄铜的性能有什么影响？
7. 哪些性能使黄铜成为有吸引力的工程材料？
8. 为什么含有 β 相的铜锌合金不适于工程用途？
9. 黄铜能否进行时效强化？为什么？
10. 什么是黄铜的脱锌？一般认为这种腐蚀行为的机理是什么？怎样防止脱锌？
11. 什么是黄铜的“自裂”？产生的原因是什么？应该采用什么方法避免？
12. 单相 α 黄铜中温脆性产生的原因是什么？如何避免？
13. 为什么炮弹弹壳常用 H70、H68 黄铜材料制造？
14. 为什么要在黄铜中加入 0.5% ~ 3% 的铅？铅在黄铜中如何分布？
15. 当把 58%Cu-42%Zn 合金加热到大约 830 °C，然后淬火到 600 ~ 250 °C 进行等温转变时，会发生什么类型的相变？
16. 哪些合金元素用来制造复杂黄铜？
17. 什么叫“弹壳黄铜”、“商业黄铜”、“金色黄铜”、“易切削黄铜”、“海军黄铜”？写出其主要牌号及用途。

18. 什么是紫铜、黄铜、青铜、白铜？牌号如何表示？

19. 什么是虚拟锌当量？

20. 锡青铜的铸造性能有哪些特点？

21. 为什么要往锡青铜中加磷？锡青铜的性能特点有哪些？与黄铜相比，锡青铜的主要缺点是什么？举例说明其用途。

22. 锡含量对铸态锡青铜的强度、硬度和塑性的影响规律是什么？

23. 哪些性能使铝青铜成为有用的工程合金？铝给予铝青铜什么特殊的性能？

24. 简述铝青铜的性能特点及应用，列出两个常用牌号。

25. 简述合金元素在铝青铜中的作用。

26. 硅青铜是沉淀硬化型的吗？如何解释？

27. 哪些性能使硅青铜成为有用的工程合金？为什么硅青铜在某些用途上可以代替锡青铜？

28. 哪些性能使铜铍合金成为有用的工程合金？其主要缺点是什么？

29. 为什么含 0 ~ 2.5% 铍的铜铍合金是沉淀硬化型的？

30. 铍青铜在热处理和性能方面有何特点？试说出一铍青铜的牌号，并说明其用途？

31. BFe10-1-1 中的铜含量和镍含量分别是多少？

32. 说出下列牌号铜合金的种类，化学成分或合金系，使用状态的组织，主要性能特点：① HSn70-1；② QSn10-1；③ QBe2。

33. 什么是白铜？白铜的化学成分和性能有哪些特点？白铜有哪些用途？

34. 用 QBe2 制作的某零件，热处理后力学性能不合格，试分析其可能的原因。

附录　金属材料产品标准目录

1. GB/T 221—2008 钢铁产品牌号表示方法
2. GB/T 13304.1—2008 钢分类 第 1 部分：按化学成分分类
3. GB/T 13304.2—2008 钢分类 第 2 部分：按主要质量等级和主要性能或使用特性的分类
4. GB/T 15574—1995 钢产品分类
5. GB/T 15575—2008 钢产品标记代号
6. GB/T 17616—1998 钢铁及合金牌号统一数字代号体系
7. GB/T 700—2006 碳素结构钢
8. GB/T 1591—2008 低合金高强度结构钢
9. GB 1499.1—2008 钢筋混凝土用钢 第 1 部分：热轧光圆钢筋
10. GB 1499.2—2007 钢筋混凝土用钢 第 2 部分：热轧带肋钢筋
11. GB 13788—2008 冷轧带肋钢筋
12. GB 13014—2013 钢筋混凝土用余热处理钢筋
13. GB/T 14164—2005 石油天然气输送管用热轧宽钢带
14. GB/T 19830—2011 石油天然气工业 油气井套管或油管用钢管
15. GB 19189—2011 压力容器用调质高强度钢板
16. GB/T 4171—2008 耐候结构钢
17. GB/T 18982—2003 集装箱用耐腐蚀钢板及钢带
18. GB/T 5213—2008 冷轧低碳钢板及钢带
19. GB/T 20564.1—2007 汽车用高强度冷连轧钢板及钢带 第 1 部分：烘烤硬化钢
20. GB/T 20564.2—2006 汽车用高强度冷连轧钢板及钢带 第 2 部分：双相钢
21. GB/T 20564.3—2007 汽车用高强度冷连轧钢板及钢带 第 3 部分：高强度无间隙原子钢
22. GB/T 20564.4—2010 汽车用高强度冷连轧钢板及钢带 第 4 部分：低合金高强度钢
23. GB/T 20564.5—2010 汽车用高强度冷连轧钢板及钢带 第 5 部分：各向同性钢
24. GB/T 20564.6—2010 汽车用高强度冷连轧钢板及钢带 第 6 部分：相变诱导塑性钢
25. GB/T 20564.7—2010 汽车用高强度冷连轧钢板及钢带 第 7 部分：马氏体钢
26. GB/T 20887.1—2007 汽车用高强度热连轧钢板及钢带 第 1 部分：冷成形用高屈服强度钢
27. GB/T 20887.2—2010 汽车用高强度热连轧钢板及钢带 第 2 部分：高扩孔钢
28. GB/T 20887.3—2010 汽车用高强度热连轧钢板及钢带 第 3 部分：双相钢
29. GB/T 20887.4—2010 汽车用高强度热连轧钢板及钢带 第 4 部分：相变诱导塑性钢
30. GB/T 20887.5—2010 汽车用高强度热连轧钢板及钢带 第 5 部分：马氏体钢
31. GB/T 5313—2010 厚度方向性能钢板

32. GB 2585—2007 铁路用热轧钢轨
33. TB/T 2635—2004 热处理钢轨技术条件
34. TB/T 3109—2005 AT 钢轨
35. YB/T 5055—1993 起重机钢轨
36. GB/T 11264—2012 热轧轻轨
37. GB/T 6478—2001 冷镦和冷挤压用钢
38. GB/T 3098.22—2009 紧固件机械性能 细晶非调质钢螺栓、螺钉和螺柱
39. GB/T 699—1999 优质碳素结构钢
40. GB/T 13790—2008 搪瓷用冷轧低碳钢板及钢带
41. GJB 163B—2005 深冲用优质碳素钢规范
42. GJB 1495—1992 弹链、弹夹用冷轧钢带规范
43. GJB 2720—1996 轻武器用结构钢钢棒规范
44. GJB 3328—1998 轻武器用结构钢钢板和钢带规范
45. GB/T 3077—1999 合金结构钢
46. GB/T 15712—2008 非调质机械结构钢
47. GB/T 24595—2009 调质汽车曲轴用钢棒
48. GB/T 5216—2004 保证淬透性结构钢
49. YB 2009—1981 低淬透性含钛优质碳素结构钢
50. GB/T 1222—2007 弹簧钢
51. GB/T 18731—2008 易切削结构钢
52. GB/T 18254—2002 高碳铬轴承钢
53. GB 3203—1982 渗碳轴承钢 技术条件
54. GB/T 28417—2012 碳素轴承钢
55. TB/T 2235—2010 铁道车辆滚动轴承
56. GB 5068—1999 铁路机车、车辆车轴用钢
57. TB/T 2945—1999 铁道车辆用 LZ50 钢车轴及钢坯技术条件
58. GB/T 5680—2010 奥氏体锰钢铸件
59. GB/T 1298—2008 碳素工具钢
60. GB/T 1299—2000 合金工具钢
61. GB/T 9943—2008 高速工具钢
62. GB/T 24594—2009 优质合金模具钢
63. YB/T 094—1997 塑料模具用扁钢
64. YB/T 107—1997 塑料模具用热轧厚钢板
65. YB/T 129—1997 塑料模具钢模块技术条件
66. GB/T 20878—2007 不锈钢和耐热钢 牌号及化学成分
67. GB/T 3086—2008 高碳铬不锈轴承钢
68. GB/T 1221—2007 耐热钢棒
69. GB/T 14992—2005 高温合金和金属间化合物高温材料的分类和牌号
70. GB/T 14996—2010 高温合金冷轧板

71. GB/T 1234—2012 高电阻电热合金
72. GB/T 6983—2008 电磁纯铁
73. GB/T 2521—2008 冷压取向和无取向电工钢带（片）
74. GB/T 3429—2002 焊接用钢盘条
75. GB/T 20932—2007 生铁 定义与分类
76. GB/T 9439—2010 灰铸铁件
77. GB/T 1348—2009 球墨铸铁件
78. GB/T 9440—2010 可锻铸铁件
79. GB/T 26655—2011 蠕墨铸铁件
80. GB/T 8063—1994 铸造有色金属及其合金牌号表示方法
81. GB/T 8005.1—2008 铝及铝合金术语 第 1 部分：产品及加工处理工艺
82. GB/T 1173—1995 铸造铝合金
83. GB/T 15115—2009 压铸铝合金
84. YS/T 275—2008 高纯铝
85. GB/T 3190—2008 变形铝及铝合金化学成分
86. GB/T 16474—2011 变形铝及铝合金牌号表示方法
87. GB/T 16475—2008 变形铝及铝合金状态代号
88. GB/T 26017—2010 高纯铜
89. GB/T 5231—2012 加工铜及铜合金牌号和化学成分
90. GB/T 29091—2012 铜及铜合金牌号和代号表示方法
91. GB/T 3620.1—2007 钛及钛合金牌号和化学成分
92. GB/T 2965—2007 钛及钛合金棒材
93. GB 2966—1982 优质 TC4 钛合金棒材
94. GB/T 3621—2007 钛及钛合金板材
95. GB/T 3622—1999 钛及钛合金带、箔材
96. GB/T 3623—2007 钛及钛合金丝
97. GB/T 3624—2010 钛及钛合金无缝管
98. YS/T 576—2006 工业流体用钛及钛合金管
99. GB/T 5153—2003 变形镁及镁合金牌号和化学成分
100. GB 1177—1991 铸造镁合金
101. GB/T 19078—2003 铸造镁合金锭
102. GB/T 25748—2010 压铸镁合金
103. GB/T 26637—2011 镁合金锻件
104. GB/T 26649—2011 镁合金汽车车轮铸件
105. GB/T 26650—2011 摩托车和电动自行车用镁合金车轮铸件
106. GB/T 26654—2011 汽车车轮用铸造镁合金
107. GB/T 5154—2003 镁及镁合金板、带
108. YS/T 588—2006 镁合金热挤压矩形棒材

参 考 文 献

[1] 吴承建，陈国良，强文江. 金属材料学[M]. 2版. 北京：冶金工业出版社，2009.
[2] 章守华，吴承建. 钢铁材料学[M]. 北京：冶金工业出版社，1992.
[3] 戴起勋. 金属材料学[M]. 2版. 北京：化学工业出版社，2011.
[4] 文九巴. 金属材料学[M]. 北京：机械工业出版社，2011.
[5] 赵莉萍. 金属材料学[M]. 北京：北京大学出版社，2012.
[6] 余永宁. 金属学原理[M]. 2版. 北京：冶金工业出版社，2013.
[7] 潘金生，田民波，仝建民. 材料科学基础[M]. 2版. 北京：清华大学出版社，2011.
[8] 王章忠. 材料科学基础[M]. 北京：机械工业出版社，2005.
[9] 陆兴. 热处理工程基础[M]. 北京：机械工业出版社，2007.
[10] 崔忠圻，覃耀春. 金属学与热处理[M]. 2版. 北京：机械工业出版社，2007.
[11] 束德林. 工程材料力学性能[M]. 2版. 北京：机械工业出版社，2007.
[12] 那顺桑. 金属材料力学性能[M]. 北京：冶金工业出版社，2011.
[13] 冶金工业部钢铁研究总院.合金钢手册（上册）[M]. 北京：冶金工业出版社，1984.
[14] H K D H Bhadeshia, R W K Honeycombe. Steels: Microstructure and Properties [M]. 3rd ed. Oxford: Elsevier Ltd., 2006.
[15] G Krauss. Steels: Processing, Structure, and Performance[M]. Ohio: ASM International, 2005.
[16] F B Pickering. Physical Metallurgy and the Design of Steels[M]. London: Applied Sci Pub, 1978.
[17] E C Bain, H W Paxton. Alloying Elements in Steel [M]. 2nd ed. Ohio: ASM, 1961.
[18] 杜长坤. 冶金工程概论[M]. 北京：冶金工业出版社，2012.
[19] 薛正良. 钢铁冶金概论[M]. 北京：冶金工业出版社，2009.
[20] 冯聚和，艾立群，刘建华. 铁水预处理与炉外精炼[M]. 北京：冶金工业出版社，2006.
[21] 李生智. 金属压力加工概论[M]. 2版. 北京：冶金工业出版社，2005.
[22] 王有铭，李曼云，韦光. 钢材的控制轧制和控制冷却[M]. 2版. 北京：冶金工业出版社，2009.
[23] B Verlinden, J Driver, I Samajdar, et al. Thermo-mechanical Processing of Metallic Materials [M]. Oxford: Elsevier Ltd., 2007.
[24] 张文钺. 焊接冶金学（基本原理）[M]. 北京：机械工业出版社，1995.
[25] 周振丰. 焊接冶金学（金属焊接性）[M]. 北京：机械工业出版社，1995.
[26] 何业东，齐慧滨. 材料腐蚀与防护概论[M]. 北京：机械工业出版社，2005.
[27] 王盘鑫. 粉末冶金学[M]. 北京：冶金工业出版社，1997.
[28] 俞德刚，谈育煦. 钢的组织强度学——组织与强韧性[M]. 上海：上海科学技术出版社，1983.

[29] 雍岐龙. 钢铁材料中的第二相[M]. 北京：冶金工业出版社，2006.
[30] 钢铁研究总院结构材料研究所，先进钢铁材料技术国家工程研究中心，中国金属学会特殊钢分会. 钢的微观组织图像精选[M]. 北京：冶金工业出版社，2009.
[31] 雍岐龙，马鸣图，吴宝榕. 微合金钢——物理和力学冶金[M]. 北京：冶金工业出版社，1989.
[32] R Lagneborg, T Siwecki, S Zajac, et al. The Role of Vanadium in Microalloyed Steels [R]. Stockholm, Sweden: Swedish Institute for Metals Research, 1999.（中译本：R 兰纳伯格，等.钒在微合金钢中的作用[R]. 杨才福，柳书平，张永权，译. 北京：钢铁研究总院，2000.）
[33] H П 利亚基舍夫，等. 钒及其在黑色冶金中的应用[M]. 崔可忠，崔润炯，何其松，等，译. 重庆：科学技术文献出版社重庆分社，1987.
[34] 刘嘉禾. 钒钛铌等微合金元素在低合金钢中应用基础的研究[C]. 北京：北京科学技术出版社，1992.
[35] 马鸣图，吴宝榕. 双相钢——物理和力学冶金[M]. 2 版. 北京：冶金工业出版社，2009.
[36] 马鸣图. 先进汽车用钢[M]. 北京：化学工业出版社，2008.
[37] E G Opbroek. Advanced High Strength Steel (AHSS) Application Guidelines [M]. Version 4.1. Brussels: Committee on Automotive Applications, International Iron & Steel Institute, 2009.
[38] G Davies. Materials for Automobile Bodies [M]. Oxford: Elsevier Ltd. , 2003.
[39] 唐代明. TRIP 钢中合金元素的作用和处理工艺的研究进展[J]. 钢铁研究学报，2008，20（1）：1-5.
[40] 唐代明. 热轧 TRIP 钢的加工工艺与残余奥氏体形成的关系[J]. 材料开发与应用，2009，24（5）：86-89.
[41] 唐代明. 冷轧 TRIP 钢的热处理与残留奥氏体形成的关系[J]. 热处理，2009，24（6）：6-8.
[42] 李麟. 相变塑性钢——原理、性能、设计和应用[M]. 北京：科学出版社，2009.
[43] 景财年. 相变诱发塑性钢的组织性能[M]. 北京：冶金工业出版社，2012.
[44] 贺信莱，尚成嘉，杨善武，等. 高性能低碳贝氏体钢——成分、工艺、组织、性能与应用[M]. 北京：冶金工业出版社，2008.
[45] 董瀚. 先进钢铁材料[M]. 北京：科学出版社，2008.
[46] 孙智，倪宏昕，彭竹琴. 现代钢铁材料及其工程应用[M]. 北京：机械工业出版社，2007.
[47] 苏世怀，孙维，汪开忠，等. 热轧钢筋[M]. 北京：冶金工业出版社，2010.
[48] 苏世怀，孙维，潘国平，等. 热轧 H 型钢[M]. 北京：冶金工业出版社，2009.
[49] 项成云. 合金结构钢[M]. 北京：冶金工业出版社，1999.
[50] 唐代明. 非调质钢的发展概况与其特征的变化[J]. 钢铁钒钛，1996，17（1）：53-58.
[51] 董成瑞，任海鹏，金同哲. 微合金非调质钢[M]. 北京：冶金工业出版社，2000.
[52] 钟顺思，王昌生. 轴承钢[M]. 北京：冶金工业出版社，2000.
[53] G Roberts, G Krauss, R Kennedy. Tool Steels[M]. 5th ed. Ohio: ASM International, 2005.
[54] G A 罗伯茨，R A 卡里. 工具钢[M]. 4 版. 徐进，姜先畬，等，译校. 北京：冶金工业出版社，1987.

[55] 约·盖勒. 工具钢[M]. 周倜武，丁立铭，译. 北京：国防工业出版社，1983.
[56] 肖纪美. 高速钢的金属学问题[M]. 北京：冶金工业出版社，1976.
[57] 肖纪美. 不锈钢的金属学问题[M]. 2版. 北京：冶金工业出版社，2006.
[58] 龚敏，余祖孝，陈琳.金属腐蚀理论及腐蚀控制[M].北京：化学工业出版社，2009.
[59] 黄乾尧，李汉康. 高温合金[M]. 北京：冶金工业出版社，2000.
[60] 陆文华，李隆盛，黄良余. 铸造合金及其熔炼[M]. 北京：机械工业出版社，1996.
[61] 钟训信. 钒钛铸铁金相图谱[M]. 成都：四川人民出版社，1981.
[62] 许光奎，陈璟琚. 钒钛铸铁与钒钛铸钢[M]. 北京：冶金工业出版社，1995.
[63] 华一新. 有色冶金概论[M]. 2版. 北京：冶金工业出版社，2007.
[64] 黎文献. 有色金属材料工程概论[M]. 北京：冶金工业出版社，2007.
[65] 张宝昌. 有色金属及其热处理[M]. 西安：西北工业大学出版社，1993.
[66] C Leyens, M Peters. Titanium and Titanium Alloys——Fundamentals and Applications [M]. Weinheim: WILEY-VCH Verlag GmbH & Co., 2003.
[67]《钢铁材料手册》总编辑委员会. 钢钢铁材料手册：第1卷，碳素结构钢[M]. 北京：中国标准出版社，2003.
[68]《钢铁材料手册》总编辑委员会. 钢钢铁材料手册：第2卷，低合金高强度钢[M]. 北京：中国标准出版社，2001.
[69]《钢铁材料手册》总编辑委员会. 钢钢铁材料手册：第3卷，优质碳素结构钢[M]. 北京：中国标准出版社，2003.
[70]《钢铁材料手册》总编辑委员会. 钢钢铁材料手册：第4卷，合金结构钢[M]. 北京：中国标准出版社，2003.
[71]《钢铁材料手册》总编辑委员会. 钢钢铁材料手册：第5卷，不锈钢[M]. 北京：中国标准出版社，2001.
[72]《钢铁材料手册》总编辑委员会. 钢钢铁材料手册：第6卷，耐热钢[M]. 北京：中国标准出版社，2001.
[73]《钢铁材料手册》总编辑委员会. 钢钢铁材料手册：第7卷，工具钢[M]. 北京：中国标准出版社，2003.
[74]《钢铁材料手册》总编辑委员会. 钢钢铁材料手册：第8卷，弹簧钢[M]. 北京：中国标准出版社，2004.
[75]《钢铁材料手册》总编辑委员会. 钢钢铁材料手册：第9卷，轴承钢[M]. 北京：中国标准出版社，2004.
[76]《钢铁材料手册》总编辑委员会. 钢钢铁材料手册：第10卷，精密合金类材料[M]. 北京：中国标准出版社，2003.
[77] 黄伯云，李成功，石力开，等. 有色金属材料手册（上册）[M]. 北京：化学工业出版社，2009.
[78] 黄伯云，李成功，石力开，等. 有色金属材料手册（下册）[M]. 北京：化学工业出版社，2009.